농업직 · 농촌지도사 · 농촌연구사

박문각
공무원

기 본 서

브랜드만족
1위
박문각

최신판

합격까지 함께
농업직 만점 기본서

핵심용어로 원리를 이해하는 압축 이론서

단원 정리 문제와 핵심 기출문제 수록

박진호 편저

영상강의 2인 www.pmg.co.kr

박진호
재배학(개론)

박문각

이 책의 머리말

시간을 훔치는 도둑인 회색신사와 그 도둑이 훔쳐간 시간을 찾아 주는 한 소녀의 이야기를 쓴 미하엘 엔데의 '모모'의 한 대목입니다. 도로 청소부 베포의 이야기가 나옵니다.

"얘, 모모야. 때론 우리 앞에 아주 긴 도로가 있어. 너무 길어. 도저히 해낼 수 없을 것 같아, 이런 생각이 들지."

"그러면 서두르게 되지. 그리고 점점 더 빨리 서두르는 거야. 허리를 펴고 앞을 보면 조금도 줄어들지 않은 것 같지. 그러면 더욱 긴장하고 불안한 거야. 나중에는 숨이 탁탁 막혀서 더 이상 비질을 할 수가 없어. 앞에는 여전히 길이 아득하고 말이야. 하지만 그렇게 해서는 안 되는 거야."

"한꺼번에 도로 전체를 생각해서는 안 돼, 알겠니? 다음에 딛게 될 걸음, 다음에 쉬게 될 호흡, 다음에 하게 될 비질만 생각해야 하는 거야. 계속해서 바로 다음 일만 생각해야 하는 거야."

"그러면 일을 하는 게 즐겁지. 그게 중요한 거야. 그러면 일을 잘해 낼 수 있어. 그래야 하는 거야."

"한 걸음 한 걸음 나가다 보면 어느새 그 긴 길을 다 쓸었다는 것을 깨닫게 되지. 어떻게 그렇게 했는지도 모르겠고, 숨이 차지도 않아."

농업직 공무원이 되고자 하는 수험생에게 조금이라도 도움이 되고자 하는 마음이 간절한 마음으로 기본서를 출간하였습니다. 한 걸음 한 걸음 나아가다 보면 좋은 결과를 얻어 우리나라의 농업에 기반이 되는 중요한 일꾼인 공무원이 되실 겁니다.

재배학은 농학의 가장 중요하며 7급 농업직 공무원, 농촌지도직·연구직 공무원을 위한 기반이 되는 과목으로 재배환경, 재배기술, 유전성의 단순한 암기가 아닌 총괄적인 이해가 중요한 과목입니다.

이 책은

1. 자세한 이론 설명과 아울러 핵심으로 요약하여 한눈에 쏙쏙 들어올 수 있도록 설명하여 농업전공자와 비전공자에게도 이해하고 정리하기 쉽도록 구성하였습니다.

2. 농업을 처음으로 접하는 수험생이나 전공 후 학습이라도 가장 어려워하는 것이 농업 용어 입니다. 가급적 쉬운 용어로 순화하고자 하였고 한자어로 풀이하여 학습하도록 하였습니다.

3. 자주 출제되는 기출문제를 추가하여 경향을 파악하도록 하였습니다. 합격을 위해서는 적중 문제를 많이 접하는 것이 중요하기 때문입니다.

4. 다양한 교재의 내용을 총정리하고 핵심화하여 재배학의 핵심을 강의를 듣고, 혼자 정리 할 수 있도록 구성하였습니다.

숨차지 않게 한 걸음 한 걸음 나아가 우리의 목표인 합격까지 도달할 수 있도록 좋은 가이드가 되겠습니다.

저자 박진호

CONTENTS

이 책의 **차례** ✦

이 책의 **차례**

합격까지 함께
농업직 만점 기본서 ✦

박진호 재배학(개론)

합격까지 박문각

PART **1**

I

재배개설

Chapter 01 작물재배의 정의와 이론

1 재배와 재배식물의 정의

1. 농업(agriculture)

토지를 이용하여 유용한 식물을 기르거나(경종), 유용한 동물을 사육하는(양축) 산업이다.

> **정밀농업**
> 지속 가능한 농업의 필요성이 배경으로 ICT기술로 작물재배의 요인을 수집하고, 불필요한 농자재 및 작업을 최소화하면서 작물생산 관리의 효율을 최적화하는 시스템이다.

2. 재배(栽培, cultivation) = 경작 = 경종(耕種)

(1) 인간이 경지(耕地)를 이용하여 작물을 기르고 수확을 올리는 경제적 행위이다.

(2) 특징

① 토지를 생산수단으로 하며, 생명체를 다룬다.
② 자연환경의 영향을 크게 받고, 생산조절이 어렵다.
③ 자본회전이 느리고 노동의 수요가 연중 균일하지 못하다.
④ 농산물은 변질되기 쉽고 가격변동이 심하며, 중량이니 용적이 커서 수송비가 많이 든다.
⑤ 토지의 수확체감의 법칙이 적용된다.
⑥ 분업생산이 어렵고, 생산이 소규모이고 분산적이기 때문에 중간상인의 역할이 크다.
⑦ 공산물에 비해 수용의 탄력성이 작고 공급의 탄력성도 작다.

(3) 재배형식

① 소경(疏耕) : 약탈식 농업이다.
② 식경(殖耕) : 식민지나 기업적 농업의 형태로 넓은 공간에 한 작물을 재배하는 방식이다.
③ 곡경(穀耕) : 곡류위주의 기계화 농업의 형태이다.
④ 포경(包耕) : 사료작물과 식량작물을 균형있게 재배하는 방식으로 유축(有畜)농업이라고 한다.
⑤ 원경(園耕) : 채소, 과수, 화훼류 재배를 위한 원예작물의 재배로 가장 집약적인 농업형태이다.

3. 재배식물(crops, cultivated plants), 작물

(1) 작물은 **이용성과 경제성이 높아서 사람의 재배대상이 되는 식물**로서 인간의 의·식·주에 필요한 재료를 얻기 위하여 농지에서 재배하는 식물이다.

(2) 특징

① 일반식물에 비하여 특정 부분만을 목적으로 하여 열매나 잎, 종자와 같이 특수한 기관이 발달한 일종의 **기형식물이다.**

② 작물은 야생식물보다 환경에 대한 적응성과 생존경쟁력이 약하기 때문에 사람의 집약적인 관리 필요하다.

③ 작물은 사람에게 의존하는 일종의 공생관계(共生關係)이다.

④ 발아억제물질이 감소되어 **휴면성이 약화**되고 생존경쟁력이 약해 자연상태로 방치되면 소멸된다.

(3) 작물의 기원

① 야생식물이 재배화되면서 식물의 형질이 크게 변화되었다.

② 오래전부터 야생에서 자생하던 식물(원종, 原種)을 개량하여 오늘날의 작물이 출현하였다.

③ 벼, 밀처럼 야생식물에서 직접 재배화된 것도 있지만, 호밀, 완두와 같이 경지잡초 가운데서 선발된 것도 있다.

2 작물의 재배이론

1. 작물수량의 삼각형

(1) 작물수량의 삼각형

① **작물수량은 유전성, 재배환경, 재배기술을 세 변으로 하는 삼각형의 면적**으로 표시한다.

② 삼각형의 면적은 생산량을 표시하는 것으로 최대수량을 얻기 위해서는 재배환경 및 재배기술을 발달시키고, 유전성을 충분히 이용해야 한다.

③ 유전성, 재배환경, 재배기술의 세 변이 균형 있게 발달하여야 하며 한 요소라도 발달하지 못하면 생산량은 작아진다.

(2) 최소율의 법칙

① 작물수량의 삼각형도 각 요소가 균형 있게 발달해야하는 최소율의 법칙이 적용된다.

② 최소율의 법칙(law of minimum)은 여러 가지 요소 중에서 부족한 요소가 하나라도 있으면 다른 요소들이 충분하다 하더라도 작물의 생육은 가장 부족한 요소의 지배를 받게 된다.

(3) 최대수량의 원칙

작물재배는 농경지를 이용하여 작물을 재배하고 그 결실을 수확하는 모든 수단으로 수량을 높여 소득을 올리는 것이 목표이므로, 우수한 유전성을 지닌 작물의 품종을 육성하며 보다 양호한 재배환경을 조성하고, 작물의 생육을 더욱 잘 되게 여러 가지 재배기술을 적용해야 한다.

2. 재배학의 범위

(1) 재배학

작물수량의 삼각형 중 환경과 재배기술을 다루는 과목이다.

(2) 작물육종학

작물의 유전성, 품종을 다루는 과목이다.

(3) 재배학원론

재배학범론과 작물육종학을 종합적으로 다룬 교과이다.

3 재배의 기원

1. 농경의 발상지

(1) 큰 강 유역설(De Candolle, 1884)

황하, 양자강의 중국문명과 인더스강의 인도문명, 티그리스강과 유프라테스강의 메소포타미아 문명, 나일강의 이집트문명 등의 농경의 발상지이다.

(2) 산간부설(N.T. Vavilov, 1926)

멕시코 산간부의 옥수수, 강낭콩, 호박으로 마야문명과 Vavilov의 유전자중심설로 정리한다.

(3) 해안지대설(P. Dettweiler, 1914)

북유럽과 일본 해안지대의 농경을 설명한다.

2. 재배의 발달

(1) 식물영양의 학설

① 탈레스 : 식물은 필요한 양분을 물에서 얻는다는 학설로 16C까지 지배적 견해였다.

② 아리스토텔레스 : 식물이 필요한 양분을 토양의 유기물로 얻는다는 **유기물설(부식설)**을 설명하였다.

③ Lawes(1837) : **비료의 3요소 개념, N,P,K가 중요원소임을 밝혀내었다.**

④ Liebig(1840)

㉠ **무기영양설(광물질설)**, 수경재배를 창시하였다.

㉡ **최소율의 법칙** : 식물생육에 필요한 여러개의 인자 중 가장 소량으로 존재하는 양분이 작물의 생육을 지배한다.

⑤ Boussingault(1838) : 콩과작물의 공중질소 고정을 밝혀내었다.

(2) 작물개량과 작물보호의 발전

① Camerarius(1694) : **식물에 암수구별이 있는 것을** 밝혀내었다.

② Koelreuter(1761) : '**식물의 성에 관한 실험과 관찰**' 저술과 교잡으로 개체를 얻어내었다.

③ 다윈(1809~1882): '종의 기원' 발표하며, 진화론에서 획득형질이 유전한다고 주장하였다.

④ 멘델(1865): 완두를 소재로 멘델의 유전법칙을 통해 유전적인 이론을 정립하였고, 식물의 굴광성을 관찰하였다.

⑤ Johannsen(1903): 순계는 환경에 의한 변이가 나타나도 유전하지 않는다는 순계설(純系說)을 설명하고, 자식성 작물의 품종개량에 이바지하였다.

⑥ De Vries(1901): 달맞이꽃의 연구로 돌연변이설을 설명하였다.

⑦ 밀러(1927): X선으로 돌연변이가 생기는 것을 발견하였다.

⑧ Millardet(1882): 보르도액(최초의 살균제)을 발견하였다.

⑨ Pokorny(1941): 최초의 화학적 제초제인 2,4 − D 합성하였다.

⑩ 밴트(1880): 귀리의 선단부 식물 생육조절물질이 존재하는 것을 확인하였다.

⑪ Koegl(1934~1935): 식물 생장조절물질인 옥신(Auxin) 규명하였다.

3. 작부방식

(1) 화전(火田)

야초와 잡목을 불에 태워 새로 개간하여 경작하는 방식이다.

(2) 대전법(代田法)

몇 년간 경작 후 지력이 떨어지고 잡초가 번성하면 다른 곳으로 이동하여 경작하는 방식으로 이동경작이다.

(3) 휴한농법(休閑農法)

인류가 정착농업을 하면서 지력유지를 위해 농경지를 일정기간 재배하지 않는 농업이다.

(4) 삼포식(三圃式) 농법

경작지의 2/3는 경작, 1/3은 휴한하면서 휴한지를 이동하여 경작지 전체를 3년에 한 번씩 휴한하는 방법이다.

(5) 개량삼포식 농업

삼포식의 휴한지에 콩과작물을 재배하여 지력상승과 사료를 얻는 방법이다.

(6) 자유경작

20세기에 들어 합성비료와 농약의 발달로 유리한 작물을 자유롭게 재배하는 방식으로, 자유작이라고 한다.

4. 주요작물의 재배발달

(1) 벼

① 인도의 동북부 아삼(Assam)지방으로부터 미얀마 및 라오스의 북부를 거쳐 중국의 윈난성에 이르는 광범위한 지역이 원산지이다.

② 구분: 2개의 재배벼는 식물분류상 독립된 별개의 종이다.

㉠ 아시아재배벼(*Oryza sativa L.*): 생태환경이 다른 여러 지역으로 전파되면서 매우 다양한 생태형으로 분화한다.

    ⓒ **아프리카재배벼(*Oryza glabberima Steud*)** : 재배지역이 제한되어 있기 때문에 유전적으로 단순하다.

③ 야생벼와 재배벼

    ✿ **야생벼와 재배벼의 차이**

형질		야생벼	재배벼
종자	탈립성 휴면성 수명	쉽게 떨어짐 매우 강함 길다	잘 떨어지지 않음 없거나 약함 짧다
꽃가루 (화분)	수 수명 확산범위	많다 길다 크다	적다 짧다 작다
종자의 크기		작다	크다
내비성		강	약
번식특성		인간에게 전혀 의존함이 없이 가능	인간에 의해 재배조건이 충족되지 않으면 충분한 번식 불가능

(2) 밀(小麥, wheat)

① 벼과에 속하며 전 세계적으로 재배면적이 가장 넓다.

② 보통밀(빵밀)의 원산지는 아프가니스탄 북부에서 카스피해 남부에 이르는 근동지방이다.

(3) 옥수수

① 콜럼버스가 신대륙을 발견했을 때 이미 원주민들의 주요 식량자원이었으며, 현재까지도 멕시코를 비롯한 중앙아메리카, 그리고 남아메리카 등 여러 국가의 주요 식량자원이다.

② 기원지는 멕시코 남부 그리고 남미 안데스산맥 고원지이고, 우리나라에는 고려 말 전파된 것으로 추정된다.

(4) 콩

① 기원지는 중국의 동북부지방과 한반도를 포함한 인근지역이다.

② 우리나라에서는 기원전 1500∼2000년경의 청동기시대부터 콩이 재배되었을 것으로 추정된다.

Chapter

02 작물의 원산지와 분류

1 작물의 원산지

1. 바빌로프

(1) **바빌로프**(Nikolai Ivanovich Vavilov, 1887~1943) 전 세계의 근연식물들을 수집하여 지역별로 종의 분포도를 만들고, 종내의 유전적 변이를 조사하여 그 식물종의 기원 중심지를 결정하는 지리적 미분법 조사하여 '**유전자중심설**'을 제안하였다.

(2) 재배식물 기원지는 1차 중심지와 2차 중심지로 구분할 수 있는데, **1차 중심지에는 우성형질의 것이 많으며, 2차 중심지에는 열성형질이 많이 나타나고 그 지역의 특징적인 우성형질이 나타난다는 것**이다. 우성유전자들의 분포 중심지를 원산지로 추정하는 것이기 때문에 '우성유전자중심설'이라고도 불린다.

> 유전자중심지설
> • 농작물의 발생 중심지에는 변이가 다양하여, 유전적으로 우성형질을 보유하는 형이 많다.
> • 지리적 진화과정은 중심지에서 멀리 떨어질수록 우성형질이 점차 쇠퇴한다.
> • 2차 중심지에는 열성형질을 보유하는 형이 많이 존재한다.

☯ Vavilov에 의한 주요 작물의 기원 중심지(1951)

지구(지역)	주요작물
중국, 한국	보리, 조, 피, 메밀, 콩, 팥, 파, 인삼, 배추, 마, 자운영, 동양배, 감, 복숭아
인도지구	벼, 참깨, 사탕수수, 모시풀, 왕골, 오이, 박, 가지, 생강, 바나나
중앙아시아	밀, 기장, 완두, 참깨, 마늘, 삼, 당근, 양파, 무화과
코카서스, 중동	보리, 1립계와 2립계 밀, 호밀, 알팔파, 유채, 아마, 시금치, 사과, 서양배, 포도, 양앵두
지중해 연안	완두, 유채, 사탕무, 양귀비, 무, 순무, 우엉, 양배추,
에티오피아 (아비시니아)	보리, 진주조, 수수, 수박, 참외, 커피
멕시코, 중앙아메리카	옥수수, 고구마, 강낭콩, 해바라기, 호박, 카카오, 목화
남아메리카	감자, 토마토, 고추, 담배, 땅콩

2. 캔돌레

(1) 캔돌레(De Candolle)는 작물들의 야생종 분포를 광범위하게 탐구하고 1883년에 '재배식물의 기원'을 저술하였다.

(2) 199종의 작물은 구세계, 45종의 작물은 신세계, 2종은 아프리카, 2종은 일본이 원산지라고 주장하였다.

3. 주요작물의 기원과 원산지

(1) **식용작물**

벼(인도), 감자(중동), 옥수수(남미안데스), 고구마(중앙 남아메리카)

(2) **공예작물**

담배(남아메리카), 참깨(아프리카, 인도)

(3) **채소**

수박(열대아프리카), 상추(지중해), 시금치(이란), 고추(페루), 토마토(남미안데스)

(4) **과수**

사과(동부유럽), 동양배(일본), 살구(중국), 감(중국, 한국), 대추(북아프리카, 유럽서부), 서양배(지중해)

2 작물의 분류

1. 식물학적 분류

(1) **식물학적 분류의 일반**

① 식물의 형태, 해부, 유전학적 근연관계와 같은 과학적인 근거를 기준으로 분류한다.

② 식물기관의 형태나 구조의 유사점에 기초를 두고 있다.

③ 분류군의 계급 : 종 < 속 < 과 < 목 < 강 < 문 < 계

④ 종자식물문에 속하는 작물은 종자에 의해서 번식하는 작물군으로, 종자식물은 피자식물(속씨식물)과 나자식물(겉씨식물)의 2개 아문으로 나누어지며, 피자식물문은 단자엽식물(화곡류의 벼과)과 쌍자엽식물(콩과작물, 가지과, 겨자과 등)로 나누어진다.
(우리나라 재배벼 : 종자식물문, 속씨식물아문, 외떡잎식물강, 영화목, 화본과, 벼속)

⑤ 강은 목, 과, 속, 종 및 변종으로 나누어진다.

(2) **학명**

① 린네(Carl von Linne)가 1753년에 출판한 '**식물의 종(Species Plantarum)**'에서 제창된 이명법을 이용한다.

② 현재는 국제식물명명규약(International Code of Botanical Nomenclature : ICBN)에 의해 운용된다.

③ 학명의 구성

  ㉠ 속명(generic name)과 종명(specific name)으로 나타내고, 학명을 발표한 명명자의 이름
   (author name)을 붙인다.

  ㉡ 속명은 라틴어로 첫 글자는 대문자, 종명은 특수한 고유명사 등을 제외하고 원칙적으로
   소문자의 라틴어를 쓴다.

  ㉢ 종 이하표시

    • 아종, 변종, 품동으로 표시한다.

    • 아종(亞種) subsp. 또는 ssp.(subspecies)

    • 변종(變種) var.(variety)

    • 품종(品種) forma(= form. = f.)

  ㉣ 명명자명은 속명이나 종명과 다른 글자체로 하고, 명명자의 경우에는 생략하는 경우가 많다.

  ㉤ 학명의 예

	속명	종명	변종명	명명자
벼	*Oryza*	*sativa*		L.
옥수수	*Zea*	*mays* L.		
인삼	*Panax*	*ginseng*		C.A.MEYER
소나무	*Pinus*	*densiflora*		Siebold & Zucc
율무	*Coix*	*lachryma – jobi*	var. *mayuen.*	STAPF

  ㉥ 학명과 식물분류의 특이점

    • 한 작물이 여러 개의 다른 종으로 구성되기도 하며, 한 종이 여러 개의 작물을 구성하
     기도 한다.

      - 유채 : *Brassica napus*와 *B. campestris*로 구성

      - 호박 : *Cucurbita pepo, C. moschata, C. maxima*의 3종

      - 벼 : 대부분의 재배종은 *Oryza sativa*, 아프리카 일부지역은 *O. glabberrima*

    • 하나의 종이 2개 이상의 작물로 분화된 것이다.

      - *Beta vulgaris* : 사탕무, 사료용 순무, 근대

      - *Brassica oleracea* : 케일, 양배추

(3) 생태종과 생태형

  ① 아종(亞種, subspecies), 변종(變種, variety)

    ㉠ 아종은 종 내에서 형질의 특성이 차이나는 개체군이다.

    ㉡ 특정 환경에 적응하여 생긴 것으로 생태종이라 부른다.

  ② 생태종 : 하나의 종 내에서 특성이 다른 개체군을 아종(또는 변종)이라 하고 특정 환경에 의
   해서 생긴 것이다.

    ㉠ 아시아벼(*Oryza sativa*)의 생태종 : 인디카, 열대 자포니카, 온대 자포니카로 구분한다.

    ㉡ 생태종 사이에는 교잡친화성이 낮아 유전자 교환이 어려워 생리적, 행태적 차이가 생긴다.

      • 인디카는 내냉성이 약하고, 온대 자포니카는 강하다.

      • 자포니카 품종에 비해 탈립성이 강하다.

- 인디카는 종자의 까락이 없는데, 열대 자포니카는 양쪽이 모두 존재한다.
- 온대 자포니카 쌀의 형태는 둥글고 짧고, 인디카는 가늘고 길다.

③ 생태형(ecotype) : 생태종 내에서도 재배유형이 다른 것을 말한다.

    ㉠ 인디카를 재배하는 인도, 파키스탄 등에서는 1년에 2~3모작으로 겨울벼, 여름벼, 가을벼 등의 생태형이 분화된다.

    ㉡ 생태형끼리는 생태종과는 달리 교잡친화성이 높아 유전자 교환이 잘 일어난다.

      예 보리, 밀의 생태형 – 춘파형, 추파형

2. 작물의 종류와 용도별 분류

(1) 작물의 종류

① 지구상 약 235,000종의 식물 중 세계적으로 재배되는 작물의 종류는 약 2,500종이다.

② 작물을 세부적으로 보면, 식용작물이 888종, 조미료 작물이 186종, 사료작물이 327종, 기호료 작물이 70종, 채소작물이 342종, 섬유작물이 97종, 유료작물이 56종, 염료작물이 48종, 녹비작물이 81종, 그 밖의 작물이 128종이다.

③ 벼, 밀, 옥수수의 3대 작물이 인류의 곡물 소비량의 약 75%를 차지한다.

④ 국내에 주요 종 300여종을 포함한 약 3,000여종이 있고, 1,070여종은 식용이 가능하다.

(2) 용도별 분류

가장 보편적인 작물의 분류

① **식용작물(food crops)** : 벼, 맥류, 잡곡, 두류

② **공예작물(industrial crops)** : 유료(油料), 섬유료, 기호료, 약료, 당료(糖料), 향료, 전분료, 향신료, 염료 등 공예・공업의 원료

③ **사료작물** : 화본과(벼과), 콩과, 기타 사료작물

④ **녹비(綠肥, 비료)작물** : 화본과, 콩과작물로 윤작과 비료로 이용한다.

⑤ **원예작물** : 과수, 화훼, 채소 등 부식, 양념, 간식과 관상용으로 이용한다.

식용작물	곡숙(穀叔)류 穀 : 쌀, 보리, 밀 叔 : 콩	화곡류	미곡(米穀)	벼(수도), 밭벼(육도)
			맥류(麥類)	보리, 밀, 귀리, 호밀
			잡곡	조, 피, 기장, 수수, 옥수수, 메밀
		두류		콩, 팥, 녹두, 강낭콩, 완두, 땅콩
	서류(薯類)			고구마, 감자
공예작물 (특용작물)	섬유작물			목화, 삼, 모시풀, 아마, 왕골, 수세미
	유료작물			참깨, 들깨, 아주까리, 해바라기, 땅콩, 유채(평지)
	전분작물			옥수수, 고구마, 감자
	당료작물			사탕무, 사탕수수
약용작물				제충국, 박하, 홉
기호작물				차, 담배

사료작물	벼과(화본과)	옥수수, 귀리, 티머시, 오처드그래스, 호밀	
	콩과	알파파, 화이트클로버, 레드클로버	
	기타	순무, 비트, 해바라기, 돼지감자	
녹비작물	귀리, 호밀, 자운영, (헤어리)베치, 콩		
원예작물	과수	인과류	배, 사과, 비파
		준인과류	감, 감귤
		장과류	포도, 무화과, 나무딸기
		각과류(견과)	밤, 호두
		핵과류	복숭아, 자두, 살구, 앵두
	채소	과채류	오이, 호박, 참외, 수박, 토마토, 딸기
		근채류	고구마, 감자, 토란, 무, 당근
		경엽채류	배추, 상추, 시금치, 파, 양파, 마늘
		협채류	완두, 강낭콩, 동부
	화훼	초본류	국화, 코스모스, 백합, 난초
		목본류	철쭉, 동백, 고무나무, 목련

(3) 생태적 특성에 따른 분류

① 생존연한

  ㉠ 1년생 : 봄에 파종 후 당해 연도에 성숙하고, 고사에 이른다.(벼, 콩, 옥수수)

  ㉡ 2년생 : 봄에 파종 후 그 다음 해에 성숙한다.(무, 사탕무, 당근)

  ㉢ 월년생 : 가을에 파종 다음 해에 성숙하고, 고사에 이른다.(가을밀, 가을보리))

  ㉣ 다년생(영년생)

② 생육계절에 의한 분류

  ㉠ 여름작물 : 대두·옥수수 등과 같이 여름철을 중심으로 생육하는 작물이다.

  ㉡ 겨울작물 : 가을보리·가을밀 등과 같은 월년생 작물이다.

③ 온도반응

  ㉠ 저온작물 : 맥류, 감자

  ㉡ 고온작물 : 벼, 옥수수

  ㉢ 열대작물 : 고무나무, 카사바, 바나나

  ㉣ 한지형목초(북방형) : 서늘한 환경에서 생육하고, 고온에 하고현상(夏枯現像)보이는 목초 (알팔파)이다.

  ㉤ 난지형목초(남방형) : 추위에 약한 목초(버뮤다그라스)이다.

④ 저항성에 의한 분류

  ㉠ 내산성 작물 : 벼, 감자, 호밀, 귀리, 아마, 땅콩

  ㉡ 내건성 작물 : 수수, 조, 기장

  ㉢ 내습성 작물 : 벼, 골풀

  ㉣ 내염성 작물 : 사탕무, 목화, 수수, 유채

  ㉤ 내풍성 작물 : 고구마

⑤ 생육형에 따른 구분
  ㉠ 주형작물 : 벼·맥류 등과 같이 각각 포기를 형성하는 작물이다.
  ㉡ 포복형작물 : 고구마처럼 줄기가 땅을 기어서 지표를 덮는 작물이다.
⑥ 작부방식에 의한 분류
  ㉠ 중경작물 : 반드시 중경을 해주어야 하는 작물이다.(옥수수, 수수)
  ㉡ 휴한작물 : 지력유지를 목적으로 윤작체계에 사용된다.(비트, 클로버, 알팔파)
  ㉢ 대파작물 : 재해에 대신 파종하는 작물이다.(조, 피. 수수, 기장, 메밀, 고구마, 감자)
  ㉣ 흡비작물 : 다른 작물이 이용하지 못하는 성분을 흡수하여 그 이용률을 높이고 비료유실
    을 적게하는 효과, 토양 중 염류를 제거하여 청소작물이라고도 한다.(옥수수, 수수, 알팔
    파, 스위트클로버, 화본과목초 등 뿌리가 깊은 작물)
  ㉤ 구황작물 : 흉년에도 비교적 안전한 수확을 얻을 수 있는 작물이다.(고구마, 감자, 조, 피,
    기장, 메밀)

(4) 재배·이용에 따른 분류

작부방식	답(밭)작물과 논작물, 전작물과 후작물, 대파작물, 구황작물
토양보호	피복작물, 토양보호작물, 토양조성작물, 토양수탈작물
사료용도	청예(靑刈)용(풋베기작물), 건초용, 사일리지용, 알곡사료용

① 피복작물 : 토양을 피복하여 보호하는 것으로서 갈아엎으면 녹비로도 이용되며, 토양의 침식
  을 막는 효과가 커서 토양보호작물이라고 한다. 콩과목초나 녹비작물처럼 토양을 보호하고
  지력을 높이는 효과가 있는 작물을 토양조성작물이라고 한다.(호밀, 베치, 클로버 등)
② 녹비작물 : 땅속에 갈아엎은 후 분해되면 유기질 비료로 이용되어 주 작물을 심기 전에 전작
  물(前作物)로 재배한다.(두과작물, 메밀 등)
③ 청예작물 : 밭에서 직접 풋베기하여 가축의 사료로 이용한다.(알팔파)
④ 사일리지작물 : 사일로 내에서 발효시켜 사료로 이용하는 작물이다.(옥수수, 콩, 수수, 해바라기)
⑤ 보육(保育)작물 : 대상작물을 불량한 환경으로부터 보호하기 위하여 같이 재배하는 작물이다.
  (화본과·두과의 목초)

(5) 경영에 따른 분류
① 동반작물
  ㉠ 하나의 작물이 다른 작물에 어떠한 이익을 주는 조합식물로, 동반작물을 적절히 이용하
    면 병충해를 크게 경감시키고 잡초를 방제한다.
  ㉡ 작물조합의 기본원리는 서로 상반되는 성질을 이용하는 것이다.
    • 양배추에 셀러리를 동반 : 진딧물과 배추좀벌레나방 경감
    • 오이에 파를 동반 : 파뿌리에 공생하는 미생물이 오이덩굴쪼김병 경감
② 자급작물 : 쌀·보리 등과 같이 농가에서 자급하기 위하여 재배하는 작물이다.

③ 환금작물

　　㉠ 담배·아마·차와 같이 주로 판매하기 위하여 재배하는 작물이다.

　　㉡ 환금작물 중에서도 수익성이 높은 작물을 경제작물이라고 한다.

3. 작물의 분화와 식물형질의 변화

(1) 작물의 분화과정

① 분화와 진화

　　㉠ 분화: 작물이 원래의 것과 다르게 다양하게 갈라지는 현상이다.

　　㉡ 진화: 분화 결과로 더 높은 단계로 발달해 가는 현상이다.

② 분화과정: **유전적 변이(자연교잡, 돌연변이)** → 환경에 의한 도태→ 순화(적응) → **격절, 고립**

　　㉠ 작물 **첫 단계 분화과정은 자연교잡과 돌연변이에 의한 유전적 변이의 발생**이다.

　　㉡ 새로 생긴 유전형은 도태와 적응을 통하여 생활하게 되고 특정 생태조건에서 순화한다. 야생식물이 오랜 세월에 걸쳐 특정한 재배조건에서 적응과 선발을 가져오는 동안 그 환경에 적응하여 특성이 변화된 것이 순화이다.

　　㉢ 야생식물의 재배화되는 특성: 종자의 발아가 빠르고 균일, 종자의 휴면성·탈립성·종자 산포능력 등이 약해지며 털·가시·돌기 등과 같은 식물 방어적 구조가 퇴화나 소실된다.

③ **분화의 최종과정: 격절** 또는 **고립이다.**

　　㉠ 각각의 적응형들이 여러 세대를 거치면서 유전적인 안정상태를 유지하게 되면 적응형 상호 간에 교배가 불가능하여 서로 다른 종으로 분리된다.

　　㉡ 격절(隔絶)의 종류

　　　• 지리적 격절: 지리적으로 분리되어 유전적 교류가 불가능하다.

　　　• 생리적 격절: 개화기의 차이, 교잡불능 등의 원인으로 유전적 교류가 불가능하다.

　　　• 인위적 격절: 인위적으로 유전적 순수성을 유지하기 위하여 다른 유전형과의 교섭을 방지한다.

(2) 작물의 다양성과 유연관계

① 작물의 유연관계는 외형적인 것보다는 내부 유전적인 영향이 더 크다.

② 식물의 근연관계가 멀수록 교배에 의한 잡종 종자가 만들어지기 어렵다.

③ 유연관계 파악법

　　㉠ 교잡에 의한 방법: 식물 간의 관계가 멀수록 종자가 생기기 어렵기 때문에 종자형성 유무에 근거하여 유연관계를 파악한다.

　　㉡ 염색체에 의한 방법: 염색체수의 계통적인 배수 관계를 구명하여 유연관계를 판정한다.

　　㉢ 면역학적 방법: 종자에 함유된 단백질의 특성을 검정하여 유연관계를 판정한다.

(3) 식물형질의 변화

① 게놈(Genom) : 서로 다른 종의 밀을 교배한 잡종의 염색체 수 유전연구에서 염색체의 기본 수를 말하며 일본의 육종학자 기하라가 개념을 얘기하였다.

② 밀의 형질변화

♀ 재배밀의 분류와 주요 특성

분류	게놈조성	염색체 수	배수성	비고
1립계	AA	14	2배체	특수지역에서만 재배
2립계	AABB	28	이질 4배체	엠머밀, 마카로니밀, 듀럼밀
티모피비계	AAGG	28	이질 4배체	티모피비밀
보통계	AABBDD	42	이질 6배체	− 주로 이용하는 빵밀 − 총 생산량의 90% 이상

㉠ 세계에서 재배되는 밀 : 23종
- 1립계(*Triticum monococcum*) : $2n = 14$
- 2립계(*Triticum dicoccum, T. durum, T. turgidum*) : $2n = 28$
- 티모피비계(*T. timopheevi*) : $2n = 28$
- 보통계(*T. aestivum*) : $2n = 42$

㉡ 밀의 용도
- 스파게티 제조에 알맞은 것은 2립계의 마카로니밀과 듀럼밀이다.
- 1립계 밀과 2립계의 엠머밀 그리고 티모피비계 밀은 특수한 지역에서 소규모로 재배한다.
- 보통계 밀은 이 다른 식물 간의 자연교배에 의하여 분화되었고, 가장 널리 재배되는 빵밀, 보통계 밀이 전 생산량의 90% 이상을 차지한다.

㉢ 보통계 밀의 탄생
- 코카서스지방에서 근동지방 사이에 분포되어 있던 야생 1립게 밀(AA게놈)과 개밀(*Aegilops*속, BB게놈) 간 자연교배로 2립계 밀(AABB의 게놈)이 출현하였다.
- 이 2립계 밀과 코카서스지방에서 이란 북부지방에 걸쳐 분포되어 있던 또 다른 종류의 개밀(*Aegilops squarrosa*, DD게놈)이 자연 교배되고 그 잡종식물의 염색체 배가에 의해서 게놈조성이 AABBDD인 보통계 밀이 탄생하였다.
- 보통계 밀(AABBDD)은 건조와 저온건조에 잘 적응하며 글루텐(gluten) 단백질을 많이 함유하고 있어 빵을 만드는 데 적당하다는 장점을 가졌다. 이스트를 첨가하면 밀가루가 부풀어 빵이 잘 만들어지는 특성은 D게놈으로부터 온 것이다.

Chapter 03 재배현황

1 국내·외 농지재배 환경과 특징

1. 세계 농업인구

현재 총인구의 약 41%가 농업인구이지만(2005년), 농업인구는 계속 감소하고 있다.

2. 세계의 곡물생산량

(1) 세계 경작의 50% 이상을 차지하는 곡물 : 쌀, 밀, 옥수수(세계 3대 식량작물)

(2) **쌀**은 아시아가 전세계 90%를 생산한다. **밀**은 북미, 유럽, 오세아니아가 주생산지이다. **옥수수**는 미국에서 전세계의 1/3을 생산한다.
  ① 재배면적 : 밀 > 벼 > 옥수수
  ② 생산량 : 옥수수 > 밀 > 벼

3. 국내 작물재배의 특색

(1) 농지 중에서 초지가 적다.

(2) 경지이용률이 낮다 : 23%(세계평균 37%)

(3) 윤작이 미흡하다.

(4) 지력이 낮다.

(5) 기상재해가 크다.

(6) 영세경영의 다비(多肥)농업이며 전업농가가 많다.

(7) 집약농업에서 생력농업으로의 전환기에 있다.

(8) 주곡 농업이면서 해외에서 도입이 많다.

(9) 식량자급률이 낮고, 양곡도입량이 많다.

(10) 농산품의 국제경쟁력이 약하다.

2 우리나라 식량작물 생산현황

1. 옥수수, 밀, 콩의 생산이 크게 부족하여 사료용을 포함한 전체 곡물자급률은 30% 미만으로 매우 낮다.

2. 사료용을 포함한 곡물의 전체 자급률은 서류 > 보리쌀 > 두류 > 옥수수 순이다.

3. 곡물도입량은 옥수수 > 밀 > 콩 > 쌀 순이다.

4. 쌀을 제외한 생산량은 서류 > 맥류 > 두류 > 잡곡 순이다.

Part 01 재배개설

🪴 단원 정리 문제

001 작물의 기원에 대하여 옳은 설명은?

① 오늘날 재배되고 있는 작물은 개량·육종된 식물이 발달해온 것이다.
② 오늘날 재배되고 있는 작물은 야생식물에 기원을 두고 있다.
③ 오늘날 재배되고 있는 작물은 기존 재배작물 중에서 선발한 것이다.
④ 오늘날 재배되고 있는 작물은 야생식물을 직접적으로 이용하고 있다.

002 Vavilov가 주장한 유전자 중심지설의 내용이 아닌 것은?

① 농작물의 발생 중심지에는 변이가 많이 축적되어 있다.
② 발생 중심지에서 멀어질수록 우성형질이 점점 많아진다.
③ 2차 중심에는 열성형질을 보유하는 형이 많이 존재한다
④ 농작물의 발생 중심지에는 우성형질을 많이 보유하고 있다.

003 작물 분화의 첫 과정과 마지막 과정이 알맞게 짝지어진 것은?

① 유전적 변이 – 격절
② 격절 – 안정
③ 적응 – 도태
④ 유전적 변이 – 도태

004 식물자체의 교잡 불능으로 유전자의 교환이 일어나지 않아서 분화과정이 발생하지 않는 것을 무엇이라 하는가?

① 지리적 격절
② 생리적 격절
③ 인위적 격절
④ 환경적 격절

005 작물의 유연관계를 잘못 설명한 것은?

① 작물의 유연관계는 외적인 것보다 내부 유전적인 영향이 더 크다.
② 교잡할 경우 유연성이 멀수록 잡종 종자가 생기기 어렵다.
③ 염색체의 수가 염기서열로 작물의 유연관계를 알 수 있다.
④ 근연관계일수록 유전적 다양성이 크다.

006 일반(야생)식물에 비하여 식용작물이 가지고 있는 특징이 아닌 것은?

① 환경에 적응성이 약하다.
② 특수부분이 발달되어 있다.
③ 많은 비료를 요구한다.
④ 잡초와의 생존경쟁에 있어서 유리하다.

007 원예작물의 특징이 아닌 것은?

① 인간에게 영양소를 제공한다.
② 가격이 안정되어 있어 수익성이 크다
③ 집약적인 재배를 통하여 재배된다.
④ 관상가치를 지니고 있다.

008 작물의 종류에 포함되지 않는 식물은?

① 공예작물　　　　　　② 녹비작물
③ 원예작물　　　　　　④ 야생작물

정답찾기

001 ② 육종을 통하여 야생식물을 개량한 것이 작물의 기원이 된다.
002 ② 발생 중심지에 가까울수록 우성형질과 많은 변이가 축적되어 있다.
003 ① 분화과정은 '돌연변이 → 도태와 적응 → 순화 → 격절 또는 고립' 순이다.
004 ② 생리적 격절 이외에 개화기의 차이, 암수술의 서로 다른 위치 등이 있다.

005 ④ 근연관계일수록 유전자 조성이 유사하여 다양성은 떨어진다.
006 ④ 식용작물은 인간이 특정기관을 집중적으로 발달시킨 종으로서 환경에 대한 적응성과 생존경쟁력이 떨어진다.
007 ② 기후의 영향 등으로 가격이 불안정하고 채소·과수는 영양소를 제공하고 화훼류는 관상가치가 있다.
008 ④ 야생식물을 개량한 것이 작물이다.

정답　001 ②　002 ②　003 ①　004 ②　005 ④　006 ④　007 ②　008 ④

009 공예작물에 포함되지 않는 식물은?

① 유료　　　　　　　　　　　② 약료
③ 당료　　　　　　　　　　　④ 비료

010 종자식물에 포함되지 않는 식물은?

① 고사리류(양치류)　　　　　② 단자엽(외떡잎)식물
③ 나자(겉씨)식물　　　　　　④ 피자(속씨)식물

011 작물의 수량을 결정하는 3요소를 고르시오.

① 환경, 유전, 재배기술　　　② 자본, 재배기술, 유전
③ 자본, 환경, 재배기술　　　④ 재배기술, 시장, 환경

012 다음 중 곡숙류에 포함되지 않는 작물은?

① 벼　　　　　　　　　　　　② 옥수수
③ 콩　　　　　　　　　　　　④ 땅콩

013 과수류 중에서 핵과류에 포함되지 않는 식물은?

① 복숭아　　　　　　　　　　② 살구
③ 앵두　　　　　　　　　　　④ 밤

014 작물의 분류에서 잡곡에 포함되는 것은?

① 메밀　　　　　　　　　　　② 호밀
③ 자운영　　　　　　　　　　④ 콩

015 세계 3대 작물은?

① 옥수수, 콩, 벼　　　　　　② 밀, 옥수수, 벼
③ 감자, 벼, 옥수수　　　　　④ 벼, 옥수수, 보리

01

016 세계에서 경지면적이 가장 넓은 나라는?

① 인도   ② 중국

③ 캐나다   ④ 미국

017 세계에서 쌀 생산량이 가장 많은 나라는?

① 인도   ② 중국

③ 캐나다   ④ 미국

018 세계 3대 식용작물 중 가장 많은 생산량과 가장 넓은 재배면적을 차지하고 있는 작물이 알맞게 짝지어진 것은?

① 옥수수 – 밀   ② 밀 – 옥수수

③ 벼 – 옥수수   ④ 벼 – 밀

019 우리나라 농지 및 토지 현황을 잘못 설명한 것은?

① 농경지는 개간이나 간척 등에 의해 많이 조성되었지만 전체 면적은 감소하고 있다.
② 농가당 경지면적은 점차 감소하고 있다.
③ 작물별 경지이용면적은 식용작물이 차지하는 비율이 가장 크다.
④ 경지면적에서 밭보다는 논의 비중이 크다.

🌾 **정답찾기**

009 ④ 녹비작물이 비료로 이용된다.

010 ① 고사리류는 종자가 형성되지 않고 포자로 번식하는 식물이다.

011 ① 최적의 환경에서 우량한 품종을 알맞은 재배기술로 가꾸어야 수량이 증대된다.

012 ④ 땅콩은 유료작물이다.

013 ④ 밤은 각과류(견과류)이다.

014 ① 조, 피, 기장, 수수, 옥수수, 메밀 등은 잡곡으로 분류한다. 호밀은 맥류, 콩은 두류, 자운영은 녹비작물이다. ②, ③, ④는 녹비작물에 포함된다.

015 ②

016 ④ 미국 > 인도 > 중국 순으로 경지면적이 넓다.

017 ② 중국 > 인도 > 인도네시아 순으로 쌀 생산량이 많다.

018 ① 세계 3대 식량작물은 쌀, 밀, 옥수수이고, 재배면적은 밀 > 벼 > 옥수수 순이며, 생산량은 옥수수 > 밀 > 벼의 순이다.

019 ② 농가당 경지면적은 점차 증가하고 있지만 영세하다.

정답   **009** ④   **010** ①   **011** ①   **012** ④   **013** ④   **014** ①   **015** ②   **016** ④   **017** ②   **018** ①   **019** ②

020 작물의 분화과정에서 생리적 고립이란 무엇인가?

① 상호 간 지리적으로 격리되어 유전적 교섭이 방지되는 것
② 개화기의 차이에 의해서 유전적 교섭이 방지되는 것
③ 모든 환경에 순화되는 것
④ 환경에 적응력이 강하게 발달하는 것

021 다음 재배형식에 따른 분류 중 식량생산과 가축사료의 생산을 서로 균형 있게 생산하는 농업은?

① 식경
② 곡경
③ 포경
④ 원경

022 재배·이용에 따른 분류 중 잔디류처럼 토양을 덮는 작물로 토양침식을 막아주는 작물을 무엇이라 하는가?

① 자급작물
② 중경작물
③ 휴한작물
④ 피복작물

정답찾기

020 ② 개화기의 차이, 교잡불임 등의 생리적 원인에 의하여 같은 장소에 있으면서도 유전적으로 교섭이 방지되는 것이다.

021 ③ 식량과 사료를 균형있게 생산하는 농업으로 유축(有畜)농업이라고도 한다.

022 ④
① 자급작물 : 자급을 위하여 재배하는 작물
② 중경작물 : 작물의 생육 중 반드시 중경을 해주어야 하는 작물로서 잡초가 경감되는 특징
③ 휴한작물 : 경지를 휴작하는 대신 재배하는 작물, 지력 유지 목적으로 작부체계를 세워 윤작하는 작물

정답 **020** ② **021** ③ **022** ④

🌱 핵심 기출문제

001 작물에 대한 설명으로 옳지 않은 것은?   16. 국가직 9급

① 야생식물보다 재해에 대한 저항력이 강하다.
② 특수부분이 발달한 일종의 기형식물이다.
③ 의식주에 필요한 경제성이 높은 식물이다.
④ 재배환경에 순화되어 야생종과는 차이가 있다.

002 다음 중 농업의 일반적 특징이 아닌 것은?   13. 국가직 9급

① 자연의 제약을 많이 받는다.
② 자본의 회전이 늦다.
③ 생산조절이 쉽다.
④ 노동의 수요가 연중 불균일하다.

003 야생식물의 작물화 과정에서 일어나는 변화에 대한 설명으로 옳은 것은?   12. 국가직 9급

① 성숙 시 종자의 탈립성이 증가하여 종의 보존기회가 증가하였다.
② 특정의 수확 대상 부위가 기형으로 발달하여 야생식물보다 생존경쟁력이 강해졌다.
③ 종자는 발아억제물질이 감소되어 휴면성이 약화되었다.
④ 발아와 개화기가 다양하여 불량환경에 대한 적응성이 높아졌다.

🌾정답찾기

001 ① 작물은 야생식물에 비해 생존 경쟁에 약하므로 인위적 관리가 수반되어야 한다.

002 ③ 농업은 생산조절이 곤란하다.

003 ③ 야생종이 탈립성이 강하다. 작물은 야생식물에 비해 생존경쟁에 약하며 재배환경에 순화되어 있다.

정답   **001** ①   **002** ③   **003** ③

004 식물의 진화와 작물의 특징에 대한 설명으로 옳지 않은 것은? 17. 국가직 9급

① 지리적으로 떨어져 상호 간 유전적 교섭이 방지되는 것을 생리적 격리하고 한다.
② 식물은 자연교잡과 돌연변이에 의해 자연적으로 유전적 변이가 발생한다.
③ 식물종은 고정되어 있지 않고 다른 종으로 끊임없이 변화되어 간다.
④ 작물의 개화기는 일시에 집중하는 방향으로 발달하였다.

005 우리나라 작물재배의 특색으로 옳지 않은 것은? 18. 국가직 9급

① 작부체계와 초지농업이 모두 발달되어 있다.
② 모암과 강우로 인해 토양이 산성화되기 쉽다.
③ 사계절이 비교적 뚜렷하고 기상재해가 높은 편이다.
④ 쌀을 제외한 곡물과 사료를 포함한 전체 식량자급률이 낮다.

006 작물이 재배형으로 변화하는 과정에서 생겨난 형태적·유전적 변화가 아닌 것은?

20. 지도직

① 기관의 대형화   ② 종자의 비탈락성
③ 저장전분의 찰성   ④ 종자 휴면성 증가

007 작물은 야생식물로부터 진화하여 인간이 관리하는 환경에 적응하게 되었다. 이때 작물이 야생종과 달라지게 된 특징들 중 옳지 않은 것은? 10. 국가직 9급

① 휴면성이 강해졌다.
② 탈립성이 감소되었다.
③ 곡물의 경우 종자의 크기가 커졌다.
④ 종자 중의 단백질 함량은 감소하고 탄수화물 함량이 높아졌다.

008 우리나라 작물재배의 특징에 대한 설명으로 옳지 않은 것은? 12. 지방직 9급

① 콩과작물을 도입한 장기 윤작체계를 갖추기 못했다.
② 쌀과 옥수수는 국내생산이 충분하나 밀과 콩은 거의 외국으로부터 수입에 의존한다.
③ 경영규모가 영세하면 쌀 중심의 집약농업이다.
④ 토양은 화강암이 넓게 분포한데다 여름철 집중강우로 무기양분이 용탈되어 토양비옥도가 낮은 편이다.

009 지리적 기원지가 아메리카 대륙인 작물로만 묶인 것은?　　　14. 국가직 9급

① 콩, 고구마, 감자
② 옥수수, 고추, 수박
③ 감자, 옥수수, 고구마
④ 수박, 콩, 고추

010 작물별 수량구성요소에 대한 설명으로 옳지 않은 것은?　　　17. 국가직 9급

① 화곡류의 수량구성요소는 단위면적당 수수, 1수영화수, 등숙률, 1립중으로 구성되어 있다.
② 과실의 수량구성요소는 나무당 과실수, 과실의 무게(크기)로 구성되어 있다.
③ 뿌리작물의 수량구성요소는 단위면적당 식물체수, 식물체당 덩이뿌리(덩이줄기)수, 덩이뿌리(덩이줄기)의 무게로 구성되어 있다.
④ 성분을 채취하는 작물의 수량구성요소는 단위면적당 식물체수, 성분 채취부위의 무게, 성분 채취부위의 수로 구성되어 있다.

011 식물영양과 재배의 발달에 대한 설명으로 옳지 않은 것은?　　　15. 국가직 9급

① Liebig는 무기영양설과 최소율법칙을 제창하였다.
② Morgan은 비료 3요소 개념을 명확히 하고 N, P, K가 중요한 원소임을 밝혔다.
③ Kurosaws는 벼의 키다리병을 일으키는 원인물질을 지베렐린이라고 명명하였다.
④ Pokorny가 최초의 화학적 제초제로 2,4 - D를 합성하였다.

🌾 정답찾기

004 ① 지리적 격리는 지리적으로 멀리 떨어져 있어서 상호 간 유전적 교섭이 방지되는 것이다. 생리적 격리는 개화기의 차이, 교잡불임 등의 생리적 원인에 의하여 같은 장소에 있으면서도 유전적 교섭이 방지되는 것이다.

005 ① 작부체계와 초지농업이 모두 발달하지 못하였다.

006 ④ 작물화 과정에서 종자는 발아억제물질이 감소되어 휴면성이 약화되었다.

007 ① 야생식물의 작물화 과정에서 종자는 발아억제물질이 감소되어 휴면성이 약화되었다.

008 ② 쌀 위주의 집약농업으로 쌀을 제외한 곡물과 사료를 포함한 전체 식량자급률이 낮다.

009 ③

010 ④ 성분을 채취하는 작물의 수량구성요소는 단위면적당 식물체수, 성분 채취부위의 무게, 성분 채취부위의 함량으로 구성된다.

011 ② T.H. Morgan은 1908년 초파리 실험으로 반성유전을 발견하였다.

정답　　004 ①　　005 ①　　006 ④　　007 ①　　008 ②　　009 ③　　010 ④　　011 ②

012 식물의 진화와 작물로서의 특징을 획득하는 과정을 순서대로 바르게 나열한 것은?

10. 지방직 9급

① 도태 → 유전적 변이 발생 → 적응 → 순화
② 유전적 변이 발생 → 순화 → 격리 → 적응
③ 유전적 변이 발생 → 적응 → 순화 → 격리
④ 적응 → 유전적 변이 발생 → 격리 → 순화

013 한 포장 내에서 위치에 따라 종자, 비료, 농약 등을 달리함으로써 환경문제를 최소화하면서 생산성을 최대로 하려는 농업은?

17. 국가직 9급

① 생태농업 　　　　　　② 정밀농업
③ 자연농업 　　　　　　④ 유기농업

014 정밀농업의 목적으로 옳지 않은 것은?

12. 국가직 9급

① 환경오염의 최소화
② 농업생산비의 절감
③ 무농약 재배법의 실현
④ 농산물 안전성 확보

015 친환경 농업기술에 대한 설명으로 옳지 않은 것은?

11. 지방직 9급

① 작물 포장의 지력 차이를 고려하여 변량시비를 한다.
② 지역의 기후와 토양에 잘 적응한 작물을 재배한다.
③ 침식 및 잡초방제를 위하여 피복작물을 재배한다.
④ 수량성의 향상과 생력화를 위하여 단작재배를 한다.

016 우리나라 벼의 평균수량 결정요인 중 가장 중요한 요인은?

18. 지도직

① 환경요인 　　　　　　② 유전요인
③ 재배요인 　　　　　　④ 기상요인

017 유기농업은 친환경농업의 한 유형으로 실시되고 있다. 그 내용에 해당하지 않는 것은?

18. 지방직 9급

① 토양분석에 따른 화학비료의 정밀 사용
② 작부체계 내 두과작물의 재배
③ 병해충 저항성 작물 품종의 이용
④ 윤작에 의한 토양 비옥도 개선

018 친환경농업, 유기농업, 친환경농산물에 대한 설명으로 옳지 않은 것은?　　20. 지방직 7급

① 친환경농업이란 농업과 환경을 조화시켜 농업의 생산을 지속가능하게 하는 농업형태이다.
② 유기농업은 화학비료와 유기합성농약을 사용하지 않아야 한다.
③ 친환경농산물은 농산물우수관리제도와 농산물 이력추적관리제도를 통하여 소비자가 알 수 있도록 해야 한다.
④ 친환경농업의 기본 패러다임은 장기적인 이익 추구, 개발과 환경의 조화, 단일작목 중심이다.

🌾정답찾기

012 ③ 식물의 진화 순서는 유전적 변이 → 도태 → 적응 → 격리(고립)이다.

013 ② 정밀농업(精密農業)은 작물 재배에 영향을 미치는 요인에 관한 정보를 수집하고 그에 대한 정밀 분석을 통하여 불필요한 농자재 및 작업을 최소화하면서 작물 생산 관리의 효율을 최적화하는 농업을 말한다.

014 ③ 정밀농업은 한 포장 내에서 위치에 따라 종자, 비료, 농약 등을 달리함으로써 환경문제를 최소화하면서 생산성을 최대로 하려는 농업이다.

015 ④ 친환경농업의 기본 패러다임은 단기적인 것이 아닌 장기적인 이익추구, 개발과 환경의 조화, 단일작목 중심이 아닌 순환적 종합농업체계, 생태계의 물질 순환 시스템을 활용한 조화된 고도의 농업기술이다.

016 ② 우수한 유전성을 지닌 작물의 품종을 육성하여 더욱 양호한 재배환경을 조성하고 작물의 생육이 더욱 잘 되게 여러 가지 재배기술을 적용할 때 최대의 수량을 얻을 수 있다.

017 ① 유기농업은 화학비료, 유기합성 농약, 생장조절제, 제초제, 가축사료 첨가제 등 일체의 합성화학 물질을 사용하지 않거나 줄이고 유기물과 자연광석, 미생물 등 자연적인 자재만을 사용하는 농업이다.

018 ④ 친환경농업의 기본 패러다임은 단기적인 것이 아닌 장기적인 이익추구, 개발과 환경의 조화, 단일작목 중심이 아닌 순환적 종합농업체계, 생태계의 물질 순환 시스템을 활용한 조화된 고도의 농업기술이다.

정답　　**012** ③　　**013** ②　　**014** ③　　**015** ④　　**016** ②　　**017** ①　　**018** ④

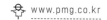

019 환경친화형 농업에 관한 설명으로 옳지 않은 것은?   13. 국가직 9급

① 농업과 환경을 조화시켜 농업생산을 지속가능하게 하는 농업이다.
② 농업환경을 보전하기 위한 단기적이고 단일작목 중심의 농업이다.
③ 농업생산의 경제성을 확보하고 환경보존과 농산물의 안전성을 추구하는 농업이다.
④ 농업생태계의 물질순환시스템과 작부체계 등을 활용한 고도의 농업기술이다.

020 유전자중심설에 대한 설명으로 옳지 않은 것은?   11. 지방직 9급

① 중심지에서는 우성형질이 많아 식물종의 변이가 다양하지 못하다.
② Vavilov가 주장했다.
③ 우성유전자들의 분포 중심지를 원산지로 추정하기 때문에 우성유전자중심설이라고도 불린다.
④ 중심지에서 멀어질수록 열성형질이 많이 나타난다.

021 작물의 분류에 대한 설명으로 옳지 않은 것은?   18. 국가직 9급

① 용도에 따른 분류에서 토마토는 과수작물이다.
② 작부방식에 따른 분류에서 메밀은 구황작물이다.
③ 생육적온에 따라 분류하면 감자는 저온작물에 해당한다.
④ 생존연한에 따라 분류하면 가을밀은 월년생 작물에 해당한다.

022 재배 및 이용면에 따른 분류에 속하지 않는 것은?

① 대파작물   ② 구황작물
③ 자급작물   ④ 포복형 작물

023 작물의 분류에 대한 설명으로 옳지 않은 것은?   15. 국가직 9급

① 산성토양에 강한 작물을 내산성 작물이라고 한다.
② 농가에서 소비하기보다는 판매하기 위하여 재배하는 작물을 환금작물이라고 한다.
③ 벼, 맥류 등과 같이 식물체가 포기를 형성하는 작물을 주형작물이라고 한다.
④ 휴한하는 대신 클로버와 같은 두과식물을 재배하면 지력이 좋아지는 효과를 볼 수 있는데, 이러한 작물을 대파작물이라고 한다.

01

024 작물의 분류에 대한 설명으로 옳지 않은 것은? 17. 서울시

① 자운영, 아마, 베치 등의 작물을 녹비작물이라고 한다.
② 맥류, 감자와 같이 저온에서 생육이 양호한 작물을 저온작물이라고 한다.
③ 티머시, 알팔파와 같이 하고현상을 보이는 목초를 한지형 목초라고 한다.
④ 사료작물 중에서 풋베기하여 생초로 이용하는 작물을 청예작물이라고 한다.

025 작물의 일반적인 용도에 의한 분류에서 그 예로 바르게 연결되지 않은 것은? 17. 지도직

① 맥류 – 보리, 밀, 귀리, 호밀
② 섬유류 – 목화, 자운영, 우엉
③ 기호류 – 차, 담배
④ 협채류 – 완두, 강낭콩, 동부

026 작물의 생존연한에 대한 설명으로 옳지 않은 것은? 12. 국가직 9급

① 종자를 봄에 파종하여 그해 안에 성숙하는 작물을 1년생 작물이라 한다.
② 가을에 파종하여 이듬해 늦봄이나 초여름에 성숙하는 작물을 2년생 작물이라 한다.
③ 생존연한과 경제적 이용연한이 여러 해인 작물을 다년생 작물이라 한다.
④ 1년생 작물은 여름작물이 많고, 월년생 작물은 겨울작물이 많다.

정답찾기

019 ② 환경친화농업은 장기적인 이익추구, 개발과 환경의 조화, 단작이 아닌 순환적 종합농업체계, 생태계 메커니즘을 활용한 고도의 농업기술이다.
020 ① 농작물의 발생중심지에는 변이가 다수 축적되어 있으며 유전적으로 우성형질을 보유하는 형이 많다.
021 ① 용도에 따른 분류에서 토마토는 채소작물에서 과채류에 속한다.
022 ④ 포복형 작물은 생태적 분류에 속한다.
023 ④ 휴한작물은 휴한하는 대신 클로버와 같은 두과식물을 재배하면 지력이 좋아지는 효과를 볼 수 있는 작물이다. 대파작물은 가뭄이 심해서 벼를 못 심고 대신 메밀 등을 파종하는 등 주작물을 대신 재배하는 작물이다.
024 ① 아마는 섬유작물이다. 녹비작물은 화본과 – 귀리, 호밀 등, 콩과 – 자운영, 베치 등이다.
025 ② 자운영은 사료작물에, 우엉은 근채류에 속한다.
026 ② 봄에 파종하여 다음 해에 성숙, 고사하는 작물은 2년생 작물이다.

027 용도에 따른 작물별 분류와 그에 속하는 작물을 모두 옳게 짝지은 것은? 20. 지방직 7급

① 화곡류 – 보리, 녹비작물 – 호밀, 핵과류 – 복숭아
② 잡곡 – 옥수수, 인과류 – 딸기, 초본화훼류 – 국화
③ 맥류 – 메밀, 약용작물 – 박하, 섬유작물 – 삼
④ 전분작물 – 고구마, 유료작물 – 아주까리, 협채류 – 배추

028 작물 생존연한에 따라 분류하였을 때 2년생 작물로 옳은 것은?

① 벼, 옥수수
② 가을보리, 가을밀
③ 무, 사탕무
④ 호프, 아스파라거스

029 작물의 생태적 분류에 대한 설명으로 옳지 않은 것은? 17. 지방직 9급

① 아스파라거스는 다년생 작물이다.
② 티머시는 난지형 목초이다.
③ 고구마는 포복형 작물이다.
④ 식물체가 포기를 형성하는 작물을 주형작물이라고 한다.

정답찾기

027 ①
② 화곡류(잡곡) – 옥수수, 장과류 – 딸기, 초본화훼류 – 국화
③ 화곡류(잡곡) – 메밀, 약용작물 – 박하, 섬유작물 – 삼
④ 전분작물 – 고구마, 유료작물 – 아주까리, 엽채류 – 배추

028 ③ 1년생 작물은 벼, 콩, 옥수수이고, 월년생 작물은 가을보리, 가을밀이며 2년생 작물은 무, 사탕무, 다년생 작물은 호프, 아스파라거스, 목초류 등이 있다.

029 ② 한지형 목초는 서늘한 환경에서 생육이 양호하고 여름철의 고온기에는 생육이 정지되거나 말라죽는 하고현상을 모이는 목초이다.

정답   **027** ①   **028** ③   **029** ②

합격까지 함께
농업직 만점 기본서

박진호 재배학(개론)

작물의 유전성

작물의 품종

1 작물의 품종과 계통

1. 품종(品種)

(1) **품종(cultivar, variety)은 다른 것과 구별되는 유전적으로 구별되는 특성을 가지고, 그 특성이 균일하며, 세대가 진전되어도 균일한 특성이 변화하지 않는 개체군이다.**

(2) 품종은 작물의 기본단위이면서 재배적 단위로서 특성이 균일한 농산물을 생산하는 집단(개체군)이다.

(3) 각 품종마다 특성이나 유래 등을 나타내는 고유한 이름을 가진다.

(4) 작물의 품종은 내력, 재배, 이용 또는 형질의 특성에 따라 여러 그룹으로 나눈다.

(5) 작물육종은 중요한 작물의 형질 유전능력을 개량한 우량품종을 육성하여 식량증산과 농업 관련 산업발전에 역할을 한다.

(6) 우리나라에서는 벼 · 보리 · 콩 · 옥수수 · 감자 등 농업생산의 안정상 중요한 작물에 대해 재배적 특성이 우수한 우량품종을 국가품종목록에 등재하도록 하고, 등재된 품종만을 생산 · 판매할 수 있도록 하고 있다.(종자산업법 품종성능관리제도)

(7) 소수 우량품종만을 재배함으로써 유전적 다양성이 풍부한 재래품종들이 사라지는 유전적 침식(*genetic erosion*)이 심화되고, 기상재해와 병충해에 큰 피해를 입는 유전적 취약성을 지닌다.

(8) 품종이 재배식물의 생산성 증가에 기여하는 정도는 50% 내외로 중요한 요인이다.(우리나라에서 벼의 수량을 결정 요인 : 품종 51%, 재배요인 26%, 기상요인 23%)

2. 계통(系統)

(1) **품종을 재배하는 동안 이형유전자형 분리 · 자연교잡 · 돌연변이 · 이형종자의 기계적 혼입 등에 의해 품종 내에 유전적 변화가 일어나 새로운 특성을 가진 변이체가 생기게 되고, 변이체의 자손을 계통(*line, strain*)이라 한다.**

(2) 일반적인 계통의 뜻은 품종 육성을 위해 인위적으로 만든 잡종집단에서 특성이 다른 개체를 선발하여 증식한 개체군을 말한다.

(3) **계통 중에서 유전적으로 고정된 것(동형접합체)을 순계(純系, *pure line*)라고 하며, 자식성작물은** 우량한 순계를 골라 신품종으로 육성한다. 오랜 기간 계속적인 자가수정에 의하여 유전적인 형질이 균일한 개체가 순계이다.

(4) **영양번식작물에서 변이체를 골라 증식한 개체군을 영양계(*clone*)라고 한다.** 영양계는 유전적으로 잡종상태(이형접합체)라도 영양번식에 의해 그 특성이 유지되기 때문에 **우량한 영양계는 그대로 신품종이 된다.**

2 신품종의 특성과 구비조건

1. 품종의 특성

(1) **특성과 형질**

① **특성**: 특정 품종을 다른 품종과 구별하는데 필요한 특징이다.

② **형질**: 특성을 표현하기 위하여 측정의 대상이 되는 작물의 형태적·생태적·생리적 요소이다.

　㉠ **양적형질**: 수치로 표현할 수 있는 것 예 길이, 넓이, 무게 등

　㉡ **질적형질**: 수치로 표현할 수 없는 것 예 꽃색, 향기 등

③ 작물의 키와 출수기 등은 형질이고, 키의 장간·단간, 숙기의 조생·만생은 품종의 특성이다.

④ 작물의 재배·이용상 중요한 형질은 생산성, 품질, 저항성, 적응성 등으로 나누며, 품종에 따라 고유한 특성을 보인다.

(2) **작물의 재배·이용상 중요한 형질**

① **생산성**

　㉠ 다수성 품종을 위한 생산성의 관여요인은 초형, 저장기관의 크기, 광합성 산물의 이전효율, 내비성, 내도복성 등이 관여한다.

　㉡ 통일형 벼품종이 일반형보다 다수성인 것은 단간직립초형으로 내도복성, 좋은 수광태세, 단위면적 당 영화수(穎花, 이삭수)가 많고, 광합성 능력과 광합성산물의 이전효율이 높기 때문이다.

② **품질요소**: 외관특성(모양, 색깔), 소비특성(식미, 성분), 유통특성(수분함량, 저장성), 가공특성(도정비율, 전분가), 기능성 물질함유(플라보노이드, 토코페롤, GABA) 등이 중요한 품질요소이다.

③ **저항성**

　㉠ 저항성 품종으로 합성농약 사용의 문제점을 해결하고 방제비용과 노력을 절감한다.

　㉡ 경제적·환경적 측면에서 내병성·내충성 품종의 개발이 필요하다.

　㉢ **환경친화형 저항성 품종개발**: 재배 안정성과 농약사용 절감 등 친환경적인 저항성 품종 개발이 활발히 이루어지고 있다.

　㉣ **유기농업용 저항성 품종개발**: 농약사용이 금지되어있는 유기농업에서는 양적형질이 조금 저하되어도 내병·내충성 종자가 개발이 필요하다.

④ **적응성**

　㉠ 지리적, 생력·기계화, 생태적 적응성 등이 있다.

　㉡ 지리적 적응성에는 숙기(조만성)가 관여하는데, 북부지방의 벼는 조생종을 심어야 가을 저온이 오기 전에 수확한다.

　㉢ 벼의 직파재배는 육묘, 모내기에 비해 생력효과가 큰데, 직파적응성 품종은 저온발아성이 높고 초기 생장이 좋아야 한다.

> 벼의 저항성과 적응성의 예
> 1. **상미벼(조생종)** : 도열병저항성
> 2. **화성벼(중생종)** : 줄무늬잎마름병 저항성, 내냉성, 만식적응성을 구비
> 3. **일품벼(중만생종)** : 내냉성, 내도복성, 만식적응성을 구비

2. 품종의 분류

(1) 내력에 따른 분류

① 재래품종(지방품종) : 특정 나라·지방에서 예전부터 재배되어진 품종이다.

② 육성품종(개량품종) : 육종을 통하여 육성된 품종이다.

③ 도입품종(외래품종) : 외국에서 도입된 품종이다.

(2) 특성에 따른 분류

① 성숙기 기준 : 조생종, 중생종, 만생종으로 나눈다.

② 간장(稈長) 기준 : 장간종(長稈種), 단간종(短稈種)으로 나눈다.

③ 저항성 기준 : 내병성·내충성·내습성·내비성 품종 등이다.

(3) 작부체계에 따른 분류

① 벼 : 조기재배용·조식재배용·만식적응성 품종으로 나눈다.

② 보리의 경우 : 추파품종

(4) 이용성에 따른 분류

① 보리 : 일반용·맥주용 품종

② 고구마 : 식용·사료용·공업용 품종

3. 신품종의 구비조건(DUS)

(1) **구별성(distinctness)**

신품종의 한 가지 이상의 특성이 기존의 알려진 품종과 뚜렷이 유전적으로 구별되는 것이다.

(2) **균일성(uniformity)**

신품종의 특성이 재배·이용상 지장이 없도록 균일한 것이다.

(3) **안정성(stability)**

세대를 반복해도 신품종의 특성이 유지된다.

신품종이 '보호품종'으로 보호받으려면 신규성·구별성·균일성·안정성·고유한 품종명칭 등 다섯 가지의 품종보호요건을 갖추어야 한다.

(4) 신품종에 대해 국가기관(국립종자원)에 품종보호권을 설정·등록하면 그 신품종은 '보호품종'이 되어 일정기간 동안 법적 보호를 받게 된다.

(5) 종자산업법에 의한 육성자의 권리보호는 신품종 육성의 지적재산권이며 이것은 우량품종육성을 촉진하고, 육종가의 신품종 육성에 전념과 종자산업의 육성 효과가 있다.

4. 품종의 선택

(1) 우량품종 선택은 성공적인 영농의 지름길인데, 작물의 생산성 증대와 품질향상은 물론이고 농업 생산의 안정화와 경영합리화를 도모할 수 있기 때문이다.

(2) 재배자는 품종 선택 전에 작물의 재배목적과 환경, 재배양식, 각종 재해에 대한 위험분산과 시장 성 및 소비자의 기호 등을 면밀히 검토한다.

(3) 농업연구·지도 관련기관과 지방자치단체에서 권장하는 우량품종을 선택하되, 그 품종의 특성 과 단점 및 재배상 유의점을 잘 파악한다.

(4) 같은 지역의 출수기가 다른 2~3품종을 선택하면 재해의 회피 및 분산효과로 피해를 줄이고 농 기계 이용효율을 높이며 작업시간을 적절히 안배할 수 있다.

5. 품종의 변천과 육성

(1) 작물의 품종 변천 요인

사회·경제적 여건 변화와 재배환경과 재배양식의 변화, 시장과 소비자의 기호 변화, 육종방법 의 변화 등에 의해 변천 과정을 가진다.

(2) 농업생산의 궁극적 목표는 식량의 안정적 공급이며, 재배식물의 유전적인 생산능력 확충과 다양 한 품질개발 및 재해저항성 품종 육성이 식물육종의 방향이다.

(3) 작물의 품종 육성의 단계

① 제1단계 : 재래품종에서 우수한 개체를 선발하여 우량품종 육성하는 단계이다.
② 제2단계 : 재래품종의 우량형질을 조합하여 신품종을 육성하는 단계이다.
③ 제3단계 : 유전적으로 거리가 먼 원연품종 또는 다른 생물종으로부터 유용유전자를 도입하 여 재래품종에는 없는 새로운 형질을 가진 신품종 육성하는 단계이다.

(4) 제3단계에서 육성한 우량품종은 국가산업발전에 큰 공헌을 하였다. 우리나라에서 1972년에 육 성한 벼의 원연교배품종 '통일'은 녹색혁명(green revolution)을 주도하여 주곡자급과 식량증산 을 이루었다.

(5) 우량품종은 육종을 통해 육성되며, 작물육종은 유전변이 중에서 우량한 개체를 선발하여 신품종 으로 육성한다.

(6) 육종방법은 변이를 얻는 방법에 따라 분리육종·교배육종·돌연변이육종·배수성육종· 형질 전환육종 등으로 구분한다.

(7) 우리나라에서 작물의 육종은 국가기관인 농촌진흥청과 민간기업인 종묘회사, 대학 및 개인 육종 가에 의해 이루어지며, 벼·보리·콩 등 주요 작물과 과수·채소·화훼는 농촌진흥청이 주관하 며, 배추·무·고추 등의 상업성이 높은 품종육성과 판매용 종자는 종묘회사에서 생산한다.

(8) 품종 육성은 오랜 시간과 노력이 요구되는데, 벼·밀 등 일년생작물은 최소 6년, 과수나 임목은 20년 이상이 걸린다.

(9) 미래의 육종기술은 전통적인 육종방법에 바이오테크놀로지를 접목하는 새로운 육종기술의 개 발이 이루어지면서 획기적인 발전이 기대된다.

6. 우량품종 조건

(1) 균일성

개체 간 특성이 균일하다.

(2) 우수성

우수한 재배적 특성이 있어야 한다.

(3) 영속성

유전형질의 고정을 통한 영속적인 우수 특성의 보전이 되어야 한다.

7. 품종의 유지

(1) 품종의 퇴화

오랜 시간 재배세대가 경과하는 동안 유전적·생리적·병리적으로 퇴화하는 것이다.

① 유전적 퇴화 : 이형유전자 분리, 자연교잡, 돌연변이, 이형 종자의 기계적 혼입에 의한 퇴화이다.

② 생리적 퇴화 : 불량한 재배환경조건에 의한 우수한 형질의 퇴화이다.

③ 병리적 퇴화 : 병해나 바이러스병 등으로 퇴화이다.

> 병리적 퇴화 방지 사례
> 씨감자는 진딧물에 의해 전염되는 바이러스병으로 퇴화되기 때문에 생장점 배양(바이러스는 생장점
> 에 침투를 못한다)이나 고랭지 재배(온도가 낮아 진딧물 발생이 억제된다)로 퇴화를 억제한다.

(2) 우량품종의 유지

방법	유지의 원인
영양번식	유전자 혼입의 원천적 방지(유성번식과 달리 부·모본의 유전자가 100% 후대에 전달된다.)
격리재배	자연교잡 방지
종자의 저온저장	우수 유전자의 장기저장이 가능하여 증식의 기본식물 종자로 사용
종자 갱신	퇴화를 방지하면서 매년 농가에 보급

Chapter 02 유전

유전의 핵심 용어

1. **우성**: 대립 형질을 가진 순종끼리 교배했을 때, 잡종 제1대에서 나타나는 형질
   열성: 대립 형질을 가진 순종끼리 교배했을 때, 잡종 제1대에서 나타나지 않는 형질

2. **유전자형**: 생물의 형질을 나타내는 유전자를 기호로 표시한 것으로, 대립형질을 나타내는 유전자는 상동 염색체에 존재하여 쌍으로 나타낸다(RR, Rr, rr).
   표현형: 겉으로 나타나는 형질(둥글다, 주름지다)

3. **순종**: 자가수분 했을 때, 같은 표현형의 자손만 나타난 것(RR, rr)
   잡종: 자가수분 했을 때, 우성과 열성의 자손이 모두 나타난 것(Rr)

4. **질적형질**: 분리세대에서 불연속변이하는 형질이고 소수의 주동유전자에 의해 지배된다. 질적형질의 유전현상이 질적유전이다.
   양적형질: 분리세대에서 연속변이하는 형질이고 폴리진에 의해 지배되며 환경의 영향을 크게 받는다. 양적형질의 유전현상이 양적유전이다.

5. **자가수분**: 한 개체나 한 꽃 안에서 수분이 일어나는 것
   타가수정: 다른 개체 사이에서 일어나는 수분

6. **검정교배**: 우성 형질의 개체가 순종인지 잡종인지 알아보기 위해 열성인 개체와 교배하는 것

---

1 변이

1. 변이의 종류

(1) **변이**(variation)

형질의 유전은 각각의 형질을 지배하는 유전자(gene)를 통해 이루어지는데, **개체들 사이에 형질의 특성이 다른 것이다.**

(2) **유전변이**

유전적 원인으로 나타나는 형질의 변이로 다음 세대로 유전이 된다.

① 형질의 특성에 따라서 형태적 변이(키가 큰 것과 작은 것)와 생리적 변이(병해충에 강한 것과 약한 것)로 구분한다.

② 변이양상에 의해 불연속변이와 연속변이로 구분한다.

    ㉠ **불연속변이** : 꽃 색깔이 붉은 것과 흰 것으로 뚜렷이 구별되는 것, 질적형질

    ㉡ **연속변이** : 키가 작은 것부터 큰 것에 이르는 여러 등급으로 구분, 양적형질

(3) **환경변이**

생명체의 내외적 환경요인에 의한 변이로 유전되지 않는다.

(4) **질적형질과 양적형질**

① **질적형질(qualitative character)** : 불연속 변이를 하므로 표현형의 구별이 쉽기 때문에 각 표현형에 속하는 개체수나 비율을 조사하여 유전분석을 하며, 원하는 유전자형을 쉽게 선발할 수 있다.

② **양적형질(quantitative character)** : 연속변이를 하므로 표현형의 구별이 어렵기 때문에 평균, 분산, 회귀, 유전력 등 통계적 방법에 의해 유전분석을 하고 그 결과를 선발에 이용한다.

2. 변이의 작성

(1) 형질을 개량하기 위해 자연변이를 이용하거나 인위적으로 변이를 작성하고, 그 변이 중에서 원하는 유전자형의 개체를 선발하여 품종을 육성한다.

(2) 유전변이를 작성하는 방법

① 같은 종내에서 유전변이를 작성하는 방법

인공교배, 인위돌연변이, 염색체조작은 주로 같은 종 내에서 유전변이를 작성하고, 세포융합이나 유전자전환기법은 다른 종의 우량유전자를 도입한 유전변이를 만들 수 있다.

    ㉠ **인공교배** : 특성이 서로 다른 자방친(♀)과 화분친(♂)을 인공교배(AA×aa)하면 양친의 대립유전자들이 새롭게 조합되므로 잡종 후대에 여러 종류의 유전자형이 분이(AA, Aa, aa)되어 유전변이가 나타난다. **인공교배하는 양친의 유전적 차이가 클수록 잡종집단의 유전변이(유전자형의 다양성)가 커진다.**

    ㉡ **돌연변이 유발** : 자연돌연변이의 발생빈도는 매우 낮아서 화학물질을 처리하여 인위적으로 돌연변이를 유발시킨다. **인위돌연변이는 인공교배처럼 여러 대립유전자들이 재조합되는 것이 아니어서 특정한 형질만 개량되는 특징이 있다.**

    ㉢ **염색체 조작** : 염색체의 수와 구조가 변화하면 식물체는 형태적 및 생리적으로 다른 특성을 나타낸다. 따라서 **염색체를 인위적으로 조작하면 반수체·배수체·이수체 등 유전변이가 생기게 된다.**

② 다른 종의 우량유전자를 도입한 유전변이를 작성하는 방법

    ㉠ **세포융합(cell fusion)** : **인공교배가 안 되는 원연종·속 간 유전자를 교환할 수 있다.**

    ㉡ **유전자 전환(gene transformation)** : **생물종에 관계없이 원하는 유전자만을 도입할 수 있다.**

3. 변이의 선발

(1) 특성검정

① 작물육종에서는 우량한 변이를 선발하기 위해 형질의 특성검정을 한다.

② 식별이 간단하고 표현형으로 유전자형을 판정하기 쉬운 형질은 특별한 선발기술이 없어도 되나 내병성이나 내냉성처럼 특정 환경에서 발현하는 형질은 특성검정이 필요하다.

③ 특성검정은 자연조건·검정포·실내 등을 이용한다.

④ 형질의 특성을 검정하는 데는 인력·경비·시간 등이 많이 요구된다.

(2) 상관관계

① 우량한 변이체를 선발할 때 형질 간의 상관관계를 이용하면 목표형질을 선발하기가 쉽다.

② 밀은 어린 식물의 잎색이 짙을 수록 내한성이 강하며, 콩의 단백질함량은 비중과 높은 정의 상관관계가 있다. 어린 밀의 잎색깔은 식별이 쉽고 콩의 비중은 측정이 간단하므로 목표형질을 간접적으로 선발할 수 있다.

(3) 후대검정

① 선발한 변이체의 유전자형을 알고자 할 때 사용한다.

② 변이개체의 종자를 심어 그 후대의 형질을 관찰하여 변이의 유전성 여부를 판별한다.

2 생식

1. 생식방법

작물은 종자 또는 영양체로 번식한다.

종자번식작물의 생식방법에는 유성생식(sexual reproduction)과 아포믹시스(apomixis)가 있고, 영양번식작물은 무성생식(asexual reproduction)을 한다.

(1) 유성생식

① **종자번식작물의 유성생식은 생식모세포(화분모세포, 2n)가 감수분열을 하여 암·수 배우자(n)를 만들고, 이들 배우자가 수정하여 접합자(zygote, 2n)를 이루는 생식방법이다.**

② 수배우자인 정세포(n)와 암배우자인 난세포(n)가 수정을 통하여 접합자를 이루므로 접합자의 염색체는 2n상태이다.

③ 유성생식하는 작물은 반수체(n)세대와 2배체(2n)세대가 번갈아 나타나는 세대교번: 반수체는 수정을 통하여 2배체로 넘어가고, 2배체는 감수분열을 거쳐 반수체로 교번한다.

(2) 아포믹시스

① 아포믹시스(apomixis, mix가 없는 생식)는 **유성생식기관 또는 거기에 부수되는 조직세포가 수정과정을 거치지 않고 배(胚)를 만들어 종자를 형성하는 생식방법이다.**

② **무수정종자형성, 무수정생식이라고도 한다.**

③ 아포믹시스에 의한 종자는 수정을 거친 것이 아니므로 **종자의 형태를 가진 영양체**로 아포믹
시스 종자는 다음 세대에 유전분리가 일어나지 않기 때문에 이형접합체라도 우수한 유전자
형은 동형접합체와 똑같은 품종으로 만들 수 있어 **아포믹시스는 영양번식작물의 영양계와 같
이 똑같이 곧바로 신품종이 된다.**

④ 배를 만드는 세포에 따른 분류

　㉠ 부정배형성

　　• 배낭을 만들지 않고 주심 또는 배주껍질 등 포자체의 조직세포가 직접 배를 형성한다.
　　• 밀감의 주심배가 예이다.

　㉡ 무포자생식

　　• 배낭을 만들지만 배낭의 조직세포가 배를 형성한다.
　　• 부추·파 등이 예이다.

　㉢ 복상포자생식

　　• 배낭모세포가 감수분열을 못하거나 비정상적인 분열을 하여 배를 형성한다.
　　• 화본과·국화과 등이다.

　㉣ 위수정생식

　　• 수정하지 않은 난세포가 수분작용의 자극을 받아 배로 발달하는 것이다.
　　• **담배, 목화, 벼, 밀, 보리**
　　• 위수정생식으로 아포믹시스가 생기는 것을 위잡종(false hybrid)이라 하고, 주로 종·
　　　속간 교배에서 나타난다.

　㉤ 웅성단위생식

　　• **정세포 단독으로 분열**하여 배를 형성한다.
　　• 달맞이꽃, 진달래 등이다.

(3) **무성생식**

① 생식기관이 아닌 식물체의 잎·줄기·뿌리 등의 영양기관의 일부가 새로운 개체로 발생하는
영양번식이다.

② 같은 개체에서 영양번식으로 증식한 개체군을 영양계(clone)라 하고 유전적으로 동일한 특
성을 갖기 때문에 특성이 우수한 개체나 환경에 잘 적응한 식물을 계속 증식하여 사용이 가
능하다.

2. 배우자 형성

체세포분열(유사분열, mitosis)은 세포가 증식되며 다세포생물이 성장하는 과정이고, 감수분열(減數分裂, meiosis)은 반수체인 배우자를 형성하는 세포분열로 유전변이가 생긴다.

(1) 체세포분열(유사분열, mitosis)

세포주기(cell cycle)는 G_1기 → S기 → G_2기 → M기의 과정으로 나눈다.

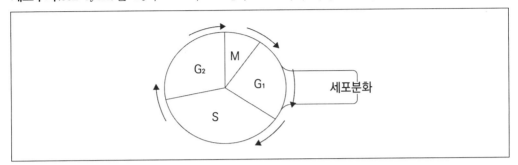

① 유사분열에 의하여 생긴 두 개의 딸세포(daughter cell)는 세포주기를 반복하면서 증식하고 분화한다.

② 세포분화는 G_1기에 일어나며 세포가 성장하는 시기, S기는 DNA 합성, G_2기는 유사분열을 준비하는 성장기, M기는 염색체가 분열하여 딸세포를 형성하는 유사분열기이다.

  ㉠ 간기(interphase): 분열과 분열 사이의 기간인 G_1기, S기, G_2기 기간이다.

   유사분열에 앞서 DNA 복제가 일어나 각 염색체마다 2개씩의 자매 염색분체(sister chromatid)생기며, 같은 동원체에 붙어 있다가 유사분열 동안 동원체가 분열되어 딸세포로 하나씩 분리된다.

   • G_1기(DNA합성 전기): 딸세포가 성장하는 시기이다.

   • S기(DNA합성기, 복제기, synthesis phase)

     – DNA 복제는 유사분열이 시작되기 전에 일어나며, DNA합성으로 염색체가 복제되어 **자매염색분체를 만든다.**

     – DNA 합성은 각 염색체상의 여러 부위에서 동시에 시작되고 염색분체가 복제되는 데 요구되는 시간은 비교적 짧다.

   • G_2기: 체세포분열을 준비하는 성장기이다.

  ㉡ M기(세포분열기, meiotic phase): 유사분열이 진행되는 기간, 체세포분열에 의하여 딸세포가 형성된다.

   • 하나의 체세포가 2개의 딸세포로 되는 것을 의미하며 일정한 세포주기를 가진다.

   • 체세포분열은 전기, 중기, 후기, 말기로 구분할 수 있다.

     – 전기(Prophase): **염색사가 압축·포장되어 염색체 구조로 되며, 핵막과 인이 소실되며,** 소요되는 시간이 가장 길다.

     – 중기(Metaphase): **방추사가 염색체의 동원체에 부착되고 각 염색체는 적도판으로 이동 소요되는 시간이 가장 짧다.**

     – 후기(Anaphase): 자매염색분체가 분리되어 서로 반대 방향으로 이동한다.

     – 말기(Telophase): 핵막과 인이 다시 형성되고, 세포질 분열이 일어나 2개의 딸세포가 생긴다.

♀ 체세포분열의 모식도

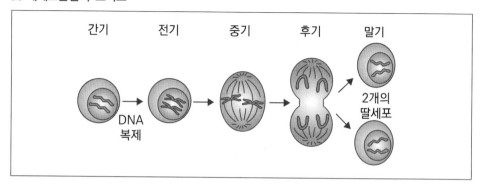

③ G₁기가 끝날 무렵 세포분화의 과정(G_0기)이나 다시 DNA 합성을 시작하는 두 경로 중 하나로 가게되는데 그 시점을 제한점(restriction point : R)이라고 하며, G_0 세포는 증식하지 않으나 대사적으로 매우 활성적이다.

④ 유사분열기는 아주 짧은 기간 동안에 이루어지고 세포주기의 대부분은 중간기가 차지한다.
    ㉠ 조직배양의 세포주기 시간(총 24시간)
        G_1기(10시간) → S기(8시간) → G_2기(4시간) → M기(1시간)
    ㉡ 양파의 경우(2n = 16) 세포주기 시간(총 17시간)
        G_1기(2.4시간) → S기(7.4시간) → G_2기(5.2시간) → M기(2시간)

⑤ 세포주기에서 염색체 : 간기 동안은 염색질(chromatin)의 형태로 있는데 염색질은 DNA와 히스톤(histone) 단백질로 구성된 기다란 염색사(chromatin fiber)가 뭉쳐진 것이며, DNA는 이러한 상태에서 복제된다.

⑥ 체세포분열(유사분열)은 **체세포의 유전물질(DNA)을 복제하여 딸세포에게 균등하게 분배하기 위한 것**으로 모세포와 낭세포 사이에 유전질의 차이가 없다.

⑦ **마모된 세포의 교체로 정상적 기능의 수행, 손상된 세포의 교체로 상처의 치유 역할도 한다.**

⑧ 체세포분열을 통해 개체로 성장한다.

(2) 감수분열(Meiosis, 이형분열)

① **생식기관의 생식모세포에서만 이루어지며, 연속적인 2번의 분열로 제1감수분열은 염색체의 수가 반으로 줄어드는 감수분열(이형분열)이고, 제2감수분열은 염색분체가 분열하는 동형분열로 한 개의 생식모세포에서 4개의 4개의 반수체 딸세포가 생성된다.**

② 모세포 2n개의 염색체가 각각 n개씩 2개의 낭세포로 분리되며 낭세포의 염색체 수는 모세포의 반이 되고 유전질에서도 차이가 있다.

③ 생물종 고유의 염색체 수를 유지시키고, 염색체 조성이 서로 다른 배우자를 생성시키며, 염색체 내의 유전자 재조합이 일어나게 된다.

④ **감수분열의 과정은 전기·중기·후기·말기로 이루어진다.**

02

⑤ 제1감수분열(이형분열): **염색체 교차에 의하여 유전자 재조합이 일어나며, 생식모세포의 상동염색체가 분리되고 반수체 딸세포가 형성되는 과정이다.**

ㄱ 전기: 세사기 → 대합기 → 태사기 → 복사기(이중기) → 이동기
  • 세사기: 염색사가 압축되어 염색체 구조를 이루는 시기이다.
  • 대합기: 상동염색체가 짝을 지어 **2가염색체**를 형성하는 시기이다.
  • 태사기: 염색체의 일부가 서로 교환되는 **교차(crossing over)가 일어나며, 염색체가 꼬인 것과 같은 모양을 하는 키아즈마(khiasma)** 현상이 일어나는 시기이다.
  • 복사기: 상동염색체가 분리되는 시기로 상동염색체 각각에서 2개의 염색분체가 확실하게 나타는 시기이다.
  • 이동기: 2가염색체들이 적도판을 향하여 이동하는 시기이다.

ㄴ 제1감수분열 중기: 방추사가 생기면 2가염색체가 적도판에 배열된다.

ㄷ 제1감수분열 후기: 2가염색체의 두 상동염색체가 분리되어 서로 반대 극을 향해 이동한다.

ㄹ 제1감수분열 말기: 새로운 핵막이 형성되며 반수체인 2개의 딸세포가 형성된다.

☆ 제1감수분열의 모식도

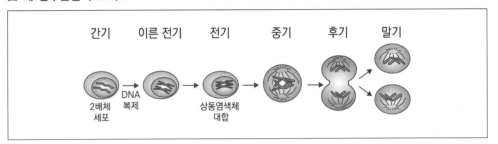

⑥ 간기: 제1감수분열이 끝나면 극히 짧거나 없으며, DNA의 합성이 없다.

⑦ 제2감수분열(동형분열)

ㄱ **제1감수분열이 끝난 후 극히 짧은 간기를 거쳐 곧바로 제2감수분열이 시작된다.**

ㄴ 제2감수분열은 반수체인 딸세포의 각 염색체의 자매염색분체가 분리되며 체세포분열과 동일하게 진행된다.

❂ 제2감수분열의 모식도

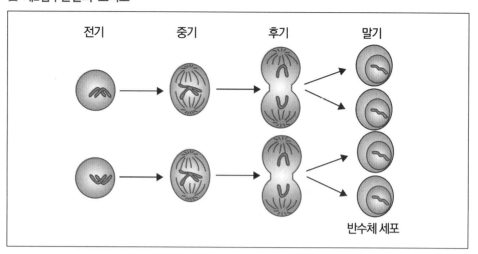

❂ 체세포분열과 감수분열의 차이

구분	체세포분열	감수분열
DNA복제	체세포분열 전 간기의 S기에 1회	제1분열 전 간기의 S기에 1회
분열횟수	1회	2회
상동염색체의 접합	×	○ 2가염색체 형성
딸세포의 수	2개	4개
염색체수 변화	2n → 2n	2n → n
기능	생장	생식세포 형성

(3) 화분과 배낭의 발달

① 화분(꽃가루)의 형성

ㄱ 수술의 약(anther, 꽃밥)에 있는 포원(2n)세포가 몇 차례의 동형분열을 하여 화분모세포 (2n)가 되고, 화분모세포 1개가 감수분열을 하여 4개의 반수체 화분세포가 형성한다.

ㄴ 4개의 화분세포는 두 번의 체세포분열로 화분(꽃가루)으로 성숙하고 각 화분에는 1개의 화분관세포(영양핵)와 2개의 정세포(정핵)가 있다.

ㄷ 화분관세포(영양핵)는 화분이 발아하여 주두를 침입할 때 역할을 하고, 2개의 정세포(정핵)는 직접 수정에 관여한다.

② 배낭의 형성

ㄱ 암술 씨방(자방)속의 밑씨(배주) 안에서 배낭모세포(2n)가 제1성숙분열(감수분열)과 제2성숙분열(동형분열)을 거쳐 염색체 수 n인 4개의 반수체 대포자(배낭세포)를 만들며, 3개는 퇴화하고 1개만 남아 세 번의 체세포분열로 8개의 핵을 가진 배낭(embryo sac)으로 성숙된다.

ㄴ 8개의 배낭핵 중 1개의 난세포(n)와 2개의 조세포가 있고, 주공(수정대 화분을 받는 부분)의 반대쪽에 반족세포가 3개, 중앙에 극핵 2개가 있다. 그 중 조세포와 반족세포는 후에 퇴화한다.

02

♡ 화분과 배낭의 발달 및 수분과 수정

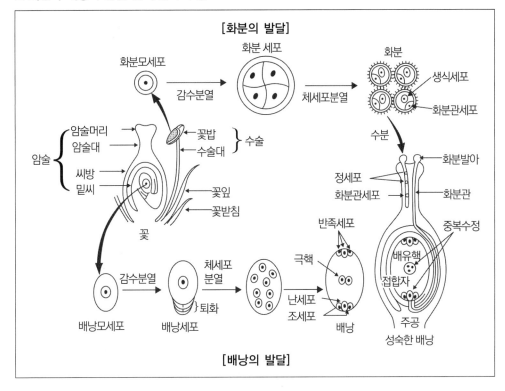

3. 수분과 수정 및 종자의 형성

(1) 수분(polination)

① 수분은 약에 있는 화분(꽃가루)이 주두(암술머리)에 옮겨지는 것을 말한다.

② 수분의 매개에 따라 풍매, 충매, 동물매, 수매 등이 있으며, 육종에 있어서는 인공수분을 많이 한다.

③ 주두(암술머리, stigma)에 화분(꽃가루)이 닿으면 꽃가루관으로부터 배낭(밑씨)으로 향해 신 장되는 꽃가루관이 생긴다.

④ 자가수분(self − pollination)

ㄱ 자식성작물(벼 · 밀 · 보리 · 콩 · 완두 · 가지 · 토마토 · 담배)

- 같은 식물체에서 생긴 정세포와 난세포가 수정하는 것이 자가수정(자식)이고, 자식에 의 해 번식하는 식물이 자식성작물이다.
- 자식성작물은 양성화이며, 자가불화합성을 없어 자식률이 높고 타식률은 4% 미만이다.
- 자식성작물은 세대가 진전함에 따라 유전자형이 동형접합체로 된다.
- 꽃이 개화하지 않고 수분이 되는 폐화수분으로 자가수분 : 벼, 밀
- 한 꽃에 암술과 수술이 모두 있는 양성화에서 자가수분 : 벼, 보리, 밀
- 한 식물체 안에 따로 암꽃과 수꽃이 있는 자웅동주식물 : 옥수수, 수수, 참외 등은 자가수 분도 하고 타가수분도 한다.

⑤ 타가수분(cross-pollination)

　　㉠ 서로 다른 개체에서 만든 정세포와 난세포의 수정이 타가수정(타식)이며, 타식성 작물이 타식성작물이다.

　　㉡ 타식성작물은 생식에 관여하는 화분이 제한되지 않아 유전자풀의 범위가 넓고, 잡종개체들 간에 자유로운 수분이 이루어지므로 **유전자조합의 기회가 많아서 자식성작물보다 타식성작물의 유전변이가 더 크다.**

　　㉢ **암꽃과 수꽃이 각각 다른 식물체에 있는 자웅이주식물 : 타가수정만하는 시금치, 삼, 호프, 아스파라거스 등**

　　㉣ **웅예선숙(Protandrous) : 수술이 같은 꽃 내의 암술보다 앞서 성숙한다.**
　　　 옥수수, 양파, 마늘, 당근, 사탕무, 국화, 딸기 등

　　㉤ **자예선숙(Protogynous) : 암술이 같은 꽃 내의 수술보다 앞서 성숙한다.**
　　　 배추과 식물의 일부, 목련, 호두, 아보카도 등

: 용어비교 :

갖춘꽃 : 꽃의 구조인 암술, 수술, 꽃잎, 꽃받침을 다 가지고 있는 꽃
안갖춘꽃 : 꽃의 구조인 암술, 수술, 꽃잎, 꽃받침 중 하나라도 없는 꽃
양성화 : 암술과 수술을 한 꽃에 모두 가지고 있는 식물
단성화 : 한 식물체가 암꽃 또는 수꽃만을 가지고 있는 식물
자웅동숙 : 암술과 수술이 거의 동시에 성숙한 식물
자웅동주식물 : 한 식물체 안에 암꽃과 수꽃이 같이 있는 식물
자웅이주식물 : 암꽃과 수꽃이 각각 다른 식물체에 있는 식물

---

(2) 수정(fertilization)

　① 수분된 꽃가루의 정핵과 배낭 안의 난핵이 융합하여 수정란을 형성하는 것이다.

　② 중복수정(double fertilization)

　　㉠ 중복수정은 피자식물(속씨식물)이 **하나의 배낭 안에서 두 개의 정핵이 난핵과 극핵세포와 각각 결합되어 수정이 두 곳에서 함께 일어나는 현상이다.**

　　㉡ 수분 → 꽃가루 발아 → 꽃가루관 신장 → 암술대(화주) 통과 → 주공을 통해 배낭에 침입
　　　→ 난세포(n) + 정핵(n) → 배(2n, 어린식물체)
　　　　극핵(2n) + 정핵(n) → 배젖(3n, 영양공급)

　③ 침엽수와 같은 나자식물은 중복수정이 이루어지지 않으며, 난세포 이외의 배낭조직이 배의 영양분이 된다.

(3) 종자의 형성(결실)

　① 수정이 끝나면 배 발생과 함께 밑씨가 성숙하여 종자(seed)가 되고, 씨방이 발달하여 열매를 형성한다.

　② 종피와 열매껍질은 모체의 조직이므로 배와 종피는 유전적 조성이 다르다.

　③ 크세니아(xenia) : 종자의 배유(3n)에 우성유전자의 표현형이 나타나는 것으로, 1개의 웅핵이 배유 형성에 관여하여 배유에서 우성유전자의 표현형이 나타나는 현상이다.

④ 메타크세니아(metaxenia) : 사과, 밤, 야자 등 크세니아를 일으키는 유전자가 과일의 크기, 빛깔, 산도 등에도 영향을 끼치는 것이다.

⑤ 단위결과(parthenocarpy)

㉠ 바나나, 감귤류, 포도, 감 등과 같이 종자의 형성 없이 열매를 맺는 현상이다.

㉡ 단위결과가 나타나는 이유는 대부분 염색체 조성이 복잡하여 정상적인 배우자를 형성할 수 없기 때문이며, 자연적으로 일어나기도 한다.

㉢ 인위적인 방법으로 유발하기도 하는데, 다른 화분의 자극(배추×양배추)이나 지베렐린 등 식물호르몬 또는 배수성(건포도용)을 이용한다.

⑥ 과실은 배주를 싸고 있는 조직이 발달한 것이며, 수정 후 종자가 형성될 때 과실도 발육한다.

4. 자가불화합성과 웅성불임성

1대잡종(F_1)품종의 종자를 채종에 이용한다.

(1) 불임성(sterility)

수분이 이루어져도 수정과 결실이 이루어지지 않는 현상이며, 일반적인 임성을 보이는 범위 안에서 불임성이 나타날 때에 문제가 된다.

① 자성기관의 이상 : 암술이 퇴화, 변형하여 꽃잎이 되는 등의 형태적 이상이 생기면 불임성을 나타내며, 배낭의 발육이 불완전할 때에는 외형적으로 이상이 없을 때 불임이 발생한다.

② 웅성기관의 이상 : 수술이나 꽃밥이 퇴화하거나 또는 꽃가루가 유전적, 환경적, 영양적으로 불완전할 때 불임이 발생한다.

(2) 자가불화합성(self-incompatibility)

① 생식기관이 건전한 것끼리 근연 간의 수분을 하는 경우에는 정상적으로 수정, 결실하지 못하는 것을 불화합성이라 하며 불임성의 원인이다.

② 식물체가 정상적인 꽃가루와 배낭을 가지고 있으면서도 자가수정을 하면 결실되지 않는 현상으로, 암술머리에 생성되는 특정 단백질(S − glycoprotein)이 화분의 특정 단백질(S − protein)을 인식하여 화합·불화합을 결정한다.

③ 자가수정을 방지하게되어 배추, 양배추, 무, 양파 등 F_1 교잡종을 이용하는 작물과 육종, 채종에 이용된다.

④ 자가불화합성은 S유전자좌의 복대립윤전자가 지배한다.

㉠ 배우체형 자가불화합성 : 화분(n)의 유전자가 결정(가지과, 화본과, 클로버)

㉡ 포자체형 자가불화합성 : 화분을 생산한 식물체(2n)의 유전자에 의해 결정(배추과, 국화과, 사탕무), 포자체형 자가불화합성은 자방친과 화분친에 똑같은 대립유전자가 하나라도 있으면 전부 불화합이다.

♀ 자가불화합성 복대립유전자 S_1, S_2, S_3, S_4에의한 F_1의 임실종자비율 %

자방친	배우체형				포자체형			
	화분친				화분친			
	S_1S_3	S_1S_4	S_2S_3	S_2S_4	S_1S_3	S_1S_4	S_2S_3	S_2S_4
S_1S_3	0	50	50	100	0	0	0	100
S_1S_4	50	0	100	50	0	0	100	0
S_2S_3	50	100	0	50	0	100	0	0
S_2S_4	100	50	50	0	100	0	0	0

⑤ 메밀처럼 같은 꽃에서 암술대와 수술대의 길이차이 때문에 자사수분이 안 되는 것이 있는데(단주화×단주화, 장주화×장주화), 이를 이형화주형 자가불화합성이라고 하고, 유전양식은 포자체형이다.

⑥ 자가불화합성의 일시적 타파 : 계통확보 및 세대진전을 위해 자가불화합성 식물을 자식시켜 종자를 확보해야 하는데, 이를 위해 자가불화합성이 일시적으로 작동되지 않도록 처리한다.

    ㉠ 뇌수분 : 암술이 성숙, 개화하기 전(배추의 경우 약 3일전)에 강제로 수분한다.

    ㉡ 노화수분 : 개화성기가 지나서 수분한다.

    ㉢ 말기수분, 고온처리, 전기자극, 고농도의 CO_2 처리 등이 있다.

⑦ 자가불화합성 원인 : 생리적 원인과 유전적인 원인으로 나누어 설명이 가능하다.

    ㉠ 생리적원인
- 꽃가루의 발아, 신장을 억제하는 물질
- 꽃가루관의 신장에 필요한 물질의 결여
- 꽃가루관의 호흡에 필요한 호흡기질의 결여
- 꽃가루와 암술머리 조직 사이의 삼투압 차이
- 꽃가루와 암술머리 찍의 단백질 간의 친화성결여

    ㉡ 유전적원인
- 치사 유전자
- 염색체의 수적, 구조적 이상
- 자가불화합성을 유기하는 유전자(이반유전자나 복대립 유전자)
- 자가불화합성을 유기하는 세포질

> **이반유전자**
> 불화합성에 관여하는 유전자의 일종이다. 불화합성 인자에는 몇 개의 복대립유전자가 있는데 어떤 접합체와 같은 유전자형을 가진 화분에 의해 수정을 방해하는 대립유전자이다.

02

(3) 웅성불임성(male sterility)

① 유전자작용에 의하여 화분이 형성되지 않거나, 화분이 제대로 발육하지 못하여 종자를 만들지 못한다.

② 웅성기관, 즉 수술(웅예)의 발달이나 꽃가루의 형성에 관여하는 유전자에 돌연변이가 일어나 수술이 변형되거나, 정상적인 기능을 지닌 꽃가루가 형성되지 않아 자가수분으로는 열매를 맺지 못하는 현상이다.

③ 웅성불임성에는 핵내 ms유전자와 세포질의 미토콘드리아 DNA가 관여하며 웅성불임의 계통은 교잡을 할 때 제웅이 필요하지 않으므로 1대잡종을 만들 때에 웅성불임계통을 많이 이용하고 있다.

④ 웅성불임성의 종류

㉠ 유전자 웅성불임성(genic male sterility, GMS)
- 핵내유전자만 작용하는 웅성불임(벼, 보리, 토마토)
- 온도, 일장, 지베렐린 등에 의하여 임성이 회복되는 환경감응형 웅성불임성이 있다.
- 벼의 온도감응형 웅성불임성은 $21 \sim 26^{\circ}C$에서 95%이상 회복하여 1대잡종종자의 채종에 이용할 수 있다.

㉡ 세포질 웅성불임성(cytoplasmic male sterility, CMS)
- 세포질유전자만 관여하는 웅성불임(벼, 옥수수)
- 화분친에 관계없이 불임이 되므로 양파처럼 영양기관을 이용하는 작물의 1대잡종 생산에 이용

㉢ 세포질적 · 유전자 웅성불임성(Cytoplasmic − genic Male Sterility, CGMS)
- 핵내유전자와 세포질유전자의 상호작용에 의한 웅성불임(고추, 양파, 파, 사탕무, 아마)
- 화분친의 임성회복유전자(fertility restoring gene, Rf)에 의해 임성이 회복된다. 따라서 이 웅성불임계통(자방친)에다 임성회복유전자를 가진 계통(화분친)을 교배하여 1대잡종종자를 채종한다.

3 성과 유전

1. 성염색체

(1) 성염색체

염색체의 조성에 따라 암수의 성이 결정이 된다.

(2) 상염색체

성염색체를 제외한 염색체이다.

(3) 식물의 성 결정

① **자웅이주식물**: 암그루, 수그루가 따로 있어 성염색체를 갖고 있고 주로 XY형이다.

② **자웅동주식물**: 성염색체를 가지고 있지 않다.

㉠ 불완전화: 암꽃과 수꽃이 따로 있다(옥수수).

㉡ 완전화: 암술과 수술이 같이 있다. 유사분열할 때 딸세포가 서로 다른 조직으로 분화되어 암술과 수술이 되고, 영양생장하던 잎눈이 일장변화에 감응하여 꽃눈을 형성한 후 암술 또는 수술로 발육이 된다.

2. 반성유전(伴性遺傳)

(1) 형질을 발현하는 유전자가 성염색체에 있을 경우 그 형질이 성과 특정한 관계를 유전하는 것으로, 성염색체인 X염색체 또는 Z염색체에 있는 유전자를 성연관유전자라 하며 이에 의한 유전현상이다.

(2) 반성유전에서는 양친 암컷의 특성이 수컷에서 나타나고 양친 수컷의 특징은 자식 암컷에서 나타나며, 십자유전(十字遺傳)이라고도 한다.

3. 종성유전

(1) 유전자가 상염색체 위에 있으나 성에 따라 우성과 열성이 바뀌는 유전이다. 즉, 성의 영향을 받지만 그 형질을 지배하는 유전자는 상염색체이다.

(2) 면양의 뿔유전에서 유각유전자(H)가 무각유전자(h)에 우성인데 이형접합체(Hh)인 암컷은 뿔이 없고 수컷은 뿔이 있다.

4. 한성유전

(1) 상염색체에 있는 유전자가 지배하는 형질이 한쪽 성에만 나타나는 현상이다.

(2) Y염색체에 있는 유전자는 항상 수컷에만 그 형질이 나타난다.

(3) 유전물질을 이루는 염색체가 남자에겐 XY, 여자에겐 XX이기에 한성유전은 남성에게서만 이루어진다.

키메라

1. **하나의 생물체 안에 서로 다른 유전 형질을 가지는 동종의 조직이 함께 존재하는 현상**을 뜻하며, 식물에서 키메라를 만들기 위해서는 다른 종의 식물에 접목을 한 후 접목한 부분에서 이것을 절단해 거기에서 어린눈이 나오면 눈 속의 접수(접붙이는 쪽의 눈이나 가지 등)에서 유래하는 조직과 대목(접붙여지는 뿌리 쪽)에서 유래하는 조직이 섞인 키메라가 생긴다.

2. 넓은 뜻에서 얼룩이나 **아조돌연변이(가지의 일부에 돌연변이가 일어나 전혀 딴 성질의 가지가 나는 일)도 키메라의 일종이다.**

3. 염색체 키메라는 콜히친 처리에 의해 인공적으로 가능

4. 종류

(1) 구분키메라: 한쪽의 조직이 축의 중심부까지 쐐기 모양으로 들어가 있다.

(2) 주연키메라: 축을 둘러싸고 주변조직에만 한쪽의 조직이 있다.

4 유전변이

1. 변이

(1) **개체들 사이에 형질의 특성이 다른 것**을 변이라고 하며, 유전변이가 크다는 것은 유전자형이 다양하다는 것과 같다는 의미이다.

(2) 변이의 종류

① 변이의 대상으로 하는 형질의 종류에 따른 구분한다.

㉠ 형태적 변이 : 과일 모양, 줄기 길이, 키가 큰 것과 작은 것 등이다.

㉡ 생리적 변이 : 내병성, 내냉성, 내한성, 내염성, 내비성, 광합성 능력 등이다.

㉢ 생태적 변이 : 조만성, 촉성재배 적응성, 지역 적응성 등이다.

② 변이의 상태에 따른 구분

㉠ 대립변이, 불연속변이 : 두 변이 사이에 구별이 뚜렷하고 중간 계급의 것이 없는 변이이다. (색깔, 모양, 까락의 유무)

㉡ 양적변이, 연속변이(개체변이 = 방황변이) : 키가 큰 것부터 작은 것까지의 여러 가지 계급의 것을 포함하여 계급 간 구분이 불분명한 경우이다.

㉢ 방황변이(정부변이) : 같은 유전자형을 가지고 있는 순계나 영양계들을 비슷한 환경에서 재배하였을 대 중앙치를 기준으로 (+), (−)의 양쪽 방향으로 변이를 일으킬 때이다.

③ 변이가 나타나는 범위에 따른 구분

㉠ 일반변이 : 그 개체군 전체에는 공통이지만 다른 장소에서 생존하는 다른 개체와 구별할 수 있는 경우이다.

㉡ 개체변이 : 같은 장소에서 생육하고 있는 개체군이라도 개체에 따라 그 성질의 정도를 달리할 경우이다.

④ 유전성의 유무에 따른 구분

㉠ 유전변이 : 인공 돌연변이, 유전자 돌연변이, 염색체 돌연변이, 교배변이 등이다.

㉡ 환경변이(비유전적 변이, 일시적 변이) : 장소변이, 유도변이, 연속변이 등이다.

㉢ 유도변이 : 자연 속에서 일어나는 돌연변이 현상과 유사한 방법으로 방사선, 감마선 등을 이용하여 아미노산을 합성하는 유전자 변이를 유도해서 인위적으로 신품종을 만드는 것이다.

(3) 성질

① 불연속변이(질적변이, 대립변이)

㉠ **개체와 개체사이에 변이가 없는, 계급사이가 뚜렷한 구분이 된다.(꽃의 색이 붉은 것, 흰 것)**

㉡ 작용가가 큰 소수 주동유전자가 관여하며, 질적형질(꽃색, 성별, 종자모양)과 질적유전을 한다.

㉢ 유전분석은 개체수나 멘델식의 비율조사로 한다.

② 연속변이(양적변이)

㉠ **개체 간의 변이가 연속적으로 일어나는 경우로 양적형질(키, 수량, 단백질 함량, 과중, 농작물의 함량, 당도, 무게 등)과 양적유전(키가 작은 것부터 큰 것까지 여러 등급으로 나타나는 것)을 한다.**

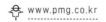

ⓛ 양적형질은 평균, 분산, 회귀, 유전력 등 통계적 방법에 의하여 유전분석을 하고 그 결과
를 선발에 이용, 유전배경이나 환경의 영향이 크다.

ⓒ 작용가가 작은 다수 미동유전자가 관여한다.

(4) 변이작성

① 작물육종은 형질 개량을 위해 자연변이나 인위적 변이를 작성하고, 그 변이 중 원하는 유전
자형의 개체를 선발하여 품종으로 육성하기 위한 목적이다.

② 유전변이 작성방법

㉠ 인공교배

• 특성이 다른 자방친과 화분친을 인공교배(AA × aa)하면 양친의 대립유전자들이 새롭
게 조합되어 잡종 후대에 여러 종류의 유전자형이 분리(AA, Aa, aa)되어 유전변이가
일어난다.

• 인공교배하는 양친의 유전적 차이가 클수록 잡종집단의 유전변이가 커진다.

㉡ 돌연변이 유발

• 자연돌연변이의 발생빈도 매우 낮아 방사선 또는 화학물질의 처리로 돌연변이를 유발
한다.

• 인위돌연변이는 인공교배와 같이 대립유전자들의 재조합이 아니므로 특정형질만 개량
되는 특징이 있다.

㉢ 염색체조작 : 인위적 조작으로 반수체, 배수체, 이수체 등의 유전변이가 일어난다.

㉣ 유전자전환 : 생물종에 관계없이 원하는 유전자만 도입할 수 있는 방법이다.

③ 인공교배와 인위돌연변이 및 염색체조작은 주로 같은 종 내에서 유전변이를 작성하고 세포
융합이나 유전자전환은 다른 종의 우량유전자를 도입하여 유전변이를 만들 수 있다. 세포융
합은 인공교배가 안 되는 원연종, 속간 유전자를 교환할 수 있는 방법이다.

(5) 선발

① 특성검정

㉠ 이상 환경에 발현되는 변이를 가지고 그 정도를 검정하는, 생리적인 특수한 환경하에서
나타나는 현상을 검정하는 것이다.

㉡ 작물육종에 있어 우량변이의 선발을 위해 형질의 특성검정을 하며, 농작물의 내병성, 내
염성, 내한성, 촉성재배 적응성 등을 검정한다.

㉢ 예를 들어 벼도열병에 대한 내병성은 질소비료를 많이 준 포장에서 검정하며, 조직배양
을 하는 배지에 돌연변이 유발원이나 스트레스를 가하면 변이세포를 선발할 수 있다.

㉣ 자연조건, 검정포, 실내 등을 이용하고, 인력, 경비, 시간 등이 많이 소요된다.

② 후대검정

㉠ 방황변이 등 유전변이와 환경변이를 구분하기 위해 한다.

㉡ 선발한 변이체의 유전자형을 알고자 할 때, 변이체의 후대를 전개하여 형질의 분리 여부
로 동형접합체, 이형접합체를 판단하는 방법이다.

㉢ 변이를 나타낸 개체의 종자를 심어 그 후대의 형질을 관찰, 측정하여 변이의 유전성 여부
를 판별한다.

③ 변이의 상관
  ㉠ 식별이 어려운 변이가 식별이 쉬운 변이와 높은 상관이 있을 때에는 식별이 쉬운 변이를 측정하여 식별하기 어려운 변이를 판별할 수 있다.
  ㉡ 우량변이체 선발은 형질 간 상관관계를 이용하면 목표형질을 선발하기 쉽다.
  ㉢ 예를 들어 콩의 단백질 함량은 측정하기 힘드나 단백질 함량은 비중과 높은 상관이 있으므로 비중의 변이를 측정하면 단백질 함량의 변이를 추정할 수 있다.
④ 분자표지이용선발 : DNA 표지를 이용하여 목표형질의 유전자와 연관된 분자표지를 선발하는 것으로, 내병성 검정이나 내냉성 검정을 포장 대신 실내에서 가능하다.

2. 염색체 변이

(1) 염색체의 개념
  ① 염색체
    ㉠ 생물체 구성의 기본단위는 세포이고, 모든 세포에는 염색체가 들어있다.
    ㉡ 염색체는 DNA와 단백질로 구성되어 있고 DNA는 유전자를 이루는 유전물질이다.
    ㉢ 염색체는 상동염색체, 성염색체, 상염색체가 있다.
  ② 상동염색체
    ㉠ 하나의 체세포 속에 크기와 모양이 같은 한 쌍의 염색체로 수정 과정을 통해 하나는 모계(자방친)로부터, 다른 하나는 부계(화분친)로부터 나온다.
    ㉡ 세포의 핵 속에 들어 있는 염색체의 구성상태(염색체의 상대적인 수)를 '핵상'이라고 하는데 체세포처럼 상동염색체가 한 쌍이 모두 있으면 '복상 2n', 생식세포처럼 하나씩만 있으면 '단상 n'이다.(사람 체세포의 핵상은 2n = 46, 생식세포의 핵상은 n = 23)
    ㉢ 같은 생물종은 모두 동일한 염색체 수를 가지며, 생식세포의 염색체 수는 체세포염색체 수의 절반이다.
    ㉣ 벼는 2배체로 체세포염색체 수는 24개(2n = 24)이며, 생식세포는 12개(n = 12)이다.
(2) 게놈
  ① 유전체(genome)는 유전자(gene)와 염색체(chromosome)가 합쳐진 것으로, 생명체가 생존하기 위한 최소한의 염색체 세트를 가르키는 용어이다.
  ② 2배체 보리의 염색체수는 14개(2n = 14), 생식세포(배우자)에는 7개(n = 7)이며 보리가 생존하는데 꼭 필요한 염색체수는 배우자에 있는 7개이며 이 염색체 세트를 게놈이라고 한다. 벼는 생존에 꼭 필요한 염색체(생식세포)는 12개로 이 염색체 세트를 게놈이라 한다.
  ③ 기본 수는 게놈에 포함된 염색체 수를 말하며, x로 표시한다. 2배체 보리(2n = 14)의 경우, 게놈 구성 염색체의 기본수는 x = 7로 일치한다. 6배체인 빵밀의 경우는 2n = 42이고 반수체의 염색체 수는 n = 21로, n = 21은 세 개 게놈의 각 기본 수 x = 7의 합으로 생식세포의 염색체 수와 게놈 염색체의 기본 수가 일치하는 것은 아니다.
  ④ 같은 종류의 생물은 같은 수의 염색체를 가지며, 한 생물을 이루는 체세포의 염색체 수와 모양은 모두 같다.

⑤ 게놈 분석(생물종의 게놈이 같고 다름을 밝히는 분석) : 감수분열 과정에서 상동이 아닌 염색체 간에는 대합이 일어나지 않는 성질을 이용하여 게놈 분석을 하면 근연식물 간에 관계, 게놈과 유전자의 관계, 게놈의 분화, 종의 분화과정 등을 추적할 수 있다.

(3) 게놈 돌연변이

① 배수체가 생기는 원인 : 체세포분열 때 복제된 자매염색분체가 분리되지 않거나, 감수분열이 안된 배우자끼리 수정되기 때문이다.

② 정배수체

㉠ 게놈 수가 정배수로 증가하거나 줄어드는 것을 정배수체라고 하며, 동질배수체, 이질배수체, 반수체의 3가지가 있다.

㉡ 정배수체 염색체의 기본 수(x)는 체세포염색체의 반인 반수체(n)이며, 2배체(2n)의 반수체는 1배체이고, 4배체(4n)의 반수체는 2배성반수체(2n)이다.

㉢ 정배수체에는 동질배수체와 이질배수체가 있으며, 작물의 거의 절반은 정배수체이고 정배수체의 대부분은 이질배수체이며, 동질배수체는 10% 미만이다.

㉣ 반수체는 초세가 연약하고 완전불임이며, 콜히친을 처리하면 동형접합체를 얻어 육종연한을 크게 단축할 수 있다.

③ 동질배수체

㉠ 동질배수체는 유전물질이 증가된 것으로 2배체에 비해 잎이나 꽃, 과일의 크기가 거대화하고, 세포와 기관이 커지고, 성분함량이 증가하며, 환경스트레스와 병해충에 대한 저항성이 증가한다.

㉡ 동질배수체는 감수분열 때 다가염색체를 형성하고 상동염색체가 균등 분리되지 못해 수정능력이 떨어지므로 종자가 잘 생기지 않아 대신 뿌리, 줄기, 잎 등 영양기관으로 번식할 수 있는 능력이 발달된 경우가 많다.

㉢ 씨 없는 수박(3배체), 바나나(3배체, x = 11), 감자(4배체, x = 12) 등

㉣ 게놈이 1개뿐인 반수체는 식물체가 연약하고 완전불임이나, 콜히친 처리로 동형접합체가 되어 육종에 이용가치가 높다.

④ 이질배수체

㉠ 같은 게놈을 복수로 가지고 있어 복2배체라고도 한다.

㉡ 담배(TTSS, 2n = 48)는 이질4배체, 빵밀(AABBDD, 2n = 42)은 이질6배체이다.

㉢ 복2배체 특징은 두 종의 중간형질과 복수유전자의 특성을 나타내고 적응력이 크며, 감수분열 시 염색체 대합이 이루어져 임성이 높아 2배체와 똑같다.

㉣ 트리티케일(AABBDDRR)은 밀(AABBDD)와 호밀(RR)을 인공교배하여 유성한 이질배수체이다.

㉤ 복2배체는 짧은 시간에 새로운 속이나 종이 형성되므로 진화에 촉진효과가 있다.

⑤ 이수체(이수성)

　　㉠ 이수체는 흔치 않은데, 원인은 염색체의 비분리현상이다.

　　㉡ 2배체 식물이 제1감수분열을 할 때 1개의 상동염색체쌍이 분리되지 않고 한쪽 극으로 이동하면 n+1 배우자와 n−1 배우자가 형성된 후, 이 배우자들이 정상 배우자(n)와 수정되면 3염색체 생물(2n+1)과 1염색체 생물(2n − 1)이 되어 이수체가 된다.

　　㉢ 이수체는 감수분열을 할 때 염색체의 중복과 결실로 치사작용을 일으켜 식물체가 생존할 수 없게 된다.

　　㉣ 3염색체 분석 : 2배체와 3염색체 생물은 교배하면 유전분리비가 2배체 경우와 달라 특정 유전자의 염색체상 위치를 알 수 있다.

(4) 염색체 이상(염색체 돌연변이)

① 결실(delection)

　　㉠ 절단된 염색체의 한 부분이 절단되어 없어지는 것이며, 말단결실보다는 중간 부분이 삭제되는 중간결실이 더 많다.

　　㉡ 중간결실은 염색체의 절단된 끝부분이 점질성이어서 절단 부분끼리 재결합하지만 말단결실은 말단 소립구조로 절단단편과 재결합하지 않는다.

　　㉢ 위우성(pseudodominance) : **결실이 이형접합체에서 발생했을 경우 결실부에 대응하는 상동부분의 유전자는 열성이라도 우성처럼 발현되어 나타나는 현상이다.**

② 중복(duplication)

　　㉠ 같은 염색체에 동일한 염색체 단편이 2개 이상 있게 되는 것으로, 감수분열 과정에서 비대칭교차에 의하여 중복이 유발될 수 있으며 이때는 중복과 결실이 동시에 생긴다.

　　㉡ 위치효과(position effect) : 중복으로 인하여 양적변화 없이 염색체의 위치변동으로 표현형이 달라지는 현상이다.

　　㉢ 중복된 염색체 부위에 우성유전자를 동반하면 열성동형접합체에서 열성형질이 나타나지 않는다.

③ 역위(inversion)

　　㉠ 한 염색체의 단편이 180° 회전하여 다시 결합하는 것으로, 유전자 서열에 재배열이 일어나는 현상이다.

　　㉡ 유전자 순서는 바뀌었지만 유전물질 양의 변화는 없으므로 생명에는 변동이 없다.

　　㉢ 역위는 교차를 억제하며, 이는 유전자 재조합이 적게 일어나 유전변이 범위를 축소한다.

④ 전좌(translocation)

　　㉠ 염색체가 절단되어 그 단편이 비상동염색체의 절단부위에 재결합되는 것으로, 단순전좌, 상호전좌가있다.

　　　• 단순전좌 : 1개의 단편이 전좌하는 것으로 결실과 중복의 원인이다.

　　　• 상호전좌 : 2개의 비상동염색체 사이에서 염색체의 일부분이 교환되는 현상이다.

　　㉡ 염색체 단편은 정상염색체에 결합할 수 없으므로 대부분 전좌는 비상동염색체 사이에 염색체 단편이 서로 교환되는 상호전좌이다.

3. 유전자 구조와 발현

(1) 유전자 구조

① 핵산

㉠ 생물의 형질은 유전자가 지배하고, 유전자는 염색체를 통해 다음 세대로 전해진다.

㉡ 유전물질은 핵산이며, 핵산의 기본단위는 인산, 5탄당, 염기가 공유결합한 뉴클레오티드로 DNA와 RNA가 있다.

㉢ 대부분 생물은 DNA가 유전물질이고 DNA가 발현할 때 RNA가 나타난다.

② 핵 내외의 DNA

㉠ DNA는 두 가닥의 이중나선 구조이고, 두 가닥은 염기와 염기의 상보적 결합[Adenine과 Thymine : A=T(2개의 소수결합), Guanine과 Cytosine : G≡C(3개의 소수결합)]에 의하여 염기쌍을 이룬다.

㉡ DNA 가닥의 염기서열은 단백질에 대한 유전정보이고, 그 단백질의 기능에 의해 형질이 나타난다. DNA의 염기서열에서 3염기조합(트리플넷)이 1개의 아미노산을 지정하며, 이것이 유전암호(genetic code)이다.

㉢ 핵 안의 DNA는 세포분열 전에는 염색질로 존재하고, 세포분열 때 염색체 구조가 나타난다.

㉣ 유전자 DNA는 단백질을 지정하는 엑손(exon)과 단백질을 지정하지 않는 인트론(intron)을 포함한다.

㉤ 진핵세포 DNA와 히스톤 단백질이 결합하여 형성한 뉴클레오솜(Nucleosome)들이 압축·포장되어 염색체 구조를 이룬다.

㉥ 핵외 DNA : 식물의 세포질에 존재하는 엽록체와 미토콘드리아는 핵 DNA와는 독립된 DNA를 가지고 있다.

③ 트랜스포존

㉠ 대부분의 유전자는 염색체 상의 일정한 위치에 고정되어 있는데, 트랜스퍼 존은 게놈의 한 장소에서 다른 장소로 이동하여 삽입될 수 있는 DNA단편(유전자)이다.

㉡ 트랜스포존의 절단, 이동은 전이효소(transposase)로 촉매되며, 전이효소유전자는 트랜스포존 내에 있다.

㉢ 원핵생물(박테리아)과 진핵생물에 광범위하게 분포하며, 돌연변이의 원인이 된다.

㉣ 유전분석, 유전자조작에 유용하게 이용된다.

㉤ 유전자에 삽입된 트랜스포존을 표지(marker)로 이용하여 특정 유전자를 규명할 수 있다.

㉥ 유전자조작에서 유전자운반체로의 이용과 돌연변이를 유기하는데 유용하다.

④ 플라스미드

㉠ 세포 내에서 핵이나 염색체와 독립적으로 존재하면서 자율적으로 자가증식해 자손에 전해지는 유전요인이다.

㉡ 플라스미드는 원형의 DNA로 항생제나 제초제 저항성 유전자를 가지며, 식물의 유전자조작에서 유전자운반체로 많이 이용된다.

⑤ 바이러스의 유전물질

　　㉠ 바이러스에는 캡시드(capsid)라는 단백질 껍질 속에 유전물질(DNA 또는 RNA)이 들어 있다.

　　㉡ 한 가닥의 RNA로 된 역전사바이러스는 역전사효소를 가지고 있으며, 역전사바이러스가 진핵세포에 감염되면 역전사효소를 이용하여 자신의 RNA로부터 DNA를 합성한다.

　　㉢ 역전사효소는 유전자은행을 만드는데 사용된다.

(2) 유전자(DNA)의 복제와 발현

① 개관

　　㉠ 유전물질은 세포분열을 하기 전에 스스로 복제되어야 세포분열 시 다음세대로 전달한다.

　　㉡ DNA 복제 모형에는 보존적 복제, 반보존적 복제, 분산적 복제의 3가지 모형이 있으며 이 중 반보존적 복제 모형에 따라 DNA가 복제된다.

　　㉢ 반보존적 복제 모형에 따르면 먼저 DNA를 구성하는 두 가닥의 사슬이 분리되어 분리된 사슬이 각각 주형이 되고, 상보적인 염기를 가진 뉴클레오타이드가 주형가닥을 따라 늘어서면서 합성되어 새로운 DNA 가닥이 만들어진다.

　　㉣ DNA의 유전정보는 RNA로 전사(translation)된 다음 리보솜(ribosome)에서 아미노산으로 번역(translation)되어 단백질이 합성되는데, 이를 유전자발현(gene expression)이라고 한다.

② DNA 복제 과정

　　㉠ DNA 복제는 복제 원점이라고 하는 특정 염기서열 위치에서 시작되며, 완전한 DNA가 복제될 때까지 양방향으로 동시에 진행된다.

　　㉡ DNA 이중나선은 복제 원점에서부터 두 가닥이 풀리고, 상보적인 새 가닥이 합성되며 딸 DNA가 생기는데 이를 반보존적 복제(semiconservative replication)라고 한다.

　　㉢ DNA 복제에서 풀려진 한 가닥은 5' → 3' 방향으로 복제되며, DNA 중합효소를 비롯하여 여러 효소가 관여한다.

　　㉣ 프라이머는 DNA 복제의 시발체로 사용되는 한 가닥 핵산이다.

③ 유전자발현(형질발현, 단백질합성)

> 1. **중심원리** : 유전정보가 DNA에서 RNA를 거쳐 단백질로 합성된다는 것을 1956년 Crick이 제안하였으며, 이를 중심원리라 한다.
> 2. **유전자발현** : 유전정보는 RNA로 전사된 후 리보솜에서 아미노산으로 번역되어 단백질이 합성되는 과정

　　㉠ 전사(RNA 합성)

　　　　• RNA 중합효소가 DNA에 존재하는 특수한 염기서열인 프로모터(promoter, 중합효소가 결합하는 특정 염기서열)에 결합하여 DNA 두 가닥 중 한 가닥만 전사되어 RNA를 합성한다.

　　　　• DNA 중합효소는 DNA 주형에 상보적으로 결합하는 리보뉴클레오타이드를 차례로 결합시킨다.

　　　　• 진핵세포에서 RNA 전구체인 1차 전사물은 스플라이싱(splicing) 등 가공과정을 거쳐 mRNA가 완성된다.

- 스플라이싱은 RNA 전구체에서 유전정보를 갖지 않는 부분인 인트론을 제거하고 유전정보를 지닌 엑손만 연결되는 과정이다.
- RNA의 종류 세 가지이며 이들의 합성에는 각각 다른 RNA 중합효소가 관여한다.
  - mRNA(전령RNA): 유전 정보의 전달체 기능 수행
  - tRNA(운반RNA): 아미노산을 리보솜으로 운반
  - rRNA(리보솜RNA): 단백질 합성 장소인 리보솜을 구성하는 주요 성분
- DNA 유전암호는 mRNA로 전사되어 코돈을 만들고 mRNA의 코돈이 아미노산으로 번역된다.
- 번역에 직접 참여하는 유전암호가 코돈이므로 유전암호는 코돈으로 표시한다.

ⓒ 번역(단백질합성)

- 번역(translation)은 세포질의 리보솜에서 이루어지고, mRNA의 코돈과 tRNA의 안티코돈이 상보적으로 결합하고 mRNA의 코돈이 아미노산으로 전환되어 단백질을 합성한다.
- DNA의 유전정보로부터 단백질이 합성되는 과정에는 mRNA, tRNA, 리보솜, 아미노산 등이 필요하다.
- 종결 코돈에 상보적인 tRNA가 결합하면 합성된 단백질이 리보솜으로부터 방출한다.
- 생성된 폴리펩타이드를 구성하는 아미노산 수는 전사된 mRNA의 코돈 수보다 적다.
- **진핵세포의 전사는 핵에서, 번역은 세포질에서 각각 다른 시간에 일어난다.**
- **원핵세포의 경우 DNA가 세포질에 있어서 전사와 번역이 거의 동시에 이루어진다.**
- 진핵세포의 경우 전사는 핵에서, 번역은 세포질에서 일어나기 때문에 전사 결과 처음 만들어진 RNA가 가공과정을 거쳐 성숙한 mRNA로 된다.

ⓒ 유전자 발현과 환경

- 전사와 번역의 장소가 핵과 세포질로 구분되어 있고, RNA의 가공과정, 단백질 변형 과정을 거쳐 유전자 발현이 조절된다.
- 전사조절: 프로모터 앞쪽의 조절 요소에 전사 조절 인자가 결합하여 유전자 발현을 조절한다.
- 전사 후 조절(RNA 가공 조절)
  - mRNA 말단의 변화: 전사 직후 형성된 mRNA 전구체의 5' 말단에 캡이 형성되며, 3' 말단에 폴리A 꼬리가 형성된다.
  - RNA 스플라이싱: 전사 직후의 mRNA는 엑손과 인트론이 모두 존재하여 단백질 합성에 바로 이용될 수 없어 인트론이 제거되고 엑손끼리 서로 연결되는 스플라이싱이 일어난다. 엑손의 조합에 따라 다양한 종류의 mRNA가 생성된다.
- RNA 수송 조절: 성숙한 mRNA가 핵을 통해 세포질로 배출되는 속도가 조절한다.
- RNA 분해 조절: mRNA는 폴리 A 꼬리가 짧아지면서 분해되는데, mRNA의 분해 속도를 조절하여 합성되는 단백질의 양을 조절한다.
- 번역 조절: 단백질 합성의 개시를 조절하는 단백질에 의해 단백질 번역을 조절한다.
- 번역 후 조절(단백질 변형 과정상의 조절): 진핵세포의 단백질은 합성된 후 기능적인 단백질로 변형되는 과정을 거치는데, 단백질의 화학적 변형이나 기능 조절, 수송 과정 등이 조절된다.

• 진핵세포의 유전자 발현단계 : 세포는 환경 변화를 신호로 인식하여 그에 대응하기 위한 유전자가 발현한다.

> 1. 세포질에 있는 수용체에서 외부신호가 감지된다.
> 2. 수용체에서 감지된 신호를 신호전달계가 전사조절단백질에 전달된다.
> 3. 전사조절단백질이 핵으로 이동하여 DNA와 결합하여 전사한다.
> 4. 전사된 mRNA가 세포질로 나와 번역되어 필요한 단백질이 생산된다.
> 5. 단백질의 작용으로 형질이 발현한다.

4. 유전자돌연변이

(1) 유전자 DNA는 구조적으로 안정되어 있으며, DNA의 두 가닥이 상보적인 염기쌍을 형성하기 때문에 두 가닥 중 한 가닥이 손상되면 나머지 가닥을 이용하여 복구가 가능하다.

(2) 방사선이나 화학물질을 통해 DNA는 염기의 치환·첨가·결실 등이 일어나 유전자돌연변이가 생긴다.

(3) 유전자돌연변이 중에서 유용한 것은 자연선택에 의해 다음세대로 유전된다.

(4) **자연집단에서 흔히 나타나는 표현형을 야생형이라 하고, 돌연변이에 의해 새로운 형으로 바뀌는 것을 정방향돌연변이라고 하며, 변이형이 다시 야생형으로 돌연변이 하는 것을 복귀돌연변이라고 한다.**

(5) **돌연변이가 특정조건에서만 표현형이 나타나는 것을 조건돌연변이라고하고, 돌연변이로 인해 생존할 수 없는 경우에는 치사돌연변이라고 한다.**

5. 유전자조작

(1) 재조합 DNA

> 유전자 클로닝
> 1. 한 생물에서 추출한 특정 DNA를 다른 생물의 DNA에 끼워 넣어 재조합 DNA를 만든 후, 이를 숙주세포에 도입하여 증식하는 과정이다.
> 2. **클론 : 증식한 세포집단을 말한다.**
> 3. 유전공학기술을 이용한 형질전환육종에서 가장 먼저 수행하는 기술이다.

① 유전자 클로닝

㉠ **재조합 DNA를 세균에 넣어 증식시키면 재조합 DNA를 만든 후 숙주박테리아에 주입하여 형질전환세포를 선발하여 증식시키는 것이다.**

㉡ 숙주박테리아에 주입된 재조합 DNA는 숙주세포가 분열할 때마다 함께 복제되고 대량 증식되어 형질전환세포 클론이 만들어진다.

㉢ 유전자 클로닝에는 DNA를 자르는 제한효소와 DNA를 이어주는 연결효소가 있어야 하며, 재조합 DNA를 숙주세포로 운반하는 벡터가 있어야 한다.

㉣ 유전자조작에서 **제한효소는 가위의 역할, 연결효소는 풀(접착제) 역할을 한다.**

② 제한효소

　　㉠ **DNA의 특정 염기서열을 인식하여 그 부위를 선택적으로 절단하는 효소이다.**

　　㉡ 제한효소의 명명 : 그 효소가 분리된 미생물 속명의 첫 글자와 종명의 처음 두 글자를 합하여 세 글자로 하며, 이탤릭체로 쓴다.

　　　예 Escherichia coli에서 분리한 제한효소는 Eco로 쓰며 발견순서에 따라 Ⅰ,Ⅱ,Ⅲ 등을 붙인다.

　　㉢ 세한효소는 원핵세포에서 생산되는 DNA절단효소이다.

　　㉣ **제한효소는 제한부위의 염기서열을 엇갈리게 절단함으로써 한 가닥의 점착성 말단(sticky end)을 가진 DNA단편을 만든다.**

　　㉤ 한 종류의 제한효소는 항상 같은 염기서열을 자르므로 다른 DNA라도 같은 제한효소로 자른 DNA의 점착말단은 모두 동일하다.

　　㉥ DNA 단편은 상보적 점착성 말단을 가진 다른 DNA와 결합으로 재조합 DNA를 만들 수 있다.

　　㉦ 제한효소는 여러 종류가 있으며, 제한효소마다 인식하는 염기서열이 다르다.

③ 연결효소

　　㉠ 제한효소가 절단한 DNA 조각을 연결하는 효소로, 서로 다른 제한효소로 잘라 점착말단 부위가 다른 DNA 조각들은 DNA 연결효소로 연결할 수 없으며, 절단된 조각의 말단이 동일할 때 연결이 가능하다.

　　㉡ 끊어진 DNA의 당 − 인산이 연결되어 완전한 DNA를 만든다.

　　㉢ **연결효소는 모든 세포에서 생성되며 DNA 복제과정에 이용되며, 유전자조작에는 대장균, T$_4$ 파지의 연결효소를 주로 이용된다.**

　　㉣ 연결효소는 인접한 뉴클레오티드사이에 인산에스테르 결합 형성의 촉매로 DNA가닥에서 끊어진 곳을 이어준다.

④ 벡터

　　㉠ 외래유전자를 숙주세포로 운반해주는 유전자 운반체로, 외래 DNA를 삽입하기 쉽고, 숙주세포에서 자가증식을 할 수 있어야 하며, DNA 재조합형을 식별할 수 있는 표지유전자를 가지고 있어야 한다.

　　㉡ 유전자 클로닝에 많이 사용되는 벡터는 대장균박테리아를 숙주로 하는 플라스미드와 박테리오파지가 있다.

(2) 유전자은행(DNA library)

① 특정 DNA 단편의 클론을 모아 놓은 유전자 집단으로, 게놈라이브러리와 cDNA라이브러리가 있다.

② 게놈라이브러리는 생물체의 게놈을 특정한 제한효소로 절단한 모든 DNA단편을 벡터에 삽입하여 만든 유전자은행이며, 생명체의 유전자를 원래대로 모두 가지고 있다.

③ cDNA라이브러리는 특정한 조건에서 발현된 유전자의 mRNA를 모두 역전사시켜 합성한 cDNA(complementary DNA)의 집단이며, 게놈의 일부분만을 나타낸다.

④ 역전사는 mRNA를 주형으로 삼아 뉴크레오티드를 삽입시켜 그것이 상보적인 DNA를 합성하는 반응이다.

⑤ 역전사를 촉매하기 위해 역전사바이러스에서 분리한 역전사효소를 사용한다.

⑥ 유전자은행에서 원하는 유전자를 찾을 때는 **프로브(probe)가 필요**하며, 프로브는 찾고자하는 DNA에 상보적인 한 가닥 DNA단편으로 흔히 방사능으로 표지하여 사용된다.

(3) 유전공학

① 재조합 DNA 기술과 유전자 클로닝 기술을 실용적으로 응용하는 분야이다.
② 유전공학 기술로 형질전환된 작물이 생산한 농산물을 유전자변형농산물(GMO)이라 한다.
③ **안티센스 RNA : 세포질에서 단백질로 번역되는 mRNA(sense RNA)와 서열이 상보적인 한 가닥 RNA이다. 특정 유전자의 안티센스 RNA는 mRNA(sense RNA)와 2중나선을 형성하며, 2중나선 RNA는 번역될 수 없다.**
　㉠ 토마토 품종 '플레이버세이버': 안티센스 RNA 기술을 이용하여 세포벽분해효소 유전자의 발현을 억제시킨 것으로, 토마토가 성숙 후에도 물러지지 않게 하였다.
　㉡ 황금쌀 : 박테리아의 Carotene Desaturase 유전자를 벼 종자의 저장단백질인 Glutein 유전자에 재조합한 것으로 비타민A의 전구물질은 β - carotene을 다량 함유하고 있다.
④ 다른 생물의 유전자(DNA)를 유전자운반체(Vector) 또는 물리적 방법으로 직접 도입하여 형질전환식물을 육성하는 기술을 말하며, 이를 이용하는 육종을 형질전환육종이라 한다.

(4) 형질전환육종

① 특징
　㉠ 형질전환 작물은 외래의 유전자를 목표 식물에 도입하여 발현시킨 작물이다.
　㉡ 식물, 동물, 미생물에서 유래되었거나 합성한 외래유전자를 이용할 수 있으며, 형질전환으로 도입된 유전자는 식물의 핵 내에서 염색체상에 고정되어 식물체의 모든 세포에 존재하면서 식물의 필요에 따라 발현된다.
　㉢ 형질전환 방법에는 아그로박테리움 방법, 입자총 방법 등이 있으며, 아그로박테리움을 이용하여 형질전환하는 방법이 더 효과적이다.
　㉣ 꽃가루에 의한 유전자 이동빈도는 엽록체형질전환체가 핵형질전환체보다 낮다.
　㉤ 유용유전자 탐색에 쓰이는 cDNA는 역전사효소를 이용하여 mRNA로부터 합성할 수 있다.
② 형질전환육종 과정 순서 : 유전자분리, 증식 → 유전자도입 → 식물세포선발 → 세포배양, 식물체분화
　㉠ 1단계 : 원하는 유전자(DNA)를 분리하여 클로닝한다.
　㉡ 2단계 : 클로닝한 유전자를 벡터에 재조합하여 식물세포에 도입한다.
　㉢ 3단계 : 재조합 유전자를 도입한 식물세포를 증식과 재분화시켜 형질전환식물 선발한다.
　㉣ 4단계 : 형질전환식물의 특성을 평가하여 신품종으로 육성한다.
③ 도입유전자와 형질전환 품종
　㉠ **최초의 형질전환 품종 : Flavr Savr 토마토**(안티센스 RNA 이용)이다.
　㉡ 내충성 품종 : Bt유전자를 도입한 예이다.
　㉢ 제초제 저항성 품종 : aroA 유전자, bar 유전자를 도입하였다.
　㉣ 바이러스 저항성 품종 : TMV(담배모자이크바이러스)의 외피 단백질합성 유전자를 도입하였다.
　㉤ 기능성 품종(3세대 GMO) : 비타민A를 강화한 골든라이스(2000년)가 대표적인 예이다.

5 유전양식

1. 멘델의 유전법칙

(1) 멘델의 가설

① 한 가지 유전 형질을 결정하는 대립유전자는 한 쌍이 있다.

② 한 가지 유전 형질을 결정하는 유전자는 한 개체 내에 한 쌍만 존재하며, 이들은 양친으로부터 하나씩 물려받은 것이다.

③ 같은 개체 속에 서로 다른 2개의 유전자가 함께 있을 때 한 가지 형질만 나타나는 데 우성유전인자만 표현된다.

④ 한 형질을 결정하는 두 대립유전자가 헤테로(잡종)일때는 그 중 한 가지만 표현된다.

⑤ 한 개체가 가진 한 쌍의 대립유전자는 자손으로 전달될 때 분리된 단위로서 각 배우자에게 독립적으로 분배된다.

(2) 멘델의 교배 실험과 원리

① 완두 교배실험 결과로 1866년 '식물잡종의 연구'란 논문을 발표하였다.

② 7가지의 대립형질 : 형질마다 뚜렷이 구별되는 종자의 모양, 떡잎의 색깔, 씨껍질의 색깔, 꼬투리의 모양, 꼬투리의 색깔, 꽃의 위치, 줄기의 키이다.

③ 교배에 사용되는 개체를 양친, P(parental generation)라 하고, 교배에서 나온 자손을 잡종 제1세대, F_1(1st filial generation)이라고 한다.

④ 1900년 드브리스, 체르마크, 코렌스 등에 의해 멘델의 법칙이 재발견되어 현대 유전학 발달의 기초를 이루었다.

유전용어

1. 2배체 생물(2n)의 세포핵에는 상동염색체가 있고, 개체마다 각 형질을 지배하는 유전자를 2개씩 갖는데, 그 중 하나는 우성대립유전자, 다른 하나는 열성대립유전자이다.

2. **대립형질**

   우성 및 열성대립유전자는 상동염색체의 같은 유전자좌(locus)에 있으며, 대립유전자에 의하여 지배되는 형질이다.

3. **비대립유전자**

   유전자의 관계를 말할 때 서로 다른 유전자좌에 있는 유전자이다.

4. **동형접합체, 이형접합체**

   (1) 동형접합체

      같은 대립유전자로 된 유전자형(WW, ww)이다.

   (2) 이형접합체

      서로 다른 대립유전자로 된 유전자형(Ww)이다.

02

(3) 멘델의 법칙 정리

① 우열의 법칙

　㉠ 하나의 형질 중에서 순종의 대립형질 유전자끼리 교배시켰을 때 1대잡종에서 하나의 형질만이 나타나는데 이때 나타난 형질이 우성이고, 잡종 제1대에서 나타나지 않는 형질을 열성이다.

　㉡ 양친의 형질 중 F_1에서 우성형질이 열성형질을 지배하여 우성의 형질만 나타나고, 열성의 형질을 나타나지 않는 현상이다.

　㉢ 우열의 법칙의 원리

　　• 단성잡종 : 1쌍의 유전자(대립형질)에 의해서 만들어진 잡종이다.

　　• 완두의 둥근 것(RR)과 주름진 것(rr)의 개체 교배(RR × rr로 표시)에서, RR의 배우자는 R, rr의 배우자는 r이며, 이들 사이의 수정에 의해서 생기는 잡종 제1대의 유전자형이 모두 Rr가 되고 표현형은 둥근 것으로, F_1에서는 R의 형질만 나타나고(우성), r(열성)은 나타나지 않는다.

　　• 1쌍의 형질 중에서 우성인 형질이 F_1에 나타나는 것을 '우열의 법칙'이라고 한다.

② 분리의 법칙(멘델의 제1법칙)

　㉠ F_2에서 우성 형질을 나타내는 것(RR과 Rr)과 열성 형질을 나타내는 것(rr)으로 분리시키는 일을 '분리의 법칙'이라고 한다. 여기서 F_1의 자가수분에 의해서 생긴 F_2는 유전자형의 비가 RR:Rr:rr = 1:2:1이고 표현형의 비는 3:1이 된다.

　㉡ F_1에서는 나타나지 않던 열성형질이 F_2에서는 우성과 열성의 형질이 다시 일정한 비율로 분리하여 나타난다.

　㉢ 이형접합체에서 우성 대립유전자와 열성 대립유전자가 1:1로 분리되어서 각 대립유전자를 가진 배우자가 같은 비율로 만들어진다.

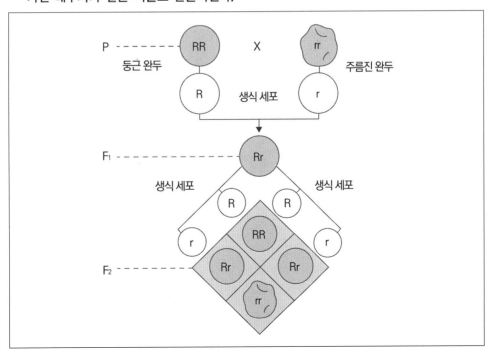

③ 독립의 법칙(멘델의 제2법칙)

㉠ 두 쌍의 대립형질이 서로 다른 상동염색체에 실려 서로 독립적으로 행동한다.

㉡ 양성잡종(두 쌍의 대립형질이 서로 다른 개체를 교배하는 것)의 실험을 통해 1대잡종은 모두 같은 모양이 나오고 1대잡종을 자가교배시켜 9:3:3:1의 비율로 제2대잡종의 형질이 나타나고, 하나의 유전형질에 대해서는 3:1로 분리된다.

㉢ 양성잡종의 실험으로 멘델은 2쌍 이상의 대립형질이 동시에 유전되어도 각각의 대립형질은 서로 어떤 영향도 주지 않고, 다른 대립형질에 관계없이 독립적으로 분리해서 우열 및 분리의 법칙에 따라 유전됨을 알았는데 이를 독립의 법칙이라 한다.

㉣ 독립의 법칙은 연관유전자에는 적용되지 않는다.

㉤ 독립의 법칙의 원리

- 2쌍의 유전자를 R(둥근 것) − r(주름진 것), Y(황색떡잎) − y(녹색떡잎)라 하고, R · Y 는 우성, r · y는 열성이라고 하면, RRYY(둥글고 황색인 것) × rryy(주름지고 녹색인 것)의 교배에서 배우자는 각각 RY와 ry이므로 F_1은 RrYy이다.
- F_1의 자가수정 RrYy × RrYy에서 4종류의 배우자 RY · Ry · rY · ry 사이에 자유로운 교배로 1:1:1:1의 비율이 된다.
- 이것은 R · r · Y · y의 유전자가 서로 완전히 독립적이기 때문이며, 이와같이 R · r · Y · y의 유전자가 별개의 염색체에 있어 완전히 독립적으로 행동하는 것이 '독립의 법칙(Law of Independence)'이다.
- F_2에서는 16개체가 되는데, R · Y(둥글고 황색), R · y(둥글고 녹색), r · Y(주름지고 황색), r · y(주름지고 녹색)이 9:3:3:1의 비율로 생긴다.
- F_2에서는 R은 12이고, r은 4가 되어 표현형의 비는 3:1로 나타난다.
- R와 Y, r와 y가 각각 동일 염색체에 있으면 F_1의 배우자는 RY, ry뿐이며, 이 경우를 완전연관이라 한다.
- R − Y와 r − y 염색체 사이에 교차가 일어나면 RY:Ry:rY:ry는 1:1:1:1이 되지 않고 다른 값이 된다.
- R · r · Y · y의 네 유전자는 별개의 염색체에 있으면 완전히 독립적으로 행동한다.

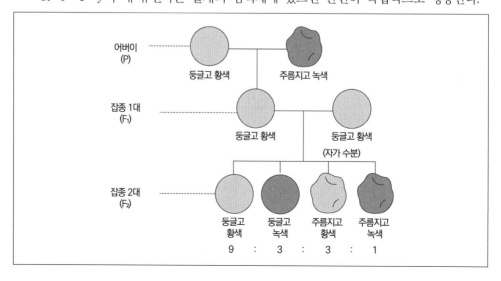

(4) 멘델법칙의 예외

① 불완전우성(중간유전)

㉠ 중간유전: 코렌스가 분꽃의 교배실험에서 발견한 것으로, **대립유전자 사이의 우열관계가 불완전하여 유전자형이 잡종일 경우 표현형이 우열의 법칙을 따르지 않고** 어버이의 중간형 질을 나타내는 현상이다.

㉡ 분꽃의 중간유전

- 분꽃의 붉은색(RR)과 흰색(rr)의 F_1에서는 중간색의 분홍색(Rr) 분꽃만 나타났다.
- F_1을 자가수분시켜 얻은 F_2에서는 **붉은색 : 분홍색 : 흰색이 1 : 2 : 1로 나타난다.**
- 잡종 제2대에서 나타나는 표현형과 유전자형의 분리비가 같다.
  - **표현형** : 붉은색 : 분홍색 : 흰색 = 1 : 2 : 1
  - **유전자형** : RR : Rr : rr = 1 : 2 : 1
- 분꽃 색깔의 유전분리처럼 대립유전자의 우열관계가 불완전하여 F_1의 형질이 양친의 중간형질을 나타내는 유전이다.

② 부분우성(모자이크유전)

㉠ 대립형질에 있어서 부분적으로 서로 우성으로 작용하는 것, 이때의 잡종을 모자이크잡종, 부분잡종이라고 한다.

㉡ 닭의 흑색의 코친과 백색의 레그혼을 교잡한 F_1은 흑백 바둑판무늬로 나타나고, 부분적으로 흑색 또는 백색이 우성으로 나타났기 때문이다.

③ 우열전환

㉠ 표현형이 발생초기에는 우성형질을, 후기에는 열성형질을 나타내는 현상이다.

㉡ 고추에서 상향 꼬투리와 하향 꼬투리를 가진 것은 F_1은 처음에는 상향이다가 뒤에는 하향으로 되는 것처럼 시기에 따라서 우성과 열성의 관계가 바뀌는 현상이다.

④ **격세유전**: 현재 보이지 않는 조상의 형질이 몇 세대 후에 발현하는 환원유전으로, 조부모 세대의 형질이 부모 세대를 거쳐 자식 세대에 나타나는 현상이다.

2. 유전자의 상호작용

(1) 대립유전자의 기능과 우성관계

① 완두의 콩모양 유전자(W, w)는 녹말합성효소로 작용하여 가지가 없는 녹말을 가지가 있는 녹말로 전환하는 반응을 촉매한다.

② 우성대립유전자(W)에 의해 생성된 녹말합성효소는 촉매활성이 높다.

㉠ WW, Ww : 가지가 많은 녹말을 합성하여 콩이 둥글다.

㉡ ww : 가지가 없는 녹말이 대부분이고 등숙하는 동안 수분이 빠져나가 주름진 종자이다.

③ 완두의 종자모양 유전자는 녹말합성효소(단백질)의 작용을 통해 간접적으로 종자모양을 지배하게 된다. 활성이 있는 단백질을 지정하는 유전자는 우성이고, 불활성단백질에 대한 유전자는 열성이다.

④ 대립유전자 상호작용 : 대립유전자의 기능에 의하여 이형접합체의 표현형(F_1)은 완전우성, 불완전우성, 공우성 등으로 나타난다.

    ㉠ 완전우성

        • 이형접합체에서 우성형질만 표현되고, F_2이 표현형은 3 : 1로 분리된다.

        • 멘델의 교배실험은 모두 완전우성이다.

    ㉡ 불완전우성

        • 이형접합체가 양친의 중간형질로 나타나고, F_2는 1 : 2 : 1로 분리된다.

        • 코스모스, 분꽃, 나팔꽃, 금어초 등의 꽃 색깔이 예이다.

    ㉢ 공우성

        • 한 쌍의 대립유전자에 대한 이형접합체(F_1)에서 두 대립유전자의 특성이 모두 나타날 때, F_2는 1 : 2 : 1로 분리된다.

        • 사람의 MN 혈액형, 효소단백질의 아이소다임(isozyme, 동일한 기질특이성을 나타내면서 다른 분자구조를 가진 효소단백질) 등이다.

(2) 복대립유전자

① 2배체 생물(2n)은 개체마다 각 형질에 대한 대립유전자를 2개씩 가지고 있는데, 집단으로 보면 같은 유전자좌에 여러개의 대립유전자가 있다. 즉, 동일유전 자체를 차지하는 3개 이상의 유전자가 있을 때 1개의 유전자가 임의의 다른 2개 이상의 유전자와 각각 대립하여 우열관계에 있는 것을 복대립유전자라 한다.

② 복대립유전자는 서로 작용하여 상이한 표현형을 나타내지만, 모두 동일 형질을 지배하기 때문에 그 작용은 비슷하다.

③ 세대를 거듭하는 동안 원래 동일유전자이던 것이 돌연변이에 의하여 생긴 것이다.

④ 자가불화합성은 복대립유전자에 의한 대표적 형질로 배낭의 난세포와 동일한 S유전자를 가진 화분은 S 유전자가 지정하는 단백질에 의해 주두에 캘로스가 생겨 화분관이 주두를 침투하지 못한다.

⑤ 복대립유전자들 간에 대립유전자의 기능에 의해 완전우성, 불완전우성, 공우성이 나타난다.

⑥ 병해충에 대한 저항성 유전자도 복대립유전자가 많다.

(3) 비대립유전자 상호작용

① 유전자 상호작용(gene interaction)은 한 가지 형질발현에 두 개 이상의 비대립유전자가 관여하는 것으로 2개 이상의 유전자가 직접 상호작용을 한다는 것이 아니라, 서로 다른 유전자산물들이 기능적으로 관련되어 있는 것이다.

② 유전자의 형질발현은 원칙적으로 대립유전자 간에 서로 영향이 없고 독립적이며, 유전자 상호작용이란 독립인 두 유전자들이 같은 표현형을 결정하는 데 관여해 표현형의 분리비가 9 : 3 : 3 : 1로 나오지 않는 경우를 의미한다.

③ 비대립유전자 사이의 상호작용을 상위성이라 하며, 우성상위, 열성상위, 이중 열성상위 등 여러 가지 패턴이 있다.

02

유전자 상호작용의 전제
1. 표현형의 분리는 불연속적이고 각 표현형들은 서로 질적으로 다르다.
2. 유전자들은 서로 연관되어 있지 않으며 배우자 형성과정에서 독립적으로 행동한다.
3. 각 조합의 양친은 모두 동형접합체(AABB × aabb)이고, F_1은 이형접합체(AaBb)이다.

④ 상위성(epistasis)
　㉠ 비대립유전자의 상호작용에서 한쪽 유전자의 기능만 나타나는 현상이다.
　㉡ 우성은 대립유전자 사이의 관계이고, 상위성은 비대립유전자 사이의 상호작용이다.
　㉢ 양성잡종 AaBb가 비대립유전자 A와 B가 독립적일 때 F_2 표현형의 분리비는 A_B_ :
　　A_bb : aaB_ : aabb = 9 : 3 : 3 : 1이다. 단, 상위성이 있는 경우 유전자 상호작용에 따라 분
　　리비가 다르게 나타난다.
　　　• (9A_B_) : (3A_bb+3aaB_+1aabb) = 9 : 7 → **보족유전자**
　　　• (9A_B_ + 3A_bb+3aaB_) : 1aabb = 15 : 1 → **중복유전자**
　　　• (9A_B_) : (3A_bb+3aaB_) : (1aabb) = 9 : 6 : 1 → **복수유전자**
　　　• (3aaB_) : (9A_B_+3A_bb+1aabb) = 3 : 13 → **억제유전자**
　　　• (9A_B_ + 3A_bb) : (3aaB_) : (1aabb) = 12 : 3 : 1 → **우성상위(피복유전자)**
　　　• (9A_B_) : (3A_bb) : (3aaB_ + 1aabb) = 9 : 3 : 4 → **열성상위(조건유전자)**

(4) 보족유전자(이중열성상위)
① 우성유전자인 A, B가 함께 있을 때 어떤 형질의 발현에 있어 서로 보족적으로 작용하는 유
　전자이다.
② **여러 유전자들이 상호작용하여 한 가지 표현형이 나타내며**, 이중의 우성유전자가 함께 작용하
　여 전혀 다른 한 형질을 발현(벼의 밑동색깔, 수수의 알갱이 색깔)한다.
③ 벼 밑동의 색깔에서 AAbb(녹색)와 aaBB(녹색)을 교배하면 F_1(AaBb)은 자색, F_2의 자색
　(A_B_) : 녹색(A_bb, aaB_, aabb)의 분리비는 9 : 7이 된다. 자색은 색소원 유전자 A와 활성
　유전자 B의 상호작용으로 나타난다. A_bb와 aaB_가 녹색이고 A_B_가 자색이므로 자색이
　나타나려면 A, B가 모두 필요하고 A나 B가 없으면 녹색으로 나타난다.
　녹색인 A_bb, aaB_, aabb에서 열성동형접합체 aa는 B와 b에 상위성이고, bb는 A와 a에 상
　위성이므로 보족유전자 작용은 이중열성상위이며, 유전자 A와 유전자 B가 함께 있어야 해서
　보족유전자이다.

(5) 중복유전자
① **똑같은 형질에 관여하는 여러 유전자들이 독립적으로 작용(냉이의 씨꼬투리 모양)**
② 냉이 씨 꼬투리의 세모꼴(AABB)과 방추형(aabb)을 교배하면, F_1(AaBb)은 세모꼴이고, F_2의
　세모꼴(A_B_, A_bb, aaB_) : 방추형(aabb) = 15 : 1로 분리된다.
　A_B_, A_bb, aaB_가 모두 세모꼴로 우성유전자 A, B에 의해 세모꼴이 나타나므로 누적효과
　는 없다. 이와 같이 비대립유전자가 같은 방향으로 작용하고 누적효과가 없을 때 중복유전자
　라고 하며, A는 B, b에 상위성, B는 A, a에 상위성이다.

⑹ 복수유전자

① **같은 형질에 관여하는 여러 유전자들이 누적효과를 나타내는 것**(관상용 호박의 모양)

② 관상용 호박에서 원반형(AABB)과 장형(aabb)을 교배하면 F_1(AaBb)은 원반형이고, F_2에서는 원반형(A_B_) : 난형(A_bb, aaB_) : 장형(aabb)의 분리비가 9 : 6 : 1이다.

aabb는 장형, A_bb와 aaB_는 난형으로 우성유전자 A, B는 호박의 길이를 짧게 하고 그 효과가 같다. A_bb와 aaB_가 같은 표현형으로 나타나는 것은 A는 bb에 상위성이고 B는 aa에 상위성이다. 우성인 A, B가 누적효과에 의해 원반형(A_B_)이 되는 것처럼 비대립유전자가 같은 작용을 하면서 누적효과를 나타낼 때를 복수유전자라고 한다.

⑺ 억제유전자

① 독립적인 형질발현 없이 **다른 유전자 작용을 억제**하는 것이다.(누에고치의 색깔 유전, 수수의 알갱이 색깔, 닭의 색깔)

② 닭의 색깔에서 우성 백색종 Leghorn종(AABB)과 열성 백색종 Plymouth Gock종(aabb)을 교배하면 F_1(AaBb)은 백색이고, F_2의 백색(A_B_, A_bb, aabb) : 유색(aaB_) = 13 : 3로 분리된다.

aaB_만 유색이고, 모두 백색으로 우성유전자 B에 의해 색깔이 나타난다. A_bb, aabb는 색깔을 나타내는 B 유전자가 없어 백색이 나타난다. A_B_는 B 유전자가 있음에도 백색인 것은 A 유전자가 B 유전자의 발현을 억제했기 때문이다.

A_bb가 백색인 것은 A 유전자가 어떤 색깔도 지배하지 않기 때문이다. A는 B, bb에 상위성이고, bb는 A, a에 상위성이다. A 유전자처럼 스스로는 어떤 형질도 지배하지 않으면서 다른 유전자의 작용만 억제하는 비대립유전자를 억제유전자라고 한다. 억제유전자의 F_2분리비는 13 : 3으로 한 쌍의 대립유전자 분리비 3 : 1과 비슷하여 의심스러운 경우 후대검으로 확실히 구별할 수 있다.

⑻ 우성상위(피복유전자)

① **물질대사의 두 경로에서 A 유전자가 작용하지 않을 때에만, B 유전자의 작용이 나타나는 것이다.** (귀리의 외영색깔)

② 귀리의 외영색깔에서 양친 AABB(흑색)와 aabb(백색)을 교배하면 F_1(AaBb)은 흑색이고, F_2의 흑색(A_B_, A_bb) : 회색(aaB_) : 백미(aabb)의 분리비는 12 : 3 : 1이다.

F_2에서 aabb가 백색이고 aaB_가 회색이므로 우성유전자 B가 회색이 되게 하였다. A_B_와 A_bb가 흑색이므로 우성유전자 A가 흑색이 되며, 이때 A가 B에 상위성이므로 이를 우성상위라고 한다.

⑼ 열성상위(조건유전자)

① 열성동형접합체(aa)에서 생산된 물질이 B 유전자 산물의 작용을 억제하는 것으로, **A유전자가 있어야, B 유전자의 작용이 나타난다.**(현미의 종피색깔)

② 현미 종피색깔에서 적색(AABB)과 백색(aabb)을 교배하면 F_1은 적색이고, F_2는 적색미 : 갈색미 : 백미가 9 : 3 : 4로 분리된다.

종피색은 색소원 유전자 A와 색소분포 유전자 B의 상호작용으로 나타난다. 유전자형 aaBB, aabb는 A 유전자가 없어 백미로, A_bb는 B 유전자가 없어 중간대사물이 산화되어 갈색미로, A_B_는 색소합성이 제대로 이루어져 적미가 된다.

A_B_의 적미는 A 유전자가 있는 조건에 B 유전자가 발현되므로 A 유전자를 조건유전자라고 한다. aaB_가 백미로 나타나는 것은 열성동형접합체인 aa가 B 유전자 산물의 작용을 억제하는 것으로, 이를 열성상위라고 한다.

3. 치사(致死)유전자

(1) 정상적인 수명 이전의 일정한 시기에 죽음을 일으키는 유전자로 대개 정상적인 발생이나 성장에 필요한 효소 또는 단백질의 합성을 지배하는 유전자의 돌연변이에 의해 나타난다.

(2) 성염색체상의 치사유전자는 반성유전을 하며, 정상 대립유전자의 헤테로 개체에서는 치사작용이 나타나는 우성치사와 치사작용이 나타나지 않는 열성치사가 있다.

(3) 열성치사에서는 치사유전자가 호모가 되면 치사작용이 나타나는데, 어떤 경우는 헤테로의 상태에서도 그 개체의 표현형에 여러 가지 이상이 나타난다.

(4) 생쥐의 황색 치사유전자는 야생형 유전자에 대해 열성이어서, 호모인 개체는 죽고 헤테로이면 황색의 털이 된다. 생쥐의 털색깔에서 Y(황색)는 y(흑색)에 대하여 우성이나 YY로 Y에 대하여 호모상태인 것은 죽는다. 황색털 개체의 유전자형은 헤테로 상태로만 존재하고 F_1은 황색과 흑색의 비율이 2:1로 분리된다.

4. 양적유전

(1) 양적형질

① 형질의 변이 양상에 따라 불연속변이를 하는 질적형질과 연속변이를 하는 양적형질로 구분한다.

② 농업형질 중에서 수량, 품질, 적응성 등 재배적으로 중요한 형질은 대부분 양적형질이다.

③ 양적형질 유전을 양적유전이라고 한다.

④ 질적형질은 소수의 주동유전자에 의하여 지배되고, 양적형질은 폴리진(polygene)에 의해 지배된다.

⑤ 폴리진이란 연속변이의 원인이 되는 유전자시스템으로 그 작용이 상가적이고 누적적 효과를 나타내며 환경의 영향을 많이 받는 다수의 유전자들이 관여하여 다인자유전이라고도 한다.

⑥ 폴리진은 멘델의 법칙을 따르나 멘델식 유전분석을 할 수 없다.

⑦ 평균, 분산 등의 통계적 방법으로 유전분석을 하며, 연속변이를 하는 양적형질의 표현형 분산은 유전 분산과 환경분산을 포함한다.

(2) 폴리진과 유전력

① 유전력이란 표현형의 전체분산 중 유전분산이 차지하는 비율로 0~1까지의 값을 가진다.

② 유전력이 높은 형질은 환경의 영향을 많이 받지 않는데, 유전력이 높은 형질은 표현형 변이 중 유전적 요인의 비중이 크다는 것이지 그 형질이 환경의 영향을 받지 않는다는 것은 아니다.

③ 유전력은 식물의 종류, 형질, 세대에 따라 다르고 같은 형질이라도 환경에 따라 차이를 보인다.

④ 유전력은 양적형질의 선발지표로 이용되며, 유전력이 높으면 선발효율이 높다.

⑤ 자식성 작물의 육종에서 유전력이 높은 양적형질은 초기세대에 집단선별을 하고 후기세대에 개체 선별하는 것이 바람직하다.

⑥ 유전분산의 비율이 높으면 협의의 유전력이 작아지고, 후기 세대에서 선발하는 것이 유리하다.

⑦ 질적형질 개량은 계통육종법이, 양적형질 개량은 집단육종법이 유리하다.

5. 집단유전

(1) Hardy − Weinnerg 법칙

① 타식성 작물집단에서 모두 같은 생식력을 가지고 있으며, 교배의 제한이 없고, 모든 유전자가 안정하고, 또한 어느 유전자형 사이에서도 경쟁이 일어나지 않는다고 가정할 때, 그 집단의 열성유전자와 우성유전자의 비율은 집단의 계층이나 세대에 관계없이 늘 일정한 유전적 평형(genetic equilibrium)을 유지하는데, 이 정의를 '하디 − 바인베르크의 법칙'이라고 하고 진화의 이론적 기초가 된다.

② 유전적 평형 상태에 있는 멘델 집단에서는 세대를 거듭하여도 유전자 빈도가 변하지 않다는 법칙이다.

> 하디 − 바인베르크 법칙에서 가정한 멘델 집단의 조건
> 1. 집단의 크기는 충분히 커야 한다.
> 2. 집단 간 유전자교류가 없고, 개체의 이동이 없어야 한다.
> 3. 대립유전자에 돌연변이가 일어나지 않는다.
> 4. 특정 대립유전자에 대해 자연선택이 작용하지 않는다.
> 5. 집단 내에서 교배가 자유롭게 무작위적으로 일어난다.

③ 한쌍의 대립유전자 A, a의 빈도를 p, q라고 하면, 유전적 평형집단에서 대립유전자빈도와 유전자형 빈도의 관계는 $(pA+qa)^2 = p^2AA+2pqAa+q^2aa = 1$이다.

④ AA의 빈도는 p^2, Aa의 빈도는 $2pq$, aa의 빈도는 q^2이다.

자손에서 대립유전자 A의 빈도는 $p^2+pq = p(p+q) = p$이고, 자손에서 대립유전자 a의 빈도는 $pq+q^2 = (p+q)q = q$이다.

⑤ A대립류전자빈도 p = 0.6이고, a대립류전자빈도 q = 0.4일 때,

집단 내 유전자빈도와 유전자형 빈도는

AA = p^2 = (0.6)2 = 0.36, Aa = 2pq = 2(0.6)(0.4) = 0.48, aa = q^2 = (0.4)2 = 0.16이다.

다음 세대에서도 대립유전자 A와 a의 빈도는 변하지 않고 일정하게 유지된다. 즉, 유전적 평형이 유지된다.

⑥ Hardy − Weinnerg 법칙의 조건 중 어느 하나라도 충족하지 못하면 집단 내 유전자형 빈도와 대립유전자빈도가 변화하고 유전적 평형이 유지되지 못하고 유전자풀의 변화가 일어나 진화가 일어난다는 것을 의미하므로, 하디 − 바인베르크 법칙은 진화가 일어남을 반증하는 법칙이다.

⑵ 유전적 부동

① 집단의 집단의 크기가 작은 경우는 유전적 부동에 의해 대립유전자의 빈도가 변화한다. 유전적 부동(genetic drift)이란 대립유전자빈도가 무작위적으로 변동하는 것을 말한다.

② 근친교배가 일어나는 집단은 동형접합체 비율이 증가하고, 이형집합체 비율은 감소하여 유전자형 빈도에 영향을 끼친다.

6. 기타 유전변이

⑴ 변경유전

단독으로는 형질발현에 작용을 하지 못하고 주동 유전자와 공존할 때 그 작용을 변경시키는 유전자이다.(주동유전자가 없으면 발현하지 않는다)

① 주동유전자 : 형질이 나타나는 데 주도적 작용하는 유전자이다.

② 변경유전자 : 주동유전자 발현에 질적 혹은 양적 조절작용을 하는 유전자이다.(초파리의 눈색깔, 오페이크 – 2 옥수수알갱이)

⑵ 다면발현

① 하나의 유전자가 두 개 이상의 표현형질에 영향을 미치는 현상이다.(보리의 괴성유전자, 찰벼나 찰옥수수의 wx유전자, 담배의 S유전자, 벼의 11번 염색체에 있는 E 유전자 등)

② 체내에서 일어나는 대부분의 생화학적 대사경로가 서로 연관되어 있어 나타나는 현상이다.

③ 완두의 자색꽃 유전자는 백색꽃 유전자에 대해 완전우성이며, 꽃의 색깔 유전자 산물이 종피 색깔에도 관여하여 자색 꽃을 가진 개체는 종피가 회색이고 백색 꽃을 가진 개체의 종피는 항상 백색이다.

⑶ 크세니아와 메타크세니아

① 크세니아

㉠ 중복수정의 속씨식물에서 부계의 우성형질이 모계의 배젖에 당대에 나타나는 현상이다.

㉡ 메벼 배유의 투명한 성질은 찰벼의 흰색 불투명한 것에 단순우성이며, 찰벼와 메벼를 교배하여 얻은 잡종 종자의 배유는 투명한 메벼의 성질을 가진다. 이것은 메벼 유전자 Wx의 작용에 의한 것으로 크세니아(Xenia)현상이다.

㉢ 크세니아의 결과로 열린 메벼를 자가수정시키면 메벼와 찰벼가 3 : 1로 분리된다.

㉣ 화분에 있는 우성유전자의 형질발현이 당대에 나타난다고 하여 화분직감이라고 한다.

② 메타크세니아

㉠ 크세니아에 관여하는 화분의 유전자가 과실의 성장에까지 영향을 주는 경우로 정핵이 직접 관여하지 않는 모체의 일부분에 꽃가루의 영향이 직접 나타나는 현상이다.

㉡ 단감의 꽃에 떫은 감의 꽃가루를 수분하면 단맛이 감소되고, 떫은 감의 꽃에 단감의 꽃가루를 수분하면 떫은맛이 감소되는 등 과형이나 과육에 꽃가루의 영향이 직접 나타난다.

㉢ 감, 배, 사과 등 과일의 맛, 색깔, 크기, 모양 등에 꽃가루의 영향이 직접 나타나는 것이다.

6 연관과 교차 및 유전자 지도

1. 연관

(1) 하나의 염색체에는 여러 개의 유전자가 함께 존재하는데 여러 개의 유전자가 같은 염색체 상에 있는 것을 **연관(linkage)**이라고 하며, 연관된 유전자들을 **연관군(linkage group)**이라고 한다.

(2) 멘델의 독립 법칙에 위배되며 유전될 가능성이 높다.

(3) **각 생물의 연관군 수는 그 생물의 생식세포에 들어있는 염색체 수와 같다.**

(4) 독립유전과 연관유전의 차이 : 독립유전은 유전자가 서로 다른 염색체상에 위치하고, 연관 유전은 유전자가 같은 염색체상에 위치한다.

> **독립유전**
> 1. 두 쌍 이상의 대립형질이 유전될 때 유전자가 서로 다른 염색체상에 있어서 서로 영향을 미치지 않고 독립적으로 분리의 법칙에 따라 유전되는 현상이다.
> 2. 독립유전을 하는 이형접합체에서 형성되는 배우자의 50%는 양친형(AB, ab), 50%는 재조합형(Ab, aB)이다.
> 3. 양성잡종(AaBb)에서 두 쌍의 대립유전자가 서로 다른 염색체에 있는 독립유전의 경우 배우자는 AB : Ab : aB : ab = 1 : 1 : 1 : 1로 분리된다.

(5) 완전연관

① **같은 염색체에 서로 다른 두 유전자가 연관되어 있을 때 연관유전자들이 분리하지 않아 양친형 배우자들만 생기는 경우이다.**

② A와 B 유전자가 동일 염색체상에 존재할 경우(A, B 유전자는 완전연관), 이들 유전자에 **Hetero인 개체를 검정교배(이형접합체와 열성친을 교배) 했을 때, 표현형의 분리비는 1 AB/ab : 1 ab/ab**이다.

③ 두 유전자가 같은 염색체에 연관되어 있을 때 교차가 일어나지 않으면 AB, ab의 양친형의 두 배우자만 생긴다.

(6) 상인과 상반

① 상인(coupling), 시스배열(cis − configuration) : 연관에서 우성 또는 열성 유전자끼리 연관되어 있는 유전자배열(A B, a b)이다.

② 상반(repulsion), 트랜스배열(trans − configuration) : 우성유전자와 열성유전자가 연관되어 있는 유전자 배열(A b, a B)이다.

2. 교차

(1) 연관되어 있는 유전자 사이에서 감수분열 시 상동염색체 간에 염색체의 부분적인 교환이 일어나 연관이 깨지고 새로운 연관군이 생기는 것이다.

(2) 같은 염색체에 연관된 유전자들은 감수분열과정에서 상동염색체가 분리할 때 함께 행동한다. 그러나, **제1감수분열 전기의 태사기에 2가염색체의 비자매염색분체 간 교차(交叉, crossins over)로 인해 연관된 유전자가 재조합되어 재조합형 배우자가 생긴다.**

(3) 감수분열의 제1분열 시 상동염색체가 접합하여 2가염색체가 형성될 때 염색체의 일부에 꼬임이 일어나 유전자 교차가 일어나며 이때 2가염색체에 십자형 구조가 나타나는데 이를 키아즈마라 한다.

(4) 키아즈마가 1개면 단교차, 2개면 2중교차, 3개 이상이면 다중교차라고 하고, 연관된 두 유전자 거리가 멀면 키아즈마 빈도가 높고, 가까우면 빈도가 낮다.

(5) 연관된 두 유전자 사이 키아즈마가 1개이면 감수분열에 의한 배우자 중 양친형 50%, 재조합형 50%이다.

(6) 교차에 의해 생기는 재조합형을 교차형, 양친형을 비교차형이라고 한다. 특정한 상동염색체에서 나타나는 키아즈마 수는 그 염색체를 가지고 있는 모든 생식세포에서 일정하다.

(7) 양성잡종 AABB×aabb → AaBb에서 두 쌍의 대립유전자(Aa와 Bb)가 서로 다른 염색체에 있을 때($\frac{A}{a}$ $\frac{B}{b}$), 배우자는 네 가지가 형성되고 AB:Ab:aB:ab = 1:1:1:1로 분리된다.(독립유전)

(8) 분리된 배우자 중 AB와 ab는 양친형이고, Ab와 aB는 재조합형이다. 전체 배우자 중 양친형이 1/2. 재조합형이 1/2이다.

(9) 두 유전자가 연관되어 있을 때($\frac{A\ B}{a\ b}$)에도 교차가 일어나면 네 가지 배우자가 형성된다. 그러나 이 경우는 재조합형 배우자보다 양친형 배우자가 더 많이 나온다. 이유는 독립유전일 때 재조합형이 50% 나오고, 또 모든 배우자세포에서 교차가 일어나는 것은 아니기 때문이다.

3. 재조합빈도(RF, recombination frequency)

(1) 전체 배우자(자손의 총 개체 수)에 대한 재조합형 개체수의 비율을 재조합빈도라고한다.

$$RF = \frac{재조합형\ 개체수}{재조합형\ 개체수 + 양친형\ 개체수} \times 100$$

(2) 연관유전자 사이 재조합빈도는 0~50% 범위에 있으며, 유전자 사이의 거리가 멀수록 재조합빈도는 높아진다.

(3) RF = 0은 완전연관(재조합빈도가 0인 경우), RF = 50은 독립적임을 나타내고, RF 값이 0에 가까울수록 연관이 강하고 50에 가까울수록 독립적이다.

(4) 연관된 두 유전자의 재조합빈도는 연관 정도에 따라 다르며, 연관군에 있는 유전자라도 독립적 유전을 할 수 있다.

4. 유전자지도

(1) 연관된 두 유전자 사이의 재조합빈도(RF)는 유전자간 거리에 비례하며, 재조합빈도를 이용하여 유전자의 상대적 위치를 표시한 그림이다.

(2) 유전자지도에서 지도거리 1단위(1cM, 1 centi Morgan)는 재조합빈도 1%를 의미하며, 이는 100개의 배우자 중 재조합형이 1개 나올 수 있다는 유전자 간 거리이다.

(3) 유전자표지(gene marker)를 이용하여 작성한 유전자지도를 염색체지도(chromosome map)라고 한다.

(4) 염색체지도 작성은 주로 3점검정교배(three − point testcross, 3성잡종(AaBbCc)을 3중열성동형접합체(aabbcc)와 교배)를 이용한다. 이는 한 번의 교배로 연관된 세 유전자 간의 재조합빈도를 알 수 있고, 또한 2중교차에 대한 정보도 얻을 수 있다.

(5) 알려진 A, B와 새로운 유전자 C의 3점검정교배 AaBbCc × aabbcc에서 재조합빈도(RF)가 A − B간 RF = r, C − A간 RF = s, B − C간 RF = t일 때,
   ① r+s = t이면 C는 A의 앞에 위치한다.
   ② r+t = s이면 C는 B의 뒤에 위치한다.
   ③ s+t = r이면 C는 A와 B 사이에 C가 위치한다.
   ④ s+t = r이면 C는 A와 B 사이에 C가 있게 되는데, s+t = r보다는 s+t>r인 경우가 많다. A − B사이에 2중교차가 일어나 RF값이 낮게 나왔거나 또는 간섭현상이 생겼기 때문이다.

염색체 간섭(키아즈마 간섭)
1. **간섭**: 한 곳에서 교차가 일어나면 그 인접부위에 교차발생이 억제되는 현상이다.
2. 일치계수 0~1까지의 값으로 완전간섭(2중교차가 전혀 없는 경우)하에서 일치계수는 0이고, 간섭이 전혀 없는 경우 일치계수는 1이다.

---

(6) 유전자지도는 교배 결과를 예측하여 잡종 후대에서 유전자형과 표현형의 분리를 예측할 수 있으므로 새로 발견된 유전자의 연관분석에 이용될 수 있고, 특정 형질의 선발, 유전자조작에 사용할 유전자의 위치를 확인하는 등에 이용된다.

(7) F_1배우자(Gamete) 유전자형의 분리비를 이용하여 RF값을 구할 수 있고, 유전자지도상의 단위거리는 2중교차나 간섭의 영향 때문에 염색체상의 실제거리와 일치하지 않을 수 있으나 유전자 배열순서와 상대적 거리는 변동이 없어 유전자지도를 이용하여 교배결과를 예측할 수 있다.

(8) 분자표지지도는 최근 DNA 분자표지를 이용하여 만든 것으로 고밀도 유전자지도로 매우 정밀하며 기타 물리지도, 염기서열지도 등이 있다.

5. 세포질유전(핵외유전)

(1) 유전자를 담고 있는 핵이 아닌 **세포질에서 나타나는 유전**으로 원형질의 핵 이외에 세포질 중 엽록체의 색소체 DNA(cpDNA)와 미토콘드리아 DNA(mtDNA)가 세포질유전자로서 작용한다.

(2) 세포질유전은 멘델의 법칙이 적용되지 않는 비멘델식 유전이며, **세포질에 있는 유전자에 지배되는 유전현상**으로 핵외유전, 또는 염색체외유전이라고도 한다.

(3) 세포질유전에서는 정역교배의 결과가 일치하지 않고, 암수배우자가 결합한 세포질은 거의 모친(난세포)의 것으로 감수분열에 의한 배우자가 멘델의 유전분리비를 따르지 않는다.

(4) 핵 내 유전자지도에 포함될 수 없어 핵염색체의 유전표지들과 전혀 연관성을 찾을 수 없고, 핵치환에도 불구하고 동일한 형질이 나타난다.

(5) 세포질은 대부분 자성(우)배우자에 의해서만 다음 세대에 전달되므로, 그 유전양식은 핵유전자의 경우와는 다르며, 세포질유전에 따라 식물들의 잎의 무늬나 색이 변하기도 한다.

(6) 색소체 DNA 구성

① **엽록체**: 녹색의 잎, 줄기, 과일에 있고 광합성을 담당한다.

② **잡색체**: 황적색의 과일과 꽃에 있으며, 카로티노이드계 색소를 함유하고 있다.

③ **백색체**: 감자 덩이줄기나 옥수수 배유 등 전분 저장기관에 존재한다.

④ 모든 식물은 cpDNA는 기본적으로 같은 종류의 유전자를 가지고 있으나 유전자의 배열은 다르다.

(7) 색소체 DNA에 의한 세포질유전

나팔꽃 잎색깔의 모친유전과 클라미도모나스의 항생제 저항성 편친유전이다.

(8) 미토콘드리아 DNA에 의한 세포질유전

① 유전자적 웅성불임성(GMS)

㉠ 유전적인 원인에 의해 종자를 맺지 못하는 경우로 핵유전자에 의한 웅성불임이다.(보리, 수수, 토마토)

㉡ 불임유전자가 핵 내에만 있으므로 화분친의 유전자형에 따라 전부 가임이거나, 또는 가임과 불임인 것이 $1:1$로 분리된다.

② 세포질적 웅성불임(CMS)

㉠ 웅성불임 유전자가 mtDNA에 존재하며 돌연변이에 의해 나타난다.(옥수수)

㉡ 세포질적 웅성불임성은 세포질에만 불임유전자가 있기 때문에 자방친이 불임이면 화분친에 관계없이 불임이다.

③ 세포질적 − 유전자적 웅성불임(CGMS)

㉠ 핵내유전자와 세포질유전자의 상호작용이다.(고추, 양파, 파, 사탕무, 아마)

㉡ 화분친의 임성회복유전자에 의해 임성이 회복된다.

㉢ 임성회복 유전자의 작용은 대부분 배우체형으로 세포질적 웅성불임성 계통[(S)rfrf]에 임성회복유전자를 가진 계통[(N)RfRf 나 (S)RfRf]을 교배하면, 이형접합체(Rfrf)는 전부 임성을 나타낸다.

㉣ 하이브리드 육종에서 1대잡종 종자를 생산하는 데 이용된다.

---

1 작물육종의 개념

1. 육종의 의의

(1) 작물의 육종은 목표형질에 대한 유전변이를 만들고, 우량 유전자형의 선발로 신품종을 육성하며, 이를 증식, 보급하는 과학기술이다.

(2) 육종이 자연계의 진화와 구별되는 것은 개량된 새로운 개체의 선발을 주도하는 힘이 인간의 힘에 의해 이루어지는 것으로 그 목표와 전량이 확실한 과학지식과 유전적 기초를 바탕으로 하여 뚜렷한 방향성을 가지고 비교적 짧은 시간에 이루어진다.

2. 육종의 과정

> 육종목표 설정 → 육종재료 및 육종방법 결정 → 변이작성 → 우량계통 육성 → 생산성 검정 →
> 지역적응성 검정 → 신품종 결정 및 등록 → 종자증식 → 신품종 보급

(1) 목표 설정

기존 품종이 지닌 결점의 보완, 농업인과 소비자 요구, 미래의 수요 등에 부합하는 형질의 특성을 구체적으로 정한다.

① 목포설정의 고려 사항

  ㉠ 대상지역의 기후, 지형, 토양 등의 자연조건을 고려한다.

  ㉡ 병해충과 재해발생 상황, 재배방법, 품종의 분포상황 등 재배의 실태를 고려한다.

  ㉢ 농업경영조건 및 사회적 여건을 고려한다.

  ㉣ 예상되는 미래의 농업기술과 농업사정 및 사회정세를 고려한다.

(2) 육종재료 및 육종방법 결정

대상형질의 생식방법이나 목표형질의 유전양식을 아는 것이 중요하다.

(목표형질의 특성검정법 개발 및 육종가의 경험과 지식)

(3) 변이작성

① 자연변이를 이용하거나 인공교배, 돌연변이 유발, 염색체 조작, 유전자전환 등 인위적 방법을 사용한다.

② 변이집단은 목표형질의 유전자형을 포함한다.

(4) 우량계통 육성

반복적 선발로 여러 해가 걸리고 재배할 포장과 특성검정의 시설, 인력, 경비 등이 필요하다.

(5) 신품종 결정

① 육성한 우량계통은 생산성 검정, 지역적응성 검정을 통해 신품종으로 결정한다.

② 품종보호 요건: **신규성, 구별성, 균일성, 안정성, 고유한 품종명이다.**

(6) 신품종의 보급

신품종은 국가기관에 등록하고, 종자증식 체계에 의하여 보급종자를 생산하고, 종자공급절차에 따라 농가에 보급한다.

3. 육종기술

(1) 분리육종

① 자연적으로 생성된 유전체를 대상으로 선발하거나 인공교배 과정이 없이 우수한 개체나 집단을 선발한다.

② 재래종에 이용된다.

(2) 교배육종

인공교배를 통해 나타난 다양한 유전체 변이체를 대상으로 선발하거나, F_2세대 분리세대에서 다양한 유전자원을 선발한 다음 계속 자가교배를 통해 고정한다.

(3) 도입육종

우수한 F_1에서 분리, 고정하여 계통으로 활용한다.

(4) 여교배

F_1과 한쪽 양친과 다시 교잡하는 방법으로 특정 타킷 형질을 고정하여 새로운 계통 육성에 많이 적용된다.

(5) 잡종강세육종

F_1의 성능검정을 통해 우수한 교배조합을 선발하며, 종자생산의 경제성을 고려하여 MS(Male Sterile, 웅성불임), SI(Self-Incompatibility, 자가불화합성)를 사용된다.

(6) 조직배양육종

화분 반수체를 세포배양하여 2배체(약배양)로 만들고, 화분 외에도 식물의 여러 조직세포를 배양이 가능하다.

(7) 돌연변이육종

방사선, 화학물질로 다양한 유전적 변이체를 유기하여 선발한 다음, 육종소재로 활용이 된다.

(8) 종·속간육종

종간의 교잡, 속간의 교잡으로 새로운 작물을 개발한다.

2 자식성 작물의 육종

1. 자식성 작물 집단의 유전적 특성

(1) 한 쌍의 대립유전자에 대한 이형접합체(F_1, Aa)를 자식하면, F_2의 유전자형 구성은 $\frac{1}{4}$AA : $\frac{1}{2}$ Aa : $\frac{1}{4}$aa로 **동형접합체와 이형접합체가 1/2씩 존재한다.**

(2) F_2를 모두 자식하면, 동형접합체는 똑같은 유전자형을 생산된다.

(3) 이형접합체는 다시 분리 [$\frac{1}{2}$Aa → $\frac{1}{2}$($\frac{1}{4}$AA : $\frac{1}{2}$Aa : $\frac{1}{4}$aa)]하므로 F_2보다 $\frac{1}{2}$이 감소하며, 이후 자식에 의한 세대의 진전에 따라 **이형접합체는 $\frac{1}{2}$씩 감소**한다.

(4) 자식을 거듭한 m세대 집단의 유전자형 빈도는 대립유전자가 한 쌍인 경우 이형접합체 빈도는 ($\frac{1}{2}$)m − 1이고, 동형접합체 빈도는 [1 − ($\frac{1}{2}$)m − 1]이다.

(5) 대립유전자가 n쌍이고 모두 독립적이며 이형접합체인 경우는 이형접합체 빈도가 [($\frac{1}{2}$)m − 1]n 이고 동형접합체 빈도 = [[1 − ($\frac{1}{2}$)m − 1]]n이므로 대립유전사 쌍이 n = 100일 때 12세대 집단에는 동형접합체가 95%이고 이형접합체는 5% 뿐이다.

(6) 유전자들이 연관되어 있으면 세대경과에 따른 이형접합체와 동형접합체 빈도는 공식과 다르게 나타난다. 이와 같이 **자식성 작물은 자식에 의하여 집단 내에 이형접합체가 감소하고 동형접합체가 증가**하는데 이는 잡종집단에서 우량유전자를 선발하는 이론적 근거가 된다.

(7) 자식성 집단은 유전자들이 연관되어 있으며 세대경과에 따라 동형접합체 빈도가 영향을 받는다.

(8) 유전적 특성을 이용하여 순계를 선발해 품종을 만들 수 있다.

2. 자식성작물의 육종방법

(1) 순계선발(순계분리법, 순계도태법)

> 순계(pure line)
> 동형접합체로부터 나온 자손이다.

① 재래종 집단에서 우량 유전자형을 분리하여 품종으로 육성하는 것을 분리육종이라고 한다.
② 자식성 작물의 분리육종은 개체선발을 통해 순계를 육성하고, 타식성 작물은 집단선발에 의하여 집단개량을 하며, 영양번식작물의 분리육종은 영양계를 선발하여 증식한다.
③ 동형접합체로부터 나온 자손이 순계(pure line)로 재래종 집단에서 우량한 개체(유전자형)를 선발해 계통재배로 순계를 얻을 수 있다.

④ 순계는 생산성 검정, 지역적응성 검정을 거쳐 우량품종으로 육성하는데 이를 순계선발이라고 한다.

⑤ 순계선발 품종 : 벼의 '은방주', 콩의 '장단백목', 고추의 '풋고추' 등이다.

⑥ 자식성 작물의 재래종은 재배과정 중 여러 유전자형을 포함하나 오랜 세대에서 자식함으로 대부분 동형접합체이다.

(2) 교배육종

① 교배육종의 개념

㉠ 재래종 집단에서 우량 유전형을 선발할 수 없을 때, 인공교배를 통해 새로운 유전변이를 만들어 신품종을 육성하는 육종방법이며, 대부분 작물품종은 교배육종방법에 의해 육성이다.

㉡ 교잡육종의 이론적 근거

• **조합육종** : 교배를 통해 서로 다른 품종이 별도로 가지고 있는 우량형질을 한 개체 속에 **조합**하는 것이다.

• **초월육종** : 같은 형질에 대하여 양친보다 더 우수한 특성이 나타나는 것이다.(양친의 범위를 초월한 특성을 지닌 개체 선발)

㉢ 교배육종에서는 교배친(cross parent)을 잘 선정해야 하며, 사용한 실적, 유전자원평가 및 분석을 통하여 선정한다. 교배친 중 하나는 대상 지역의 주요 품종이나 재래종을 선정한다.

㉣ **종·속간교배육종에서 야생종의 세포질에 목표형질이 있을 경우 야생종을 모본으로 사용**한다.

㉤ 교잡육종은 잡종세대를 취급하는 방식에 따라 계통육종, 집단육종, 파생계통육종, 1개체 1계통 육종 등으로 구분한다.

종·속간교배육종의 단점

1. 교잡이 어렵다. 종간보다 속간이 더욱 어렵다.
2. 잡종식물이 불임성을 나타내기 쉽다.
3. 위잡종(한쪽 어버이의 배우자나 배우자 이외의 세포만이 발육한 것)이 생기기 쉽고, 진정잡종이 생겨도 종자립이 작아 발아가 어려운 경우가 많다.
4. 불량유전자가 도입되기 쉽다.

서로 다른 종·속간교배

1. 주두에서 화분이 발아하지 못하거나 발아된 화분관이 신장하지 못하여, 수정이 이루어진다해도 수정란의 발육이 정지하거나 퇴화하는 등 생식격리장벽 때문에 정상적인 잡종종자가 생기지 않는다.
2. 수정 전 생식격리장벽이 있는 교배조합은 화주를 절단하여 수분하거나, 자방 속으로 화분을 주입, 또는 기내수정을 통하여 정상적인 F_1종자를 얻을 수 있다.
3. 수정 후 생식격리장벽을 극복하는 방법은 수정된 배주나 배 또는 자방을 분리하여 배양하여 배발생을 돕는다.

> **분리육종과 교잡육종의 비교**
> 1. 분리육종은 주로 재래종 집단을 대상으로 하고 교잡육종은 잡종의 분리세대를 대상으로 한다.
> 2. 기존 변이가 풍부할 때는 교잡육종보다 분리육종이 더 효과적이다.
> 3. 자식성 작물에서는 두 가지 방법 모두 순계를 육성하는 것이다.

② 계통육종
  ㉠ 계통육종은 주로 자식성 작물을 대상으로 **인공교배를 통해 F_1을 만들고 F_2부터 매 세대 개체선발과 계통재배와 계통선발의 반복으로 우량한 유전자형의 순계를 육성하는 육종방법 이다.**
  ㉡ **잡종의 분리세대(F_2)에서 육안 감별이 쉬운 질적형질 또는 유전력이 높은 양적형질을 선발 선발을 시작하여 계통 간의 비교로 우수한 계통을 고정시킨다.**
  ㉢ 잡종 초기세대부터 계통을 선발하므로 육종효과가 빨리 나타나며, 육종가의 정확한 선발 에 의하여 육종규모를 줄이고 육종연한 단축이 가능한 이점이 있다.
  ㉣ 육종재료의 관리와 선발에 많은 시간과 노력이 소요되며, 육종가의 선발 안목이 중요하 며, 유용 유전자를 상실할 우려가 있고, 효율적 선발을 위해 목표형질의 특성검정방법이 필요하다.
  ㉤ **수량은 폴리진이 관여하고 환경의 영향이 크기 때문에 F_2의 개체선발이 의미 없다.**
  ㉥ F_3이후 계통선발은 먼저 계통군을 선발하고 계통을 선발하며, 계통 내에서 개체를 선발한다.
  ㉦ 계통육종법은 비교적 소수의 유전자가 관여하는 형질(양적형질)을 육종목표로 할 경우에 사용한다.
  ㉧ 통일벼는 유카라와 대중재래1호를 교배한 F_1에 IR8을 3원교배하여 계통육종으로 육성하 였고 원연품종간 교배와 세대단축에 의해 육성한 우리나라 최초의 품종이다.
③ 집단육종(람쉬육종법)
  ㉠ 집단육종은 자식성 작물을 대상으로 **잡종 초기세대에서 순계를 만든 후 집단의 80%정도 가 동형접합체로 된 후기세대에 가서 개체선발하여 순계를 육성하는 육종이다.**
  ㉡ F_2부터 개체선발하는 계통육종과 달리, 혼합채종과 집단재배를 집단의 동형접합성이 높 아진 후기세대(F_5~F_6)에서 개체선발을 한다.(인공교배와 F_1개체 양성, F_2~F_4에서는 집 단재배, F_5~F_6 에서는 포장에 재배하여 개체선발, 그 후에는 계통육종법과 동일)
  ㉢ 장점
    • 초기세대에 선발하지 않으므로 잡종집단의 취급이 용이하며, 유용유전자의 확보·유 지가 가능하다.
    • 잡종초기 집단재배를 하므로 유용유전자 상실의 위험이 적고, 자연선택을 유리하게 이 용할 수 있다.
    • 출현빈도가 낮은 우량유전자형을 선발할 가능성이 높고, 계통육종과 같은 별도의 관리 와 선발노력이 필요하지 않다.
    • 선발을 하는 후기세대에 동형접합체가 많으므로 폴리진(다수유전자)이 관여하는 양적 형질의 개량에 유리하다.

ⓔ 단점
- 집단재배 기간 중 개체수가 많으므로 육종규모를 줄이기 어렵고, 개체선발까지 일정 규모의 혼합집단을 계속 유지하는 포장면적이 많이 차지한다.
- 계통육종에 비해 육종연한이 길고, 초기세대에서 효율적으로 선발이 가능한 우량한 재조합 계통의 선발 육성이 어렵다.

ꉼ 계통육종과 집단육종의 비교

비교	계통육종	집단육종
장점	1. F_2세대부터 선발을 시작하므로 육안관찰이나 특성검정이 용이한 질적형질의 개량에 효율적이다. 2. 육종가의 정확한 선발에 의해 육종규모를 줄이고, 육종연한을 단축한다.	1. 잡종초기세대에 집단재배를 하기 때문에 유용유전자의 상실 우려가 적다. 2. 선발을 시작하는 후기세대에는 동형접합체가 많으므로 폴리진이 관여하는 양적형질의 개량에 유리하다. 3. 계통육종과 같은 별도의 선발노력이 필요하지 않다.
단점	1. 선발이 잘못되었을 때에는 유용유전자를 상실한다. 2. 육종재료의 관리와 선발에 많은 시간, 노력, 경비가 든다.	1. 집단재배기간 동안 육종규모를 줄이기 어렵다. 2. 계통육종에 비하여 육종연한이 길어진다.

④ 파생계통육종
  ㉠ 계통육종과 집단육종을 절충한 방법으로, F_2 또는 F_3에서 질적형질에 대한 개체선발로 파생계통을 만들고 파생계통별로 집단재배 후 $F_5 \sim F_6$ 세대에 양적형질을 육종이다.
  ㉡ 계통육종의 장점을 이용하면서 집단육종의 결점을 보완하는 육종방법이다.
  ㉢ 계통육종보다 우량한 유전자형을 상실할 염려가 적으며 집단육종에 비해 재배면적 및 육종연한도 단축한다.
  ㉣ F_3세대 이후 집단재배하여 계통육종에 비해 선발효율이 떨어진다.

⑤ 1개체 1계통 육종
  ㉠ $F_2 \sim F_4$세대에서 매 세대의 모든 개체를 1립씩 채종하여 집단재배하고, F_2 각 개체별로 F_5 계통재배를 한다.(F_5세대의 각 계통은 F_2 각 개체로부터 유래)
  ㉡ 집단육종과 계통육종의 이점을 모두 살리는 육종방법이다.
  ㉢ 영산벼가 그 예이다.
  ㉣ 장점
    - 1개체에서 1립씩만 채종하므로, 면적이 적게 들고 많은 조합을 취급하며, 온실에서 세대촉진으로 육종연한을 단축할 수 있다.
    - 이론적으로 잡종집단 내 모든 개체가 유지되므로 유용 유전자의 상실이 없으며, 초장, 성숙기, 내병충성 등 유전력이 높은 형질의 개체선발이 가능하다.
    - 선발을 위한 개체표지 및 개체수확에 드는 노력을 절약하고, 잡종후기세대에 선발하게 되므로 집단 내의 동형접합체 빈도가 높아져서 고정된 개체를 선발할 수 있다.

    ㉤ 단점
- 유전력이 낮은 형질이나 폴리진이 관여하는 형질의 개체선발을 할 수 없다.
- 밀식재배로 인하여 우수하지만 경쟁력이 약한 유전자형을 상실할 염려가 있고, 도복저항성과 같이 소식이 필요한 형질은 불리하다.

(3) 여교배육종
① 양친 A와 B를 교배한 F_1을 다시 양친 중 어느 하나인 A 또는 B와 교배하는 것이다.
② 우량품종에 한 두 가지의 결점을 보완하기 위해 반복친과 1회친을 사용하는 육종방법이다.
③ 처음 단교배에 한 번만 사용한 교배친을 1회친(비실용품종)이라 하고, 반복해서 사용하는 교배친을 반복친(실용품종)이라고 한다.
④ '통일찰' 벼품종은 여교잡육성종이며, 메벼인 통일벼를 반복친으로, 찰벼 IR833을 1회친으로 하였다.
⑤ 단순 유전하는 유용형질을 실용형질에 이전하고자 할 때, 몇 개의 품종이 가지고 있는 서로 다른 유용형질을 한 품종에 모으고자 할 때, 게놈이 다른 종·속의 유용 유전자를 재배종에 도입하고자 할 때, 동질유전자계통을 육성하여 다계품종을 육성하고자 할 때 사용된다.
⑥ 이전하려는 1회친의 특성만 선발하므로 **육종효과가 확실하고 재현성이 높고**, 계통육종이나 집단육종과 같이 여러 형질의 특성검정을 하지 않아도 된다.
⑦ **목표형질 이외의 다른 형질의 개량을 기대하기는 어렵고**, 대상형질에 관여하는 유전자가 많을수록 육종과정이 복잡하고 어려워진다.
⑧ 여교배육종이 성공적으로 이루어지기 위한 조건
    ㉠ 만족할 만한 반복친이 있어야 한다.
    ㉡ 육성품종은 도입형질 이외의 다른 형질이 반복친과 같아야 한다.
    ㉢ 여교배를 하는 동안 이전형질(유전자)의 특성이 변하지 않아야 한다.
    ㉣ 여러 번 여교배한 후에도 반복친의 특성을 충분히 회복해야 한다.

오 여교배 세대에 따른 반복친과 1회친의 비율

세대	반복친(%)	1회친(%)
F_1	50	50
BC_1F_1	75	25
BC_2F_1	87.5	12.5
BC_3F_1	93.75	6.25
BC_4F_1	96.875	3.125
BC_5F_1	98.4375	1.5625

02

3 타식성 작물의 육종

1. 타식성 작물 집단의 유전적 특성

(1) 자식성 작물에 비해서 **타식성 작물은 타가수분을 많이 하므로 대부분 이형접합체이다.**

(2) 근교약세(자식약세)는 타식성 작물을 인위적으로 자식시키거나 근친교배를 하면 생육이 불량해지고 생산성이 떨어지는 현상으로 근교약세의 원인은 근친교배에 의하여 이형접합체가 동형접합체로 되면서 이형접합체의 열성유전자가 분리되기 때문이다.

(3) 타식성 작물에서 근친교배 또는 자식하여 약세화한 식물체 간에 인공교배를 하거나 자식성 작물의 순계간에 인공교배하면 그 1대잡종은 잡종강세가 나타난다.

(4) 잡종강세(heterosis)는 타식성 작물의 근친교배로 약세화한 작물체 또는 빈약한 자식끼리 교배하면 F_1은 양친보다 왕성한 생육을 나타내는 현상으로 자식성 작물에서도 나타나지만 타식성 작물에서 월등히 크게 나타나는 근교약세의 반대현상이다.

(5) 잡종강세는 양친 간의 거리가 멀수록 크게 나타나는데, 원인은 우성유전자 연관설, 우성설, 초우성설, 이형접합설, 복대립유전자설, 유전자작용의 상승효과 등으로 설명된다.

① 우성설: F_1에 집적된 우성 유전자들의 상호작용에 의하여 잡종강세가 나타난다는 설이다.

② 초우성설: 잡종강세가 이형접합체(F_1)로 되면 공우성이나 유전자 연관 등에 의해 잡종강세가 발현된다는 설이다.

③ 복대립유전자설: 같은 유전자 좌에 여러 개의 유전자가 있어 같은 형질을 지배하면서 서로 다른 표현형을 나타내는 유전자를 복대립유전자라고 하는데 분화된 거리가 먼 것끼리 합쳐질수록 강세가 크다.

(6) 타식성 작물은 자식 또는 근친교배로 동협접합체 비율이 높아지면 집단 적응도가 떨어지므로 생산량이 감소하므로 타가수정을 통해 적응에 유리한 이형접합체를 확보한다.

(7) 타식성 작물의 육종은 근교약세를 일으키지 않고 잡종강세를 유지하는 우량집단을 육성하는 것

2. 집단선발

(1) **타식성 작물의 분리육종은 순계선발을 하지 않고 자식약세를 방지하고 잡종강세를 유지하기 위해서 집단선발이나 계통집단선발을 한다.**

① 집단선발법: 1집단을 집단별로 선발하는 방법이다.

② 성군집단선발법: 1집단 내에서 형질이 비슷한 몇 개의 소군 즉 분형집단을 만들고 각 분형집단 내에서 집단별로 선발하는 방법이다.

(2) 근친교배나 자가수정을 계속하면 자식약세가 일어나며, 타식성 작물의 품종은 타가수분에 의한 불량개체와 이형개체의 분리를 위해 반복적 선발이 필요하다.

(3) **기본집단에서 우량개체의 선발 및 혼합채종 후 집단재배하고, 집단 내 우량개체 간에 타가수분을 유도하여 품종을 개량하는 것**으로 다른 품종의 수분 방지를 위한 격리가 필요하다.

(4) 목표형질이 소수의 주동유전자가 지배하는 경우 집단개량이 빨리 이루어진다.

(5) 다수의 유전자가 관여하며 그 유전자들이 집단 내의 여러 개체에 분산되어 있을 경우 개량 속도는 늦어지나, **선발개체 간에 유전자재조합의 기회가 많아 우량한 유전자형 개체의 출현율이 높아진다.**

(6) 자방친만 선발하여 선발에 의해 제거된 개체의 유전자가 다음 세대에 다시 도입될 수 있는 단점이 있어, 이를 보완하기 위해 후대검정에 의한 계통집단선발을 한다.

(7) 계통집단선발(일수일렬법)

① 타식성 작물의 집단선발법에 계통재배 및 계통 평가의 단계를 한 번 더 거치게 되는 형태이다.

② 기본집단에서 선발한 우량개체를 계통재배 후에 선발한 우량계통을 혼합채종하여 집단 개량하는 방법이다.

③ 수량과 같이 유전력이 낮은 양적형질은 개체평가가 어려워 선발한 개체를 계통재배하여 후대검정한다.

④ 선발한 우량개체의 우수성을 확인하므로 단순 집단선발보다 육종효과가 우수하다.

⑤ 직접법과 잔수법이 있다.

3. 순환선발

(1) 타식성 작물에서 **우량개체를 선발하고 그들 간에 상호교배를 함으로써 집단 내에 우량유전자의 빈도를 높여 가는 육종방법이다.**

(2) 종류

① 단순순환선발

㉠ **기본집단에서 선발한 우량개체를 자가수분하고, 동시에 검정친과 교배**하여 검정교배 F_1중에 잡종강세가 높은 조합의 자식계통으로 개량집단을 만든 후 개체 간 상호교배로 집단을 개량한다.

㉡ **일반조합능력을 개량하는 데 효과적이며, 3년 주기로 반복 실시한다.**

② 상호순환선발

㉠ **두 집단 A, B를 동시에 개량하는 방법**이며, 집단 A 개량에는 집단 B를 검정친으로, 집단 B 개량에는 집단 A를 검정친으로 사용한다.

㉡ 두 집단에 서로 다른 대립유전자가 많을 때 효과적으로 일반조합능력과 특정조합능력을 함께 개량할 수 있고, **3년 주기로 반복 실시한다.**

4. 합성품종

(1) **여러 개의 우량계통(보통 5~6개의 자식계통을 사용)을 격리포장에서 자연수분 또는 인공수분하여 다계교배시켜 육성한 품종**이다.

(2) **여러 계통이 관여하므로 세대가 진전되어도 비교적 높은 잡종강세가 나타나고, 유전적 폭이 넓어 환경변동에 안정성이 높으며, 자연수분에 의해 유지되므로 채종 노력과 경비가 절감된다.**

(3) 영양번식이 가능한 타식성 사료작물에 많이 이용된다.

(4) 세대가 진전되어도 이형접합성이 높아서 비교적 높은 잡종강세를 유지한다.

(5) 매년 1대잡종종자 생산이 필요 없으므로, 노력과 경비를 절감하며, 환경변동에 안정성이 높다.

02

4 영양번식작물의 육종

1. 영양번식작물의 유전적 특성

(1) 영양번식작물은 고구마(6x), 감자(4x), 바나나(2x, 3x)처럼 배수체가 많으며, 영양번식작물은 감수분열 때 다가염색체를 형성하므로 불임률이 높아 종자를 얻기 어렵다.

(2) 영양번식작물은 종자로부터 발생한 식물체는 비정상적인 것이 많다.

(3) 영양번식작물은 영양번식과 동시에 유성생식도 하며, 영양계는 이형접합성이 높다.

(4) 영양번식작물은 동형접합체는 물론 이형접합체도 영양번식에 의하여 영양계의 유전자형을 그대로 유지할 수 있다.

(5) 자가수정으로 얻은 실생묘(영양번식작물로부터 얻은 종자가 발아한 유묘)는 유전자형이 분리된다.

(6) 영양계끼리 교배한 F_1은 다양한 유전자형이 생기며, 이 F_1에서 선발한 영양계는 1대잡종(F_1)의 유전자형을 유지한 채 영양번식으로 증식되어 잡종강세를 나타낸다.

2. 영양번식작물의 육종방법

(1) 영양번식작물은 동형접합체는 물론 이형접합체도 영양번식에 의해 영양계의 유전자형을 그대로 유지할 수 있으므로, 영양번식작물의 육종은 영양계 선발을 통해 신품종을 육성한다.

(2) 영양계선발은 교배나 돌연변이에 의한 유전변이 또는 실생묘 중에서 우량한 것을 선발하고, 삽목이나 접목 등으로 증식하여 신품종을 육성한다.

(3) 바이러스에 감염되지 않은(virus free) 영양계의 선발 및 증식과정에서 바이러스 감염을 방지하는 것이 중요하다.

(4) 바이러스 무병 개체를 얻기 위해 생장점을 무균배양한다.

5 1대잡종육종

1. 1대잡종품종의 이점

(1) 1대잡종품종은 잡종강세가 큰 교배조합의 1대잡종(F_1)을 품종으로 육성하는 방법이다.

(2) 1대잡종품종은 수량이 높고 균일도가 우수한 생산물을 얻을 수 있으며, 우성유전자를 이용하기에 유리하다.

(3) 매년 새로 만든 1대잡종을 파종하므로 종자산업발전에 기여한다.

(4) 교배조합의 선발을 위하여 조합능력검정을 하고, 조합능력을 높이기 위해 자식계통을 육성한다.

(5) F_1종자의 경제적채종을 위해 자가불화합성과 웅성불임성을 이용한다.

(6) 1대잡종품종은 옥수수, 배추, 무 등 타식성작물에 이용되기 시작하여 1과 당 채종량이 많은 박과, 가지과 채소에 널리 이용된다.

(7) 벼, 밀 등 자식성 작물은 웅성불임성을 이용하여 1대잡종품종이 육성된다.

2. 1대잡종품종의 육성

(1) 품종간교배

① 1대잡종품종의 육성은 **자연수분품종(고정종)간 교배나 자식계통간 교배 또는 자식계통(동형접합체나 같은 유전자형으로부터 유래한 계통)으로 합성품종을 만든다.**

② **자연수분품종끼리 교배한 1대잡종은 자식계통을 사용하였을 때보다 생산성과 균일성은 낮으나 F_1종자의 채종이 유리하고 환경스트레스에 적응성이 높다.**

③ 자가불화합성으로 자식이 곤란한 경우 또는 과수와 같이 세대가 길어 계통육성이 어려운 경우 주로 이용한다.

(2) 자식계통간교배

① 1대잡종품종의 강세는 이형접합성이 높을 때 크게 나타나므로 동형접합체인 자식계통을 육성하여 교배친으로 사용한다.

② 자식계통의 육성은 우량개체를 선발하여 5~7세대 동안 자가수정시킨다.

③ **육성된 자식계통은 자식이나 형매교배(같은 기본집단에서 유래한 자식계통간 교배)로 유지하며, 다른 우량한 자식계통과 교배로 능력을 개량한다.**

④ 자식계통으로 1대잡종품종을 육성하는 방법이다.

    ㉠ 단교배(A×B) : **2개의 자식계나 근교배 사이의 교잡방식으로,** 단교배 1대잡종품종은 잡종강세의 발현도와 균일성은 우수하지만, 약세화된 식물체에서 종자가 생산되어 채종량이 적은 단점이 있다.

    ㉡ 3원교배[(A×B)×C] : **단교배를 한 잡종1세대를 모계로 하여 다른 하나의 자식계나 근교계를 교배**하는 것으로 종자생산량과 잡종강세 발현도는 높으나 균일성이 조금 낮다.

    ㉢ 복교배[(A×B)×(C×D)] : **두 개의 단교잡종끼리 다시 교배**한 것으로 종자생산량과 잡종강세 발현도는 좋으나 균일성이 조금 낮으며, 4개의 어버이 계통을 유지해야 하는 불편이 있다.

⑤ 잡종강세가 가장 큰 것은 단교배 1대잡종품종이나, 채종량이 적고 종자가격인 비싼 단점이 있다. 사료작물에서는 3원교배나 복교배에 의한 1대잡종품종이 많이 이용된다.

(3) 조합능력

① **조합능력이란 1대잡종(F_1)이 잡종강세를 나타내는 교배친의 상대적 능력이다.**

② 종류

    ㉠ 일반조합능력 : 어떤 자식계통이 다른 많은 검정계통과 교배되어 나타나는 1대잡종(F_1)의 평균잡종강세의 정도

    ㉡ 특정조합능력 : 특정한 교배조합의 F_1에서만 나타나는 잡종강세의 정도이다.

③ 조합능력의 향상을 위해 자식계통을 육성하고, 조합능력은 순환선발에 의하여 개량한다.

④ 검정

　ⓐ 조합능력검정은 계통 간 잡종강세 발현 정도를 평가하는 과정이다.

　ⓑ 조합능력의 검정은 먼저 톱교배로 일반조합능력을 검정하고 선발된 자식계통으로 단교배를 통해 특정조합능력을 검정한다.

> **조합능력 검정법**
>
> **1. 단교배**
> 　검정할 계통들을 교배하고, F₁의 생산력을 비교함으로써 어느 조합이 얼마나 우수한 성능을 보이는지, 즉 특정조합능력을 검정할 수 있다.
>
> **2. 톱교배**
> 　(1) 검정할 계통들을 몇 개의 검정친과 교배한 F₁의 생산력을 조사 후 평균하여 조합능력을 검정할 수 있다.
> 　(2) 톱교배에서 여러 검정친 대신 유전변이가 큰 집단을 사용해도 일반조합능력이 높은 계통을 선발할 수 있다.
> 　(3) 유전적으로 고정된 근교계통이나 자식계통을 사용하면 특정 조합능력도 검정할 수 있다.
>
> **3. 다계교배**
> 　(1) 종자생산이 가능한 영양번식식물이나 다년생 식물에서 흔히 사용하는 방법이다.
> 　(2) 교배구에 검정할 계통을 개체단위로 20~30회 반복 임의배치하여 재배하면서 자연방임수분이 되도록 하고, 교배된 F₁을 다음 해에 재배하여 평가하는데, 다계교배에서는 화분친을 알 수 없기 때문에 일반조합능력의 검정만 가능하다.
>
> **4. 요인교배**
> 　일반조합능력과 특정조합능력을 모두 검정할 수 있다.
>
> **5. 이면교배**
> 　검정하는 계통의 범위 내에서 일반조합능력과 특정조합능력 검정이 가능하며, 기본 가정의 설정에 따라 잡종강세에 관여하는 유전자의 수, 우성도 및 유전력에 대한 정보를 얻을 수 있다.

3. 1대잡종종자의 채종

(1) **F₁종자의 채종은 인공교배, 웅성불임성 및 자가불화합성을 이용한다.**

　① 인공교배 이용 : 오이, 수박, 멜론, 참외, 호박, 토마토, 피망, 가지 등이다.

　② 웅성불임성 이용 : 벼, 밀, 옥수수, 상추, 고추, 당근, 쑥갓, 양파, 파 등이다.

　③ 자가불화합성 이용 : 무, 배추, 양배추, 순무, 브로콜리 등이다.

(2) 웅성불임성(CGMS)을 이용한 F1종자 생산체계 : 3계통법(3 – parental system)을 사용한다.

　① 웅성불임친(A계통) : 완전불임으로 조합능력이 높으며, 채종량이 많아야 한다.

　② 웅성불임유지친(B계통) : 웅성불임을 유지한다.

　③ 임성회복친(C계통) : 웅성불임친의 임성을 회복시키며, 화분량이 많으면서 F₁의 임성을 온전히 회복시킬 수 있어야 한다.

(3) 웅성불임친(A계통)에 세포질이 정상인 웅성불임유지친(B계통)의 화분을 수분하여 A계통에 종자가 형성하면 그 종자는 발아하여 정상 식물체가 되지만 웅성불임이다. 이런 방법으로 A계통을 유지한다.

(4) A계통(자방친)에 임성회복친(C계통, 화분친)을 인공교배하여 1대잡종종자를 생산하면 그 1대잡 종종자는 정상적으로 종자를 생성한다.

(5) 자가불화합성을 이용한 F_1종자 생산

① S유전자형이 다른 집단을 함께 재배하면 두 집단의 개체 간에 자연수분이 일어나 자방친과 화분친 모두 F_1종자를 채종한다.

② 두 집단의 비율은 같게 하며 두 집단을 교대로 이랑재배한다.

③ 양친 모두 1대잡종종자를 얻을 수 있고 생육이나 수량 등 다른 형질에 나쁜 영향을 주지 않 는다.

④ 배추에서 자가부화합성 유전자만 다른 자식계통 S_1S_1(A), S_2S_2(B), S_3S_3(C), S_4S_4(D)를 육성 하고 A/B//C/D조합의 복교배 F_1종자를 생산한다.

⑤ 자식계통의 육성은 뇌수분(화분관의 생장을 억제하는 물질이 생기기 전 꽃봉우리 때 수분) 하여 자식하고, 수분 직후 이산화탄소(3~10%)를 처리하여 자가불화합성을 타파한다.

⑥ 우리나라 최초의 1대잡종품종은 배추의 '원예1호'와 '원예2호'로, 이들 품종은 우장춘박사가 1960년에 자가불화합성을 이용해 육성하였고 지금은 원예작물의 대부분은 1대잡종품종을 이용한다.

4. 1대잡종의 구비조건

(1) 교잡하기 쉽고 1회 교잡에 의해 많은 종자가 생산되어 1대잡종 종자의 생산이 용이해야 한다.

(2) 단위면적 당 종자소요량이 적게 드는 것이 유리하다.

(3) 잡종강세가 현저하여 1대잡종을 재배하는 이익이 1대잡종을 생산하는 경비보다 커야 한다.

6 배수성육종

1. 배수체 이용과 배수채육성방법

(1) 인위적으로 배수체의 특성을 이용하여 신품종을 육성하는 육종방법이다.

(2) **2배체에 비해 3배체 이상의 배수체는 세포와 기관이 크고, 병해충에 대한 저항성 증대, 함유성분 증가 등의 형질변화가 일어난다.**

① 형태적 특성 : 세포가 커지고, 영양기관의 발육이 왕성하여 거대화하고, 화서 및 종자가 대형 화된다.

② **임성(결실성) 저하**되고, 3배체는 거의 완전불임이다.

③ 내한성, 내건성, 내병성 등이 증대하지만, 감소되는 경우도 있다.

④ 사과, 토마토, 시금치 등에서 비타민 C 함량이 증가하고, 담배에서 니코틴 함량이 증가한다.

⑤ **발육지연** : 생육, 개화, 성숙이 늦어진다.

02

(3) 배수성육종은 생장점에 콜히친($C_{22}H_{25}O_6$) 등의 처리로 배가시키거나, 조직배양에서 생기는 배수성 세포를 재분화 시키는 방법이 있다.

염색체의 배가법

1. **콜히친 처리법**
   (1) 세포분열이 왕성한 생장점에 처리하는 가장 효과적인 방법이다.
   (2) 분열 중인 세포에서 방추사 형성과 발달, 동원체 분할 등을 방해하여 배수체 형성한다.
   (3) 2배체 식물의 발아종자, 정아와 액아의 생장점에 0.01~0.2% 콜히친수용액의 처리는 복제된 염색체가 양극으로 분리되지 못하여 4배성 세포(2n = 4x)가 생겨 4배체로 발달한다.

2. **아세나프텐 처리법**
   아세나프텐(2~4g)을 클로로포름이나 에테르에 용해시켜 유리종의 내벽에 바르면 잠시 후 용매가 증발하여 아세나프텐 결정이 유리면에 생기는데, 이 유리종으로 5~10일간 식물을 덮어주면, 아세나프텐은 승화하여 가스상태로 식물의 생장점에 작용된다.

3. **절단법**
   절단면의 유합조직에서 나오는 부정아에 염색체가 배가되며, 재생력이 강한 담배, 가지, 토마토 등에 이용된다.

4. **온도처리법**
   고온, 저온, 변온 등의 처리에 의하여 핵분열을 교란시켜 배수성 핵을 유도한다.

---

(4) 동질배수체 주로 3배체와 4배체를 육성한다.

(5) **씨없는 수박은 4배체(♀)×2배체(♂)에서 나온 동질3배체(♀)에 2배체(♂)의 화분을 수분하여 육성**한다. 대부분의 식물은 콜히친을 처리하면 동질4배체를 육성할 수 있으며, 사료작물과 화훼류에 많이 이용된다.

(6) 동질배수체는 사료작물(레드클로버, 이탈리안라이그라스, 페레니얼라이그라스 등)과 화훼류(금 어초, 피튜니아, 플록스 등)에 많이 이용된다.

(7) 동질3배체로 히아신스, 칸나, 뽕나무, 튤립, 사과, 바나나 등이 자연적으로 작성되었고, 씨 없는 수박, 사탕무가 인위적으로 작성되었다.

(8) 동질4배체로 원예작물(무), 사료작물(라이그라스, 레드클로버 등), 화훼작물(피튜니아, 금어초, 코스모스 등)에서 인위적으로 작성되었다.

2. 이질배수체(복2배체)

(1) 다른 종류의 게놈이 다른 양친을 동질4배체로 만들어 교배(AAAA×BBBB → AABB)하거나 이종 게놈의 양친을 교배한 F_1의 염색체를 배가(AA×BB → AB → AABB)시키거나 체세포를 융합시켜 보유시켜 실용적 가치가 높은 신품종 육성이다.

(2) 특성
   ① 임성은 동질배수체보다 높고, 특히 모든 염색체가 완전히 2n으로 조성으로 되어 있는 것은 완전히 정상적 임성을 나타낸다.
   ② 어버이의 중간특성을 나타낼 때가 많지만 현저한 특성변화를 나타낼 때도 있다.

(3) 이용

① 이질배수체는 임성이 높은 것도 많으므로, 종자를 목적으로 재배할 때에도 유리하다.

② 자연적으로 작성된 이질배수체 : 밀, 담배, 유채류, 벼 등이 있다.

③ **인위적으로 육성한 이질배수체 : 트리티케일(triticale, 밀×호밀), 하쿠란(백람, 배추×양배추)** 이 대표적이다.

3. 반수체

(1) 특징

① 반수체는 생육이 빈약하고 완전불임으로 실용성이 없으나, **반수체의 염색체를 배가하면 곧바로 동형접합체를 얻을 수 있어 육종연한을 단축하는 데 이용되며 상동게놈이 1개뿐이므로 열성형질을 선발하기 쉽다.**

② 반수체는 거의 모든 식물에서 나타나며, 자연상태에서는 반수체의 발생빈도가 낮다.

③ 인위적으로 반수체를 만드는 방법으로 약배양, 화분배양, 종·속간교배, 반수체유도유전자 등이 있다.

④ 화성벼, 화진벼, 화영벼, 화남벼, 화신벼 등은 모두 반수체육종으로 육성하였으며, 화성벼는 1985년 반수체육종(화분배양)으로 육성된 국내 최초의 품종이다.

⑤ **약배양은 화분배양보다 배양이 간편하고, 식물체 재분화율이 높다.**

    ㉠ 약배양 육종법은 감수분열 중인 어린화분이 들어 있는 약을 인공배지 상에서 배양하여 callus 유도와 더불어 반수체식물을 분화시키고 이를 인위 또는 자연 배가시켜 바로 고정된 품종을 육성하는 육종법이다.

    ㉡ 세대촉진 재배를 통한 육종법으로 육종연한을 2~3년 더 단축 할 수 있다.

    ㉢ F_1식물체상에서 수정을 통하여 자방과 화분 유전자 간 다양한 재조합이 이루어질 기회가 없어 품종 간, 우량형질 간 다양한 재조합변이를 얻을 수 없다.

⑥ 반수체육종은 반수체의 염색체배가로 순계(동형접합체)를 단기간에 육성하여 육종연한을 단축하고 또한 동형접합체 집단을 대상으로 하기 때문에 선발효율이 높다.

⑦ 반수체육종은 이형접합체(F_1)로부터 화분(n)의 염색체를 배가시키는 것으로 양친간 유전자 재조합의 기회가 F_1이 배우자를 형성할 때 한 번뿐이며, 또한 1년차에 순계를 선발하기 때문에 기상조건 등 환경적응성을 선발할 기회가 없다.

7 돌연변이 육종

1. 기존 품종의 종자나 식물체 돌연변이 유발원을 처리하여 변이를 일으킨 후 특정형질만 변화시키거나 새로운 형질이 나타난 변이체를 찾아 신품종을 육성한다.

2. 돌연변이율이 낮고 열성돌연변이가 많으며, 돌연변이 유발장소를 제어할 수 없는 것이 특징이다.

3. 돌연변이 유발원

(1) 방사선

① X선, γ선, 중성자, β선 등을 이용한다.

② X선과 γ선은 균일하고 안정한 처리가 쉬우며, 잔류방사능이 없어 많이 사용된다.

(2) 화학물질

EMS(ethyl methane sulfonate), NMU(nitrosomethylurea), DES(diethyl sulfate), NaN3(sodium azide) 등이다.

4. 교배육종이 어려운 영양번식작물에 유리하다.

5. 영양번식작물의 체세포돌연변이는 조직의 일부 세포에 생기므로, 정상조직과 변이조직이 함께 있게 되는데, 이를 키메라(chimera)라고 하며, 꽃가루에 돌연변이 처리를 하면 키메라현상을 회피할 수 있다.

6. 세대표시는 돌연변이 처리한 당대를 M_1세대로하여 M_2, M_3 …로 한다.

7. 자식성작물은 M_1식물체의 이삭(벼과작물), 가지(콩과작물) 또는 과방(토마토)단위로 채종하여 M_2계통으로 재배하고 돌연변이를 선발하며, 우성변이는 처리 당대인 M_2에 나타나고 열성변이는 M_2 이후에 나타난다.

8. 돌연변이유전자가 원품종의 유전배경에 적합하지 않거나, 세포질에 결함이 생겼거나 또는 돌연변이와 함께 다른 형질이 열악해졌기 때문에 인위돌연변이체는 대부분 수량이 낮다.

9. 수량이 낮은 돌연변이는 원품종과 교배하면 생산성을 회복시킬 수 있다.

10. 돌연변이 육종의 장점

(1) 단일유전자만을 변화시킬 수 있고, 새로운 유전자를 만들 수 있다.

(2) 방사선 처리로 염색체를 절단하면 연관군 내의 유전자 분리가 가능하다.

(3) 영양번식작물에서도 인위적으로 유전적 변이를 일으킬 수 있다.

(4) 방사선을 처리하면 불화합성을 화합성으로 변하게 할 수 있으므로, 불가능했던 자식계나 교잡계를 만들 수 있다.

11. 돌연변이 육종의 단점

(1) 인위적으로 돌연변이를 일으키면 형태적 기형화 또는 불임률 저하 등 변이가 많이 나타날 수 있다.

(2) 우량형질의 출현율이 낮아서 열성돌연변이가 많으며, 돌연변이 장소를 제어할 수 없어서 교잡육종에 비해 안정적인 효율성이 낮다.

> 아조변이(가지변이)
> 1. 생장중인 과수의 햇가지 및 줄기의 생장점의 유전자에 돌연변이가 일어나 형질이 다른 가지나 줄기가 생기는 현상이다.
> 2. 아조변이 품종을 다시 아조변이하여 원래의 품종으로 되돌아가는 것을 격세유전이라고 한다.
> 3. 후지·스타킹 딜리셔스 사과, 신고배가 있다.

8 생물공학적 작물육종

1. 조직배양(tissue culture)

(1) **식물의 세포, 조직, 기관 등을 기내의 영양배지에서 무균적으로 배양하면 완전한 식물체를 재분화시키는 배양기술이다.**

(2) 식물의 생장점을 조직배양하면 분열속도가 빨라 바이러스가 증식하지 못하므로 바이러스 무병 (virus free)묘를 생산한다.

(3) 조직배양은 원연종, 속간잡종 육성, 바이러스무병묘 생산, 우량한 이형접합체 증식, 인공종자 개발, 유용물질의 생산, 유전자원 보존 등에 이용한다.

(4) 조직배양은 분화한 식물세포가 정상적인 식물체로 재분화를 할 수 있는 전체형성능을 가지고 있어 가능하며 배지에 돌연변이유발원이나 스트레스를 가하면 변이세포를 선발할 수 있다.

(5) 조직배양의 재료로 영양기관과 생식기관을 모두 사용이 가능하다.

(6) **종·속간잡종의 육성은 기내수정(in vitro fertilization, 기내에서 씨방의 노출된 밑씨에 직접 화분을 수분시켜 수정)을 하여 얻은 잡종의 배배양, 배주배양, 자방배양을 통해 F$_1$종자를 얻을 수 있다.**

(7) 체세포 조직배양으로 유기된 체세포 배를 캡슐에 넣어 인공종자를 만든다. 캡슐재료는 알긴산을 많이 이용한다.

(8) 종자수명이 짧은 작물 또는 영양번식작물은 조직배양하여 기내보존하면 장기보존이 가능하며, 번식이 힘든 관상식물을 단시일에 대량으로 번식시킬 수 있다.

2. 세포융합

(1) 서로 다른 두 종류의 세포를 융합시켜 각 세포의 장점을 동시에 갖는 잡종세포나 잡종생물을 만드는 기술이다.

(2) 나출원형질체(protoplasr, 펙티나아제, 셀룰라아제 등을 처리하여 세포벽을 제거한 원형질체)를 융합시키고 융합세포를 배양하여 식물체를 재분화시키는 기술이다.

(3) 세포융합은 보통 교배가 불가능한 원연종 간의 잡종을 만들거나 세포질에 존재하는 유전자를 도입하는 수단으로 이용된다.

02

(4) 토마토와 감자의 세포를 융합시킨 '포마토'가 대표적인 예이다.

(5) 서로 다른 두 식물종의 세포융합으로 얻은 재분화식물체를 체세포잡종(somatic hybrid)이라고 하며, 유성생식에 의한 잡종은 핵만 잡종인 것에 비해 핵과 세포질 모두 잡종이다.

(6) 체세포잡종은 서로 다른 두 식물종의 세포융합으로 얻은 재분화 식물체로 종·속간잡종의 육성, 유용물질의 생산, 유전자전환, 세포선발 등에 이용된다.

(7) 체세포잡종은 생식과정을 거치지 않고 다른 식물종의 유전자를 도입하므로 육종재료의 이용범위를 크게 넓힐 수 있다.

(8) 핵과 세포질이 모두 정상인 나출원형질체와 세포질만 정상인 나출원형질체가 융합하여 생긴 잡종을 세포질잡종(cytoplasmic hybrid)이라고 한다. 세포질만 잡종이므로 웅성불임성 도입, 광합성 능력 개량 등의 세포질유전자에 의해 지배받는 형질개량에 유용하다.

3. 유전자전환

(1) 다른 생물의 유전자를 벡터(vector, 유전자운반체) 또는 물리적 방법에 의해 직접 도입하여 형질전환식물(transgenic plant)을 육성하는 기술이다.

(2) 형질전환육종은 유전자전환에 의해 원하는 유전자를 식물의 염색체에 도입하여 형질전환을 하는 것으로, 모든 생명체의 유전자를 식물에 도입할 수 있다.

(3) 세포융합에 의한 체세포잡종은 양친의 게놈을 모두 가지므로 원하지 않는 유전자도 있지만, 형질전환식물은 원하는 유전자만 가진다.

(4) 형질전환육종의 4단계

    ① 제 1단계: 원하는 유전자(DNA)를 분리하여 클로닝(cloning)하는 단계이다.

    ② 제 2단계: 클로닝한 유전자를 벡터에 재조합하여 식물세포에 도입한다.

    ③ 제 3단계: 재조합 유전자(DNA)를 도입한 식물세포를 증식하고 식물체로 재분화시켜 형질전환 식물 선발하는 단계이다.

    ④ 제 4단계: 형질전환식물의 특성을 평가하여 신품종으로 육성하는 단계이다.

(5) 형질전환품종

    ① 내충성품종은 *Bacillus thuringinsis*의 Bt유전자를 도입한다.

    ② 바이러스저항성 품종은 담배모자이크바이러스(TMV)의 외피단백질합성 유전자를 도입한다.

    ③ 제초제저항성 품종은 *Salmonella typhimunrium*의 aroA 유전자 및 *Streptomyces hygroccopicus*의 bar 유전자를 도입한다.

    ④ 최초의 형질전환품종은 토마토의 플레이버세이버(Flavr Savr)이다.

신품종의 유지·증식 및 보급

1 신품종의 등록과 특성 유지

1. 신품종의 등록과 보호

(1) 신품종에 대한 품종보호권을 설정·등록(국립종자원)하면, 종자산업법에 의해 '육성자의 권리'를 20년간(과수의 임목은 25년) 보장받는다.

(2) 법적으로 보호받는 종을 '보호품종'이라고 한다.

(3) 보호품종 요건 중에서 신규성(newness)이란 품종보호 출원일 이전에 우리나라와 국제식물신품종보호조약의 체결국에서는 1년 이상, 그 밖의 국가에서는 4년(과수와 임목은 6년) 이상 상업적으로 이용 또는 양도되지 않은 품종을 뜻한다.

(4) 국제식물신품종보호연맹(UPOV, International Union for the Proection of New Varieties of Plants)의 회원국은 국제적으로 육성자의 권리를 보호받으며 우리나라는 2002년 1월 7일에 가입하였다.

2. 신품종의 특성유지

(1) 신품종을 반복 채종하여 재배하면 유전적, 생리적, 병리적 원인에 의해 품종 고유한 특성이 변화되는데 이를 품종퇴화라고 한다.

① 유전적 퇴화의 원인 : 이형유전자형 분리, 자연교잡, 돌연변이, 이형종자의 기계적 혼입이 원인이다.

② 생리적 퇴화의 원인 : 기상이나 토양 등 환경조건이 식물생육에 영향을 준다.

③ 병리적 퇴화의 원인 : 감자, 콩, 백합의 바이러스, 맥류의 깜부기병에 의한 퇴화의 원인이다.

(2) 품종의 특성유지 방법 : 개체집단섭발, 계통집단선발, 주보존(株保存), 격리재배 등의 방법이 있다.

(3) 종자갱신 : 신품종의 특성을 유지하고 품종퇴화를 방비하기 위해 일정 기간마다 우량종자로 바꾸어 재배한다.

① 우리나라의 보, 보리 콩 등 자식성 작물의 종자갱신연한은 4년 1기이다.

② 옥수수, 채소류의 1대잡종품종은 매년 새로운 종자를 사용한다.

> 1. **신품종의 품종보호요건**
>   (1) 품종보호요건
>   신규성, 구별성, 균일성, 안정성, 고유한 품종명칭
>   (2) 신품종의 구비조건
>   구별성, 균일성, 안정성
> 2. **신품종의 명칭** : 품종보호출원을 위해 문자와 숫자의 조합으로 사용한다.
>   예 A212 : 향미(aromatic) 조생종(2)으로 12번째 보급한다.

2 신품종의 종자증식과 보급

1. 신품종의 종자증식

(1) 육성한 신품종은 일정한 종자증식 체계에 따라 지정된 장소에서 종자를 증식하는데, 이때 채종 조건은 우량한 종자를 생산하는데 영향을 미친다.

(2) 고랭지 채종의 벼종자는 평야지 채종종자보다 빨리 출수하며 찬 지역의 벼 종자는 휴면이 생기지 않고 봄에 발아가 빠르다.

(3) 우리나라의 종자증식체계

기본식물	→	원원종	→	원종	→	보급종
(국립식량과학원)		(도농업기술원)		(도원종장)		(국립종자원)

① 기본식물(breeder's seed)은 신품종 증식의 기본이 되는 종자로 육종가들이 직접 생산하거나, 육종가의 관리하에 생산한다.

② 옥수수의 기본식물은 매 3년마다 톱교배에 의한 조합능력검정을 실시하며, 감자는 조직배양에 의하여 기본식물을 만든다.

③ 원원종(foundation seed)은 기본식물을 증식하여 생산한 종자이고, 원종(registered seed)은 원원종을 재배한 종자이고, 보급종(certified seed)은 농가에 보급할 종자로서 원종을 증식한 것이다.

④ 원원종, 원종, 보급종을 우량종자라고 한다.

⑤ 주요 농작물의 기본식물 양성은 각 도 농산물원종장에서, **원원종은 각 도농업기원원에서, 원종은 각 도 농산물원종장에서, 보급종은 국립종자공급소와 시·군 및 농업단체에서 생산**한다. 종자생산 포장의 채종량은 보통재배에 비해 원종포 50%, 원종포 80%, 채종포 100%가 되도록 한다.

2. 신품종의 보급

(1) 신품종의 농가보급은 종자보급 체계에 따른다.

(2) 적지, 적품종에 대해 면밀히 검토하고 각종재해에 대한 위험분산과 시장성, 재배 안정성을 고려한다.

유전자원의 보존과 이용

1 유전자원의 의의

1. 식물 중 인류가 이용가능한 유전변이를 유전자원이라고 한다.
2. 유전적으로 다양한 재래종들이 급속히 사라지게 되었는데 이를 유전적 침식이라 한다.
3. 소수의 우량품종을 확대 재배함으로써 병해충이나 냉해 등 재해로부터 일시에 급격한 피해를 받게되는데 이를 유전적 취약성이라고 한다.
4. 유전자원에는 작물의 재래종·육종품종·근연 야생종은 물론, 세포·캘러스·DNA도 포함한다.

2 유전자원의 수집과 이용

1. 유전자원은 대부분 종자로 수집하지만, 비늘줄기·덩이줄기·접수·식물체·화분이나 배양조직을 수집하기도 한다.
2. 수집지역의 기후, 토양특성, 생육상태, 병해충 유무 등 가능한 모든 것을 기록하고, 수집한 유전자원에 병해충이 들어올 가능성에 세심한 주의가 필요하다.
3. 형질의 특성을 평가하고 데이터베이스화한다.
4. 국제적 교류가 까다로워져 가는 경향인데, 세계적으로 유전자원의 탐색·수집 및 이용을 위한 국제식물유전저연구소(IPGRI, International Plant Genetic Resources Institute)가 설치되었다.
5. 종자수명이 짧은 작물과 영양번식작물은 조직배양을 하여 기내보존(in vitro conservation)하면 장기보존이 가능하다.

3 유전자원의 국제적 노력

1. 국제식물신품종보호협약(1961년 파리)

육종가의 권리를 지적재산권 차원으로 보호하며, 세계무역기구(WTO, World Trade Organization)와 세계지적소유권기구(WIPO, World Intellectual Property Organization)가 주도한다.

2. 자원제공국과 공평하게 공유(ABS, Access to genetic resources and Benefit & Sharing)하는 생물다양성협약(1993)이 체결되었다.

3. 식량농업식물유전자원국제조약(ITPGRFA, International Treaty on Plant Genetic Resources for Food & Agriculture)이 체결되었다.

4. 법적 효력이 부여된 생물유전자원 ABS의정서 채택(2010. 나고야 의정서)하였다.

Part 02 작물의 유전성

🪴 단원 정리 문제

001 같은 품종 내에서 유전형질이 서로 같은 집단을 무엇이라 하는가?

① 변종   ② 종

③ 계통   ④ 순종

002 다음 중 내력에 가른 품종분류가 아닌 것은?

① 재래종   ② 만생종

③ 육성종   ④ 도입종

003 유전형질에 대한 내용 중 질적 형질에 대한 것은?

① 식물의 무게   ② 꽃의 향기

② 개화기   ④ 분얼수

004 우량품종의 3대 조건에 해당하지 않는 것은?

① 균일성   ② 영속성

③ 우수성   ④ 다양성

005 병원체가 작물에 침투하여도 병징의 발현을 억제시키는 기주식물의 능력을 무엇이라 하는가?

① 감수성   ② 면역성

③ 저항성   ④ 회피성

006 저항성 품종의 장점이 아닌 것은 무엇인가?

① 저항성이 지속된다.　　　　　　② 생산성이 증가된다.
③ 작물재배 비용이 적게 소요된다.　④ 친환경적이다.

007 다음 중 특히 벼에서 중요시하는 품종의 특성은?

① 내동성　　　　　　　　　　② 내열성
③ 내랭성　　　　　　　　　　④ 내건성

008 기주에 병원체가 침입 후 병원체의 발육을 억제하기 위해 기주에서 생기는 저항성물질을 무엇이라 하는가?

① 폴리아민　　　　　　　　　② 피톤치드
③ 시스테민　　　　　　　　　④ 파이토알렉신

009 저항성 품종의 재배는 다음 중 어떤 방제에 포함되나?

① 환경제어　　　　　　　　　② 경종법의 개선
③ 병원균제어　　　　　　　　④ 기주식물의 제어

010 다음 중 품종의 퇴화 원인으로 부적절한 것은?

① 환경적 퇴화　　　　　　　　② 유전적 퇴화
③ 병리적 퇴화　　　　　　　　④ 생리적 퇴화

정답찾기

001 ③ 계통 내 특정적 형질이 영속되면 새로운 품종으로 분리될 수 있다.

002 ②
①, ③, ④ 는 품종의 특징 뚜렷이 구분되고 인간에 의해 개량된 종을 뜻하나 ②는 성숙기에 다른 분류를 의미한다.

003 ② 수치로 표현할 수 없는 형질을 질적 형질이라고 한다.

004 ④

005 ③ 저항성은 피해가 최소화하는 것이고 면역성은 피해가 전혀 없는 것을 의미한다.

006 ① 병원균의 생리적 분화, 환경, 기주와의 상호작용에 따라 저항성은 변할 수 있다.

007 ③ 벼는 특히 흐리고 다습한 저온에 도열병이 많이 발생한다.

008 ④ 일반적으로 식물이 미생물과 접촉하였을 때, 식물에 의해 합성, 축적되는 저분자의 항균성 화합물을 뜻한다.

009 ④ 기주식물의 제어에는 저항성 품종의 재배 이외에도 저항성 대목의 이용이 있다.

010 ① 오랜 시간 재배세대가 경과하는 동안 유전적, 병리적, 생리적 퇴화현상이 발생한다.

정답　**001** ③　**002** ②　**003** ②　**004** ④　**005** ③　**006** ①　**007** ③　**008** ④　**009** ④　**010** ①

011 품종의 퇴화방식 중 생리적 퇴화에 속하는 것은 무엇인가?

① 토양구조의 퇴화　　　　　　② 돌연변이 퇴화
③ 자연교잡 퇴화　　　　　　　④ 이형유전자의 분리

012 다음 중 생장점 배양의 가장 큰 목적은?

① 무병주 생산　　　　　　　　② 다수확
③ 내병성 증진　　　　　　　　④ 신품종 선발

013 우량품종의 특성을 유지하기 위하여 취해야 할 조치가 아닌 것은

① 영양번식　　　　　　　　　　② 격리재배
③ 종자의 저온저장　　　　　　④ 개화기 조절

014 다음 중 환경친화형 작물육종과 거리가 먼 것은 무엇인가?

① 단기생육형　　　　　　　　　② 숙기다양성
③ 환경저항성　　　　　　　　　④ 다비성 품종

015 벼에서 다수성에 관여하는 조건과 거리가 먼 것은?

① 직립형 초형이다.
② 엽면적지수 증가에 따른 수광상태가 좋다.
③ 시비를 많이 해도 도복되지 않는다.
④ 감광성이 낮고 감온성이 높다.

016 작물의 육종 과정 중에서 세대 단축 및 조기개화, 조기결실을 위하여 이용되는 방법으로 알맞게 짝지어진 것은?

① 접목, 일장처리　　　　　　　② 자연도태, 온도조절
③ 여교잡, 호르몬 처리　　　　④ 여교잡, 접목

02

017 교배 시 양친식물들이 갖추어야 할 조건으로 가장 중요한 것은?

① 개화기의 일치
② 식물크기의 일치
③ 휴면기간의 일치
④ 환경에 대한 적응성의 일치

018 자가불화합성에 관하여 옳은 설명은?

① 암술은 정상이나 수술이 비정상이어서 자기 꽃가루받이를 못한다.
② 수술은 정상이나 암술이 비정상이어서 자기 꽃가루받이를 못한다.
③ 암술과 수술 모두 비정상이어서 자기 꽃가루받이를 못한다.
④ 암술과 수술 모두 정상이나 자기 꽃가루받이를 못한다.

019 1대 잡종(F_1) 품종이 가지고 있는 유전특성은?

① 잡종강세
② 근교약세
③ 자식열세
④ 근친교배

020 1대 잡종을 이용하는 육종에서 구비되어야 할 조건이 아닌 것은?

① 1회 교잡에 의하여 많은 종자 생산 가능
② 교잡 조작용이
③ 단위면적당 재배 시 많은 종자량 필요
④ 높은 실용가치

정답찾기

011 ① 불량한 재배환경과 조건에 의한 우수한 형질의 퇴화를 의미한다. ②, ③, ④는 유전적퇴화에 포함된다.

012 ① Virus는 생장점을 통하여 감염이 불가능하기 때문이다.

013 ④
①은 유전적형질의 다음세대 100% 전수, ②는 자연교잡 방지, ③은 유전자원의 보전 등의 기능을 수행한다.

014 ④
④는 많은 (화학)비료를 요구하기 때문에 환경친화형과 반대이다.

015 ④
①, ②는 수광률이 높아짐에 따라 광합성이 증대되어 증산에 도움이 된다. 감온성이 크면 온도저하 시 결실이 불량해질 수 있다.

016 ① 접목, 일장처리, 온도조절, 호르몬처리 등의 방법이 있다.

017 ① 개화기가 일치해야만 암·수술의 성숙기가 동일하여 수분·수정이 가능하다.

018 ④ 자가불화합성은 암술과 화분의 기능이 정상적이나 자가수분으로 종자를 형성하지 못해 불임이 생긴다.

019 ① 타식성 작물의 근친교배로 약세화한 작물체 또는 빈약한 자식계통끼리 교배하면 그 F1은 양친보다 왕성한 생육을 나타내는데, 이를 잡종강세라고 한다.

020 ③ 비용적인 면에서 최소한의 종자량을 필요로 한다.

정답 **011** ① **012** ① **013** ④ **014** ④ **015** ④ **016** ① **017** ① **018** ④ **019** ① **020** ③

021 채소육종에서 웅성불임성을 이용하는 식물은 무엇인가?

① 고추   ② 오이
③ 배추   ④ 시금치

022 콜히친 처리에 의한 씨 없는 수박의 염색체 배수성은 몇 배체인가?

① 2배체   ② 3배체
③ 4배체   ④ 반수체

023 돌연변이 육종에서 돌연변이 유발원으로 이용되지 않는 것은?

① X선   ② 화학물질
③ 자외선   ④ 적외선

024 종자갱신을 하여야 할 이유로 부적합한 것은?

① 재배 중 다른 계통의 혼합   ② 자연교잡
③ 돌연변이   ④ 지력의 쇠퇴

025 국내 벼 품종의 종자갱신 주기는 몇 년 인가?

① 3년   ② 4년
③ 5년   ④ 10년

026 다음 중 채종하기에 가장 좋은 장소는?

① 농작물 재배지   ② 목초지
③ 평지   ④ 지리적 격리지

027 다음 중 십자화과 작물의 채종 적기는 어느 때인가?

① 유숙기   ② 호숙기
③ 갈숙기   ④ 황숙기

028 국립종자관리소의 보급종 생산과정에서 빈 칸에 알맞은 것은?

농가 및 포장지정 → 포장관리 → (   ) → 출하검사 → (   ) → 신청접수

① 종자수매, 출하검사　　　　　　　② 종자수매, 포장검사
③ 포장검사, 수매검사　　　　　　　④ 출하검사, 포장검사

029 다음 중 세포주기에 대한 설명으로 옳은 것은?

① G_1기에 분열한다.
② S기에 자매염색분체를 형성한다.
③ G_2기에 세포가 조직으로 분화한다.
④ M기에 유전물질이 배가된다.

030 종자형성에 대한 설명으로 옳지 않은 것은?

① 종피와 열매껍질은 모체의 조직이므로 배와 종피는 유전적 조성이 동일하다.
② 배유에 우성유전자의 표현형이 나타나는 것을 크세니아라 한다.
③ 바나나, 감귤류와 같이 종자의 생산 없이 열매를 맺는 현상을 단위결과라 한다.
④ 식물호르몬을 이용하여 인위적으로 단위결과를 유발하기도 한다.

정답 찾기

021 ① 고추 이외에 양파, 당근 등이 포함된다.

022 ② 씨 없는 수박은 4배체와 2배체를 교배해서 얻은 3배체이다.

023 ④ 이외에 열처리가 있다.

024 ④
①, ②, ③ 등의 이유로 유전적 변이가 형성된다.

025 ② 모든 종자는 시간이 경과함에 따라 퇴화되어 생산성이 저하되므로 정기적으로 종자를 갱신하여야 한다. 벼를 포함하여 보리, 콩은 4년이고 옥수수와 감자 등은 매년 갱신해야 한다.

026 ④ 다른 (품)종과의 교잡을 방지하기 위해 섬, 산간지 등의 격리지를 채종지로 활용한다.

027 ③ 화곡류의 채종 적기는 황숙기이다.

028 ③

029 ② S기에는 DNA 합성으로 염색체가 복제되어 자매염색분체를 만든다.
① G_1기는 딸세포가 성장하는 시기이다.
③ G_2기는 세포의 성장이 최고에 도달된 세포분열의 준비기이다.
④ M기에는 체세포분열에 의하여 딸세포가 형성된다.

030 ① 종피와 열매껍질은 모체의(우) 조직이다. 종자에서 배와 종피는 유전적 조성이 다르다(배 : 2n, 종피/과육/과피 : 1n)

정답　**021** ①　**022** ②　**023** ④　**024** ④　**025** ②　**026** ④　**027** ③　**028** ③　**029** ②　**030** ①

031 다음은 세포질적 − 유전자적 웅성불임성에 대한 내용이다. F_1의 핵과 세포질의 유전자형 및 표현형으로 옳게 짝지은 것은? (단, S는 웅성불임성 세포질이고 N은 가임 세포질이며, 임성 회복유전자는 우성이고 Rf며, 임성회복유전자의 기능이 없는 경우는 열성인 rf이다)

	핵의 유전자형	세포질의 유전자형	표현형
①	rfrf	S	웅성가임
②	rfrf	N	웅성불임
③	Rfrf	S	웅성가임
④	Rfrf	N	웅성불임

032 자가불화합성을 일시적으로 타파하기 위한 방법이 아닌 것은?

① 전기자극
③ 질소가스 처리
② 노화수분
④ 고농도 CO_2 처리

정답찾기

031 ③
③의 SRfrf는 웅성가임이다. ①의 Srfrf는 웅성불임이고, ②의 Nrfrf는 웅성가임이며, ④의 NRfrf는 웅성가임이다.

032 ③ 자가불화합성의 일시적 타파 방법은 뇌수분(암술이 성숙, 개화하기 전에 강제로 수분), 노화수분(개화성기가 지나서 수분), 그 밖에 말기수분, 고온처리, 전기자극, 고농도의 CO_2 처리 등이 있다.

02

🌱 핵심 기출문제

001 품종에 대한 설명으로 옳지 않은 것은? 16. 지방직 9급

① 식물학적 종은 개체 간에 교배가 자유롭게 이루어지는 자연집단이다.
② 품종은 작물의 기본단위이면서 재배적 단위로서 특성이 균일한 농산물을 생산하는 집단이다.
③ 생태종 내에서 재배유형이 다른 것을 생태형으로 구분하는데, 생태형끼리는 교잡친화성이 낮아 유전자교환이 잘 일어나지 않는다.
④ 영양계는 유전적으로 잡종상태라도 영양번식에 의하여 그 특성이 유지되기 때문에 우량한 영양계는 그대로 신품종이 된다.

002 작물의 종자갱신에 대한 설명으로 옳지 않은 것은? 13. 지방직 9급

① 우리나라에서 벼·보리·콩 등 자식성 작물의 종자갱신연한은 3년 1기이다.
② 종자갱신에 의한 증수효과는 벼보다 감자가 높다.
③ 옥수수와 채소류의 1대잡종품종은 매년 새로운 종자를 사용한다.
④ 품종퇴화를 방지하기 위해서는 일정 기간마다 우량종자로 바꾸어 재배하는 것이 좋다.

003 작물의 생태종과 생태형에 대한 설명으로 옳은 것은? 11. 국가직 9급

① 생태형 내에서 재배유형이 다른 것을 생태종이라 한다.
② 열대자포니카 벼와 온대자포니카 벼는 서로 다른 생태종이다.
③ 춘파형과 추파형은 보리에서 서로 다른 생태형이다.
④ 생태형 간에는 교잡친화성이 높아 유전자교환이 잘 일어난다.

🌾 정답찾기

001 ③ 생태형 사이에는 교잡친화성이 높아 유전자교환이 잘 일어난다.

002 ① 우리나라 벼·보리·콩 등 자식성 작물의 종자 갱신연한은 4년 1기이다.

003 ②
① 생태종 내에서 재배유형이 다른 것을 생태형으로 구분한다.
③ 춘파형과 추파형은 보리에서 서로 다른 생태형이다.
④ 생태형 간에는 교잡친화성이 높아 유전자교환이 잘 일어난다.

정답 001 ③ 002 ① 003 ②

004 신품종이 보호품종으로 되기 위해 갖추어야 하는 5가지의 품종보호요건이 바르게 묶인 것은?

10. 지방직 9급

① 신규성, 구별성, 균일성, 안정성, 고유한 품종명칭
② 신규성, 상업성, 경제성, 구별성, 고유한 품종명칭
③ 신규성, 구별성, 경제성, 안정성, 고유한 품종명칭
④ 신규성, 상업성, 균일성, 구별성, 고유한 품종명칭

005 신품종의 등록과 특성유지에 대한 설명으로 옳지 않은 것은?

15. 국가직 9급

① 신품종이 보호품종으로 등록되기 위해서는 신규성, 우수성, 균일성, 안정성 및 고유한 품종 명칭의 5가지 요건을 구비해야 한다.
② 국제식물신품종보호연맹(UPOV)의 회원국은 국제적으로 육성자의 권리를 보호받으며, 우리나라는 2002년에 가입하였다.
③ 품종의 퇴화를 방지하고 특성을 유지하는 방법으로는 개체집단선발, 계통집단선발, 주보존, 격리재배 등이 있다.
④ 신품종에 대한 품종보호권을 설정등록하면 [식물신품종보호법]에 의하여 육성자의 권리를 20년(과수와 임목의 경우 25년)간 보장받는다.

006 신품종의 종자증식에 관한 설명으로 옳지 않은 것은?

10. 국가직 9급

① 보급종은 농가에 보급할 종자이며, 원종을 증식한 것이다.
② 원종은 원원종을 재배하여 채종한 종자이다.
③ 원원종은 기본식물을 증식하여 생산한 종자이다.
④ 기본식물은 일반농가들이 생산한 종자이다.

007 재배종과 야생종 벼의 특성을 비교하여 바르게 설명한 것은?

07. 국가직 9급

① 재배종 벼는 야생종에 비해 휴면성이 약해졌다.
② 재배종 벼는 야생종에 비해 내배성이 약해졌다.
③ 재배종 벼는 야생종에 비해 종자의 크기가 작은 방향으로 육성되었다.
④ 재배종 벼는 야생종에 비해 탈립성이 커졌다.

008 다음 글에 해당하는 용어는?

> 소수의 우량품종들은 여러 지역에 확대 재배함으로써 유전적 다양성이 풍부한 재래품종들이 사라지는 현상이다.

① 유전적 침식 　　　　　　② 종자의 경화
③ 유전적 취약성 　　　　　④ 종자의 퇴화

009 위수정생식을 바르게 설명한 것은?

① 배낭을 만들지 않고 포자체의 조직세포가 직접 배를 형성하는 것
② 배낭을 만들지만 배낭의 조직세포가 배를 형성하는 것
③ 배낭모세포가 비정상적인 분열을 하여 배를 형성하는 것
④ 수분의 자극을 받아 난세포가 배로 발달하는 것

010 아포믹시스에 대한 설명으로 옳지 않은 것은?

① 부정배형성은 배낭을 만들지 않고 주심이나 주피가 직접 배를 형성하는 것인다.
② 무포자생식은 배낭의 조직세포가 배를 형성하는 것이다.
③ 복상포자생식은 배낭모세포가 감수분열을 못하거나 비정상적인 분열을 하여 배를 형성하는 것이다.
④ 아포믹시스에 의하여 생긴 종자는 종자 형태를 가진 영양계라 할 수 없다.

정답찾기

004 ① 신품종보호요건은 신규성, 구별성, 균일성, 안정성, 고유한 품종명칭이다.

005 ① 신품종이 보호품종으로 등록되기 위해서는 신규성, 구별성, 균일성, 안정성, 고유한 품종명칭의 5가지 요건을 구비해야 한다.

006 ④ 기본식물은 신품종 증식의 기본이 되는 종자로 육종들이 직접 생산하거나, 육종가의 관리하에 생산한다.

007 ① 재배 벼는 야생벼에 비해 종자의 탈립성과 휴면성 약하고, 종자의 수명이 짧다. 꽃가루 수가 적고, 종자의 크기가 크며, 종자 수가 많다. 재해에 대한 저항력이 약하다.

008 ①
② 종자의 경화는 불량환경에서의 출아율을 높이기 위해 파종 전 종자에 흡수·건조 과정을 반복적으로 처리하여 초기발아 과정에서의 흡수를 조장하는 것이다.

③ 유전적 취약성은 소수의 우량품종을 확대 재배함으로써 병해충 등 재해로부터 일시에 급격한 피해를 받게 되는 현상이다.
④ 종자의 퇴화는 생산력이 우수하던 종자가 재배연수를 경과하는 동안에 생산력이 떨어지고 품질이 나빠지는 현상이다.

009 ④ 위 수정생식은 수분의 자극으로 난세포가 배로 발달하는 것으로 벼, 밀, 보리, 목화, 담배 등에서 나타나며 이로 종자가 생기는 것을 위잡종이라 한다.

010 ④ 아포믹시스에 의해 생긴 종자는 수정과정이 없어 종자 형태를 가진 영양계라 할 수 있으며, 영양계는 다음 세대에 유전분리가 일어나지 않기 때문에 종자번식작물의 우량 아포믹시스는 영양번식작물의 영양계처럼 곧바로 신품종이 형성된다.

011 무수정생식에 대한 설명으로 옳은 것은? 　　13. 지방직 9급

① 웅성단위생식은 정세포가 단독으로 분열하여 배를 형성한다.
② 위수정생식은 수분의 자극으로 주심세포가 배로 발육한다.
③ 부정배 형성은 수분의 자극으로 배낭세포가 배를 형성한다.
④ 단위생식은 수정하지 않은 조세포가 배로 발육한다.

012 작물의 생식에 대한 설명으로 옳지 않은 것은? 　　16. 국가직 9급

① 아포믹시스는 무수정종자형성이라고 하며, 부정배형성, 복상포자생식, 위수정생식 등이 이에 속한다.
② 속씨식물 수술의 화분은 발아하여 1개의 화분관세포와 2개의 정세포를 가지며, 암술의 배낭에는 난세포 1개, 조세포 1개, 반족세포 3개, 극핵 3개가 있다.
③ 무성생식에는 영양생식도 포함되는데, 고구마와 거베라는 뿌리로 영양번식을 하는 작물이다.
④ 벼, 콩, 담배는 자식성 작물이고, 시금치, 딸기, 양파는 타식성 작물이다.

013 작물의 생식에 대한 설명으로 옳지 않은 것은? 　　20. 지방직 7급

① 종자번식작물의 생식방법에는 유성생식과 아포믹시스가 있고 영양번식작물은 무성생식을 한다.
② 유성생식작물의 세대교번에서 배우체세대는 감수분열을 거쳐 포자체세대로 넘어간다.
③ 한 개체에서 형성된 암배우자와 수배우자가 수정하는 것은 자가수정에 해당한다.
④ 타식성 작물을 자연상태에서 세대 진전하면 개체의 유전자형은 이형접합체로 남는다.

014 유성생식을 하는 작물의 세포분열에 관한 설명으로 옳지 않은 것은? 　　17. 서울시

① 체세포분열을 통해 개체로 성장한다.
② 생식세포의 감수분열에 의해 반수체 딸세포가 생기고 배우자가 형성된다.
③ 체세포분열 전기에 방추사가 염색체의 동원체에 부착한다.
④ 제1감수분열 전기에 염색사가 응축되어 염색체를 형성한다.

02

015 감수분열에 대한 설명으로 옳은 것은?

12. 지방직 9급

① 제1감수분열은 동형분열이며, 제2감수분열은 이형분열이다.

② 제1감수분열은 염색체 교차에 의하여 유전자재조합이 일어난다.

③ 제1감수분열과 제2감수분열이 끝나면 한 개의 생식모세포로부터 2개의 딸세포를 만든다.

④ 감수분열 과정에서 상동염색체가 분리되지 않으므로 멘델의 유전법칙이 성립된다.

016 배우자 간 접합에 의한 정상적인 수정과정을 거치지 않고 종자가 형성되는 생식방법은?

08. 국가직 9급

① 유성생식

② 아포믹시스

③ 영양번식

④ 자가수정

017 종자의 수분 및 종자형성에 대한 설명으로 옳지 않은 것은?

17. 지방직 9급

① 담배와 참깨는 수술이 먼저 성숙하여 자식으로 종자를 형성할 수 없다.

② 포도는 종자형성 없이 열매를 맺는 단위결과가 나타나기도 한다.

③ 웅성불임성은 양파처럼 영양기관을 이용하는 작물에서 1대잡종을 생산하는 데 이용된다.

④ 1개의 웅핵이 배유형성에 관여하여 배유에서 우성유전자의 표현형이 나타나는 현상을 크세니아라고 한다.

정 답 찾 기

011 ①
② 위수정생식은 수분의 자극으로 난세포가 배로 발육한다.
③ 부정배 형성은 포자체의 조직세포(주심, 주피)가 직접 배를 형성한다.
④ 단위생식은 수정하지 않은 난세포가 배로 발육한다.

012 ② 속씨식물 수술의 화분은 발아하여 1개의 화분관세포와 2개의 정세포를 가지며, 암술의 배낭에는 난세포 1개, 조세포 2개, 반족세포 3개, 극핵 2개가 있다.

013 ② 유성생식작물의 세대교번은 배우체세대와 포자체세대가 번갈아가며 나타난다. 포자체세대는 감수분열에 의해 배우체세대로 바뀌고, 배우체세대는 수정에 의해 포자체세대로 넘어간다.

014 ③ 체세포분열 중기에 대한 설명이다.

015 ② 제1감수분열은 염색체의 수가 반으로 줄어드는 감수분열, 제2감수분열은 염색분체가 분열하는 동형분열로 한 개의 생식모세포에서 4개의 감수분열 낭세포가 생긴다.

016 ② 아포믹시스는 무성생식 중의 한 방법으로, 수정하지 않고 종자번식을 하는 방법이다.

017 ① 자식성 작물은 벼, 밀, 보리, 콩, 완두, 담배, 토마토, 가지, 참깨, 복숭아나무 등이다.

정답　**011** ①　**012** ②　**013** ②　**014** ③　**015** ②　**016** ②　**017** ①

018 수정과 종자발달에 대한 설명으로 옳은 것은?　　　16. 지방직 9급

① 침엽수와 같은 나자식물은 중복수정이 이루어지지 않는다.
② 수정은 약에 있는 화분이 주두에 옮겨지는 것을 말한다.
③ 완두는 배유조직과 배가 일체화되어 있는 배유종자이다.
④ 중복수정은 정핵이 난핵과 조세포에 결합되는 것을 말한다.

019 체세포분열과 감수분열에 대한 설명으로 옳지 않은 것은?　　　20. 국가직 7급

① 체세포분열에서 G_1기의 딸세포 중 일부는 세포분화를 하여 조직으로 발달한다.
② 체세포분열은 체세포의 DNA를 복제하여 딸세포들에게 균등하게 분배하기 위한 것이다.
③ DNA 합성은 제1감수분열과 제2감수분열 사이의 간기에 일어난다.
④ 교차는 제1감수분열 과정 중에 생기며, 유전변이의 주된 원인이다.

020 웅성불임성에 대한 설명으로 옳은 것은?　　　16. 국가직 9급

① 암술과 화분은 정상이나 종자를 형성하지 못하는 현상이다.
② 암술머리에서 생성되는 특정 단백질과 화분의 특정 단백질 사이의 인식작용 결과이다.
③ S유전자좌의 복대립유전자가 지배한다.
④ 유전자작용에 의하여 화분이 형성되지 않거나, 제대로 발육하지 못하여 종자를 만들지 못한다.

021 중복수정 준비가 완료된 배낭에는 몇 개의 반수체핵이 존재하며, 이들 중에서 몇 개가 웅핵(정세포)과 융합되는가?　　　18. 지방직 9급

	배낭의 반수체핵 수	웅핵과 융합되는 반수체핵 수
①	6	2
②	6	3
③	8	2
④	8	3

022 종자·과실의 부위 중 유전적 조성이 다른 것은?　　　16. 국가직 9급

① 종피　　　　　　　　　② 배
③ 과육　　　　　　　　　④ 과피

023 웅성불임과 자가불화합성에 대한 설명으로 옳은 것은?

11. 지방직 9급

① 세포질웅성불임은 핵 내 웅성불임유전자가 관여한다.
② 세포질웅성불임은 영양기관을 이용하는 작물의 1대잡종 생산에 이용될 수 있다.
③ 배우체형 자가불화합성은 화분을 생산한 식물체의 유전자형에 의해 결정된다.
④ 포자체형 자가불화합성은 화분의 유전자에 의해 결정된다.

024 3쌍의 독립된 대립유전자에 대하여 F_1의 유전자형이 AaBbCc일 때 F_2에서 유전자형의 개수는? (단, 돌연변이는 없음)

17. 국가직 9급

① 9개
② 18개
③ 27개
④ 36개

025 비대립유전자의 상호작용 중 우성상위를 나타내는 것은?

14. 국가직 9급

① 조건유전자
② 중복유전자
③ 보족유전자
④ 피복유전자

정답찾기

018 ①
② 약에 있는 화분이 주두에 옮겨지는 것은 수분이다.
③ 완두는 무배유종자이다.
④ 중복수정은 한 개의 정핵이 난핵과 접합하여 배($2n$)가 형성되고, 나머지 한 개의 정핵은 두 개의 극핵과 접합하여 배유($3n$)가 된다.

019 ③ 감수분열의 간기는 제1감수분열이 끝나면 극히 짧거나 없고, DNA 합성이 없다.

020 ④
①, ②, ③은 자가불화합성이다.

021 ④ 배낭의 형성
배낭 안에는 주공 쪽에 난세포 1개와 조세포 2개가, 주공의 반대쪽에 반족세포 3개, 중앙에 극핵 2개가 위치하며, 조세포와 반족세포는 나중에 퇴화된다.
속씨식물(피자식물)은 2개의 정세포 중 1개는 난세포와 융합하여 배($2n$)를 만들고, 다른 1개는 극핵과 융합하여 배유($3n$)를 형성한다.

022 ② 수정이 끝나면 배 발생과 함께 종자와 열매를 형성한다. 배낭이 들어있는 배주는 성숙하여 종자가 되고, 배주를 싸고 있는 자방이 열매로 발달한다. 배주껍질은 종피, 자방껍질은 과피가 된다. 종자에서 배와 종피는 유전적 조성이 다르다.

023 ②
① 세포질웅성불임성은 세포질유전자만 관여한다.
③ 배우체형 자가불화합성은 화분의 유전자에 의해 결정된다.
④ 포자체형 자가불화합성은 화분을 생산한 식물체의 유전자형에 의해 결정된다.

024 ③

유전자 쌍수	F_1의 배우자 종류수	배우자 조합수	F_2 유전자형의 종류수	F_2 표현형의 종류수
1	2	4	3	2
2	4	16	9	4
3	8	64	27	8
n	$2n$	$4n$	$3n$	$2n$

025 ④
① 조건유전자는 열성상위이다.
② 중복유전자는 비누적적이다.
③ 보족유전자는 이중열성상위이다.

026 양성잡종(AaBb)에서 비대립유전자 A와 B가 독립적이고 F$_2$의 표현형 분리가 보기와 같을 때 비대립유전자 간의 관계는? (단, A는 a에 대하여, B는 b에 대하여 우성이다.)

09. 지방직 9급

$$(9A\_B\_ + 3A\_bb) : (3aaB\_) : (1aabb) = 12 : 3 : 1$$

① 중복유전자 ② 열성상위
③ 우성상위 ④ 억제유전자

027 양성잡종(AaBb)에서 비대립유전자 A/a와 B/b가 독립적이고 비대립유전자 간 억제유전자로 작용하였을 때, F$_2$의 표현형으로 옳은 것은? (단, '_'표시는 우성대립유전자, 열성대립유전자 모두를 뜻한다.)

11. 국가직 9급

① $(9A\_B\_) : (3A\_bb + 3aaB\_ + 1aabb) = 9 : 7$
② $(3aaB\_) : (9A\_B\_ + 3A\_bb + 1aabb) = 3 : 13$
③ $(9A\_B\_ + 3A\_bb) : (3aaB\_) : (1aabb) = 12 : 3 : 1$
④ $(9A\_B\_) : (3A\_bb + 3aaB\_) : (1aabb) = 9 : 6 : 1$

028 양성잡종(AaBb)에서 F$_2$의 표현형분리가 (9A_B_) : (3A_bb + 3aaB_ + 1aabb)로 나타난 경우에 대한 설명으로 가장 옳지 않은 것은?

20. 지도직

① A와 B 사이에 상위성이 있는 경우 발생한다.
② 수수의 알갱이 색깔이 해당된다.
③ 벼의 밑동색깔이 해당된다.
④ 비대립유전자 사이의 상호작용 때문이다.

029 대립유전자 상호작용 및 비대립유전자 상호작용에 대한 설명으로 옳지 않은 것은?

17. 국가직 9급

① 중복유전자에서는 같은 형질에 관여하는 여러 유전자들이 누적효과를 나타낸다.
② 보족유전자에서는 여러 유전자들이 함께 작용하여 한 가지 표현형을 나타낸다.
③ 억제유전자는 다른 유전자작용을 억제하기만 한다.
④ 불완전우성, 공우성은 대립유전자 상호작용이다.

030 핵외유전의 특징으로 옳은 것은?

① 정역교배의 결과가 일치하지 않는다.
② 멘델의 법칙이 적용된다.
③ 핵외유전자는 핵 게놈의 유전자지도에 포함된다.
④ 핵치환을 하면 핵외유전은 중단된다.

031 작물 유전현상에 대한 설명으로 옳지 않은 것은?

① 세포질유전은 멘델의 법칙이 적용되지 않는다.
② 질적형질은 주동유전자가 지배한다.
③ 세포질유전은 핵외의 미토콘드리아와 색소체의 유전자에 의해 결정된다.
④ 유전형질의 변이양상이 불연속적인 경우를 양적형질이라 한다.

032 작물의 주요 질적형질과 양적형질에 대한 일반적인 설명으로 옳은 것은?

① 질적형질 개량은 계통육종법이 유리하고 양적형질 개량은 집단육종법이 유리하다.
② 질적형질은 폴리진에 의해 지배되고 양적형질은 소수의 주동 유전자에 의해 지배된다.
③ 질적형질은 모두 세포질유전에 의하고 양적형질은 멘델식 유전에 의한다.
④ 질적형질은 연속변이를 보이고 양적형질은 불연속변이를 보인다.

정답 찾기

026 ③ 중복유전자 : (9A_B_ + 3A_bb + 3aaB_) : 1aabb = 15 : 1
열성상위(조건유전자) : (9A_B_) : (3A_bb) : (3aaB_ + 1aabb) = 9 : 3 : 4
우성상위(피복유전자) : (9A_B_ + 3A_bb) : (3aaB_) : (1aabb) = 12 : 3 : 1
억제유전자 : (3aaB_) : (9A_B_ + 3A_bb + 1aabb) = 3 : 13

027 ②
①은 보족유전자이다.
③은 피복유전자이다.
④는 복수유전자이다.

028 ① 이중열성상위 – 보족유전자에 대한 설명으로 우성유전자인 A, B가 함께 있을 때 자색이 나타나는 것처럼 어떤 형질의 발현에 있어 서로 보족적으로 작용하는 유전자를 보족유전자라고 한다.

029 ① 같은 형질에 관여하는 여러 유전자들이 누적효과를 나타내는 것은 복수유전자이고, 중복유전자는 똑같은 형질에 관여하는 여러 유전자들이 독립적으로 작용한다.

030 ① 핵외유전(세포질유전)은 멘델법칙이 적용되지 않는 비멘델식 유전이며 정역교배 결과가 일치하지 않는다.

031 ④ 유전형질의 변이양상이 불연속적인 경우를 질적 형질, 연속변이를 하는 경우를 양적형질이라 한다.

032 ① 질적형질은 불연속변이를 하는 형질로 소수의 주동유전자가 주도, 초기선발 및 계통육종법이 유리, 우열·분리·독립의 법칙 등 멘델의 법칙을 따른다. 양적형질은 연속변이를 하는 형질로 폴리진이 지배, 후기선발 및 집단육종법이 유리하며, 질적형질과 동일하게 유전법칙을 따른다.

정답 **026** ③ **027** ② **028** ① **029** ① **030** ① **031** ④ **032** ①

033 유전변이의 특성 중 양적형질에 대한 설명으로 옳지 않은 것은?　12. 국가직 9급

① 표현형으로 유전자형을 분석하기 쉽다.
② 환경에 따라 변동되기 쉽다.
③ 폴리진에 의해 지배된다.
④ 평균, 분산 등의 통계적 방법으로 유전분석을 한다.

034 변이에 대한 설명으로 옳지 않은 것은?　11. 국가직 9급

① 개체들 사이에 형질의 특성이 다른 것을 변이라고 한다.
② 유전변이는 다음 세대로 유전되지만 환경변이는 유전되지 않는다.
③ 유전변이가 크다는 것은 유전자형이 다양하다는 것과 같다는 의미이다.
④ 양적형질은 불연속변이를 하므로 표현형들의 구별이 쉽다.

035 다음 중 유전력에 대하여 잘못 설명한 것은?　13. 국가직 9급

① 유전력이 높은 형질은 환경의 영향을 많이 받는다.
② 유전력은 0~1까지의 값을 가진다.
③ 유전력이란 표현형의 전체분산 중 유전분산이 차지하는 비율이다.
④ 유전력이 높으면 선발효율이 높다.

036 작물의 유전현상에 대한 설명으로 옳은 것은?　17. 서울시

① 핵외유전인 세포질유전은 멘델의 법칙이 적용되지 않는다.
② 유전형질의 변이양상이 불연속인 경우 양적형질이라고 한다.
③ 양적형질은 소수의 주동유전자가 지배하고, 질적형질은 폴리진이 지배한다.
④ 핵외유전자는 핵 게놈의 유전자지도에 포함된다.

037 상인으로 연관된 A, B 두 유전자의 재조합 빈도가 20%이면, AABB X aabb 교배 시 F_1에서 형성되는 배우자는 AB : Ab : aB : ab의 비율은?　09. 국가직 9급

① 1:2:2:1　　　　　　　② 2:1:1:2
③ 4:1:1:4　　　　　　　④ 1:4:4:1

038 유전적 평형이 유지되고 있는 식물집단에서 한 쌍의 대립유전자 A와 a의 빈도를 각각 p, q 라 하고 p = 0.6이고, q = 0.4일 때, 집단 내 대립유전자빈도와 유전자형빈도에 대한 설명 으로 옳지 않은 것은?

① 유전자형 AA의 빈도는 0.36이다.
② 유전자형 Aa의 빈도는 0.24이다.
③ 유전자형 aa의 빈도는 0.16이다.
④ 이 집단이 5세대가 지난 후 예상되는 대립유전자 A의 빈도는 0.6이다.

039 벼에서 A유전자는 유수분화기를 빠르게 하는 동시에 주간엽수를 적게 하고 유수분화 이후의 기환형성에도 영향을 미친다. 이와 같이 한 개의 유전자가 여러 가지 형질에 관여하는 것은?

16. 지방직 9급

① 연관   ② 상위성
③ 다면발현   ④ 공우성

040 폴리진 유전에 관한 설명으로 옳지 않은 것은?

09. 지방직 9급

① 다수의 유전자가 관여한다.
② 환경의 영향을 많이 받는다.
③ 개개 유전자의 지배가가 환경변이보다 작다.
④ 불연속변이를 보인다.

정답찾기

033 ① 질적형질은 유전자형과 표현형의 관계가 명확하여 선발이 용이하다.

034 ④ 양적형질은 불연속변이를 하므로 표현형들의 구별이 쉽다.

035 ① 유전력이 낮은 형질은 환경의 영향을 많이 받는다.

036 ①
② 유전형질의 변이양상이 연속인 경우를 양적형질이라고 한다.
③ 질적형질은 소수의 주동유전자가 지배하고 양적형질은 폴리진이 지배한다.
④ 핵외유전자는 핵 게놈의 유전자지도에 포함되지 않는다.

037 ③
상인연관 비율 n : 1 : 1 : n에서 연관된 A와 B가 20%로 교차했으므로 교차율 = 100/n+1에서, 교차율 = 100/n +1 = 20, n = 40이므로 AB : Ab : aB : ab는 4 : 1 : 1 : 4 이다.

038 ② 유전적 평형집단에서 대립유전자빈도와 유전자형 빈도의 관계는 한 쌍의 대립유전자 A, a의 빈도를 p, q 라 할 때, $(pA+qa)^2 = p^2AA+2pqAa+q^2aa$이다. 대 립유전자 A의 빈도 q가 0.6이고, 대립유전자 a의 빈도 q가 0.4일 때 AA = p^2 = $(0.6)^2$ = 0.36, Aa = 2pq = 2(0.6×0.4) = 0.48, aa = q^2 = $(0.4)^2$ = 0.16이다. 유전적 평형집단에서는 몇 세대가 지나도 이런 빈도가 변하지 않는다.

039 ③ 하나의 유전자가 여러 가지 특성을 나타내는 경우 또는 서로 다른 특성이 동일한 유전자에 의하여 영향을 받아 나타나게 되는 현상을 다면발현이라 한다.

040 ④ 양적형질은 연속변이하는 형질로 폴리진이 관여하 며 환경의 영향을 많이 받으며 주로 표현력이 작은 미 동유전자에 의하여 지배를 받는다.

041 색소체 DNA(cpDNA)와 미토콘드리아(mtDNA)의 유전에 대한 설명으로 가장 옳지 않은 것은?

20. 지도직

① cpDNA와 mtDNA의 유전은 정역교배의 결과가 일치하지 않고, Mendel의 법칙이 적용되지 않는다.
② cpDNA와 mtDNA의 유전자는 핵 게놈의 유전자지도에 포함될 수 없다.
③ cpDNA에 돌연변이가 발생하면 잎색깔이 백색에서 얼룩에 이르기까지 다양하게 나온다.
④ 식물의 광합성 및 NADP합성 관련 유전자는 mtDNA에 의해서 지배된다.

042 염색체지도상의 거리가 a － b 간에 10단위, b － c 간에 20단위이다. 여기서, 2중교차형이 1.6% 나왔다면 간섭의 정도(%)는?

09. 지방직 9급

① 80
② 20
③ 16
④ 1.6

043 A와 B 유전자가 동일 염색체상에 존재할 경우 이들 유전자에 Hetero인 개체를 검정교배했을 때, 표현형의 분리비는? (단, A, B 유전자는 완전연관이다.)

15. 국가직 9급

① 1AaBb : 1Aabb : 1aaBb : 1aabb
② 9AaBb : 3Aabb : 3aaBb : 1aabb
③ 3AB/ab : 1ab/ab
④ 1AB/ab : 1ab/ab

044 유전자 사이의 재조합빈도에 대한 설명으로 옳지 않은 것은?

10. 지방직 9급

① 재조합빈도는 전체 배우자 중 재조합형의 비율을 뜻한다.
② 연관된 유전자 사이의 재조합빈도는 0~100% 범위에 있다.
③ 두 유전자 사이의 거리가 멀수록 재조합빈도가 높아진다.
④ 재조합빈도가 0%인 경우를 완전연관이라 한다.

045 작물의 유전자지도에 대한 설명으로 옳은 것은?

① 유전자들의 절대적 위치에 근거하여 만들어진다.
② 연관된 두 유전자 사이의 재조합빈도는 유전자간 거리에 반비례한다.
③ 정확한 거리를 추정하기 위해서는 가장 멀리 있는 유전자 사이의 RF를 구해야 한다.
④ 염색체지도는 유전자지도의 일종이다.

046 재배작물의 염색체 수(2n)로 옳지 않은 것은?

09. 국가직 9급

① 벼 – 24
② 옥수수 – 20
③ 대두 – 40
④ 감자 – 24

047 유전공학기술을 이용한 형질전환육종에서 가장 먼저 수행하는 기술은?

11. 지방직 9급

① 재조합 벡터제작
② 유전자 클로닝
③ 식물체 재분화
④ 식물세포에 유전자 도입

048 유전변이에 관한 설명으로 옳지 않은 것은?

10. 국가직 9급

① 인공교배 양친의 유전적 차이가 클수록 잡종집단의 유전변이가 적어진다.
② 인위돌연변이 및 염색체조작은 주로 동일 종 내에서 유전변이를 작성하고자 할 때 실시한다.
③ 세포융합은 서로 다른 종의 우량유전자를 도입한 유전변이를 작성하고자 할 때 효과적이다.
④ 유전자전환은 생물종에 관계없이 원하는 유전자만을 도입할 수 있는 방법이다.

정답찾기

041 ④ mtDNA는 세포질적 웅성불임(CMS)에 존재한다.

042 ② 유전자 거리단위 10단위와 20단위는 유전자 교차확률이 0.1과 0.20이므로 2중교차 확률은 0.1 × 0.2 = 0.02이다. 하지만 간섭 현상으로 이론상의 2중교차확률 2%는 더 줄어든다. 2%에서 1.6%로 감소했으므로 80%로 줄었다. 따라서 간섭이 20%정도로 영향을 주었다고 할 수 있다. 일치계수 = 이중교차의 관찰빈도/이중교차의 기대빈도 = 1.6/2.0 = 0.8, 간섭계수 = 1 − 일치계수 = 1 − 0.8 = 0.2

043 ④ 완전연관은 같은 염색체에 서로 다른 두 유전자가 연관되어 있을 때 연관유전자들이 분리하지 않으면 두 배우자가 AB : ab = 1 : 1로 형성되며 모두 양친형 배우자만 생긴다.

044 ② 연관된 유전자 사이의 재조합빈도는 0~50% 범위에 있다.

045 ④
① 유전자들의 상대적 위치에 근거하여 만들어진다.
② 연관된 두 유전자 사이의 재조합빈도는 유전자 간 거리에 비례한다.
③ 정확한 거리를 추정하기 위해서는 가장 가깝게 연관된 유전자 사이의 RF를 구해야 한다.

046 ④ 감자의 염색체 수는 48개이다.

047 ② 전통적인 방법에 의해 작물의 품종개량은 1980년대에 들어서면서 커다란 변혁기를 맞이하게 된다. 토양미생물 중 자연 상태에서 식물세포로 감염능력이 있는 Agrobacterium의 존재를 발견하였고, 생물체 내에 있는 유전자를 제한효소를 사용하여 재조합할 수 있는 기술(유전자 클로닝)이 개발되었기 때문이다.

048 ① 인공교배하는 양친의 유전적 차이가 클수록 잡종집단의 유전변이가 커진다.

정답 | **041** ④ | **042** ② | **043** ④ | **044** ② | **045** ④ | **046** ④ | **047** ② | **048** ①

049 식물 유전자의 구조에 대한 설명으로 옳지 않은 것은?　　　12. 지방직 9급

① 진핵세포의 DNA와 히스톤 단백질이 결합하여 형성한 뉴클레오좀들이 압축·포장되어 염색체 구조를 이룬다.
② 한 가닥 RNA로 된 역전사바이러스는 진핵세포에 감염되면 역전사효소를 이용하여 RNA로부터 DNA를 합성한다.
③ 트랜스포존의 절단과 이동은 전이효소에 의해 촉매된다.
④ 진핵세포 유전자의 DNA는 단백질을 지정하는 인트론과 단백질을 지정하지 않는 엑손을 포함한다.

050 원형의 DNA로 항생제나 제초제 저항성 유전자를 가지며, 유전자 운반체로 많이 사용되는 것은?　　　09. 국가직 9급

① Marker
② Transposon
③ Probe
④ Plasmid

051 유전자 탐색 및 조작에 이용되는 DNA에 대한 설명으로 옳지 않은 것은?　　　12. 국가직 9급

① 플라스미드는 식물의 유전자조작에서 유전자운반체로 많이 사용된다.
② 트랜스포존은 유전자의 돌연변이를 유발하지 않으며, 유전자운반체로 이용된다.
③ 프라이머는 DNA 복제의 시발체로 사용되는 한 가닥 핵산이다.
④ 프로브는 유전자은행에서 원하는 유전자를 찾을 때 사용하는 상보적인 DNA 단편이다.

052 유전체에 대한 설명으로 옳지 않은 것은?　　　15. 국가직 9급

① 2배체인 벼의 체세포 염색체 수는 24개이고, 염색체 기본수는 12개이다.
② 위치효과는 염색체 단편이 180° 회전하여 다시 그 염색체에 결합하여 유전자의 배열이 달라지는 것을 말한다.
③ 상동염색체의 두 염색체는 각 형질에 대한 유전자좌가 일치한다.
④ 유전체는 유전자와 염색체가 합쳐진 용어이다.

053 안티센스 RNA에 대한 설명으로 옳은 것은?　　　18. 지방직 9급

① 세포질에서 단백질로 번역되는 mRNA와 서열이 상보적인 단일가닥 RNA이다.
② mRNA와 이중나선을 형성하여 mRNA의 번역효율을 높인다.
③ 특정한 유전자의 발현을 증가시켜 농작물의 상품가치를 높이는 데 활용될 수 있다.
④ 특정한 유전자의 DNA와 상보적으로 결합하여 전사 활성을 높인다.

02

054 식물세포에서 유전자의 복제와 발현과정에 대한 설명으로 옳지 않은 것은? 11. 국가직 9급

① 체세포분열 시 염색체는 세포 주기의 S기에서 복제된다.
② 핵에서 mRNA를 합성하는 것을 전사라고 한다.
③ 핵에서 엑손을 제거하는 과정인 스플라이싱이 일어난다.
④ 세포질의 리보솜에서 단백질이 합성된다.

055 배수체의 염색체 조성에 대한 설명으로 옳은 것은? 20. 국가직 7급

① 반수체 생물: 1/2n
② 1염색체 생물: 2n + 1
③ 3염색체 생물: 4n − 1
④ 동질배수체 생물: 3x

056 형질전환육종 과정을 순서대로 바르게 나열한 것은? 13. 국가직 9급

① 유전자분리 · 증식 → 유전자도입 → 식물세포선발 → 세포배양 · 식물체분화
② 유전자도입 → 식물세포선발 → 세포배양 · 식물체분화 → 유전자분리 · 증식
③ 식물세포선발 → 세포배양 · 식물체분화 → 유전자분리 · 증식 → 유전자도입
④ 세포배양 · 식물체분화 → 유전자분리 · 증식 → 유전자도입 → 식물세포선발

정답찾기

049 ④ 유전자 DNA는 단백질을 지정하는 엑손과 단백질을 지정하지 않는 인트론을 포함한다.

050 ④
① Marker는 표지, ② Transposon은 전이인자,
③ Probe는 소식자이다.

051 ② 트랜스포존은 유전자조작에서 유전자 운반체로의 이용과 돌연변이를 유기하는데 유용하다.

052 ② 염색체 단편이 180° 회전하여 다시 그 염색체에 결합하여 유전자의 배열이 달라지는 것은 역위이다.

053 ① 안티센스 RNA는 특정 mRNA에 상보적인 염기서열을 가진 RNA로 원래의 mRNA와 2중가닥을 형성하여 번역(단백질합성)을 억제한다.

054 ③ 스플라이싱은 DNA가 전사되어 전령 RNA가 되는 과정에서 인트론이 제거되어 엑손이 연결되는 것이다.

055 ④
① 반수체 생물(n, 체세포염색체의 반)
② 1염색체 생물(2n − 1)
③ 3염색체 생물(2n+1)

056 ① 형질전환육종의 단계는 1단계 : 원하는 유전자를 분리하여 클로닝(증식), 2단계 : 클로닝한 유전자를 벡터에 재조합하여 식물세포에 도입, 3단계 : 재조합 유전자(DNA)를 도입한 식물세포를 증식하고 식물체로 재분화시켜 형질전환식물을 선발, 4단계 : 형질전환식물의 특성을 평가하여 신품종으로 육성이다.

정답　**049** ④　**050** ④　**051** ②　**052** ②　**053** ①　**054** ③　**055** ④　**056** ①

057 안티센스 RNA 기술을 이용하여 만들어진 형질전환 식물은? 09. 국가직 9급

① Bollgard – 면화   ② TMV 저항성 – 담배

③ Roundup Ready – 콩   ④ Flavr Sarv – 토마토

058 다음 중 유전자변형식물체(GMO)를 만드는 과정을 순서대로 바르게 나열한 것은? 08. 국가직 9급

ㄱ. 목표 유전자 분리	ㄴ. 유전자 클로닝
ㄷ. 목표형질을 가진 개체의 발견	ㄹ. 작물 형질전환
ㅁ. 운반체로 유전자 재조합	

① ㄷ－ㄴ－ㄱ－ㅁ－ㄹ   ② ㄷ－ㄱ－ㄴ－ㅁ－ㄹ

③ ㄷ－ㄴ－ㅁ－ㄱ－ㄹ   ④ ㄷ－ㄱ－ㅁ－ㄴ－ㄹ

059 자식성 작물의 유전적 특성과 육종에 대한 설명으로 옳지 않은 것은? 12. 지방직 9급

① 자식을 하면 세대가 진전됨에 따라 동형접합체가 증가한다.
② 자식을 거듭한 m세대 집단의 이형접합체의 빈도는 $(1/2)m - 1$이다.
③ 유전적 특성을 이용하여 순계를 선발해 품종을 만들 수 있다.
④ 자식에 의한 집단 내의 이형접합체는 1/4씩 감소한다.

060 우량개체를 선발하고 그들 간에 상호교배를 함으로써 집단 내에 우량유전자의 빈도를 높여 가는 육종방법은? 13. 지방직 9급

① 집단선발   ② 순환선발
③ 파생계통육종   ④ 집단육종

02

061 육종의 기본과정을 순서대로 바르게 나열한 것은? 10. 국가직 9급

① 육종목표 설정 → 육종재료 및 육종방법 결정 → 변이작성 → 우량계통 육성 → 생산성 검정 → 지역적응성 검정 → 신품종결정 및 등록 → 종자 증식 → 신품종 보급
② 육종재료 및 육종방법 결정 → 육종목표 설정 → 우량계통 육성 → 지역적응성 검정 → 신품종결정 및 등록 → 생산성 검정 → 종자 증식 → 신품종 보급
③ 육종목표 설정 → 변이작성 → 육종재료 및 육종방법 결정 → 우량계통 육성 → 생산성 검정 → 지역적응성 검정 → 신품종결정 및 등록 → 종자 증식 → 신품종 보급
④ 육종목표 설정 → 변이작성 → 육종재료 및 육종방법 결정 → 우량계통 육성 → 생산성 검정 → 지역적응성 검정 → 종자 증식 → 신품종 보급 → 신품종결정 및 등록

062 자식성 작물 집단에서 대립유전자 2쌍이 모두 독립적인 이형접합체(F_1)를 3세대까지 자식한 F_3집단의 동형접합체 빈도는? 14. 국가직 9급

① 9/16   ② 10/16
③ 11/16   ④ 12/16

063 분리육종법과 교잡육종법에 대한 설명으로 옳지 않은 것은? 15. 국가직 9급

① 분리육종은 유전자재조합을 기대하는 것이고, 교잡육종은 유전자의 상호작용을 기대하는 것이다.
② 분리육종은 주로 재래종 집단을 대상으로 하고 교잡육종은 잡종의 분리세대를 대상으로 한다.
③ 기존변이가 풍부할 때는 교잡육종보다 분리육종이 더 효과적이다.
④ 자식성 작물에서는 두 가지 방법 모두 순계를 육성하는 것이다.

정답찾기

057 ④ 안티센스 RNA법을 이용하여 토마토 Flavr Savr(유전자 재조합기술로 생산된 토마토의 품종. 세계 최초로 상용 재배된 유전자 변형작물)가 만들어졌다.
058 ② 형질전환육종의 단계는 목표형질을 가진 개체의 발견 → 목표 유전자 분리 → 유전자 클로닝 → 운반체로 유전자 재조합 → 작물형질변환의 순서이다.
059 ④ 자식에 의한 집단 내 이형접합체는 1/2씩 감소한다.
060 ② 순환선발은 우량개체를 선발하고 그들 간에 상호교배를 함으로써 집단 내에 우량유전자의 빈도를 높여 가는 육종방법으로 타식성 작물에서 실시한다.

061 ① 육종목표 설정 → 육종재료 및 육종방법 결정 → 변이작성 → 우량계통 육성 → 생산성 검정 → 지역적응성 검정 → 신품종결정 및 등록 → 종자 증식 → 신품종 보급
062 ①
동형접합체 빈도 $= [1-(\frac{1}{2})m-1]n = [1-(\frac{1}{2})3-1]2$
063 ① 분리육종은 재래종 집단에서 우량유전자형을 분리하여 품종으로 육성하는 것이고, 교잡육종은 교잡에 의해 새로운 유전변이를 유도하여 신품종을 육성하는 방법이다.

064 자식성 작물의 교잡육종에서 유용한 유전자들을 가장 많이 확보 · 유지할 수 있는 육종법은?

12. 국가직 9급

① 계통육종법
② 파생계통육종법
③ 집단육종법
④ 여교잡육종법

065 자식성 작물에서 집단육종의 이점으로 옳지 않은 것은?
11. 국가직 9급

① 초기세대에 선발하지 않으므로 잡종집단의 취급이 용이하다.
② 출현빈도가 낮은 우량유전자형을 선발할 가능성이 높다.
③ 집단재배에 의하여 자연선택을 유리하게 이용할 수 있다.
④ 이형접합체가 증가한 후기세대에 선발하기 때문에 선발이 간편하다.

066 계통육종과 집단육종의 비교 설명으로 옳지 않은 것은?
09. 국가직 9급

① 계통육종은 육종효과가 빨리 나타나며, 시간과 노력이 절약된다.
② 계통육종은 육안관찰이나 특성검정이 용이한 질적형질의 개량에 효율적이다.
③ 집단육종은 양적형질의 개량에 유리하며, 유용 유전자를 상실할 염려가 적다.
④ 집단육종은 출현빈도가 낮은 우량유전자형을 선발할 가능성이 높다.

067 분리육종에 포함되지 않는 것은?
10. 국가직 9급

① 계통집단선발
② 영양계분리
③ 파생계통육종
④ 성군집단선발

068 우량품종에 한두 가지 결점이 있을 때 이를 보완하기 위하여 이용되는 여교잡육종에 대한 설명으로 옳지 않은 것은?
07. 국가직 9급

① 1회친의 특정 형질을 선발하므로 육종효과와 재현성이 낮다.
② 대상형질에 관여하는 유전자가 많을수록 육종과정이 복잡하고 어려워진다.
③ 여러 번 여교배를 한 후에도 반복친의 특성을 충분히 회복해야 한다.
④ 목표형질 이외의 다른 형질의 개량을 기대하기 어렵다.

069 여교배육종에 대한 설명으로 옳지 않은 것은?

① 연속적으로 교배하면서 이전하려는 반복친의 특성만 선발한다.
② 육종효과가 확실하고 재현성이 높다.
③ 목표형질 이외의 다른 형질의 개량을 기대하기는 어렵다.
④ '통일찰' 벼품종은 여교배육종에 의하여 육성되었다.

070 계통육종법과 집단육종법에 대한 비교 설명으로 옳은 것은?

① 계통육종법은 초기세대부터 선발하므로 육안관찰이 용이한 양적형질의 개량에 효과적이다.
② 집단육종법은 잡종 초기세대에 집단재배를 하기 때문에 유용유전자를 상실할 경우가 많다.
③ 집단육종법은 육종재료의 관리와 선발에 많은 시간, 노력, 경비가 든다.
④ 계통육종법은 육종가의 정확한 선발에 의하여 육종규모를 줄이고 육종연한을 단축할 수 있다.

071 집단육종과 계통육종에 대한 설명으로 옳지 않은 것은?

① 집단육종에서는 자연선택을 유리하게 이용할 수 있다.
② 집단육종에서는 초기세대에 유용유전자를 상실할 염려가 크다.
③ 계통육종에서는 육종재료의 관리와 선발에 많은 시간과 노력이 든다.
④ 계통육종에서는 잡종 초기세대부터 계통단위로 선발하므로 육종효과가 빨리 나타난다.

정답찾기

064 ③ 집단육종법은 폴리진이 관여하는 양적형질의 개량에 유리하며, F₂부터 개체선발을 시작하는 계통육종과는 달리, 잡종의 분리세대 동안 선발하지 않고 혼합채종과 집단재배를 집단의 동형접합성이 높아진 후기세대에서 개체선발에 들어간다.

065 ④ 동형접합체가 증가한 후대에 선발하므로 선발이 간편하다.

066 ① 계통육종은 육종재료의 관리 및 선발에 시간, 노력, 경비가 많이 든다.

067 ③ 파생계통육종은 계통육종과 집단육종을 절충한 교배육종방법이다.

068 ① 이전하려는 1회친의 특성만 선발하므로 육종효과가 확실하고 재현성이 높다.

069 ① 이전하려는 1회친의 특성만 선발한다.

070 ④
① 계통육종법은 육안관찰이나 특성검정이 용이한 질적형질의 개량에 효율적이다.
② 집단육종법은 양적형질의 개량에 유리하며, 유용유전자를 상실할 염려가 적다.
③ 집단육종법은 별도의 관리와 선발에 노력이 필요하지 않다.

071 ② 집단육종법은 잡종 초기세대에 집단재배를 하기 때문에 유용유전자를 상실할 염려가 적다.

정답　**064** ③　**065** ④　**066** ①　**067** ③　**068** ①　**069** ①　**070** ④　**071** ②

072 육종방법에 대한 설명으로 옳은 것은? 　　　　　　　　　　　15. 국가직 9급

① 집단육종은 잡종 초기세대에서 순계를 만든 후 후기세대에서 집단선발하는 것으로 타식성
　작물에서 주로 실시한다.
② 계통육종은 인공교배 후 후기세대에서 계통단위로 선발하므로 양적형질의 개량에 유리하다.
③ 순환선발은 우량개체 선발과 그들 간의 교배를 통해 좋은 형질을 갖추어주는 것으로 타식
　성 작물에서 실시한다.
④ 분리육종은 타식성 작물에서 개체선발을 통해 이루어지는 육종방법으로 영양번식작물의
　경우에는 이용되지 않는다.

073 자식성 작물과 타식성 작물에 대한 설명으로 옳지 않은 것은? 　　　　20. 국가직 7급

① 자식성 작물은 유전적으로 세대가 진전함에 따라 유전자형이 동형접합체로 된다.
② 자식성 작물은 자식을 계속하면 자식약세현상이 나타난다.
③ 타식성 작물은 유전적으로 잡종강세현상이 두드러진다.
④ 타식성 작물은 자식성작물보다 유전변이가 더 크다.

074 1대잡종품종의 육성에 대한 설명으로 옳지 않은 것은? 　　　　　　17. 서울시

① 자식계통으로 1대잡종품종을 육성하는 방법에는 단교배, 3원교배, 복교배 등이 있다.
② 단교배 1대잡종품종은 잡종강세가 가장 크지만, 채종량이 적고 종자가격이 비싸다는 단점
　이 있다.
③ 사료작물에는 3원교배 및 복교배 1대잡종품종이 많이 이용된다.
④ 자연수분품종끼리 교배한 1대잡종품종은 자식계통을 사용하였을 때보다 생산성이 낮고,
　F_1종자의 채종이 불리하다.

075 작물의 육종방법에 대한 설명으로 옳지 않은 것은? 　　　　　　　20. 국가직 7급

① 교배육종은 인공교배로 새로운 유전변이를 만들어 품종을 육성하는 것이다.
② 배수성육종은 콜히친 등의 처리로 염색체를 배가시켜 품종을 육성하는 것이다.
③ 1대잡종육종은 잡종강세가 큰 교배조합의 1대잡종(F_1)을 품종으로 육성하는 것이다.
④ 여교배육종은 연속적으로 교배하면서 이전하려는 반복친의 특성만 선발하므로 육종효과
　가 확실하고 재현성이 높다.

076 집단육종과 계통육종에 대한 설명으로 옳지 않은 것은?

① 집단육종은 잡종집단의 취급이 용이하고 출현빈도가 낮은 우량유전자형의 선발이 가능하다.
② 계통육종은 육종재료의 관리와 선발에 많은 시간과 노력이 들지만 육종가의 정확한 선발에 의하여 육종연한을 단축할 수 있다.
③ 집단육종은 계통육종과 같은 별도의 관리와 선발노력이 필요하지 않다.
④ 계통육종은 F_3부터 매 세대 개체선발을 통해 우량한 유전자형의 순계를 육성한다.

077 1개체 1계통 육종의 이점으로 옳은 것은?

① 우량품종에 한두 가지 결점이 있을 때 이를 보완하는 데 효과적이다.
② F_2세대부터 선발을 시작하므로 특성검정이 용이한 질적형질의 개량에 효율적이다.
③ 유용유전자를 잘 유지할 수 있고, 육종연한을 단축할 수 있다.
④ 균일한 생산물을 얻을 수 있으며, 우성유전자를 이용하기 유리하다.

078 우량품종에 한두 가지 결점이 있을 때 이를 보완하기 위해 반복친과 1회친을 사용하는 육종방법으로 옳은 것은?

① 순환선발법　　　　② 집단선발법
③ 여교배육종법　　　④ 배수성육종법

정답찾기

072 ③
① 집단육종은 잡종 초기세대에서 순계를 만든 후 후기세대에서 집단선발하는 것으로 자식성 작물에 주로 실시한다.
② 계통육종 : F_2세대부터 선발을 시작하므로 특성검정이 용이한 질적형질의 개량에 효율적이다.
④ 분리육종 : 타식성 작물에서 개체선발을 통해 이루어지는 육종방법으로 영양번식작물에 이용한다.

073 ② 타식성 작물은 자식약세(근교약세)를 방지하고 잡종강세를 유지하기 위해서 집단선발이나 계통집단선발을 한다. 하지만 근친교배나 자가수정을 계속하면 자식약세가 일어난다.

074 ④ 자연수분종간교배한 F_1 품종은 자식계통을 이용했을 때보다 생산성은 낮으나 채종이 유리하고 환경스트레스 적응성이 높다.

075 ④ 여교배육종은 이전하려는 1회친의 특성만 선발하므로 육종효과가 확실하고 재현성이 높다.

076 ④ 계통육종은 잡종의 분리세대(F_2이후)마다 개체선발과 선발개체별 계통재배를 계속하여 계통 간의 비교로 우열을 판별하고, 선택 고정시키면서 순계를 만들어가는 육종이다.

077 ③
① 여교배육종법
② 계통육종법
④ 1대잡종을 품종으로 육성하는 육종방법

078 ③ 여교배육종법은 우량품종의 한두 가지 결점을 보완하는데 효과적이며, 여교배는 양친 A와 B를 교배한 F_1을 다시 양친 중 어느 하나인 A 또는 B와 교배하는 것이다.

079 집단육종에 대한 설명으로 옳은 것은?
18. 지방직 9급

① 양적형질보다 질적형질의 개량에 유리한 육종법이다.
② 타식성 작물의 육종에 유리한 방법이다.
③ 출현 빈도가 낮은 우량유전자형을 선발할 가능성이 높다.
④ 계통육종에 비하여 육종 연한을 단축할 수가 있다.

080 여교배육종에 대한 설명으로 옳지 않은 것은?
10. 지방직 9급

① 여교배육종은 우량품종에 한두 가지 결점이 있을 때 이를 보완하는 데 효과적이다.
② 여교배를 하는 동안 이전형질(유전자)의 특성이 변하지 않아야 한다.
③ 여러 번 교배한 후에 반복친의 특성을 충분히 회복해야 한다.
④ 육종효과가 불확실하고 재현성은 낮지만 목표형질 이외의 다른 형질의 개량은 쉽다.

081 다음 중 타식성 작물에서 사용하기 어려운 육종방법은?
13. 국가직 9급

① 일대잡종육종법   ② 여교배육종법
③ 돌연변이육종법   ④ 순계분리육종법

082 타식성 작물의 육종방법이 아닌 것은?
20. 지방직 7급

① 순계선발   ② 집단선발
③ 합성품종   ④ 순환선발

083 1대잡종육종에 대한 설명으로 옳지 않은 것은?
15. 국가직 9급

① 1대잡종품종은 수량이 높고 균일도도 우수하며, 우성유전자 이용의 장점이 있다.
② 조합능력검정은 계통 간 잡종강세 발현 정도를 평가하는 과정이다.
③ 1대잡종육종에서는 주로 여교잡을 여러 차례 실시하여 잡종강세를 높인다.
④ 1대잡종종자 채종을 위해서는 자가불화합성이나 웅성불임성을 많이 이용한다.

084 반수체육종의 특성만을 고른 것은?

11. 지방직 9급

| ㄱ. 집단육종보다 육종연한 단축 | ㄴ. 유전물질 증가 |
| ㄷ. 열성형질 선발용이 | ㄹ. 다가염색체 형성 |

① ㄱ, ㄴ
② ㄱ, ㄷ
③ ㄴ, ㄷ
④ ㄴ, ㄹ

085 돌연변이육종에 대한 설명으로 옳지 않은 것은?

16. 지방직 9급

① 종래에 없었던 새로운 형질이 나타난 변이체를 골라 신품종으로 육성한다.
② 열성돌연변이보다 우성돌연변이가 많이 발생하고 돌연변이 유발장소를 제어할 수 없다.
③ 볏과작물은 M_1 식물체의 이삭단위로 채종하여 M_2 계통으로 재배하고 선발한다.
④ 돌연변이육종은 교배육종이 어려운 영양번식작물에 유리하다.

086 1대잡종의 품종과 채종에 대한 설명으로 옳지 않은 것은?

18. 국가직 9급

① 사료작물에서는 3원교배나 복교배에 의한 1대잡종품종이 많이 이용된다.
② 일반적으로 1대잡종품종은 수량이 높고 균일한 생산물을 얻을 수 있다.
③ F_1종자의 경제적 채종을 위해 주로 자가불화합성과 웅성불임성을 이용한다.
④ 자식계통간교배로 만든 품종의 생산성은 자연방임품종보다 낮다.

정답찾기

079 ③
① 선발을 하는 후기세대에 동형접합체가 많으므로 폴리진이 관여하는 양적 형질의 개량에 유리하다.
② 집단육종은 잡종 초기세대에서 순계를 만든 후 후기세대에서 집단선발하는 것으로 자식성 작물에 주로 실시한다.
④ 집단재배를 하는 기간이 필요하므로 계통육종에 비해 육종연한이 길다.

080 ④ 육종환경에 구애받지 않고, 육종의 효과를 예측할 수 있으면 재현성이 높으나, 계통육종법이나 집단육종법과 같이 여러 형질의 동시 개량은 기대하기 어렵다.

081 ④ 순계분리법은 자식성인 수집 재래종의 개량에 가장 효과적인 작물육종법이다.

082 ① 순계선발은 자식성 작물의 분리육종방법이다.

083 ③ 1대잡종육종은 잡종강세가 큰 교배조합 선발과 F_1 종자를 대량생산할 수 있는 채종기술이 중요하다.

084 ② 반수체는 생육이 불량하고 완전불임으로 실용성이 없으며, 염색체를 배가하면 곧바로 동형접합체가 되어 유전·육종에 이용가치가 높아 육종연한을 대폭 줄이고 열성형질을 선발하기 쉽다.

085 ② 우량형질의 출현율이 낮아서 열성돌연변이가 많으며, 돌연변이 장소를 제어할 수 없어서 교잡육종에 비해 안정적인 효율성이 낮다.

086 ④ 자식계통간교배로 만든 품종의 생산성은 자연방임 품종보다 높다.

087 1대잡종육종에 대한 설명으로 옳지 않은 것은? 10. 지방직 9급

① 1대잡종품종은 옥수수, 배추, 무 등에서 이용되고 있다.

② 1대잡종품종은 수량이 많고, 균일한 생산물을 얻을 수 있으며, 우성유전자를 이용하기가 유리하다.

③ 1대잡종육종에서는 잡종강세가 큰 교배조합 선발을 위해 자식계통을 육성해야 한다.

④ 1대잡종품종 중 잡종강세가 가장 큰 것은 복교배 1대잡종품종이다.

088 조합능력에 대한 설명으로 옳은 것은? 16. 지도직

① 일반조합능력은 자식계통을 여러 자식계통과 교배하는 것이고, 특정조합능력은 자식계통을 검정친으로 교배한 것이다.

② 일반조합능력은 생활에 유리한 우성유전자들이 많이 들어있고, 특정조합능력은 유전자 상호작용에 의한 것이다.

③ 일반조합능력은 단교배, 특정조합능력은 톱교배로 검정한다.

④ 특정조합능력을 조기검정하고, 일반조합능력을 후기검정한다.

089 배수성육종에 대한 설명으로 옳지 않은 것은? 17. 지방직 9급

① 배수체를 작성하기 위해 세포분열이 왕성한 생장점에 콜히친을 처리한다.

② 복2배체의 육성방법은 이종게놈의 양친을 교배한 F_1의 염색체를 배가시키거나 체세포를 융합시키는 것이다.

③ 반수체는 염색체를 배가하면 동형접합체를 얻을 수 있으나 열성형질을 선발하기 어렵다.

④ 인위적으로 반수체를 만드는 방법으로 약배양, 화분배양, 종·속간교배 등이 있다.

090 잡종강세의 정도를 나타내는 조합능력에 대한 설명 중 옳지 않은 것은? 07. 국가직 9급

① 잡종강세를 이용하는 육종에서는 조합능력이 높은 어버이 계통을 선정하는 것이 좋다.

② 일반조합능력은 어떤 자식계통이 여러 검정계통과 교배되어 나타나는 1대잡종의 평균잡종강세이다.

③ 조합능력은 순환선발에 의하여 개량된다.

④ 톱교잡 검정법은 특정조합능력검정에 이용한다.

091 배수성육종법에 사용되는 콜히친은 감수분열과정에서 주로 무엇의 발달을 저해하는가?

09. 지방직 9급

① 리보솜　　　　　　　　　② 핵
③ 골지체　　　　　　　　　④ 방추사

092 채종 시 자가불화합성을 이용하는 작물로만 구성된 것은?

19. 지방직 9급

① 오이 − 수박 − 호박　　　② 멜론 − 참외 − 토마토
③ 당근 − 상추 − 고추　　　④ 순무 − 배추 − 무

093 1대잡종종자 채종 시 자가불화합성을 이용하기 어려운 작물은?

14. 국가직 9급

① 벼　　　　　　　　　　　② 브로콜리
③ 배추　　　　　　　　　　④ 무

094 종·속간교잡에서 나타나는 생식격리장벽을 극복하기 위해 사용되는 방법으로 옳지 않은 것은?

18. 지방직 9급

① 자방을 적출하여 배양한다.
② 약을 적출하여 배양한다.
③ 배를 적출하여 배양한다.
④ 배주를 적출하여 배양한다.

정답 찾기

087 ④ 잡종강세 발현도는 단교배 > 복교배 > 합성품종 순이다.

088 ② 일반조합능력은 특정계통의 평균잡종강세(우성유전자 집적)이고, 특정조합능력은 특정조합 사이에만 나타나는 잡종강세(유전자 상호작용)이다.

089 ③ 반수체육종은 염색체를 배가하면 곧바로 동형접합체를 얻을 수 있으므로 육종연한을 대폭 줄일 수 있고, 상동게놈이 1개뿐이므로 열성형질을 선발하기 쉽다.

090 ④ 조합능력의 검정은 먼저 톱교배로 일반조합능력을 검정하고, 거기서 선발된 자식계통으로 단교배를 하여 특정조합능력을 검정한다.

091 ④ 동일배수체 육종에 사용되는 콜히친은 세포 내의 방추사 형성을 저해하여, 딸염색체들이 양극으로 이동하지 못함으로써 염색체 수를 배가하는 효과이다.

092 ④ 자가불화합성을 이용하는 작물은 무, 배추, 양배추, 양상추, 순무, 브로콜리 등이다.

093 ① 벼는 웅성불임성을 이용하는 작물이다.

094 ② 종간잡종이나 속간잡종을 만들어 내기 위하여 배배양이나 배주배양, 자방배양이 이용되고 있다.

정답　**087** ④　　**088** ②　　**089** ③　　**090** ④　　**091** ④　　**092** ④　　**093** ①　　**094** ②

095 1대잡종종자를 채종하기 위해서 웅성불임성을 이용하는 작물들로 옳은 것은? 13. 지방직 9급

① 당근, 양파, 옥수수, 벼
② 무, 양배추, 순무, 배추
③ 호박, 멜론, 피망, 브로콜리
④ 오이, 수박, 토마토, 가지

096 염색체 수를 늘리거나 줄임으로 생겨나는 변이를 이용하는 육종방법은? 21. 지방직 9급

① 교잡육종법   ② 선발육종법
③ 배수체육종법   ④ 돌연변이육종법

097 다음 작물 중 이질배수체가 아닌 것은? 08. 국가직 9급

① 무   ② 밀
③ 라이밀   ④ 서양유채

098 반수체를 이용한 품종개량에 대한 설명으로 옳은 것은? 07. 국가직 9급

① 육종연한이 단축된다.
② 열성형질의 선발이 어렵다.
③ 반수체는 생육이 왕성하고 임성이 높아 실용성이 높다.
④ 반수체의 염색체는 배가하면 곧바로 이형접합체를 얻어 변이체를 많이 만들 수 있다.

099 반수체육종에 많이 이용되는 배양법으로 짝지어진 것은? 08. 국가직 9급

① 약배양, 생장점배양   ② 생장점배양, 배주배양
③ 약배양, 화분배양   ④ 화분배양, 원형질배양

100 인위돌연변이체의 낮은 수량에 대한 설명으로 옳지 않은 것은? 12. 지방직 9급

① 돌연변이 유전자가 원품종의 유전배경에 적합하지 않기 때문이다.
② 돌연변이체는 세포질에 결함이 생길 수 있기 때문이다.
③ 돌연변이가 일어날 때 다른 유전형질이 열악해질 수 있기 때문이다.
④ 유전자 돌연변이는 염기의 치환, 결실 등이 일어나지 않기 때문이다.

101 다음은 돌연변이육종법을 설명한 것이다. 옳지 않은 것은?　　　06. 대구 지도직

① 새로운 유전자를 창생할 수 있다.
② 여러 유전자를 동시에 변화시킬 수 있다.
③ 영양번식식물에서도 인위적으로 유전적 변이를 일으킬 수 있다.
④ 방사선을 처리하면 불화합성이던 것을 화합성으로 변하게 할 수 있다.

102 유전자원의 수집과 보존에 대한 설명으로 옳지 않은 것은?　　　11. 지방직 9급

① 유전자원을 수집할 때에는 병충해 유무 등의 내력을 기록한다.
② 종자번식작물의 유전자원은 종자의 형태로만 수집·보존된다.
③ 종자수명이 짧은 작물은 조직배양을 하여 기내 보존하면 장기간 보존할 수 있다.
④ 유전자원의 탐색, 수집 및 이용을 위한 국제식물유전자원연구소가 설치되어 있다.

103 인공종자의 캡슐재료로 가장 많이 이용되는 화학물질은?　　　18. 지방직 9급

① 파라핀
② 알긴산
③ 비닐알코올
④ 소듐아자이드

정답 찾기

095 ① 상추, 고추, 당근, 쑥갓, 양파, 파, 벼, 밀, 옥수수 등은 웅성불임성을 이용한 작물이다.

096 ③
① 교잡육종법은 육종의 소재가 되는 변이를 교잡을 통해 얻는 방법이다.
② 선발육종법은 교배를 하지 않고 재래종에서 우수한 특성을 가진 개체를 골라 품종으로 만드는 방법이다.
④ 돌연변이육종법은 자연적 돌연변이 또는 인위적 돌연변이를 이용하여 우수한 품종을 얻는 방법이다.

097 ① 무는 동질4배체이다.

098 ①
② 열성형질의 선발이 용이하다.
③ 반수체는 생육이 불량하고 완전불임으로 실용성이 없다.
④ 반수체의 염색체는 배가하면 곧바로 동형접합체를 얻어 변이체를 많이 만들 수 있다.

099 ③ 반수체육종 배양법은 약배양, 화분배양, 배배양, 배주배양, 방사선조사 등을 이용한다.

100 ④ 유전자 돌연변이는 유전자의 구조적변화에 의하여 일어나는 변이로 염기쌍의 치환, 중복, 결실이나 배열의 재조합 따위의 구조 변화에 의하여 일어난다.

101 ② 단일유전자만을 변화시킬 수 있다.

102 ② 작물의 유전자원은 대부분 종자로 수집하지만 비늘줄기, 덩이줄기, 접수, 식물체, 화분, 배양조직 등으로 수집하기도 한다.

103 ② 인공종자는 체세포의 조직배양으로 유기된 체세포배를 알긴산 캡슐에 넣어 만든다. 캡슐재료는 알긴산을 많이 사용하며, 이는 해초인 갈조류의 엽상체로부터 얻는다.

정답　　**095** ①　　**096** ③　　**097** ①　　**098** ①　　**099** ③　　**100** ④　　**101** ②　　**102** ②　　**103** ②

박진호 재배학(개론)

재배환경

Chapter
01 환경의 개념

1 자연환경의 요소

농업생태계는 자연생태계에 비하여 비교할 수 없을 정도로 전체적으로 불안정하다. 농작물의 유전성은 지배를 받는 자연환경 조건에 따라 형질 발현이 다르고, 유전성이 좋은 품종이라 하더라도 자연환경이 맞지 않으면 좋은 특성을 발휘할 수 없으므로 자연환경의 요소는 매우 중요하다.

℀ 자연생태계와 농업생태계

구분	자연생태계(닫힌 시스템)	농업생태계(열린 시스템)
생태계의 구조와 기능	생물종과 유전자의 다양성 및 안정성이 높다.	생물종과 유전자의 다양성 및 안정성이 낮다.
영양물질의 순환과의 상호관계	폐쇄적이고 복잡하다.	개방적이고 간단하다.
물질의 생산성	장기간에 걸쳐 낮은 편이다.	단기간으로 높은 경향이 있다.

1. 토양요소

토성, 함유유기성분, 토양반응, 토양수분, 토양공기, 토양미생물 등이다.

2. 기상요소

(1) 수분

강우, 이슬, 안개 등이다.

(2) 공기

대기, 바람, 대기습도, 공기조성 등이다.

(3) 온도

기온, 지온, 수온 등이다.

(4) 광

일사량, 광파장, 일조시간, 일장 등이다.

3. 생물요소

(1) 식물

잡초, 기생식물 등이다.

(2) 동물

곤충, 새, 소동물 등이다.

(3) 미생물

병원균, 토양미생물 등이다.

1 지력

1. 지력

토양의 물리적, 화학적, 생물학적 종합적인 조건은 작물의 생산력을 지배하는데, 이를 지력이라고
한다.

2. 토양비옥도(Soil Fertility)

주로 물리적 및 화학적 지력조건이다.

3. 지력은 작물의 생산성에, 비옥도는 토양이 양분을 공급하는 능력에 중점을 둔 개념이다.

4. 지력향상 조건

(1) 토성

① 토양을 구성하는 입자의 크기에 따른 토양의 종류로서 모래, 미사, 점토의 분포, **사토**, 사양토,
   양토, 식양토, **식토** 등으로 나뉘는데, 양토를 중심으로 사양토 내지 식양토가 토양의 수분,
   공기, 비료성분의 종합적 조건에 알맞다.
② 사토는 수분 및 비료성분이 부족하고, 식토는 공기가 부족하다.

(2) 토양구조

① 토양의 입자들이 모여서 입체적인 배열상태를 이루는 것으로 입단구조와 단립구조로 구분된다.
② 입단구조는 토양의 수분 및 비료 보유력이 좋아진다.

(3) 토층

① 토양은 보통 수평방향으로 비슷하고 수직방향으로는 다른 성분으로 구성으로 심토(心土)는
   투수 및 통기가 알맞아야 하며, 작토(作土)는 깊고 양분의 함량이 양호해야 한다.
② 심토까지 투수성과 통기성이 양호하기 위해서 객토, 심경, 토양개량제를 시용한다.

(4) 토양반응

① 토양의 산성 또는 염기성 정도를 나타내는 것으로서 토양용액의 수소이온농도로 표시한다.
   (pH 1 − 14)
② 토양반응은 중성~약산성이 알맞고, 강산성 또는 알칼리성이면 작물생육이 저해된다.

(5) 유기물

① 탄소(C)를 포함하고 있는 물질로서 보통 식물체가 고사하여 토양미생물에 의해 분해 시 생성된다.

② 습답(濕沓)을 제외하고는 유기물함량이 높을수록 지력이 증대된다.

③ 습답에서는 유기물의 혐기적 분해로 유기산이 집적되어 뿌리의 생장과 흡수장해를 일으킨다.

④ 유기물이 분해될 때 여러 가지 산을 생성하여 암석의 분해를 촉진한다.

⑤ 유기물이 분해되어 망간, 붕소, 구리 등 미량원소를 공급한다.

(6) 무기성분

① 식물체와 토양에 존재하는 무기물질이다.(N, P, K, Ca, Mg, Si 등)

② 무기성분이 풍부하고 균형 있게 포함되어 있어야 지력이 높다.

> **토양유기물 부식의 특징**
>
> 1. 토양의 보수력, 보비력을 증대시킨다.
> 2. 토양반응이 쉽게 변하지 않는 완충능을 증대시킨다.
> 3. 토양입단의 형성을 조장한다.
> 4. 알루미늄의 독성을 중화하는 작용을 한다.
> 5. 녹비로서의 밀은 오래 생육한 것이 짧게 생육한 것보다 탄질률이 높다.

(7) 토양수분

토양수분의 부족은 한해를 받게 되고, 토양수분의 과다는 습해나 수해를 유발한다.

(8) 토양공기

토양수분과 관계가 깊으며, 토양 중의 공기가 적거나 산소의 부족 또는 이산화탄소 등 유해가스의 과다는 작물뿌리의 생장과 기능을 저해한다.

(9) 토양미생물

작물생육을 돕는 유용 미생물이 번식하기 좋은 상태가 유리하고 병충해를 유발하는 미생물이 적어야 한다.

(10) 유해물질

무기 또는 유기 유해물질들에 의한 토양의 오염은 작물생육을 저해하고, 심하면 생육이 불가능하게 된다.

2 토성

1. 토양 3상

(1) 토양의 3상 분포

① 토양은 **고상 50%(유기물 5%+무기물 45%), 액상(25%), 기상(25%)의 3상으로 구성된다.**

② 고상은 큰 변동 없고, 기상과 액상의 비율은 토양 종류와 기상 조건에 따라 달라진다.

③ 고상 비율은 입자가 작고 유기물 함량이 많아질수록 낮아진다.

④ 작물은 기상에서 산소와 이산화탄소를 흡수하고, 액상에서 양분과 수분을 흡수하며, 고상에 의해 기계적 지지를 받는다.

⑤ 기상의 비율이 높으면 수분부족으로 위조, 고사한다.

⑥ 액상의 비율이 높으면 통기가 불량하고 뿌리의 발육이 저해된다.

(2) 토양입자의 분류

① 자갈

㉠ 암석이 풍화하여 맨 먼저 생긴 여러 모양의 굵은 입자이다.

㉡ 화학적, 교질적 작용이 없고 비료분·수분의 보유력도 빈약하나 투기성, 투수성은 좋게 한다.

② 모래

㉠ 석영을 많이 함유하는 암석이 기계적으로 부서져서 생긴 것이다.

㉡ 모래 중 석영은 풍화되어도 모양이 작아질 뿐 점토가 되지 않는 영구적 모래이다.

㉢ 운모, 장석, 산화철 등은 완전히 풍화되면 점토가 되는 일시적 모래이다.

㉣ 입경에 따라 거친 모래, 보통 모래, 고운 모래로 세분된다.

㉤ 거친 모래는 자갈과 비슷한 성질을 가지며, 고은모래는 물과 양분을 흡착하고 투기성 및 투수성을 좋게 하며, 토양을 부드럽게 한다.

입자직경(입경)에 따른 분류

1. **자갈**: 2.0 mm 이상

2. **조사(粗砂, 거친 모래)**: 2.0~0.2 mm

3. **세사(細砂, 가는 모래)**: 0.2~0.02 mm

4. **미사(微砂, 고운 모래)**: 0.02~0.002 mm

5. **점토**: 0.002 mm 이하

세토

모래, 미사, 점토

---

③ 점토

㉠ 토양입자 중 가장 미세한 알갱이(입경 0.002mm 이하)이다.

㉡ 화학적·교질적 작용을 하고, 물과 양분을 흡착하는 힘이 크고 투기·투수를 저해한다.

        ㉢ 토양교질

- 부식은 점토와 같이 입자가 미세하고 입경이 0.002mm 이하이며, 특히 0.001mm 이하의 입자는 교질이라 한다.
- 교질입자는 보통 음이온(−)을 띠고 있어 양이온(+)을 흡착한다.
- 토양 중에 교질입자가 많아지면 치환성양이온을 흡착하는 힘이 강해진다.

④ 양이온치환용량(CEC) 또는 염기치환용량(BEC)

    ㉠ 토양 100g이 보유하는 치환성양이온의 총량을 mg당량(meq)으로 표시한 것이다.

    ㉡ 토양 중 고운 점토와 부식이 증가하면 CEC도 증대된다.

    ㉢ CEC가 증대하면 NH_4^+, K^+, Ca^{2+}, Mg^{2+} 등의 비료성분을 흡착 및 보유하는 힘이 커져서 비료를 많이 주어도 일시적 과잉흡수가 억제되고, 비료성분의 용탈이 적어서 비효가 늦게까지 지속된다.

    ㉣ CEC가 증대하면 토양의 완충능력이 커지게 된다.

참고

1. 토양교질과 염기치환

  (1) 토양교질(토양 콜로이드)

- 토양입자 중에서 입경이 0.1μm이하인 미세입자로서 무기교질물과 유기교질물로 나뉜다. ($1μm = 10^{-6}m = 0.001mm$)
- 토양교질물은 활성표면적이 크고 양·수분을 흡착하는 능력이 높기 때문에 토양비옥도 유지 및 증진에 중요하다.
- 유기교질물은 기능기인 −COOH(카르복실기)와 −OH(수산기)가 외부에 노출되어 있어서 양이온치환이 일어날 때 수소가 분리되어 그곳에 음전하를 나타낸다.
- **음성흡착(陰性吸着, negative absorption)** : 토양용액 중의 주요 양이온은 H^+, Ca^{++}, Mg^{++}, K^+, Na^+, Fe^{++} 등이며, 주요 음이온은 SO_4^{--}, Cl^-, NO_3^-, HCO_3^- 등이다. 따라서 음전하를 띠고 있는 토양 교질물에는 양이온이 교질입자의 표면 가까이에 흡착되어 교질입자의 표면에는 음전하층과 양전하층이 생기게 된다. 이때 교질입자 주위의 양이온층 외부에는 음전하를 가지는 음이온의 농도가 높아지게 된다. 이러한 현상을 음성흡착(陰性吸着, negative absorption)이라 한다.
- 음이온이 토양교질물에 의해 치환흡착 되는 순위는 $SiO_3^{--} > PO_4^- > SO_4^{--} > NO_3^- > Cl^-$ 이다.

  (2) 양이온(염기) 치환

- 정의 : 토양교질입자에 흡착되어있는 양이온이 치환되는 작용이다.

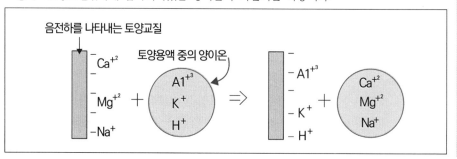

- 양이온치환용량(CEC : cation exchange capacity) : 토양 100g이 흡착할 수 있는 양이온의 총량으로 밀리그램 당량(m.e. : milli equivalent)으로 표시한다.
- 이온별 치환능력 : 이온의 농도가 진할수록, 원자가가 클수록(H^+은 제외) 치환능력이 크다.
$$H^+ > Ca^{++} > Mg^{++} > K^+ > NH_4 > Na^+$$
- CEC가 높다는 것은 영양성분이 많다는 것을 뜻한다.
- 토양별 CEC(단위 : meq/100g)
  부식질 : 200, **Vermiculite : 120,**
  Montmorillonite : 100   Ilite : 30   Kaolinite : 10
  국내 논토양 : 11.0   **국내 밭토양** : 10.3

2. 염기포화도
- 염기포화도 : 토양의 CEC에 대한 치환성 염기인 Ca^{++}, Mg^{++}, K^+, $NH4^{+4}$, Na^+ 등의 함유비율(H^+은 제외)을 뜻한다.
$$염기포화도 = \frac{치환성\ 염기량}{양이온치환용량} \times 100$$
  염기포화토양 : 토양입자에 염기만 흡착되어 있는 토양
  염기불포화토양 : 토양입자에 수소이온이 흡착되어 있는 토양
- 염기포화도가 높을수록 염기성을 띠고 낮을수록 산성을 띤다.(산성에서는 H와 Al이 많다)

2. 토성

토양입자의 성질에 따라 구분한 토양의 종류로, 모래, 미사와 점토의 구성비로 토양을 구분하는 것이다.

(1) 주요 토성의 특성
   ① 사토(모래 함량이 70% 이상인 토양)
      ㉠ 척박하고 토양침식이 심하여 한해(旱害)를 입기 쉽다.
      ㉡ 점착성이 낮으나 통기와 투수가 좋다.
      ㉢ 지온의 상승이 빠르나 물과 양분의 보유력이 약하다.
      ㉣ 점토를 객토하고, 유기물을 시용하여 토성을 개량해야 한다.
   ② 식토(埴土, 점토 함량이 50% 이상인 토양)
      ㉠ 투기·투수가 불량하고 유기질의 분해가 더디며, 습해와 유해물질에 의한 피해가 많다.
      ㉡ 물과 양분의 보유력이 좋으나, 지온의 상승이 느리고 투수와 통기가 불량하다.
      ㉢ 점착력이 강하고, 건조하면 굳어져서 경작이 곤란하며, 미사, 부식질을 많이 주어서 토성을 개량해야 한다.
   ③ 부식토 : 세토가 부족하고 강한 산성을 나타내기 쉬우므로 산성을 교정하고 점토를 객토하는 것이 좋다.
(2) 작물의 생육에는 자갈이 적고 부식이 풍부한 사양토~식양토가 가장 좋다.

(3) 토성에 따른 토양구분

모래와 점토함량의 상대적 비율에 따라서 사토, 사양토, 양토, 식양토, 식토로 구분된다.

① 사토(砂土): 점토함량이 적은 것(12.5% 이하)

② 양토(壤土): 점토함량이 사토와 양토의 중간인 것(25.0~37.5%)

③ 식토(埴土): 점토함량이 많은 것(50.0% 이상)

구분	통기성	보수성	보비성	유기물함량	바람에 대한 저항력	작물생육
사토	양호	불량	불량	낮음	낮음	불리
식토	불량	양호	양호	높음	높음	불리

(4) 토양의 3상(相)

토양은 고형물(암석풍화물, 유기물)과 고형물 사이의 공기(기상)와 물(액상)로 구성된다.

(5) 3상의 이상적 비율

① **고상(高相): 50%(토양입자 45%, 유기물 5%)**

② **액상(液相): 25%**

③ **기상(氣相): 25%**

(6) 토성과 작물의 생육

① 지력은 토성에 지배되어 일정 수준까지 점토함량과 비례한다.

② 작물의 생육은 토성이나 토양구조와 같은 물리적 조건 외에도 화학적·생물학적 조건에도 영향을 받기 때문에 토성이 같을 때도 지력은 달라질 수 있다.

③ **토양 3상과 작물생육**: 액상의 비율이 높으면 기상의 비율이 낮아진다. 따라서 산소가 부족하게 되어 뿌리의 발육이 저해되고 반대로 기상의 비율이 높으면 액상의 비율이 낮아져서 수분 부족으로 고사된다.

3. 몇 가지 작물에 따른 적합한 토성

감자: 사토~식양토

콩: 사토~식토

옥수수: 양토~식양토

양파: 사토~양토

오이: 사토~양토

담배: 사양토~양토

강낭콩: 양토~식양토

땅콩: 사토~사양토

보리: 세사토~양토

3 토양의 구조 및 토층

1. 토양구조

(1) 토양을 구성하는 입자들이 모여 있는 상태이다.

(2) 구조단위의 세 가지 특성 모양, 크기 및 발달 정도를 기준으로 입상(구상, 분상), 괴상(각괴상, 원괴상), 판상, 주상 등으로 분류하며, 자연적으로 형성된 입단의 단위이다.

① 구상 : 표토에 많으며 구형이다.

② 판상 : 딱딱하고 불투성인 점토반층에서 나타나며 가로축이 더 긴 형태로 투기성, 투수성이 나쁘고 뿌리가 뻗지 못한다.

③ 괴상 : 집적층에 많으며 입단의 가로와 세로축이 같은 형태이다.

④ 주상 : 집적층에 많이 나타나며 세로축이 더 긴 형태이다.

(3) 경토의 토양구조

단립(홑알)구조, 이상구조, 입단(떼알)구조 등이 있다.

① 단립구조

㉠ 해안의 사구지처럼 토양입자가 서로 결합되어 있지 않고 독립적으로 모여 이루어진 구조이다.

㉡ 대공극이 많고 소공극이 적어서 투기와 투수는 좋으나, 수분, 비료분의 보유력이 낮다.

㉢ 단립구조의 토양은 입자 사이에 생기는 공극도 작기 때문에 공기의 유통이나 물의 이동이 느리며, 건조하면 땅 갈기가 힘들다.

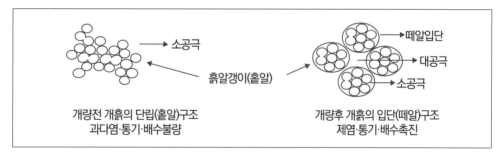

② 이상구조(泥狀構造)

㉠ 미세한 토양입자가 무구조, 단일상태로 집합한 구조로 건조하면 각 입자가 서로 결합하여 부정형 흙덩이를 이루는 것이 단일구조와 다르다.

㉡ 부식 함량이 적고 과습한 식질토양에서 많이 보이며, 소공극은 많고 대공극이 적어 토양 통기가 불량하다.

③ 입단구조

㉠ 단일입자가 결합하여 2차 입자로 되고, 다시 3차, 4차 등으로 집합하여 입단을 구성하고 있는 구조이다.

㉡ **대소공극이 모두 많고, 투기와 투수, 양분의 저장 등이 모두 알맞아 작물생육에 적당하다.**

㉢ 유기물이나 석회가 많은 표토층에서 많이 나타난다.

㉣ 대공극과 소공극이 모두 많아 입단구조의 소공극은 모세관력에 의해 수분을 보유하는 힘이 크고 대공극은 과잉된 수분을 배출하여 작물생육에 알맞다.

2. 토양입단의 형성과 파괴

(1) 입단의 특성

① 입단은 부식과 석회가 많고 토양입자가 비교적 미세할 때에 형성된다.

② 토양에 입단구조가 형성되면 소공극과 대공극이 균형 있게 발달된다.

   ㉠ 소공극 : 모세관현상에 의해 지하수의 상승이 이루어지는 모관공극이다.

   ㉡ 대공극 : 모세관현상이 이루어지지 않는 비모관공극이다.

③ 모관공극이 발달하면 지하수의 상승이 좋아져서 통양의 함수상태가 좋아진다.

④ 비모관공극이 발달하면 토양통기가 좋아지고 빗물의 지중 침투가 많아지며, 지하수의 불필요한 증발도 억제된다.

⑤ 토양입단 알갱이의 지름은 1~2mm 범위의 것이 알맞으며, 입단의 크기가 너무 커지면 물을 간직할 수 없고 공극의 크기도 커지게 되므로, 어린 식물은 가뭄의 피해를 입는다.

⑥ 입단이 발달한 토양

   ㉠ 토양 통기와 양·수분과 보유력이 좋다.

   ㉡ 빗물의 이용도가 높아지고, 토양침식이 감소된다.

   ㉢ 토양미생물의 번식과 활동이 좋아지고, 유기물의 분해가 촉진된다.

   ㉣ 땅이 부드러워져 땅 갈이가 쉬워지고, 물을 알맞게 간직할 수 있는 좋은 토양이 된다.

(2) 입단의 형성

① 유기물과 석회의 시용

   ㉠ 유기물이 미생물에 의해 분해될 때 미생물이 분비하는 점액에 의해서 토양입자를 결합한다.

   ㉡ 석회 시용 : 석회는 유기물의 분해를 촉진하고, 칼슘이온(Ca^{2+}) 등은 토양입자를 결합시키는 작용을 한다.

② 콩과작물의 재배 : 클로버, 알팔파 등의 콩과작물은 잔뿌리가 많고 석회분이 풍부하고, 토양을 피복하여 입단형성에 효과적이다.

③ 토양의 피복(멀칭) : 토양에 피복작물을 심으면 표토의 건조와 비바람의 타격을 줄이며, 토양 유실을 막아서 입단을 형성, 유지하는 효과가 있다.

④ 토양개량제의 시용 : 토양개량제의 종류는 아크리소일, 크릴륨 등이 있다.

(3) 입단의 파괴

① **지나친 경운** : 토양이 너무 마르거나 젖어 있을 때 경운을 하여 통기가 좋아지면 토양입자를 결합시켜주는 부식의 분해가 촉진되어 입단이 파괴된다.

② **입단의 팽창과 수축의 반복** : 습윤과 건조, 동결과 융해, 고온과 저온 등으로 입단이 팽창, 수축하는 과정을 반복하여 입단파괴된다.

③ **나트륨이온(Na^+)의 작용** : 점토의 결합을 분산시켜 입단을 파괴한다.

④ **비, 바람** : 건조토양이 비를 맞으면 입단이 급격히 팽창하고 입단 사이의 공기가 압축되면서 폭발적으로 대기 중으로 빠져나와 입단이 파괴된다.

3. 경지의 토층 구분

토양이 수직적으로 분화된 층위를 말하며 경지에서는 흔히 작토, 서상, 심토 3가지로 분류한다.

(1) 작토(경토)

① 계속 경운되는 층위로 경토라 부르며, 작물의 뿌리가 주로 발달하는 층위이다.

② 부식이 많고 흙이 검으며 입단형성이 좋다.

③ 작토층은 가급적 깊은 것이 좋으므로 심경으로 작토층을 깊게 하는 것이 좋다.

④ 미경지에는 경지의 작토와 같은 부식이 풍부한 층위가 표면에만 얕게 형성되어 있는데, 이를 표토라고 한다.

(2) 서상

작토층의 바로 아래층으로 경운되는 보습 밑층이며, 작토보다 부식이 적다.

(3) 심토(하층토)

① 서상층 밑의 하층으로, 일반적으로 부식이 극히 적고 구조가 치밀하다.

② 심토가 너무 치밀하면 투수와 투기가 불량해져 지온이 낮아지고 뿌리가 깊게 뻗지 못해 생육이 나빠진다.

4 토양의 밀도와 공극량

1. **토양의 입자 또는 입단 사이에 생기는 공간을 공극**이라 하는데, 공극량이 많을수록 토양은 가벼워진다. 공극의 양과 크기는 토성 또는 토양의 구조에 따라 다르다.

   (1) 고운 토성

   토양에 있는 공극량이 많다고 해도 그 크기는 작다.

   (2) 거친 토성

   알갱이 사이 또는 떼알 사이의 공극량은 적을 수도 있으나 그 크기는 크다. 토양 내의 물이나 공기의 양은 공극량에 의해서 결정되지만, 물의 이동이나 공기의 유통은 공극량보다는 공극의 크기에 의해서 지배된다.

2. 공극의 모양이나 공극량은 작물의 생육과 밀접한 관련이 있다.

   (1) 공극량이 적거나 공극크기 작을 경우

   통기성 불량 → 호흡저해 → 뿌리발달 불량

   (2) 공극량이 많거나 공극크기 클 경우

   보수력 저하 → 건조·고사, 비료유실

3. **토양의 밀도**

   토양의 질량을 차지하는 부피로 나눈 값으로 일정한 부피 속에 들어 있는 토양의 질량를 나타내며, 토양이 무겁고 가벼운 정도를 나타내는 것이다.

   (1) 진밀도(입자밀도)

   토양 알갱이가 차지하는 부피만으로 구하는 밀도는 토양의 알갱이 밀도 또는 진밀도라고 한다.

   $$\text{알갱이 밀도(진비중, 입자밀도)} = \frac{\text{건조한 토양의 질량}}{\text{토양알갱이의 부피}} \times 100$$

   (진비중은 항상 일정하며 약 2.65 g/cm³이다.)

   (2) 가밀도(용적 밀도)

   알갱이가 차지하는 부피뿐만 아니라 알갱이 사이의 공극까지 합친 부피로, 구하는 밀도를 토양의 부피 밀도 또는 가밀도라고 한다.

   같은 토양이라도 떼알이 발달되어 있는 정도에 따라 공극량이 달라지므로 부피 밀도는 변한다.

   ① 용적밀도가 큰 토양은 고형입자가 많아서 다져진 상태를 나타낸다. 따라서 용적밀도가 큰 토양은 식물의 뿌리 생장과 배수성 및 투수성이 나빠지다.

② 사질토양은 용적밀도가 증가하고, 입단이 잘 발달된 토양은 낮아진다.

$$\text{부피 밀도(가비중, 용적밀도)} = \frac{\text{건조한 토양의 질량}}{\text{토양알갱이의 부피} + \text{토양공극}} \times 100$$

(토성에 따라 변하며 약 1.0~1.6 g/cm³이다.)

03

(3) 토양의 공극률

토양의 단위체적에 대한 공극들이 차지하는 체적 비율이다.

$$\text{공극률(\%)} = (1 - \frac{\text{가비중}}{\text{진비중}}) \times 100$$

(4) 토양공극량에 관여하는 요인

① 토성

ㄱ 사질토양은 대공극이 소공극보다 많고 점질토양은 반대이다.

ㄴ 사질토양은 점질토양보다 가비중이 크고 공극률은 작다.

② 토양구조 : 입단구조는 소공극과 대공극이 많아 공극률이 크다

③ 용적밀도와 공극률은 반비례한다.

④ 입단의 크기 : 소립단보다 대립단이 대공극의 증대가 커서 공극률이 커진다.

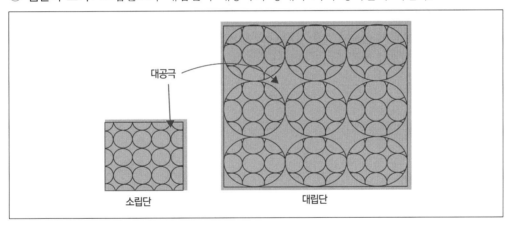

대공극

소립단   대립단

⑤ 입단의 배열상태 : 배열상태는 정열(整列)이 사열(斜列)보다 공극률이 커진다.

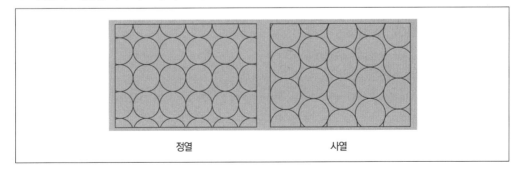

정열   사열

(5) 토양공극량과 작물생육

① 대공극과 소공극의 균형(1:1)이 작물생육을 증진시킨다.

② 논토양은 입단의 파괴와 토립의 분산이 진행되어서 밭토양에 비하여 공극률이 매우 작다.

5 토양의 무기성분

1. 무기물 개념

(1) 토양 내의 각종 무기성분은 작물생육의 영양원이 되고 있다.

(2) 토양 무기성분은 광물성분을 의미한다.

① 1차 광물 : 암석에서 분리된 광물이다.

② 2차 광물 : 1차 광물의 풍화 생성으로 재합성된 광물이다.

2. 필수원소

(1) 작물생육에 필요한 필수원소(16종)

① **다량원소(9종) : 탄소(C), 산소(O), 수소(H), 질소(N), 인(P), 칼륨(K), 칼슘(Ca), 마그네슘 (Mg), 황(S)**

② **미량원소(7종) : 철(Fe), 구리(Cu), 망간(Mn), 붕소(B), 아연(Zn), 몰리브덴(Mo), 염소(Ci)**

(2) 필수무기원소

탄소, 산소, 수소를 제외한 13원소. 16원소 중 탄소, 산소, 수소는 CO_2와 H_2O에서 공급되고 그 외 13원소는 토양성분 중에서 공급된다.

(3) 미량원소(7종) 외에 규소(Si), 알루미늄(Al), 요오드(I), 나트륨(Na), 코발트(Co), 바나듐(V) 등은 필수원소는 아니지만 작물에 따라 필요한 원소이고, 특히 규소는 화본과식물에게 중요한 원소이다.

(4) 비료의 3요소

N, P, K

(5) 비료의 4요소

N, P, K, Ca

(6) 비료의 5요소

N, P, K, Ca, 부식

3. 필수원소의 생리작용

(1) 탄소(C), 산소(O), 수소(H)

① 식물체의 90~98%의 구성성분이다.

② 엽록체의 구성원소이다.

③ 광합성에 의해 생성된 탄수화물, 지방, 단백질, 핵산 등 유기물의 구성재료이다.

(2) 질소(N)

① **단백질(효소)**, 핵산, 엽록소 등의 구성성분이다.

② 질소는 질산태(NO_3^-)와 암모니아태(NH_4^+)의 형태로 식물체에 흡수되며, 흡수된 질소는 세포막의 구성성분으로도 이용된다.

③ 단백질의 구성성분인 원형질은 그 건물의 40~50%가 질소화합물이며 효소, 엽록소도 질소화합물이다.

④ 결핍증상

㉠ 작물생장·발육이 저해되어 잎이 담녹색이다.

㉡ **늙은 잎의 단백질이 분해되어 생장이 왕성한 부분으로 질소가 이동하며, 하위엽에서 황백화 현상이 일어나고, 하위엽에서 화곡류의 분얼이 저해된다.**

⑤ 과잉증상 : 작물체의 수분함량이 높아지고 세포벽이 얇아지면 연해져서 한발, 저온, 기계적 상해, 병충해의 저항성이 저하되고, 웃자람(도장), 엽색이 진해지기도 한다.

(3) 인(P)

① 세포핵, 세포막(인지질), 분열조직, 효소, ATP 등의 구성성분으로 어린 조직이나 종자에 많이 함유되어 있다.

② 세포의 분열, 광합성, 호흡작용, 녹말의 합성과 당분의 분해, 질소동화 등에 관여한다.

③ 인산이온의 형태로 산성이나 중성에는 $H_2PO_4^-$, 알칼리성에서는 HPO_4^{2-}의 형태로 흡수된다.

④ **결핍증상 : 뿌리발육 저해, 어린 잎이 암녹색이 되어 둘레에 오점이 생기며, 심하면 황화하고 결실이 저해**된다. 산성토양에서 불가급태가 되어 결핍되기 쉽고, 과실 및 종자의 형성과 성숙이 저해된다.

(4) 칼륨(K)

① **칼륨은 특전화합물보다는 이온화되기 쉬운 형태로 잎·생장점·뿌리의 선단 등 분열조직에 많이 함유되어 있다.**

② 체내 구성물질은 아니며, 물질대사의 촉매적 작용을 한다.

③ 광합성·탄수화물 및 단백질 형성·세포 내의 수분공급·증산에 의한 수분상실의 제어와 세포의 팽압을 유지하게 하는 등의 역할을 한다.

④ 탄소동화작용을 촉진하므로 일조가 부족할 때에 효과가 크다.

⑤ 단백질 합성에 필요하므로 칼륨 흡수량과 질소 흡수량의 비율은 거의 같은 것이 좋다.

⑥ **결핍증상 : 생장점이 말라죽고 줄기가 연약해지며, 잎의 끝이나 둘레의 황화현상, 생장점고사, 하위엽의 조기낙엽을 유도하여 결실이 저해된다.**

(5) 칼슘(Ca)

① 세포막 중 중간막의 주성분이며, 잎에 함유량이 많고, **체내 이동성이 매우 낮다.**

② 분열조직의 생장과 뿌리 끝의 발육에 필요하다.

③ 단백질의 합성과 물질전류에 관여하고 질소의 흡수이용을 촉진한다.

④ **체내의 유기산을 중화하고, 알루미늄의 과잉흡수를 억제한다.**

⑤ 과잉증상 : 석회 과다는 마그네슘, 철, 아연, 코발트, 붕소 등 흡수가 저해되는 길항작용을 한다.

⑥ **결핍증상 : 뿌리나 눈의 생장점이 붉게 변하여 죽게 되며 토마토 배꼽썩음병 유발한다.**

(6) 마그네슘(Mg)

① **엽록체 구성원소**로 잎에 다량 함유하고 있으며, **체내 이동이 높아 부족 시 늙은 조직으로부터 새 조직으로 이동된다.**

② 광합성·인산대사에 관여하는 효소의 활성을 높이고, **종자 내의 지유(脂油)의 집적을 돕는다.**

③ 결핍증상 : **황백화현상과 줄기나 뿌리의 생장점 발육이 저해**된다. 체내의 비단백태질소가 증가하고 탄수화물이 감소되며, 종자의 성숙이 저해된다. **칼슘(Ca)이 부족한 산성토양이나 사질토양, K, Ca, NaCl을 과다하게 사용했을 때에 결핍현상이 나타나기 쉽다.**

(7) 황(S)

① 단백질, 효소, 아미노산 등의 구성물질 성분이며, 엽록소 형성에 관여한다.

② **황의 요구도가 큰 작물은 파, 마늘, 양배추, 아스파라거스 등이다.**

③ 체내 이동성이 낮으며, 결핍증상은 새 조직에서부터 나타난다.

④ 결핍증상 : **황백화, 단백질생성 억제, 엽록소의 형성 억제, 세포분열이 억제, 콩과작물에서는 근류균의 질소 고정능력이 감소**된다.

(8) 철(Fe)

① 호흡효소 구성성분으로 엽록소의 형성에 관여한다.

② 토양의 pH가 높거나 인산 및 칼슘의 농도가 높으면 불용태가 된다.

③ **결핍증상 : 어린잎부터 황백화하여 엽맥 사이가 퇴색**한다. 니켈, 코발트, 크롬, 아연, 몰디브덴, 망간 등의 과잉은 철의 흡수·이동을 저해하여 결핍상태에 이르게 된다.

✽ 콩이 황백화하고, 상위엽의 잎맥 사이가 황화되었으며, pH가 8이었다면 철의 결핍이다.

④ 과잉증상 : 토양 용액에 철의 농도가 높으면 P과 K의 흡수가 억제된다. 벼가 과잉흡수하면 잎에 갈색의 반점이 나타나고, 이것이 점점 확대되어 잎의 끝부터 흑변하여 고사한다.

(9) 붕소(B)

① 촉매 또는 반응조절물질로 작용하며, 석회결핍의 영향을 덜 받게 한다.

② 생장점 부근에 함유량이 높고, **체내 이동성이 낮아 결핍증상은 생장점 또는 저장기관에 나타난다.**

③ 석회의 과잉과 토양의 산성화는 붕소결핍의 주원인이며, 개간지에서 나타나기 쉽다.

④ 결핍증상 : 분열조직의 괴사(necrosis)를 일으키고, 수정, 결실이 불량하고, 콩과작물의 근류 형성 및 질소고정이 저해된다. **사탕무의 속썩음병, 순무의 갈색속썩음병, 셀러리의 줄기쪼김병, 담배의 끝마름병, 사과의 축과병, 순무의 갈색속썩음병, 꽃양배추의 갈색병, 알팔파의 황색병 등이다.**

(10) 구리(Cu)

① 산화효소의 구성원소로 작용하며, 엽록체 안에 많이 함유되어있다.

② 엽록체의 복합단백 구성성분으로 광합성에 관여한다.

③ 핵산, 단백질과 탄수화물의 대사작용과 관련이 깊으며 DNA, RNA의 합성을 증진한다.

④ 과잉증상 : 뿌리의 신장을 억제한다.

⑤ 결핍증상 : **단백질의 생성이 억제, 잎 끝에 황백화현상과 괴사, 조기낙엽으로 고사한다.**

⑥ 철, 아연과 길항작용을 한다.

(11) 망간(Mn)

    ① 여러 효소의 활성을 높여서 광합성 물질의 합성과 분해, 호흡작용 등에 관여한다.

    ② 생리작용이 왕성한 곳에 많이 함유되어 있고, **체내 이동성이 낮아서 결핍증상은 새잎부터 나타난다.**

    ③ 토양의 과습 또는 강한 알칼리성이 되거나 철분 과다는 망간의 결핍을 초래한다.

    ④ 결핍증상 : **엽맥에서 먼 부분(엽맥 사이)이 황색으로 되며, 화곡류에서는 세로로 줄무늬가 생긴다.**

(12) 아연(Zn)

    ① 여러 효소의 촉매 또는 반응조절물질로서 작용을 한다.

    ② 단백질, 탄수화물의 대사에 관여한다.

    ③ 결핍증상 : **황백화, 괴사, 조기낙엽을 초래, 감귤류는 잎무늬병, 소엽병, 결실불량을 초래한다.**

    ④ 과잉증상 : 잎의 황백화, 콩과작물에서 잎 · 줄기의 자주빛 현상이 발생한다.

(13) 몰리브덴(Mo)

    ① 질산환원효소의 구성성분이고, 근류균의 질소고정과 질소대사에 필요하며, 콩과작물이 많이 함유하고 있는 원소이다.

    ② 결핍증상 : **잎의 황백화, 모자이크병에 가까운 증세이다.**

(14) 염소(Cl)

    ① 광합성작용과 물의 광분해에 촉매작용을 하여 산소를 발생시킨다.

    ② 세포의 삼투압 증진, 식물조직 수화작용의 증진, 아밀로스 활성증진, 세포즙액의 pH조절기능이 있다.

    ③ 결핍증상 : 어린잎의 황백화, 전 식물체의 위조현상이 나타난다.

4. 비필수원소와 생리작용

(1) 규소(Si)

    ① 화본과식물의 경우 다량으로 흡수하여 필수적이나, 필수원소는 아니다.

    ② 화본과작물의 가용성 규산화 유기물의 시용은 생육과 수량에 효과가 있다.

    ③ **경엽의 직립화로 수광상태가 좋아져 광합성에 유리하고 뿌리의 활력이 증대된다.**

    ④ **병에 대한 저항성을 높이고, 도복의 저항성도 강하다.**

    ⑤ 규산의 흡수는 황화수소(H_2S)를 비롯 여러 호흡 저해제에 의해 저해된다.

(2) 코발트(Co)

    ① 비타민 B_{12}를 구성하는 금속성분으로 부족 시 단백질 합성이 저해된다.

    ② 콩과작물의 근류균 형성과 남조류의 뿌리혹 발달이나 질소고정에 필요하다.

(3) 나트륨(Na)

    ① 필수원소는 아니나 셀러리, 사탕무, 순무, 목화, 근대, 양배추, 크림슨클로버 등에서는 시용효과가 인정되고 있다.

    ② C_4식물에서는 나트륨의 요구도가 높다.

(4) 알루미늄(Al)

① 토양 중 규산과 함께 점토광물의 주를 이루며, 특히 산성토양에서는 토양의 알루미나 활성화로 용출되어 식물에 유해하다.

② 결핍: 뿌리의 신장을 저해, 맥류의 잎에서는 엽맥 사이의 황화현상을 나타내며, 토마토 및 당근 등에서는 지상부에 인산결핍증과 비슷한 증상을 나타낸다.

③ 과잉: 칼슘, 마그네슘, 질산의 흡수 및 인의 체내이동이 저해된다.

무기성분 주요 정리

1. **체내 이동이 낮은 원소**: Ca, S, Fe, Cu, Mn, B
2. **엽록소 구성요소(형성에 관여)**: N, S, Fe, Mg, Mn
3. **근류근 형성에 관여**: S, Mo, Co, B
4. **엽맥 간 황백화 형성**: 어린잎 − Fe, Mn, 노잎 − Mg

💁 작물의 중금속에 대한 내성 정도

금속	내성 큼	내성 작음
니켈	보리, 밀, 호밀	사탕무, 귀리
아연	파, 당근, 셀러리	시금치
아연·카드뮴	밭벼, 호밀, 옥수수, 밀	오이, 콩
카드뮴	옥수수	무, 해바라기
망간	보리, 밀, 호밀, 귀리, 감자	강낭콩, 양배추

---

6 토양유기물

유기물
1. 동물, 식물의 사체가 분해되어 암갈색, 흑색을 띤 부식물이다.
2. C, H, O로 구성되어 있다.

---

1. 토양유기물의 기능

(1) 유기물 분해 시 산의 생성으로 암석의 분해를 촉진한다.

(2) 양분을 공급한다.

(3) 대기 중의 이산화탄소를 공급하여 광합성을 조장한다.

(4) 생장촉진물질의 생성을 유도한다.

⑸ 입단을 형성한다.

⑹ 보수, 보비력 증대시킨다.

⑺ 토양의 완충능 증대로 토양반응 억제한다.

⑻ 미생물의 번식을 조장한다.

⑼ 흑색, 암갈색으로 열을 흡수하여 지온을 상승한다.

⑽ 토양침식 방지로 토양을 보호한다.

2. 토양부식과 작물생육

⑴ 토양 중 부식함량 증대는 지력의 증대를 의미한다.

⑵ 부식토처럼 부식이 월등히 많을 경우에는 부식산에 의해서 산성이 강해지고, 점토함량이 부족해서 작물생육에 불리한 경우가 있다.

⑶ 투수가 잘 안되는 습답은 토양공기가 부족해유기물의 분해가 저해되어 과다한 축적을 가져오기 쉬운데, 유기물이 과다한 습답은 고온기에 분해가 왕성해지면 토양의 심한 환원상태로 만들어 여러 가지 해를 끼친다.

⑷ 배수가 잘되는 토양에서는 유기물 분해가 왕성하므로 유기물이 축적되지 않는다.

⑸ 토양유기물의 주요 공급원

토비, 구비, 녹비 등이 있다.

7 토양수분

1. 토양수분 함량의 표시법

⑴ 토양수분의 함량은 건토에 대한 수분의 중량비로 표시하며, 토양의 최대수분함량이 표시된다.

⑵ 작물의 흡수력과 직결된 척도로 표시 할 때에는 토양수분장력(soil moisture tension)을 사용한다. 토양이 수분을 지니는 것은 수분장력 때문인데, 이는 토양 내 물분자와 토양입자 사이에 작용하는 인력에 의해 토양이 수분을 보유하게 되는 것이다.

⑶ 토양수분장력의 단위는 기압 또는 수주(水柱)의 높이이나, 수주높이의 대수를 취하여 pF(potential force)로 나타낸다.(pF = logH, H는 수주의 높이)

⑷ 토양수분장력이 1기압(mmHg)일 때: 수주의 높이를 환산하면 1,000cm에 해당하며, 이 수주의 높이를 log(로그)로 나타내면 3이므로 pF는 3이 된다.

> $1(bar) = 1$기압 $= 13.6 \times 76(cm) = 1,033(cm) ≒ 1,000(cm) = 10^3(cm)$
>
> $\log 10^3 = 3\log 10 (\log 10 = 1)$
>
> $pF = 3$

(5) 토양수분장력과 토양수분 함유량의 함수관계

① 수분이 많으면 수분장력은 작아지고 수분이 적으면 수분장력이 커지는 관계가 있다.

② 수분 함유량이 같아도 토성에 따라 수분장력은 달라진다.

2. 토양수분의 종류

(1) 결합수

① 토양을 105℃로 가열해도 **점토광물에 결합이 되어 있어 분리시킬 수 없는 수분**으로 작물이 흡수, 이용할 수 없다.

② pF 7.0 이상으로 화합수 또는 결정수라고도 한다.

(2) 흡습수

① 토양을 105℃로 가열 시 분리가 가능하며, 토양입자에 응축시킨 수분으로 **토양입자표면에 피막상으로 흡착된 수분**이므로 **작물이 이용할 수 없는 무효수분이다.**

② pF = 4.5~7.0

(3) 모관수

① **작물이 주로 이용하는 모관수는 표면장력에 의한 모세관현상으로 보유되는 수분**으로 토양공극 내에서 중력에 저항하여 유지된다.

② 물분자 사이의 응집력에 의해 유지되는 것으로, 작물이 주로 이용하는 유효수분이다.

③ pF 2.7~4.5

(4) 중력수

① **중력에 의해 토양 중의 비모관공극에 스며 아래로 내려가는 수분**으로 작물에 이용되나 근권 이하로 내려간 것은 직접 이용되지 못한다.

② pF 0~2.7

3. 토양의 수분항수

토양수분의 함유상태는 토양의 물리성, 작물의 생육과 비교적 뚜렷한 관계를 가진 특정한 수분함유 상태들이 있게 되어 이들을 토양의 수분항수라 한다.

(1) 최대용수량

① 최대용수량은 토양하부에서 수분이 모관상승하여 **모관수가 최대로 포함된 상태이다.**

② pF = 0

③ 토양의 모든 공극에 물이 찬 포화상태로 **포화용수량**이라고도 한다.

(2) 포장용수량(FC, field capacity)

① **수분이 포화된 상태의 토양에서 증발을 방지하면서 중력수를 완전히 배제하고 남은 수분상태로, 최소용수량이라고도 한다.**

② pF = 2.5~2.7(1/3~1/2기압)

③ 포장용수량 이상인 중력수는 토양의 통기 저해로 작물생육이 나쁘다.

④ 비가 온 후 하루 정도 지난 상태인 포장용수량은 작물이 이용하기 좋은 수분 상태이다.

⑤ 물로 포화된 토양에 중력의 1,000배의 원심력이 작용할 때 토양 중에 잔류하는 수분상태를 수분당량(moisture equivalent)이라하고, pF가 2.7 이내로 포장용수량과 거의 일치한다.

(3) 초기위조점

① **생육이 정지하고 하위엽이 위조하기 시작하는 토양의 수분상태이다.**

② pF = 3.9(약 8기압)

(4) 영구위조점

① **위조한 식물의 포화습도의 공기 중에 24시간 방치해도 회복하지 못하는 위조이다.**

② pF = 4.2(15기압)

③ **영구위조점에서의 토양함수율 즉, 토양건조중에 대한 수분의 중량비를 위조계수라 한다.**

(5) 흡습계수

① **상대습도 98%(25°C)의 공기 중에서 건조토양이 흡수하는 수분상태로 흡습수만 남은 수분의 상태이다.**

② pF = 4.5(31기압)로, 작물에는 이용될 수 없다.

(6) 풍건상태

pF ≒ 6

(7) 건토상태

105~110°C에서 항량에 도달되도록 건조한 토양이, pF ≒ **7이다.**

4. 유효수분과 범위

(1) 무효수분

작물이 이용할 수 없는 영구위조점(pF 4.2) 이하의 수분상태이다.

(2) 잉여수분

포장용수량 이상의 토양수분으로 작물생리상 과습 상태이다.

(3) 최적함수량

① 식물 생육에 가장 알맞은 최적함수량으로 최대용수량의 60~80%의 범위이다.

② 최적함수량은 작물에 따라 다르나 수도의 최적함수량은 최대용수량이고, 옥수수, 보리는 최대용수량의 70%, 밀, 감자 80%, 봄호밀 60%, 콩 90%이다.

(4) 유효수분

① **식물이 이용할 수 있는 토양의 유효수분은 포장용수량~영구위조점 사이이다.**

② pF = 2.7~4.2

③ 점토함량이 많을수록 유효수분의 범위가 넓어진다.

④ 토성별 유효수분함량은 양토에서 가장 크며, 사토에서 가장 작다.

⑤ 보수력은 식토가 가장 크고, 사토는 유효수분 및 보수력이 가장 작다.

⑸ **토양수분의 역할**

① 광합성과 화학반응의 원료이며, 각종 효소의 활성을 증대시킨다.

② 용매와 물질의 운반체로 식물에 필요한 영양소들을 용해하여 작물이 흡수, 이용할 수 있도록 한다.

③ 수분이 흡수되어 세포의 팽압이 커지기 때문에 세포가 팽팽하게 되어 식물의 체형을 유지한다.

④ 증산작용으로 체온의 상승이 억제되어 체온을 조절한다.

⑹ **관수**

① 관수의 시기는 보통 유효수분의 50~85%가 소모되었을 때이다.(pF 2.0~2.5)

② **관수 효과**

　㉠ **논** : 수분과 양분공급, 유해물질 제거, 잡초발생 억제, 병해충 경감, 온도조절, 작업의 능률화 등의 효과가 있다.

　㉡ **밭** : 수분과 양분공급, 품질과 수량증진, 작업편리, 지온조절, 풍식과 동상해 방지 등의 효과가 있다.

③ **관수 방법**

　㉠ **지표관수** : 지표면에 물을 흘러 보내어 공급하는 방식이다.

　㉡ **지하관수** : 땅속에 작은 구멍이 있는 송수관을 묻어서 공급한다.

　㉢ **살수관수** : 노즐을 설치하여 물을 뿌리는 방법이다.(스프링클러)

　㉣ **점적관수** : 물을 천천히 조금씩 흘러나오게 하여 필요 부위에 집중적으로 관수한다.

> 점적관수의 장점
> 1. 토양이 굳어짐 방지
> 2. 용수 절약
> 3. 미세종자의 파종상자와 양액재배, 분화재배에 이용이 가능
> 4. 표토의 유실 방지
>
> 점적관수의 단점
> 1. 염류가 모세관현상으로 토양표면으로 상승하여 염해장해 유발
> 2. 시설·유지비 과다

　㉤ **저면관수** : 배수구멍을 물에 잠기게 하여 물이 위로 스며 올라가게 하는 방법으로, 토양에 의한 오염과 토양병해를 방지하고 미세종자, 파종상자와 양액재배, 분화재배에 이용된다.

④ **관수량**

$$관수량 = \frac{포장용수량(\%) \times 관수\,전\,토양함수비(\%)}{100} \times 토심(mm)$$

8 토양공기

1. 토양의 용기량

(1) 토양 용기량

토양 중에서 공기가 차지하는 공극량이다. 즉, **토양의 용적에 대한 공기로 차 있는 공극의 용적 비율로 표시한다.**

(2) 모관공극은 수분이, 비모관공극에는 공기가 차 있어서 **용기량은 비모관공극량과 비슷하다.**

(3) 토양의 전 공극량이 증대하여도 비모관공극량이 증대하지 않으면 용기량은 증대하지 않는다. 토양의 용기량은 토양용적에 대한 공기로 차 있는 공극용적의 비율로 표시한다.

(4) 토양공기 용적은 전공극 용적에서 토양수분 용적을 제외한 값이다.

토양공기 용적 = 전공극 용적 - 토양수분 용적

(5) 최적용기량은 대체로 10~25%이다.

(6) 최소용기량

토양 내 수분의 함량이 최대용수량에 달할 때의 용기량이다.

✳ 최소용기량 = 최대용수량

(7) 최대용기량

풍건상태의 용기량이다.

2. 토양공기의 조성

(1) **토양공기는 대기보다 이산화탄소의 농도가 몇 배나 높고, 산소의 농도는 훨씬 낮다.**

(2) **토양 속으로 깊이 들어갈수록 산소의 농도는 낮아지고, 이산화탄소의 농도는 점차 높아지며 약 120cm이하는 이산화탄소의 농도가 산소의 농도보다 높아진다.**

(3) 토양 내에서 유기물의 분해 및 뿌리나 미생물의 호흡에 의해 산소는 소모되고 이산화탄소가 배출되는데, 대기와의 가스교환이 어려워 산소가 적어지고 이산화탄소가 많아진다.

3. 토양공기의 지배요인

(1) 토성

일반적으로 **사질 토양이 비모관공극(대공극)이 많아 토양의 용기량이 증가하고 토양 용기량 증가는 산소의 농도를 증대시킨다.**

(2) 토양구조

식질토양에서 입단 형성이 조장되면 비모관공극이 증대하여 용기량이 증대된다.

(3) 경운

경운작업이 깊이 이루어지면 토양의 깊은 곳까지 용기량이 증대된다.

(4) 토양수분

　토양의 수분함량이 증가하면 토양 용기량은 적어지고 산소의 농도는 낮아지며, 이산화탄소의 농도는 높아진다.

(5) 유기물

　① 미숙유기물을 시용하면 산소의 농도는 훨씬 낮아지고, 이산화탄소의 농도를 증대시킨다.

　② 부숙(腐熟)유기물을 시용하면 가스교환이 좋아지므로 이산화탄소의 농도는 증가하지 않는다.

(6) 식생

　토양 내의 뿌리 호흡에 의한 식물의 생육으로 이산화탄소의 농도가 나지(裸地)보다 높다.

4. 토양공기와 작물생육

(1) 일반적으로 토양용기량이 증대하면 산소가 많아지고 이산화탄소는 적어지므로 작물생육에는 이롭다.

(2) 토양 중의 이산화탄소 농도가 높아지면 탄산(H_2CO_3)이 생성되어 수소이온(H^+)의 영향으로 토양이 산성화되고, 수분과 무기염류의 흡수가 저해된다.

　① 무기염류의 저해 정도는 $K > N > P > Ca > Mg$ 순이다.

　② 산소가 부족할 때에는 칼륨 흡수가 가장 저해되고 잎이 갈변된다.

(3) 토양 중 산소가 부족시 증상

　① 뿌리의 호흡과 여러 가지 생리작용을 저해시킨다.

　② 환원성 유해물질(H_2S)이 생성으로 뿌리 손상된다.

　③ 유용한 호기성 토양미생물의 활동이 저해되어 유효태 식물양분이 감소한다.

(4) 최적용기량의 범위

　① 10~25%

　　㉠ 벼, 양파, 이탈리안 라이그라스 : 10%

　　㉡ 귀리와 수수 : 15%

　　㉢ 보리, 밀, 순무, 오이 : 20%

　　㉣ 양배추와 강낭콩 : 24%

(5) 종자발아

　① 산소의 요구도가 비교적 높다.

　② 산소에 대한 요구도가 높은 작물 : 옥수수, 귀리, 밀, 양배추, 완두 등이다.

5. 토양통기의 촉진방법

(1) 토양처리

① **배수**(토양 내 수분의 배출로 토양 용기량을 늘림)

> 배수의 효과
> 1. 습해·수해 방지
> 2. 토성 개선
> 3. 작물생육 촉진
> 4. 다모작 가능 → 경지이용도 증진(논 - 답전윤환)
> 5. 작업용이 → 기계화 가능
>
> 배수법
> 1. 객토법 : 토성을 개량하거나 지반을 높이는 방법이고 비용이 많이 든다.
> 2. 기계배수 : 인력·축력·풍력·기계력 등을 이용하는 방법이고 노력이 많이 든다.
> 3. 명거배수 : 배수로가 토양표면에 노출된 방법이다.
> 4. 암거배수 : 배수로가 지하에 매설되는 방법으로 토관이나 시멘트관을 설치한다.
>
> 배수의 주의사항
> 논의 암거배수시설을 한 해에는 질소시비를 줄이고, 석회를 충분히 시용하며, 벼의 생육 초기에는 암거를 막아 배수가 되지 않도록 한다.

② **토양입단을 조성**한다.(유기물, 석회, 토양개량제 등 시용)

③ **심경**을 한다.

④ **객토** 및 **환토**한다.

⑤ **식질토성의 개량** 및 습지의 지반을 높인다.

(2) 재배적 조건

① **답전윤환재배**를 실시한다.

② **답리작, 답전작을** 실시한다.

③ 중습답의 **휴립재배**를 실시한다.

④ 과습한 밭에서의 **휴립휴파**를 실시한다.

⑤ **중경**을 실시한다.

⑥ **파종 시 미숙퇴비 및 구비를 종자 위에 두껍게 덮지 않는다.**

9 토양반응과 산성토양

1. 토양반응의 표시

(1) 토양의 반응은 토양용액 중의 수소이온농도 [H$^+$]와 수산이온농도 [OH$^-$]의 비율에 의해서 결정되며, pH로 표시한다.

(2) pH란 용액 중에 존재하는 수소이온(H$^+$)농도의 역수의 대수(log)값이다.

$$pH = -\log[H^+]$$

(3) 순수한 물이 해리할 때 수소이온(H$^+$)농도와 수산화이온(OH$^-$)농도가 10^{-7}mol/L로 중성인 것을 기준으로 한다.

(4) pH는 1~14의 수치로 표시되며, 7이 중성이고 7 이하가 산성이며 7 이상이 알칼리성이 된다.

(5) 작물 생육에는 pH 6~7이 가장 알맞다.

ぱ 토양반응의 표시

pH	반응의 표시	pH	반응의 표시
4.5이하	극도의 강한 산성	7.0	중성
4.5~5.0	심히 강한 산성	7.0~8.0	미알칼리성
5.0~5.5	강산성	8.0~8.5	약알칼리성
5.5~6.0	약산성	8.5~9.5	강알칼리성
6.0~6.5	미산성	9.5~10.0	매우 강한 알칼리성
6.5~7.0	약한 미산성	-	-

2. 토양반응과 작물의 생육

ぱ 식물 양분의 가급도와 pH와의 관계

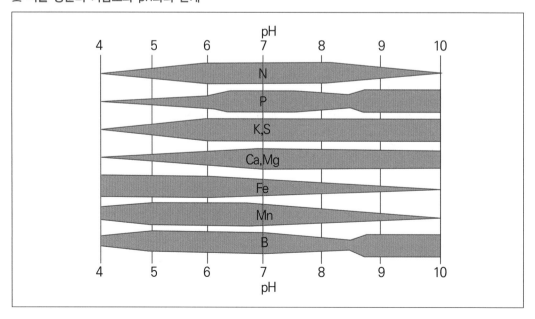

03

⑴ 토양 중 작물 양분의 가급도(유효도)는 토양의 pH에 따라 크게 다르며, 중성~약산성에서 가장 높다.

⑵ 강산성 토양에서 과다한 수소이온(H^+)은 그 자체가 작물의 양분흡수와 생리작용을 방해한다.

⑶ 강산성이 되면 P, Ca, Mg, B, Mo 등의 가급도가 감소되어 생육이 감소하고, Al, Cu, Zn, Mn 등은 용해도가 증가하여 그 독성 때문에 작물생육이 저해된다.

⑷ 강알칼리성이 되면 B, Fe, Mn 등의 용해도 감소로 작물의 생육이 불리하며, B는 pH8.5이상에서 용해도가 다시 커지는 특성이 있다.

⑸ 강알칼리성에서 Na_2CO_3 같은 강염기가 증가하여 생육을 저해한다.

　① 알칼리성에서 흡수에 변함이 없는 것 : K, S, Ca, Mg

　② 알칼리성에서 흡수가 크게 줄어드는 것 : Mn, Fe

　③ 강산성 토양에서 가급도가 증가 : Al, Cu, Zn, Mn

　④ 강산성 토양에서 가급도가 감소 : P, Ca, Mg, B, Mo

⑹ 공기질소를 고정하여 유효태양분을 생성하는 대다수의 활성박테리아는 중성 부근의 토양반응을 좋아한다.

⑺ **곰팡이는 넓은 범위의 토양반응에 적응하나, 산성토양에서 잘 번식**하며 특히, 사상균류는 산소의 공급과 관계없이 잘 활동하는 통성 미생물이어서 넓은 범위의 토양반응에 잘 적응하고 일반적으로 산성을 좋아한다.

⑻ 종합적으로 **작물의 생육은 pH6~7의 범위가 알맞다.**

⑼ 산성토양에 대한 작물 적응성

　① **극히 강한 것 : 벼, 밭벼, 귀리, 루핀, 토란, 아마, 기장, 땅콩, 감자, 봄무, 호밀, 수박 등**

　② 강한 것 : 메밀, 옥수수, 목화, 당근, 오이, 완두, 호박, 토마토, 밀, 조, 고구마, 담배 등

　③ 약간 강한 것 : 유채, 파, 무 등

　④ 약한 것 : 보리, 클로버, 양배추, 근대, 가지, 삼, 겨자, 고추, 완두, 상추 등

　⑤ 가장 약한 것 : 알팔파, 콩, 자운영, 시금치, 사탕무, 셀러리, 부추, 양파 등

⑽ 알칼리성 토양에 대한 작물 적응성

　① **강한 것 : 사탕무, 수수, 평지(유채), 목화, 보리, 양배추, 버뮤다그라스 등**

　② 중간 정도의 것 : 당근, 무화과, 포도, 상치, 귀리, 올리브, 양파, 호밀 등

　③ 약한 것 : 사과, 셀러리, 레몬, 배, 감자, 레드클로버 등

산성토양의 해

1. H^+의 과잉은 작물의 뿌리에 해를 준다.

2. Al^{3+}, Mn^{2+}이 용출되어 작물에 해를 준다.

3. 인, 칼슘, 마그네슘, 몰리브덴, 붕소 등의 결핍이 발생한다.

4. 석회의 부족과 미생물의 활동이 저조하여 유기물의 분해가 나빠져 입단형성 저해로 이어진다.

5. 질소고정균 등의 유용미생물의 활동이 나빠진다.

---

3. 산성토양의 종류

(1) 활산성

① 토양용액에 들어 있는 H^+에 기인하는 산성으로, 식물에 직접 해를 끼친다.

② 토양에서 침출된 수용액으로 산도를 측정하며, pH 값은 활성의 유리수소이온의 농도로 표시한다.

(2) 잠산성(치환산성)

① 토양교질물에 흡착된 H^+과 Al이온에 따라 나타나는 것이다.

② KCl 같은 중성염을 가해 주면 더 많은 수소이온이 용출되며, 이에 기인된 산성이다.

$[colloid]H^+ + KCl \Leftrightarrow [colloid]K^+ + HCl(H^+ + Cl^-)$

③ 양토나 식토는 사토에 비해 잠산성이 높아 pH가 같더라도 중화에 더 많은 석회를 필요로 한다.

(3) 가수산성

① 아세트산칼슘$[(CH_3COO)_2Ca]$과 같은 약산염으로 가해 주면 더 많은 수소이온(H^+)이 용출되어 나타나는 산성이다.

② 강산성 토양에서 Al이온은 산도를 높인다.

4. 산성토양의 원인

(1) 치환성염기의 용탈

① 토양교질(토양콜로이드)이 Ca^{2+}, Mg^{2+}, K^+, Na^+등으로 포화된 것을 포화교질, 토양교질에 치환성양이온 외에 H^+도 함께 흡착하고 있는 것을 미포화교질이라고 한다.

② **미포화교질이 많으면 중성염(KCl)이 가해질 때 H^+가 생성되어 산성을 나타낸다.**

$[colloid]H^+ + KCl \Leftrightarrow [colloid]K^+ + HCl(H^+ + Cl^-)$

③ **토양 중 Ca^{2+}, Mg^{2+}, K^+ 등의 치환성염기가 용탈되어 미포화교질이 늘어나는 것이 토양산성화의 가장 보편적인 원인이다.**

(2) 토양유기물이 분해될 때 생기는 **이산화탄소나 공기 중의 이산화탄소는 빗물이나 관개수 등에 용해되어 탄산을 생성**하며, 치환성염기는 탄산에 의해 용탈되며, 미포화교질이 많아져 토양을 산성화시킨다.

(3) **유기물 분해에 의한 유기산은 그 자체로 산성화의 원인**이며, 부엽토는 부식산때문에 산성화를 촉진시킨다.

(4) **토양 중 질소, 황이 산화되면 질산, 황산이 되어 토양이 산성화되고 염기의 용탈을 촉진**시킨다. **토양염기가 감소하면 토양광물 중 Al^{3+}이 용출되고, 물과 만나면 다량의 H^+를 생성**한다.

$Al^{3+} + 3H_2O \rightarrow Al(OH)_3 + 3H^+$

(5) 산성비료, 즉 **황산암모니아, 과인산석회, 염화칼륨, 황산칼륨, 인분뇨, 녹비 등의 연용은 토양을 산성화시킨다.**

(6) 화학공장에서 배출되는 산성물질, 제련소 등에서 배출되는 아황산가스 등도 토양을 산성화시킨다.

5. 산성토양의 개량과 재배대책

(1) 산성토양의 개량

① 석회와 유기물을 넉넉히 시비하여 토양반응과 구조를 개선하는 것이 근본대책이다.

② 석회만 시비하여도 토양반응은 조정되지만, 유기물과 함께 시비하는 것이 석회의 지중침투성을 높여 석회의 중화효과를 더 깊은 토층까지 미치게 한다.

③ 유기물의 시용은 토양구조의 개선, 부족한 미량원소의 공급, 완충능의 증대로 알루미늄이온 등의 독성이 경감된다.

④ 개량에 필요한 석회의 양은 토양의 pH나 종류에 따라 다르며, pH가 동일하더라도 점토나 부식의 함량이 많은 토양은 석회의 시용량을 늘려야 한다.

(2) 재배대책

① 산성에 강한 작물(옥수수, 수수, 메밀, 감자, 담배 등)을 심는다.

② 산성비료를 피한다. 석회와 유기물을 충분히 시용하고, 황산암모니아, 과인산석회, 황산칼륨, 염화칼륨, 인분뇨, 녹비 등의 연용을 피한다.

③ 용성인비는 산성토양에서도 유효태인 구용성 인산을 함유하고, 마그네슘의 함량도 많아 효과가 크다.

④ 산성토양은 용해도가 증가하여 **붕소가 유실되기 쉬우므로 10a당 약 0.5~1.3kg 정도 보급한다.**

6. 알칼리토양의 생성

(1) 해안지대의 새로운 간척지 또는 바닷물의 침입지대는 알칼리토양이 된다.

(2) 강우가 적은 건조지대에서는 규산염광물이 가수분해되어 방출되는 강염기에 의해 알칼리성 토양이 된다.

10 토양미생물

♀ 토양생물의 평균분포

토양생물	토양 1g 중 개수	토양생물	토양 1g 중 개수
세균	16,900,000	혐기성 사상균	1,326
방선균	1,340,000	조류	500
혐기성 세균	1,000,000	원생동물(지렁이 등)	40
사상균	205,000	−	−

1. 미생물의 종류

(1) 세균류

① 단세포생물

② 에너지 확보방식에 따라 자급(자가)영양세균과 타급(타가)영양세균으로 구분한다.

㉠ 자급영양세균 : 무기물을 산화하여 에너지 획득하고 CO_2에서 양분을 얻는다.

   예 질산균, 아질산균, 황세균, 철세균

㉡ 타급영양세균 : 유기물을 산화하여 에너지와 양분을 얻는다.

   예 질소고정세균, 암모니아화성균, 섬유소분해균

(2) 사상균(絲狀菌)

① 대부분의 곰팡이로 균사로 번식하고 에너지원과 영양원은 유기물을 분해해서 얻는다.
   (→ 타가영양체)

② 부식의 형성, **입단화**, 비옥도 등 토양에 많은 영향을 끼친다.

③ 대부분 호기성이고 넓은 범위의 pH에서도 생육이 양호하다.

(3) 방사상균(放射狀菌, 방선균)

① 세균과 곰팡이의 중간에 속하며 균사를 지니고 있다.

② 난분해성인 큰 단백질, 리그닌, 펙틴, 케라틴 등을 분해하여 에너지원과 영양원으로 사용한다.
   (→ 타가영양체)

③ 호기성이고 pH 5.0 이하에서는 생육이 억제된다.

㉠ 흙냄새 유발 : Actinomyces Odorifer

㉡ 항생물질 생산 : Terramycinm, Streptomycin, Neomycin

(4) 조류(藻類)

① 구분

㉠ 자가영양체 : 광합성 수행 예 남조류, 녹조류

㉡ 타가영양체

② 기능

㉠ 유기물 생성 : 무기양분의 동화

㉡ **공중질소 고정 : 남조류**

㉢ 광합성에 의한 산소공급

2. 작물에 유익작용

(1) 탄소순환 및 유실감소

① 작물에 의해 대기 중의 CO_2가 흡수되어 유기물(탄수화물)이 합성되고 이는 다시 미생물에 의해 분해되어 CO_2가 방출된다. 예 동화작용(광합성)

② 유실이나 용탈될 수 있는 무기영양성분을 흡수하여 토양에 다시 환원한다.

03

(2) 유기물의 분해

① 토양미생물은 유기물을 분해하여 불필요한 유기물의 집적을 막고, 무기화작용으로 유리되는 양분을 식물이 흡수할 수 있게 한다.

② **무기화작용은 유기태 질소화합물을 무기태로 변환하는 것으로 첫 단계가 암모니아화 작용 (Amide물질로부터 암모니아를 생성)이다.**

> **암모니아 화성작용**
> 토양 중의 단백질, 아미노당, 알카로이드, 핵산 등은 미생물에 의해 아미노화작용으로 아미노산으로 분해되고 다시 가급태(토양성분이나 비료요소 중에서 작물에 따라 흡수 이용될 수 있는 형태) 무기영양성분인 암모니아(NH_3)가 되어 작물이 이용하게 된다.

(3) 토양의 입단화

① 미생물이 유기물을 분해 시 토양의 입단화가 촉진된다.

② 미생물이 분비하는 polyuronide(질소유기화합물의 일종) 또는 미숙부식 등이 접착제로 작용하여 토양입자들을 결합하여 입단화시킨다.

(4) 유기물의 분해로 발생되는 유기 및 무기산(질산, 황산, 탄산)은 석회석과 같은 암석이나 인산, 철, 망간 같은 양분의 유효도를 높여준다.

① 인산의 가급태화 : 알루미늄이나 철과 결합되어 있는 인은 식물이 이용할 수 없는 불가급태(난용성)인데 인산가용성세균에 의하여 가급태로 변화시킨다.

(5) 유리질소의 고정

① 식물이 토양으로부터 질소를 얻기 위해서는 먼저 질소가 암모늄이온이나 질산염 형태로 바뀌어야 한다. 즉, **토양의 암모늄이온이나 질산염은 박테리아에 의해 대기질소나 유기물로부터 생성되고, 질소고정 박테리아는 대기질소를 암모늄이온으로 전환시킨다. 이 과정을 질소고정작용**이라 하며 대부분의 식물이 생존하는 데 필수이다.

② 공중질소고정작용 : 대기 중의 유리질소를 식물체가 이용할 수 있는 상태의 질소화합물로 바꾸는 일로서 *Azotobacter* 세균(호기성), *Clostridium* 세균(혐기성), 남조류(호기성), *Rhizobium* 세균(근류균, 뿌리혹박테리아)에 의해서 이루어진다.

✿ 근류균에 감염된 뿌리

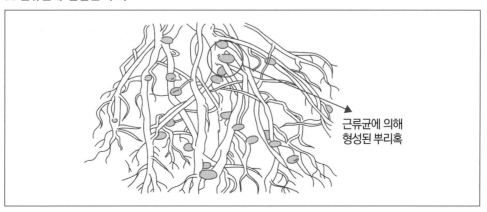

근류균에 의해
형성된 뿌리혹

(6) 질산화작용

① **암모늄이온(NH₄⁺)이 아질산이온(NO₂⁻)과 질산이온(NO₃⁻)으로 산화되는 과정**

② 토양 중의 암모니아태 질소(NH_4-N)은 산화적 조건 하에서 호기성 미생물에 의해 아질산을 거쳐 질산으로 변화되면 작물이 이용하게 된다.

$$NH_3 \xrightarrow[\text{아질산균}]{} HNO_2 \xrightarrow[\text{질산균}]{} HNO_3$$

> **질소의 변화**
>
> 1. 작물이 필요로 하는 질소의 형태는 암모늄태질소(NH_4-N)와 질산태질소(NO_3-N)이다.
> 2. 동식물사체에 포함된 유기질 질소화합물은 토양에서 토양미생물에 의하여 NH_4-N가 된다(암모니아화 작용). 이후 이 NH_4-N는 다른 미생물에 의하여 산화되어서 NO_2-N, NO_3-N로 변화된다(질산화작용). 이때 생성된 NH_4-N와 NO_3-N는 대부분 작물에 흡수되지만 일부는 탈질균(脫窒菌)에 의해 환원되어 N_2, N_2O, NO 등의 형태로 공기 중으로 휘산 된다(탈질작용).
>
> $$\text{유기질 질소화합물(단백질 등)} \rightarrow NH_4^+ \xrightarrow[\text{아질산균}]{} NO_2^- \xrightarrow[\text{질산균}]{} NO_3^-$$

(7) 무기물의 산화

① 가용성 무기성분을 동화하여 유실을 적게 한다.

② 균사 등의 점질물질에 의해서 토양의 입단이 형성된다.

③ 토양미생물 간의 길항작용은 토양전염 병원균의 활동을 억제한다.(미생물은 다른 종류의 미생물의 생육을 억제하거나 사멸시키는 항생물질을 생성)

④ 토양미생물은 지베렐린, 시토키닌 등의 식물생장촉진 물질을 분비시킨다.

(8) 근권 형성

① 식물 뿌리는 많은 유기물을 분비하거나 근관과 잔뿌리가 탈락하여 새로운 유기물이 되어 다른 생물의 영양원이 된다.

② 이것은 뿌리 근처에 강력한 생물학적 활동 영역인 근권(rhizosphere)을 형성하여 뿌리의 양분흡수 촉진, 뿌리의 신장생장 억제, 뿌리 효소활성을 높인다.

(9) 균근의 형성(인산흡수를 도와주는 대표적인 공생미생물)

① 내생균근 : 뿌리에 사상균(버섯 등)이 착생하여 공생함으로써 식물은 물과 양분의 흡수가 용이해지고 뿌리 유효표면이 증가하며 내염성, 내건성, 내병성 등이 강해진다.

② 외생균근 : 토양양분의 유효화로 담자균류, 자낭균 등이 왕성해지면 병원균의 침입을 막게 된다. 이는 균사가 펙틴질, 탄수화물을 섭취하여 뿌리 외부에 연속적으로 자라, 하나의 피복을 이루면서 뿌리는 완전히 둘러싸기 때문이다.

3. 유해작용

(1) 병해 및 선충해 유발

① 식물의 병을 일으키는 미생물이 많다.

　　토마토 세균병, 감자 시들음병, 채소 무름병, 뿌리썩음병, 점무늬병, 모잘록병 등

② 선충해를 유발한다. 엄밀하게는 선충은 미세하지만 소동물에 포함된다. 토양선충은 작물에 직접적인 피해뿐만 아니라 상처를 통한 병원균의 침투를 조장한다.

(2) 미숙유기물을 시비하면 질소기아현상처럼 작물과 미생물 간에 양분의 쟁탈이 일어난다.

> **질소기아현상**
> 일반토양의 C/N율이 10:1보다 높은 유기물을 토양에 주면 미생물과 작물사이에 질소의 경쟁이 유발되어 일시적으로 작물이 유효성질소의 부족을 겪게 되는 현상이다.

(3) 황산염을 환원하여 황화수소 등의 유해한 환원성 물질을 생성한다.

① 토양에 처음 함황아미노산이 발생하여 분해되면 SO_4, SO_3 같은 가급태로 변한다.

② Desulfovibrio, Desulfotomaculum 등의 혐기성(환원성)세균은 SO_4를 환원하여 H_2S가 되게 한다.

> **환원성 유해물질의 생성**
> 1. 배수가 불량한 습답토양에 유기물의 과잉시비 시 혐기성 미생물에 의하여 환원성 유해물인 각종 유기산이 생성된다.
> 2. 습답에서는 유기물의 혐기적 분해로 유기산이 집적되어 뿌리의 생장과 흡수장해를 일으킨다.
>
> **황산염의 환원**
> 토양 중의 유기태 유황화합물이 황산염 환원세균에 의해 혐기적 조건에서는 황화수소가 되어서 뿌리에 해를 초래하고 논에서 추락현상을 일으킨다.
> **＊ 추락현상** : 벼가 생육후반기인 생식생장기에 갑자기 하엽이 마르면서 수확량이 감소하는 현상

(4) 탈질세균에 의해 $NO_3^- \rightarrow NO_2^- \rightarrow N_2O$, $N_2(\uparrow)$로 되는 탈질작용을 일으킨다.

> **질산환원작용 및 탈질작용**
> 산소가 부족한 토양 중에서 (혐기조건) 질산화작용과는 반대로 질산환원균에 의하여 질산이 환원되어 아질산으로 되고 다시 암모니아로 변화(**질산환원작용**)되거나 탈질균에 의하여 유리질소(N_2, NO, N_2O)로 공기 중으로 휘산(**탈질작용**)되어 작물이 질소를 이용할 수 없게 된다.
>
> 질산환원작용 : $HNO_3 \rightarrow HNO_2 \rightarrow NH_3$
> 　　탈질작용 : $HNO_3 \rightarrow HNO_2 \rightarrow N_2O$ or N_2

4. 토양조건과 미생물

(1) 유용 토양미생물의 생육조건

① 토양 내에 유기물이 많고, 통기가 좋아야 한다.

② 토양반응은 중성~미산성이다.

③ 토양온도는 20~30℃, 토양습도는 과습하거나 과건하지 않을 때 생육이 왕성하다.

④ 윤작, 담수 또는 배수, 토양소독 등에 의해서 생육활동을 억제 및 경감시킬 수 있다.

(2) 뿌리혹박테리아의 접종

순수배양한 뿌리혹박테리아의 우량계통을 종자와 혼합하여 직접 토양에 주거나 콩과작물의 생육이 좋았던 밭의 그루 주변의 표토를 채취하여 40~60 Kg/10a 정도 첨가한다.

11 논토양과 밭토양

1. 논토양의 일반적인 특성

논토양의 특성 확인

1. 환원상태의 논토양

(1) 논토양은 물에 잠겨서 산소가 부족하기 때문에 **환원상태이다.**

(2) 용해도의 증가: Fe_2O_3 혹은 MnO_2와 같은 산화물은 녹기 어렵지만 환원형인 FeO와 MnO는 잘 녹는다. 인산철($FePO_4 \cdot nH_2O$)도 환원정도에 따라 용해도가 증가한다.

(3) 유기물의 혐기분해로 뿌리에 부정적인 영향을 미친다.

(4) 황을 황화수소로 환원시켜서 피해를 야기하고 환원된 황은 아연과 같은 미량원소를 불용화시키는 피해도 일으킨다.

2. 미생물의 변화

산소가 부족하여 호기성 미생물의 활동은 정지되고 혐기성 미생물이 증가한다.

3. 물리·화학적 변화

(1) pH: 담수가 되면 산성토양에서는 커지고, 염기성 토양에서는 저하된다. 평균 pH 6.5~7.5이다.

(2) 비전도도(比傳導度): 전류를 전도할 수 있는 물의 능력의 척도로서, 물속에 용해된 이온의 농도에 비례하는데, 담수 시 증가하다가 최고점에 도달한 이후 감소한다.

체크할 논토양의 일반적 특성

1. 토층분화

2. 탈질현상

3. 유기태 질소의 무기화: 벼가 직접 이용할 수 없는 유기태 질소가 무기화가 촉진된다.

4. 질소고정

5. 인산의 유효화: 담수 후 환원상태가 되면 난용성인 인산알미늄과 인산철이 유효화된다.

(1) 논토양의 환원과 토층의 분화

① **논토양에서 갈색 산화층(적갈색)과 환원층(청회색)으로 분화되는 것이 토층분화**로, 담수 후 시간이 경과한 뒤 **표층은 산화제2철에 의해 적갈색을 띤 산화층이 되고 그 이하의 작토층은 청회색의 환원층이 되며, 심토는 유기물이 적어서 다시 산화층**이 되는 토층분화가 일어난다.

   ㉠ **산화층** : 표층 수 mm에서 1~2cm이며, 산화제2철로 적갈색이다.

   ㉡ **환원층** : 표층 이하의 작토층은 산화제1철로 청회색이다.

(2) 산화환원전위(Eh)

① 산화와 환원 정도를 나타내는 기호로, Eh값은 밀리볼트(mV) 또는 볼트(Volt)로 나타낸다.

② 논토양에서 Eh는 여름에 환원이 심할수록 작아지고, 가을부터 이듬해 봄까지 산화가 심할수록 커진다.

③ 산화환원전위는 토양이 산화될수록 상승하고, 환원될수록 하강한다.

(3) 논토양에서의 탈질현상

① **암모니아태질소가 산화층에 들어가면 질화균이 질화작용을 일으켜 질산으로 된다.**

   $$NH_4^+ \rightarrow NO_2 \rightarrow NO_3^-$$

② **담수 논의 산화층에 있는 암모니아태질소는 질산으로 되어 환원층으로 내려가 질소가스로 탈질된다.**

③ 담수 후 유기물 분해가 왕성할 때에는 미생물이 소비하는 산소의 양이 많아 전층이 환원상태가 된다.

④ 암모니아태질소를 심부 환원층에 주면 토양에 잘 흡착되므로 비효가 오래 지속된다.

⑤ **탈질현상에 의한 질소질 비료의 손실을 줄이기 위하여 암모니아태질소를 환원층에 준다.**

탈질현상의 개념

토양에 흡착되지 못하고 환원층인 하층토로 용탈된 질산은 탈질균에 의해 환원되어 공기 중으로 휘산된다($NO_2 \rightarrow NO \rightarrow N_2O \rightarrow N_2$).

심층시비

암모늄태 질소를 환원층에 시비하면 질화균의 작용을 받지 않기 때문에 비료효과가 오래 지속된다.
• 산화층에서는 암모늄태질소가 질화균의 작용으로 질산으로 산화되면 유실되기가 쉽다.

전층시비

암모늄태 질소를 논 전면에 뿌린 다음 갈아엎어서 작토의 전층에(대부분이 환원층) 섞이도록 하는 것으로서 심층시비의 실제방법이 된다.

---

(4) 양분의 유효화

① 답전윤환 재배에서 논토양이 담수 후 환원상태가 되면 밭상태에서는 난용성인 인산알루미늄, 인산철 등이 유효화된다.

② 담수된 논토양은 유기물이 축적되는 경향이 있고, 물이 빠지면 유기태질소가 분해되어 질소는 흡수되기 쉬운 형태로 변한다.

③ 담수된 논토양의 심토는 유기물이 극히 적어서 산화층을 형성한다.

④ 담수상태의 논에서는 조류의 대기질소 고정작용이 나타난다.

(5) 유기태질소의 무기화

① 잠재지력의 건토효과

㉠ **토양을 건조하면 토양유기물이 쉽게 분해될 수 있는 상태로 되고, 여기에 물을 가하면 미생물의 활동이 촉진되어 다량의 암모니아가 생성되는 현상이다.**

㉡ **건조가 충분하고 유기물의 함량이 많을수록 효과가 크다.**

② 지온상승 효과 : **한여름에 지온이 상승하면 유기태질소의 무기화가 촉진되어 암모니아가 생성된다.**

③ 알칼리 효과

㉠ 알칼리 처리로 나타나는 효과이다.

㉡ 토양에 알칼리나 산을 첨가하여 반응을 변화시킨 후 담수하면 유기태질소의 무기화가 촉진된다.

2. 바람직한 논토양의 성질요소와 지력증진 방안

(1) 작토

작물의 뿌리가 자유롭게 뻗어 양분을 흡수하는 곳이다.

(2) 유효토심

뿌리가 작토 밑으로 더 뻗어 나갈 수 있는 깊이이다.

(3) 투수성

논토양에서 투수성은 매우 중요한 성질 중의 하나이다.

(4) 토성

모래의 함량과 점토의 함량에 따른 특성이다.

(5) 지력증진방안

① 심경

㉠ 노후화가 심하여 양분이 토양의 아래층에 용탈·집적된 노후화답에서 시행한다.

㉡ 목적

• 작토의 양 증대

• 보비력증대

• 용탈·집적된 무기성분을 작토에 혼입

② 객토

㉠ 붉은 산흙을 사용

㉡ 산흙의 효과

• 높은 양이온치환능력

• Fe, Mn과 같은 무기성분 함유

• 높은 완충능력

• 양질의 점토함량 함유

③ 유기물 시용
　　㉠ 양이온치환능력 증대
　　㉡ 완충능력 증대
　　㉢ 보수 · 보비력 증대
　　㉣ 입단화 조성
④ 석회질 시용 : 간척한지 얼마 안 된 염해논에 시용하는데 소석회를 시용하면 산도가 급히 올라가기 때문에 석회를 시용하는 것이 효과적이다.
⑤ 결핍성분의 보급 : 노후화답에 철을 포함한 물질과 규산질 비료를 시용하고, 석회암 지대에는 아연 등을 보급한다.(석회암지대의 논은 아연이 유황 등과 결합하여 불용성의 황화아연이 되어 아연결핍 현상 발생)
⑥ 건토(乾土)효과 : 논의 토양을 말렸다가 물을 대면 토양유기물의 성질이 변하여 미생물이 분해하기 쉬운 상태로 되고 미생물의 활동이 촉진되어서 암모늄태(態) 질소의 분량을 증가시킨다.
⑦ 규산질비료의 시용 : 가장 많이 흡수하는 벼는 표피가 튼튼해져서 병균의 침입을 막고 저항성이 증진된다.
⑧ 아연시용 : 토양이 환원되고 산도가 올라가는 6월 중 · 하순에 아연결핍증상이 발생한다.

3. 논토양의 유형 및 국내 분포비율

구분	특성	국내 분포율(%)
보통논	이상적인 논	33
사질논	모래가 많아 물빠짐이 많은 논	31
미숙논	새롭게 조성된 논	23
습논	항상 담수상태인 논	9
염해논	바닷물의 영향으로 염분이 많은 논	3.8
특이 산성논	토양에 황이 많은 논	0.2

4. 저위생산지 개량 – 논토양의 노후화

(1) 저위생산논은 충분한 시비와 노력으로도 벼의 수확량이 얼마 되지 않는 논으로 노후화 토양, 누수 토양, 물 빠짐이 나쁜 질흙이 그 대부분을 차지한다.

(2) 노후화답
 ① 노후화답
  ㉠ 논의 작토층에서 철과 망간 등이 용탈되어 산화상태인 하층에 운반되고 동시에 여러 가지 염기도 함께 용탈되어 생산력이 몹시 떨어진 논이다.(podzol화 작용, 담수에 의한 환원화)
  ㉡ 노후화의 영향으로 다양한 무기성분이 심하게 용탈된 논토양을 의미한다.
   • 철과 망간 등의 함량이 적고 투수가 잘되는 토양에서 Fe^{3+}, Mn^{3+} 등의 용탈로 심토의 산화층에 집적된다.
   • 보비력이 적은 사질답이나 유기물이 과다한 습답에서도 발생한다.
  ㉢ 추락현상
   • 철분이 결핍되면 황화수소에 의해서 벼뿌리가 상하게 되어 양분의 흡수가 저해되므로, 벼가 깨씨무늬병이 발생으로 아랫잎부터 고사하고, 가을 성숙기에는 상위엽까지 고사하여 벼의 수확량이 감소하여 피해를 주는 현상이다.
   • 노후화답은 작토층으로부터 활성철이 용탈되어 황화수소(H_2S)를 불용성의 황화철로 침전시킬 수 없어 추락현상이 발생한다.
   • 담수하의 작토 환원층에서는 황산염이 환원되어 황화수소가 생성되는데, 철분이 많으면 벼 뿌리가 산화철(적갈색)의 피막을 형성하여 황화수소가 철과 반응하여 황화철이 되어 침전하므로 벼에 해를 주지 않는다.
  ㉣ 노후화답의 개량
   • 객토 : 산의 붉은 흙, 못의 밑바닥 흙, 바닷가의 질흙 등으로 객토하여 철과 미량요소를 공급한다.
   • 심경 : 토층 밑으로 침전된 양분을 작토층으로 되돌린다.
   • 함철 자재의 시용 : 갈철광의 분말, 비철토, 퇴비철 시용한다.
   • 규산질비료의 시용 : 규산석회, 규회석 등은 규산과 석회뿐만 아니라 철, 망간, 마그네슘도 함유되어 있다.
   • 노후화답의 재배대책 : 저항성 품종의 선택, 조기재배, 무황산근 비료의 시용, 추비 중점의 시비, 엽면시비 등이다.
   • 황산기비료인 $(NH_4)_2SO_4$, $K_2(SO_4)$ 등을 사용하지 않는다.

핵심체크

1. 추락현상의 방지

황화수소가 뿌리에 해를 끼쳐서 발생하는데 철분함유물을 시용하면 황화수소가 철과 반응하여 황화철 (FeS)이 되어 침전되기 때문에 방지할 수 있다.

2. 노후화답의 특징(원인)

  ⑴ 철화합물의 용탈

  ⑵ 황화수소 발생

  ⑶ 깨씨무늬병 발생

  ⑷ 무기양분의 부족

  ⑸ 암갈색의 벼뿌리

3. 노후화답의 개량

  ⑴ 심경

  ⑵ 객토

  ⑶ 유기물·석회질·함철물질·규산질 시용

4. 노후화답의 재배대책

  ⑴ **저항성품종 선택**: 황화수소에 저항성 큰 품종 선택

  ⑵ **조기재배**: 조기 수확 시 추락현상 감소

  ⑶ **추비**: 생육후기 영양확보

  ⑷ **무황산근 비료 시비**: 황화수소 발생원 사전 차단

  ⑸ **엽면시비**: 생육후기 영양확보

  ⑹ **배수**: 건조 시 토양통기로 인한 추락현상 감소

  ⑺ **기타**: 직파재배, 답전윤환, 휴립재배 등을 통한 추락현상 감소

⑶ 누수답

  ① 누수답(사력질답)은 작토층이 얕고 밑에는 자갈이나 모래층이 있어 물 빠짐이 심하며, 보수력이 약한 논이다.

  ② 양분의 용탈이 심하여 쉽게 노후화 토양으로 변하며, 지온상승이 느리고, 점토분이 적으며 토성이 좋지 않다.

  ③ 개량: 객토 및 유기물을 증시하고, 밑다듬질로 누수를 방지한다.

⑷ 식질논

  ① 통기성이 불량하고, 유기물이 집적되며, 단단한 뿌리가 잘 뻗지 못하며, 배수불량으로 유해물질의 농도가 높아져 뿌리의 활력이 약하다.

  ② 개량: 가을갈이를 하고, 유기물을 시용하여 토양의 구조를 입단화시킨다.

⑸ 점질토답

  ① 작토층의 점토가 하향 이동되어 집적되면 공기 및 수분유통이 차단된다.

  ② 산소부족에 따른 통기성이 나빠서 뿌리뻗음이 불량하며 유기질이 집적되고 배수가 불량하고, 깨씨무늬병이 발생한다.

  ③ 개량: 심경을 통한 배수와 유기물과 토양개량제 시용으로 입단의 형성을 조장한다.

(6) 습답

① 지하수위가 높고 항상 **담수상태라서 유기물 분해가 저해되어 미숙 유기물이 다량 집적이 된다.**

② 온도 상승 시 급격한 유기물 분해로 산소가 고갈되며, **황화수소와 유기산 같은 유해물질이 발생되어 뿌리썩음병(根腐病)이 발생하고 추락의 원인이 된다.**

③ 전층이 환원층으로 청회색을 띠며 유기물이 집적되며 유기물이 혐기적으로 분해되어 유기산을 생성하나 투수가 적으므로, **작토 중에 유기산이 집적되어 뿌리의 생장과 흡수 작용에 장해를 준다.**

④ 지온 상승효과에 의해 질소가 공급되므로 벼의 생육 후기에는 질소가 과다하게 되어 병해 · 도복을 유발한다.

⑤ 개량방법

　㉠ 명거 · 암거 배수 등을 꾀하여 유해 물질을 제거한다.

　㉡ 객토로 철분을 공급한다.

　㉢ 이랑재배 및 휴립재배로 토양 통기를 조장한다.

　㉣ 석회 시용으로 산성중화와 질소의 시용량을 줄인다.

(7) 미숙논

① 새로 만든 논으로, 유기물함량이 적고, 담수상태에서도 양분 유효가 낮다.

② 개량 : 인산, 석회, 유기물 시용, 입단화 촉진시켜서 통기 · 투수성을 증대시킨다.

(8) 염해논

① 환원이 심하고, 황화수소의 발생과 아연결핍 등이 나타난다.

② 개량

　㉠ 상층에서 염분을 물로 씻어낸다.

　㉡ 간척초기에는 석회 대신 석고를 시용한다.(산도의 급격한 상승 방지를 위해 석고사용)

　㉢ 황산아연을 시용한다.

(9) 특이 산성논

① 황의 산화물인 황산의 영향으로 pH가 3.5 이하인 논으로서 작물의 재배가 불가능하다.

② 알루미늄이 많고 환원이 심하여 양분흡수 저해물질이 생성된다.

③ 개량

　㉠ 소석회나 규산을 충분히 시용하고, 칼륨질 비료를 산화층(표층)에 시용한다.

　㉡ 배수시설로 표층 내의 황 함량을 줄인다.

> **건답**
> 1. 관개수원이 풍부하고 배수도 자유로워서 논에 물을 임의로 대고 뺄 수가 있는 논이다.
> 2. 물을 대면 논이 되고, 물을 빼면 밭으로 이용이 가능해서 답리작, 답전작 등에 유리하다.
> 3. 유기물의 분해가 잘 되며, 관 · 배수가 자유로워 생산력이 높다.

03

5. 밭토양

(I) 특징

① 경사지에 많으며 침식 가능성이 높고 유효토심이 얕다.

② 양분의 천연공급량은 낮다.

③ 연작 장해가 많고, 강우에 양분이 용탈되기 쉽다.

④ 산성화, 입단구조의 파괴, 연작장해가 많다.

(2) 유형별 현황

구분	보통밭	사질밭	미숙밭	중점밭	화산회밭	고원밭
비율(%)	42	23	18	14	2	1

✱ **중점밭** : 점토함량이 많아 불투수층 형성으로 물과 공기의 이동이 느린 밭

(3) 바람직한 밭토양

① 보수성과 배수성이 좋고, 대체로 미산성~중성이다.

② 작토는 20cm 이상, 유효토심은 50cm 이상이다.

③ 인산과 미량원소의 결핍 등이 없어야 한다.

④ 토양의 공극량은 50%로 액상과 기상이 각각 25%씩이다.

⑤ 유효토심의 토양경도는 너무 높지 않아야 한다.

(4) 논과 밭토양의 차이

구분	논토양	밭토양
양분의 존재와 변화	• 관개수의 양분공급으로 지력이 유지된다. • 혐기성세균의 활동으로 질산은 질소가스로, Fe^{3+}는 Fe^{2+}로, SO_4^{2-}는 S 또는 H_2S로	• 빗물에 의한 양분 유실로 지력이 저하된다. • 암모니아는 질산으로 Fe^{2+}는 Fe^{3+}로, S는 SO_4^{2-}로
토양의 색깔	청회색, 회색	황갈색, 적갈색
산화물과 환원물	• 환원물 존재(N_2, H_2S, S) • NO_3는 토양에 흡착되지 않고 탈질작용을 일으킨다.	산화물 존재 (NO_3, SO_4)
토양 pH	담수상태에서서도 낮과 밤에 따라 차이가 있고, 담수기간과 낙수기간에 따라 차이가 있다.	낮과 밤, 담수기간과 낙수기간에 차이가 없다.
양분의 유실과 천연 공급량	• 인산의 유효도 증가(산화상태인 밭의 인산은 철, 알루미늄이 결합하여 불용화) • 용해된 철과 망간이 토양의 아래층에 쌓여서 노후화 토양으로 전환	• 강우에 의한 양분의 용탈로 산성화 • 토심 얕고 세립질 토양은 투수성 불량 • 한해(旱害)피해에 취약
산화환원 전위(Eh)	Eh값은 환원이 심한 여름에 작아지고, 산화가 심한 가을부터 봄까지 커진다.	논토양보다 높다.

✱ pH가 상승하면 Eh값은 낮아지는 상관관계가 있다.

(5) **국내 경작지의 상황**

　① 여름철 집중적인 호우로 토양침식이 심하다.

　② 낮은 유기물함량(2~3%)과 단립구조로 보수력이 약하다.

　③ 산성화, 척박함, 온난 습윤한 기후로 유기물의 분해가 촉진된다.

　④ 저위생산지(논 : 68%, 밭 : 58%)가 많고 지력이 낮다.

　⑤ 인산·칼리 함량이 높고, 규산함량은 낮다.

12 간척지, 개간지 토양

1. 간척지 토양

(1) **특성**

　① 토양의 염화나트륨이 **0.3% 이하면 벼의 재배가 가능하나 0.1% 이상이면 염해의 우려**가 있다.

　② 간척지토양의 모재는 미세한 입자로 비옥하며, 점토가 과다하고 나트륨이온이 많아서 토양의 투수성과 통기성이 나쁘다.

　③ 해면 하의 집적 황화물이 간척 후 산화되면서 황산이 되어 토양이 강산성이 된다.

　④ 간척지답은 지하수위가 높아서 유해한 황화수소의 생성이 증가할 수 있다.

(2) **개량**

　① 석회 시용하여 산성을 중화하고, 염분의 용탈을 조장한다.

　② 석고, 토양개량제, 생짚 등을 시용하여 토양의 물리성을 개량한다.

　③ 관배수 시설로 염분과 황산 제거하고, 이상적 환원상태의 발달을 방지한다.

　④ 염생식물 재배로 염분 흡수를 조장한다.

　⑤ 합리적인 제염법을 선택한다.

　　㉠ 담수법 : 물을 10여 일 간격으로 깊이 대어 염분을 녹여 배출하는 방법이다.

　　㉡ 명거법 : 5~10m 간격으로 도랑을 내어 염분이 도랑으로 씻겨 내리도록 한다.

　　㉢ 여과법 : 땅 속에 암거를 설치하여 염분을 여과시키고 토양통기도 조장한다.

(3) **내염재배**

　① 내염성이 강한 품종을 선택한다.

　② 간척지의 벼재배는 이앙법이 유리하며, 조기재배 및 휴립재배를 실시한다.

　③ 논에 물을 말리지 않고, 자주 환수한다.

　④ **석회시용과 황산암모니아나 황산칼륨 등의 비료의 시용을 피하고 요소, 인산암모니아, 염화칼륨 등을 시용한다.**

　⑤ 여러 차례 나누어 시비하고 시비량은 많게 한다.

(4) 작물의 내염성 정도

① 내염성 강 : **사탕무, 유채, 양배추, 목화**

② 내염성 중 : 알팔파, 토마토, 수수, 보리, 벼, 밀, 호밀, 아스파라거스, 시금치, 양파, 호박, 고추, 무화과, 포도, 올리브

③ 내염성 약 : 완두, 셀러리, 고구마, 감자, 가지, 녹두, 배, 살구, 복숭아, 귤, 사과, 레몬

2. 개간지 토양

(1) 특성

① 대체로 산성이며, 부식과 점토가 적고, 치환성염기가 적다.

② 경사진 곳이 많아 토양보호에 유의해야 한다.

③ 토양구조가 불량하고, 인산 등 비료성분이 적으며, 토양의 비옥도가 낮다.

(2) 개량방법

① 개간 초기에는 밭벼, 고구마, 메밀, 호밀, 조, 고추, 참깨 등을 재배하는 것이 유리하다.

② 고온작물, 중간작물, 저온작물 중 알맞은 것을 선택하여 재배한다.

13 토양오염

1. 중금속오염

(1) 중금속과 피해

① 금속광산의 폐수, 제련소의 분진, 금속공장의 폐수, 자동차의 배기가스, 화력발전소 등이 농경지에 들어가면 대부분 토양에 축적이 된다.

② 식물의 중금속 흡수는 호흡작용이 저해되고, 지나친 경우 세포가 사멸한다.

③ 논토양의 비소함량이 10ppm을 넘으면 수량이 감소한다.

④ 구리는 생육장애를 발생시키는데, 특히 맥류에서 더 민감하게 발생한다.

⑤ 수은의 축적으로 미나마타병이 유발된다.

⑥ 카드뮴의 축적으로 이타이이타이병이 유발된다.

(2) 피해대책

① 중금속을 흡수할 수 없도록 토양 중 유해 중금속을 불용화한다.

② 유해 중금속의 불용화 정도 : 인산염 > 수산화물 > 황화물 순으로 크다.

③ 담수재배 및 환원물질을 시용한다.

④ 석회질 비료와 유기물을 시용한다.

⑤ 인산질을 시용한다.

⑥ 제올라이트, 벤토나이트 등의 점토광물 시용으로 흡착에 의한 불용화를 유도한다.

⑦ 경운, 객토 및 쇄토를 하고, 중금속 흡수식물을 재배한다.

2. 염류장해

(1) 염류집적의 피해

① 주로 시설재배에서 나타나며, 연속적인 작물의 시비로 작물이 이용하지 못하고 집적되어 장해가 나타난다.

> **시설재배지의 특성**
> 1. 연속적인 작물의 시비로 작물이 이용하지 못하고 집적되어 염류집적이 크다.
> 2. 시설 내의 온도와 습도 조절은 노지보다 용이하다.

② 토양용액이 작물의 세포액 농도보다 높아서 삼투압에 의한 양분의 흡수가 이루어지지 못한다.
③ 토양수분이 적고, 산성토양일수록 심하다.
④ 어린뿌리의 세포가 장해를 받아 지상부 생육장해와 심한 경우 고사한다.

(2) 피해대책

① 객토 및 환토, 심경을 하고, 유기물을 시용한다.
② 피복물을 제거하고, 담수처리한다.
③ 흡비작물을 이용한다.(옥수수, 수수, 호밀, 수단그라스 등)

14 토양보호

1. 토양침식과 보호

(1) 강우로 표토가 유실되거나 바람에 의해 표토가 비산되어 지력이 저하하는 현상을 토양침식이라고 한다.

(2) 수식의 종류

표면침식	• 침식의 초기유형 • 토양표면이 얇게 유실되는 침식
세류(狀)침식 (雨谷침식)	• 침식의 중기유형 • 토양표면에 잔 도랑이 불규칙하게 생기면서 침식
계곡(溪谷)침식	• 침식이 가장 심할 때 발생 • 도랑이 커지면서 표토와 심토가 심하게 침식

(3) 수식에 영향을 미치는 요인

① 강우
  ㉠ 강한 강우는 표토의 비산이 많고, 유거수가 일시에 많아져 표토가 유실된다.
  ㉡ 10분간 2mm를 초과하는 강우는 토양침식의 위험이 있다.
  ㉢ 우량(雨量)보다는 우세(雨勢)의 영향이 크기 때문에 단시간의 폭우가 장시간의 약한 비에 비해 토양침식이 더 크다.

② 토양의 성질

㉠ 내수성 입단의 형성, 심토의 투수성은 침식이 적다.

㉡ 자갈은 강우의 타격을 견디고, 유거수를 일시 정체시켜 토양침투를 조장해 침식이 적다.

㉢ 식토는 빗물의 흡수량이 적어서 침식되기 쉽고 사토는 분산되기 쉬워 침식을 받기에 용이하다.

㉣ 수분함량·점토·교질 함량이 적고, 가소성·팽윤도가 작을수록 내식성이 크다

③ 지형 – 경사도와 경사장(傾斜長)

㉠ 경사가 급하면 토양이 불안전하며 유거수의 유속이 빨라지므로 침식이 조장된다.

㉡ 경사면이 길면 유거수의 가속도에 의해 침식이 조장된다.

㉢ 적설량이 많고 식생이 적은 사면은 침식이 많다.

㉣ 바람이 새거나 토양이 불안정한 사면은 침식이 많다.

④ 식생

㉠ 식생은 강우의 타격을 막고 유거수의 유속을 줄여 토양침투를 많게 하여 침식을 막는다.

㉡ 식생의 피복도가 클수록 침식은 경감된다.

(4) 수식 대책

① 산림조성 및 초지화

② 초생재배 : 청경재배 대신 목초, 녹비 등을 나무 밑에 가꾸는 재배법

③ 단구식 재배

④ 대상재배

⑤ 등고선 경작

⑥ 토양피복

⑦ 합리적 작부체계

수식의 대책 세부설명

1. 유거수 속도 조절을 위한 경작법의 실시

⑴ 등고선 재배 : 등고선을 따라 경사면에 이랑을 만들어 재배

⑵ 초생대 대상재배 : 경사면의 등고선을 따라 일정간격으로 초생대를 조성

⑶ 배수로설치 재배 : 경사면의 등고선을 따라 일정간격으로 배수구를 조성

2. 경지의 적정 이용법 강구 : 경사도에 따른 재배법

⑴ 15% 이하 : 등고선 재배법

⑵ 15~25% : 배수로설치 재배, 초생대 재배

⑶ 25% 이상 : 계단식 재배

3. 토양표면의 피복

⑴ 부초법

⑵ 인공피복법

4. 내식성 작물(토양보전작물)의 선택

내식성 작물의 조건

1. 키가 작고 잎이 짧으며, 긴 잔뿌리가 많으며, 지면 가까이에 잎과 줄기가 무성하다.
2. **수확 후 유기물을 많이 함유**
   (1) 내식성 강한 식물 : 목초, 호밀
   (2) 내식성 약한 식물 : 콩, 옥수수, 감자, 담배, 과수, 목화, 채소
3. **작부체계 개선**
4. **토양개량**
   (1) 퇴비·녹비 등 유기물 시용
   (2) 석회물질의 시용(석회물질은 토양의 입단화를 촉진)
   (3) 토양개량제 시용 : 입단생성제인 크릴륨과 아크리소일 등

2. 풍식(風蝕)의 요인

(1) 풍속

(2) 토양의 성질

토양구조가 발달되어 있으면 강풍에 의한 입단의 파괴와 입자의 비산이 적거나, 토양이 건조하거나 수분함량이 적으면 풍식이 커진다.(수식과 반대되는 현상)

(3) 토양표면의 피복상태

(4) 인위적 작용
   ① 이랑의 방향 : 바람이 불어오는 방향은 풍식이 크다.
      ㉠ 작물 재배하지 않을 경우 : 풍향과 직각
      ㉡ 작물 재배할 경우 : 풍향과 평형(토사퇴적으로 인한 매몰 방지가 목적)
   ② 경운 : 거친 경운이 토양이 건조되어 풍식이 크다.

3. 풍식과 대책

(1) 원인

토양이 가볍고 건조할 때 강풍에 의해 발생한다.

(2) 대책
   ① 방풍림·방풍울타리 설치는 풍향과 직각방향으로 한다.(방풍효과 범위 : 그 높이의 10~15배)
   ② 피복식물을 재배하여 토사의 이동을 방지한다.
   ③ 관개하여 토양을 젖어있게 한다.
   ④ 이랑의 풍향과 직각이 되도록 한다.
   ⑤ 겨울에 건조하고 바람이 센 지대에서는 높이베기로 그루터기를 이용해 풍력을 약화시키며, 지표에 잔재물을 그대로 둔다.
   ⑥ 토양개량 － C/N율이 높은 유기물 시용한다.(미숙 난분해성 유기물)
   ⑦ 토양진압을 한다. : 겨울철과 봄철의 동절기에 실시(모관상승에 의한 지하수분공급이 원활해짐)

Chapter 03 수분환경

1 작물의 흡수

1. 작물생육에 있어 수분의 기본역할

(1) 식물체의 구성물질의 성분이다.

(2) 식물세포 원형질의 생활상태를 유지한다.

(3) 필요물질을 흡수하는 용매역할을 한다.

(4) 식물체 내의 물질 분포를 고르게 하는 매개체이다.

(5) 세포의 긴장상태를 유지시켜 식물의 체제유지를 가능하게 한다.

(6) 필요물질의 합성 · 분해의 매개체이다.

2. 수분퍼텐셜(Water Potential)

(1) 개념

① 수분의 이동을 어떤 상태의 물이 지니는 화학퍼텐셜을 이용하여 설명하고자 도입된 개념으로, 작물생리학에서는 삼투압의 개념보다 수분퍼텐셜의 개념을 널리 사용한다.

② 수분이동 기작

토양속의 물 → 뿌리로 흡수 → 목질부에서 잎 → 기공 증산 작용 → 대기권으로 이동한다.

③ **물은 낮은 삼투압 → 높은 삼투압으로 이동하고, 높은 수분퍼텐셜 → 낮은 수분퍼텐셜로 이동한다.**

④ 물의 수분퍼텐셜(기호는 Ψ로 표시하는데, psi(프사이)로 발음)이 높은 곳에서 낮은 곳으로 이동하며 두 곳의 수분퍼텐셜이 같아서 낙차($\Delta\Psi$)가 0이 되어 수분의 평형상태에 도달하면 이동이 멎는다.

⑤ 수분퍼텐셜 (Ψ w)은 한 조건에서 용액 중 물의 화학퍼텐셜과 대기압하의 같은 온도에서의 순수한 물의 화학퍼텐셜의 차이를 물의 부분몰용적으로 나눈 값이다.

⑥ 어떤 물질의 화학퍼텐셜은 상대적 값으로 주어진 상태에서 한 물질의 퍼텐셜과 표준상태에서 같은 물질의 퍼텐셜의 차이로 나타내며, 수분퍼텐셜도 그 절대량을 특정할 수 없어 어떤 기준점을 설정하여 이를 중심으로 값을 정하는 데 1기압 등온조건의 기준 상태에서 순수한 물의 수분퍼텐셜을 0으로 간주한다. 따라서 수분퍼텐셜은 항상 0보다 낮은 음(-)의 값을 가진다.

⑵ 구성

$$수분퍼텐셜(\Psi w) = 삼투퍼텐셜(\Psi s) + 압력퍼텐셜(\Psi p) + 매트릭퍼텐셜(\Psi m)$$

① 삼투퍼텐셜(Ψs)
   ㉠ **용질 농도에 따라 영향을 받는 물의 퍼텐셜에너지**이다.
   ㉡ 용질의 농도는 물의 퍼텐셜에너지를 낮춰주고, 순수한 물의 수분퍼텐셜은 0 이기에, 용질을 포함한 용액은 **항상 음(−)의 값**을 가진다.

> **삼투압 vs 삼투퍼텐셜**
> 1. 삼투압은 반투막 계에서의 부피증가를 막는데 필요한 압력으로 물의 유입에 저항하는 압력이다.
> 2. 삼투퍼텐셜은 물이 반투막에 유입할 수 있게 하는 압력이다.
> 3. 이 두 힘은 같은 값이지만 반대 방향성을 갖기 때문에 음수의 관계를 갖는다.

② 압력퍼텐셜(Ψp)
   ㉠ **식물세포 내 벽압이나 팽압의 결과로 생기는 정수압(세포 안쪽에서 세포 바깥쪽으로 압력)에 따른 퍼텐셜에너지**이다.
   ㉡ 식물세포에서는 일반적으로 **양(+)의 값**을 가진다.

③ 매트릭퍼텐셜(Ψm)
   ㉠ 매트릭퍼텐셜은 식물체 내의 수분퍼텐셜에 거의 영향을 미치지 않는다.(종자발아시 수분흡수에 관여, 그 후는 식물세포에서의 수분퍼텐셜을 결정하는데 무시)
   ㉡ **교질물질과 식물세포의 표면에 대한 물의 흡착친화력에 의해 나타나는 퍼텐셜에너지**로, 물분자와 이와 접촉하는 메트릭스(토양입자, 고형물질, 세포벽 등) 간의 장력을 제거하여, 메트릭스에서 물분자를 떼어내는 데 들어가는 힘이다.
   ㉢ 메트릭스간의 장력이 작용하기 때문에 **음(−)의 값**을 갖는다.
   ㉣ 토양의 수분퍼텐셜의 결정에 매우 중요하다.

④ 식물체 내의 수분퍼텐셜
   ㉠ 식물체 내의 수분퍼텐셜은 0이나 음(−)의 값을 갖는다.
   ㉡ **식물체 내의 수분퍼텐셜은 매트릭퍼텐셜의 영향을 거의 받지 않고, 삼투퍼텐셜과 압력퍼텐셜이 좌우하므로 수분퍼텐셜(Ψw) = 삼투퍼텐셜(Ψs) + 압력퍼텐셜(Ψp)로 표시한다.**
   ㉢ 세포의 부피와 압력퍼텐셜이 변화함에 따라 삼투퍼텐셜과 수분퍼텐셜이 변화한다.
   ㉣ **압력퍼텐셜과 삼투퍼텐셜이 같으면 세포의 수분퍼텐셜이 0이 되므로 팽만상태**가 된다.
   ㉤ **수분퍼텐셜과 삼투퍼텐셜이 같아지면 압력퍼텐셜은 0이 되므로 원형질분리**가 일어난다.
   ㉥ 수분퍼텐셜은 토양에서 가장 높고, 대기에서 가장 낮으며, 식물체 내에서는 중간의 값을 나타낸다.

3. 흡수의 기구

(1) 삼투압

① 삼투 : 식물세포의 세포질막은 인지질로 된 반투막이며, 외액이 세포액보다 농도가 낮을 때는 외액의 수분농도가 세포액보다 높은 결과가 되므로 **외액의 수분이 반투성인 원형질막을 통하여 세포 속으로 확산해 들어가는 것을 삼투라 한다.**

② 삼투압 : 내액과 외액의 농도차에 의해서 **삼투를 일으키는 압력으로** 저농도에서 고농도로 용매(물)이 이동한다.

(2) 팽압

① **삼투에 의해서 세포 내의 수분이 증가하면서 세포의 크기를 증대시키려는 압력이다.**

② **팽압은 식물의 체제유지를 가능**하게 한다.

(3) 막압

팽압에 의해 세포막이 늘어나면, 탄력성에 의해서 다시 안으로 수축하려는 압력이다.

(4) 흡수압

① 식물세포의 삼투압은 세포내로 수분이 들어가는 압력이고, 막압은 세포외로 수분을 배출하는 압력이다.

② **실제의 흡수는 삼투압이 막압보다 높을 때 이루어지는데 이를 흡수압 또는 DPD(확산압차)라고 한다.**

(5) SMS(Soil Moisture Stress)

① 작물의 쭈리는 토양 용액으로부터 수분을 흡수하는데, 이때 토양의 수분보유력은 작물의 수분흡수에 저항하는 작용을 한다.

② 토양의 수분보유력과 토양용액의 삼투압을 합친 것을 말한다.

③ 작물뿌리가 토양으로부터 수분을 흡수하는 것은 DPD와 SMS 사이의 압력의 차이로 이루어진다.

$$수분흡수 = DPD - SMS(DPD') = (a - m) - (t + a')$$

a : 세포의 삼투압　　　m : 세포의 팽압(막압)

t : 토양의 수분보유력　　a' : 토양용액의 삼투압

(6) DPDD(확산압차구배)

① 식물조직 내의 사이에서도 서로 DPD의 차이가 있는 이를 DPDD라고 한다.

② 세포들 사이의 수분이동은 이에 따라 이루어진다.

(7) 팽만상태

세포가 최대로 수분을 흡수하면 삼투압과 막압이 같아서 흡수압(DPD)이 0이 되는 상태이다.

(8) 원형질분리

외액의 농도가 세포액보다 높아질 때(세포액의 농도가 외액보다 높아질 때) 세포액의 수분이 외핵으로 나가며 원형질이 수축되고 세포막이 분리된다.

⑼ 수동적 흡수

① 물관 내의 부압(−)에 의한 흡수로 ATP의 소모가 없다.

② 증산이 왕성할 때에는 물관 내의 확산압차가 주의 세포보다 극히 커지고, 조직 내의 DPDD를 극히 크게 하여 흡수를 왕성하게 한다.

⑽ 적극적 흡수

① 세포의 삼투압에 기인하는 흡수로 ATP의 소모가 있다.

② 일비현상(exudation, 溢泌現象)

㉠ 식물의 줄기를 절단하거나 도관부에 상처주위에 수액이 흘러나오는 현상으로 식물이 증산작용을 하지 않을 때 **뿌리의 삼투압에 의하여 능동적으로 수분을 흡수할때 생기는 압력인 근압에 의하여 수액이 압출되어 나오는 것이다.**

㉡ 수분흡수는 왕성하고 증산작용은 억제되는 조건에서 잘 발생된다.

③ 일액현상(guttation ,溢液現狀)

㉠ 식물에 흡수된 물 중에서, 일부는 구성물로 되고, 대부분은 체외로 배출되는데, **배출되는 수분의 일부가 식물체의 배수조직을 통하여 액체의 상태로 배출되는 현상이다.**

㉡ 대부분은 기공을 통해서 증산작용에 의해 기체상태로 대기 중으로 확산된다.

㉢ **근압(根壓)에 의하여 일어나는 현상**으로 근압이 높아지면 물이 수공에서 밀려나간다.

④ 비삼투적 흡수 : 대사에너지를 소비하여 물관 주위의 세포들로부터 물관으로 수분이 비삼투적으로 배출되는 현상이다.

2 작물의 요수량

1. 요수량

⑴ 요수량

작물의 건물 1(g)을 생산하는 데 소비된 수분량(g)이다.

⑵ 증산계수

건물 1g을 생산하는데 소비된 증산량이다.

⑶ 요수량과 증산계수는 동의어로 사용한다.

⑷ 증산능률

일정량의 수분을 증산하여 축적된 건물량으로, 요수량, 증산계수와 반대되는 개념이다.

⑸ 요수량은 일정 기간 내의 수분소비량과 건물축적량을 측정하여 산출한다.

⑹ 요수량은 작물의 수분경제의 척도를 표시하는 것으로, 수분의 절대소비량을 표시하는 것은 아니다.

⑺ 대체로는 **요수량이 작은 작물일수록 가뭄(한발)에 대한 저항성이 크다.**

2. 요수량의 지배요인

(1) 작물의 종류

① **수수, 옥수수, 기장 등은 증산계수(요수량)가 작고** 호박, 알팔파, 클로버 등은 크다.

② 명아주는 요수량이 극히 크다.

(2) 생육단계

건물생산의 속도가 낮은 생육초기에 요수량이 크다.

(3) 환경

광 부족, 많은 바람, 공중습도의 저하, 저온과 고온, 토양수분의 과다 및 과소, 척박한 토양 등의 불량환경은 수분소비량에 비해 건물축적을 더욱 적게 하여 요수량을 크게 한다.

3 대기 중 수분과 강수

1. 습도

(1) **습도가 높지 않고 공기가 알맞게 건조해야 증산이 조장되고, 양분흡수가 촉진되며, 생육이 촉진된다.**

(2) 과도한 건조는 불필요한 증산을 크게 하여 한해를 유발한다.

(3) 공기의 과습은 증산작용이 감소, 병균의 번식 조장을 조장, 뿌리의 수분흡수력이 감소해 물질의 흡수 및 순환이 쇠퇴하며, 작물체의 연약과 도장으로 도복의 원인이 되며, 탈곡 및 건조작업이 곤란해진다.

(4) **동화양분의 전류는 다소 건조할 때 촉진된다.**

2. 이슬

기공을 막아 증산작용 및 광합성을 억제하므로 작물을 연약하게 한다.

3. 안개

(1) 안개는 햇빛을 차단하여 일조시간을 줄이고, 지온을 낮게 하고, 상대습도가 100%에 가까워 과습하게 하여 작물에 해롭다.

(2) 여름철 안개의 상습발생지대에서 벼를 재배하면 도열병 발생이 유도된다.

(3) 바닷가 등 안개가 심한 지역에는 해풍이 불어오는 방향에 오리나무, 참나무, 전나무 등과 낙엽송으로 방풍림을 설치한다.

(4) 귀리, 풋베기목초, 순무 등은 안개의 적응성이 높다.

4. 비

(1) 적당한 강우는 수분공급원, 비료의 천연공급원이 되는 등 작물 생육의 기본요인이다.

(2) 강우 부족은 한해를 일으키고, 과다는 습해와 수해의 우려가 있다.

(3) 지속적 강우는 일조 부족 및 온도 저하, 대기습도와 토양과습을 일으켜 증산작용과 광합성 저하로 작물 생육이 지연되고 도장한다.

5. 우박

(1) 국지적으로 내리며 작물을 심하게 손상을 준다.

(2) 후작용으로 생리적, 병리적 장해를 수반한다.

(3) 약제를 살포해서 병해의 예방과 비배관리로 작물의 건실한 생육을 유도한다.

6. 눈

(1) 이점
   ① 월동 중 토양에 수분을 공급하여 건조해와 풍식을 경감한다.
   ② 눈 밑의 작물온도의 저하를 예방하여 동해를 방지한다.
   ③ 기온이 $-20°C$라도 40cm의 적설은 $-1°C$를 유지한다.

(2) 설해
   ① 과수의 가지가 찢어지는 등의 기계적 상처를 유발한다.
   ② 광의 차단으로 생리적 장애의 유발 원인이 된다.
   ③ 맥류에서는 설부병(雪腐病) 유발한다.
   ④ 눈사태와 저습지의 습해를 유발한다.
   ⑤ 늦은 봄의 눈은 목야지의 목초 생육을 더디게 한다.

(3) 설해대책
   ① 적설이 유려 될 때 눈을 녹이는 조치를 강구한다.
   ② 물을 대거나, 흙이나 재, 규산석회, 그린애쉬 등을 뿌린다.

4 한해(旱害)

✳ 같은 용어인 한해(寒害)와는 구별해야 한다.

1. 한해(旱害)의 발생

(1) 식물체 내에 **수분함량이 감소하면 위조상태가 되고, 더욱 감소하게 되면 고사한다.**

(2) 우리나라는 봄, 가을에 강우량이 적어 건조피해를 입으며, 관개시설이 없는 논에서는 모내기가 불가능하거나 늦어진다.

(3) 수분이 충분하여도 작물의 근계발달이 불량하여 시들게 되는 경우도 있다.

2. 발생 기구

(1) **작물의 세포 내 수분 감소는 수분이 제한인자가 되어 광합성의 감퇴와 양분흡수 저해, 물질전류 저해 등 여러 생리작용이 저해된다.**

(2) **세포 내 건조는 효소의 활력이 떨어져 광합성이 감퇴되고, 분해(호흡)작용이 우세하여 단백질, 당분이 소모되어 피해가 발생한다.**

(3) 탈수된 세포가 갑자기 수분을 흡수할 때, 원형질이 세포막과 이탈되지 않은 상태로 먼저 팽창하므로 원형질은 기계적 견인력을 받아서 파괴된다.

(4) 세포로부터 심한 탈수는 원형질이 회복될 수 없는 응집을 초래하여 작물의 위조 및 고사를 일으킨다.

3. 작물의 내건성(내한성)

작물이 건조에 견디는 성질로, 여러 요인에 의해서 지배되며, 내건성이 강한 작물은 체내 수분의 손실이 적어 수분의 흡수능이 크고, 체내의 수분보유력이 크며, 수분함량이 낮은 상태에서 생리기능이 높다.

(1) 형태적 특성

① 표면적 / 체적의 비가 작고, 왜소하고 잎이 작다.

② 뿌리가 깊고, 지상부에 비하여 근군의 발달이 좋다.

③ 잎조직이 치밀하며, 엽맥과 울타리조직이 발달하였고, 표피에 각피가 잘 발달하였으며, 기공이 작고 적다.

④ 저수능력이 크고, 다육화의 경향이 크다.

⑤ 기동세포가 발달하여 탈수되면 잎이 말려서 표면적이 축소된다.

(2) 세포적 특성

① 세포가 크기가 작아 수분 감소에도 원형질 변형이 적다.

② 세포 중에서 원형질이나 저장양분이 차지하는 비율이 높아 수분보유력이 강하다.

③ 원형질의 점성과 세포액의 삼투압이 높아 수분보유력이 강하다.

④ 탈수될 때 원형질의 응집이 덜하다.

⑤ 원형질막의 수분, 요소, 글리세린 등에 대한 투과성이 크다.

(3) 물질대사적 특성

① **증산이 억제되고, 급수 시 수분 흡수기능이 크다.**

② **호흡이 낮아지는 정도가 크고, 광합성이 감퇴하는 정도가 낮다.**

③ **단백질, 당분의 소실이 늦다.**

4. 생육단계 및 재배조건과 한해

(1) **작물의 내건성은 생식생장기에 가장 약하다.**

(2) **화곡류는 생식세포 감수분열기에 가장 약하고, 출수개화기와 유숙기가 다음으로 약하고, 분얼기에는 비교적 강하다.**

> **분얼기 > 유숙기 > 출수개화기 > 감수분열기**

(3) 퇴비, 인산, 칼륨이 결핍과 질소 과다, 밀식은 한해를 조장한다.

(4) 퇴비가 적으면 토양 보수력의 저하로 한해가 심하다.

5. 한해(旱害) 대책

(1) 관개

근본적인 한해 대책이다.

(2) **내건성 작물 및 품종 선택**

① 수수, 조, 기장, 호밀, 밀, 알팔파, 베치, 동부, 난지형 목초 등은 내건성이 강하다.

작물 내한성: 호밀 > 밀 > 보리 > 귀리 > 옥수수

② 같은 작물이라도 특별히 내건성이 강한 품종이 있다.

(3) **토양수분의 보유력 증대와 증발억제**

① **토양입단 조성**

② **드라이 파밍(dry farming)**: 휴작기에 비가 올 때마다 땅을 갈아 빗물을 지하에 저장하고, 작기에는 토양을 진압하여 지하수의 모관상승을 좋게 하는 한발적응성을 높이는 농법이다.

③ **피복(멀칭)**: 비닐, 풀, 퇴비로 지면을 피복하면 증발이 경감된다.

④ **중경제초**: 표토를 갈아 모세관을 절단한 후 잡초를 제거하여 토양수분 증발을 경감한다.

⑤ **증발억제제 사용**: OED 유액을 지면이나 엽면에 뿌리면 증발, 증산이 억제된다.

(4) 재배적 대책

① 밭

㉠ 휴립구파로 뿌림골을 낮게 한다.

㉡ 뿌림골을 좁히거나 파종 시 재식밀도를 성기게 한다.

㉢ 과다한 질소의 시비를 줄이고, 퇴비, 인산, 칼륨을 증시한다.

㉣ 봄철의 맥류재배 포장이 건조할 때 모세관을 유도하기 위한 답압을 실시한다.

㉤ 내건성 작물과 품종을 선택하고, 토양수분의 보유력을 높이며, 증발억제 조처를 취한다.

② 논
　　㉠ 수리불안전답은 생력재배를 겸하여 **건답직파**로 전환한다.
　　㉡ 남부의 수리불안전답은 품종과 재배법을 고려한 **만식적응재배를 한다.**
　　㉢ **밭못자리모, 박파모**는 만식적응성에 강하다.
　　㉣ 이앙기가 늦을 때는 모의 과숙을 화피하기 위해 **모솎음, 못자리가식, 본답가식, 저묘(貯苗) 등을 이용한다.**
　　㉤ 모내기가 한계이상 지연될 경우 조, 메밀, 기장, 채소 등을 **대파한다.**

5 관개

1. 관개 효과

(1) 논에서의 효과

① 생리적으로 필요한 수분을 공급한다.
② **물 못자리초기, 본답의 냉온기에 관개에 의해서 보온이 되며, 혹서기에는 관개에 의해 과도한 지온상승을 억제한다.**
③ **심수관개로 감수분열기의 저온때 생장점을 물에 잠기게 하여 치명적 냉해 방지한다.**
④ 무기양분 공급한다.
⑤ 염분 및 유해물질을 제거되고, 잡초 생육을 억제한다.
⑥ 병충해를 경감시킨다.
⑦ 이앙, 중경, 제초 등의 작업능률이 호전된다.
⑧ 벼의 생육을 조절 및 개선할 수 있다.

(2) 밭에서의 효과

① 생리적으로 필요한 수분을 공급한다.
② 재배기술을 향상시킨다.
③ 지온조절이 가능하다.
④ 비료성분 보급과 이용의 효율화를 증대시킨다. : 미량원소(K, Ca, Mg, Si 등)가 보급
⑤ 풍식을 방지한다.
⑥ 동상해 방지한다.

2. 밭관개의 유의점

(1) 가장 수익성이 높은 작물을 선택하고 밀식이 가능하다.

(2) 다비재배 가능

① **관개를 하면 비료 이용효과를 높일 수 있으므로 다비재배가 유리하다.**

② **밭토양의 질소는 질산태**이며, 관개수에 따라 용탈되기 쉬우므로 시비량을 늘리고 여러 번 나누어 주는 것이 좋다.

③ **다비재배에서 도복이 유발되므로 내도복성 품종 선택한다.**

(3) 재식밀도를 높인다. 수분이 충분하면 다비밀식 등 다수확재배가 가능하다.

(4) **관개와 다비재배를 하면 병충해와 잡초의 발생이 많아지기 때문에 관리를 철저히 한다.**

(5) 식질토양은 휴립·중경 등으로 관개수의 침투를 도모해야 하며, 비닐멀칭 등을 설치하여 지면증발을 억제하여 관개수 효율을 높이는 조치를 취한다.

3. 논의 용수량

(1) 용수량

① 논의 용수량 관개에 소요되는 수분의 총량을 용수량이라고 한다.

② 용수량의 계산

$$용수량 = (엽면증산량 + 수면증발량 + 지하침투량) - 유효강우량$$

㉠ 엽면증산량 : 같은 기간 중의 증발계증발량의 1.2배 정도이다.

㉡ 수면증발량 : 증발계증발량과 거의 비슷하다.

㉢ 지하침투량 : 토성에 따라 크게 다르며, 평균 536mm 정도이다.(536 ≒ 500mm)

㉣ 유효강우량 : 관개수로 유입되는 우량이며, 강우량의 75% 정도

용수량 계산의 예

벼농사기간 중(모내기로부터 낙수까지의 약 90일간)의 증발량이 400mm이고, 강우량이 500mm라고 하면,

㉠ 엽면증산량 : 400 × 1.2 ≒ 480mm

㉡ 수면증발량 : 400 × 1.0 = 400mm

㉢ 지하침투량 : 536 ≒ 500mm

㉣ 유효강우량 : 500 × 0.75 = 375mm

∴ 용수량 = (480mm + 400mm + 500mm) - 375mm = 1,005mm

1mm의 수량은 $1m^2$ 당 1L가 되므로, 10a($1,000m^2$)당 1,000L가 되므로, 1,005mm는 10a 당 1,005kL(ton)가 된다. 실제의 용수량은 대체로 10a 당 900~1,525ton 이다.

---

(2) 벼의 생육단계와 관개의 정도

① 모내기 준비: 10~15cm 관개

② 이앙기: 2~3cm 담수

③ 이앙기~활착기: 10cm 담수

④ 활착기~최고분얼기: 2~3cm 담수

⑤ 최고분얼기~유수형성기: **중간낙수**

⑥ 유수형성기~수잉기: 2~3cm 담수

⑦ 수잉기~유숙기: 6~7cm 담수

⑧ 유숙기~황숙기: 2~3cm 담수

⑨ 황숙기(출수 후 30일): **완전낙수**

(3) 관개수와 수질

❤ 수도의 농용수 수질기준

검정항목	허용농도	검정항목	허용농도
pH	6.0~7.5	EC [전기전도도(염류농도)]	< 6ppm
COD(화학적 산소요구량)	< 6ppm	중금속	−
SS(무기부유물질)	< 100ppm	비소(As)	< 0.05ppm
DO(용존산소)	> 5ppm	아연(Zn)	< 0.50ppm
T − N(전질소)	< 6ppm	구리(Cu)	< 0.02ppm

(4) 절수관개

관개수를 절약하기 위해 수분의 요구도가 큰 이앙기~활착기, 수잉기~유숙기에만 담수하고, 그 밖의 시기에는 포화수(飽和水) 정도로 하는 절수관개법을 실시하기도 한다.

4. 밭의 관개수량

(1) **토성이 식질이고 작물이 심근성일수록 1회 관개량을 많게 한다.**

❤ 1회 관개량

작물 뿌리의 깊이(cm)	사질토(mm)	양토(mm)	식질토(mm)
천근성(<60)	25~50	50~75	75~100
중근성(60~90)	50~70	100~150	150~200
심근성(>90)	100~150	200~250	250~350

(2) **1회관개량이 적고 작물의 요수량이 클수록 관개와 관개사이의 일수를 짧게 한다.**

𝒀 1회 관개량과 간단일수

작물의 요수량	1회 관개량(mm)			
	25	75	150	300
	간단일수(일)			
다	3~ 6일	9~18일	18~36일	36~72일
중	4~ 8일	12~24일	24~48일	48~96일
소	6~12일	18~36일	36~72일	72~144일

5. 관개방법

(1) 지표관개

지표면에 물을 흘려 대는 방법이다.

① 전면관개: 지표면 전면에 물을 대는 관개법이다.

② 일류관개: 등고선을 따라 수로를 내고, 임의의 장소로부터 월류하도록 하는 방법이다.

③ 보더관개: 완경사의 포장을 알맞게 구획하고, 상단의 수로로부터 전체 표면에 물을 흘려 펼쳐서 대는 방법이다.

④ 수반법: 포장을 수평으로 구획하고 관개하는 방법이다.

⑤ 고랑관개: **포장에 이랑을 세우고, 고랑에 물을 흘려 대는 방법이다.**

(2) 살수관개

공중에서 물을 뿌려서 대는 방법이다.

① 다공관관개: 파이프에 직접 작은 구멍을 내어 살수하는 방법이다.

② 스프링클러관개

③ 물방울관개

④ 미스트관개: 공중습도를 유지하기 위해, 물에 높은 압력을 가하여 화초, 난 등에 이용된다.

⑤ 점적관개: 알맞은 토양수분을 유지하도록 고안된 관개시스템으로 시설재배시 주로 이용되며, 토양전염병 방지를 위한 가장 좋은 관개방법 중 하나이다.

(3) 지하관개

지하로부터 수분을 공급하는 방법이다.

① 개거법: 개방된 상수로에 물을 대어 이것을 침투시키면, 모관상승에 의해 뿌리영역에 관수하는 방법으로, 지하수위가 낮지 않은 사질토지대에 이용한다.

② 암거법: 지하에 토관, 목관, 콘크리트관, 플라스틱관 등을 배치하여 물을 대고, 간극을 통해 스며 오르게 하는 방법이다.

③ 압입법: 뿌리가 깊은 과수 등에 구멍을 뚫고 물을 주입하거나, 기계적으로 압입하는 방법이다.

∞ 경사도에 따른 관개법의 선정기준

관개법	경사	대상작물
보더법·수반법	3° 이하	주로 목초·과수·밀식작물
월류법	3~27°	주로 목초·과수·밀식작물
	27° 이상	초생재배를 한 수원지
휴간관개	27° 이하	이랑을 세우는 작물·과수
살수관개	위의 범위 내	각종작물

6 습해

1. 습해의 발생

(1) 토양의 과습상태가 지속되어 토양의 산소가 부족하면, 뿌리가 상하고 심하면 지상부의 황화, 위조, 고사하는 것이다.

(2) 저습한 논의 답리작 맥류나 침수지대의 채소 등에서 흔히 볼 수 있다.

(3) 담수하에서 재배되는 벼에서 토양의 산소가 몹시 부족하여 나타나는 여러 가지 장해도 일종의 습해로 볼 수 있다.

2. 습해의 발생기구

(1) 토양이 과습하면 토양의 산소가 부족하여 **직접 피해로 뿌리의 호흡장애**가 생긴다.

(2) 지온이 낮아서 **토양미생물의 활동이 억제된 동기습해는 주로 직접적인 피해에 의하여 발생한다.**

(3) **호흡장해가 생기면 무기성분의 흡수가 저해**된다.

(4) 광합성 및 증산작용이 억제되고, 성장쇠퇴와 수량도 감소한다.

(5) 지온이 높을 때 과습하면 토양산소 부족으로 환원상태가 심해져서 습해가 더욱 증대된다.

(6) **메탄가스, 질소가스, 이산화탄소의 생성이 많아져 토양산소를 적게 하여 호흡장해를 유발한다.**

(7) 환원성 철(Fe^{2+}), 망간(Mn^{2+}) 등의 환원성도 유해하나 **황화수소(H_2S)까지 생성되면 피해가 심해진다.**

(8) **황화수소(H_2S)의 습해 증상**
맥류의 종자근이 암회색으로 쇠약해지며, 관근 선단이 진한 갈색으로 변하며 생육이 정지하고, 목화, 괴사가 오며 황화철, 아산화철의 침입도 보인다.

(9) 토양전염병 발생 및 전파도 많아진다.

3. 작물의 내습성

다습한 토양에 대한 작물의 적응성이다.

(1) 내습성 관여 요인

① 경엽으로부터 뿌리로 산소를 공급하는 능력이다.

㉠ 벼는 밭작물인 보리와 비교하면, **잎, 줄기, 뿌리에 통기계가 발달하여 지상부에서 뿌리로 산소를 공급할 수 있어 담수조건에서도 잘 생육된다.**

㉡ 뿌리의 피층세포 배열 형태는 세포간극의 크기 및 내습성 정도에 영향을 미치는데, **직렬로 되어있는 것은 사열로 되어있는 것보다 세포간극이 커서 뿌리에 산소를 공급하는 능력이 커 내습성이 강하다.**

㉢ **생육 초기의 맥류와 같이 잎이 지하에 착생하고 있는 것은 뿌리로부터 산소 공급능력이 크다.**

② 품종간 내습성의 차이는 크며, 답리작 맥류재배에서는 내습성이 강한 품종을 선택한다.

③ 뿌리조직의 목화

㉠ **목화는 환원성 유해물질의 침입을 막아 내습성을 증대시킨다.**

㉡ 외피 및 뿌리털에 목화가 생기는 맥류는 내습성이 강하고, 특히 벼는 보통의 상태에서도 뿌리의 외피가 심하게 목화된다.

④ 뿌리의 발달습성 : **근계가 얕게 발달하거나, 습해를 받았을 때 부정근의 발생력이 큰 것은 내습성을 강하게 한다.**

⑤ 환원성 유해물질에 대한 저항성 : **뿌리의 황화수소 및 이산화철에 대한 높은 저항성은 내습성을 증대시킨다.**

(2) 습해 대책

① 배수 : 토양의 과습을 근본적으로 시정할 수 있는 방법이다.

② 정지 : 밭에서는 **휴립휴파**, 논에서는 **휴립재배**, 경사지에서는 등고선재배를 실시한다.

③ 작물 및 품종의 선택

㉠ 작물의 내습성

> 골풀, 미나리, 택사, 연, 벼 > 밭벼, 옥수수, 율무 > 토란 > 평지(유채), 고구마 > 보리, 밀 > 감자, 고추 > 토마토, 메밀 > 파, 양파, 당근, 자운영

✱ 주요 작물의 내습성
옥수수 > 고구마 > 보리 > 감자 > 토마토

㉡ 채소의 내습성

> 양상추, 양배추, 토마토, 가지, 오이 > 시금치, 우엉, 무 > 당근, 꽃양배추, 멜론, 피망

㉢ 과수의 내습성

> 올리브 > 포도 > 밀감 > 감, 배 > 밤, 복숭아, 무화과

④ 토양개량 : 객토, 부식, 석회 및 토양개량제 등의 시용은 토양의 입단구조를 조성하여 공극량이 증대하여 습해를 경감시킨다.

⑤ 시비 : **미숙유기물과 황산근비료의 사용을 피하고, 표층시비로 뿌리를 지표면 가까이 유도하고, 뿌리의 흡수장해 시 엽면시비** 시행한다.

⑥ 과산화석회의 시용 : **과산화석회(CaO_2)를 종자에 분의하여 파종하거나, 토양에 혼입하면 산소가 방출되므로 습지에서 발아 및 생육이 조장된다.**

7 배수

1. 배수의 효과

(1) 습해나 수해를 방지한다.

(2) 토양의 성질을 개선하여 작물의 생육 조장한다.

(3) 1모작답을 2·3모작답으로 사용할 수 있어 경지이용도를 높인다.

(4) 농작업을 용이하게 하고, 기계화를 촉진한다.

2. 배수방법

(1) 객토법

토성을 개량하거나 지반을 높여 자연적으로 배수하는 방법이다.

(2) 지표배수(개거배수, **명거배수**)

포장 내 알맞은 간격으로 도랑을 치고 포장 둘레에도 도랑을 쳐서 지상수 및 지하수를 배제하는 방법이다.

(3) 지하배수(**암거배수**)

지하에 배수시설을 하여 배수하는 방법이다. 관암거, 간이암거, 무재암거 등이 있다.

(4) 기계배수

3. 암거배수할 때 재배상 유의점

(1) **습답 등에 암거배수시설을 한 당년에는 미숙유기물이 한번에 분해되어 암모니아가 많이 생성된다. 그 결과 벼가 과도하게 자라 도복, 병해의 우려가 있으므로 질소비료의 시용량을 줄인다.**

(2) **환원성 황화물이 산화해서 황산 등이 많이 생성되어 토양이 강한 산성이 되기 쉬우니 석회시비로 중화한다.**

(3) **벼의 생육 초기는 지온이 낮아서 토양의 환원상태가 심하지 않고, 벼 뿌리의 산소요구량도 적으므로, 이 시기에 암거를 개방하여 배수가 많아지면 토양 중의 산소 공급효과는 비료분 유실의 피해가 더 크기 때문에 벼의 생육 초기에는 암거를 막는 것이 유리하다.**

8 수해

1. 수해의 개념

(1) 많은 비로 인해 발생되는 피해를 수해라고 한다.

(2) 수해는 단기간의 호우로 흔히 발생하며, 우리나라에서는 7~8월 우기에 국지적 수해가 발생한다.

2. 수해 발생 정도

2~3일 연속 강우량에 따른 수해의 발생 정도이다.

(1) 100~150mm

저습지의 국부적인 수해가 발생한다.

(2) 200~250mm

하천, 호수 부근의 상당한 지역의 수해가 발생한다.

(3) 300~350mm

광범위한 지역에 큰 수해가 발생한다.

3. 형태

(1) 토양이 붕괴하여 산사태, 토양침식 등이 유발된다.

(2) 유토에 의해서 전답이 파괴되고 매몰이 발생한다.

(3) 유수에 의해서 농작물이 도복되고 손상되며 표토가 유실된다.

(4) 침수에 의해서 흙앙금이 가라앉고, 생리적인 피해로 생육이 저해된다.

(5) 침수에 의한 저항성의 약화와 병원균의 전파로 병충해의 발생이 증가한다.

4. 관수해의 생리

(1) 작물이 물에 완전히 잠기게 되는 침수를 관수라고 하며, 그 피해를 관수해라고 한다.

(2) 관수는 산소의 부족으로 무기호흡을 하게 된다.

(3) **무기호흡은 호흡기질의 소모량이 많아 무기호흡이 오래 계속되면 당분, 전분 등 호흡기질이 소진되어 마침내 기아상태에 이르게 된다.**

(4) 관수상태의 벼 잎은 급히 도장하여 이상 신장이 나타나기도 한다.

(5) 관수로 인한 급격한 산소부족은 체내 대사작용의 교란이 발생한다.

(6) 관수상태에서는 병균의 전파와 침입이 용이하며, 작물의 병해충에 대한 저항성이 약해져서 병충해의 발생이 심해진다.

5. 수해에 관여하는 요인

(1) 작물의 종류와 품종

① 침수에 강한 밭작물 : 화본과목초, 피, 수수, 옥수수, 땅콩 등

② 침수에 약한 밭작물 : 콩과작물, 채소, 감자, 고구마, 메밀 등

③ **벼는 묘대기 및 이앙 직후 분얼 초기에는 관수에 강하고, 수잉기~출수개화기에는 극히 약하다.**

(2) 침수해의 요인

① 수온 : **수온이 높으면 호흡기질의 소모가 증가하므로 관수해가 크다.**

② 수질

㉠ **깨끗한 물(청수)보다 탁한 물(탁수), 흐르는 물보다 고여 있는 물은 수온이 높고 용존산소가 적어 피해가 크다.**

㉡ 청고(靑枯) : 수온이 높은 오수나 탁수가 정체해 있을 때는 극단의 산소부족으로 말미암아 탄수화물이 급속히 소모되고 단백질로부터 호흡재료의 보급도 받지 못하므로 벼는 푸른색이 되며 급히 고사한다.

㉢ 적고(赤枯) : 수온이 낮은 흐르는 맑은 물에 의한 관수해로 단백질 분해가 생겨, 갈색으로 변해 죽는 현상이다.

㉣ 질소비료를 과다 시용 또는 추비를 많이 하면 체내 탄수화물이 감소하고, 호흡작용이 왕성해져 내병성과 관수저항성이 약해져, 그로 인해 피해가 커진다.

6. 수해 대책

(1) 사전대책

① 치산을 잘해서 산림을 녹화하고, 하천의 보수하여 개수시설을 강화하는 것이 수해의 기본대책이다.

② 수잉기와 출수기는 수해에 약하므로 수해의 시기가 이때와 일치하지 않도록 조절한다.

③ 수해 상습지에서는 작물의 종류나 품종의 선택에 유의하고, **질소 과다시용을 피한다.**

④ 경사지는 피복작물을 재배하거나 피복으로 토양유실을 방지한다.

(2) 침수 중 대책

① 배수를 잘하여 관수기간을 단축한다.

② 잎의 흙 앙금이 가라앉으면 동화작용을 저해하므로 물이 빠질 때 씻어준다.

③ 키가 큰 작물은 서로 결속하여 유수에 의한 도복을 방지한다.

(3) 사후 대책

① 퇴수 후 산소가 많은 새 물로 환수하여 새 뿌리의 발생을 촉진시킨다.

② 김을 매어 토양의 통기를 좋게 한다.

③ 표토의 유실이 많을 때에는 새 뿌리의 발생 후에 추비를 주어 영양상태를 회복한다.

④ 침수 후에는 병충해의 발생이 많아지므로, 약제를 살포하여 방제를 철저히 한다.

⑤ 수해가 격심할 때에는 추파, 보식, 개식, 대파 등을 고려한다.

⑥ 못자리 때 관수된 것은 뿌리가 상해 있으므로 배수 5~7일 후 새 뿌리가 발생하면 이앙한다.

9 수질오염

1. 개념

(1) 수질오염

공장, 도시폐수, 광산폐수 등의 배출로 인한 하천, 호수, 지하수, 해양의 수질이 오염되어 인간이나 동물, 식물이 피해를 입는 것이다.

(2) 수질오염 물질

각종 유기물, 시안화합물, 중금속류, 농약, 강산성 또는 강알칼리성 폐수 등이다.

(3) 소량의 유기물 유입 시

수생미생물의 영양으로 이용되고 수중 용존산소가 충분한 경우 호기성균의 산화작용으로 이산화탄소와 물로 분해되어 수질오염이 발생하지 않는 자정작용이 일어난다.

(4) 다량의 유기물 유입시

수생미생물이 활발하게 증식하여 수중 용존산소가 다량 소모되어 산소 공급이 그에 수반되지 못하고, 결국 산소부족 상태가 된다.

2. 수질오염원

(1) 도시오수

① 질소 및 유기물

  ㉠ 논에 질소함량이 높은 폐수가 유입되면 벼에 과번무, 도복, 등숙불량, 병충해 등 질소과잉 장애가 나타난다.

  ㉡ **유기물 함량이 높은 오수의 유입은 혐기조건에서는 메탄, 유기산, 알코올류 등 중간대사물이 생성되고, 이 분해 과정에선 토양의 Eh가 낮아진다.**

  ㉢ **황화수소는 유기산과 함께 벼 뿌리에 근부현상을 일으키고 칼륨, 인산, 규산, 질소의 흡수가 저해되어 수량이 감소된다.**

② 부유물질

  ㉠ 논에 부유물질의 유입은 어린식물의 기계적 피해를 발생하고, 토양은 표면 차단으로 투수성이 낮아진다.

  ㉡ 침전된 유기물의 분해로 생성된 유해물질의 장애 등으로 벼의 생육이 부진과 쭉정이가 많아진다.

③ 세제: 합성세제의 주성분인 **ABS(Alkyl Benzene Sulfonate)가 20ppm 이상이면 뿌리의 노화현상이 빠르게 일어난다.**

④ 도시오수의 피해대책

  ㉠ 오염되지 않은 물과 충분히 혼합·희석하여 이용하거나 물 걸러내기로 토양의 이상 환원을 방지한다.

  ㉡ 저항성 작물 및 품종을 선택하여 재배한다.

  ㉢ 질소질비료를 줄이고 석회, 규산질비료를 시용한다.

⑵ 공장폐수

① 산과 알칼리
ㄱ 산성 물질의 공장폐수가 논에 유입되면 벼의 줄기와 잎이 황변되고 토양 중 알루미늄이 용출되어 피해를 입는다.
ㄴ 강알칼리의 유입은 뿌리가 고사되고, 약알칼리의 경우 토양 중 미량원소의 불용화로 양분의 결핍 증상이 나타난다.

② 중금속
ㄱ 관개수에 중금속이 다량 함유되면 식물의 발근과 지상부 생육이 저해되고, 심하면 중금속 특유의 피해증상이 발생한다.
ㄴ 중금속이 축적된 농산물의 섭취는 심각한 피해를 발생한다.

③ 유류
ㄱ 물 표면에 기름이 있으면, 식물체 줄기와 잎에 흡착하여 접촉부위가 적갈색으로 고사한다.
ㄴ 물 표면과 공기와의 접촉을 차단시켜 물의 용존산소를 부족하게 하고, 벼의 근부현상을 일으키고 고사한다.

⑶ 수질등급

수질은 여러 등급으로 구분하여 용도에 맞게 쓰이는데, 생물화학적 산소요구량(BOD), 화학적 산소요구량(COD), 용존산소량(DO), 대장균 수, pH 등이 참작되어 여러 등급으로 구분된다.

① 생물화학적 산소요구량(BOD)
ㄱ **수중의 오탁유기물을 호기성균이 생물화학적으로 산화분해하여 무기성 산화물과 가스체로 안정화하는 과정에 소모되는 총 산소량을 ppm(또는 mg/L)의 단위로 표시한다.**
ㄴ 물이 오염되는 유기물량의 정도를 나타내는 지표이며, BOD가 높으면 오염도가 크다.

② 화학적 산소요구량(COD)
ㄱ **화학적 산소요구량은 유기물이 화학적으로 산화되는 데 필요한 산소량으로서 오탁유기물의 양을 ppm의 단위로 표시한다.**
ㄴ COD로 오탁유기물의 양을 산출하며 높을수록 오염도가 크다.

③ 용존산소량(DO)
ㄱ 물에 녹아 있는 산소량으로, 일반적으로 수온이 높아질수록 용존산소량은 낮아진다.
ㄴ 용존산소량이 낮아지면 BOD, COD가 높아지게 된다.

Chapter 04 공기

1 공기와 작물

(1) 작물은 광합성을 통해 대기 중 이산화탄소로 유기물을 합성한다.

(2) 작물의 호흡작용을 위해 대기 중 산소를 이용한다.

(3) 질소고정균에 의해 대기 중 질소를 통해 유리질소 고정한다.

(4) 토양산소의 변화는 비료성분 변화와 관련이 있어 작물생육에 영향을 미친다.

(5) 토양 내 산소가 부족하면 토양 내 환원성 유해물질이 생성된다.

(6) 대기 중의 아황산가스 등 유해성분은 작물에 직접적 유해작용을 한다.

(7) 바람은 작물의 생육에 여러 영향을 미친다.

2 대기의 조성과 작물생육

1. 대기의 조성

(1) 질소(N_2)

약 79%

(2) 산소(O_2)

약 21%

(3) 이산화탄소(CO_2)

0.03%

(4) 기타 수증기, 먼지, 연기, 미생물, 각종 가스 등

(5) 대기 중 유해물질

황화수소, 아황산가스, 산화질소, 이산화질소, 일산화탄소, 암모니아, 메탄, 오존 등이다.

2. 대기 중의 질소와 질소고정

(1) 질소(N_2)

대기의 약 79%를 차지하며, 생물의 성장과 기능에 중요한 역할을 한다.

(2) 질소고정

토양세균을 통해 공중질소를 암모니아로 고정한다.

(3) 질소순환

① **질산화작용** : 암모늄이온(NH_4^+)이 아질산(NO_2^-)과 질산(NO_3^-)으로 산화되는 과정이다.

② **탈질작용** : 질산은 작물이나 미생물이 매우 쉽게 이용하기도 하지만, 토양에서 쉽게 용탈되기도 하고 공기 중으로 탈질반응을 보이며 손실되기도 한다.

③ **탄질률(C/N율)과 질소기아 현상** → C/N율이 30:1보다 높으면 **질소기아현상**이 일어난다.

④ 질화작용을 통해 토양에서 질소고정세균에 의해 생성된 암모늄화합물은 아질산염, 그리고 질산염으로 바뀐다.

⑤ 아질산염과 질산염을 흡수, 동화한 후 식물은 아질산과 질산을 단백질과 핵산의 생합성에 사용되는 암모늄으로 다시 바꾼다.

3. 대기 중의 산소농도와 호흡작용

(1) 대기 중 산소농도 21%는 작물의 호흡작용에 알맞은 농도이다.

(2) 대기 중 산소농도가 낮아지면 호흡속도를 감소시키며, 5~10% 이하에 이르면 호흡은 크게 감소한다. 특히 C_3식물의 광호흡이 작아진다.

(3) 산소농도의 증가는 일시적으로는 작물의 호흡을 증가시키지만, 90%에 이르면 호흡은 급속히 감퇴하고 지장을 준다.

4. 대기중의 이산화탄소와 작물생육

(1) 호흡작용

① 이산화탄소의 농도가 높아지면 일반적으로 호흡속도는 감소한다.

② 탄산가스에 의한 호흡억제는 과실, 채소의 대사기능을 억제하여 저장에 이용된다.

③ 이산화탄소 농도가 20% 이상이면 정상적인 상태에서 호흡이 낮은 기관인 감자의 괴경(덩이줄기)나 튜립, 양파의 인경(비늘줄기)는 호흡이 증가하며, 양딸기, 아스파라거스는 호흡이 감퇴하고, 당근은 변화가 없다.
엽면적이 최적엽면적지수 이상으로 증대하면 건물생산량은 증가하지 않지만 호흡은 증가한다.

④ 잎 주위 이산화탄소농도는 바람에 의해 크게 영향을 받으며, 잎 주위 공기 중의 이산화탄소농도가 현저히 낮으면 엽 내에서 외부로 이산화탄소의 유출이 생긴다.

⑤ 낮에는 군락에 가까울수록 이산화탄소의 농도가 낮고, 밤에는 군락 내일수록 높다.

(2) 광합성

① 이산화탄소의 농도가 높아지면 어느 한계까지는 광합성의 속도가 증가한다.

② 광이 약할 때에는 CO_2보상점이 높아지고, CO_2포화점은 낮아진다.

③ 광이 강할 때에는 CO_2보상점이 낮아지고, CO_2포화점은 높아진다.

④ 광합성은 어느 한계까지는 온도, 광, CO_2농도 증대에 따라 증가한다.

⑤ C_3식물은 C_4식물 보다 상점이 낮아서 낮은 농도의 CO_2조건에서도 적응할 수 있으며, CO_2포화점이 높아서 광합성효율이 뛰어나다.

① 이산화탄소 포화점

  ⊙ 이산화탄소 농도가 증가할수록 광합성 속도도 증가하나 어느 농도에 도달하면 이산화탄소 농도가 그 이상 증가하더라도 광합성 속도는 증가하지 않는 한계점의 이산화탄소 농도이다.

  ⓒ 작물의 이산화탄소 포화점은 대기농도의 7~10배(0.21~0.3%)이다.

  ⓒ 이산화탄소의 농도가 높아지면 온도가 높아질수록 동화량이 증가한다.

② 이산화탄소 보상점

  ⊙ 광합성에 의한 유기물의 생성속도와 호흡에 의한 유기물의 소모속도가 같아지는 이산화탄소 농도이다.

  ⓒ 이산화탄소 농도가 낮아짐에 따라 광합성 속도도 낮아지며, 어느 농도에 도달하면 그 이하에서는 호흡에 의한 유기물의 소모를 보상할 수 없는 한계점의 이산화탄소 농도이다.

  ⓒ 대체로 작물의 이산화탄소 보상점은 대기농도의 1/10~1/3(0.003~0.01%)이다.

(3) 탄산시비

① 탄산시비란 시설재배에서 이산화탄소농도를 인위적으로 높여 주는 것이다. 시설 내 이산화탄소의 농도는 대기보다 낮지만, 인위적으로 이산화탄소 환경을 조절할 수 있기에 실용적으로 탄산시비를 이용할 수 있다.

② 작물의 생육을 촉진하고 수량을 증대시키기 위해 적정수준까지는 광도와 함께 이산화탄소 농도를 높여 준다. 보통 **이산화탄소의 농도를 0.15~03%로 조절**하며 이산화탄소가 특정 농도 이상으로 증가하면 더 이상 광합성은 증가하지 않고 오히려 감소하며, 이산화탄소와 함께 광도를 높여주는 것이 바람직하다.

③ 시설 내의 탄산가스 환경

  ⊙ 외부와의 공기교환이 적어서 CO_2의 일변화가 적다.

  ⓒ 야간에는 0.04%까지 상승하고 일출과 동시에 광합성이 시작하면 2시간 만에 0.02%이하가 되어 환기가 필요하다.

  ⓒ 특히 겨울에는 환기가 불가능하여 CO_2 시용이 필요하다.

  ⓔ 시용시기

    • 작물의 광합성 태세, 하루 중의 이산화탄소농도 변화, 광도와 환기시간 등을 고려해야 한다.

    • 하루 중 탄산가스 시용시각은 일출 30분 후부터 환기할 때까지 2~3시간이지만, 환기하지 않을 때에도 3~4시간으로 제한한다.

    • 오후에는 광합성 능력이 저하하므로 CO_2를 시용할 필요가 없고 전류를 촉진하도록 유도한다.

    • 일출과 함께 시설 내 기온이 높아지고 광의 강도가 강해져 광합성 활동이 증가하면 함량은 급격히 감소하여 CO_2 시용이 필요하다.

  ⓜ 시용효과

    • 탄산시비하면 수확량 증대효과는 최대 40~50% 보통 20~30%에 달한다. 즉, 시설 내의 탄산시비는 작물의 생육촉진을 통해 수량을 증대시키고 품질을 크게 향상시킨다.

    • 탄산시비의 효과는 시설 내 환경변화에 따라 달라진다.

    • **목화, 담배, 사탕무, 양배추에서는 이산화탄소 2% 농도에서 광합성 농도가 10배로 증가한다.**

- 멜론은 1주 1과 착과로 증수보다는 품질향상이 중요한데, CO_2시용으로 과실비대와 네트형성이 양호하고 당도가 높아진다. 다만 과실이 너무 커져 열과되거나 발효과가 될 수도 있다.
- **콩에서 이산화탄소 농도를 0.3~1.0% 증가시킬 경우 떡잎의 엽록소 함량이 증가하나, 이산화탄소처리와 조명시간을 길게 하면 생장한 잎의 엽록소와 카로티노이드 함량이 감소한다.**
- **토마토는 엽폭이 커지고 건물생산이 증가하여 개화와 과실성숙이 지연되고 착과율이 증가한다. 총수량은 20~40% 증수하지만 조기수량은 감소하며 과실이 커지면 상대적으로 당도가 저하하는 경향이다.**
- 열매채소에서 수량증대가 크고, 잎채소와 뿌리채소에서도 상당한 효과가 있다.
- 절화의 탄산시비는 품질향상과 절화수명연장의 효과가 있다.
- 육묘 중 탄산시비는 모종의 소질 향상과 정식 후에도 시용효과가 계속 유지된다.

(4) 이산화탄소의 농도에 영향을 주는 요인

① 계절

⊙ 식물의 잎이 무성한 공기층은 여름철에 광합성이 왕성하여 이산화탄소 농도가 낮고, 가을철에 높아진다.

⊙ 지표면과 접한 공기층은 여름철 토양유기물의 분해와 뿌리의 호흡에 의해 이산화탄소 농도가 오히려 높아진다.

② 지표면과의 거리 : 이산화탄소는 공기보다 무거워 지표로부터 멀어짐에 따라 이산화탄소 농도는 낮아지는 경향이 있다.

③ 식생 : 식생이 무성하면 뿌리의 왕성한 호흡과 바람의 차단으로, 지면에 가까운 공기층은 이산화탄소농도가 높아지고, 지표에서 떨어진 공기층은 잎의 왕성한 광합성에 의해 이산화탄소 농도가 낮아진다.

④ 바람 : 바람은 대기 중 이산화탄소농도의 불균형상태를 완화시킨다.

⑤ 미숙유기물의 시용 : 미숙퇴비, 낙엽, 구비, 녹비의 시용은 이산화탄소의 발생이 많아 탄산시비의 효과가 있다.

3 대기오염

1. 식물과 대기오염

(1) 미세한 기공을 통해 잎 안으로 들어가므로 분진보다는 주로 가스 상태이다.

(2) 대부분의 식물은 대기오염에 민감하게 반응하기 때문에, 특정 오염물질에 대한 피해 정도를 식물에 따라 판단할 수 있어 대기오염의 지표식물로 사용한다.

① 1차 대기오염물질 : 대기오염의 발생원으로부터 직접 배출된 오염물질이다.

예 황산화물, 질소산화물, 일산화탄소, 다이옥신 등

② 2차 대기오염물질 : 오염물질 간의 상호작용으로 새롭게 형성된 오염물질이다.

예 오존, PAN, 산성비, 스모그 등

(3) 식물에 대한 유해가스의 피해는 '가스농도 × 접촉시간'에 비례한다.

(4) 유해가스의 종류와 피해 증상

구분	특징	피해증상
아황산가스	• 배출량도 많고 독성이 강하다. • 배출원: 화석연료 연소 시 많이 발생	• 광합성 속도 감소 • 경엽퇴색 • 잎 가장자리 또는 전면 황화
불화수소	• 독성이 가장 강하다 • 배출원: 알루미늄·철광석 제련 등	잎의 선단이나 가장자리 황화
이산화질소	• 휘발성 유기물질과 반응하여 오존을 생성하는 전구물질이다. • 배출원: 금속제련, 자동차 가스 등	잎 - 갈색의 반점이 형성된 후 회색·백색으로 변화
오존	질소산화물과 휘발성 유기물질 등이 자외선과 광화학반응을 일으켜 생성된 2차 오염물질이다.	잎 - 황백화, 갈색 반점, 대형괴사
PAN	질소산화물과 탄화수소류 등이 햇빛과 반응하여 생성된 2차 오염물질이다.	잎 - 하단부에 은색 반점, 대형괴사

2. 피해 발생 요인

(1) 질소 과다는 대기오염에 취약하며, 규산·칼륨·칼슘 등은 피해가 경감한다.

(2) 식물 체내 수분이 많으면 잎의 기공이 많이 열려서 피해가 커진다.

(3) 피해는 식물의 조직 및 세포가 연약한 봄과 여름에 많이 발생하고 생육이 저하되는 가을과 겨울에 피해가 적다.

(4) 한낮에는 동화작용이 왕성하고 기공이 열려 있어서 피해가 크다.(오전 11시 ~ 오후 2시)

4 바람

1. 연풍의 효과

(1) 풍속 4~6km/h 이하의 바람은 작물의 생육을 이롭게 한다.

(2) 증산 및 양분흡수의 촉진

① 증산을 조장하고 양분의 흡수를 증대시킨다.

② 풍속 1.1~1.7m/s 이하의 바람은 작물 주위의 습기를 빼앗아 증산을 촉진하고 양분의 흡수를 좋게 한다.

(3) 병해의 경감

규산의 흡수가 많아지고, 작물군락 내의 과습상태가 경감된다.

(4) 광합성의 촉진

잎을 흔들어 그늘진 잎에 광을 골고루 받게 하고, 이산화탄소의 농도 저하를 경감시켜 광합성을 조장한다.

(5) 수정 · 결실 촉진

풍매화의 수정과 결실을 좋게 한다.

(6) 여름철에는 기온 및 지온을 낮게 하고, 봄과 가을에는 서리를 막아주며, 수확물의 건조를 촉진한다.

📌 **연풍(미풍) 효과**

1. **풍속 4~6km/h 이하**의 바람이다.
2. 공기순환으로 공기의 조성비를 유지(특히 이산화탄소)하여 광합성을 증진시킨다.
3. 대기오염물질의 농도를 희석한다.
4. 잎의 수광량(受光量)을 높여 광합성을 증진시킨다.
   (잎을 계속 움직여 그늘진 곳의 잎이 햇빛에 노출되도록 유도)
5. 수확물의 건조를 촉진하고 다습조건에서 발생하는 병해를 경감시킨다.
6. 기공을 열어 증산작용을 촉진 시키며 그에 따라서 광합성과 양분흡수가 증가한다.
7. 기온을 낮추고 서리의 피해를 방지한다.

---

2. 연풍의 해작용

(1) 잡초의 씨나 병균을 전파한다.

(2) 이미 건조할 때 건조상태를 더욱 조장한다.

(3) 저온의 바람은 작물의 냉해를 유발한다.

3. 풍해

(1) 풍속 4~6km/h 이상의 강풍 피해로, **풍속이 크고 공중습도가 낮을 때 심해진다.**

(2) 벼의 경우 **습도 60% 이상에서는 풍속 10m/s에서 백수**가 생기나, 습도가 80%에서는 풍속 20m/s 에서도 백수가 발생하지 않는다.

(3) 기계적 장애

① 작물의 절손, 열상, 낙과, 도복, 탈립, 수발아가 되며, 이러한 기계적 장애는 2차적으로 병해, 부패 등이 발생하기 쉽다.

② 벼의 수분 수정이 저해되어 불임립이 발생하고 상처에 의해서 목도열병 등이 발생한다.

③ 벼는 출수 15일 이내가 도복의 피해가 심하고 출수 30일 이후의 것은 피해가 경미하다.

(4) 생리적 장해

① 바람에 의해 상처가 나면 호흡이 증대하여, 체내 양분소모가 증가한다.

② 작물에 생긴 상처가 건조하면 광산화반응을 일으켜 고사할 수 있다.

③ 바람이 2~4m/s 이상 강해지면 기공이 닫혀 이산화탄소의 흡수가 감소되므로 광합성이 감퇴된다.

④ 바닷물을 육상으로 날려 염풍의 피해를 유발한다.

(5) 풍해대책

① 풍세의 약화

㉠ 방풍림을 조성 : **방풍효과의 범위는 그 높이의 10~15배이다.**

㉡ 방풍울타리를 설치한다.

② 풍식대책

㉠ 피복식물을 재배한다.

㉡ 관개하여 토양을 습윤상태로 유지한다.

㉢ 이랑을 풍향과 직각으로 한다.

㉣ 겨울에 건조하고 바람이 센 지역은 작물 수확 시 고예(높이베기)로 그루터기를 이용해 풍력을 약화시킨다.

③ 재배적 대책

㉠ 내풍성 작물을 선택한다. : **목초, 고구마 등**

㉡ 내도복성 품종을 선택한다. : **키가 작고 줄기가 강한 품종**

㉢ 작기를 이동한다. : **벼는 출수 2~3일 후의 태풍이 가장 피해가 심한데 위험기의 출수를 피한다. 조기재배로 8월 중·하순에 수확하면 태풍기를 피할 수 있다.**

㉣ 담수한다. : **태풍이 올 때 논물을 깊이대기로 도복과 건조를 경감한다.**

㉤ 배토, 지주 및 결속을 한다. : **맥류의 배토, 토마토나 가지의 지주 및 수수나 옥수수의 결속을 한다.**

㉥ 생육의 건실화를 기한다. : **칼륨비료 중시, 질소비료 과용금지, 밀식의 회피 등을 한다.**

㉦ 낙과방지제를 살포한다. : **사과의 경우 수확 25~30일 전에 낙과방지제를 살포한다.**

④ 사후대책

㉠ 쓰러진 것은 일으켜 세우거나 바로 수확한다.

㉡ 태풍 후에는 병의 발생이 많아지므로 약제를 살포한다.

㉢ 낙엽은 병이 든 것이 많으므로 제거한다.

Chapter 05 온도환경

03

1 유효온도

1. 주요온도

(1) 유효온도

작물생육이 가능한 범위의 온도이다.

(2) 최저온도

작물생육이 가능한 가장 낮은 온도이다.

(3) 최고온도

작물생육이 가능한 가장 높은 온도이다.

(4) 최적온도

작물생육이 가장 왕성한 온도이다.

(5) 최저, 최고, 최적의 온도를 주요온도라고 한다. 옥수수의 주요온도는 최저 8℃, 최적 30℃, 최고 44℃이다.

❤ 작물의 주요온도(단위 : ℃)

작물	최저	최적	최고	작물	최저	최적	최고
밀	3~4.5	25	30~32	담배	13~14	28	35
호밀	1~2	25	30	삼	1~2	35	45
보리	3~4.5	20	28~30	사탕무	4~5	25	28~30
귀리	4~5	25	30	완두	1~2	30	35
옥수수	8~10	30~32	40~44	멜론	12~15	35	40
벼	10~12	30~32	36~38	오이	12	33~34	40

❤ 여름작물과 겨울작물의 주요온도(단위 : ℃)

주요온도	여름작물	겨울작물
최저	10~15	1~5
최적	30~35	15~25
최고	40~50	30~40

2. 적산온도

 (1) 적산온도

  ① 작물의 발아부터 성숙까지의 일생을 마치는 과정까지의 생육기간 중 0°C 이상의 일평균기온을 합산한 온도이다.

  ② 적산온도는 작물이 생육시기와 생육기간에 따라서 차이가 있다.

 (2) 주요작물의 적산온도

  ① 여름작물

   ㉠ 벼(3,500~4,500°C)

   ㉡ 담배(3,200~3,600°C)

   ㉢ 옥수수(2,370~3,000°C)

   ㉣ 콩, 수수(2,500~3,000°C)

   ㉤ 조(1,800~3,000°C)

   ㉥ 메밀(1,000~1,200°C)

  ② 겨울작물

   ㉠ 추파맥류(1,700~2,300°C)

  ③ 봄작물

   ㉠ 감자(1,300~3,000°C)

   ㉡ 아마(1,600~1,850°C)

   ㉢ 봄보리(1,600~1,900°C)

   ㉣ 완두(2,100~2,800°C)

 (3) 유효적산온도

  ① 기본온도

   ㉠ 작물생육에서 생육은 멈추지만 죽지는 않는 온도이다.

   ㉡ 대체로 여름작물은 10°C, 월동작물과 과수는 5°C로 보는데, 일시적으로 나타나는 이 온도 이후의 온도는 기본온도와 같은 수준으로 본다.

  ② 유효온도 : 작물생육의 저온한계인 기본온도에서 고온한계인 유효고온한계온도 범위 내의 온도로 작물의 생육이 효과적으로 이루어지는 온도이다.

  ③ 유효적산온도 : 유효온도를 발아 후 일정 생육단계(생식생장기·출수기 등)까지를 적산한 것이다.

  ④ 유효적산온도의 계산

$$GDD(°C) = \sum \{\frac{(일\ 최고기온 + 일\ 최저기온)}{2} - 기본온도\}$$

3. 온도와 작물의 생리

호흡·수분흡수·양분흡수·동화물질의 전류가 같은 생리작용에 대한 주요온도는 각각 다르기 때문에 생장의 최적온도가 모든 생리작용의 최고온도로 볼 수 없다. 최적온도에 이르기까지는 온도 상승에 따라 작용속도가 모두 빨라진다.

> 생육적온 범위에서 온도상승이 작물의 생리에 미치는 영향
> 1. 증산작용증가, 수분흡수증가, 호흡증가, 탄수화물의 소모가 증가한다.
> 2. 동화물질의 전류가 빨라진다.
> 3. 동화물질이 잎에서 생장점 또는 곡실로 전류되는 속도는 적온까지는 온도가 올라갈수록 빨라진다.

(1) 온도계수

① 온도 $10^\circ C$ 상승에 따른 이화학적 반응 또는 생리작용의 증가배수를 온도계수 또는 Q_{10}이라 한다.

② Q_{10}은 높은 온도에서의 생리작용률을 $10^\circ C$ 낮은 온도에서의 생리작용률로 나눈 값이다.

③ 보통 Q_{10}은 온도에 따라 다르게 변화하며, 높은 온도일수록 낮은 온도에서보다 Q_{10}값이 적게 나타난다.

④ 고온에서는 광합성에 의한 유기물의 생성은 저하되는 반면, 호흡에 의한 유기물의 소모는 급증하게 되어 유기물의 축적은 그리 높지 않은 온도에서 최대이다.

⑤ 생물학적 반응속도는 온도 $10^\circ C$ 상승에 2~3배 상승한다.

(2) 온도와 광합성

① 광합성은 이산화탄소의 농도, 광의 강도, 수분 등이 제한요소로 작용하지 않는 한 $30 \sim 35^\circ C$까지는 광합성의 Q_{10}은 2 내외이다.

② 광합성의 온도계수는 고온보다 저온에서 크며, 온도가 적온보다 높으면 광합성은 둔화된다.

③ 외견상광합성은 진정광합성보다 온도상승에 따른 속도 증가가 고온까지 계속되기 힘들다.

④ 외견상광합성은 적온 이상에서는 급격히 감소하고, 온도상승에 따라 생장속도는 적온까지 증가한다.

(3) 온도와 호흡

① 온도 상승은 작물의 호흡속도를 증가시킨다.

② Q_{10}은 일반적으로 $30^\circ C$ 정도까지는 2~3이고, $32 \sim 35^\circ C$ 정도에 이르면 감소하며, $50^\circ C$ 부근에서 호흡은 정지한다. 벼의 호흡 Q_{10}은 1.6~2.0 정도이다.

③ 적온을 넘어 고온이 되면 체내의 효소계가 파괴되므로 호흡속도가 오히려 감소한다.

(4) 동화물질의 전류

① 동화물질이 잎에서 생장점 또는 곡실로 전류되는 속도는 적온까지는 온도가 높을수록 빠르고, 그보다 저온이나 고온이면 그 차이만큼 느려진다.

② 저온에서는 뿌리의 당류농도가 높아지기 때문에 잎으로부터의 전류가 억제되고, 고온에서는 호흡작용이 왕성해져서 뿌리나 잎에서 당류가 급격히 소모되므로 전류물질이 줄어든다.

③ 동화물질이 곡립으로 전류하는 양은 조생종에서 많고 만생종에서는 적다.

(5) 수분과 전류양분의 흡수 및 이행

① 온도의 상승은 세포의 투과성, 호흡에너지 방출, 증산작용은 증가하고, 점성은 감소하므로 수분 흡수가 증가한다.

② 온도의 상승과 함께 양분의 흡수 및 이행도 증가하지만, 적온 이상으로 온도가 상승하면 호흡작용에 필요한 산소의 공급량이 줄어들어 탄수화물의 소모가 많아짐에 따라 오히려 양분의 흡수가 감퇴된다.

(6) 온도와 증산

① 증산은 작물로부터 물을 발산하는 작용이며 작물의 체온조절과 물질의 전류에 있어 중요한 역할을 한다.

② 과도하게 높아 식물체에 이상이 생기지 않는 한, 온도상승은 작물의 증산량을 증가시키고, 수분의 흡수와 이행이 증대되고 엽 내 수중기압이 상대적으로 증가한다.

2 온도의 변화와 작물의 생육

1. 계절적 변화

(1) 무상(無霜)기간

무상기간은 여름작물의 생육기간을 표시한다. 따라서 기온의 연 변화 중 무상기간은 여름작물을 선택하는데 중요한 요인이다.

(2) 무상기간이 짧은 고지대나 북부지대에서는 조생종이 재배되며, 무상기간이 긴 남부지대에서는 만생종이 재배된다.(고지대에서 조생종을 재배하면 첫서리가 내리는 시기 이전에 수확을 할 수 있고, 남부지역에서 만생종을 재배하면 재배 기간이 가을에도 연장되기 때문)

(3) 봄에 기온이 일찍 상승하면 맥류의 수확이 빨라지고 가을에 기온이 늦게 내려가면 벼의 등숙을 좋게 한다.

(4) 초여름에 기온이 급격히 상승하면 월동목초의 하고(夏枯)가 심해지고, 초여름에 기온이 급히 하강하면 맥류의 월동이 나쁘다.

2. 일변화(변온)의 영향

> 일변화의 영향 요약
> 1. 발아 촉진
> 2. 동화물질의 조장(낮에 온도가 높으면 광합성에 의해서 양분생성이 촉진되고, 밤에 온도가 낮으면 호흡에 의한 양분이 소모가 적어지기 때문)
> 3. 괴경·괴근의 발달촉진
> 4. **개화**: 맥류를 제외하고는 개화를 촉진한다.
> 5. 결실 촉진
> 6. **생장**: 변온이 작으면 작물의 생장을 촉진한다.(밤의 기온이 어느 정도 높아서 변온이 작을 때 무기성분의 흡수와 동화양분의 소모가 왕성)
>
> 작물종자의 발아
> 1. 담배, 박하, 셀러리, 오처드그라스 등의 종자는 변온상태에서 발아가 촉진된다.
> 2. 전분종자가 단백질 종자보다 발아에 필요한 최소수분 함량이 적다.
> 3. 호광성 종자는 가시광선 중 600~680nm의 파장에서 가장 발아를 촉진한다.
> 4. 벼, 당근의 종자는 수중에서도 발아가 감퇴되지 않는다.
> 5. 모든 작물 종자가 변온조건에서 발아가 촉진되는 것은 아니다.

(1) 변온과 작물의 생리

　① **비교적 낮의 온도가 높고 밤의 온도가 낮으면 동화물질의 축적이 많다.**

　② 적온에 비해 야간의 온도가 지나치게 높거나 낮으면 뿌리의 호기적 물질대사의 억제로 무기성분의 흡수가 감퇴된다.

　③ 야간의 온도가 낮아지는 것은 탄수화물 축적에 유리한 영향을 준다.

　④ 작물은 변온이 결실과 동화물질의 축적에는 유리하나 야간의 온도가 높아 온도변화가 적게 되면 영양생장이 대체로 빨라진다.

　⑤ 탄수화물의 전류축적이 가장 많은 온도는 25℃ 이하이다.(야간온도)

(2) 변온과 작물의 생장

　① **밤의 기온이 어느 정도 높아서 변온이 작을 때 대체로 생장이 빠른데, 이는 무기성분의 흡수와 동화양분의 소모가 왕성하기 때문이다.**

　② 벼
　　㉠ 변온은 동화물질의 축적이 유리하여 등숙이 양호하다.
　　㉡ 밤의 저온은 분얼최성기까지는 신장을 억제하나 분얼은 증대된다.
　　㉢ 분얼기의 초장은 25~35℃ 변온에서 최대, 유효분얼수는 15~35℃ 변온에서 증대된다.

　③ **고구마는 29℃의 항온보다 20~29℃ 변온에서 덩이뿌리의 발달이 촉진된다.**

　④ 감자는 야간온도가 10~14℃가 되는 변온에서 괴경의 발달이 촉진된다.

　⑤ 변온과 개화
　　㉠ 맥류는 밤의 기온이 높아서 변온이 작은 것이 출수 및 개화가 촉진된다.
　　㉡ 일반적으로 일교차가 커서 밤의 기온이 비교적 낮은 것이 동화물질의 축적을 조장하여 개화를 촉진하며, 화기도 커진다.

        ⓒ 콩은 야간의 고온은 개화를 단축시키나 낙뢰낙화를 조장한다.

        ⓔ 담배는 주야 변온에서 개화를 촉진한다.

(3) 변온과 결실

    ① 대체로 변온은 작물의 결실에 효과적이다.(특히 가을에 결실하는 작물)

    ② 콩은 밤 기온이 20°C일 때 결협률이 최대이다.

    ③ 벼는 산간지에서 재배할 경우 변온에 의해 평야지보다 등숙이 더 좋은데, 산간지는 변온이 커서 동화물질의 축적에 이롭고, 등숙기의 평균기온이 낮아서 동화물질의 전류가 완만하여 등숙기간이 길어지기는 하지만, 전분을 합성하는 포스포릴라아제의 활력이 고온의 경우보다 늦게까지 지속되어 전분축적의 기간이 길어져서 등숙이 양화하고 입중이 증대된다.

    ④ 주야 온도교차가 큰 분지의 벼가 주야 온도교차가 적은 해안지보다 등숙이 빠르며 야간의 저온이 청미를 적게 한다.

    ⑤ 곡류의 결실은 20~30°C에서는 변온이 큰 것이 동화물질의 축적이 많아진다.

3. 수온 · 지온 및 작물체온의 변화

(1) 수온과 지온의 관계

    수온의 최저 · 최고 시간은 기온의 최저 · 최고 시간보다 약 2시간 늦다.

(2) 수심이 깊을수록 수온의 변화가 적으며, 최고온도는 기온보다 낮지만, 최저온도는 기온보다 높다. (물의 높은 비열 때문)

(3) 작물체온

    ① 밤이나 그늘의 작물체온은 흡열보다 방열이 우세하여 기온보다 낮다.

    ② 바람이 없고, 습하고, 작물을 밀생 재배 시 체온상승이 크다.

    ③ 엽색에 따른 온도상승의 순서는 황색 > 초록 > 주황 > 적색 순서이다.

3 열해

1. 열해의 개념

(1) 열해(고온해)

    온도가 생육 최고온도 이상의 온도에서 생리적 장해가 초래되고 한계온도 이상에서는 고사하게 되는데, 이렇게 **과도한 고온으로 인해 입는 피해를 열해라고 한다.**

(2) 열사

    열해를 받아 1시간 정도의 짧은 시간 고사하는 것이다.

(3) 열사점(열사온도)

    열사를 초래하는 온도이다.

(4) 최적온도가 낮은 한지형 목초나 하우스 재배, 터널재배 시 흔히 열해가 문제되며, 묘포에서 어린 묘목이 여름나기에서도 열사의 위험성이 있다.

2. 열해의 기구

(1) 유기물 과잉소모

고온에서는 광합성보다 호흡작용이 우세하여 유기물 소모가 많다. 즉, 호흡량 증대로 인한 유기물 소모가 많아져 고온이 지속되면 당분이 감소한다.

(2) 질소대사의 이상

① **고온은 단백질의 합성을 저해하고 암모니아의 축적이 많아진다.**

② 암모니아가 축적되면 유해물질로 작용한다.

(3) 철분의 침전

고온에 의해 **철분이 침전되면 황백화현상**이 일어난다.

(4) 증산 과다

고온에서는 수분 흡수보다 증산이 과다하여 위조를 유발한다.

3. 열사의 원인

(1) 원형질 단백의 응고

지나친 고온은 원형질 단백의 열응고가 유발되어 원형질이 사멸하고 열사한다.

(2) 원형질막의 액화

고온에 의해 원형질막이 액화되면 기능의 상실로 세포의 생리작용이 붕괴되어 사멸된다.

(3) 전분의 점괴화

고온으로 전분이 열응고하여 점괴화하면 엽록체의 응고 및 탈색으로 그 기능을 상실한다.

(4) 팽압에 의한 원형질의 기계적 피해, 유독물질의 생성 등으로 발생한다.

4. 작물의 내열성

(1) 내건성이 큰 작물이 내열성은 크다.

(2) 세포 내 결합수가 많고 유리수가 적으면 내열성이 커진다.

(3) 세포의 점성, 염류농도, 단백질함량, 당분함량, 유지함량 등이 증가하면 내열성은 커진다.

(4) 작물의 연령이 높아지면 내열성은 증대한다. 기관별로 내열성은 주피와 성엽(늙은엽) > 눈과 어린잎 > 미성엽과 중심주 순이다.

(5) 고온, 건조, 다조 환경에서 오래 생육한 작물은 경화되어 내열성이 증대된다.

5. 열해 대책

(1) **내열성이 강한 작물 선택한다.**

(2) **재배시기를 조절**하여 혹서기의 위험을 회피한다.

(3) **그늘을 만들어** 온도상승을 억제한다.

(4) 고온기에는 **관개**를 통해 지온을 낮춘다.

⑸ 시설재배에서는 환기의 조절로 지나친 고온을 회피한다.

⑹ 과도한 밀식과 질소과용 등을 피한다.

6. 목초의 하고(夏枯)현상

내한성이 강하여 잘 **월동**하는 한지형(북방형) 목초가 여름에 접어들어 고온과 건조, 병충해 및 잡초 발생 등으로 일시적으로 중지되거나 세력이 약하여 고사여 여름의 목초생산량이 감소하는 현상이다.

⑴ 하고의 유인

① 고온 : 한지형 목초의 영양생장은 18~24℃에서 감퇴되며 그 이상의 고온에서는 하고현상이 심해진다.

② 건조

㉠ 한지형 목초는 대체로 요수량이 커서 난지형 목초보다 하고현상이 더 크게 나타난다.

• 한지형 목초 : 알팔파 855, 블루그라스 828 스위트클로버 731, 레드클로버 698

• 난지형 목초 : 수단그라스 380, 수수 271

㉡ 한지형 목초는 이른 봄에 생육이 지나치게 왕성하면 하고현상이 심해진다.

③ 장일 : 월동목초는 대부분 장일식물로 초여름의 장일조건에서 생식생장으로 전환되고 하고현상을 조장한다.

④ 병충해 : 한지형 목초는 여름철 고온다습한 조건에서 **병충해가 생겨 하고현상을 조장**한다.

⑤ 잡초 : **여름철 고온에서 목초는 쇠약해지고 잡초는 무성하여 목초의 생육을 억제하여 하고현상을 조장한다.**

⑵ 하고의 대책

① 스프링플러시의 억제

㉠ 한지형 목초의 생육은 봄철에 왕성하여 목초생산량이 집중되어 스프링플러시라고 한다. **스프링플러시의 경향이 심할수록 하고현상도 심해진다.**

㉡ **봄철 일찍부터 약한 채초를 하거나 방목하면, 덧거름을 늦게 여름철에 주면 스프링플러시가 완화된다.**

② 관개 : **고온건조기에 관개를 하여 지온을 낮추고 수분 공급한다.**

③ 초종의 선택

㉠ 환경에 따라 하고현상이 경미한 우량초종을 선택하여 재배한다.

㉡ **고랭지에서는 티머시가 재배되고, 평지에서는 티머시보다 하고가 덜한 오처드그라스를 재배한다.**

④ 혼파 : **하고현상에 강한 초종이나 하고현상이 없는 남방형 목초를 혼파**하면 하고현상에 의한 목초 생산량 감소를 줄인다.

03

⑤ 방목과 채초의 조절

    ㉠ 목초가 과도하게 무성하면 병충해의 발생이 많고 토양수분이 결핍된다.

    ㉡ 목초를 밑동으로부터 바싹 베면 지온이 높아지고 부리의 활력이 쇠퇴한다.

    ㉢ 이에 **약한 정도의 채초와 방목이 하고현상을 감소시킨다.**

4 냉해

1. 냉해의 개념

(1) 냉온장해

식물체 조직 내에 결빙이 생기지 않는 범위의 저온에 의해서 받는 피해를 말한다.

(2) 냉해

벼나 콩 등의 여름작물이 생육적온 이하의 비교적 낮은 냉온을 장기간 지속적으로 받아 피해를 받는 것이다.

(3) 열대작물은 20℃ 이하, 온대 여름작물은 1~10℃에서 냉해가 발생한다.

2. 냉해의 구분과 기구

(1) 지연형 냉해

① 생육초기부터 출수기에 걸쳐 여러 시기에 냉온을 만나 출수가 지연되고, 이에 따라 등숙이 지연되어 후기의 저온으로 인해 등숙불량을 초래하게 되는 냉해이다.

② 출수 30일 전부터 25일 전까지의 5일간의 생식생장기 들어서 유수형성을 할 때 냉온을 만나면 **출수가 지연된다.**

③ 벼가 8~10℃ 이하가 되면 잎에 황백색의 반점이 생기고, 위조 또는 고사하여 분얼이 지연된다.

④ 저온의 영향

    ㉠ **질소, 인산, 칼륨, 규산, 마그네슘 등 양분의 흡수 및 물질동화 및 전류가 저해**된다.

    ㉡ 물질의 동화와 전류가 저해된다.

    ㉢ 질소동화가 저해되어 암모니아 축적이 증가한다.

    ㉣ 호흡의 감소로 원형질유동이 감퇴 또는 정지되어 모든 대사기능이 저해된다.

(2) 장해형 냉해

① 유수형성기부터 개화기 사이, 특히 생식세포의 감수분열기에 냉온으로 벼의 생식기관이 비정상적으로 형성되거나 화분 방출 및 수정에 장해를 일으켜 결국 불임현상이 초래되는 냉해이다.

② 작물생육기간 중 특히 냉온에 대한 저항성이 약한 시기에 저온과의 접촉으로 뚜렷한 장해를 받게 되는 냉해이다.

③ 벼에서 **감수분열기에 내냉성이 약한 품종은 17~19℃, 내냉성이 강한 품종은 15~17℃의 냉온을 하루라도 만나면 약강(藥腔)의 바깥쪽을 둘러싸고 있는 융단조직이 비대하고 화분이 불충실하여 꽃밥이 열리지 않으므로 수분되지 않아 불임이 발생한다.**

④ 타페트 비대(약벽내면층 비대)는 벼의 타페트가 암상으로 이상발달하여 내부의 화분을 억압
함으로써 기능을 상실하게 하는 냉온장해는 장해형 냉해의 좋은 예이며, 품종이나 작물의
냉해 저항성의 기준이 되기도 한다.

(3) 병해형 냉해

① 냉온에서 벼가 규산의 흡수가 줄어들어 조직의 규질화가 충분히 형성되지 못하여 도열병균
에 대한 저항성이 약해져 침입이 용이해진다.

② 광합성 저하로 체내 당함량이 저하되어 질소대사에 이상을 초래하여 체내에 유리아미노산이
나 암모니아가 축적되어 병의 발생을 조장하는 냉해이다.

(4) 혼합형 냉해

① 지연형 냉해 + 장애형 냉해 + 병해형 냉해 등이 복합적으로 발생한다.

② 수량감소에 가장 치명적이다.

3. 냉해의 발생과 품종의 내냉성

(1) 벼품종의 내냉성은 냉온에 대한 직접적 저항성인 냉해저항성과 생육시기에 의하여 위험기에 저
온을 회피할 수 있는 냉해회피성으로 구별되며 조생종은 냉해회피성 품종이 된다.

(2) 같은 품종이라도 내냉성은 발육단계별로 크게 다르다. 못자리 때는 8~10℃에서, 생식세포의 감
수분열기에는 17℃ 이하에서 냉해를 받는다.

4. 벼의 생육기기별 냉해양상

(1) 유묘기

① 13℃ 이하가 되면 발아 및 생육이 늦어진다.

② 통일형 품종은 더욱 민감하여 적고현상이 나타나고, pH가 7(중성)이상의 토양에서는 모잘록
병이 발생한다.

(2) 생장기

주로 12~13℃ 이하에서 초장과 분얼이 감소하며 17℃ 이하에서도 나타난다.

(3) 유수발육과정

① 소수분화기(출수 전 22~24일)에는 17℃에서 10일간, 생식세포 감수분열기(출수 전 12~14
일)에는 20℃에서 10일간 냉해가 발생하는데 **감수분열기는 냉해가 가장 민감한 시기이다.**

② 유수발육 과정 중에 냉해를 입으면 영화가 퇴화하거나, 불완전하고 기형의 소지가 있는 영화가
발생하며, 출수 지연을 유발하고, 심하면 이삭이 추출하지 않는다.

③ 감수분열기에 냉해를 입으면 소포자가 형성될 때 세포막이 형성되지 않고, 약강의 바깥쪽을 둘
러싸고 있는 융단조직이 이상비대현상을 일으켜 생식기관의 이상을 초래한다.

(4) 출수 · 개화기

① 출수기의 저온은 출수지연, 불완전출수, 출수불능을 유발한다.

② 개화기의 저온은 화분의 수정능력을 상실한다.

③ 17℃에서 5일 이상이면 수정이 일부 저해, 17℃에서 14일에는 모든 꽃이 불임이 되는데 통일형 품종은 이보다 1.5℃ 높은 조건에서도 피해를 유발한다.

(5) 등숙기

① 등숙 초기에 장해가 큰데, 배유발달 저해, 입중이 낮아지고, 청치발생으로 결실이 불량하고 수량감소와 품질저하를 초래한다.

② 출수 개화 후 40일간의 평균기온이 20℃ 이하로 낮아질수록 감수가 크고, 쌀알의 등숙최저온도는 17℃ 이상이고, 통일형 품종은 이보다 높아 19℃이다.

5. 냉해의 대책

(1) 내냉성 품종의 선택

냉해 저항성 품종이나 냉해 회피성 품종(조생종) 선택한다.

(2) 입지조건의 개선

① 지력배양

② 방품림을 설치

③ 암거배수 등으로 습답 개량

④ 객토, 밑다짐 등으로 누수답 개량

(3) 육묘법의 개선

보온육묘로 못자리 냉해의 방지와 **질소과잉을 피한다.**

(4) 재배법의 개선

① **조기재배, 조식재배**로 출수 · 성숙을 앞당겨 등숙기 냉해를 회피한다.

② **인산, 칼륨, 규산, 마그네슘 등을 충분하게 시용하고 소주밀식**으로 강건한 생육을 한다.

(5) 냉온기의 담수

저온기에 수온 19~20℃ 이상의 물을 15~20cm 깊이로 깊게 담수하면 장해형 냉해를 경감시킨다.

(6) 관개수온의 상승

① 물이 넓고, 얕게 고이는 온수저류지를 설치한다.

② 물이 얕고, 넓게 흐르게 하며, 낙차공이 많은 온조수로를 설치한다.

③ 물이 비닐파이프 등을 통과하도록 하여 관개수온을 높인다.

④ OED(증발억제제, 수온상승제)를 살포한다.

5 한해(寒害)

작물이 월동하는 도중에 겨울의 추위에 의해 받는 피해로, 동해와 상해, 건조해, 습해, 설해 등과 관련 있다. 한해는 조직 내의 결빙에 의해 나타나는 장해이다.

1. 한해의 종류

(1) 동상해

동해(조직내 결빙으로 생긴 피해)와 상해(서리로 $0 \sim -2℃$에서 동사하는 피해)를 합쳐 동상해라고 한다.

(2) 상주해와 동상해

① 서릿발(상주)

㉠ 토양에서 빙주(氷柱)가 다발로 솟아난 것을 말한다.

㉡ 맥류 등의 뿌리가 끊기고 식물체가 솟구쳐 올라 피해를 준다.

② 동상 : 추운지대에서 적설량이 적고, 토양 중에 깊은 동결층이 형성될 때 발생한다.

③ 대책

㉠ 퇴비시용, 사토의 객토, 배수를 시행한다.

㉡ 맥류는 광파재배로 뿌림골의 수분함량을 적게 한다.

㉢ 서릿발이 발생하면 맥류의 뿌림골을 답압을 실시한다.

(3) 건조해와 습해

① 월동 중 낮에는 토양표면이 녹아 증발하고, 지중에는 동결층이 생겨 수분공급이 어려워 건조해진다.

② 눈이 많이 오고 기후가 따뜻할 때 습해를 유발한다.

2. 작물의 동사온도(단위 : ℃)

(1) 고추, 고구마, 감자, 뽕나무, 포도나무 등의 잎

$-0.7 \sim -1.85$

(2) 배나무의 만개기와 유과기

$-2 \sim -2.5$

(3) 복숭아 나무

① 만개기 : -3.5

② 유과기 : -3

(4) 감나무 맹아기

$-2.5 \sim -3$

(5) 포도나무 맹아전엽기

$-3.5 \sim -4$

(6) 감귤수목

$-7 \sim -8(3\sim4$시간)

(7) 매화나무

① 만개기: $-8 \sim -9$

② 유과기: $-4 \sim -5$

(8) 겨울철의 귀리

-14

(9) 겨울철의 유채, 잠두

-15

(10) 겨율철의 보리, 밀, 시금치

-17

(11) 수목의 휴면아

$-18 \sim -27$

(12) 조균류

-190에서 13시간 이상

(13) 효모

-190에서 6개월 이상

(14) 건조종자의 어떤 것

-250에서 6시간 이상

3. 동사의 발생 기구

(1) 세포 외 결빙

즙액 농도가 낮은 세포간극에 먼저 결빙이 생기며, 세포 내의 물이 스며 나와 세포간극의 결빙에 생기는 결빙이다.

(2) 세포 내 결빙

결빙이 더욱 진전되면서 세포 내 원형질내부로 침입하여 결빙을 유발한다.

(3) 세포 내 수분의 세포 밖 이동으로 세포 내 염류농도는 높아지고, 수분의 부족으로 원형질단백이 응고하여 세포는 죽는다.

(4) 세포 외 결빙이 생겼을 때 온도가 상승하여 결빙이 급격히 융해되면 원형질이 물리적으로 파괴되어 세포가 죽는다.

(5) 동결과 융해가 반복될 때 동해가 커진다.(감귤류)

4. 작물의 내동성

(1) 생리적 요인

① 원형질의 수분투과성: 원형질의 수분투과성이 크면 세포 내 결빙을 적게 하여 내동성이 증대된다.

② 원형질단백질의 특성: 원형질단백에 디설파이드기(− SS기)보다 설파하이드릴기(− SH기)가 많으면 기계적 견인력에 분리되기 쉬워 원형질의 파괴가 적고 내동성이 증대한다.

③ 원형질의 점도(粘度)와 연도(軟度): 원형질의 점도가 낮고 연도가 크면 결빙에 의한 탈수와 융해 시 세포가 물을 다시 흡수할 때 원형질의 변형이 적으므로 내동성이 크다.

④ 원형질의 친수성 콜로이드: 원형질의 친수성 콜로이드가 많으면 세포 내의 결합수가 많아지므로 내동성이 커진다.

⑤ 지방함량: 지방과 수분이 공존할 때 빙점강하도가 커지므로 지유함량이 높은 것이 내동성이 강하다.

⑥ 당분함량: 가용성 당의 함량이 높으면 세포의 삼투압이 커지고 원형질단백의 변성이 적어 내동성이 증가한다.

⑦ 전분함량: 원형질에 전분함량이 많으면 기계적 견인력에 의해 내동성이 감소한다.

⑧ 조직의 굴절률: 친수성 콜로이드가 많고 세포액의 농도가 높으면 조직즙의 광에 대한 굴절류이 커지고 내동성이 증대된다.

⑨ 세포의 수분함량: 세포 내에 수분함량이 많으면 생리적 활성이 저하되어 내동성이 감소한다.

⑩ 세포내의 무기성분: 칼슘이온(Ca^{2+})은 세포 내 결빙의 억제력이 크고 마스네슘이온(Mg^{2+})도 억제작용이 있다.

(2) 형태적요인

맥류에서의 형태와 내동성

① 포복성이 직립성인 것보다 내동성이 강하다.

② 파종을 깊게 하거나 중경이 신장되지 않아 생장점이 땅속 깊이 있는 것이 내동성이 강하다.

③ 엽색이 진한 것이 내동성이 강하다.

(3) 발육단계와 내동성

작물의 생식기관은 영양기관보다 내동성이 극히 약하다.(가을밀은 2~4엽기의 영양체는 −17℃에서도 동사하지 않고 견디나 수잉기의 생식기관은 −1.3~1.8℃에서도 동해 발생)

(4) 내동성의 계절적 변화

① 경화

㉠ 월동하는 겨울작물의 내동성은 기온이 내려감에 따라 점차 증대하고, 다시 높아지면 차츰 감소된다.

㉡ 월동작물이 5℃ 이하의 저온에 계속 처하게 될 때 내동성이 증대되는 현상이 경화(hardening)이다.

㉢ 경화된 것이라도 다시 높은 온도에 처리하면 내동성은 약해지고 원래의 상태로 되돌아오게 되는 것을 디하드닝(dehardening, 내동성상상실)이라 한다.

② 휴면

　　㉠ 휴면상태일 때는 내동성은 극히 강하다.

　　㉡ 가을철 저온·단일은 휴면을 유도하여 월동을 안전하게 하고, 겨울철 저온은 휴면타파의 조건으로 작용한다.

③ 추파성

　　㉠ **맥류의 추파성은 생식생장을 억제하는 성질이다.**

　　㉡ 저온처리로 추파성을 소거하면 생식생장이 유도되어 내동성이 약해진다.

5. 작물의 한해대책

(1) 일반대책

① 입지조건의 개선 : 방풍시설 설치, 토질의 개선으로 서릿발 억제, 배수를 철저히 한다.

② 작물과 품종의 선택

　　㉠ 월동이 안전한 작물, 내동성 작물과 품종을 선택한다.

　　㉡ 개화·개엽이 늦어 봄철 동상해를 피할 수 있는 품종을 선택한다.(뽕, 과수 등)

③ 재배적 대책

　　㉠ 보온재배를 한다.(채소류, 화훼류)

　　㉡ 이랑을 세워 뿌림골을 깊게 한다.(맥류)

　　㉢ 칼리질 비료를 증시하고, 파종 후 퇴비를 종자 위에주어 생장점을 낮춘다.(맥류)

　　㉣ 적기에 파종하고 파종량을 늘린다.(맥류)

　　㉤ 답압을 한다.(맥류)

(2) 응급대책

① 관개법 : **저녁의 충분히 관개하면 물이 가진 열을 토양에 보급하고, 낮에 더워진 지중열을 빨아 올리며, 수증기가 지열의 발산을 막아서** 약한 서리를 방지한다.

② 발연법 : **불을 피우고 그 위에 청초나 젖은 가마니을 덮어 수증기를 함유한 연기를 발산하여 방열을 방지함으로써** 서리의 피해를 방지하는 방법으로 약 2℃ 정도 온도가 상승한다.

③ 송풍법 : 동상해가 발생하는 밤의 지면 부근의 온도 분포는 온도역전현상으로 인해 지면에 가까울수록 온도가 낮다. **지상 10m 높이에 방상팬으로 상공의 따뜻한 공기를 지면으로 보내주면 작물 부근의 온도를 높임으로** 상해를 방지한다.

④ 피복법 : 거적, 플라스틱 필름 등으로 작물체를 직접 피복하면 작물체로부터의 방열을 방지한다.

⑤ 연소법 : 불을 피워 그 열을 작물에 보내는 적극적인 방법으로 −3~4℃정도의 동상해를 방지한다.

⑥ 살수빙결법 : **살수장치, 스프링클러 등을 이용하여 작물체의 표면에 물을 뿌려주면 −7~8℃ 정도라도 0℃를 유지하여 동상해를 막을 수 있으며** 가장 균일하고, 가장 큰 보온효과를 기대할 수 있다.

(3) 사후대책

① 인공수분을 한다.

② 적과를 늦춘다.

③ 속효성 비료의 추비와 요소의 엽면살포로 생육을 촉진한다.

④ 병충해를 방제한다.

⑤ 피해가 심한 경우는 대작을 강구한다.

Chapter 06 광환경

1 광과작물의 생리작용

1. 광합성

(1) 녹색식물은 광에너지를 받아 엽록소를 형성하고 대기의 이산화탄소와 뿌리가 흡수한 물을 이용하여 유기물의 형성과 산소를 방출하는 작용을 하는데, 이를 광합성이라 한다.

(2) 광합성 효율과 빛

① **광합성에는 675nm를 중심으로 한 650~700nm의 적색 부분과 450nm를 중심으로 한 400~500nm의 청색광 부분이 가장 효과적**이다.

② 녹색, 황색, 주황색 파장의 광은 효과가 적다.

> **파장 별 작물특성**
> 1. 엽록소형성 - 적색광, 청색광
> 2. 굴광현상 - 청색광
> 3. 일장효과 - 적색광
> 4. 야간조파 - 적색광

(3) 광합성의 제1과정(명반응)

① 엽록소에서 태양의 빛에너지를 흡수해서 NADPH, ATP 등의 화학 에너지를 생성하는 과정으로 CO_2는 필요 없고, 물과 빛만 으로의 과정이므로 명반응(photophosphorylation)이라 한다.

② 물의 광분해와 광인산화 과정으로 나눈다.

  ㉠ **물의 광분해**: 엽록체의 틸라코이드막에서 빛에너지를 이용하여 물의 분해로 산소가 발생한다.

  ㉡ **광인산화**: 빛을 받은 색소가 빛을 흡수하여 고에너지가 방출되며 ATP를 생성한다.

  ㉢ 물에서 방출한 전자는 $NADP^+$에 흡수되어 NADPH를 생성한다.

(4) 제2과정(암반응)

① 엽록소의 스트로마에서 일어난다.

② 명반응의 결과 생성된 ATP와 NADPH를 이용하여 이산화탄소를 고정하고 포도당을 합성한다.

③ 두 과정으로 광합성 반응이 완료된다.

2. 증산작용

(1) 햇빛을 받으면 온도의 상승으로 증산이 촉진된다.

(2) 광합성에 의해 동화물질이 축적되면 공변세포의 삼투압이 높아져 흡수가 증가하여 기공이 열리고 증산이 촉진된다.

3. 호흡작용

(1) 빛이 있는 조건에서 세포호흡과는 상관없이 산소를 소비하여 이산화탄소를 발생시키는 호흡작용을 한다.

(2) **벼, 담배 등의 C_3식물은 광에 의해 직접적으로 호흡이 촉진되는 광호흡이 있지만, 옥수수 등의 C_4식물은 거의 없다.**

(3) 광호흡은 광합성에서만 CO_2를 방출하는 것으로, 엽록체, 미토콘드리아, 페록시즘(peroxisome)의 협동작용으로 이루어지며 광합성률을 떨어뜨리는 원인이다.

(4) **C_4식물과 CAM식물은 광호흡이 거의 없다.**

(5) C_3식물은 광합성과정에 들어온 전체 CO_2의 30~50%를 광호흡으로 재방출하기 때문에 CO_2고정이 극히 낮아서, 광합성률이 C_4식물의 1/1.5~1/2 정도이다.

(6) 강광이고 고온이며 CO_2농도가 낮고 O_2농도가 높을 때 광호흡이 높다.

4. C_3식물, C_4식물, CAM식물의 비교

고등식물의 광합성 제2과정(명반응)에서 CO_2가 환원되는 물질에 따라 구분한다.

(1) C_3식물

① CO_2를 공기에서 직접 얻어 캘빈회로에 이용하는 식물로 최초로 합성되는 유기물이 3탄소화합물로 고온 건조하면 광호흡이 증대된다.

② 벼, 보리, 밀, 콩, 귀리 등의 작물이다.

(2) C_4식물

① CO_2를 고정하는 경로를 가지고 있으며, 날씨가 덥고 건조하면 기공을 닫아 수분을 보존하고 탄소를 4탄소화합물로 고정한다.

② 수분을 보존하고 광호흡을 억제하는 적용기구가 있고, 엽육세포와 유관속초세포가 매우 인접하여 있어 효율적으로 광합성을 수행한다.

③ 옥수수, 수수, 수단그라스, 사탕수수, 기장, 진주조, 명아주, 버뮤다그라스 등의 작물이다.

(3) CAM식물

① C_4식물처럼 CO_2를 고정하지만, 고정하는 시간대가 정해져 있는 식물이다.

② 밤에만 기공을 열어 CO_2를 받아들이는 방법으로 수분을 보존하며 4탄소화합물로 고정한다.

③ 선인장, 파인애플, 대부분의 다육식물이다.

(4) C₃식물과 C₄식물의 해부학적인 차이

① C₃식물의 유관속초세포 : 엽록체가 적고 그 구조도 엽육세포와 유사하다.

② C₄식물의 유관속초세포 : 다수의 엽록체가 함유되어 있고 엽육세포가 유관속초세포 주위에 방사상 배열로 되어있다.

(5) 기타 비교

특성	C₃식물	C₄식물	CAM식물
CO_2고정계	캘빈회로	C₄회로＋캘빈회로	C₄회로＋캘빈회로
광호흡	있음	없음	있음
광포화점	최대일사의 1/4~1/2	최대일사 이상으로 강광조건에서 높은 광합성률	부정
내건성	약	강	극강
광합성 적정온도(℃)	13~30	30~47	≒35
광합성산물 전류속도	소	대	－
CO_2첨가에 의한 건물생산촉진효과	큼	작음(하나의 CO_2분자를 고정하기위해 더 많은 에너지가 필요)	－

5. 굴광현상

(1) 굴광성이란 빛에 대해 방향성을 갖는 생장 즉, 식물의 한쪽에 광이 조사되면 굴곡반응을 나타내는 현상이다.

(2) 식물 한 쪽에 광을 조사하면 조사된 쪽의 옥신 농도가 낮아지고, 반대쪽에는 옥신의 농도가 높아지면서 옥신의 농도가 높아진다.

(3) 줄기나 초엽 등 지상부에서는 광의 방향으로 구부러지는 향광성(향일성, 굴광성)을 나타내지만, 뿌리는 반대로 배광성(배알성, 굴지성)을 나타낸다.

(4) 굴광현상은 400~500nm, 특히 440~480nm의 청색광이 가장 유효하다.

(5) 덩굴성식물의 감는 운동은 굴광성으로 설명할 수 없다.

6. 착색

(1) 광량이 부족하면 엽록소 형성이 저해되고, 담황색 색소인 에티올린이 형성되어 황백화현상을 일으킨다.

(2) 엽록소 형성에는 650nm를 중심으로 한 620~670nm의 적색 부분과 450nm를 중심으로 한 430~470nm의 청색광 부분이 가장 효과적이다.

(3) 사과, 포도, 딸기, 순무 등의 착색에 관여하는 안토시아닌 색소의 생성은 비교적 저온에 의해 촉진된다.

(4) 자외선이나 자색광 파장에서 안토시아닌 생성이 촉진되며, 광투과가 좋을 때 착색이 좋아진다.

7. 신장 및 개화

(1) 자외선과 같은 단파장의 광(자외선)은 신장을 억제한다.

(2) 자외선의 투과가 적은 그늘 환경은 도장(웃자라기)되기 쉽다.

(3) 광조사가 좋으면 광합성이 촉진되어 탄수화물 축적이 많아지고, C/N율이 높아져서 화아형성이 촉진된다.

(4) 일장의 장단도 화아형성에 영향을 준다.

(5) 일장 중 적색광이 개화에 큰 영향을 끼치고, 야간조파도 적색광이 가장 효과적이다.

(6) 대부분은 광이 있을 때 개화하나 수수처럼 광이 없을 때 개화하는 것도 있다.

---

2 광합성과 태양에너지의 이용

1. 태양복사는 약 47%만 지표에 도달한다.

대기권 상층부의 태양광선	100%
구름을 통하여 공급되는 부분	52%
산란광으로 공간에 반사되는 부분	25%
구름에 흡수되는 부분	10%
지표면에 도달하는 부분	**17%**
구름 사이를 통하여 공급되는 부분	33%
공간에 흡수되는 부분	9%
지표면에 도달하는 부분	**27%**
산란광으로 공급되는 부분	15%
산란광으로 공간에 반사되는 부분	9%
지표면에 도달하는 부분	**6%**

2. 지구상의 식물광합성량은 90%가 해양식물이, 10%가 육지식물이 차지한다.

3. 경작지대의 작물이 차지하는 비율은 육지의 24.5%, 즉 지구의 2.24%에 불과하다.

3 광보상점과 광포화점

1. 조사광량과 광합성 속도

작물은 대기의 이산화탄소를 흡수하여 유기물을 합성하고, 호흡을 통해 유기물을 소모하며 이산화탄소를 방출한다.

(1) 진정광합성

호흡을 무시한 절대적 광합성

(2) 외견상광합성

① **호흡으로 소모된 유기물(이산화탄소 방출)을 제외한 외견상으로 나타난 광합성이다.**

② **광합성은 어느 한계까지 광을 강하게 받을수록 속도가 증가하는데, 어느 정도 낮은 조사광량에서는 진정광합성속도와 호흡속도가 같아서 외견상광합성속도가 0이 되는 상태에 도달하여 유기물의 증감이 없고, 이산화탄소의 흡수, 방출이 없게 된다.**

③ 식물의 건물생산은 진정광합성량과 호흡량의 차이인 외견상광합성량이 결정한다.

(3) 광보상점

① **외견상광합성 속도가 0이 되는 조사광량이다.**

② 광합성은 어느 한계까지 광이 강할수록 속도가 증대되는데, 암흑상태에서 광도를 점차 높여 이산화탄소의 방출속도와 흡수속도가 같게 되는 때의 광도이다.

③ 광보상점 이하의 경우에 생육적온까지 온도가 높아지면 진정광합성은 증가한다.

(4) 광포화점

① **빛의 세기가 보상점을 지나 증가하면서 광합성속도도 증가하나 어느 한계에 이르면 광도를 더 증가하여도 광합성량이 더이상 증가하지 않는데, 이때의 빛의 세기를 광포화점이라고 한다.**

② 벼 잎이 광포화점에 도달하는 데에는 온난한 지대보다는 냉량한 지대에서 더욱 강한 일사가 필요하다.

③ 고립상태에서의 벼는 생육초기에는 광포화점에 도달하나 군락 상태는 도달하기 어렵다.

♀ 광보상점과 광포화점의 관계

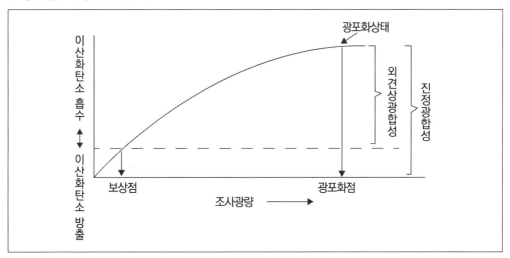

2. 광보상점과 내음성

(1) 작물은 광보상점 이상의 광을 받아야 지속적 생육이 가능하다.

(2) 보상점이 낮은 작물은 상대적으로 낮은 광도에서도 생육할 수 있어 내음성이 강하다.

(3) 보상점이 낮아서 그늘에 적응하고 광을 강하게 받으면 해를 받는 식물을 음생식물이라고 하고, **보상점이 높아 그늘에 적응하지 못하고 양지에서 잘 자라는 식물을 양생식물이라고 한다.** 음지식물은 양지식물보다 광포화점이 낮다.

    ㉠ 내음성 강: 사탕단풍나무, 너도밤나무로 보상점이 낮다.

    ㉡ 내음성 약: 소나무, 측백으로 보상점이 높다.

3. 고립상태에서의 광포화점

(1) 고립상태

    ① 작물의 거의 모든 잎이 직사광선을 받을 수 있도록 되어 있는 상태이다.

    ② **포장에서 극히 생육 초기에 여러 개체의 잎들이 서로 중첩되기 전의 상태이다.**

    ③ 어느 정도 생장하게 되면 고립상태는 형성되지 않는다.

(2) 고립상태 작물의 광포화점

    ① 양생식물이라도 전체 조사광량보다 낮다.

    ② 대체로 일반작물의 광포화점은 조사광량의 30~60% 범위에 있다.

    ③ **광포화점은 온도와 이산화탄소농도에 따라 변화한다.**

    ④ **생육적온까지 온도가 높아질수록 광합성속도는 높아지나 광포화점은 낮아진다.**

    ⑤ **이산화탄소 포화점까지 공기 중의 이산화탄소농도가 높아질수록 광합성속도와 광포화점이 높아진다.**

    ⑥ 고립상태에서 온도와 이산화탄소가 제한조건이 아닐 때 C_4식물은 최대조사광량에서도 광포화점이 나타나지 않으며, 이때 광합성률은 C_3식물의 2배에 달한다.

    ⑦ **온난한 지대보다는 냉량한 지대에서 더욱 강한 일사가 요구된다.**

    ⑧ 군집상태(자연포장)의 작물은 고립상태의 조건에서보다 광포화점이 훨씬 높다.

♀ 고립상태의 광포화점(단위: %, 조사광량에 대한 비율)

구분	광포화점	구분	광포화점
음생식물	10정도	벼, 목화	40~50
구약식물	25정도	밀, 알팔파	50정도
콩	20~23	고구마, 사탕무, 무, 사과나무	40~60
감자, 담배, 강낭콩, 보리, 귀리	30정도	옥수수	80~100

4 포장 광합성

1. 군락의 광포화점

(1) 군락상태

① 포장에서 작물이 밀생하고 크게 자라며 잎이 서로 포개져서 많은 수의 잎이 직사광을 받지 못하고 그늘에 있는 상태이다.

② 포장상태의 작물은 군락을 형성하고 수량은 면적당 광합성량에 따라 달라지므로 군락의 광합성이 높아야 수량도 높아진다.

(2) 군락의 광포화점

① 벼잎에 투사된 광은 10% 정도가 잎을 투과한다. 따라서 **군락이 우거져 그늘이 많아지면 포화광을 받지 못하는 잎들이 많아지고, 이 잎들이 충분한 광을 받기 위해서는 더 강한 광이 필요하므로 군락의 광포화점은 높아진다.**

② 벼 포장에서 **군락의 형성도가 높을수록 군락의 광포화점이 높아진다.**

③ 고립상태에 가까운 벼의 생육초기에는 낮은 조도에서도 광포화를 이루지만, 군락이 무성한 출수기 전후에는 전광에 가까운 높은 조도에서도 광포화에 도달하지 못하여, 더욱 강한 일사가 필요하다.

2. 포장동화능력

(1) 포장군락의 단위면적당 동화능력(광합성능력)으로, 수량을 직접 지배한다.

(2) 포장동화능력은 총엽면적, 수광능률, 평균동화능력의 곱으로 표시한다.

$$P = AfP_0$$
P: 포장동화능력, A: 총엽면적, f: 수광능률, P_0: 평균동화능력

(3) 수광능률은 군락의 잎들이 어느 정도 광을 효율적으로 받아서 광합성에 이용하는가 하는 표시이며, 주로 총엽면적과 군락의 수광태세에 지배된다.

(4) 수광능률을 높이려면 총엽면적을 알맞은 한도로 조절하고 군락 내부로 광투사를 좋게하는 방향으로 수광태세를 개선해야 한다.

> 수광능률
> 1. 군락의 잎이 광을 받아서 얼마나 효율적으로 광합성에 이용하는가의 표시이다.
> 2. 수광능력은 군락의 수광태세와 총엽면적에 영향을 받는다.
> 3. 수광능률의 향상은 총엽면적을 적당한 한도로 조절하고, 군락 내부로 광을 투사하기 위해 수광상태를 개선해야 한다.
> 4. 규산과 칼륨시비는 벼의 양호한 수광태세를 돕는다.
> 5. 남북이랑방향은 동서이랑방향보다 수광량이 많아 작물생육에 유리하다.
> 6. 콩은 키가 크고 잎은 좁고 가늘고 길며, 가지는 짧고 적은 것이 수광태세가 좋고 밀식에 적응할 수 있다.

(5) 평균동화능력은 잎의 단위면적당 동화능력, 즉 단위동화능력을 총엽면적에 대해 평균한 것으로, 단위동화능력이 평균동화능력과 같은 뜻으로 많이 사용되며, 시비·물관리를 잘하여 무기영양상태를 좋게 하였을 때 높아진다.

> **증수재배**
> 1. **생육초기**: 엽면적을 증가시켜 포장동화능력을 증대한다.
>   **생육후기**: 최적엽면적과 단위동화능력(평균동화능력)을 증가시켜 포장동화능력 증대한다.
>   벼의 경우 출수 전에는 주로 엽면적의 지배를 받고, 출수 후에는 단위동화능력의 지배를 받는다.
> 2. 간작기간, 재식밀도, 시비 및 관리법을 강구한다.
> 3. 엽면적이 과다하여 그늘에 든 잎이 많이 생기면 동화능력보다 호흡소모가 많아져 포장동화능력이 저하된다.

3. 최적엽면적

(1) 식물의 건물생산은 진정광합성과 호흡량의 차이인 외견상광합성량에 의해 결정된다.

(2) 식물군락에서 엽면적이 증가하면 군락 내 진정광합성량은 그에 따라 증가한다.

(3) 식물군락의 엽면적이 증가하면 그늘의 잎이 많아져서 엽면적이 일정 이상 커지면 엽면적 증가와 비례하여 진정광합성량은 증가하지 않지만, 호흡량은 엽면적 증가와 비례해서 증가한다.

(4) 건물생산량은 어느 한계까지는 군락 내 엽면적 증가에 따라 같이 증가하나 그 이상의 엽면적 증가는 오히려 건물생산량을 감소시킨다.

(5) 건물생산량이 최대일 때의 단위면적당 군락엽면적을 최적엽면적이라고 한다.

(6) 군락의 엽면적을 토지면적에 대한 배수치로 표시하는 것을 엽면적지수라고 한다.

(7) 최적엽면적일 때의 엽면적지수를 최적엽면적지수(LAI)라 한다.

(8) 군락의 최적엽면적지수는 작물의 종류와 품종, 생육시기와 일사량, 수광상태 등에 따라 달라진다.

(9) 최적엽면적지수를 크게 하면 군락의 건물생산능력을 크게 하므로 수량을 증대시킬 수 있다.

ꗛ 건물생산과 엽면적과의 관계

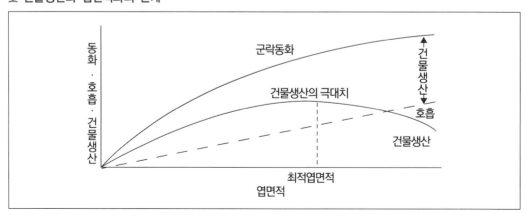

4. 군락의 수광상태

(1) 개념

① 군락의 최대엽면적지수는 군락의 수광태세가 좋을 때 커진다.

② 동일 엽면적이라도 수광태세가 좋을 때 군락의 수광능률은 높아진다.

③ 수광태세의 개선은 광에너지의 이용도를 높이는데 기본적으로 중요하다.

④ 수광태세의 개선을 위해 좋은 초형의 품종 육성하고 재배법을 개선하여 군락의 잎 구성을 좋게 한다.

(2) 벼의 초형

① 잎이 얇지 않고, 약간 좁으며, 상위엽이 직립한다.

② 키가 너무 크거나 작지 않아야 한다.

③ 분얼은 개산형이 좋다.

④ 각 잎이 공간적으로 되도록 균일하게 분포한다.

(3) 옥수수의 초형

① 상위엽은 직립하고 아래로 갈수록 약간씩 기울어 하위엽은 수평이 되는 것이 좋다.

② 숫이삭이 작고, 잎혀가 없는 것이 좋다.

③ 암이삭은 1개인 것보다 2개인 것이 밀식에 더 잘 적응한다.

(4) 콩의 초형

① 키가 크고 도복이 안 되며, 가지를 적게 치고, 가지가 짧다.

② 꼬투리가 원줄기에 많이 달리고, 밑에까지 착생한다.

③ 잎자루가 짧고 일어선다.

④ 잎이 작고 가늘다.

5. 재배법에 의한 수광태세의 개선

(1) 벼는 규산과 칼륨을 충분히 시용하면 잎이 직립하고, 무효분얼기에 질소를 적게 주면 상위엽이 직립한다. 질소가 과하면 과번무하고 잎이 늘어진다.

(2) 벼, 콩에서 밀식 시에는 줄 사이를 넓히고 포기 사이를 좁히는 것이 파상군락을 형성케 하여 군락 하부로의 광투사를 좋게 한다.

(3) 맥류는 광파재배보다 드릴파재배를 하는 것이 잎이 조기에 포장 전면을 덮어 수광태세가 좋아지고, 지면증발도 적어진다.

(4) 어느 작물이나 재식밀도와 비배관리를 적절하게 해야 한다.

5 벼의 생육단계와 일사

1. 생육단계와 차광의 영향

(1) 일사부족의 영향은 생육단계에 따라 다르다.

♨ 생육시기별 10일간의 차광처리 − 수량구성요소와 수량에 미지는 영향

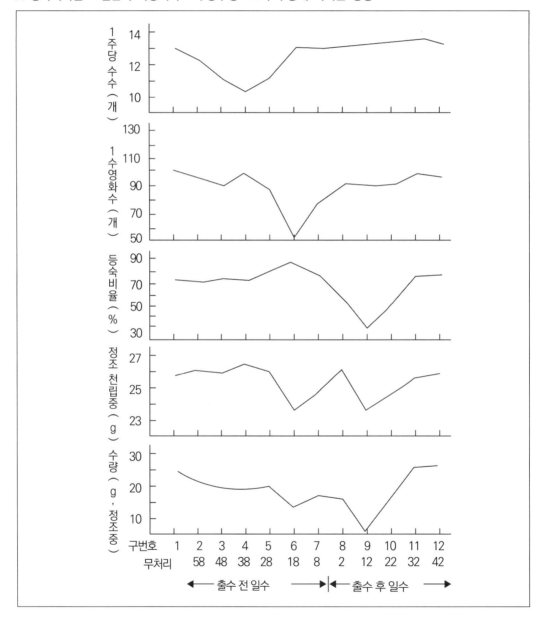

(2) 벼의 수량 = 단위면적당 수수(이삭수) × 1수영화수 × 등숙비율 × 1립중

(3) 각 수량구성요소는 결정되는 시기가 다르며, 이에 따라 차광이 수량에 미치는 영향도 생육단계에 따라 다르다.

① 분얼기 : 일사부족은 수량에 크게 영향을 주지 않는다.

② 유수분화 초기 : 최고분얼기(출수 전 30일)를 전후한 1개월 사이 일조가 부족하면 유효경수 및 유효경비율이 저하되어 단위면적당 수수를 줄인다.

③ 생식세포 감수분열기 : 특히 감수분열 성기는 영화의 퇴화를 가져오고 1수영화수를 적게 하고, 영의 크기도 작게 하여 1립중을 작게 한다.

④ 유숙기 : 동화물질의 감소와 배유로의 전류, 축적을 감퇴시키고, 배유 발육을 저해하여 등숙비율을 떨어뜨리고, 1립중도 작게 한다.

⑤ 종합적으로 유숙기의 차광이 수량감소가 가장 크고, 다음이 생식세포 감수분열기이다. 두 시기의 일사는 수량증대에 크게 기여한다.

❀ 벼의 일생

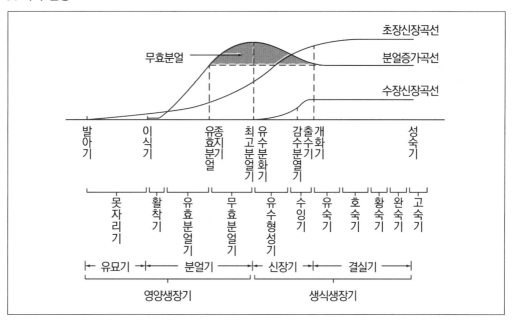

2. 벼의 시기별 소모도장효과

(1) 광합성은 건물을 생산하고 주로 일조의 영향을 받는다.

(2) 호흡은 건물을 소모하고 주로 온도의 영향을 받는다.

(3) 일조의 건물생산효과에 대한 온도의 호흡증대 효과의 비를 소모도정효과라고 한다.

(4) 소모도장효과가 크면 건물의 생산에 비해 소모경향이 커지고 도장경향이 생긴다.

6 수광과 그 밖의 재배적 문제

1. 작물의 광입지

(1) 벼, 목화, 조, 기장, 감자, 알팔파 등과 같이 광부족에 적응하지 못하는 작물은 일사가 좋은 곳이 알맞다.

(2) 강낭콩, 딸기, 목초, 당근, 순무 등은 일사가 좋지 못한 곳에도 적응한다.

2. 이랑의 방향

(1) **남북이랑이 동서이랑보다 수광시간은 약간 짧지만, 작물 생장기의 수광량이 훨씬 많아서 유리**하여 수량의 증가를 보인다. 다만, **토양의 건조가 심해질 우려**가 있다.

(2) **봄에 감자를 심을 때 이랑을 동서향으로 내고, 고랑의 북쪽에 바싹 다가 심으면 수량이 많아져 지온이 높아져서 싹이 빨리 튼다.**

(3) 경사지는 등고선 경작이 유리하나 평지는 수광량을 고려해 이랑의 방향을 정해야 한다.

(4) 겨울작물이 아직 크게 자라지 않았을 때는 동서이랑이 수광량이 많고, 북서풍도 막을 수 있다.

Chapter 07 상적발육과 환경

1 상적발육

1. 발육상과 상적발육

(1) 신장

작물이 키가 크는 것이다.

(2) 생장(growth)

여러 기관(잎, 줄기, 뿌리와 같은 영양기관)이 **양적으로 증대**하는 것으로 영양생장을 의미한다.

(3) 발육(development)

작물 체내에서 일어나는 **질적인 재조정작용**이며 생식생장을 의미한다.

(4) 발육상

작물발육의 여러 가지 단계적 양상을 발육상이라고 한다.

(5) 상적발육

작물이 순차적인 몇 개의 **발육상을 거쳐 발육이 완성**되는 것이다.

(6) 화성(flowering)

① 영양기관의 발육단계인 **영양생장을 거쳐 생식기관의 발육단계인 생식적 발육의 전환이다.**

② 영양생장에서 생식생장으로 이행하는 과정으로 상적발육에 있어 가장 중요한 발육상의 경과이다.

2. 상적발육설

(1) 리센코에 의해서 제창되었다.

(2) 작물의 생장은 발육과 다르며, 생장은 여러 기관의 양적증가를 의미하지만 발육은 체내의 순차적인 질적 재조정 작용을 의미한다.

(3) 1년생 종자식물의 발육상은 개개의 단계(stage), 즉 상(phase)으로 구성된다.

(4) 각각의 발육단계 또는 발육상은 서로 접속해 발생하며, 잎의 발육상을 경과하지 못하면 다음의 발육상으로 이행할 수 없다.

(5) 1개의 식물체에서 개개의 발육상이 경과하려면 서로 다른 특정 환경조건이 필요하다.

3. 작물의 발육상

(1) 작물의 상적발육 초기는 특정 온도가 필요한 단계인 감온상 또는 감온기가 있고, 후기는 특정 일장이 필요한 단계인 감광상 또는 감광기(요광기)가 있다.

(2) 추파맥류는 감온상과 감광상이 뚜렷하며, 자포니카의 만생종은 감광상이 뚜렷하다.

(3) 토마토는 감온상과 감광상이 뚜렷하지 않다.

4. 화성의 유인

(1) 화성유도의 주요 요인

① 내적 요인

㉠ 영양상태 특히, C/N율로 대표되는 동화생산물의 양적 관계이다.

㉡ **옥신과 지베렐린 등 식물호르몬의 체내 수준 관계이다.**

(지베렐린은 저온·장일 조건을 대체하는 효과)

② 외적 요인

㉠ 광조건, 특히 **일장효과**의 관계이다.

㉡ **온도조건, 특히 버널리제이션과 감온성의 관계이다.**

> 화성유도의 기타요인설
>
> C/N율설
>
> 1. 식물 체내의 탄수화물(C)과 질소(N)의 비율(탄질률)을 의미하는 C/N율이 식물의 생육, 화성 및 결실을 지배한다고 생각으로 체내 C/N율이 높을 때 화아분화가 촉진된다.
> 2. 환상박피를 한 윗부분은 C/N율이 높아져 화아분화가 촉진된다.

5. 화성에 대한 환경의 지배도

(1) 추파맥류의 최소엽수

① 최소엽수

주경에 화아분화가 될 때까지 형성된 최소착엽수이다.

② 가을호밀 중 Petkus 품종은 화성의 알맞은 최적 조건을 주면 최소엽수가 5매로 되고, 가장 불리한 조건을 주어도 주간여수가 25매가 된 다음에는 출수한다.

③ 엽수에 미치는 환경의 영향한계는 6~25매 사이라고 본다.

④ 주간의 5마디는 잎이되는 부동엽아시원체, 26마디 이상은 소수만을 형성하는 부동소수시원체를 가지며, 6~25마디는 조건에 따라 잎도 되고, 소수도 될 수 있는 가동시원체를 가진다.

⑤ 추파맥류에서 환경이 화성을 지배하는 정도는 가동시원체의 범위이다.

⑥ 일반적으로 작물의 종류, 품종에 따라 차이가 있으며, 같은 작물의 경우 만생종일수록 많은 것이 보통이다.

(2) 기타작물

① 벼의 만생종에서 24시간 낮 상태를 계속 유지하여 11년간 출수가 억제되었다.

② 양배추에서 저온처리를 하지 않음으로써 2년 동안 추대가 억제되었다.

③ 옥수수에서 배(胚)시대에 이미 주간엽수가 결정되어 있다.

④ 저온이나 일장이 화성을 지배하는 정도는 작물에 따라 차이가 있다.

2 버널리제이션(춘화처리)

1. 버널리제이션의 개념

(1) 작물의 화성을 유도·촉진하기 위해 생육의 일정한 시기(주로 초기)에 일정한 온도로 처리하는 것이다.

(2) 버널리제이션은 일정한 저온조건에서 식물의 감온상을 경과하도록 하는 것이다.

(3) 저온 춘화처리를 필요로 하는 식물에서는 저온처리를 하지 않으면 개화가 지연되거나 영양기에 머물게 된다.

(4) **저온처리 자극의 감응부위는 생장점**이다.

2. 버널리제이션의 구분

(1) 처리온도에 따른 구분

고온버널리제이션보다 저온버널리제이션이 효과가 결정적이며, 보통 저온춘화가 고온춘화에 비해 효과적이고, 춘화처리라 하면 보통은 저온춘화를 의미한다.

① 저온버널리제이션(저온춘화, 저온처리): **월년생 작물은 대체로 저온인 0~10°C의 저온에 의해서 춘화가 이루어진다.**(유채)

② 고온버널리제이션(고온춘화, 고온처리): **단일식물은 비교적 고온인 10~30°C의 온도처리가 유효하다.**(콩)

(2) 처리시기에 따른 구분

① 종자버널리제이션

㉠ **최아종자 시기에 저온처리로 감응한다.**

㉡ 종자춘화형 식물: **추파맥류, 완두, 잠두, 올봄무 등이다.**

㉢ 종자춘화는 종자근의 시원체인 백체가 나타나기 시작할 무렵까지 최아하여 처리한다.

② 녹체버널리제이션

㉠ **식물이 일정한 크기에 달한 녹체기에 저온처리한다.**

㉡ 녹식물춘화형 식물: **양배추, 사리풀(히요스) 등이다.**

③ 비춘화처리형 식물: **춘화처리의 효과가 뚜렷하지 않은 작물이다.**

(3) 그 밖의 구분
① 단일춘화 : 추파맥류는 종자춘화형 식물이며, 최아종자를 저온처리하면 봄에 파종해도 좌지현상이 방지되고, 정상적으로 출수한다. 그런데 저온처리가 없어도 본잎 1매 정도의 녹체기에 약한 달 동안의 단일처리를 하되 명기에 적외선이 많은 광을 조명하면(온도는 18~22℃) 춘화처리를 한 것과 같은 효과가 발생하는데, 이를 단일춘화라고 한다.
② 화학적 춘화 : 지베렐린과 같은 화학물질을 처리해도 춘화처리와 같은 효과를 나타내는 경우도 많다.

3. 춘화처리의 방법

(1) 최아
① 춘화처리에 필요한 수분의 흡수율은 작물에 따라 각각 다르다.

ㅇㅊ 춘화처리에 필요한 수분의 흡수량

작물명	흡수량	작물명	흡수량	작물명	흡수량
보리	25%	옥수수	30%	가을밀	35~55%
호밀	30%	봄밀	35~50%	귀리	30%

② 춘화처리에 알맞은 수온은 12℃ 정도이다.
③ 종자 춘화 시 종자근의 시원체인 백체가 나타나기 시작할 무렵까지 최아하여 처리한다.
④ 춘화처리 종자는 병균에 감염되기 쉬우므로 종자를 소독해야 한다.
⑤ 최아종자는 처리기간이 길어지면 부패하거나 유근이 도장될 우려가 있으니 조심한다.

(2) 춘화 처리온도와 처리기간
① 처리온도 및 기간은 작물의 종류와 품종의 유전성에 따라 서로 다르다.
② 일반적으로 겨울작물은 저온, 여름작물은 고온이 효과적이다.
③ 몇 가지 작물의 예이다.

작물	처리
추파맥류	최아종자를 0~3℃에 30~60일
벼	최아종자를 37℃에 10~20일
옥수수	최아종자를 20~30℃에 10~15일
콩	최아종자를 -2~1℃에 10~15일
배추	최아종자를 0~3℃에 33일
결구배추	최아종자를 3℃에 15~20일
나팔수선	8℃에 35~40일 또는 60일
아이리스	30℃에 14일, 그 후 7~8℃에 40~45일
글라디올러스	28℃에 60일, 그 후 10℃에 보관

(3) 온도 이외의 조건

① 산소

ⓐ 호흡 저해 조건은 춘화처리도 저해되므로 춘화처리 기간 중에는 **산소 공급은 절대적이다.**

ⓑ 춘화처리 중 산소가 부족하여 호흡을 불량하게 되면 춘화처리 효과가 지연(저온)되거나 발생하지 못한다.(고온)

② 광 : **최아종자의 저온춘화는 광선의 유무에 관계가 없으나, 고온춘화는 암조건이 필요하다.**

③ 건조 : **고온과 건조는 춘화처리 중 또는 처리 후라도 저온처리 효과가 감쇄되므로 고온 건조를 피한다.**

④ 탄수화물 : **배나 생장점에 당과 같은 탄수화물이 공급되지 않으면 춘화처리 효과가 나타나기 어렵다.**

4. 이춘화와 재춘화

저온춘화에서 고온은 춘화처리를 감쇄한다.

밀은 8시간의 0~5℃ 처리와 16시간의 25~30℃ 정도의 고온처리를 조합하여 처리하면 저온처리효과가 나타나지 않는다.

(1) 이춘화(devernalization)

① 밀에서 저온춘화처리를 실시한 직후에 35℃의 고온에 처리하면 춘화처리효과가 상실된다.

② 저온춘화처리 과정 중 불량한 조건은 저온처리의 효과감퇴이나, 심하면 저온처리의 효과가 전혀 나타나지 않는다.

(2) 버널리제이션의 정착

저온처리기간이 길어질수록 이춘화하기가 힘들어지며, 어느 기간이 지나면(가을호밀은 8주이상의 저온처리) 고온조건을 주어도 이춘화하지 못한다.

(3) 재춘화

가을호밀에서 이춘화 후에 저온춘화처리를 하면 다시 춘화처리가 되는 것을 말한다.

5. 식물생장조절제와 버널리제이션

(1) 화학물질이 저온처리와 동일한 춘화효과를 가지는 것을 화학적 춘화라고 한다.

(2) 지베렐린의 춘화처리 대체효과

① **국화과, 십자화과(배추과), 벼과 등 저온요구식물을 춘화처리 없이 장일조건에서 재배하여, 화학물질 중에서 저온처리의 대치효과가 탁월한 지베렐린을 처리하면, 화성이 유도된다.**

② IAA, IBA, 4 − Chlorophenoxyacetic acid, 2 − Naphthoxyacetic acid 등도 같은 효과를 낸다.

(3) 옥신의 화아분화효과

① 완두 일종의 종자를 NAA용액에 침지하면 화성이 촉진되고, 가을보리에 옥신을 주입하면 착화수가 증대하였다.

② 시금치에서도 종자를 1ppm의 NAA용액에 침지하면 화아분화가 촉진된다.

③ 소량의 옥신은 파인애플의 개화를 유도한다.

④ 옥신처리와 저온처리를 겸할 때 화아분화가 더욱 촉진된다.

(4) 화학적 이춘화

화학물질의 처리에 의하여 춘화처리효과가 소실, 감쇄되는 것이다.

6. 버널리제이션의 기구

(1) 감응부위

① 저온처리의 감응부위는 생장점이다.

② 가을호밀의 배를 따로 분리하여 저온처리해도 당분과 산소를 공급하면 춘화처리 효과가 발생한다.

③ 밀에서 생장점 이외의 기관을 저온처리하면 춘화처리 효과가 발생하지 않는다.

(2) 감응의 전달

① 생장점의 질적 변화설 또는 원형질 변화설로 설명이 된다. 저온처리의 감응은 불이행적으로 저온처리를 받은 생장점의 감응은 감응된 생장점 분열조직의 세포원형질이 세포분열로 증식되는 세포에 감응이 전달되는 것으로 생각이 되는 부분이 있다.

② 호르몬설 : 저온처리의 감응이 이행적으로 2년생 사리풀에서 저온처리한 식물의 가지를 저온처리하지않은 다른 식물에 접목한 결과 저온처리가 이행적이었다. 저온 처리하면 다량의 호르몬인 블라스타닌이 배유에서 배로 이동, 집적되어 발육을 촉진한다.

7. 춘화처리의 농업적 이용

(1) 수량 증대

벼의 최아종자를 9~10°C에 35일간 보관하였다가 파종하면 불량환경에 대한 적응성이 높아지고 증수된다.

(2) 대파

① 추파맥류가 동사하였을 때 춘화처리로 봄에 대파한다.

② 추파맥류를 춘화처리해서 춘파하면 춘파형 재배지대에서도 추파형 맥류의 재배도 가능하다.

(3) 촉성재배

딸기는 화아분화에 저온이 필요하기 때문에 겨울에 출하할 수 있는 촉성재배를 하려면 여름철에 저온에서 딸기묘의 화아분화를 유도하여야 한다. 딸기 촉성재배하기 위해 여름철에 묘를 냉장처리한다.

(4) 채종

월동작물을 저온처리 후 춘파해도 추대·개화하므로 채종에 이용될 수 있다. 월동채소를 춘파하여 채종할 때 이용된다.

(5) 육종에 이용

① **맥류의 육종에서 세대단축에 이용된다.**

② **사탕무에서 계통들을 약하게 춘화처리해서 파종하여 추대하기 쉽게 하여 추대성이 높은 계통을 쉽게 도태시킬 수 있다.**

(6) 종 또는 품종의 감정

라이그라스류의 종 또는 품종은 3~24주일 춘화처리를 한 다음 종자의 발아율에 의해 종 또는 품종을 구분하는 감정이 가능하다.

(7) 재배법의 개선과 기타

① 추파성이 강한 맥류는 저온에 강하고, 춘파성이 강한 것은 저온에 약하다. 추파성이 낮은 품종은 만파하는데 안전하다.

② 밀에서 생장점 이외의 기관에 저온처리하면 춘화처리 효과가 발생하지 않는다.

③ 밀은 한 번 춘화되면 새로이 발생하는 분얼도 직접 저온을 만나지 않아도 춘화된 상태를 유지한다.

✻ **기타 개화유도법 : 온욕법**
개나리가지를 30℃의 온탕에 9~12시간 담갔다가 따뜻한 곳에 보관하여 개화를 유도하는 방법으로 버널리제이션과는 의미가 다르다.

3 일장효과

1. 일장효과의 개념

(1) 일장효과

① 일장이 식물의 개화아 화아분화 및 그 밖의 발육에 영향을 미치는 현상으로 광주기효과라고도 한다.

② 식물의 화아분화와 개화에 가장 크게 영향을 주는 것은 일조시간의 변화이다.

③ 개화에는 광의 강도뿐 아니라, 광이 쬐는 시간의 길이, 즉 일장이 중요하다.

④ 광주기성에서 개화는 낮의 길이보다 밤의 길이에 더 크게 영향을 받는다.

(2) 장일과 단일

① 장일 : 1일 24시간 중 명기의 길이가 12~14시간 이상(보통 14시간 이상)으로 명기의 길이가 암기보다 길 때를 말한다.

② 단일 : 명기가 암기보다 짧을 때로 명기의 길이가 12~14시간 이하(보통 12시간 이하)인 것이다.

(3) 일장과 화성유도

① 유도일장: 식물의 화성을 유도할 수 있는 일장이다.

② 비유도일장: 화성을 유도할 수 없는 일장이다.

③ 한계일장: 유도일장과 비유도일장의 경계가 되는 일장이다.

④ 최적일장: 화성을 가장 빨리 유도하는 일장이다.

> **피토크롬**
> 1. 광주기, 특히 밤의 길이가 식물의 계절적 행동을 결정하며, 이러한 특성에는 피토크롬이라는 빛을 흡수하는 색소단백질과 관련있다.
> 2. 적색광을 흡수하기 때문에 청색 또는 청록색으로 보인다.
> 3. 적색광(660nm)이 발아에 가장 효과적이며, 원적색광(730nm)은 발아와 적색광의 효과를 억제한다.
> 4. 피토크롬은 서로 다른 파장의 빛을 흡수하여 한 가지 형태에서 다른 형태로 전환한다.

2. 작물의 일장형

(1) 장일식물

① 장일상태(보통 16~18시간)에서 화성이 유도·촉진되며, 단일상태는 개화를 저해한다.

② 최적일장 및 유도일장 주체는 장일 측에 있고, 한계일장은 단일 측에 있다.

③ 추파맥류, 양귀비, 시금치, 양파, 상추, 아마, 티머시, 완두, 아주까리, 감자 등

(2) 단일식물

① 단일상태(보통 8~10시간)에서 화성이 유도·촉진되며, 장일상태는 이를 저해한다.

② 최적일장 및 유도일장의 주체는 단일 측에 있고, 한계일장은 장일 측에 있다.

③ 벼(만생종), 국화, 콩, 담배, 들깨, 목화, 기장, 조, 피, 옥수수, 담배, 호박, 오이, 나팔꽃, 셀비어, 코스모스, 도꼬마리 등

(3) 중성식물

① 개화에 일정한 한계일장이 없고, 넓은 범위의 일장에서 개화하는 식물로 화성이 일장에 영향을 받지 않는다고 할 수도 있다.

② 강낭콩, 고추, 가지, 토마토, 당근, 셀러리 등

(4) 정일성 식물(중간식물)

① 일장이 어떤 좁은 범위에서만 화성이 유도되고 2개의 한계일장이 있어서 좁은 범위의 특정일장에서만 개화한다.

② 사탕수수의 F - 106이란 품종은 12시간에서 12시간 45분의 일장에서만 개화한다.

(5) 장단일식물

① 처음에 장일, 후에 단일이 되면 화성이 유도되나, 일정한 일장에만 두면 장일, 단일에 관계없이 개화하지 못한다.

② 낮이 짧아지는 늦여름과 가을에 개화한다.(칼랑코에 등)

(6) 단장일식물

① 처음에 단일이고 후에 장일이 되면 화성이 유도되나 계속 일정한 일장에서는 개화하지 못한다.

② 낮이 길어지는 초봄에 개화한다.(토끼풀, 초롱꽃 등)

❀ 식물의 일장감응 9형

명칭	화아분화 전	화아분화 후	종류
LL 식물	장일성	장일성	**시금치, 봄보리**
LI 식물	장일성	중일성	*Phlox paniculata*(풀협죽도), 사탕무
LS 식물	장일성	단일성	*Boltonia*(아메리카국화), *Physostegia*(꽃범의 꼬리)
IL 식물	중일성	장일성	밀
II 식물	중일성	중일성	**고추, 조생종벼, 메밀, 토마토**
IS 식물	중일성	단일성	소빈국
SL 식물	단일성	장일성	앵초(프리뮬러), 시네라리아, 딸기
SI 식물	단일성	중일성	**만생종벼**, 도꼬마리
SS 식물	단일성	단일성	**코스모스, 나팔꽃, 만생종 콩**

3. 일장효과에 영향을 미치는 조건

(1) 발육단계

① **본엽이 나온 뒤 어느 정도 발육한 후에 감응**한다.

② 어린식물은 일장에 감응하지 않고, 발육단계가 더욱 진전하게 되면 점차 감수성이 없어진다.

③ 단일처리의 경우 벼는 주간 본엽수가 7~9매, 도꼬마리는 발아 일주일 후, 차조기는 발아 15일 후부터 발아한다.

(2) 광의 강도

① **명기의 광이 약광이라도 일장효과가 발생**한다.

② 대체로 광도가 증가할수록 효과가 크다.

(3) 광의 파장

① **600~680nm의 적색광이 가장 크고(광합성은 660nm), 다음이 자색광인 400nm 부근이며 청색광이 가장 효과가 적다.**

② 일장효과에 유효한 광의 파장은 장일식물이나 단일식물이나 같다.

(4) 연속암기과 야간조파

① **장일식물은 24시간 주기가 아니더라도 명기의 길이가 암기보다 상대적으로 길면 개화가 촉진된다.**

② **단일식물은 개화유도에 일정한 시간 이상의 연속암기가 반드시 필요하다.**

③ 단일식물은 암기가 극히 중요하므로 장야식물 또는 장암기식물이라 하고, 장일식물을 단야식물 또는 단암기식물이라 한다.

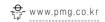

④ 단일식물의 연속암기 중간에 광을 조사하여 암기를 요구도 이하로 분단하면 암기의 합계가 아무리 길다고 해도 단일효과가 발생하지 않는다. 이것을 야간조파 또는 광중단이라고 한다.

⑤ 야간조파에 가장 효과인 파장은 600~680nm의 적색광이다.

⑥ 야간조파에 의해 개화가 억제될 가능성이 높은 작물의 단일식물로 국화, 콩, 들깨, 조, 기장, 피, 옥수수, 담배, 아마, 호박, 오이, 늦벼, 나팔꽃 등이 있고, 겨울철 들깨에 야간조파를 실시하면 잎 수확량이 증대된다.

(5) 처리일수

① 단일식물인 도꼬마리나 나팔꽃은 1회의 처리에도 감응하여 개화한다.

② 최소한의 처리횟수는 식물에 따라 차이가 크나, 처리횟수가 많은 것이 후작용이 큰 경향이다.

③ 코스모스는 12회 이상 단일처리하면 장일조건에 옮겨도 전부 개화한다.(5~11회 단일처리는 일부만 개화)

(6) 온도의 영향

① 일장효과의 발현에는 어느 한계의 온도가 필요하다.

② 단일식물인 가을국화의 경우 10~15℃ 이하에서는 일장과 관계없이 개화하고, 장일성인 사리풀(히요스)의 경우 저온에서 단일조건이라도 개화한다.

(7) 질소의 시용

① 장일식물은 질소 부족 시 영양생장이 억제되어 개화가 촉진된다.

② 단일식물의 경우 질소의 요구도가 커서 질소가 풍부해야 생장속도가 빨라 단일효과가 더욱 잘 나타난다.

4. 일장효과의 기구

(1) 감응부위

① 감응부위는 성숙한 잎이며, 어린잎이나 늙은 잎보다 성엽이 더 잘 감응한다.

② 도꼬마리, 나팔꽃은 좁은 엽면적만 단일처리해도 화성이 유도된다.

(2) 자극의 전달

① 일장처리에 의한 자극은 잎에서 생성되어 줄기의 체관부 또는 피층을 통해 화아가 형성되는 정단분열조직으로 이동된다.

② 자극은 접목부에도 전달되나 물관부를 통해 이동되지 않는다.

(3) 화학물질과 일장효과

① 장일식물은 옥신 처리로 화성이 촉진되나 단일식물은 옥신에 의해 화성이 억제되는 경향이 있다.

② 지베렐린은 저온·장일의 대체적 효과가 크다.(히요스의 개화)

③ 생장억제제도 개화에 영향을 미친다.

④ 파인애플에서 아세틸렌이 화성을 촉진한다.

⑤ 나팔꽃에서는 키네틴이 화성을 촉진한다.

⑥ 파인애플은 2,4 - D 처리로 개화가 유도된다.

(4) 일장효과의 물질적 본체

일장처리를 하면 잎에 호르몬성 개화유도물질이 형성되어 줄기의 생장점으로 이동해서 화성을 유도하는데, 호르몬성 물질이 플로리겐 또는 개화호르몬이라 불린다.

5. 개화 이외의 일장효과

(1) 성의 표현

① 스위트콘, 모시풀(저마)은 자웅동주식물로 일장에 따라 성의 표현이 달라진다. 14시간 이상의 장일에서는 웅성으로, 13~14시간 일장에서는 완전한 자웅동주, 12시간 이하의 단일에서는 완전 자성이 된다.

② 오이, 호박 등은 단일 하에서 암꽃이 많아지고, 장일하에서 수꽃이 많아진다. 또한 장일에서 C/N율이 높아진다.

③ 자웅이주식물인 삼(대마)은 단일에서 수그루 → 암그루 및 암그루 → 수그루의 성전환이 이루어진다.

(2) 형태적 변화

① 콩 등의 단일식물이 장일조건에 놓이면 영양생장이 계속되어 거대형이 되며 때로는 만화된다.

② 배추, 양배추 등의 장일식물이 단일조건에 놓이면 추대현상이 이루어지지 않아 줄기가 신장하지 못하고, 지표면에 잎만 출엽하는 근출엽형식물(방사엽식물, rosette plant)이 된다.

(3) 저장기관의 발육

① 고구마의 덩이뿌리, 봄무나 마의 비대근, 감자나 돼지감자의 덩이줄기, 달리아의 알뿌리 등은 단일조건에서 발육이 촉진된다.

② 양파나 마늘의 비늘줄기는 16시간 이상의 장일에서 발육이 촉진된다.

(4) 결협(꼬투리 맺힘) 및 등숙

단일식물인 콩이나 땅콩의 경우 결협·등숙은 단일조건에서 촉진된다.

(5) 수목의 휴면

① 어떤 종이건 나무는 15~21℃의 **저온에서는 일장과 무관하게 휴면**한다.

② 21~27℃에서 장일(16시간)은 생장을 지속시키고, 단일(8시간)은 휴면을 유도하는 경향이다.

6. 일장효과의 농업적 이용

(1) 자연일장에 대한 재배적 적응

① 벼의 만생종은 단일식물이고 한계일장이 뚜렷하여 조파조식을 하면 영양생장량이 증대하여 증수가 가능하다.

② 시금치는 봄철 장일에 추대되어 추대 전에 생장량이 증대되도록 추파한다.

(2) 수량 증대

① 북방형 목초이며, 장일식물인 오차드그라스, 클로버를 가을철 단일기에 일몰부터 20시경까지 보광을 하여 장일조건을 만들어 주거나, 심야에 1~1.5시간의 야간조파로 연속 암기를 중단하면 장일효과가 발생하고 절간신장하게 되어 산초량이 70~80% 증대된다.

② 호프는 단일식물인데 개화전에 보광을 하여 장일상태로 하면 영양생장을 계속하며, 적절한 시기에 보광을 정지하고 단일로 두면 개화한다. 꽃은 작으나 수효가 많아져서 수량이 증대된다.

③ 가을철 한지형목초에 보광처리를 하면 산초량이 증대한다.

(3) 꽃의 개화기 조절

① 일장처리에 의해 인위개화, 개화기의 조절, 세대단축이 가능하다.

② 단일성 국화는 단일처리로 촉성재배를 하고, 장일처리로 억제재배를 하여 연중 개화시킬 수 있는데, 이것을 주년재배라 한다.

(4) 육종에 이용

① 인위개화 : 고구마순을 나팔꽃에 접목하고, 8~10시간 단일처리를 하면 인위적으로 개화가 유도되어 교배육종이 가능하다.

② 개화기 조절 : 개화기가 다른 두 품종 간의 교배 시 한 품종의 일장처리로 개화기를 늦추거나 빠르게 하여 서로 맞도록 조절된다.

③ 육종연한의 단축 : 온실재배와 일장처리로 여름작물의 겨울재배로 육종연한이 단축될 수 있다.

(5) 성전환의 이용

삼은 단일에 의해 성전환이 가능하며, 암그루는 생육이 왕성하여 섬유수량은 많으나 품질은 낮다.

4 품종의 기상생태형

1. 기상생태형의 개관

(1) 기상 생태형은 일장에 대한 출수·개화반응을 기초로 하여 작물의 종 또는 품종이 각종 기상조건에 적응하여 형성된 생태형을 의미한다.

(2) 기본영양생장성을 지배하는 기본영양생장기간은 환경의 지배를 받지 않는다고 가정하지만, 감광성이나 감온성에 지배되는 영양생장은 일장(단일)이나 온도(고온)에 따라 크게 단축될 수 있기 때문에 이를 가소영양생장이라고 한다.

(3) 재배적인 단축과 연장은 가소영양생장이 대상이 된다.

2. 기상생태형의 세 가지 구성

(1) 기본영양생장성
① 작물의 출수 및 개화에 알맞은 온도와 일장에서도 일정의 기본영양생장이 덜 되면 출수·개화에 이르지 못하는 성질이다.
② 기본영양생장 기간의 길고 짧음에 따라 기본영양생장이 크다(B)와 작다(b)로 표시한다.

(2) 감광성
① 작물이 일장에 의해(주로 단일) 출수·개화가 촉진되는 성질이다.
② 감광성이 크다(L)와 작다(l)로 표시한다.

(3) 감온성
① 작물이 주로 높은 온도에 의해서 출수 및 개화가 촉진되는 성질이다.
② 감온성이 크다(T)와 작다(t)로 표시한다.

3. 기상생태형의 분류

(1) 기본영양생장형(Blt형)
기본영양생장성이 크고, 감광성과 감온성은 작아서 생육기간이 주로 기본영양생장성에 지배되는 형태의 품종이다.(벼의 통일형)

(2) 감온형(bIT형)
기본영양생장성과 감광성이 작고, 감온성이 커서 생육기간이 주로 감온성에 지배되는 형태의 품종이다.(조생종, 올콩, 여름메밀)

(3) 감광형(bLt형)
기본영양생장기간이 짧고 감온성은 낮으며 감광성만 커서 생육기간이 감광성에 지배되는 형태의 품종이다.(늦벼, 그루콩, 그루조, 가을메밀)

(4) blt형
세 가지 성질이 모두 작아서 어떤 환경에서도 생육기간이 짧은 형의 품종이다.

기상생태형에 따른 특징

구분	내용	구분
감온형(blT)	작물이 고온에서 출수·개화가 촉진되는 성질	감온성
감광형(bLt)	작물이 단일에서 출수·개화가 촉진되는 성질	감광성
기본영양생장형 (Blt)	알맞은 온도와 일장에 놓여도 일정한 기본영양생장을 하지 못하면 출수·개화가 안 되는 성질	기본영양 생장성
blt	어느 환경에서나 생육기간이 짧은 것	—

벼의 기상생태형의 종류

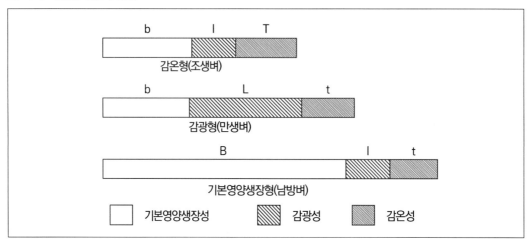

우리나라작물의 기상생태형과 재배형

1. 우리나라는 중위도의 북부지방에 속하기 때문에 생육 기간이 길지 않아서 기본영양생장성(Blt형)은 존재하기 힘들다.
2. 봄, 초여름의 고온에 일찍 감응하여 출수·개화가 빨라지는 감온형과 여름·초가을의 단일에 늦게 감응하여 출수개화가 늦어지는 감광형이 국내 작물의 기상 생태형이 되어 있다.
3. 북부지방으로 갈수록 감온형, 남부지방으로 갈수록 감광형이 기본품종이 되며 그 중간지대인 중북부 지방은 중간형이 분화되어 있다.
4. 감온형은 조기파종하여 조기수확하며, 감광형은 수확기가 늦고 늦게 파종해도 되므로 윤작 등 작부체계상 파종기가 늦다.

국내 벼의 기상생태형
1. **감온형** : 조생종으로 북부지방에 분포(추위가 오기 전에 수확)
2. **중간형** : 중생종으로 중북부에 분포
3. **감광형** : 만생종으로 중남부에 분포(가을에도 높은 온도유지 가능)

4. 기상생태형 지리적 분포

(1) 고위도지대

① **기본영양생장성, 감광성, 감온성이 모두 작아서 생육기간이 짧은 blt형이나, 기본영양생장성과 감광성은 작고, 감온성이 커서 일찍 고온에 감응하는 감온형(blT형)이 일찍 출수·개화하여 서리가 오기 전 성숙할 수 있다.**

② 고위도지대에서는 감온형 품종을 심어야 일찍 출수하여 안전하게 수확할 수 있다.

③ 고위도 지방에서는 감광성이 큰 품종은 적합하지 않다.

＊ 만생종 벼는 단일에 의해 유수분화가 촉진되지만 온도의 영향은 적다.

(2) 중위도지대

① 위도가 높은 곳에서는 감온형이 재배되며 남쪽에서는 감광형이 재배된다.(우리나라)

② 중위도지대는 서리가 늦게 오므로 어느 정도 늦게 출수해도 안전하게 성숙할 수 있고, 다수성이므로 주로 이런 품종들이 분포한다.

③ **영양생장성이 비교적 크고 감온성, 감광성이 작은 기본영양생장형(Blt)이나 기본영양생장성, 감온형이 낮고 감광성이 큰 감광형(bLt형)이 분포한다.**

④ Blt형은 생육기간이 길어 안전한 성숙이 어렵다.

⑤ 중위도지대에서 감온형(blT형)품종은 조생종으로 사용된다.

(3) 저위도지대

① 기본영양생장성이 크고 감온성, 감광성이 작아서 고온단일인 환경에서도 생육기간이 길어 수량이 많은 기본영양생장형(Blt형)이 재배된다.

② 저위도지대는 연중 고온·단일조건으로 감온성이나 감광성이 큰 것은 출수가 빨라져서 생육기간이 짧고, 수량이 적다.

③ 조생종 벼는 감광성이 약하고 감온성이 크므로 일장보다는 고온에 의하여 출수가 촉진된다.

④ 저위도지대인 적도 부근에서 기본영양생장성이 큰 품종은 생육기간이 길어서 다수성이 된다.

❣ **벼의 기상생태형의 지리적 분포**

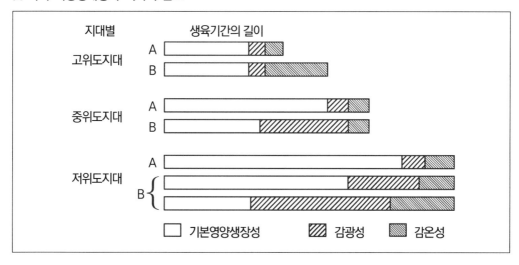

> **지리적 분포에 따른 기상 생태**
> 1. **고위도지대**: 생육 기간이 짧은 blt형이나 감온성이 커서 일찍 고온에 감응하는 blT가 적합
> 2. **중위도지대**: 기본영양생장성이 큰 Blt형이나 감광성이 큰 bLt형이 적합
> 3. **저위도지대**: 적도 부근은 기본영양생장성이 큰 Blt형이 적합
>
> 예시문제 어떤 벼 품종을 재배하였더니 영양생장기간이 길어져 출수, 개화가 지연되고 등숙기에 저온상태에 놓여 수량이 감소하였다. 그 이유는?
>
> 풀이 기본영양생장이 큰 품종을 우리나라의 북부산간지에 재배하였기 때문이다.

5. 중위도지대의 기상생태형과 재배적 특성

(1) 조만성

① 파종과 이앙을 일찍 할 때 조생종에는 blt형과 감온형이 있고, 만생종에는 기본영양생장형과 감광형이 있다.

② 파종과 모내기를 일찍 할 때 blt형은 조생종이 된다.

(2) 묘대일수감응도

① 손모내기에서 묘대일수감응도란 못자리기간을 길게 할 때 모가 노숙하고, 이앙 후 생육에 난조가 생기는 정도이다. 이는 벼가 못자리 때 이미 생식생장의 단계로 접어들어 생기는 것이다.

② 감온형은 못자리기간이 길어져 못자리 때 영양결핍과 고온기에 이르게 되면 쉽게 생식생장의 경향을 보인다. 감광형과 기본영양생장형은 쉽게 생식생장의 경향을 보이지 않으므로 묘대일수감응도는 감온형은 높고, 감광형과 기본영양생장형은 낮다.

③ 수리안전답과 기계이앙을 하는 상자육묘에서는 문제가 되지 않는다.

(3) 작기이동과 출수

① 조파조식 때보다 만파만식(만기재배)을 할 때 출수가 지연되는 정도는 기본영양생장형과 감온형이 크고 감광형이 작다.

② 기본영양생장형과 감온형은 대체로 일정한 유효적산온도를 채워야 출수하므로 조파조식보다 만파만식에서 출수가 크게 지연된다.

③ 감광형은 단일기에 감응하고 한계일장에 민감하므로, 조파조식이나 만파만식에 대체로 일정한 단일기에 주로 감응하므로 이앙기가 빠르거나 늦음에 따른 출수기의 차이는 크지 않다.

④ 조기수확을 목적으로 조파조식할 때에는 감온형인 조생종이 감광형인 만생종보다 유리하다.

(4) 만식적응성

① 만식적응성은 이앙이 늦을 때 적응하는 특성이다.

② 기본영양생장형은 만식을 하면 출수가 너무 지연되어 성숙이 불안정해진다.

③ 감온형은 못자리 기간이 길어지면 생육에 난조가 온다.

④ 감광형은 만식을 해도 출수의 지연도가 적고, 묘대일수감응도가 낮아 만식적응성이 크다. 즉, 감광형은 만식을 해도 출수의 지연도가 적다.

(5) 조식적응성

① 조기수확을 목적으로 조파조식할 때는 감온형과 blt형이 알맞다.

② 수량이 많은 만생종 중에서 냉해 회피 등을 위해 출수·성숙을 앞당기려 할 때에는 기본영양생장형이 알맞다.

③ 출수·성숙을 앞당기지 않고, 파종·이앙을 앞당겨서 생육기간의 연장으로 증수를 꾀하려 할 때 감광형이 알맞다.

벼의 조식재배

1. 목적
- 한랭지에서 중·만생종을 조기육묘하여 조기이앙하는 재배법으로 생육기간을 늘려 다수확이 목적이므로 중·만생종(감광형) 품종을 선택한다.

2. 효과
- 영양생장기간이 길어지므로 단위면적당 이삭수가 증가한다.
- 최적엽면적지수가 증가해 광합성량이 증가하며 단위면적당 입수 확보가 가능하다.
- 등숙기간에 일조가 좋아 등숙비율이 높고 수량이 증가한다.
- 한랭지의 경우 생육 후기 냉해 위험을 줄일 수 있다.

3. 유의점
- 생육기간이 길어지므로 보통재배에 비하여 시비량을 20~30% 늘린다.
- 잎집무늬마름병의 발생이 많고 남부지방에서는 줄무늬마름병을 주의해야 한다.

---

6. 주요작물의 기상생태형

✿ 우리나라 주요작물의 기상생태형

작물별		감온형(blT)	중간형	감광형(blt)
벼	명칭	조생종	중생종	만생종
	분포	북부	중북부	중남부
콩	명칭	올콩(하두대형)	중간형	그루콩(추대두형)
	분포	북부	중북부	중남부
조	명칭	봄조(춘조)	중간형	그루조(하조)
	분포	서북부, 중부의 산간지		남부, 중부평야
메밀	명칭	여름메밀	중간형	가을메밀
	분포	서북부, 중부의 산간지		남부, 중부평야

Part

03 재배환경

www.pmg.co.kr

🪴 단원 정리 문제

001 토양을 구성하는 3가지는 무엇인가?

① 뿌리, 미생물, 흙
② 고상, 액상, 기상
③ 암석, 모래, 진흙
④ 뿌리, 양분, 공기

002 토양 3상의 이상적인 구성비(고상, 액상, 기상 순서)로 옳은 것은?

① 50% : 25% : 25%
② 25% : 25% : 50%
③ 25% : 50% : 25%
④ 50% : 50% : 50%

003 유기물토양이나 입단이 잘 발달된 토양의 특징은?

① 고상의 비율이 높다.
② 고상과 액상의 비율이 높다.
③ 액상과 기상의 비율이 높다.
④ 고상과 기상의 비율이 높다.

004 토양의 입단화를 위한 방법이 아닌 것은?

① 유기물 시용
② 녹비작물 재배
③ 토양의 피복
④ 비와 바람

005 토양의 입단화를 위하여 사용되는 토양개량제는 무엇인가?

① 오옥신과 사이토키닌
② 아크리소일과 크릴륨
③ 석회와 점토
④ 지베렐린과 나프톨산(naphthoic acid)

03

006 결핍 시 잎에 황화현상을 유발하는 원소들로만 이루어진 것은?

① 탄소, 산소. 칼슘. 아연
② 칼륨, 인, 칼슘, 구리
③ 질소, 철, 마그네슘, 망간
④ 황, 인, 칼슘, 몰리브덴

007 식물이 뿌리를 통하여 흡수가능한 질소의 형태 2가지는 무엇인가?

① 질산태와 단백태
② 질산태와 암모니아태
③ 질산태와 요소태
④ 암모니아태와 아질산태

008 인산질 비료가 질소나 칼륨질 비료보다 토양에서 식물이 흡수하는 효율이 떨어지는 이유는 무엇인가?

① 토양 내 절대량 부족
② 빗물에 쉽게 유실
③ 철이나 알루미늄과의 결합
④ 수용성 성분의 부족

009 식물체 내에서 이동성이 가장 떨어지는 원소는?

① 질소
② 인산
③ 칼륨
④ 칼슘

정답 찾기

001 ② 토양은 무기성분과 유기물로 구성된 고상, 수분인 액상, 공기(산소)인 기상으로 구성되어 있다.

002 ① 보충설명 : 고상 50%는 무기물 45%와 유기물 5%로 되어 있다.

003 ③ 액상과 기상의 비율이 높기 때문에 각각 보수력과 통기성이 좋다.

004 ④ 이외에 수분의 과다와 과소는 입단구조를 파괴한다.

005 ② 보충설명: ①과 ④는 식물호르몬이고 ②는 자연산 무기물이다.

006 ③ 엽록소가 부족하면 황화현상이 나타나는데 질소, 철, 마그네슘, 망간이 직·간접적으로 엽록소 형성에 관여한다.

007 ② 질소질비료의 산화과정은 유기태질소(단백태 질소), 요소태질소, 암모니아태 질소, 질산태질소를 거치며 암모니아태 질소와 질산태질소의 형태로 작물에 흡수된다.

008 ③ 일반적으로 식물은 이온 형태로 비료를 흡수하는데 인산은 철이나 알루미늄과 결합되어서 용해되기 어렵다.

009 ④ 칼슘은 이동성이 떨어져서 잎에 함유량이 많으나 종자나 과실에는 적다.

정답   **001** ②   **002** ①   **003** ③   **004** ④   **005** ②   **006** ③   **007** ②   **008** ③   **009** ④

010 토양유기물의 역할로 부적당한 것은 무엇인가?

① 단립의 형성
② 양분 및 CO_2의 공급
③ 유용 토양미생물의 생육조장
④ 토양의 산성화 방지

011 토양의 성분 중에서 완충능력이 가장 큰 것은?

① 점토
② 석회
③ 인산
④ 유기물

012 C/N율 10은 무엇을 뜻하는가?

① 탄소함량이 질소함량의 10배
② 질소함량이 탄소함량의 10배
③ 탄소함량이 8
④ 질소함량이 8

013 토양 중에서 산소가 부족하면 발생하는 증상이 아닌 것은?

① 질산태 비료가 많아진다.
② 뿌리호흡이 저해된다
③ 환원성 유해물질이 생성된다.
④ 미생물활성이 떨어진다.

014 토양의 통기성을 높이기 위한 방법이 아닌 것은?

① 입단을 조성한다.
② 명거 및 암거배수를 실시한다.
③ 표토를 천경한다.
④ 식질 토양을 객토한다.

015 토양미생물이 작물에 미치는 긍정적 영향이 아닌 것은?

① 암모니아 생성
② 유기물 분해
③ 질산화 작용
④ 탈질작용

016 토양공기가 작물생육에 미치는 영향을 잘못 설명한 것은?

① 사질토양은 대공극이 많아서 통기성이 증진된다.
② 소공극이 많아지면 용기량은 적어지고 이산화탄소의 농도가 감소한다.
③ 입단형성 시 용기량이 증대되어 뿌리의 호흡에 도움이 된다.
④ 통기성이 증대되면 미생물의 생육을 촉진시켜 유기물 분해가 증가한다.

017 식물이 이용 가능한 토양수분의 범위는?

① pF 0 ~ 2.7
② pF 0 ~ 4.5
③ pF 4.2 ~ 7.0
④ pF 6.0 ~ 7.0

018 작물의 요수량의 정의는 무엇인가?

① 건물중 1g을 만드는데 필요한 수분량
② 생체중 1g을 만드는데 필요한 수분량
③ 작물이 필요로 하는 수분량
④ 작물체 내 함유된 수분량

정답찾기

010 ① 보충설명 : 입단의 형성을 조장한다.

011 ④ 양이온치환능력이 높은 유기물은 수소이온의 농도가 증가하여도 토양반응의 변화를 적게 한다.

012 ① 탄소(C)와 질소(N)의 비율로서 질소 1에 대한 탄소의 비율을 뜻한다.

013 ① 환원상태가 되기 때문에 질소질 비료는 탈질상태(N_2, N_2O 등)의 기체가 된다.

014 ③ 심경을 해야 하고 식질 토양을 사질토양으로 객토한다.

015 ④ 환원성 미생물에 의한 탈질작용은 질소비료의 유효도를 낮춘다.

016 ② 소공극의 증가는 용기량과 반비례하기 때문에 산소는 감소하고 CO_2는 증가한다.

017 ② pF는 수분이 토양에 흡착되어 있는 정도를 나타내는 단위로서 값이 적을수록 작물이 이용하기 용이하다.

018 ① 증산계수[건물(乾物) 1g을 생산하는데 소요되는 증산량]와 비교하여야 한다.

정답 **010** ① **011** ④ **012** ① **013** ① **014** ③ **015** ④ **016** ② **017** ② **018** ①

019 포장용수량의 정의를 바르게 나타낸 것은?

① 토양의 공극에 물로 포화된 상태의 수분함량
② 최대용수량에서 중력수가 완전히 제거된 후 토양에 남아있는 수분함량
③ 토양중의 수분이 서서히 감소하여 어느 시점에서 식물에게 물을 주면 위조가 회복되는 시점의 토양수분량
④ 토양수가 감소해서 영구히 회복하지 못하게 되는 시점의 토양수분량

020 다음 중 잎의 증산작용이 억제되는 경우가 아닌 것은?

① 대기 습도가 높다.   ② 토양수분이 적다.
③ 바람이 불지 않는다.   ④ 기온이 높다.

021 다음 중 과습의 피해가 나타날 수 있는 상태는?

① 최대용수량   ② 포장용수량
③ 영구위조점   ④ 초기위조점

022 저면관수법의 장점이 아닌 것은?

① 대립종자 파종 시 적절한 방법이다.
② 토양 전체에 수분이 골고루 분포한다.
③ 관수량을 절약할 수 있다.
④ 분화재배에 이용한다.

023 다음 중 식물에 생육장해를 유발하는 대기오염원이 아닌 것은 무엇인가?

① 아황산가스   ② 질소산화물
③ 오존   ④ 이산화탄소

024 다음 중 2차 대기오염물질로 짝지어진 것은 어느 것인가?

① 질소산화물 황화합물   ② 할로겐화합물 염소가스
③ 오존 PAN   ④ 염소가스 탄소화합물

03

025 연풍에 의한 효과가 아닌 것은?

① 기공이 열리어 증산을 조장한다.
② CO_2 농도를 확산시킨다.
③ 잎의 수광량을 높여 광합성이 증진된다.
④ 호흡량 증대로 체내 양분이 소모된다.

026 작물의 적산온도를 바르게 설명한 것은?

① 발아에서 성숙에 도달할 때까지의 일평균 온도를 합산한 온도의 총합
② 발아에서 성숙에 도달할 때까지의 0℃ 이상의 일평균 온도를 합산한 온도의 총합
③ 유묘에서 사멸할 때까지의 0℃ 이상의 일평균 온도를 합산한 온도의 총합
④ 유묘에서 사멸할 때까지의 일평균 온도를 합산한 온도의 총합

027 작물의 생육온도에 대한 설명으로 알맞은 것은?

① 밀의 최적온도는 20℃ 이다.
② 벼 조생종은 만생종보다 적산온도가 낮다.
③ 월동작물의 생육온도는 여름작물보다 높다.
④ 작물이 자랄 수 있는 범위의 온도를 최적온도라고 한다.

정답 찾기

019 ②
①은 최대용수량, ③은 초기위조점, ④는 영구위조점을 의미한다.

020 ④ 온도와 광도가 높고 습도는 낮고 바람이 불면 증산작용은 촉진된다.

021 ①
①은 수분의 과잉상태이고 ②는 최적의 상태이고 ③과 ④는 부족상태이다.

022 ① 하향관수 시 종자가 가벼워 바람에 비산할 수 있는 미세종자에 적용한다.

023 ④ 이산화탄소는 광합성에 필요한 물질이다.

024 ③ 이외에도 스모그, 산성비 등이 있다.

025 ④
①, ②, ③은 연풍의 긍정적 효과이고 ④는 강풍의 부정적 효과이다.

026 ② 발아에서 성숙까지 0℃ 이상의 일 평균 온도를 합산한 온도의 총합을 적산온도라고 한다.

027 ② 보통 월동작물은 저온에 노출되는 시간이 많아서 여름작물보다 적산온도가 낮다. ④는 유효온도이다.

정답 **019** ② **020** ④ **021** ① **022** ① **023** ④ **024** ③ **025** ④ **026** ② **027** ②

028 Q_{10}을 올바르게 설명한 것은?

① 온도가 10℃ 상승 시 수반되는 이·화학적 반응이나 생리작용의 변화율
② 온도가 10℃ 하강 시 수반되는 이·화학적 반응이나 생리작용의 변화율
③ 광도가 10℃ 상승 시 수반되는 이·화학적 반응이나 생리작용의 변화율
④ 광도가 10℃ 하승 시 수반되는 이·화학적 반응이나 생리자용이 변화율

029 작물의 생육과 온도환경과의 관계를 잘못 설명하고 있는 것은?

① 변온이 작물의 결실에 유리하다.
② 생육적온은 생육단계별로 차이가 있다.
③ 발아적온은 생육적온보다 다소 높다
④ 주야간 변온은 호흡이 억제되어 탄수화물 축적이 증가한다.

030 지온의 최고·최저시간은 수온의 최고·최저시간 보다 ＿＿＿＿＿＿＿

① 2시간 정도 빨리 온다. ② 2시간 정도 늦게 온다.
③ 4시간 정도 빨리 온다. ④ 2시간 정도 늦게 온다.

031 작물이 여름철에 생육이 현저히 쇠퇴하고 고사하는 현상을 무엇이라 하는가?

① 경화 ② 하고
③ 퇴화 ④ 위조

032 저온장해를 받은 작물체의 특성은?

① 증산작용의 증가 ② 호흡증가
③ 암모니아 축적 ④ 동화물질 전류 감소

033 작물 재배 시 서리피해의 예방대책이 아닌 것은?

① 전정은 추위가 지난 후 실시한다.
② 서리의 위험이 있을 때는 왕겨를 태운다.
③ 질소비료를 증시한다.
④ 배수시설을 확충한다.

034 작물의 광합성에 가장 적게 이용되는 가시광선의 파장색은?

① 적색　　　　　　　　　　　② 녹색

③ 청색　　　　　　　　　　　④ 자색

035 작물의 광합성과 날씨와의 관계를 바르게 설명한 것은?

① 지나치게 높은 광도는 오히려 광합성을 저해한다.

② 습도가 높으면 광합성이 증대된다.

③ 강풍은 광합성을 증대시킨다.

④ 미풍은 광합성을 억제한다.

036 광보상점을 바르게 설명한 것은?

① 광합성 속도가 최고치에 도달하는 광도

② 광합성에 의한 유기물 생산속도와 호흡에 의한 유기물 소모속도가 같아지는 광도

③ 호흡에 의한 유기물 생산속도와 광합성에 의한 유기물 소모속도가 같아지는 광도

④ 광합성 속도가 최저치에 도달하는 광도

037 다음 중 광포화점이 가장 낮은 작물은?

① 인삼　　　　　　　　　　　② 옥수수

③ 기장　　　　　　　　　　　④ 콩

정답찾기

028 ① 온도가 $10°C$ 상승 시 수반되는 이·화학적 반응이나 생리작용의 변화율을 온도계수(Q_{10})라고 한다.

029 ④ 변온은 호흡을 촉진시켜서 저장양분의 소진이 촉진된다.

030 ① 물의 높은 비열 때문에 대기 온도 상승과 하강 시 온도 변화가 적다.

031 ② 주로 북방형 목초에서 발생하는 현상이다.

032 ④
①, ②, ③은 고온에 의한 피해이다.

033 ③ 질소비료는 과잉 시비 시 식물체가 연약해지기 때문에 저항성이 떨어진다.

034 ② ②는 주로 반사되어 식물이 이용하지 못한다.

035 ① 과도한 광도는 엽록소를 파괴하고 습도가 높고 강풍이 불면 기공이 닫혀서 광합성이 억제된다.

036 ② 광보상점은 작물이 요구하는 최저의 광수준을 의미한다.

037 ① 내건성이 높은 식물은 광포화점이 낮고 그늘에서 재배하는 식물은 광보상점이 높다.

정답 **028** ①　　**029** ④　　**030** ①　　**031** ②　　**032** ④　　**033** ③　　**034** ②　　**035** ①　　**036** ②　　**037** ①

038 광합성과 관련하여 이산화탄소 농도를 바르게 설명한 것은?

① 대기 중의 이산화탄소 농도는 0.03%로 광합성에 적당하다.
② 광합성이 활발할 때 잎 주위의 이산화탄소 농도는 대기 중의 그것보다 조금 높다.
③ 작물의 수확량을 높이기 위해서 이산화탄소 농도를 0.25% 높여야 한다.
④ 광도나 온도를 높여서 이산화탄소 농도를 증가시킬 수 있다.

039 엽면적지수에 대한 틀린 설명은?

① 한 군락(群落)의 총 잎면적을 그 군락의 재배면적으로 나눈 값이다.
② 재배면적에 대한 총 엽면적의 비율을 나타낸 값이다.
③ 작물생산의 중요 지표로 활용된다.
④ 건물생산이 최대로 되는 단위면적당 군락의 총엽면적이다.

040 수광량을 늘리기 위한 이랑의 방향은?

① 동서향
② 남북향
③ 서북향
④ 남서향

041 이상적인 수광태세를 위한 벼의 초형으로 알맞지 않은 것은?

① 상위엽이 수평을 이룬 것
② 각 잎이 공간적으로 균일하게 분포한 것
③ 키가 적당한 것
④ 잎이 약간 가는 것

042 작물의 발육을 올바르게 설명한 것은?

① 식물체의 양적 크기가 증대되는 현상
② 종자가 발아하여 생장하는 현상
③ 생육단계를 거치면서 작물체가 완성되는 과정
④ 체세포분열을 통한 세포수의 증가

043 일장의 영향을 받지 않고 개화하는 식물은?

① 딸기, 시금치　　　　　　　　② 토마토, 고추

③ 딸기, 고추　　　　　　　　　④ 토마토, 시금치

03

044 우리나라 조생종 벼에 관한 설명 중 옳은 것은?

① 감온성이 크다.　　　　　　　② 감광성이 크다.

③ 기본영양생장성이 크다.　　　④ 남부지방에서 주요 재배한다.

핵심 기출문제

토양환경

001 다음 중 pF가 2.5~2.7에 해당되는 토양수분항수는?　　　　　06. 지도직

① 최대용수량　　　　　　　　② 포장용수량
③ 위조계수　　　　　　　　　④ 흡습계수

002 토성에 따른 재배적지 작물로 옳은 것은?　　　　　13. 지방직 9급

① 사토~사양토: 강낭콩
② 사양토~양토: 담배
③ 양토~식양토: 땅콩
④ 식양토~식토: 보리

003 토양의 양이온치환용량(CEC)에 대한 설명으로 옳지 않은 것은?　　　　　17. 국가직 9급

① CEC가 커지면 토양의 완충능이 커지게 된다.
② CEC가 커지면 비료성분의 용탈이 적어 비효가 늦게까지 지속된다.
③ 토양 중 점토와 부식이 늘어나면 CEC도 커진다.
④ 토양 중 교질입자가 많으면 치환성양이온을 흡착하는 힘이 약해진다.

004 지력증진과 토양조건과의 관계에 관한 설명으로 옳지 않은 것은?　　　　　10. 국가직 9급

① 토양반응은 중성~약산성이 알맞다.
② 습답에서는 유기물 함량이 많으면 오히려 해가 되기도 한다.
③ 토양구조는 단립구조가 조성될수록 토양의 수분 및 비료 보유력이 좋아진다.
④ 토층에서 심토는 투수 및 통기가 알맞아야 하며, 작토는 깊고 양호해야 한다.

005 토양의 입단형성과 발달에 불리한 것은?　　　　　16. 지방직 9급

① 토양개량제 시용　　　　　　② 나트륨이온 첨가
③ 석회 시용　　　　　　　　　④ 콩과작물 재배

006 **토양입단형성에 관한 설명으로 옳은 것은?**　　　16. 지도직

① 석회가 유기물의 분해속도를 촉진한다.
② 경운
③ 나트륨이온 첨가
④ 습윤과 건조의 반복

007 **토성에 대한 설명으로 옳지 않은 것은?**　　　07. 국가직 9급

① 토양 중에 교질입자가 많으면 치환성 양이온을 흡착하는 힘이 강해진다.
② 토양 중에 고운 점토와 부식이 증가하면 CEC(양이온치환용량)가 증대된다.
③ 부식토는 세토가 부족하고 강한 알칼리성을 나타내기 쉬우므로 이를 교정하기 위해 점토를 객토하는 것이 좋다.
④ 식토는 투기, 투수가 불량하고 유기질의 분해가 더디며, 습해나 유해물질에 의한 피해가 많다.

008 **토양수분의 함유상태에 대한 설명으로 옳지 않은 것은?**　　　10. 지방직 9급

① 최대용수량은 토양하부에서 수분이 모관상승하여 모관수가 최대로 포함된 상태를 말한다.
② 포장용수량은 수분이 포화된 상태의 토양에서 증발을 방지하면서 중력수를 완전히 배제하고 남은 수분상태를 말한다.
③ 초기위조점은 생육이 정지하고 하위엽이 위조하기 시작하는 토양의 수분상태를 말한다.
④ 잉여수분은 최대용수량 이상의 과습한 상태의 토양수분을 말한다.

정답 찾기

001 ② 최대용수량은 pF＝0이고, 흡습계수는 pF＝4.5이다.
002 ② 강낭콩은 양토~식양토, 땅콩은 사토~사양토, 보리는 세사토~양토가 적지이다.
003 ④ 토양 중 교질입자가 많으면 치환성양이온을 흡착하는 힘이 강해진다.
004 ③ 토양구조는 단립구조가 조성될수록 대공극이 많고, 토양통기와 투수성은 좋으나 수분과 비료보유력이 적다.
005 ② 나트륨이온의 첨가는 점토의 결합을 분산시켜서 입단을 파괴한다.

006 ① 유기물이 미생물에 의해 분해되면서 미생물이 분비하는 점질물질이 토양입자를 결합시키며, 석회는 유기물의 분해 촉진과 칼슘이온 등이 토양입자를 결합시키는 작용을 한다.
007 ③ 부식토는 세토가 부족하고 강한 산성을 나타내기 쉬우므로 이를 교정하기 위해 점토를 객토하는 것이 좋다.
008 ④ 잉여수분은 포장용수량 이상의 토양수분인 과습상태의 수분을 말한다.

정답　001 ②　002 ②　003 ④　004 ③　005 ②　006 ①　007 ③　008 ④

009 토양수분의 형태에 대한 설명 중 옳은 것은? 09. 국가직 9급

① 결합수는 점토광물로부터 분리시킬 수 있는 수분이다.
② 흡습수는 토양입자표면에 피막상으로 흡착된 수분이다.
③ 모관수는 중력에 의하여 비모관공극으로 흘러내리는 수분이다.
④ 중력수는 토양공극 내에서 중력에 저항하여 유지되는 수분이다.

010 토양수분의 형태에 관한 설명으로 옳지 않은 것은? 10. 국가직 9급

① 작물이 주로 이용하는 수분 형태는 모관수이다.
② 흡습수는 pF 2.7~4.5로 표시하는데 작물에 흡수·이용된다.
③ 결합수는 점토광물에 결합되어 있어 분리시킬 수 없는 수분을 말한다.
④ 중력수는 pF 0~2.7로서 작물에 이용되나 근권 이하로 내려간 것은 직접 이용되지 못한다.

011 토양수분의 형태로 점토질 광물에 결합되어 있어 분리시킬 수 없는 수분은? 16. 지방직 9급

① 결합수   ② 모관수
③ 흡습수   ④ 중력수

012 다음 중 토양 재배범위가 가장 넓은 것은? 18. 지도직

① 콩, 팥   ② 오이, 양파
③ 수수, 옥수수   ④ 보리, 밀

013 식물이 이용 가능한 유효수분을 올바르게 나타낸 것은? 13. 국가직 9급

① 식물 생육에 가장 알맞은 최적함수량은 대개 최대 용수량의 20~30%의 범위에 있다.
② 결합수는 유효수분 범위에 있다.
③ 유효수분은 토양입자가 작을수록 적어진다.
④ 식물이 이용할 수 있는 토양의 유효수분은 포장용수량~영구위조점 사이의 수분이다.

014 식물의 필수원소에 대한 설명으로 옳지 않은 것은? 15. 국가직 9급

① 질소화합물은 늙은 조직에서 젊은 생장점으로 전류되므로 결핍증세는 어린 조직에서 먼저 나타난다.

② 칼륨은 이온화되기 쉬운 형태로 잎·생장점·뿌리의 선단에 많이 함유되어 있다.

③ 붕소는 촉매 또는 반응조절물질로 작용하며, 석회결핍의 영향을 덜 받게 한다.

④ 철은 호흡효소의 구성성분으로 엽록소의 형성에 관여하고, 결핍하면 어린잎부터 황백화하여 엽맥 사이가 퇴색한다.

015 토양입단형성과 발달을 도모하는 재배관리가 아닌 것은? 13. 국가직 9급

① 유기물과 석회 시용 ② 토양 경운
③ 콩과작물 재배 ④ 토양 피복

016 작물의 생육에 필요한 무기원소에 대한 설명으로 옳지 않은 것은? 16. 국가직 9급

① 칼륨은 식물세포의 1차 대사산물(단백질, 탄수화물 등)의 구성성분으로 이용되고, 작물이 다량으로 필요로 하는 필수원소이다.

② 질소는 NO_3^-와 NH_4^+ 형태로 흡수되며, 흡수된 질소는 세포막의 구성성분으로도 이용된다.

③ 몰리브덴은 근류균의 질소고정과 질소대사에 필요하며, 콩과작물이 많이 함유하고 있는 원소이다.

④ 규소는 화본과식물의 경우 다량으로 흡수하나, 필수원소는 아니다.

정답찾기

009 ② 결합수는 점토광물로부터 분리시킬 수 없는 수분이다. 모관수는 표면장력에 의해 모세관 상승으로 보유되는 수분이다. 중력수는 중력에 의해서 비모관 공극을 스며 내려가는 수분이다.

010 ② 흡습수는 pF 4.5~7.0로 표시하는데 작물에 흡수·이용되지 못한다.

011 ① 결합수는 점토질 광물에 강하게 결합되어 있어서 작물이 이용하지 못하고, 모관수가 이용이 가능하다.

012 ① 콩, 팥은 어떤 토성에서도 재배에 적합하다.

013 ④ 식물 생육에 가장 알맞은 최적함수량은 대개 최대용수량의 60~80%의 범위에 있다. 결합수는 무효수분 범위에 있다. 유효수분은 토양입자가 작을수록 넓어진다.

014 ① 질소화합물은 늙은 조직에서 젊은 생장점으로 전류되므로 결핍증세는 늙은 부분에서 먼저 나타난다. 과잉하면 도장하거나 엽록이 짙어지며, 한발, 저온, 기계적 상해, 병해충 등에 약하게 된다.

015 ② 입단구조를 파괴하는 요인은 과도한 경운과 입단의 팽창 및 수축의 반복, 비와 바람, 나트륨이온의 첨가 등이다.

016 ① 칼륨은 광합성, 탄수화물 및 단백질 형성, 세포 내의 수분 공급, 증산에 따른 수분 상실을 조절하여 세포의 팽압을 지하게 하는 등의 기능에 관여한다.

정답 **009** ② **010** ② **011** ① **012** ① **013** ④ **014** ① **015** ② **016** ①

017 무기성분 중 결핍 증상이 노엽에서 먼저 황백화가 발생하며, 토양 중 석회 과다 시 흡수가 억제되는 것은? 20. 국가직 7급

① 철   ② 황

③ 마그네슘   ④ 붕소

018 칼슘에 관한 설명으로 옳지 않은 것은? 10. 국가직 9급

① 체내에서 이동하기 쉽다.

② 식물의 잎에 함유량이 많다.

③ 과다하면 철의 흡수가 저해된다.

④ 결핍하면 뿌리나 눈의 생장점이 붉게 변하여 죽게 된다.

019 〈보기〉에서 작물의 필수원소와 생리작용에 대한 설명으로 옳은 것을 모두 고른 것은?

20. 지도직

ㄱ. 철은 엽록소와 호흡효소의 성분으로, 석회질 토양 및 석회과용토양에서는 철 결핍증이 나타난다.

ㄴ. 염소는 통기 불량에 대한 저항성을 높이고, 결핍되면 잎이 황백화되며 평행맥엽에서는 조반이 생기고 망상맥엽에서는 점반이 생긴다.

ㄷ. 황은 세포막 중 중간막의 주성분으로 분열조직의 생장, 뿌리 끝의 발육과 작용에 반드시 필요하다.

ㄹ. 마그네슘은 엽록소의 형성재료이며, 인산대사나 광합성에 관여하는 효소의 활성을 높인다.

ㅁ. 몰리브덴은 질산환원효소의 구성성분으로, 결핍되면 잎 속에 질산태질소의 집적이 생긴다.

---

① ㄱ, ㄴ, ㄷ   ② ㄱ, ㄹ, ㅁ

③ ㄴ, ㄷ, ㄹ   ④ ㄷ, ㄹ, ㅁ

020 콩밭이 누렇게 보여 잘 살펴보니 상위엽의 잎맥 사이가 황화되었고, 토양조사를 하였더니 pH가 9이었다. 다음 중 어떤 원소의 결핍증으로 추정되는가? 13. 국가직 9급

① 질소   ② 인

③ 철   ④ 마그네슘

021 식물 양분의 가급도와 토양 pH와의 관계에 대한 설명으로 옳지 않은 것은? 11. 국가직 9급

① 강산성이 되면 P와 Mg의 가급도가 감소한다.

② 중성보다 pH가 높아질수록 Fe의 가급도는 증가한다.

③ 중성보다 강산성 조건에서 N의 가급도는 감소한다.

④ 중성보다 강알칼리성 조건에서 Mn의 용해도가 감소한다.

03

022 토양수분에 대한 설명으로 옳지 않은 것은? 18. 국가직 9급

① 비가 온 후 하루 정도 지난 상태인 포장용수량은 작물이 이용하기 좋은 수분 상태를 나타낸다.

② 작물이 주로 이용하는 모관수는 표면장력에 의해 토양공극 내에서 중력에 저항하여 유지된다.

③ 흡습수는 토양입자표면에 피막상으로 흡착된 수분이므로 작물이 이용할 수 있는 유효수분이다.

④ 위조한 식물을 포화습도의 공기 중에 24시간 방치해도 회복하지 못하는 위조를 영구위조라고 한다.

🌾**정 답 찾 기**

017 ③ 철과 마그네슘 두 원소는 황백화현상이 발생하며, 토양 중 석회의 과다로 흡수가 저해되는 길항작용도 한다. 마그네슘은 노엽에서부터 황백화가 발생하고, 철은 어린잎부터 황백화가 발생하는 두 원소의 차이점을 보인다.

018 ① 칼슘은 세포막 중 중간막의 주성분으로 잎에 많이 존재하고, 체내에서의 이동은 어렵다.

019 ② 염소는 광합성작용과 물의 광분해에 촉매작용을 하여 산소를 발생시키고, 결핍되면 어린잎의 황백화와 전식물체의 위조현상이 나타난다. 칼슘은 세포막 중 중간막의 주성분이며, 분열조직의 생장과 뿌리 끝의 발육에 필요하다.

020 ③ 철은 pH가 높거나 토양 중에 인산 및 칼슘의 농도가 높으면 흡수가 크게 저해된다.

021 ② 철은 pH가 높아질수록(강알칼리성) 가급도가 급격히 감소하여 작물 생육이 불리해진다.

022 ③ 흡습수(흡착수)는 토양입자표면에 피막상으로 흡착된 수분이므로 작물에 거의 이용되지 못하는 무효수분이다.

023 토양의 산성의 분류 중 다음 보기가 설명하는 것은? 16. 지도직

보기 : 토양교질물에 흡착된 H이온과 Al이온에 따라 나타나는 것

① 가수산성
② 잠산성
③ 강산성
④ 활산성

024 토양의 입단에 대한 설명으로 옳지 않은 것은? 13. 지방직 9급

① 입단은 부식과 석회가 많고 토양입자가 비교적 미세할 때에 형성된다.
② 나트륨이온(Na^+)은 점토의 결합을 강하게 하여 입단형성을 촉진하고, 칼슘이온(Ca^{2+})은 토양입자의 결합을 느슨하게 하여 입단을 파괴한다.
③ 토양에 피복작물을 심으면 표토의 건조와 비바람의 타격을 줄이며, 토양 유실을 막아서 입단을 형성·유지하는 데 효과가 있다.
④ 입단이 발달한 토양에서는 토양미생물의 번식과 활동이 좋아지고, 유기물의 분해가 촉진된다.

025 산성토양보다 알칼리성토양(pH 7.0~8.0)에서 유효도가 높은 필수원소로만 묶인 것은? 20. 국가직 7급

① Fe, Mg, Ca
② Al, Mn, K
③ Zn, Cu, K
④ Mo, K, Ca

026 산성토양의 개량과 재배대책으로 옳지 않은 것은? 14. 국가직 9급

① 산성토양에 적응성이 높은 콩, 팥, 양파 등의 작물을 재배한다.
② 석회와 유기물을 충분히 시용하고 염화칼륨, 인분뇨, 녹비 등의 연용을 피한다.
③ 유효태인 구용성 인산을 함유하는 용성인비를 시용한다.
④ 붕소는 10a당 0.5~1.3kg의 붕사를 주어서 보급한다.

027 토양반응과 작물생육에 대한 설명으로 옳지 <u>않은</u> 것은? 17. 서울시

① 공기질소를 고정하여 유효태양분을 생성하는 대다수의 활성박테리아는 중성 부근의 토양반응을 좋아한다.
② 강산성 토양에서 과다한 수소이온(H^+)은 그 자체가 작물의 양분흡수와 생리작용을 방해한다.
③ 강산성이 되면 Al, Cu, Zn, Mn 등은 용해도가 증가하여 그 독성 때문에 작물생육이 저해된다.
④ 강알칼리성이 되면 B, Fe, N 등의 용해도가 증가하여 작물생육에 불리하다.

03

028 논토양과 밭토양의 차이점에 대한 설명으로 옳지 <u>않은</u> 것은? 16. 국가직 9급

① 논토양에서는 환원물(N_2, H_2S, S)이 존재하나, 밭토양에서는 산화물(NO_3, SO_4)이 존재한다.
② 논에서는 관개수를 통해 양분이 공급되나, 밭에서는 빗물에 의해 양분의 유실이 많다.
③ 논토양에서는 혐기성균의 활동으로 질산이 질소가스가 되고, 밭토양에서는 호기성균의 활동으로 암모니아가 질산이 된다.
④ 논토양에서는 pH 변화가 거의 없으나, 밭에서는 논토양에 비해 상대적으로 pH의 변화가 큰 편이다.

029 토양반응과 작물의 생육에 대한 설명으로 옳지 <u>않은</u> 것은? 17. 국가직 9급

① 토양유기물을 분해하거나 공기질소를 고정하는 활성박테리아는 중성 부근의 토양반응을 좋아한다.
② 토양 중 작물 양분의 가급도는 토양 pH에 따라 크게 다르며, 중성~약산성에서 가장 높다.
③ 강산성이 되면 P, Ca, Mg, B, Mo 등의 가급도가 감소되어 생육이 감소한다.
④ 벼, 양파, 시금치는 산성토양에 대한 적응성이 높다.

🌾 정답찾기

023 ② 토양교질물에 흡착된 수소이온과 일루미늄이온에 의해 나타나는 산성을 잠산성이라고 한다.

024 ② Na^+은 분산제로 작용하고 Ca^{2+}은 응집제로 작용한다.

025 ④ 강산성 토양에서 가급도 증가 원소는 Al, Cu, Zn, Mn이고, 강산성 토양에서 가급도 감소 원소는 P, Ca, Mg, B, Mo이다. 알칼리성 흡수에 변함이 없는 원소는 K, S, Ca, Mg이고, 알칼리성 흡수가 크게 줄어드는 원소는 Mn, Fe이다.

026 ① 산성토양에 적응성이 높은 토란, 감자, 수박 등의 작물을 재배한다. 콩, 팥, 양파는 산성토양에 적응력이 가장 약하다.

027 ④ 강알칼리성이 되면 B, Fe, Mn 등의 용해도가 감소하여 작물의 생육에 불리하다.

028 ④ 논토양은 담수로 인하여 산소 공급이 차단되어 작토층 토양의 대부분은 환원상태로 된다. 낮과 밤 및 담수기간과 낙수기간에 따라 차이가 있으나 밭토양은 그렇지 않다.

029 ④ 벼는 산성토양에 극히 강하지만 양파와 시금치는 가장 약하다.

정답 **023** ②   **024** ②   **025** ④   **026** ①   **027** ④   **028** ④   **029** ④

030 다음 중 산성토양에 극히 강한 작물로만 고른 것은?

09. 지방직 9급

ㄱ. 수박	ㄴ. 가지	ㄷ. 기장	ㄹ. 상추
ㅁ. 고추	ㅂ. 부추	ㅅ. 시금치	ㅇ. 감자

① ㄱ, ㄷ, ㅇ   ② ㄱ, ㄹ, ㅅ
③ ㄴ, ㅁ, ㅂ   ④ ㄴ, ㅅ, ㅇ

031 산성토양에 아주 약한 작물들로만 묶인 것은?

12. 지방직 9급

ㄱ. 양파	ㄴ. 옥수수	ㄷ. 팥	ㄹ. 감자
ㅁ. 아마	ㅂ. 수수	ㅅ. 시금치	ㅇ. 유채

① ㄱ, ㄷ, ㅅ   ② ㄱ, ㄹ, ㅇ
③ ㄴ, ㅁ, ㅅ   ④ ㄴ, ㅂ, ㅇ

032 토양이 산성화되었을 때 양분 가급도가 감소되어 작물생육에 불이익을 주는 것으로만 짝지은 것은?

18. 지방직 9급

① B, Fe, Mn   ② B, Ca, P
③ Al, Cu, Zn   ④ Ca, Cu, P

033 토양미생물의 작물에 대한 유익한 활동으로 옳은 것은?

16. 국가직 9급

① 토양미생물은 암모니아를 질산으로 변하게 하는 환원과정을 도와 밭작물을 이롭게 한다.
② 토양미생물은 유기태 질소화합물을 무기태로 변환하는 질소의 무기화 작용을 돕는다.
③ 미생물 간의 길항작용은 물질의 유해작용을 촉진한다.
④ 뿌리에서 유기물질의 분비에 의한 근권이 형성되면 양분흡수를 억제하여 뿌리의 신장생장을 촉진한다.

034 토양 산성화의 원인에 대한 설명으로 잘못된 것은?

① 토양 중에 미포화교질이 많은 경우에 중성염이 들어가면 OH가 생성되어 산성을 나타낸다.
② 인분뇨나 생리적 산성비료 등을 연용하면 토양이 산성화된다.
③ 화학공장에서 배출되는 아황산가스 등도 토양의 산성화를 조장한다.
④ 토양 중의 탄산, 유기산은 그 자체가 산성의 원인이 된다.

035 **토양미생물과 작물과의 관계에 대한 설명으로 옳은 것은?** 11. 지방직 9급

① 토양미생물은 무기물 유실을 촉진시킨다.
② 공중질소를 질산태 형태로 고정하여 식물에 공급한다.
③ 뿌리혹을 형성하여 식물이 이용할 무기양분을 고갈시킨다.
④ 토양미생물은 지베렐린, 시토키닌 등의 식물생장촉진물질을 분비한다.

036 **산성토양에 대한 작물의 적응성 정도가 옳지 않은 것은?** 13. 국가직 9급

① 강한 작물 – 땅콩, 감자, 수박
② 강한 작물 – 귀리, 호밀, 토란
③ 약한 작물 – 자운영, 콩, 사탕무
④ 약한 작물 – 샐러리, 목화, 딸기

037 **시설재배에 대한 설명으로 옳지 않은 것은?** 11. 지방직 9급

① 우리나라 시설재배 면적은 채소류가 화훼류에 비해 월등히 높다.
② 물을 필요한 양만큼 표층 토양에 관개하게 되므로 염류집적이 적다.
③ 시설 내의 온도와 습도 조절은 노지보다 용이하다.
④ 우리나라에서도 일부 과수의 경우 시설재배가 이루어지고 있다.

정답찾기

030 ① 산성토양에 ㄴ, ㄹ, ㅁ는 약하며, ㅂ, ㅅ은 가장 약하다.

031 ① 산성토양에 ㄹ, ㅁ은 극히 강하며, ㄴ, ㅂ은 강하고 ㅇ은 약간 강하다.

032 ② 토양이 강산성이 되면 P, Ca, Mg, B, Mo 등의 가급도가 감소되어 생육이 감소하고, 암모니아가 식물체 내에 축적되고, 동화되지 못해 해롭다.

033 ②
① 토양미생물은 암모니아를 질산으로 변하게 하는 질산화 과정을 도와 밭작물을 이롭게 한다.
③ 미생물 간의 길항작용은 물질의 유해작용을 경감한다.
④ 뿌리에서 유기물질의 분비에 대한 근권이 형성되면 근권미생물들은 뿌리로부터는 당류, 아미노산, 비타민 등을 공급받고 뿌리에는 식물생장촉진물질을 제공하거나, 뿌리의 영양흡수촉진, 병원균의 뿌리에의 기생억제 등의 상호작용을 한다.

034 ① 미포화교질이 많으면 중성염이 가해질 때 H^+가 생성되어 산성을 나타낸다.

035 ④ 토양미생물은 무기물 유실을 경감시킨다. 뿌리혹을 형성하여 식물이 이용할 무기양분을 제공한다.

036 ④ 목화는 산성에 강한 작물이다.

037 ② 염류가 집적된 토양은 관수를 하여도 물이 토양에 잘 침투하지 못하고 물이 토양의 표면에서 옆으로 흐르는 경우가 많은데 연작되는 시설재배지에서도 흔히 볼 수 있고 이 정도가 되면 염류가 많이 집적된 경우이다.

정답 **030** ① **031** ① **032** ② **033** ② **034** ① **035** ④ **036** ④ **037** ②

038 논토양에서 일어나는 특성으로 옳지 않은 것은?　　　　　09. 국가직 9급

① 담수된 논토양의 심토는 유기물이 극히 적어서 산화층을 형성한다.
② 토양의 상층부는 산화제1철에 의해 표층이 적갈색을 띤 산화층이 된다.
③ 암모니아태질소를 산화층에 주면 질화균의 작용에 의해 질산으로 된다.
④ 암모니아태질소를 심부 환원층에 주면 토양에 잘 흡착되므로 비효가 오래 지속된다.

039 논토양의 일반특성으로 옳지 않은 것은?　　　　　13. 국가직 9급

① 누수가 심한 논은 암모니아태질소를 논토양의 심부환원층에 주어서 비효 증진을 꾀한다.
② 담수 후 유기물 분해가 왕성할 때에는 미생물이 소비하는 산소의 양이 많아 전층이 환원상태가 된다.
③ 탈질현상에 의한 질소질 비료의 손실을 줄이기 위하여 암모니아태질소를 환원층에 준다.
④ 담수 후 시간이 경과한 뒤 표층은 산화제2철에 의해 적갈색을 띤 산화층이 되고 그 이하의 작토층은 청회색의 환원층이 되며, 심토는 다시 산화층이 되는 토층분화가 일어난다.

040 논토양과 시비에 대한 설명으로 옳지 않은 것은?　　　　　17. 지방직 9급

① 담수상태의 논에서는 조류의 대기질소 고정작용이 나타난다.
② 암모니아태질소가 산화층에 들어가면 질화균이 질화작용을 일으켜 질산으로 된다.
③ 한여름 논토양의 지온이 높아지면 유기태질소의 무기화가 저해된다.
④ 답전윤환 재배에서 논토양이 담수 후 환원상태가 되면 밭상태에서는 난용성인 인산알루미늄, 인산철 등이 유효화된다.

041 논토양에 대한 설명으로 옳지 않은 것은?　　　　　12. 국가직 9급

① 담수 논의 산화층에 있는 암모니아태질소는 질산으로 되어 환원층으로 내려가 질소가스로 탈질된다.
② 습답에서는 유기물의 혐기적 분해로 유기산이 집적되어 뿌리의 생장과 흡수장해를 일으킨다.
③ 간척지답은 지하수위가 높아서 유해한 황화수소의 생성이 증가할 수 있다.
④ 논토양의 노후화는 환원형의 철분이나 망간의 용해성이 감소하기 때문에 나타난다.

042 노후화답에 관한 설명으로 옳은 것은?　　　　　10. 국가직 9급

① 철분이나 망간 등이 심토의 산화층에 집적된다.
② 노후화답 개량을 위해서는 심경을 피해야 한다.
③ 노후화답에는 황산근을 가진 비료를 시용해야 한다.
④ 환원층에서 철분이나 망간이 환원되면 용해성이 감소한다.

043 토양 내에서 황산염으로부터 유해한 물질을 생성하는 미생물은?   14. 국가직 9급

① Azotobacter − Bacillus megatherium

② Desulfovibrio − Desulfotomaculum

③ Clostridium − Azotobacter

④ Rhizobium − Bradyrhizobium

044 간척지에서 간척 당시의 토양 특징에 대한 설명으로 옳은 것은?   15. 국가직 9급

① 지하수위가 낮아서 쉽게 심한 환원상태가 되어 유해한 황화수소 등이 생성된다.

② 황화물은 간척하면 환원과정을 거쳐 황산이 되는데, 이 황산이 토양을 강산성으로 만든다.

③ 염분농도가 높아도 벼의 생육에는 영향을 주지 않는다.

④ 점토가 과다하고 나트륨이온이 많아서 토양의 투수성과 통기성이 나쁘다.

045 간척지 토양에 작물을 재배하고자 할 때 내염성이 강한 작물로만 묶인 것은? 16. 국가직 9급

① 토마토 − 벼 − 고추

② 고추 − 벼 − 목화

③ 고구마 − 가지 − 감자

④ 유채 − 양배추 − 목화

정답찾기

038 ② 토양의 상층부는 산화제2철에 의해 표층이 적갈색을 띤 산화층이 된다.

039 ① 누수가 심한 논에의 심층시비는 질소 용탈을 조장하여 불리하다.

040 ③ 한여름 논토양의 지온이 높아지면 유기태질소의 무기화가 촉진되어 암모니아가 생성된다.

041 ④ 노후화 논은 논의 작토층으로부터 철이 용탈됨과 동시에 여러가지 염기도 함께 용탈 제거되어 생산력이 몹시 떨어진 논을 노후화 논이라 하며, 물빠짐이 지나친 사질의 토양은 노후화 논으로 되기 쉽다.

042 ①
② 노후화답 개량을 위해서는 심경을 하여 토층 밑으로 침전된 양분을 반전시켜 준다.
③ 노후화답에는 황산기비료인 $(NH_4)_2SO_4$나 $K_2(SO_4)$등을 시용하지 않아야 한다.
④ 논은 담수 후 산화층과 환원층으로 분화되면서 작토 중에 있는 철분과 망간을 비롯하여 수용성 무기염류가 용탈된다.

043 ② 황산염 또는 유황환원세균으로 유해한 물질이다.

044 ④
① 지하수위가 높아서 쉽게 심한 환원상태가 되어 유해한 황화수소 등이 생성된다.
② 황화물은 간척하면 산화과정을 거쳐 황산이 되는데, 이 황산이 토양을 강산성으로 만든다.
③ 높은 염분농도 때문에 벼의 생육이 저해된다.

045 ④ 내염성 작물이란 저항성에 따른 식물 분류 방법으로 사탕무, 유채, 양배추, 목화, 대추야자, 튤립, 갯질경이 등과 같이 간척지 염분토양에 강한 작물을 말한다.

정답   038 ②   039 ①   040 ③   041 ④   042 ①   043 ②   044 ④   045 ④

▌수분환경과 공기

001 작물의 수분흡수에 대한 설명으로 옳지 않은 것은? 20. 국가직 7급

① 수분흡수와 이동에는 삼투퍼텐셜, 압력퍼텐셜, 매트릭퍼텐셜이 관여한다.
② 수분퍼텐셜과 삼투퍼텐셜이 같으면 팽만상태로 세포 내 수분 이동이 없다.
③ 일액현상은 근압에 의한 수분흡수의 결과이다.
④ 수분의 흡수는 세포 내 삼투압이 막압보다 높을 때 이루어진다.

002 다음에 제시된 벼의 생육단계 중 가장 높은 담수를 요구하는 시기로 가장 옳은 것은?

19. 지방직 9급

① 최고분얼기 − 유수형성기 ② 유수형성기 − 수잉기
③ 활착기 − 최고분얼기 ④ 수잉기 − 유숙기

003 작물과 수분에 대한 설명으로 가장 옳지 않은 것은? 20. 지도직

① 세포가 수분을 최대로 흡수하면 삼투압과 막압이 같아서 확산압차(DPD)가 0이 되는 팽윤(팽만)상태가 된다.
② 수수, 기장, 옥수수는 요수량이 매우 적고, 명아주는 매우 크다.
③ 세포의 삼투압에 기인하는 흡수를 수동적 흡수라고 한다.
④ 일비현상은 뿌리 세포의 흡수합에 의해 생긴다.

004 작물의 수분퍼텐셜에 대한 설명으로 옳지 않은 것은? 20. 지방직 7급

① 세포의 팽만상태는 수분퍼텐셜이 0이다.
② 수분퍼텐셜과 삼투퍼텐셜이 같으면 원형질 분리가 일어난다.
③ 수분퍼텐셜은 토양에서 가장 높고, 대기에서 가장 낮다.
④ 압력과 온도가 낮아지면 수분퍼텐셜이 증가한다.

005 작물의 재배환경 중 수분에 관한 설명으로 옳지 않은 것은? 17. 서울시

① 순수한 물의 수분퍼텐셜이 가장 낮다.
② 요수량이 작은 작물일수록 가뭄에 대한 저항성이 크다.
③ 세포에서 물은 삼투압이 낮은 곳에서 높은 곳으로 이동한다.
④ 옥수수, 수수 등은 증산계수가 작은 작물이다.

006 내건성이 강한 작물의 특성으로 옳지 않은 것은?

① 잎조직이 치밀하며, 엽맥과 울타리조직이 발달하였다.
② 원형질의 점성이 높고, 세포액의 삼투압이 낮다.
③ 탈수될 때 원형질의 응집이 덜하다.
④ 세포 중에서 원형질이나 저장양분이 차지하는 비율이 높다.

007 내한성이 강한 작물을 순서대로 나열한 것은?

① 호밀 > 보리 > 귀리 > 옥수수
② 보리 > 호밀 > 옥수수 > 귀리
③ 귀리 > 보리 > 호밀 > 옥수수
④ 호밀 > 귀리 > 보리 > 옥수수

008 내건성이 강한 작물의 세포적 특성으로 옳지 않은 것은?

① 세포의 크기가 작다.
② 원형질의 점성이 높다.
③ 세포액의 삼투압이 낮다.
④ 세포에서 원형질이 차지하는 비율이 높다.

정답찾기

001 ② 수분퍼텐셜과 삼투퍼텐셜이 같아지면 압력퍼텐셜은 0이 되므로 원형질분리가 일어난다. 팽만상태는 압력퍼텐셜과 삼투퍼텐셜이 같을 때 나타난다.

002 ④ 수잉기-유숙기는 6~7cm 담수를 하며 나머지는 그보다 낮다.

003 ③ 세포의 삼투압에 기인하는 흡수는 적극적 흡수이다.

004 ④ 수분퍼텐셜은 압력이 증가하고, 온도가 높아지면 증가한다.

005 ① 순수한 물일 때 삼투퍼텐셜 및 수분퍼텐셜 값은 0MPa을 나타낸다.

006 ② 원형질의 점성이 높고, 세포액의 삼투압이 높아서 수분보유력이 강하다.

007 ① 작물 내한성: 호밀 > 보리 > 귀리 > 옥수수

008 ③ 세포액의 삼투압이 높아서 수분보유력이 강하다.

정답 **001** ② **002** ④ **003** ③ **004** ④ **005** ① **006** ② **007** ① **008** ③

009 식물체의 수분퍼텐셜에 대한 설명으로 옳은 것은? 16. 지방직 9급

① 수분퍼텐셜은 토양에서 가장 낮고, 대기에서 가장 높으며, 식물체 내에서는 중간의 값을 나타내므로 토양 → 식물체 → 대기로 수분의 이동이 가능하게 된다.
② 수분퍼텐셜과 삼투퍼텐셜이 같으면 압력퍼텐셜이 100이 되므로 원형질분리가 일어난다.
③ 압력퍼텐셜과 삼투퍼텐셜이 같으면 세포의 수분퍼텐셜이 0이 되므로 팽만상태가 된다.
④ 식물체 내의 수분퍼텐셜에는 매트릭퍼텐셜이 많은 영향을 미친다.

010 습해에 강한 조건이 아닌 것은? 18. 지도직

① 목화된 것이 내습성이 강하다.
② 피층세포가 직렬일 때 내습성이 강하다.
③ 생육초기의 맥류처럼 잎이 위쪽 줄기에 착생하고 있는 것이 습해에 강하다.
④ 근계가 얕게 발달한 것이 내습성이 강하다.

011 밭작물의 한해 대책으로 적절하지 못한 것은? 10. 지방직 9급

① 토양의 수분보유력 증대를 위해 토양입단을 조성한다.
② 파종 시 재식밀도를 성기게 한다.
③ 봄철 맥류 재배지에서 답압을 실시한다.
④ 질소시비량을 늘리고 인산, 칼륨시비량을 줄인다.

012 내건성이 강한 작물의 특성에 대한 설명으로 옳지 않은 것은? 16. 국가직 9급

① 건조할 때에는 호흡이 낮아지는 정도가 크고, 광합성이 감퇴하는 정도가 낮다.
② 기공의 크기가 커서 건조 시 증산이 잘 이루어진다.
③ 저수능력이 크고, 다육화의 경향이 있다.
④ 삼투압이 높아서 수분 보유력이 강하다.

013 습해의 대책과 작물의 내습성에 대한 설명으로 옳지 않은 것은? 17. 서울시

① 습해를 받았을 때 부정근의 발생력이 큰 것이 내습성을 강하게 한다.
② 미숙유기물과 황산근비료의 사용을 피하고, 전층시비를 한다.
③ 과산화석회를 종자에 분의하여 파종하거나 토양에 혼입한다.
④ 작물의 내습성은 대체로 옥수수 > 고구마 > 보리 > 감자 > 토마토 순이다.

014 다습한 토양에 대한 작물의 적응성 증대방안에 관한 설명으로 옳지 않은 것은?

10. 국가직 9급

① 밭에서는 휴립휴파를 하고, 습답에서는 휴립재배를 하기도 한다.
② 미숙유기물 시용을 피하고, 심층시비를 하여 작물이 뿌리를 깊게 뻗도록 유도한다.
③ 내습성의 차이는 품종 간에도 크며, 답리작 맥류재배에서는 내습성이 강한 품종을 선택해야 안전하다.
④ 과산화석회를 종자에 분의해서 파종하거나 토양에 혼입하면 습지에서 발아 및 생육이 촉진된다.

015 작물의 한해에 대한 재배기술적 대책으로 옳지 않은 것은?

13. 지방직 9급

① 토양입단 조성　　　　　　② 중경제초
③ 비닐피복　　　　　　　　　④ 질소증시

016 작물의 내습성에 관여하는 요인에 대한 설명으로 옳지 않은 것은?

16. 지방직 9급

① 뿌리조직의 목화는 환원성 유해물질의 침입을 막아 내습성을 증대시킨다.
② 뿌리의 황화수소 및 아산화철에 대한 높은 저항성은 내습성을 증대시킨다.
③ 습해를 받았을 때 부정근의 발달은 내습성을 약화시킨다.
④ 뿌리의 피층세포 배열 형태는 세포간극의 크기 및 내습성 정도에 영향을 미친다.

정답찾기

009 ③
　① 수분퍼텐셜은 토양이 가장 높고, 대기가 가장 낮으며 식물체 내에서 중간 값이 나타나므로 토양 → 식물체 → 대기로 수분의 이동이 가능하게 된다.
　② 수분퍼텐셜과 삼투퍼텐셜이 같으면 압력퍼텐셜이 0이 되므로 원형질분리가 일어난다.
　④ 매트릭퍼텐셜은 식물체 내의 수분퍼텐셜에 거의 영향을 미치지 않는다.
010 ③ 생육초기 맥류와 같이 잎이 지하에 착생하고 있는 것은 뿌리로부터 산소 공급능력이 크다.
011 ④ 질소의 다용을 피하고 퇴비, 인산, 칼륨을 증시한다.

012 ② 기공의 크기가 작거나 적어서 건조 시 증산이 억제된다.
013 ② 미숙유기물과 황산근비료의 시용을 피하고 표층시비로 뿌리를 지표면 가까이 유도하며, 뿌리의 흡수 장해시 엽면시비를 한다.
014 ② 습답에서는 미숙유기물 시용을 피하고 표층시비하는 것이 좋다.
015 ④ 질소시비량을 줄이고 퇴비, 인산, 칼륨을 증시한다.
016 ③ 습해 시 부정근의 발생력이 큰 것은 내습성이 강하다.

정답　**009** ③　**010** ③　**011** ④　**012** ②　**013** ②　**014** ②　**015** ④　**016** ③

017 **대기환경에 관한 설명으로 옳은 것은?** 10. 국가직 9급

① 작물의 이산화탄소 포화점은 대기 중 농도의 1/10~1/3 정도이다.

② 광이 약한 조건에서는 강한 조건에서보다 이산화탄소 보상점이 높다.

③ 대기 중의 산소농도가 90% 이상이어도 작물의 호흡에는 지장이 없다.

④ 작물이 생육을 계속하기 위해서는 이산화탄소 보상점 이하의 이산화탄소농도가 필요하다.

018 **대기 중의 이산화탄소와 작물의 생리작용에 대한 설명으로 옳은 것은?** 13. 지방직 9급

① 광선이 있을 때 1% 이상의 이산화탄소는 작물의 호흡을 증가시킨다.

② 이산화탄소의 농도가 높으면, 온도가 높을수록 동화량은 감소한다.

③ 빛이 약할 때에는 이산화탄소 보상점이 높아지고, 이산화탄소 포화점은 낮아진다.

④ 시설 내에서 탄산가스는 광합성 능력이 저하되는 오후에 시용한다.

019 **작물의 광합성에 대한 설명으로 옳지 않은 것은?** 12. 지방직 9급

① 엽면적이 최적엽면적지수 이상으로 증대하면 건물생산량은 증가하지 않지만 호흡은 증가한다.

② 벼 잎에서 광포화점 도달은 온난한 지대보다는 냉량한 지대에서 더욱 강한 일사가 필요하다.

③ 이산화탄소 포화점까지는 이산화탄소농도가 높아질수록 광합성속도와 광포화점이 낮아진다.

④ 고립상태에서의 벼는 생육초기에는 광포화점에 도달하지만 무성한 군락의 상태에서는 도달하기 힘들다.

020 **탄산가스 시용효과로 틀린 것은?** 16. 지도직

① 토마토의 개화, 과실의 성숙이 지연된다.

② 오이는 곁가지 발생이 감소한다.

③ 멜론이 너무 커져 열과가 될 수 있다.

④ 콩의 떡잎에서 엽록소 함량이 증가한다.

021 **대기 중의 이산화탄소와 작물의 생리작용에 대한 설명으로 옳지 않은 것은?** 16. 국가직 9급

① 대기 중의 이산화탄소농도가 높아지면 일반적으로 호흡속도는 감소한다.

② 광합성에 의한 유기물의 생성속도와 호흡에 의한 유기물의 소모속도가 같아지는 이산화탄소농도를 이산화탄소 보상점이라 한다.

③ 작물의 이산화탄소 보상점은 대기 중 농도의 약 7~10배(0.21~0.3%)가 된다.

④ 과실.채소를 이산화탄소 중에 저장하면 대사기능이 억제되어 장기간의 저장이 가능하다.

022 〈보기〉에서 시설 내 탄산시비에 대한 설명으로 옳은 것을 모두 고른 것은? 20. 지도직

> ㄱ. 탄산가스 시용 최적농도 범위는 엽채류가 토마토나 딸기보다 더 높다.
> ㄴ. 탄산가스 발생제를 이용하면 발생량과 시간의 조절이 쉽다.
> ㄷ. 시설 내 광도에 따라 탄산가스 포화점이 변하기 때문에 시비량을 조절한다.
> ㄹ. 일반적으로 광합성 효율이 좋은 오후가 오전보다 탄산시비 시기로 적당하다.

① ㄱ, ㄷ 　　② ㄱ, ㄹ
③ ㄴ, ㄷ 　　④ ㄴ, ㄹ

023 시설 내에서 이산화탄소시비 시기로 가장 적합한 시간은? 09. 국가직 9급

① 일출 2시간 전부터 일출 때까지 　② 일출 30분 후부터 2~3시간
③ 오후 4시부터 2~3시간 　④ 일몰 후 2~3시간

024 이산화탄소농도에 관여하는 요인의 설명으로 옳지 않은 것은? 09. 국가직 9급

① 지표로부터 멀어짐에 따라 이산화탄소농도는 낮아지는 경향이 있다.
② 잎이 무성한 공기층은 여름철에 이산화탄소농도가 낮고, 가을철에 높아진다.
③ 식생이 무성하면 지면에 가까운 공기층의 이산화탄소농도는 낮아진다.
④ 미숙퇴비, 녹비를 시용하면 이산화탄소의 발생이 높아진다.

정답찾기

017 ②
① 작물의 이산화탄소 보상점은 대기 중 농도의 1/10~1/3 정도이고, 작물의 이산화탄소 포화점은 대기농도의 7~10배(0.21~0.3%)이다.
③ 대기 중의 산소농도의 증가는 일시적으로는 작물의 호흡을 증가시키지만, 90%에 이르면 호흡은 급속히 감퇴하고, 100%에서는 식물이 고사한다.
④ 작물이 생육을 계속하기 위해서는 이산화탄소 보상점 이상의 이산화탄소 농도가 필요하다.

018 ③
① 광선이 있을 때 1% 이상의 이산화탄소는 작물의 호흡을 멎게 한다.
② 이산화탄소의 농도가 높으면 온도가 높아질수록 어느 선까지는 동화량이 증가한다.
④ 오후에는 광합성 능력이 저하되므로 탄산가스를 시용할 필요가 없다.

019 ③ 이산화탄소 포화점까지는 이산화탄소농도가 높아질수록 광합성속도와 광포화점이 높아진다.

020 ② 오이는 저온시설재배나 밀식재배의 경우 햇빛이 너무 약하면 과실 자람이 늦고 곁가지의 발생이 감소하며, 기형과의 발생이 증가한다. 탄산가스 사용 시 오이는 곁가지 발생이 왕성해진다.

021 ③ 대기농도의 7~10배(0.21~0.3%)가 되는 것은 작물의 이산화탄소 포화점이다.

022 ① ㄴ. 탄산가스 발생제를 이용하면 발생량과 시간의 조절이 어렵다. ㄹ. 탄산가스 시용시각은 일출 30분 후부터 2~3시간이나, 환기하지 않을 때에도 3~4시간 이내로 제한한다.

023 ② 시설 내의 탄산가스 농도변화, 빛의 밝기, 환기 등을 고려할 때 일반적으로 일출 후 30분~1시간 후부터 2~3시간 정도 처리하는 것이 적당하다.

024 ③ 식생이 무성하면 뿌리의 왕성한 호흡과 바람의 차단으로, 지면에 가까운 공기층의 이산화탄소농도는 높아진다.

온도와 광환경

001 작물이 생육최고온도에 장기간 재배되면 생육이 쇠퇴하여 열해가 발생한다. 이에 대한 설명으로 옳지 않은 것은?

11. 지방직 9급

① 광합성보다 호흡작용이 우세하여 유기물 소모가 많아 작물이 피해를 입는다.
② 단백질의 합성이 촉진되고, 암모니아의 축적이 적어 피해를 입는다.
③ 수분 흡수보다 증산이 과다하여 위조를 유발한다.
④ 고온에 의해 철분이 침전되면 황백화현상이 일어난다.

002 온도가 작물생육에 미치는 영향으로 옳지 않은 것은?

12. 국가직 9급

① 작물의 유기물축적이 최대가 되는 온도는 호흡이 최고가 되는 온도보다 낮다.
② 벼는 평야지가 산간지보다 변온이 커서 등숙이 좋은 경향이 있다.
③ 고구마는 29℃의 항온보다 20~29℃ 변온에서 덩이뿌리의 발달이 촉진된다.
④ 맥류는 밤의 기온이 높아서 변온이 작은 것이 출수 및 개화가 촉진된다.

003 작물의 생육과 관련된 온도에 대한 설명으로 옳지 않은 것은?

14. 국가직 9급

① 담배의 적산온도는 3,200~3,600℃ 범위이다.
② 벼의 생육 최고온도는 36~38℃ 범위이다.
③ 옥수수의 생육 최고온도는 40~44℃ 범위이다.
④ 추파맥류의 적산온도는 1,300~1,600℃ 범위이다.

004 온도가 작물의 생리작용에 미치는 영향으로 옳지 않은 것은?

14. 국가직 9급

① 광합성의 온도계수는 고온보다 저온에서 크며, 온도가 적온보다 높으면 광합성은 둔화된다.
② 적온을 넘어 고온이 되며 체내의 효소계가 파괴되므로 호흡속도가 오히려 감소한다.
③ 동화물질이 잎에서 생장점 또는 곡실로 전류되는 속도는 적온까지는 온도가 올라갈수록 빨라진다.
④ 온도상승에 따라 세포투과성과 호흡에너지 방출 및 증산작용은 감소하고 수분의 점성은 증대하므로 수분흡수가 증대한다.

005 생육 최적온도가 높은 작물부터 낮은 순으로 올바르게 나열한 것은? 11. 국가직 9급

① 완두 > 오이 > 귀리
② 오이 > 귀리 > 옥수수
③ 오이 > 담배 > 보리
④ 멜론 > 사탕무 > 벼

006 변온의 효과에 대한 설명으로 옳은 것은? 16. 지방직 9급

① 비교적 낮의 온도가 높고 밤의 온도가 낮으면 동화물질 축적이 적다.
② 밤의 기온이 어느 정도 낮아 변온이 클 때 생장이 빠르다.
③ 맥류의 경우 밤의 기온이 낮아서 변온이 크면 출수·개화를 촉진한다.
④ 벼를 산간지에서 재배할 경우 변온에 의해 평야지보다 등숙이 더 좋다.

007 생육적온 범위에서 온도상승이 작물의 생리에 미치는 영향이 아닌 것은? 13. 국가직 9급

① 증산작용이 증가한다.
② 수분흡수가 증가한다.
③ 호흡이 증가한다.
④ 탄수화물의 소모가 감소한다.

008 유효적산온도(GDD)를 계산하기 위한 식은? 18. 지방직 9급

① $GDD(℃) = \sum$ (일최고기온+일최저기온)/2 + 기본온도
② $GDD(℃) = \sum$ (일최고기온+일최저기온) × 2 - 기본온도
③ $GDD(℃) = \sum$ (일최고기온+일최저기온)/2 - 기본온도
④ $GDD(℃) = \sum$ (일최고기온+일최저기온) × 2 + 기본온도

정답찾기

001 ② 고온은 단백질의 합성을 저해하여 암모니아의 축적이 많아지므로 유해물질로 작용하여 작물이 질소대사 이상의 피해를 입는다.

002 ② 벼는 산간지가 평야지보다 변온이 커서 동화물질의 축적에 유리하여 등숙이 양호하다.

003 ④ 추파맥류의 적산온도는 1,700~2,300℃ 범위이다.

004 ④ 온도상승에 따라 세포투과성과 호흡에너지 방출 및 증산작용은 증대하고 수분의 점성은 감소하므로 수분흡수가 증대한다.

005 ③ 주요 작물의 최적온도(℃)는 밀 25, 호밀 25, 보리 20, 귀리 25, 옥수수 30~32, 벼 30~32, 담배 13~14, 삼 35, 사탕무 25, 완두 30, 멜론 35, 오이 33~34 등이다.

006 ④ 비교적 낮의 온도가 높고 밤의 온도가 낮으면 동화물질의 축적이 많다. 밤의 기온이 어느 정도 낮아 변온이 클 때는 생장이 느리다. 맥류는 밤의 기온이 높아서 변온이 작은 것이 출수·개화를 촉진하나 일반적으로는 변온이 큰 것이 개화를 촉진하고 화기도 키운다.

007 ④ 작물은 생육적온이 있고, 적온까지는 온도의 상승에 따라 생리대사가 빠르게 증가하지만, 적온 이상의 고온에서는 온도의 상승에 따라 반응속도가 줄어든다.

008 ③ 유효적산온도는 $\sum$ (일최고기온+일최저기온)/2 - 기본온도로 구한다. 기본온도는 대체로 여름작물은 10℃, 월동작물과 과수는 5℃로 본다.

정답　**001** ②　**002** ②　**003** ④　**004** ④　**005** ③　**006** ④　**007** ④　**008** ③

009 온도가 영향을 미치는 작물의 생리작용으로 가장 거리가 먼 것은? 11. 지방직 9급

① 굴광현상 ② 증산
③ 광합성 ④ 동화물질의 전류

010 작물종자의 발아에 관한 설명 중 옳지 않은 것은? 07. 국가직 9급

① 담배나 가지과채소 등은 주·야간 변온보다는 항온에서 발아가 촉진된다.
② 전분종자가 단백질 종자보다 발아에 필요한 최소수분함량이 적다.
③ 호광성 종자는 가시광선 중 600~680nm에서 가장 발아를 촉진시킨다.
④ 벼, 당근의 종자는 수중에서도 발아가 감퇴하지 않는다.

011 벼의 장해형 냉해에 해당되는 것은? 17. 국가직 9급

① 유수형성기에 냉온을 만나면 출수가 지연된다.
② 저온조건에서 규산흡수가 적어지고, 도열병 병균침입이 용이하게 된다.
③ 질소동화가 저해되어 암모니아의 축적이 많아진다.
④ 융단조직이 비대하고 화분이 불충실하여 불임이 발생한다.

012 고온장해가 발생한 작물에 대한 설명으로 옳지 않은 것은? 17. 지방직 9급

① 호흡이 광합성보다 우세해진다.
② 단백질의 합성이 저해된다.
③ 수분흡수보다 증산이 과다해져 위조가 나타난다.
④ 작물의 내열성은 미성엽이 완성엽보다 크다.

013 북방형 목초의 하고 원인이 아닌 것은? 09. 국가직 9급

① 고온 ② 건조
③ 단일 ④ 병충해

03

014 목초의 하고현상에 대한 설명으로 옳은 것은?

① 스프링플러시가 심할수록 하고현상도 심해진다.
② 월동목초는 대부분 단일식물로 여름철 단일조건에 놓이면 하고현상이 조장된다.
③ 여름철 잡초가 무성하면 하고현상이 완화된다.
④ 병충해 발생이 많으면 하고현상이 완화된다.

015 과도한 고온으로 인해 작물의 생육이 저해되는 주요 원인이 아닌 것은?

① 호흡량 증대로 인한 유기물 소모가 많아진다.
② 단백질 합성 저해에 따른 식물체 내의 암모니아가 감소한다.
③ 수분의 흡수보다 과도한 증산에 의해 식물체가 건조해진다.
④ 식물체 내 철분의 침전이 일어난다.

016 맥류의 동상해 대책으로 틀린 것은?

① 뿌림골을 낮춘다.
② 적기에 파종하고 한지에서는 파종량을 늘린다.
③ 퇴비를 종자 위에 준다.
④ 답압을 한다.

정답찾기

009 ① 온도가 영향을 미치는 작물생리 작용은 증산, 광합성, 동화물질의 전류, 호흡, 양분의 흡수 및 이용, 수분 흡수 등이 있다.

010 ① 담배나 가지과채소 등은 주·야간 항온보다는 변온에서 발아가 촉진된다.

011 ④ 장해형 냉해는 유수형성기부터 개화기 사이, 특히 생식세포의 감수분열기에 냉온의 영향을 받아서 생식기관이 정상적으로 형성되지 못하거나 또는 꽃가루의 방출 및 수정에 장해를 일으켜 결국 불임현상이 초래되는 유형의 냉해이다. 융단조직의 이상비대는 방해형 냉해의 좋은 예이며, 품종이나 작물의 냉해 저항성의 기준이 되기도 한다.

012 ④ 작물의 내열성은 기관별로는 주파와 완성엽이 내열성이 크고 눈과 어린잎이 그 다음이며 미성엽과 중심주가 가장 약하다.

013 ③ 목초의 하고현상은 북방형 목초가 고온과 건조, 장일, 병충해 및 잡초 발생 등으로 일시적으로 중지되거나 세력이 약하여 말라죽는 현상이다.

014 ① 월동목초는 대부분 장일식물로 여름철 단일조건에 놓이면 하고현상이 조장된다. 여름철 잡초가 무성하면 하고현상이 심해진다. 병충해 발생이 많으면 하고현상이 심해진다.

015 ② 고온에서 단백질의 합성을 저해하여 암모니아의 축적이 많아진다.

016 ① 맥류의 동상해 대책 : 이랑을 세워 뿌림골을 깊게 한다. 칼리질 비료를 증시하고 퇴비를 종자위에 준다. 적기에 파종하고, 한지에서는 파종량을 늘린다. 과도하게 자라거나 서리발이 설 때에는 답압을 한다.

017 작물의 내동성을 증대시키는 생리적 요인에 대한 설명으로 옳지 않은 것은? 09. 지방직 9급

① 원형질의 수분투과성이 크면 세포 내 결빙을 적게 하여 내동성이 증대된다.
② 지방과 수분이 공존할 때 빙점강하도가 커지므로 지유함량이 높은 것이 내동성이 강하다.
③ 당분함량이 많으면 세포의 삼투압이 높아지고 원형질단백의 변성을 막아서 내동성이 크다.
④ 세포 내의 자유수가 많아지면 세포의 결빙을 억제하여 내동성이 증대된다.

018 작물의 내동성에 관여하는 생리적 요인에 대한 설명으로 옳은 것은? 12. 지방직 9급

① 원형질의 수분투과성이 크면 세포 내 결빙을 적게 하여 내동성이 증대된다.
② 원형질단백질에 −SS기가 많은 것은 −SH기가 많은 것보다 원형질의 파괴가 적고 내동성이 크다.
③ 전분함량이 높으면 내동성이 증대된다.
④ 세포액의 농도가 낮으면 내동성이 증대된다.

019 작물의 내동성에 대한 설명으로 옳은 것은? 18. 국가직 9급

① 생식기관은 영양기관보다 내동성이 강하다.
② 포복성 작물은 직립성인 것보다 내동성이 강하다.
③ 원형질에 전분함량이 많으면 기계적 견인력에 의해 내동성이 증가한다.
④ 세포 내에 수분함량이 많으면 생리적 활성이 증가하므로 내동성이 증가한다.

020 열해의 주요원인이 아닌 것은?

① 무기물 축적 ② 유기물 과잉소모
③ 질소대사이상 ④ 철분침전

021 식물의 굴광현상에 대한 설명으로 옳은 것은? 10. 지방직 9급

① 굴광현상은 440~480nm의 청색광이 가장 유효하다.
② 초엽에서는 배광성을 나타낸다.
③ 덩굴손의 감는 운동은 굴광성으로 설명할 수 있다.
④ 줄기와 뿌리 모두 배광성을 나타낸다.

022 작물의 최적엽면적지수에 대한 설명으로 옳지 않은 것은? 11. 국가직 9급

① 최적엽면적지수는 생육기간 중 일사량에 따라 변한다.
② 최적엽면적지수는 수광태세가 좋은 초형일수록 작아진다.
③ 최적엽면적지수를 크게 하면 수량을 증대시킬 수 있다.
④ 최적엽면적지수는 작물의 종류와 품종에 따라 다르다.

023 작물의 내동성에 대한 설명 중 옳지 않은 것은? 07. 국가직 9급

① 원형질의 친수성 콜로이드가 많으면 세포 내의 결합수가 많아지므로 내동성이 커진다.
② 세포 내 전분함량이 많으면 내동성이 저하된다.
③ 세포 내 칼슘이온은 세포 내 결빙을 억제한다.
④ 원형질의 수분투과성이 크면 내동성이 저하된다.

024 C_3작물과 C_4작물의 광합성 특성에 대한 비교 설명으로 옳지 않은 것은? 13. 지방직 9급

① CO_2 보상점은 C_3작물이 C_4작물보다 높다.
② 광포화점은 C_3작물이 C_4작물보다 낮다.
③ CO_2 첨가에 의한 건물생산 촉진효과는 대체로 C_3작물이 C_4작물보다 크다.
④ 광합성 적정온도는 대체로 C_3작물이 C_4작물보다 높은 편이다.

정답찾기

017 ④ 세포 내의 자유수가 많아지면 세포의 결빙을 조장하여 내동성이 저하된다.

018 ① 원형질단백질에 −SH기가 많은 것은 −SS기가 많은 것보다 기계적 견인력을 받을 때 분리되기 쉬우므로 원형질의 파괴가 적고 내동성이 크다. 전분함량이 높으면 내동성이 저하된다. 세포액의 농도가 높으면 조직즙의 광에 대한 굴절률이 커지고 내동성이 증대된다.

019 ② 생식기관은 영양기관보다 내동성이 극히 약하다. 원형질에 전분함량이 많으면 기계적 견인력에 의해 내동성이 저하된다. 세포 내의 수분함량이 많으면 세포 내 결빙이 생기기 쉬워 생리적 활성이 저하하므로 내동성이 저하된다.

020 ① 열해의 주요 기작은 유기물의 과잉소모, 질소대사의 이상, 철분의 침전, 증산 과다이다. 열사의 원인은 원형질막의 액화(파괴), 원형질단백의 응고, 전분의 점괴화이다.

021 ①
② 초엽에서는 향광성을 나타낸다.
③ 덩굴손의 감는 운동은 굴촉성으로 설명할 수 있다.
④ 줄기에서는 향광성, 뿌리에서는 배광성을 나타낸다.

022 ② 최적엽면적지수는 수광태세가 좋은 초형일수록 커진다.

023 ④ 원형질의 수분투과성이 크면 세포 내 결빙을 적게 하여 내동성을 증대시킨다.

024 ④ 광합성 적정온도는 대체로 C_4작물(30~47℃)이 C_3작물(13~30℃)보다 높은 편이다.

정답 **017** ④ **018** ① **019** ② **020** ① **021** ① **022** ② **023** ④ **024** ④

025 C₃식물과 C₄식물의 광합성에 대한 비교 설명으로 옳은 것은? 20. 국가직 7급

① CO_2 보상점은 C₄식물이 높다.
② 광합성 적정온도는 C₃식물이 높다.
③ 증산율(g H_2O/g 건량 증가)은 C₃식물이 높다.
④ CO_2 1분자를 고정하기 위한 이론적 에너지요구량(ATP)은 C₃식물이 높다.

026 벼와 옥수수의 생리 · 생태적 특성으로 옳은 것은? 09. 국가직 9급

① 유관속초세포는 벼가 옥수수보다 더 발달되어 있다.
② CO_2 보상점은 벼가 옥수수보다 더 낮다.
③ 광합성 적정온도는 벼가 옥수수보다 더 높다.
④ 광호흡량은 벼가 옥수수보다 더 높다.

027 사탕수수와 밀의 광합성 특성을 비교한 것으로 옳은 것은? 10. 국가직 9급

① 사탕수수가 밀보다 광포화점이 낮다.
② 사탕수수가 밀보다 광호흡이 낮다.
③ 사탕수수가 밀보다 광합성 적정온도가 낮다.
④ 사탕수수가 밀보다 이산화탄소 보상점이 높다.

028 작물의 엽록소형성, 굴광현상, 일장효과 및 야간조파에 가장 효과적인 광으로 짝지어진 것은? 09. 국가직 9급

	엽록소형성	굴광현상	일장효과	야간조파
①	자색광	적생광	녹색광	청색광
②	적생광	청색광	적색광	적색광
③	황색광	청색광	황색광	청색광
④	적색광	적색광	자색광	적색광

029 광합성에 관한 설명으로 옳지 않은 것은? 17. 서울시

① 고온다습한 지역의 C₄식물은 유관속초세포와 엽육세포에서 탄소환원이 일어난다.
② 광포화점은 온도와 이산화탄소농도에 따라 변화한다.
③ 광합성의 결과 틸라코이드에서 산소가 발생한다.
④ CAM식물은 탄소고정과 탄소환원이 공간적으로 분리되어 있다.

030 일반 포장에서 작물의 광포화점에 대한 설명으로 옳지 않은 것은?

17. 지방직 9급

① 벼 포장에서 군락의 형성도가 높아지면 광포화점은 높아진다.
② 벼잎의 광포화점은 온도에 따라 달라진다.
③ 콩이 옥수수보다 생육초기 고립상태의 광포화점이 높다.
④ 출수기 전후 군락상태의 벼는 전광에 가까운 높은 조도에서도 광포화에 도달하지 못한다.

031 군락의 광포화점에 대한 설명으로 옳지 않은 것은?

08. 지방직 9급

① 군락의 형성도가 높을수록 광포화점은 높아진다.
② 포장군락에서는 전광에서 포화상태에 도달한다.
③ 군락이 무성한 시기일수록 더욱 강한 일사가 필요하다.
④ 벼잎에 투사된 광은 10% 정도가 잎을 투과한다.

032 포장동화능력에 대한 설명으로 옳지 않은 것은?

12. 국가직 9급

① 포장군락의 단위면적당 동화능력을 말한다.
② 엽면적지수, 적산온도, 평균동화능력의 곱으로 표시된다.
③ 벼의 경우 출수 전에는 주로 엽면적의 지배를 받고, 출수 후에는 단위동화능력의 지배를 받는다.
④ 엽면적이 과다하여 그늘에 든 잎이 많이 생기면 동화능력보다 호흡소모가 많아져 포장동화능력이 저하된다.

정답찾기

025 ③ C_3식물의 증산율은 450~950, C_4식물의 증산율은 250~350이다.
① CO_2보상점은 C_3식물이 높다.
② 광합성 적정온도는 C_4식물이 높다.
④ CO_2 1분자를 고정하기 위한 이론적 에너지요구량(ATP)은 같다.

026 ④ C_3식물인 벼는 광호흡이 있고, C_4식물인 옥수수는 광호흡이 거의 없다.

027 ② C_3식물인 밀은 광호흡이 있고, C_4식물인 사탕수수는 광호흡이 거의 없다.

028 ② 엽록소 형성은 청색광역과 적색광역이 효과적이다. 굴광현상은 400~500nm, 특히 440~480nm의 청색광이 가장 유효하다. 일장효과는 적색광이 개화에 큰 영향을 끼친다. 야간조파는 적색광이 가장 효과적이다.

029 ④ C_4식물은 탄소고정과 탄소환원이 공간적으로 분리되어 있다.

030 ③ C_4식물(옥수수)이 C_3식물(콩)보다 생육초기 고립상태의 광포화점이 높다.

031 ② 출수기 전후 군락상태의 벼는 전광에 가까운 높은 조도에서도 광포화에 도달하지 못한다.

032 ② 포장동화능력=총엽면적×수광능률×평균동화능력

033 '총엽면적 × 수광능률 × 평균동화능력'으로 표시되는 것은? 09. 국가직 9급

① 개엽동화능력
② 진정광합성량
③ 포장동화능력
④ 단위동화능력

034 광 조건과 작물의 생육에 대한 설명으로 옳지 않은 것은? 11. 지방직 9급

① 광포화점은 고립상태의 작물보다 군락상태의 작물에서 높다.
② 규산과 칼륨을 충분히 시용한 벼에서는 수광태세가 양호하여 증수된다.
③ 벼 감수분열기의 광 부족은 단위면적당 이삭수를 감소시킨다.
④ 남북이랑방향은 동서이랑방향보다 수광량이 많아 작물생육에 유리하다.

035 작물의 수광태세를 개선하는 방법으로 옳지 않은 것은? 13. 지방직 9급

① 벼는 분얼이 조금 개산형인 것이 좋다.
② 옥수수는 수이삭이 작고 잎혀가 없는 것이 좋다.
③ 벼나 콩에서 밀식 시에는 포기 사이를 넓히고, 줄 사이를 좁히는 것이 좋다.
④ 맥류는 광파재배보다 드릴파재배를 하는 것이 좋다.

036 경종법에 의한 수광태세 개선방법으로 옳지 않은 것은? 18. 지도직

① 줄 사이를 넓히고 포기 사이를 좁힌다.
② 무효분얼기에 질소를 적게 주면 수광태세가 좋아진다.
③ 칼리, 규산을 충분히 주면 잎이 꼿꼿이 선다.
④ 드릴파재배 대신 광파재배를 한다.

037 광과 관련된 생리작용에 대한 설명으로 옳은 것은? 20. 지방직 7급

① 광포화점은 외견상광합성속도가 0이 되는 조사광량으로서, 유기물의 증감이 없다.
② 보상점이 낮은 나무는 내음성이 강해, 수림 내에서 생존경쟁에 유리하다.
③ 광호흡은 광합성 과정에서만 이산화탄소를 방출하는 현상으로서, 엽록소, 미토콘드리아, 글리옥시좀에서 일어난다.
④ 광포화점과 광합성속도는 온도 및 이산화탄소 농도와는 관련성이 없다.

038 작물의 광포화점에 대한 설명으로 옳지 않은 것은? 09. 지방직 9급

① 음지식물은 양지식물보다 낮다.
② 군락의 형성도가 높을수록 증가한다.
③ 군락의 수광태세가 좋을수록 증가한다.
④ 고립상태에서 일반작물의 광포화점은 생육적온까지 온도가 높아질수록 낮아진다.

039 작물의 재배환경 중 광과 관련된 설명으로 옳지 않은 것은? 17. 국가직 9급

① 군락 최적엽면적지수는 군락의 수광태세가 좋을 때 커진다.
② 식물의 건물생산은 진정광합성량과 호흡량의 차이, 즉 외견상광합성량이 결정한다.
③ 군락의 형성도가 높을수록 군락의 광포화점이 낮아진다.
④ 보상점이 낮은 식물은 그늘에 견딜 수 있어 내음성이 강하다.

정답찾기

033 ③ 포장동화능력은 포장군락의 단위면적당 동화능력이다.

034 ③ 최고분얼기의 일조부족은 단위면적당 이삭수를 감소시키고, 벼 감수분얼기의 광 부족은 갓 분화, 생성된 영화가 생장이 정지되고 퇴화하여 이삭당 영화수가 크게 감소한다.

035 ③ 벼나 콩에서 밀식 시 줄 사이를 넓히고 포기 사이를 좁히는 것이 파상군락을 형성하게 하여 군락 하부로 광투사를 좋게 한다.

036 ④ 맥류는 광파재배보다 드릴파재배를 하는 것이 잎이 조기에 포장 전면을 덮어 수광태세가 좋아지고, 지연증발도 적어진다.

037 ②
① 광보상점은 외견상광합성속도가 0이 되는 조사광량이다.
③ 광호흡은 광합성에 의해 이산화탄소를 발생시키는 것으로 엽록체, 미토콘드리아, 퍼옥시좀에서 일어난다.
④ 이산화탄소농도가 높아질수록 광합성속도와 광포화점이 높아진다.

038 ③ 군락의 수광태세가 좋을수록 광포화점이 감소한다.

039 ③ 군락의 형성도가 높을수록 군락의 광포화점이 높아진다.

▮상적발육과 환경

001 작물의 화성유도에 대한 설명으로 옳은 것은? 12. 국가직 9급

① 환상박피를 한 윗부분은 C/N율이 높아져 화아분화가 촉진된다.
② 저온버널리제이션의 효과는 처리온도가 낮을수록 뚜렷하다.
③ 개화유도물질인 플로리겐은 생장점에서 만들어져 잎으로 이동한다.
④ 단일식물의 개화억제를 위한 야간조파에는 근적외선광이 효과적이다.

002 작물의 생육단계가 영양생장에서 생식생장으로 전환되는 현상에 대한 설명으로 옳은 것은? 18. 지방직 9급

① 줄기의 유관속 일부를 절단하면 절단된 윗부분의 C/N율이 낮아져 화아분화가 촉진된다.
② 뿌리에서 생성된 개화유도물질인 플로리겐이 줄기의 생장점으로 이동되어 화성이 유도된다.
③ 저온처리를 받지 않은 양배추는 화성이 유도되지 않으므로 추대가 억제된다.
④ 화학적 방법으로 화성을 유도하는 경우에 ABA는 저온·장일 조건을 대체하는 효과가 크다.

003 작물의 생육은 생장과 발육으로 구별되는데 다음 중 발육에 해당되는 것은? 13. 국가직 9급

① 뿌리가 신장한다.
② 잎이 커진다.
③ 화아가 형성된다.
④ 줄기가 비대한다.

004 버널리제이션에 대한 설명으로 옳지 않은 것은? 11. 국가직 9급

① 저온처리의 감응 부위는 생장점이다.
② 산소부족과 같이 호흡을 저해하는 조건은 버널리제이션을 촉진한다.
③ 최아종자를 저온처리하는 경우에는 광의 유무가 버널리제이션에 관계하지 않는다.
④ 처리 중 종자가 건조하면 버널리제이션 효과가 감쇄한다.

005 작물의 상적발육에 대한 설명으로 옳지 않은 것은?　　　12. 국가직 9급

① 발육은 작물 체내에서 일어나는 질적인 재조정 작용이다.
② 생장은 여러 기관의 양적 증대에 의해 나타난다.
③ 상적발육 초기는 감온상보다 감광상에 해당된다.
④ 화성은 영양생장에서 생식생장으로 이행하는 한 과정이다.

03

006 춘화처리에 대한 설명으로 옳지 않은 것은?　　　15. 국가직 9급

① 완두와 같은 종자춘화형 식물과 양배추와 같은 녹체춘화형 식물로 구분한다.
② 종자춘화를 할 때에는 종자근의 시원체인 백체가 나타나기 시작할 무렵까지 최아하여 처리한다.
③ 춘화처리 기간 중에는 산소를 충분히 공급해야 한다.
④ 춘화처리 기간과 종료 후에는 종자를 건조한 상태로 유지해야 한다.

007 춘화처리(Vernalization)를 농업적으로 이용한 사례가 아닌 것은?　　　08. 국가직 9급

① 국화의 주년재배　　　② 월동채소의 봄파종
③ 딸기의 촉성재배　　　④ 맥류작물의 세대단축

정답찾기

001 ① 춘화처리의 처리온도 및 기간은 유전성에 따라 서로 다르다. 잎에서 생선된 개화유도물질인 플로리겐이 줄기의 생장점으로 이동되어 화성이 유도된다. 단일식물의 개화억제를 위한 야간조파에는 적색광이 효과적이다.

002 ③ 줄기의 유관속 일부를 절단하면 절단된 윗부분의 C/N율이 높아져 화아분화가 촉진된다. 잎에서 생성된 개화유도물질인 플로리겐이 줄기의 생장점으로 이동되어 화성이 유도된다. 화학적 방법으로 화성을 유도하는 경우에 지베렐린은 저온·장일 조건을 대체하는 효과가 크다.

003 ③ 생장과 발육
생장은 여러 가지 잎, 줄기, 뿌리 같은 영양기관이 양적으로 증대하는 것을 말한다. 발육은 야생, 화성, 개화, 성숙 등과 같은 작물의 단계적 과정을 거치는 체내질적 재조정작용이다. 생식생장이며 질적 변화이다.

004 ② 춘화처리 중 산소의 공급은 절대적으로 필요하며 산소의 부족은 호흡을 불량하게 하며 춘화처리 효과가 지연(저온), 발생하지 못한다(고온).

005 ③ 작물의 상적발육에서 초기의 특정온도가 필요한 단계를 감온상이라 하고, 작물의 상적발육에서 일정단계를 지난 뒤에 특정 일장에 필요한 단계를 감광상이라 한다.

006 ④ 춘화처리 도중뿐만 아니라 처리 후에도 고온과 건조는 저온처리의 효과를 경감 또는 소멸시키므로 처리 기간 중에는 물론 처리 후에도 고온과 건조를 피해야 한다.

007 ① 국화의 주년재배는 일장과 관련이 있다. 국화에서 조생국은 단일처리 촉성재배하고, 만생추국은 장일처리 억제재배를 하여, 연중개화가 가능하게 하는 것을 주년재배라고 한다.

정답　**001** ①　**002** ③　**003** ③　**004** ②　**005** ③　**006** ④　**007** ①

008 다음 중 화아분화 전후에 장일상태에 의하여 개화가 촉진되는 작물은(LL식물)은?

06. 지도직

① 양딸기   ② 토마토

③ 고추   ④ 시금치

009 정상적인 개화와 결실을 위해 저온춘화가 필요한 작물은?   14. 국가직 9급

① 춘화밀   ② 수수

③ 유채   ④ 콩

010 화학적 춘화처리에 대한 설명으로 옳은 것은?   19. 지도직

① 시금치는 10ppm의 NAA에 침지하고 저온처리시 화아분화가 촉진된다.
② 벼에 단일조건에서 지베렐린을 처리하면 춘화 효과가 감소한다.
③ 잠두에 저온처리 후에 지베렐린을 처리하면 춘화효과가 증가한다.
④ 아마를 저온처리 후에 NAA를 처리하면 춘화효과가 감소한다.

011 일장효과에 대한 설명으로 옳은 것은?   18. 지도직

① 본엽이 나온 직후 감응한다.
② 적색광, 청색광이 일장효과에 좋다.
③ 약광에서는 일장효과가 발생하지 않는다.
④ 장일식물인 사리풀은 저온하에서는 단일하라도 개화한다.

012 작물의 개화생리에 대한 설명으로 옳지 않은 것은?   15. 국가직 9급

① 체내 C/N율이 높을 때 화아분화가 촉진된다.
② 정일(중간)식물은 좁은 범위의 특정 일장에서만 개화한다.
③ 광주기성에 관계하는 개화호르몬은 피토크롬이다.
④ 광주기성에 개화는 낮의 길이보다 밤의 길이에 더 크게 영향을 받는다.

013 춘화처리의 농업적 이용에 대한 설명으로 가장 옳지 않은 것은?

① 월동작물의 채종에 이용한다.
② 맥류의 육종에 이용한다.
③ 딸기의 반촉성재배에 이용한다.
④ 라이그래스류의 종 또는 품종의 감정에 이용한다.

014 야간조파에 의해 개화가 억제될 가능성이 높은 작물로만 짝지어진 것은?

① 보리, 콩, 양파
② 벼, 콩, 들깨
③ 감자, 시금치, 상추
④ 양파, 들깨, 보리

015 작물의 일장효과에 대한 설명으로 옳은 것은?

① 오이는 단일하에서 C/N율이 높아지고 수꽃이 많아진다.
② 양배추는 단일조건에서 추대하여 개화가 촉진된다.
③ 스위트콘은 일장에 따라 성의 표현이 달라진다.
④ 고구마는 단일조건에서 덩이뿌리의 발육이 억제된다.

정답찾기

008 ④ LL식물 (화아분화 전/장일, 화아분화 후/장일)은 시금치, 봄보리 등이다.

009 ③ 저온춘화형 작물은 배추, 무, 알타리무, 겨자채, 갓, 양배추, 꽃양배추, 냉이, 유채 등 십자화과 채소 등이다.

010 ④ 시금치는 1ppm의 NAA에 침지하고 저온처리 시 춘화효과가 증가한다. 벼에 장일조건에서 지베렐린을 처리하면 춘화효과가 증가한다. 잠두에 저온처리 후에 지베렐린을 처리하면 춘화효과가 감소한다.

011 ④ 본엽이 나온 뒤 어느 정도 발육한 후에 감응한다. 적색광이 일장효과에 좋다. 명기가 약광이라도 일장효과가 나타난다.

012 ③ 광주기성에 관계하는 개화호르몬은 플로리겐이다. 꽃, 열매, 씨앗의 생식기관의 생장 식물의 잎에는 광주기성을 감지하는 피토크롬이라는 감광색소가 있다.

013 ③ 딸기의 촉성재배하기 위해 여름철 묘를 냉장처리한다.

014 ② 야간조파에 의해 개화가 억제될 가능성이 높은 작물의 단일식물로 국화, 콩, 들깨, 조, 기장, 피, 옥수수, 담배 아마, 호박, 오이, 늦벼, 나팔꽃 등이 있다.

015 ③ 오이, 호박 등은 단일 하에서 암꽃이 많아지고, 장일 하에서 수꽃이 많아진다. 양배추는 장일조건에서 추대하여 개화가 촉진된다. 고구마는 단일조건에서 덩이뿌리의 발육이 촉진된다.

016 작물의 일장반응에 대한 설명으로 옳지 않은 것은? 12. 국가직 9급

① 가을철 한지형목초에 보광처리를 하면 산초량이 증대된다.
② 겨울철 들깨에 야간조파를 실시하면 잎 수확량이 증대된다.
③ 콩을 장일하에서 재배하면 영양생장기간이 짧아진다.
④ 양파의 비늘줄기는 장일에서 발육이 촉진된다.

017 일장형이 장일식물에 해당하는 것으로만 묶인 것은? 14. 국가직 9급

① 콩, 담배
② 양파, 시금치
③ 국화, 토마토
④ 벼, 고추

018 화학물질과 일장효과에 관한 설명으로 옳지 않은 것은? 10. 국가직 9급

① 나팔꽃에서는 키네틴이 화성을 촉진한다.
② 파일애플은 2,4 − D 처리로 개화가 유도된다.
③ 파인애플에서 아세틸렌이 화성을 촉진한다.
④ 마류에서는 생장억제제가 개화를 촉진한다.

019 품종의 생태형에 대한 설명으로 옳지 않은 것은? 15. 국가직 9급

① 조생종 벼는 감광성이 약하고 감온성이 크므로 일장보다는 고온에 의하여 출수가 촉진된다.
② 만생종 벼는 단일에 의해 유수분화가 촉진되지만, 온도의 영향은 적다.
③ 고위도 지방에서는 감광성이 큰 품종은 적합하지 않다.
④ 저위도 지방에서는 기본영양생장성이 크고 감온성이 큰 품종을 선택하는 것이 좋다.

020 상적발육의 생리현상을 농업현장에 적용한 예로 적용원리가 다른 하나는? 13. 지방직 9급

① 딸기의 촉성재배
② 국화의 촉성재배
③ 맥류의 세대단축 육종
④ 추파맥류의 봄 대파

021 다음 중에서 일장효과의 농업적 이용과 관계가 먼 것은?

① 수량 증대
② 꽃의 개화기 조절
③ 육종연한 단축
④ 성전환에는 이용될 수 없다.

022 우리나라에서 재배되고 있는 벼의 기상생태형에 대한 설명으로 옳지 않은 것은?

10. 지방직 9급

① 출수·개화를 위해 일정한 정도의 기본영양생장을 필요로 하는 성질을 기본영양생장성이 라고 한다.
② 주로 장일환경에서 출수·개화가 촉진되는 정도가 큰 것을 감광성이 크다고 한다.
③ 생육적온에 이르기까지 고온에 의해 출수·개화가 촉진되는 성질을 감온성이라고 한다.
④ 영양생장기간의 재배적인 단축·연장에는 가소영양생장이 대상이 된다.

023 다음 중 감광형 작물이 아닌 것은?

16. 지도직

① 올콩
② 그루조
③ 가을메밀
④ 벼 만생종

정답찾기

016 ③ 단일식물인 콩은 장일하에 재배하면 개화기를 중심 으로 해서 개화기 이전인 영양생장기간이 길어지고 생 육생장기간이 짧아져서 빈약한 생육을 하게 된다.

017 ② 장일식물 : 추파맥류, 시금치, 양파, 상추, 아마, 아 주까리, 감자 등
단일식물 : 국화, 콩, 담배, 들깨, 조, 기장, 피, 옥수수, 아마, 호박, 오이, 늦벼, 나팔꽃 등
중성식물 : 강낭콩, 고추, 가지, 토마토, 당근, 셀러리 등

018 ④ 마류에서는 생장억제제가 개화를 억제한다.

019 ④ 저위도 지방에서는 감온성과 감광성이 적고 기본영 양생장성이 커서 생육기간이 긴 품종, 생산량이 많은 Blt형 품종을 재배해야 한다.

020 ②
①, ③, ④는 춘화처리이고, ②는 일장효과이다.

021 ④ 대마(삼)는 단일조건에서 성전환이 조장된다.

022 ② 기본영양생장성은 작물의 출수 및 개화에 알맞은 온도와 일장에서도 일정의 기본영양생장이 덜 되면 출 수, 개화에 이르지 못하는 성질이고, 감온성은 작물이 높은 온도에 의해서 추수 및 개화가 촉진되는 성질이 며, 감광성은 작물이 단일환경에 의해 출수 및 개화가 촉진되는 성질이다.

023 ① 올콩은 감온형 작물이며, 그루조, 가을메밀, 벼 만 생종은 감광형 작물이다.

024 우리나라 벼의 기상생태형과 재배적 특성에 대한 설명으로 옳은 것은?　11. 지방직 9급

① 감광형은 만식을 해도 출수의 지연도가 적고 묘대일수 감응도가 높아서 만식적응성이 크다.
② 묘대일수 감응도는 기본영양생장형이 낮고 감광형이 높다.
③ 조기수확을 목적으로 조파조식을 할 때에는 감온형이 알맞다.
④ 조파조식을 할 때보다 만파만식을 할 때 출수지연 정도는 감온형이 가장 작다.

025 다음과 같은 현상이 예상되는 원인으로 가장 적합한 것은?　07. 국가직 9급

> 어떤 벼 품종을 재배하였더니 영양생장기간이 길어져 출수·개화가 지연되고 등숙기에 저온상태에 놓여 수량이 감소하였다.

① 기본영양생장이 큰 품종을 우리나라의 북부산간지에 재배하였기 때문이다.
② 우리나라 중·남부평야지에 잘 적응하는 품종을 저위도의 적도지역에 재배하였기 때문이다.
③ 우리나라 북부산간지역에 잘 적응하는 품종을 남부평야지에 재배하였기 때문이다.
④ 기본영양생장성과 감광성이 작고 감온성이 큰 품종을 우리나라의 남부평야지에 재배하였기 때문이다.

026 작물의 일장반응에 대한 설명으로 옳은 것은?　16. 지방직 9급

① 모시풀은 8시간 이하의 단일조건에서 완전 웅성이 된다.
② 콩의 결협(꼬투리 맺힘)은 단일조건에서 촉진된다.
③ 고구마의 덩이뿌리는 장일조건에서 발육이 촉진된다.
④ 대마는 장일조건에서 성전환이 조장된다.

027 작물의 수확 및 출하 시기 조절을 위한 환경 처리요인이 다른 것은?　18. 지방직 9급

① 포인세티아 : 차광재배
② 국화 : 촉성재배
③ 딸기 : 촉성재배
④ 깻잎 : 가을철 시설재배

028 벼 품종의 기상생태형에 대한 설명으로 옳지 않은 것은? 17. 지방직 9급

① 저위도지대인 적도 부근에서 기본영양생장성이 큰 품종은 생육기간이 길어서 다수성이 된다.
② 중위도지대에서 감온형 품종은 조생종으로 사용된다.
③ 고위도지대에서는 감온형 품종을 심어야 일찍 출수하여 안전하게 수확할 수 있다.
④ 우리나라 남부에서는 감온형 품종이 주로 재배되고 있다.

03

029 우리나라에서 재배되는 감온형인 조생종 벼 품종에 대한 설명으로 옳은 것은? 12. 지방직 9급

① 감광형인 만생종보다 묘대일수감응도가 낮다.
② 평야지에서 재배하면 조기출수로 등숙기 기온이 높아 미질이 우수하다.
③ 조기수확을 목적으로 조파조식할 때에는 감온형인 조생종이 감광형인 만생종보다 유리하다.
④ 저위도지대(열대)에서 재배할 경우 수량이 증대된다.

정답찾기

024 ③ 감광형은 만식을 해도 출수의 지연도가 적고 묘대일수 감응도가 낮아서 만식적응성이 크다. 묘대일수 감응도는 감온형이 가장 크고, 감광형, 기본영양생장형 순이다. 조파조식을 할 때보다 만파만식을 할 때 출수지연 정도는 감광형이 가장 작다.

025 ① 저위도 지대는 저위도 지대는 연중 고온, 단일 조건으로 감온성이 감광성이 큰 것은 출수가 빨라져서 생육기간이 짧고 수량이 적다. 또한 감온성과 감광성이 작고 기본영양생장성이 큰 Blt형은 연중 고온, 단일인 환경에서도 생육기간이 길어서 다수성이 되므로 주로 이런 품종이 분포한다.
중위도 지대는 우리나라와 같은 중위도 지대는 서리가 늦으므로 어느 정도 늦은 출수도 안전하게 성숙할 수 있고, 또 이런 품종들이 다수성이다. 위도가 높은 곳에서는 blT형이, 남쪽은 bLt형이 재배된다. 고위도 지대는 기본영양생장성과 감광성은 작고 감온성이 커서 일찍 감응하여 출수, 개화하여 서리 전 성숙할 수 있는 감온형인 blT형이 재배된다.

026 ② 모시풀은 8시간 이하의 단일조건에서 완전 자성이 된다. 고구마의 덩이뿌리, 마의 비대근, 감자의 덩이줄기, 달리아의 알뿌리는 단일조건에서 발육이 촉진된다. 대마는 단일조건에서 성전환이 조장된다.

027 ③ ③은 춘화처리의 농업적 이용이고 나머지는 일장효과의 농업적 이용이다.

028 ④ 우리나라 남부에는 주로 감광형(bLt형) 품종이 주로 재배되고 있다.

029 ③ 감온형이 감광형보다 묘대일수감응도가 높다. 평야지에서 재배하면 조기출수로 등숙기 기온이 높아 미질이 불량하다. 저위도지대(열대)에서 재배할 경우 수량이 적다.

정답 **024** ③ **025** ① **026** ② **027** ③ **028** ④ **029** ③

합격까지 함께
농업직 만점 기본서 ✦

박진호 재배학(개론)

합격까지 박문각

PART

IV

재배기술

Chapter 01 작부체계

① 작부체계의 뜻과 중요성

1. 작부체계(cropping system)의 뜻

(1) 일정한 포장에서 몇 종류 작물을 해마다 바꾸어 재배(윤작·다모작·자유작)하거나 여러 작물을 순차적인 재배 또는 조합·배열하여 함께 재배(간작·혼작·교호작·주위작)하는 재배방식이다.

(2) 제한된 토지를 가장 효율적으로 이용하기 위해 발달되었다.

2. 작부체계의 중요성

(1) 생물학적·재배기술적인 측면에서의 효과가 있다.

(2) 농업경영면에서의 효과
 ① 경지이용도가 제고된다.
 ② 지력 유지와 증강이 된다.
 ③ 병충해 및 잡초발생이 감소된다.
 ④ 농업노동의 효율적 배분과 잉여노동의 활용으로 가능하다.
 ⑤ 종합적인 수익성 향상 및 안정화를 도모한다.
 ⑥ 농업 생산성 향상 및 생산의 안정화가 된다.

② 작부체계의 변천과 발달

1. 대전법

(1) 개간한 토지에서 몇 해 동안 작물을 연속해서 재배하고, 그 후 생산력이 떨어지면 이동하여 다른 토지를 개간하여 작물을 재배하는 경작법이다.

(2) 화전(火田)은 가장 원시적 대전법이다.

2. 주곡식 대전법

인류가 정착농업을 하면서 초지와 경지 전부를 주곡으로 재배하는 작부방식이다.

3. 휴한농법

지력감퇴 방지를 위해 농지의 일부를 몇 년에 한 번씩 작물을 심지 않고 휴한하는 작부방식이다.

4. 윤작

(1) 몇 가지 작물을 돌려짓는 작부방식이다.

(2) 순삼포식, 개량삼포식, 노포크식 윤작법

5. 자유식

(1) 시장상황, 가격변동에 따라 작물을 수시로 바꾸는 재배방식이다.

(2) 농업인의 특정 목적에 의하여 특정작물을 재배하는 수의식으로 변천·발달하였다.

6. 답전윤환

지력의 증진 등의 목적으로 논을 몇 해마다 담수한 논 상태와 배수한 밭 상태로 돌려가면서 이용하는 작부방식이다.

> 작부체계 발달순서
> 대파법 → 휴한농법 → 삼포식 → 개량삼포식 → 자유작 → 답전윤환

---

3 연작과 기지현상

1. 연작과 기지의 개념

(1) **동일포장에 동일작물을 계속해서 재배하는 것을 연작(이어짓기)라고 한다.**

(2) **기지란 연작의 결과 작물의 생육이 뚜렷하게 나빠지는 것을 말한다.**

(3) 수익성과 수요량이 크고 기지현상이 적은 작물은 연작을 한다.

(4) 기지현상이 있어도 채소 등은 수익성이 높은 작물은 기지대책을 세우고 연작한다.

2. 작물의 종류와 기지

(1) 작물의 기지 정도

① 연작의 해가 적은 작물 : **벼, 맥류, 조, 수수, 옥수수, 고구마, 삼, 담배, 무, 순무, 당근, 양파, 호박, 연, 미나리, 딸기, 양배추 등**

② 1년 휴작이 필요한 작물 : **콩, 쪽파, 생강, 파, 시금치 등**

③ 2년 휴작 작물 : 마, 감자, 오이, 땅콩, 잠두 등

④ 3년 휴작 작물 : 참외, 강낭콩, 쑥갓, 토란 등

⑤ 5~7년 휴작 작물 : 토마토, 가지, 고추, 수박, 완두, 사탕무, 레드클로버, 우엉 등

⑥ 10년 이상 휴작 작물 : 인삼, 아마 등

연작의 해가 적어 기지에 강한 작물 : 벼, 밀, 보리, 수수, 고구마
기지현상에 피해가 큰 작물 : 인삼과 고추(가지과작물)

---

(2) 과수의 기지 정도

① 기지가 문제되는 과수 : 복숭아, 무화과, 감귤류, 앵두 등

② 기지가 나타나는 정도의 과수 : 감나무 등

③ 기지가 문제되지 않는 과수 : 사과, 포도, 자두, 살구 등

3. 기지의 원인

(1) 토양 비료분의 소모

① 연작을 하면 **특정 비료성분의 소모가 많아져 결핍현상**이 일어난다.

② 알팔파, 토란 등은 석회를 많이 흡수하여 토양에 석회결핍증이 나타난다.

(2) 토양염류집적

하우스 등 **시설재배에서 다비연작은 작토층에 집적되는 염류의 과잉을 초래**한다.

(3) 토양물리성 악화

화곡류와 같은 천근성 작물을 연작하면 토양이 긴밀해져서 물리성이 악화된다.

(4) 잡초의 번성

동일작물의 연작으로 특정 잡초가 번성된다.

(5) 토양전염병의 해

① 연작은 **토양 중 특정 미생물이 번성하여 그중 병원균은 병해를 유발하여 기지의 원인**이 된다.

② 아마(잘록병), 가지와 토마토(풋마름병), 사탕무(뿌리썩음병 및 갈반병), 강낭콩(탄저병), 인삼(뿌리썩음병), 수박(덩굴쪼김병) 등이다.

(6) 토양선충의 피해

① 연작은 **토양선충이 번성하여 직접 피해를 주기도 하며, 2차적으로 병균의 침입이 조장되어 병해가 유발**할 수 있다.

② 연작에 의한 선충의 피해가 큰 작물 : 밭벼, 두류, 감자, 인삼, 사탕무, 무, 제충국, 우엉, 가지, 호박, 감귤류, 복숭아, 무화과, 레드클로버 등

(7) 유독물질의 축적

① 작물의 유체 또는 생체에서 나오는 물질이 동종이나 유연종 작물의 생육을 저해하는데, 연작하면 **유독물질이 축적되어 기지현상을 일으킨다.**

② 유독물질에 의한 기지현상은 유독물질의 분해 또는 유실로 없어진다.

4. 기지의 대책

(1) 윤작

기지현상을 경감하거나 방지하며 윤작은 가장 효과적인 대책이다.

(2) 담수

① 담수처리는 밭 상태에서 번성한 선충과 토양미생물을 감소시키고, 유독물질의 용탈도 빠르다.
② 벼를 밭에 재배하면 기지현상이 발생하지만, 논에서는 발생이 없다.

(3) 토양소독

토양선충이 기지현상의 주요 원인인 경우 살선충제로 토양소독하고, 병원균의 경우에는 살균제 등을 이용하여 소독한다.

(4) 유독물질의 제거

유독물질의 축적이 기지의 원인인 경우(복숭아, 감귤류)에는 알코올, 황산, 수산화칼륨, 계면활성제 등의 희석액이나 물을 이용해 유독물질을 흘려보내어 제거하면 기지현상을 경감시킬 수 있다.

(5) 접목

① 저항성이 강한 대목을 이용한 접목으로 기지현상을 경감, 방지할 수 있다.
② 수박, 멜론, 가지, 포도 등이다.

(6) 객토 및 환토

① 기지성이 없는 새로운 흙을 이용하여 객토한다.
② 시설재배지는 염류가 과잉 집적되므로 배양토를 바꾸어 기지현상을 경감한다.

(7) 합리적 시비

동일작물의 연작으로 많이 수탈되는 특정 성분을 비료로 충분히 공급하여 심경을 하고, 퇴비를 많이 시비하여 지력을 상승한다.

---

4 윤작

윤작이란 동일포장에서 동일작물을 이어짓기하지 않고 몇 가지 작물을 특정한 순서에 따라 규칙적으로 반복하여 재배하는 것을 윤작이라고 한다.

1. 윤작방식

(1) 순삼포식 농법

① 경지를 3등분 하여 2/3에 추파곡물 또는 춘파곡물을 재배하고 나머지 1/3은 휴한하는 방식이다.
② 장소를 돌려가며 실시함으로 전포장이 3년에 한번 휴한하게 하는 작부 방식이다.
③ 이 방법은 지력유지책으로 실시한다.

밀(식량)	보리(식량)	휴한

⑵ 개량삼포식 농법

　① **삼포식 농법과 같이 1/3은 휴한하나, 휴한지에 클로버 등의 콩과녹비작물을 재배하여 지력증진을 도모하는 방식**이다.

　② 휴한하는 것보다 지력유지에 더욱 효과적이다.

밀(식량)	보리(식량)	**클로버(녹비)**

⑶ 노포크식 윤작법

　① 1730년 영국의 Norfolk 지방의 모범적 윤작체계이다.

　② **식량과 가축의 사료를 생산하면서 지력을 유지하고 중경효과까지 얻기 위하여 적합한 작물을 조합하여 재배한다.**

	밀(식량)	순무(중경)	보리(사료)	클로버(녹비)
지력	수탈	증강(다비)	수탈	증강(질소고정)
잡초	증가	경가(중경)	증가	경감(피복)

⑷ 미국의 윤작법

　① 미국에서도 각지역의 실정에 맞게 발달하였다.

　② 옥수수 지대의 윤작방식이다.

　　㉠ 옥수수 - 옥수수 - 귀리 - 클로버

　　㉡ 옥수수 - 콩 - 귀리 - 클로버

　　㉢ 옥수수 - 귀리 - 클로버

2. 윤작에서의 작물 선택

> **윤작의 작물배치**
> 사료생산병행, 콩과작물이나 다비작물, 중경작물이나 피복작물, 여름작물과 겨울작물, 이용성과 수익성이 높은 작물, 기지현상 회피작물을 선택한다.

⑴ 주작물은 지역 사정에 따라 선택한다.

⑵ 용도의 균형을 위해서는 **주작물이 특수하더라도 식량과 사료의 생산이 병행**되는 것이 좋다.

⑶ **지력유지를 위하여 콩과작물이나 다비작물을 반드시 포함**한다.

⑷ **토지의 이용도를 높이기 위하여 여름작물과 겨울작물을 결합**한다.

⑸ **잡초의 경감을 위해서는 중경작물이나 피복작물을 포함**하는 것이 좋다.

⑹ **토양보호를 위하여 피복작물이 포함**되도록 한다.

⑺ 이용성과 수익성이 높은 작물을 선택한다.(평야지 : 수도, 산간지 : 감자)

⑻ **기지현상을 회피하도록 작물을 배치**한다.(벼과와 콩과작물, 근경작물의 교대배치)

3. 윤작의 효과

(1) 지력의 유지 증강

① **질소고정**: 콩과작물의 재배는 공중질소를 고정한다.

② **잔비량 증가**: 감자·순무 등의 다비작물의 재배는 잔비량이 증가한다.

③ **토양구조의 개선**: 근채류, 알팔파, 레드클로버 등 뿌리가 깊게 발달하는 작물의 재배는 토양의 입단형성을 조장하여 구조를 좋게 한다.

④ **토양유기물 증대**: 녹비작물, 콩과작물의 재배는 토양유기물을 증대시키고, 목초류도 잔비량이 많다.

⑤ **구비 생산량 증대**: 윤작으로 사료작물을 재배하면 구비생산량이 많아져서 지력이 증강한다.

(2) 토양보호

피복작물은 **토양침식이 방지**되어 토양을 보호한다.

(3) 기지의 회피

윤작으로 기지현상이 회피되고, 화본과목초는 토양선충을 경감한다.

(4) 병충해 경감

연작을 하면 병충해가 발생하는데 윤작으로 경감하며, 토양전염 병원균도 경감한다.

(5) 잡초의 경감

중경작물·피복작물의 재배는 경지의 잡초를 경감한다.

(6) 수량증대

윤작은 **지력증강, 기지의 회피, 병충해와 잡초의 경감** 등으로 수량이 증대된다.

(7) 토지이용도 향상

여름작물과 겨울작물의 결합 또는 곡실작물과 청예작물의 결합은 토지이용도를 높일 수 있다.

(8) 노력분재의 합리화

여러 작물들을 재배하면 계절적 노력의 집중화를 경감하고 노력의 분배를 시기적으로 합리화할 수 있다.

(9) 농업경영의 안정성 증대

여러 가지 작물의 재배는 **자연재해나 시장변동에 따른 피해가 분산 또는 경감되어 농업경영의 안정성이 높아진다.**

5 답전윤환

> 논에서의 답전윤환 효과
> 1. 토양이 산화상태로 되어 통기성, 투수성 등 물리성 개선(물이 빠지면 토양이 공기 중의 산소소와 접촉하게 되기 때문에 산화에 따른 유기물의 분해가 촉진)
> 2. 양분유실 적고 기지현상 개선 등의 화학성 개선(식물이 비료로 이용하는 질산은 논과 같이 물이 많은 조건에서는 산소가 부족한 환원상태가 되기 때문에 혐기성 탈질균에 의해 질산이 환원되어 공기 중으로 휘산된다. 따라서 물이 빠지고 밭으로 바뀌면 질소질 비료의 유실이 방지)
> 3. 토양병해충·잡초 감소 등 생물성 개선

1. 답전윤환(畓田輪煥)의 뜻과 방법

(1) 논을 몇 해 동안씩 담수한 논 상태와 배수한 밭 상태로 돌려가면서 재배하는 방식이다.

(2) 벼가 생육하지 않는 기간만 맥류와 감자를 재배하는 답리작이나 답전작과는 다르다.

(3) 답전윤환의 최소 연수는 논 기간과 밭 기간을 2~3년으로 하는 것이 알맞다.

(4) 답전윤환이 윤작의 효과에 미치는 영향
　　포장을 논 상태와 밭 상태로 사용하는 답전윤환은 윤작의 효과를 커지게 한다.

2. 답전윤환의 효과

(1) 지력증진
　① 산화상태인 밭기간의 토양은 건토효과가 있어, 입단의 형성, 통기성, 투수성, 가수성이 양호해진다.
　② 미량요소의 용탈이 적고, 환원성 미생물의 생성이 억제되며 채소나 콩과 목초는 토양을 비옥하게 한다.

(2) 기지의 회피
　　병원균과 선충을 경감시키고 벼를 재배하다 채소를 재배하면 채소의 기지현상이 회피된다.

(3) 잡초의 감소
　　담수와 배수가 서로 교체되므로 잡초 발생량이 감소한다.

(4) 벼의 수량 증가
　① 밭 상태로 클로버 등을 2~3년 재배 후 벼를 재배하면 수량이 첫 해에 30% 정도 증가하며, 질소의 시용량도 절반으로 절약된다.
　② 단지 증수효과는 2~3년 지속되지 않는다.

(5) 노력의 절감
　　잡초 발생, 병충해 발생 등이 줄어 노력이 절감된다.

3. 답전윤환의 한계

(1) 수익성에 있어 벼를 능가하는 작물의 성립이 문제된다.

(2) 논에서 1년에 2번 재배하는 2모작 재배에 비하여 답전윤환 체계가 더 유리해야 한다.

6 혼파

1. 혼파의 뜻과 방법

(1) 두 종류 이상의 작물종자를 함께 섞어서 파종하는 방식이다.

(2) 사료작물의 재배 시 콩과가 50%까지 번성하면 가축 방목할 때 고창증 발생의 우려가 있어 화본과종자와 콩과종자를 8 : 2, 9 : 1 정도 섞어 파종하여 목야지를 조성하는 방법이다.

2. 혼파의 이점

(1) 가축 영양상의 이점

탄수화물이 함량이 높은 화본과목초와 단백질이 풍부한 콩과목초가 섞이면 가축의 영양상 유리하다.

(2) 공간의 효율적 이용

상번초와 하번초의 혼파 또는 심근성과 천근성 작물의 혼파는 땅의 **지상부와 지하부를 입체적으로 더 잘 이용할 수 있다.**

(3) **비료성분의 효율적 이용**

화본과와 콩과, 심근성은 천근성을 흡수하는 비료성분이 서로 다르고, 토양의 흡수성도 차이가 있어서 비료 성분을 효율적으로 이용이 가능하다.

(4) **질소질 비료의 절약**

콩과작물의 공중질소 고정으로 고정된 질소를 화본과작물도 이용하므로 질소비료가 절약된다.

(5) **잡초의 경감**

오처드그라스와 같은 주형의 목초지에는 잡초 발생이 쉬운데, 콩과인 레드클로버를 혼파되어 공간을 메워 멀칭효과로 잡초 발생을 줄인다.

(6) 생산 안정성 증대

여러 종류의 목초를 함께 재배하면 **불량환경과 각종 병충해에 대한 안정성이 증대된다.**

(7) 산초량의 평준화

여러 종류의 목초가 함께 생육하면 생장이 각기 다르므로 **혼파목초지의 산초량은 시기적으로 평준화된다.**

(8) 건초 제조상의 이점

수분함량이 많은 두과목초의 수분이 거의 없는 화본과목초가 섞이면 건초 제조가 용이하다.

3. 단점

(1) 작물의 종류가 제한적이고 **파종작업이 불편**하다.

(2) 혼파한 목초의 **생장이 달라 시비, 병충해 방제, 수확 작업 등이 불편**하다.

(3) **채종이 곤란**하다.

(4) **수확기가 불일치하다.**

7 그 밖의 작부체계

1. 간작(사이짓기)

(1) **한 종류의 작물이 생육하고 있는 이랑 또는 포기 사이에 한정된 기간 동안 다른 작물을 재배하는 것이다.**

(2) 간작되는 작물은 **수확시기가 서로 다른 것이 보통**인데, 먼저 재배하는 것을 주작물 또는 상작이라 하고 나중에 재배하는 작물을 간작물 또는 하작이라 한다.

① 상작(上作), 주작(主作), 전작(前作) : 이미 생육하고 있는 작물(주작물)

② 하작(下作), 부작(副作), 후작(後作) : 나중에 상작 사이에 파종 또는 심겨진 식물(부작물)

(3) 목적

전작물(상작)에 큰 피해 없이 후작물(하작)의 생육기간 연장을 통한 수확량 혹은 토지이용률 증진하는 것이 주목적이다.

예 보리 + 콩·팥, 보리 + 목화, 보리 + 고구마

(4) 장점

① 단작(단일경작)보다 토지 이용률이 높다.

② 노동력의 분배 조절이 용이하다.

③ 주작물과 간작물의 적절한 조합으로 비료를 경제적으로 이용하며 녹비작물 이용으로 지력상승 효과가 있다.

④ 수량이 증대된다.

(5) 단점

① 간작물로 인하여 작업이 복잡하고, 기계화가 곤란하다.

② 후작의 생육장해가 발생할 수 있고, 토양수분 부족으로 발아가 나빠질 수 있다.

③ 후작물로 인하여 토양비료의 부족이 발생한다.

2. 혼작(混作, 섞어짓기)

(1) **생육기간이 비슷한** 두 종류 이상의 작물을 같은 시기의 동일 경작지에 섞어서 재배하는 방식으로 주·부(主·副)의 관계가 뚜렷한 경우(콩+수수·옥수수)와 뚜렷하지 않은 경우(화본과+콩과)가 있다.

♀ 간작과 혼작의 비교

구분	간작	혼작
생육시기	다름	같거나 유사
전후작 관계	뚜렷한 차이	불분명

(2) **혼작의 조건**

두 작물을 혼작할 경우 서로 협력적인 관계가 형성되어 따로 재배하는 것보다 총 수확량이 많을 경우 이용한다.(→ 상승작용)

(3) 혼작의 장점

① 생산의 안전성 확보 - 불량한 환경이나 병충해에 대한 위험의 분산효과가 있다.

② 균형된 영양가치의 사료를 생산할 수 있다. 예 탄수화물이 주성분인 벼와 단백질이 주성분인 콩

③ 입지공간과 양분의 합리적 이용이 가능하다. 예 포복성과 직립성/천근성과 심근성

④ 관리재배상 노력절감되고, 잡초와 병충해 발생이 감소한다.

⑤ 건초와 사일리지 제조가 용이하다.

(4) 혼작의 단점

① 각 작물의 특성에 맞는 재배가 곤란하다.

② 병충해 방제가 곤란하다.

③ 채종작업이 곤란하다.

④ 수확기 차이에 따른 수확작업의 제한이 있다.

(5) 혼작의 방식

① 조혼작(條混作) : 여름작물을 작휴의 줄에 따라 다른 작물을 일렬로 점파, 조파하는 방법이다.

② 점혼작(點混作) : 본 작물 내의 주간 군데군데 다른 작물을 한 포기 또는 두 포기씩 점파하는 방법이다.

③ 난혼작(亂混作) : 군데군데 혼작물을 주 단위로 재식하는 방법으로 그 위치가 정해져 있지 않다.

④ 혼파(混播)

3. 교호작(交互作, 엇갈아짓기)

(1) **생육기간이 유사한 두 종류 이상의 작물(콩의 2이랑에 옥수수 1이랑)을 일정한 이랑간격으로 번갈아 가면서 재배하는 방식이다.**

(2) 작물별 시비, 관리작업이 가능하며 주작물과 부작물의 구별이 뚜렷하지 않다.

(3) 휴간(畦間)을 이용하고 전작과 후작의 구분이 있고 생육기간에 차이가 있는 점에서 간작과 비교된다.

(4) 옥수수와 콩의 경우 공간의 이용향상, 지력유지, 생산물 다양화 등의 효과가 있다.

(5) 혼작과 같이 분리하여 재배하는 것보다 총 수확량이 많을 경우에 이용한다.
예 옥수수와 콩의 교호작, 수수와 콩의 교호작

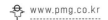

4. 주위작(周圍作, 둘레짓기)

(1) **경작지 내 작물주변에 다른 작물을 재배하는 방식**으로, 빈 공간을 활용하는 혼작의 일종이라 할 수 있다.

(2) 주목적은 포장 주위의 공간을 생산에 이용하는 것이다.
　예 콩 : 논두렁에 이용
　　호박, 수박, 참외 : 땅위를 기는 포복성
　　옥수수, 수수 : 방풍(防風) 및 병충해 방지용으로 키가 큰 식물
　　뽕나무, 닥나무 : 경사지용으로 토양침식방지

8 우리나라 작부체계의 방향

1. 농가소득을 고려하면서 지력유지, 친환경 농업으로 저투입 지속적 농업을 가능하게 하는 방향이 되어야 한다.

2. 벼를 중심으로 한 작부체계는 쌀의 생산성이 떨어지지 않게 충분히 생육기간을 확보하는 2모작 체계가 이루어져야 한다.

3. 식량생산 증대를 위한 벼 - 맥류의 2모작 작부체계를 위해 벼의 본답 생육기간을 140~150일 확보되도록 남부평야지대로 제한하고, 맥류 수확이 5월 말에 이루어질 수 있도록 품종개발과 재배기술이 이루어져야 한다.

Chapter 02 종묘

1 종묘의 뜻과 종류

1. 종묘의 뜻

식물번식의 시발점이 되는 종자와 모(苗, 모/묘)를 합하여 종묘라고 한다. 번식에 쓰이는 줄기와 잎도 종묘에 포함된다.

2. 종자의 분류

(1) 종자의 범위와 개념

① 종물 중 유성생식의 결과, 수정에 의해 배주(밑씨)가 발육한 것을 식물학상 종자라고 하며, 넓은 의미로 종자는 영양체, 버섯의 종균을 모두 포함한다.

② 아포믹시스(apomixis, 무수정생식, 무수정종자형성)에 의해 형성된 종자도 식물학상 종자로 취급하며 체세포배를 이용한 인공종자도 종자로 분류한다.

③ 씨방벽(ovary)이 발달하여 과피가 되고, 이에 싸인 부분이 과실(성숙한 씨방)이 된다. 수정 후 씨방과 그 관련 기간이 비대한 것이 과실이다.

④ 주피가 발달하여 종피가 되고, 주심이 발달하여 내종피가 된다.

⑤ 밑씨가 발달하여 종자가 된다.

(2) 형태에 의한 분류

① 식물학상 종자: 두류(콩, 완두, 강낭콩), 유채, 담배, 아마, 목화, 참깨, 배추, 무, 토마토, 오이, 수박, 고추, 양파 등이다.

② 식물학상 과실

　ㄱ 과실이 나출된 것: 밀, 메밀, 쌀보리, 옥수수, 들깨, 호프, 삼, 차조기, 박하, 제충국, 상추, 우엉, 쑥갓, 미나리, 근대, 비트, 시금치 등

　ㄴ 과실이 영에 싸여 있는 것: 벼, 겉보리, 귀리 등

　ㄷ 과실이 내과피에 싸여 있는 것: 복숭아, 자두, 앵두 등

③ 포자: 버섯, 고사리 등

④ 영양기관: 감자, 고구마 등

(3) 배유의 유무에 의한 분류

    ① 배유종자 : **벼, 보리, 옥수수 등 화본과 종자와 피마자, 양파 등**

    ② 무배유종자 : **콩, 완두, 팥 등 두과종자와 상추, 오이 등**

(4) 저장물질에 의한 분류

    ① **전분종자** : 벼, 맥류, 잡곡 등의 화곡류 등

    ② **지방종자** : 참깨, 들깨 등 유료종자

    ③ **단백질종자** : 두과작물

3. 종묘로 이용되는 영양기관의 분류

(1) 눈(bud)

    포도나무, 마, 꽃의 아삽 등

(2) 잎

    산세베리아, 베고니아 등

(3) 줄기

    ① 지상경 또는 지조(stalk) : **사탕수수, 포도나무, 사과나무, 귤나무, 모시풀** 등

    ② 근경(rhizome, 땅속줄기) : **생강, 연, 박하, 호프 등**

    ③ 괴경(tuber, 덩이줄기) : **감자, 토란, 돼지감자 등**

    ④ 구경(corm, 알줄기) : **글라디올러스, 프리지아 등**

    ⑤ 인경(bulb, 비늘줄기) : **나리, 마늘, 양파 등**

    ⑥ 흡지(sucker) : 박하, 모시풀 등

(4) 뿌리

    ① 지근 : 부추, 고사리, 닥나무 등

    ② 괴근(덩이뿌리) : **고구마, 마, 달리아 등**

4. 묘의 분류

(1) 식물학적으로 초본묘와 목본묘로 구분한다.

(2) 육성법에 따라 실생묘, 삽목묘, 접목묘, 취목묘로 구분한다.

2 종자의 형태와 구조

1. 종자의 구조 및 형성

(1) 종자구조

① 종피(종자껍질)

② 배젖(배유) : 2개의 극핵과 1개의 정핵이 수정. 배가 발아에 필요한 양분을 함유하고 있다.

③ 배 : 난핵과 정핵이 수정. 식물체가 되는 어린 생명체로 유근, 자엽, 배축으로 분화되어 있다.

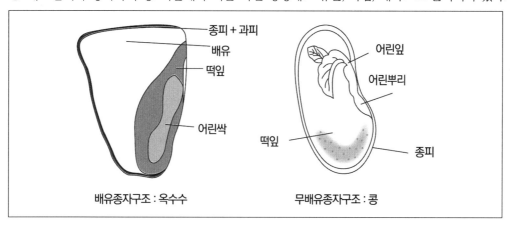

♀ 배유종자와 무배유종자

구분	정의	해당식물
배유종자	저장양분이 함유된 배유를 지닌 종자	벼, 밀, 옥수수 등
무배유종자	영양분이 떡잎(자엽)에 함유되어 있는 종자	콩과식물, 상추, 오이 등

(2) 종자의 형성

① 난핵과 정핵의 생성

㉠ 암꽃(암술)에 있는 자방(씨방)에 있는 세포가 감수분열에 의하여 1개의 난핵(난세포)과 2개의 극핵을 포함한 8개의 세포로 구성된 **배낭**이 형성된다.

$$암술 \rightarrow 배낭 \rightarrow \begin{cases} 난핵 \\ 극핵 \end{cases}$$

㉡ 수꽃(수술)에 있는 꽃밥에서 세포가 감수분열에 의하여 화분(꽃가루)이 형성된 후 마지막으로 2개의 정핵과 영양핵이 만들어진다.

$$수술 \rightarrow 화분 \rightarrow \begin{cases} 정핵 \\ 영양핵 \end{cases}$$

② 수정

㉠ 종자가 생성되려면 화분과 배낭 속에 들어있는 자웅 양핵이 접합되는 수정이 이루어져야 한다.

㉡ 일단 수분되면 화분이 발아하여 화분관을 신장시키고, 2개의 정세포가 배낭 안으로 들어가서 수정된다.

③ 배낭

    ⊙ 씨방 내 밑씨 속의 주심조직에서 배낭모세포가 감수분열하여 배낭세포를 형성한다.

    ⊙ 배주의 배낭모세포의 감수분열로 생성되며, 2회 분열하여 4개의 딸세포가 형성되나 3개는 퇴화, 소실되고 1개의 배낭세포가 형성된다.

    ⊙ 배낭 내 핵은 둘로 나누어져서 1개는 주공 쪽으로 1개는 반대쪽으로 이동하여 각 2회의 분열로 4개의 핵이 되어 양쪽 1개의 핵이 중심으로 이동하여 극핵을 만든다.

    ⊙ 주공 가까이의 3개의 핵 중 1개를 난세포, 2개를 조세포, 3개의 반족세포를 형성하여 2개의 극핵이 접합한 중심핵이 된다.

④ 중복수정

    ⊙ 암술의 배낭에서 2번의 수정이 일어나는 것으로 속씨 식물에서만 나타나는 특징이다.

> 수정 1 : 난핵 + 정핵 → 배 형성
> 수정 2 : 극핵 + 정핵 → 배유 형성 ⎤→ 종자형성

    ⊙ 정세포와 난세포가 만나는 것을 수정이라 하므로, 정세포와 난세포가 만나 3n의 접합자가 되고, 나머지 정세포와 극핵 2개가 만나 3n의 배유핵을 만든다.

    ⊙ 속씨식물(피자식물)은 중복수정 후 배는 2n(n+n), 배유는 3n(2n+n)의 염색체 조성을 가진다.

    ⊙ 소나무, 향나무 등의 겉씨식물은 배유가 수정 전에 형성되며 중복수정을 하지 않는다.

⑤ 종자형성 배와 배유의 발육과 종피가 만들어지면서 종자가 형성된다.

2. 옥수수 종자로 보는 단자엽식물(외떡잎식물)

(1) 옥수수 종자의 외층은 과피로 둘러싸여 있고 그 안에 배와 공간의 대부분을 차지하는 배유 두 부분으로 형성되고, 배와 배유 사이에는 흡수층이 있으며 배유에 영양분을 다량으로 저장하는 종자를 배유종자라고 한다.

(2) 배는 잎, 생장점, 줄기, 뿌리의 어린 조직을 갖춘다.

(3) 배유는 3n이고 배유 안에 양분이 저장되어 있어 종자발아 등에 이용된다.

(4) 외떡잎식물의 뿌리는 수염뿌리이며 꽃잎은 주로 3의 배수로 되어 있다.

(5) 벼, 보리, 밀, 귀리, 수수, 옥수수, 가지, 토마토, 양파, 당근, 아스파라거스 등이다.

3. 강낭콩종자로 보는 쌍자엽식물(쌍떡잎식물)

(1) 배유가 거의 없거나 퇴화되어 위축되고 양분을 떡잎에 저장하는 종자를 무배유종자라 한다.

(2) 쌍떡잎식물인 강낭콩은 배와 떡잎, 종피로 구성되어 있다.

(3) 콩종자의 배는 유아, 배축, 유근으로 형성되어 있으며 잎, 생장점, 줄기, 뿌리의 어린 조직이 갖춘다.

(4) 콩과식물의 종자는 배젖이 없으므로 떡잎에 대부분의 양분을 저장지만, 대부분의 쌍떡잎 식물의 배유에는 종자의 발아에 필요한 양분이 있다.

⑸ 배는 장차 식물체가 되는 부분이다.

⑹ 쌍떡잎식물은 잎맥이 망상구조이고 줄기의 관다발이 규칙적(일정하게)으로 배열되어 있다.

⑺ 쌍떡잎식물의 뿌리계는 곧은뿌리와 곁뿌리로 구성된다.

⑻ 완두, 잠두, 강낭콩, 팥(지하자엽형 발아), 호박, 오이, 배추, 고추 등이다.

배유의 형성과정

1. **속씨식물**
   ⑴ 배낭모세포의 감수분열(2n) → 4개의 배낭세포 형성(n) → 한 개만 남아서 3회 핵분열(n) → 8개의 핵을 갖는 배낭 형성(8n)
   ⑵ 이 중 2개의 극핵(2n)이 수분 후 배낭에 도달한 정핵(n)과 만나서 배유(3n)가 형성된다.

2. **겉씨식물**
   배낭모세포의 감수분열(2n) → 배낭세포 형성 → 핵분열 후 2개의 핵이 수정과정과 관계없이 배유(n)를 형성한다. 배유는 형성되나 곧 퇴화된다.

---

4. 비트종자의 구조

주피조직의 일부인 주심이 발달하여 외배유를 형성하고, 여기에 영양분을 저장한다.

5. 상추종자의 구조

2개의 떡잎이 있고 **떡잎이 양분저장기관**이다.

6. 덩이줄기와 덩이뿌리

정부와 기부의 위치가 상반되어있고, 눈은 정부에 많고, 세력도 정부의 눈이 강한데, 이를 정아우세(apical dominance)라 한다.

� 덩이줄기(감자)와 덩이뿌리(고구마)의 형태

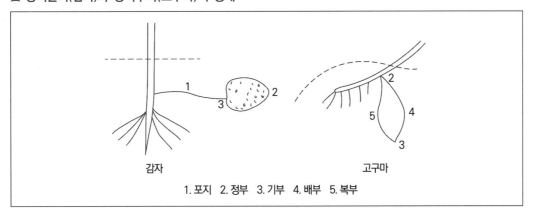

감자   고구마

1. 포지 2. 정부 3. 기부 4. 배부 5. 복부

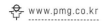

3 종자의 품질

1. 외적조건

(1) 순도

① 전체 종자에 대한 순수종자의 중량비를 순도라고 한다.

② 순도가 높을수록 종자의 품질은 향상된다.

③ 불순물에는 이형종자, 잡초종자, 협잡물(돌, 흙, 모래, 잎, 줄기 등) 등이 있다.

(2) 종자의 크기와 중량

① 종자의 크기는 1,000립중 또는 100립중으로 표시하며, 종자의 무게(충실도)는 비중 또는 1L 중으로 나타낸다.

② 종자는 크고 무거운 것이 충실하며, 발아 및 생육에 좋다.

(3) 색택 및 냄새

품종 고유의 신선한 냄새와 색택을 가진 종자가 건전하고 충실하며, 발아와 생육이 양호하다.

(4) 수분함량

종자의 수분 함량이 낮을수록 저장력이 좋고, 발아력이 길게 유지되며 변질 및 부패의 우려가 적다.

(5) 건전도

오염, 변색, 변질이 없고, 탈곡 중 기계적 손상이 없는 종자가 우량하다.

2. 내적조건

(1) 유전성

우량품종에 속하고 이형종자 혼입이 없으며, 유전적으로 순수한 것이다.

(2) 발아력

① 발아율이 높고 발아가 빠르며 균일하며, 초기신장성이 좋은 것이 우량종자이다.

② 순활종자는 종자순도와 발아율에 의해 결정된다.

$$순활종자 = \frac{발아율(\%) \times 순도(\%)}{100}$$

(3) 병충해

종자전염의 병충원이 없어야 하고, 종자소독으로도 방제할 수 없는 바이러스병의 종자는 품질을 크게 떨어뜨린다.

3. 종자검사

(1) 검사기관

① 우리나라는 1962년 주요농작물검사법이 제정되면서 시작되었다.

② 농촌진흥청, 국립종자원, 국립농산물품질관리원에서 국제규정에 준하여 실시하였다.

③ 종자검사는 국제종자검사협회(ISTA, International Seed Testing Association)의 국제종자 검사규정에 따라 실시한다.

(2) 종자검사항목

① 순도분석 : 검사시료는 순수종자 이외의 이종종자와 이물의 내용을 확인할 때 실시한다.

② 이종종자입수의 검사 : 종이나 유사종자 또는 특정 이종종자의 숫자를 파악하는 검사로 국가 간 거래되는 종자에서 해초나 기피종자의 유무를 판단한다.

③ 발아검사 : 종자의 발아력을 검사하는 것으로, 종자의 수확에서 판매까지 품질을 비교 및 결정하는 데 가장 중요한 검사항목이다.

④ 수분검사 : 종자의 수분함량은 종자의 저장 중 품질에 가장 큰 영향을 끼치는 요인이다.

⑤ 천립중검사 : 정립종자 1000립을 세어서 계립기 등을 이용해 측정한다.

⑥ 종자건전도검사 : 종자시료의 병해상태와 종자의 가치를 비교하는 것으로 식물방역, 종자보증, 작물평가, 농약처리에 있어 주요 수단이다.

⑦ 품종검증 : 주로 종자나 유묘, 식물체 외관상 형태적 차이로 구별하며, 구별이 어려운 경우 종자를 재배하여 수확할 때까지 특성을 조사하는 전생육검사를 기준으로 평가하고, 보조방법으로 생화학적 및 분자생물학적 검정방법을 이용한다.

(3) 형태적 특성에 의한 검사

① 종자의 특성조사 : 종자의 크기, 너비, 비중, 영의특성, 배의 크기, 종피색, 까락의 장단, 합점의 모양, 모용의 유무 등에 대한 조사이다.

② 유묘의 특성조사 : 잎의 색, 형태, 잎의 하부 배축의 색, 엽맥의 형태, 절간의 길이, 모용, 엽신의 무게 등에 대한 조사이다.

③ 전생육검사 : 종자를 파종하여 수확할 때까지 작물의 생장과 발육 특성을 관찰하여 꽃의 색깔, 결실종자의 특성, 모용, 엽설(잎혀) 등을 조사한다.

④ 생화학적 검정

  ㉠ 자외선형광 검정 : 자외선 아래에서 형광 물질을 가진 종자 및 유묘를 검사한다.

  ㉡ 페놀검사 : 벼, 밀, 블루그라스 등은 페놀에 대한 영(穎)의 착색반응을 이용하여 품종을 비교할 수 있다.

  ㉢ 염색체 수 조사 : 4배체 품종이 육성되었을 때, 뿌리 끝세포 염색체 수의 조사로 2배체, 4배체를 구분할 수 있다.

(4) 영상분석법

종자특성을 카메라와 컴퓨터를 이용해 영상화한 후 자료를 전산화하고 프로그램을 이용하여 분석하는 기술이다.

(5) 분자생물학적 검정

전기영동법·해산증폭지문법 등이 방법으로 단백질조성의 분서 또는 단백질을 만드는 DNA를 추적하여 품종을 구별할 수 있다.

4. 종자보증

(1) 국가(국립농산물품질관리원, 국립종자원)나 종자관리사가 정해진 기준에 따라 종자의 품질을 보증하는 것이다.

(2) 국가가 보증하는 국가보증과 종자관리사가 보증하는 자체보증이 있다.

(3) 종자 품질보증 방법

① 포장검사

㉠ 작물의 고유특성이 잘 나타나는 생육기간에 1회 이상 포장검사를 받아야 한다.

㉡ 교잡위험이 있는 품종 또는 작물은 재배지역으로부터 일정한 거리를 두어 격리한다.

㉢ 포장검사의 분류: 달관검사, 표본검사, 재관리검사 등이 있다.

② 종자검사

㉠ 포장검사에 합격한 종자에 대하여 순도검사를 실시한다.

㉡ 순도검사 이외에 종자의 규격, 발아율 최저한도, 피해립, 수분, 이종종자 등의 종자검사를 한다.

③ 보증표시: 종자검사를 필한 보증종자는 분류번호, 종명, 품종명, 소집단번호, 발아율, 이품종률, 유효기간, 수량, 포장일자, 보증기관 등 보증표시를 하여 판매한다.

4 채종재배

우수한 종자를 생산할 목적으로 재배하는 것을 채종재배라고 한다.
채종재배 시 종자는 원원종포 또는 원종포 등에서 생산된 믿을 수 있는 종자로 선종 및 종자소독 등 필요한 처리 후 파종한다.

> **채종재배의 유의사항**
> 1. 교잡의 염려가 적은 장소를 선택
> 2. 강우기가 채종기와 겹치지 않을 것
> 3. 풍해 또는 태풍피해가 적을 것
> 4. 병충해 발생이 적은 곳
> 5. 이형주 도태가 용이하고 우량 모본을 양성할 것
> 6. 수확기에 건조하며 맑은 날이 계속되는 곳을 선택할 것

1. 채종포의 선정

(1) 기상조건과 토양

① 기온

㉠ 가장 중요한 조건은 기상이며, 그중에서도 기온이다.

㉡ **강낭콩은 20~25°C의 서늘한 지대가 화분의 발아적온**으로 그 이상의 고온은 결실이 불량하다.

② 강우

㉠ **개화기부터 등숙기까지 강우는 종자의 수량과 품질에 영향을 미치므로, 이 시기에 강우량이 적은 곳이 알맞다.**

㉡ 강우량이 너무 많거나 다습하면 수분장해로 임실률이 떨어지고 수발아를 일으킨다.

㉢ 양파의 채종적지는 개화기 강우량이 150mm 이하인 곳

③ 일장 : 화아의 형성과 추대에 영향을 미친다.

④ 토양 : 배수가 좋은 양토가 좋고, 토양 병해충 발생빈도가 낮아야 하며, 연작장애가 있는 작물의 경우 윤작지를 선택한다.

(2) 채종포의 환경

① 지역

㉠ **콩은 평야지보다는 중산간지대의 비옥한 곳에서 생리적으로 더 충실한 종자가 생산된다.**

㉡ 감자는 평지에 비해 씨감자의 바이러스를 매개하는 진딧물이 적은 고랭지가 생산에 알맞다.

② 포장

㉠ 종자생산은 한 지역에서 단일품종을 집중적으로 재배하는 것이 혼종을 방지하고, 각종 재배기술을 종합적으로 이용하기 편리하며, 탈곡이나 조제 시 기계적 혼입을 방지할 수 있다.

㉡ 호밀을 재배했던 포장에 밀이나 보리의 종자를 생산한다거나 또는 알팔파를 재배한 곳에 콩과작물인 레드클로버를 재배하는 것 종자의 품질을 크게 저하시킬수 있다.

2. 채종포 관리

(1) 포장격리 및 파종

① 포장격리

ㄱ 옥수수, 십자화과식물 등 **타가수정작물의 채종포는 일반포장과 반드시 격리해야 한다.**

ㄴ 격리거리는 작물종류, 종자 생산단계, 포장의 크기, 화분의 전파방법에 따라 다르다.

ㄷ 채종포에서는 비슷한 작물을 격년으로 재배하지 않는 것이 유리하다.

② 파종

ㄱ 파종적기에 파종하는 것이 온도 및 토양수분이 발아에 알맞기 때문에 유리하다.

ㄴ 파종 전 살균제 또는 살충제를 미리 살포하고 휴면종자는 휴면타파 처리를 한다.

ㄷ 파종간격은 빛의 투과와 공기의 흐름이 잘 되도록 작물에 알맞게 정한다.

ㄹ 발아하기 시작할 때 토양수분이 충분하지 않으면 종자 지름의 1~1.5배 깊이로 심는 것이 이상적이다.

③ 이랑너비와 포기사이 : **종자용작물은 일반적으로 조파(줄뿌림)을 한다. 조파는 이형주의 제거, 포장검사하기에 편리하다.**

(2) 정지 및 착과조절

① 채종량과 종자의 품위는 착과위치와 착과수 등의 영향을 받게 되므로 우량 종자생산을 위해 적심·적과 및 정지를 하는 것이 좋다.

② **콩과작물, 참깨, 들깨, 토마토, 고추, 박과채소 등은 개화기간이 길고 착과위치에 따라 숙도가 다른 작물은 적심이 필요**하다.

(3) 관개와 시비

① 관개

ㄱ 작물의 생육과정 중 수분이 충분해야 생육이 왕성하고 많은 수량을 낼 수 있다.

ㄴ 옥수수에서 생식생장기의 수분장해는 불임이삭이 증가한다.

② 시비

ㄱ **엽채류, 근채류의 채종재배는 영양체를 수확하는 청과재배와 달리 개화·결실을 시켜야 하기 때문에 비배관리가 중요하다.**

ㄴ 월동·이식 후 추대하게 되므로 재배기간이 길어 그만큼 시비량이 많아야 한다.

ㄷ 무, 배추, 양배추, 셀러리 등은 붕소의 요구도가 높고 콩종자의 칼슘 함량은 발아율과 정비례한다.

(4) 이형주의 제거와 수분 및 제초

① 이형주 제거 : **종자생산 포장에서는 순도가 높은 종자를 채종해야 하므로 이형주를 반드시 제거해 주어야 한다. 이형주는 전 생육기간을 통해 제거하는데, 채소나 지하부의 영양기관을 수확하는 작물은 수확기에 이형주를 제거하는 것이 순도유지에 바람직하다.**

② 수분 : 수분과 수정은 자연적 과정이지만 수분에 있어 곤충의 도움을 받으면 종자 생산에 크게 도움이 된다.

③ 제초 : 종자생산 포장에는 방제하기 힘든 다년생 잡초가 없어야 하며, 잡초는 제초제를 사용하는 화학적 방제법, 생태적 방제법 등을 종합적으로 활용하여 방제한다.

(5) 병충해 방제

종자전염병 등은 저장 중 또는 파종 전 종자소독을 하는 것이 필요하다.

(6) 수확 및 탈곡

① 채종재배는 적기수확이 매우 중요하다.

② 조기에 수확하면 채종량이 감소하고 활력이 떨어지며 적기보다 너무 늦은 수확은 탈립, 도복 및 수확과 탈곡 시 기계적 손상을 초래한다.

③ **화곡류의 채종적기는 황숙기, 십자화과 채소 채종적기는 갈숙기이다.**

④ **채소는 종자 수확 후 일정기간 후숙을 거치면 발아율, 발아속도, 종자수명이 좋아진다.**

⑤ 탈곡, 조제 시는 이형립과 협잡물이 혼입되지 않도록 하며, 탈곡 시 기계적 손상이 없어야 한다.

(7) 저장

① 충분한 건조처리한 종자를 충분히 저온조건에 저장한다.

② 감자, 고구마 등은 알맞은 저장온도와 습도를 유지해야 하고, 충해나 서해를 방지한다.

04

5 종자의 수명과 퇴화

1. 종자의 수명

(1) **종자가 발아력을 보유하고 있는 기간**을 종자의 수명이라 한다.

(2) 단명종자, 상명종자, 장명종자

① 단명종자 : 종자를 실온저장하는 경우 2년 이내 발아력을 상실하는 종자

② 상명종자 : 3~5년 활력을 유지할 수 있는 종자

③ 장명종자 : 5년 이상 활력을 유지할 수 있는 종자

❀ 작물 별 종자의 수명

구분	단명종자(1~2년)	상명종자(3~5년)	장명종자(5년 이상)
농작물류	콩, 땅콩, 목화, 옥수수, 기장, 해바라기, 메밀	벼, 밀, 보리, 완두, 페스큐, 귀리, 유채, 목화, 케터키블루그래스	클로버, 알팔파, 사탕무, 베치
채소류	강낭콩, 상추, 파, 양파, 고추, 당근	배추, 양배추, 방울다기,멜론, 꽃양배추, 시금치, 무, 호박, 우엉	비트, 토마토, 가지, 수박
화훼류	베고니아, 팬지, 스타티스, 일일초, 콜레옵시스	알리섬, 카네이션, 시클라멘, 색비름, 피튜니어, 공작초	접시꽃, 나팔꽃, 스토크, 백일홍, 데이지

2. 종자의 퇴화

생산력이 우수하던 종자가 재배연수를 경과하는 동안 생산력이 떨어지고 품질이 나빠지는 현상이다.

(1) 유전적 퇴화

① **자연교잡, 이형유전자 분리, 돌연변이, 이형종자의 기계적 혼입, 근교약세, 역도태 등으로 세대가 경과함에 따라 종자가 유전적으로 퇴화한다.**

② 유전적 퇴화 대책 : 격리재배(자연교잡 방지), 이형종자의 혼입 방지(낙수의 제거, 채종포 변경), 출수기 이형주의 철저한 도태, 종자 건조 및 밀폐, 냉장한다.

③ **자연교잡은 격리재배로 방지**할 수 있다.

④ 다른 품종과의 격리거리는 옥수수 400~500m 이상, 십자화과류 1,000m 이상, 호밀 250~300m 이상, 참깨 및 들깨 500m 이상이다.

ⅶ 주요작물의 자연교잡률(%)

작물	자연교잡률	작물	자연교잡률
벼	0.2~1.0	보리	0.0~0.15
밀	0.3~0.6	조	0.2~0.6
귀리와 콩	0.05~1.4	아마	0.6~1.0
가지	0.2~1.2	수수	5.0

⑤ 순정종자를 건조시켜 장기간 밀폐저장하고 해마다 이 종자를 증식해서 농가에 보급하면 세대경과에 따른 유전적 퇴화를 방지할 수 있다.

⑥ 퇴비처리, 낙수, 수확, 탈곡, 보관 시 이형종자의 혼입을 방지한다.

⑦ 이형주 제거

   ㉠ 이미 혼입된 경우 이형주 식별이 용이한 출수기, 성숙기에 이형주를 철저히 도태시킨다.

   ㉡ 조, 수수, 옥수수 등에서는 순정한 이삭만 골라 채종한다.

   ㉢ 이형주는 전생육기간을 통해 제거한다.

   ㉣ 채소나 지하부 영양기관을 수확하는 작물은 수확기에 제거하여 순도를 유지한다.

   ㉤ 벼처럼 주(株)보존이 가능한 작물은 기본식물을 주보존하여 이것에서 받은 종자를 증식·보급하면 세대경과에 따른 유전적 퇴화를 방지할 수 있다.

(2) 생리적 퇴화

① 생산지의 재배환경이 나쁘면 생리적 조건이 갈수록 퇴화한다.

② 생리적 퇴화 대책 : 토양에 맞는 작물 재배(벼는 비옥한 토양, 감자는 고랭지에서 재배), 재배시기의 조절, 비배관리 개선 등이 있다.

③ **감자는 평지에서 채종하면 고랭지에 비해 생육기간이 짧고 기온이 높으므로 충실한 씨감자가 되지 못하고, 또 여름의 저장기간이 길고 온도가 높으므로 저장 중 소모도 크고 바이러스 병 등의 감염에 의해 퇴화가 일어나기도 하여 평지산 씨감자는 고랭지 씨감자에 비해 생리적으로 불량하다.**

④ **콩은 서늘한 지역에서 생산된 것이 따뜻한 남부에서 생산된 종자보다 충실하다. 차지고 축축한 토양에서 생산된 것이 가볍고 건조한 토양에서 생산된 것보다 충실하다.**

⑤ **벼 종자도 평지에서 생산된 것보다 분지에서 생산된 것이 임실이 좋고 충실하다.**

⑥ 재배조건이 불량해도 종자가 생리적 퇴화하며, 재배시기 조절, 비배관리 개선, 착과수 제한, 종자의 선별 등을 통해 퇴화를 방지한다.

(3) 병리적 퇴화

① 종자바이러스 등으로 인한 퇴화이다.

② **감자는 평지에서 바이러스병이 많이 생겨 평지의 씨감자는 병리적으로 퇴화한다. 따라서 씨감자의 퇴화를 막으려면 고랭지에서 채종해야 한다. 평지에서 씨감자는 가을재배를 해야 퇴화를 경감할 수 있다.**

③ 병리적 퇴화 대책은 무병지 채종, 이형주 제거, 병해방제, 약제소독, 종자검정 등이 있다.

(4) 저장종자의 퇴화

① **저장 중 종자퇴화의 주된 원인은 원형질단백의 응고이며. 또 효소의 활력저하, 저장양분의 소모도 중요한 요인이다.**

② 유해물질의 축적, 발아 유도기구 분해, 리보솜 분리 저해, 효소분해 및 불활성, 가수분해효소의 형성과 활성, 지질의 산화, 균의 침입, 기능상 구조변화 등도 종자퇴화에 영향을 미친다.

③ 퇴화종자의 호흡감소, 유리지방산 증가, 발아율 저하, 성장 및 발육 저하, 저항성 감소, 출현율 감소, 비정상묘의 증가, 효소활력 저하, 종자 침출물 증가, 저장력 감소, 발아균일성 감소, 수량의 감소 등의 증상이 나타난다.

04

6 선종과 종자처리

1. 선종

크고 충실하여 발아와 생육이 좋은 종자를 가려내는 것을 선종이라 한다.

(1) 육안에 의한 방법

콩 종자 등을 상 위에 펴놓고 육안으로 굵고 건실한 종자를 선별하는 것이다.

(2) 용적에 의한 방법

맥류 종자 등을 체로 쳐서 작은 알을 가려 제거하는 방법이다.

(3) 중량에 의한 방법

키, 풍구, 선풍기 등을 이용하여 가벼운 종자를 제거하는 방법이다.

(4) 비중에 의한 방법

① 화곡류 등은 종자는 비중이 큰 것이 대체로 굵고 충실하므로, 알맞은 비중의 용액에 종자를 담그고 가라앉는 충실한 종자만 가려내는 비중선이 널리 이용된다.

② 염수선이 주로 이용되며 황산암모니아, 염화칼륨, 간수, 재 등이 일부 이용되기도 한다.

○ 비중선에 사용되는 용액의 비중

작물	비중
메벼 유망종	1.10
메벼 무망종	**1.13**
찰벼 및 밭벼	1.08
겉보리	1.13
쌀보리, 밀, 호밀	1.22

○ 비중과 물10L(1말)에 대한 재료의 분량

비중 \ 재료	소금(Kg)	황산암모늄(Kg)	간수(L)	나무재(L)
1.22	–	8.6	180	–
1.13	**4.5**	5.625	23	–
1.10	3.0	4.5	16	11
1.08	2.25	3.75	13	7

(5) 색택에 의한 방법

선별기를 이용하여 시든 종자, 퇴화 종자, 변색된 종자를 가려낸다.

(6) 기타 방법

이외 외부조직이나 액체친화성, 전기적 성질 등에 의한 물리적 특성에 차이를 두고 선별하는 방법이다.

2. 종자소독

종자외부의 병균제거는 화학적 소독을 하고, 종자내부의 병균은 물리적 소독을 한다. 바이러스 병독은 종자소독으로 방제하기 어렵다.

(1) 화학적 소독

① 침지소독 : 농약 수용액에 종자를 일정시간 담가서 소독하는 방법이다.

② 분의소독 : 분제 농약을 종자에 그대로 묻게 하여 소독하는 방법이다.

③ 작물에 따라 사용하는 농약과 그 처리 방법이 다르다.

(2) 물리적 소독

농약을 사용하지 않기 때문에 친환경농업기술로 이용된다.

① 냉수온탕침법

㉠ 맥류의 겉깜부기병에 대한 소독법으로 알려진다.

㉡ 종자를 6~8시간 냉수에 담갔다가 45~50℃의 온탕에 2분 정도 담근 후 곧 다시 겉보리는 53℃, 밀은 54℃의 온탕에 5분간 담갔다가 냉수에 식힌 다음, 그대로 또는 말려서 파종하는 방법이다.

㉢ 쌀보리는 냉수에 담근 후 50℃ 온탕에 5분간 담그고 냉수에 식힌 다음 파종한다.

㉣ 벼의 선충심고병은 벼종자를 냉수에 24시간 침지한 후 45℃ 온탕에 2분 정도 담그고 다시 52℃의 온탕에 10분간 담갔다가 냉수에 식혀 파종한다.

② 온탕침법

　㉠ 맥류의 겉깜부기병에 대한 소독법으로 보리는 43℃, 밀은 45℃ 물에서 8~10시간 정도 담가 둔다.

　㉡ 고구마의 검은무늬병(흑반병)은 45℃ 물에 씨고구마를 30~40분 정도 담가 소독한다.

　㉢ 벼묘는 물 온도 45℃에서 하단부(하부 1/3)를 약 15분간 담가 소독한다.

③ 건열처리

　㉠ 온탕침법은 곡류에서 많이 이용되는 반면, 채소종자는 건열처리가 일반적으로 이용된다.

　㉡ 종자에 부착된 병균 및 바이러스를 없애기 위해 60~80℃에서 1~7일간 처리한다.

　㉢ 종피가 두꺼운 박과, 가지과, 십자화과 채소종자에 많이 쓰이고, 종자의 함수량이 높으면 피해가 있으므로 건조하여 함수량을 낮게 하며, 점차 온도를 높여 처리해야 한다.

(3) 기피제 처리

① 종자의 출아과정에서 조류, 서류 등에 의한 피해를 방지하기 위하여 종자에 화학약제를 처리하여 파종하는 방식이다.

② 땅콩 종자에 연단, 콜타르를 도포 후 재에 버무려 파종하면 쥐, 새, 개미 등의 피해를 방제한다.

③ 벼 직파재배 시 종자에 비소제를 묻혀서 파종하면 오리에 의한 피해를 방지한다.

④ 종자에 티람을 도말처리하여 파종하면 새에 의한 피해를 줄인다.

3. 침종

(1) **파종 전 종자를 일정기간 동안 물에 담가 발아에 필요한 수분을 흡수시키는 것**을 침종이라 한다.

(2) 벼, 가지, 시금치, 수목의 종자 등에 실시하고, 종자를 침종하면 발아가 빠르고 균일하며 발아기 간 중 피해를 줄일 수 있다.

(3) 침종방법

① 침종시간은 연수보다는 경수가, 수온이 낮을수록 더 길어진다.

② 침종 시 수온은 낮지 않고 산소가 많은 물이 좋으므로 자주 갈아주는 것이 좋다.

③ 수온이 낮은 물에 오래 침종하면 종자의 저장양분이 유실되고, 산소 부족에 의해 강낭콩, 완두, 콩, 목화, 수수 등에서는 발아장해가 유발된다.

④ 벼 종자의 발아에는 종자무게의 30%의 수분이 흡수되어야 하는데, 필요한 침종 시간은 14시간 정도이다.

4. 종자발아와 생육촉진처리

(1) 최아

① **벼, 맥류, 땅콩, 가지 등의 경우 발아와 생육의 촉진을 목적으로 종자의 싹을 약간 틔워 파종하는 것이다.**

② 벼의 조기육묘, 한랭지의 벼농사, 맥류의 만파재배, 땅콩의 생육촉진 등에 이용된다.

③ 벼 종자는 침종을 포함한 발아기간은 10℃에서 약 10일, 20℃에서 약 5일, 30℃에서 약 3일의 기간이 소요되고, 발아적산온도는 100℃이며, 어린싹이 1~2mm 출현할 때가 알맞다.

④ 감자 촉성재배시에 씨감자의 싹을 2cm정도 틔워서 심는 것과 고구마를 직파재배할 때 씨고구마의 싹을 10~15cm로 틔워 심는 것을 최아, 육아라고 한다.

(2) 프라이밍(priming)

① **파종 전에 수분을 가하여 종자가 발아에 필요한 생리적인 준비를 갖추게 함으로써 발아의 속도와 균일성을 높이려는 것이다.**

② 프라이밍에 처리되는 물질의 조제방법이나 종류에 따라 삼투용액프라이밍, 고형물질처리, 반투성막프라이밍 등이 있으며, 주로 수분퍼텐셜이 낮은 PEG(polyethylene glycol)용액 등으로 처리한다.

③ 프라이밍 처리는 주로 15~20℃에서 수분퍼텐셜은 주로 -0.5 ~ -2.0MPa에서 실시한다.

④ 프라이밍 처리 물질로는 PEG 외에도 NaCl, KNO_3, K_3PO_4, KH_2PO_4 등의 무기염류용액을 이용한다.

(3) 전발아처리

① **포장발아를 100%되게 하기 위한 목적으로 처리하는 방법으로 유체파종(액상파종, fluid drilling)과 전발아종(pregerminated seed)가 있다.**

② 유체파종 시스템은 겔상태의 용액 내에 특수처리하거나 발아 종자를 넣어두고 이 겔을 특수기계를 이용하여 파종하는 방법이다.

③ 액상으로 이용되는 물질은 알긴산나트륨 등이 있다.

④ 밀, 귀리, 옥수수, 완두, 양파, 무 종자는 발아가 시작된 후 건조처리를 하더라도 재발아가 이루어진다.

(4) 종자의 경화

① **불량환경에서 출아율을 높이기 위해 파종 전 종자에 흡수·건조의 과정을 반복적으로 처리하여 초기발아과정에서의 흡수를 조장하는 것을 경화(hardening)라고 한다.**

② 당근 종자에 종자무게의 70%의 수분을 충분히 흡수시킨 다음 풍건하는 조작을 3회 반복하면 배가 커지고, 발아와 생장촉진, 수량증대 등의 효과가 있다.

③ 밀, 옥수수, 순무, 토마토 등에서도 경화처리 효과가 있다.

(5) 과산화물

① **과산화물(peroxides)은 물 속에서 분해되면 산소를 방출하고 물에 녹아있는 용존산소를 증가시켜 종자의 발아와 유묘의 생육을 증진시킨다.**

② 벼 직파재배에서 많이 이용된다.

(6) 저온·고온처리

발아촉진을 위하여 수분을 흡수한 종자를 5~10℃에서 7~10일간 처리하거나, 벼종자의 경우 50℃로 예열 후 물 또는 질산칼륨(KNO_3)에 24시간 침지한다.

(7) 발아촉진물질

GA_3, 티오우레아(티오요소, thiourea), KNO_3, KCN, NaCN, DNP, H_3S, NaN_3 등이 발아촉진물질로 알려져 있다.

(8) 박피제거

강산(염산, 황산)이나 강알칼리성 용액(KOH), 치아염소산나트륨(NaOCl), 치아염소산칼륨($CaOCl_2$)에 종자를 담가 종피의 일부를 녹여 경실의 종피를 약화시킴으로써 휴면의 타파나 발아를 촉진시키는 방법이다.

5. 종자코팅

(1) 종자에 특수물질을 덧씌워 주는 것으로 처리되는 정도에 따라 필름코팅, 종자코팅, 종자펠릿으로 구분한다.

(2) 종자를 성형, 정립시켜 파종을 용이하게 해주고 또한 농약 등으로 생육을 촉진시키며 효과적으로 병충해를 방지한다.

(3) 종자코팅 방식

① 필름코팅

㉠ 친수성 중합체에 농약이나 색소를 혼합하여 얇게 덧씌워 주는 것이다.

㉡ **농약을 종자에 분의처리하였을 때 농약이 묻거나 인체에 해를 주기 때문에 이를 방지하기 위함이고 아울러 색을 첨가함으로써 종자의 품위를 높이고 식별을 쉽게 하기 위한 목적이다.**

② 종자펠릿

㉠ **종자펠릿은 담배같이 종자가 미세하거나, 당근같이 표면에 매우 불균일하거나, 참깨같이 종자가 가벼워서 손으로 다루거나 기계파종이 어려울 때 종자 표면에 화학적으로 불활성의 고체 물질을 피복하여 종자를 크게 만드는 것이다.**

㉡ **파종이 용이하고, 적정파종이 가능하며 솎음노력이 불필요하여 종자대와 솎음노력비를 동시에 절감**할 수 있다.

③ 그 밖의 종자코팅

피막종자, 장환종자, 테이종자프, 매트종자 등이 있다.

6. 훈증처리

(1) 종자저장과 운송할 때 해충의 번식을 방지하기 위해 훈증제를 사용한다.

(2) 훈증제는 가격이 저렴하고, 증발하기 쉽고, 확산이 잘되고, 종자활력에 영향을 끼치지 않으면서 불연성이 좋아야 하고, 인축에 해가 없어야 한다.

(3) 주요 훈증제

메틸브로마이드, 에피흄, 사염화탄소, 이황화탄소, 이염화에틸렌, 청산화수소 등이 있다.

Chapter 03 종자의 발아와 휴면

1 종자의 발아

1. 발아·출아 및 맹아

(1) 발아

종자에서 유아(幼芽)와 유근(幼根)이 출현하는 것이다.

(2) 출아

종자 파종 시 발아한 새싹이 지상으로 출현하는 것이다.

(3) 맹아

뽕나무, 아카시아 등의 목본식물의 지상부 눈이 벌어져 새싹이 움트거나 씨감자 등에서 지하부 새싹이 지상으로 자라는 현상이나 새싹 자체를 말한다.

(4) 최아

발아와 생육을 촉진할 목적으로 종자의 싹을 약간 틔워서 파종하는 것이다.

2. 발아의 내적 조건

유전성의 차이, 종자의 성숙도, 종자의 휴면 여부 등의 요소이다.

3. 발아의 외적 조건

(1) 수분

① 모든 종자는 **일정량의 수분을 흡수하는 것이 효소의 활성화와 양분의 전이와 저장양분의 이용**을 위해 매우 필요하다.

② 종자의 수분흡수량은 작물의 종류와 품종, 파종상의 온도와 수분상태 등에 따라 차이가 있는데, **종자 무게에 대해 발아에 필요한 수분의 함량은 벼 23%, 밀 30%, 쌀보리 50%, 콩 100% 정도이다.**

③ **전분종자보다 단백종자가 발아에 필요한 최소 수분함량이 많다.**

④ 토양이 건조하면 습한 경우에 비해 발아할 때 종자의 함수량이 적다.

(2) 산소

① 발아 중에 호흡작용에 필요한 산소가 필요하며, 산소가 충분히 공급되면 발아가 촉진된다.

② 볍씨는 산소가 없는 경우에도 무기호흡으로 발아에 필요한 에너지를 얻는다.

③ 수중에서 종자의 발아
- ⊙ 수중에서 발아하지 못 하는 종자 : 밀, 귀리, 메밀, 콩, 무, 양배추, 고추, 가지, 파, 알팔파, 옥수수, 수수, 호박, 율무 등
- ⓛ 수중에서 발아가 감퇴하는 종자 : 담배, 토마토, 카네이션, 화이트클로버 등
- ⓒ 수중에서 발아가 잘 되는 종자 : 벼, 상추, 당근, 셀러리, 티머시, 피튜니아, 캐나다블루그라스 등

(3) 온도
① 발아 중 생리활동은 온도에 크게 지배되고, 온도와 발아의 관계는 작물 종류와 품종에 따라 다르다.
② 일반적으로 발아의 최저온도 0~10℃, 최적온도 20~30℃, 최고온도 35~50℃ 범위에 있다.
③ 최적온도일 때 발아율이 높고 발아속도가 빠르며, 고온작물에 비해 저온작물의 발아온도가 낮다.
④ 지나친 고온은 발아하지 못하고 휴면상태가 되며, 나중에 열사에 이른다.
⑤ 변온은 종피가 고온에서 팽창하고, 저온에서 수축하여 흡수와 수분흡수와 가스교환이 용이하게 되고, 효소의 작용이 활발해져서 물질대사의 기능이 좋아지기 때문에 발아가 촉진된다.
- ⊙ 변온이 발아를 촉진하는 종자 : 담배, 박하, 셀러리, 가지과종자 등
- ⓛ 변온이 종자발아를 촉진하지 않는 종자 : 당근, 파슬리, 티머시 등

(4) 광
① 대부분 종자는 광이 발아에 무관하지만, 광에 의해 발아가 조장되거나 억제되는 것도 있다.
② 호광성종자(광발아종자)
- ⊙ 광에 의해 발아가 조장되며, 암조건에서 발아하지 않거나 발아가 몹시 불량한 종자이다.
- ⓛ 화본과목초의 종자나 잡초종자는 대부분 호광성종자로, 땅속에 묻혀 있을 때는 산소와 광 부족으로 휴면하다가 지표 가까이 올라오면 산소와 광에 의해 발아하게 된다.
- ⓒ 적색광·근적외광 전환계가 존재하며 호광성종자의 발아에 영향을 미친다.
③ 혐광성종자(암발아종자) : 광에 의하여 발아가 저해되고 암조건에서 발아가 잘 되는 종자이다.
④ 광무관종자 : 광이 발아에 관계가 없는 종자이다.
⑤ 광과 종자발아와의 관계

✿ 광과 종자발아의 관계

구분	작물의 종류
호광성종자	담배, 상추, 뽕나무, 셀러리, 우엉, 차조기, 금어초, 베고니아, 피튜니아, 디기탈리스, 버뮤다그라스, 켄터키블루그라스, 벤트그라스 등
혐광성종자	호박, 토마토, 가지, 수박, 무, 파, 양파, 오이, 나리과식물 등
광무관종자	벼, 보리, 옥수수 등 화곡류와 대부분 콩과작물 등

⑥ 호광성 종자는 복토를 얕게하고, 혐광성 종자는 복토를 깊게 한다.

⑦ 양상추는 광의 파장이 600~700nm의 범위에서 발아가 촉진되되고, 730nm 부근에서는 발아가 억제되었다.

⑧ 종자의 광발아성은 후숙으로 바뀌기도 하고, 종자의 광감수성도 화학물질에 의하여 바뀐다.

⑨ 지베렐린 처리는 호광성종자의 암중발아를 유도하고, 약산의 처리는 호광성이 혐광성으로 바뀌는 경우도 있다.

4. 발아과정

(1) 발아과정의 개관

① **종자의 발아과정이다. : 수분의 흡수 → 저장양분 분해효소 생성 및 활성화 → 저장양분의 분해, 전류 및 재합성 → 배의 생장개시 → 종피의 파열 → 유묘 출현**

② 종자는 적당한 수분, 온도, 산소 광의 생장기능의 발현으로 생장점이 종자외부에 나타나는데 배의 유근 또는 유아가 종자 밖으로 출현하며 발아한다.

③ 유근과 유아의 출현순서는 수분의 다수에 따라 다르게 나타나지만, 산소가 충분하면 유근이 먼저 나온다.

(2) 수분흡수

① 종자가 수분을 흡수하면 물은 세포를 팽창시키고 효소와 탄산가스의 유통을 좋게 한다.

② 수분흡수로 종자 전체의 부피가 커지고, 종피가 파열되면서 물과 가스의 흡수가 가속화되어 배의 생장점이 나타나기 시작한다.

③ 수분흡수의 3단계

㉠ 제1단계 : 종자가 매트릭퍼텐셜로 인해 수분흡수가 왕성하게 일어나는 시기이다.

㉡ 제2단계 : 수분흡수가 정체되고 효소들이 활성화되면서 발아에 필요한 물질대사가 왕성하게 일어나는 시기이다.

㉢ 제3단계 : 유근, 유아가 종피를 뚫고 출현하면서 수분의 흡수가 다시 왕성해지는 시기이다.

오 종자의 발아에 있어서 수분흡수의 3단계

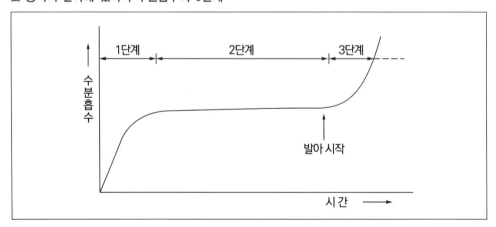

④ 수분흡수에 관계되는 주요 요인 : 종자의 화학적 조성, 종피의 투수성, 물의 이용성, 용액의 농도, 온도 등이다.

(3) 저장양분의 분해효소 생성과 활성화

수분흡수 제2단계에서 종자가 수분을 흡수하면 가수분해효소들이 활성화되어 저장양분을 분해하고, 떡잎이나 배유의 저장조직에서 영양분을 생장점으로 전류시켜, 새로운 성분을 합성하는 재합성의 화학반응이 진행된다.

(4) 저장양분의 분해·전류 및 재합성

① 배유나 떡잎에 저장된 전분은 산화효소에 의해 분해되어 맥아당이 되고, 맥아당은 말타아제 (maltase)에 의해 가용성인 포도당이 되어 배와 생장점으로 이동하여 호흡의 기질로 사용되는 한편 셀룰로스, 비환원당, 전분 등으로 합성된다.

② 지방은 리파아제(lipase)에 의해 지방산과 글리세롤(glycerol)로 변하고, 다시 화학변화로 당분으로 변하여 유식물로 이동하고 호흡기질로 쓰이며 탄수화물, 지방 형성에도 쓰인다.

③ 단백질은 프로테아제(protease)에 의해 가수분해되어 아미노산(amino acid)과 아마이드 (amide) 등으로 분해되어 유식물에 이동되어 호흡기질 또는 단백질의 구성물질로 쓰인다.

④ 저장양분이 분해되면서 생산된 ATP는 발아에 필요한 물질합성에 이용된다.

(5) 배의 생장 개시

효소의 활성으로 새로운 물질이 합성되고 세포분열이 일어나 상배축과 하배축, 유근과 같은 기관이 커진다.

(6) 종피의 파열과 유묘의 출현

① 종자가 물을 흡수하여 종피가 부풀고, 세포분열로 조직이 팽창하면서 생기는 내부압력에 의해 종피가 파열되고 유근이나 유아가 출현한다.

② 유식물이 배유나 떡잎의 저장양분을 이용하여 생육하다가 독립영양으로 전환되는 시기를 이유기라고 한다.

③ 맥류는 본엽 2매, 벼는 본엽 3~4매 시기가 이유기이다.

5. 발아조사

(1) 종자의 발아력

① Liebenberg의 발아시험기를 사용한다.

② 어느 단계를 발아로 볼 것인지를 정해야 하는데, 화곡류는 유아보다 유근이 먼저 나오는데 보통 유근 시원체인 어린싹이 출현하면 발아로 본다.

(2) 재배에 관련한 발아조사 항목

① 발아율(PG) : **파종된 총 종자 수에 대한 발아종자 수의 비율(%)이다.**

② 발아세(GE) : **치상 후 정해진 기간 내의 발아율 또는 표준발아 검사에서 중간발아 조사일까지 발아율(%)이다.**

③ 평균발아일수(MGT) : 발아한 모든 종자의 평균적인 발아일수이다.

> MGT $= \sum(ti\ ni)/N$
> (ti : 파종(치상)부터의 일수, ni : 그날그날의 발아 수, N : 총발아수)
>
> **예시문제** **콩종자 70립을 치상하여 4일 동안 발아시킨 결과이다.**
> **이때의 평균발아일수(MGT)는?**
>
> **풀이** 평균발아일수
> = (파종일부터의 일수 × 그날의 발아종자 수)합계 / 발아종자 수
> = {(1×15)+(2×15)+(3×30)+(4×10)/70}
> = 175/70
> = 2.5(일)

④ 발아속도(GR) : **전체 종자에 대한 그날그날의 발아속도의 합을 말한다.**(파종한 후 경과일수에 따라 발아되는 속도)

> GR $= \sum(ni\ /\ ti)$
> (ni : 그날그날의 발아 수, ti : 파종(치상)부터의 일수)

⑤ 평균발아속도(MDG) : 발아한 총 종자의 평균적인 발아속도이다.

> MDG = N/T
> (N : 총발아수, T : 총조사일수)

⑥ 발아속도지수(PI) : 발아율과 발아속도를 동시에 고려한 값이다.

> PI $= \sum\{(T-ti+1)ni\}$
> (T : 총조사일수, ti : 파종(치상)부터의 일수, ni : 그날그날의 발아 수)

㉠ 발아시(發芽始) : 파종된 종자 중에서 최초로 1개체가 발아된 날이다.
㉡ 발아기(發芽期) : 파종된 종자의 약 40%가 발아된 날이다.
㉢ 발아전(發芽揃) : 파종된 종자의 대부분(80% 이상)이 발아된 날이다.
㉣ 발아일수 : 파종부터 발아기까지의 일수이다.
㉤ 발아기간 : 발아시부터 발아전까지의 기간이다.
㉥ 발아의 양부 : 양, 불량 또는 정(균일함), 부(불균일함)로 표시한다.

(3) 종자의 용가
① 종자의 실질적인 가치를 나타내는 척도이며 종자의 진가라고도 한다.
② 종자의 용가(진가) $= \dfrac{발아율(\%) \times 순도(\%)}{100}$

6. 종자발아력의 간이검정법

(1) 테트라졸륨법

① TTC(2,3,5 – triphenyltetrazolium chloride) 용액을 처리하면 활력있는 종자의 배와 유아의 단면이 탈수소효소와 테트라졸륨 용액이 결합하여 **붉은색**을 띠는데 적색으로 착색되는 것이 발아력이 강하다.(활력있는 부분은 붉게 변함)

② **TTC용액의 농도는 화본과 0.5%, 콩과 1%가 알맞다.**

(2) 전기전도검사법

① 전기전도율을 측정하는 방법으로, 종자의 세력이 낮거나 퇴화된 종자를 물에 담그면 세포내의 물질이 용출되는데, 이들이 지닌 전하를 전기전도계로 측정하여 발아율을 추정하는 방법이다.

② 전기전도도가 높으면 활력이 낮은 종자이다.

③ 완두, 콩 등에서 많이 이용되며, 신속하고 신빙성이 있으며 결과해석이 용이하나, 퇴화정도가 심하지 않은 종자에서는 재현성이 어려운 점이 있다.

(3) 구아야콜법

① 종자를 파쇄하여 1%의 구아야콜 수용액 한 방울을 가하고, 다시 1.5% 과산화수소액 한 방울을 첨가한다.

② 죽은 종자는 색반응이 나타나지 않고 발아력이 강한 종자는 배와 배유부의 단면에 자색으로 착색된다.

2 종자의 휴면

1. 휴면의 뜻과 형태

(1) **성숙한 종자에 수분, 온도, 산소 등 발아에 적당한 환경조건을 주어도 일정기간 동안 발아하지 않는 성질**을 종자휴면이라고 한다.

(2) **발아·생육의 외적조건은 적합하지만 내적요인에 의해 휴면하는 것을 자발적 휴면 또는 진정휴면**이라고 한다.

(3) **토양 중의 잡초 종자는 광선과 산소의 부족으로 휴면상태를 지속하는데, 이와 같이 종자의 외적조건이 부적당하기 때문에 유발되는 휴면을 타발적 휴면 또는 강제휴면이라고 한다.**

(4) **자발적 휴면과 타발적 휴면을 제1차 휴면이라고 한다.**

(5) 휴면 중인 종자나 눈은 저온, 고온, 건조 등에 대한 저항성이 극히 강해져서 이러한 특성은 생존에 유리하다.

(6) **맥류종자의 휴면은 수발아억제에 효과가 있고, 감자의 휴면은 저장에 유리하다.**

(7) 휴면하지 않는 종자라도 발아에 불리한 환경조건(고온, 저온, 습윤, 암흑, 산소부족 등)에 장기간 보존되면 그 뒤에는 적당한 조건에 옮기더라도 발아하지 않고 휴면 상태를 유지하는 현상을 제2차 휴면이라고 한다.

2. 휴면의 원인

(1) 배의 미숙

① 미나리아재비, 장미과 식물, 인삼, 은행 등은 종자가 어미식물에서 이탈할 때 배가 미숙상태
여서 발아하지 못한다.

② 미숙상태의 종자가 수주일 또는 수개월 경과하면서 배가 완전히 발육하고 필요한 생리적 변
화를 완성하면 발아할 수 있는데, 이를 후숙이라 한다.

(2) 배의 휴면

① 배의 휴면은 자발적 휴면의 하나로 형태적으로는 종자가 완전히 발달하였으나 배 자체의 생
리적 원인에 의해 일어나는 휴면으로 생리적 휴면이라고도 한다.

② 사과, 배, 복숭아 등 장미과식물에서 나타나며, 지베렐린의 처리로 배휴면을 타파할 수 있다.

(3) 경실

① **종피가 단단하여 수분의 투과를 저해하기 때문에 발아하지 않는 종자를 경실**이라 하며, **경실종
자의 휴면은 종피의 불투수성이 원인이 되는 경우가 많다.**

② 종자에 따라 투수성이 다르기 때문에 몇 년에 걸쳐 조금씩 발아하는 것이 보통이다.

③ 종피의 불투수성으로 장기간 휴면하는 종자로 주로 **소립의 콩과작물(화이트클로버, 레드클로
버, 알사이클로버, 자운영, 베치 등)에 경실이 많다.**

④ 고구마, 연, 오크라종자와 벼과목초인 달리스그래스, 바히아그래스의 종자에도 경실이 있다.

⑤ **콩과의 경실은 흡수부위인 배꼽, 주공 및 봉선에 큐티클층과 울타리세포가 잘 발달하여 수분의
투과를 저해한다.**

⑥ 같은 작물 같은 품종이라도 성숙이 진전된 소립종자와 급격히 건조시킨 종자에 경실이 많은 경
향이 있다.

(4) 종피의 불투기성

귀리, 보리 등의 종자에서 종피의 불투기성 때문에 산소흡수가 저해되고 이산화탄소가 축적되어
발아하지 못한다.

(5) 종피의 기계적 저항

① 잡초종자, 나팔꽃, 땅콩, 체리 등의 종자에 산소나 수분이 흡수되어 배가 팽대할 때 종피가
딱딱하여 기계적으로 억제되어 종자가 함수상태로 휴면하는 것이다.

② 건조시키거나 30℃ 고온처리로 기계적 저항력을 약화시키면 타파된다.

(6) 발아억제물질

① 벼 종자는 영에 있는 발아억제물질이 휴면의 원인이 되므로 종자를 물에 잘 씻거나 과피를
제거하면 발아된다.

② 많은 종류의 휴면에 발아억제물질이 관련되어 있다.

③ 토마토, 오이, 호박 등의 성숙종자가 장과 중에 있을 때는 발아하지 않으나, 종자를 분리해서
물에 씻으면 발아한다.

④ 옥신은 곁눈의 발육을 억제하고, ABA(abscisic acid)는 사과, 자두, 단풍나무에서 겨울철 눈
의 휴면을 유도하는 작용을 한다. 이와 같은 **발아억제물질을 블라스토콜린**이라고 한다.

⑤ 발아억제물질: ABA, 시안화수소, 암모니아, 쿠마린 등이 있다.

3. 휴면타파와 발아촉진

(1) 경실의 휴면타파법

① **종피파상법**

㉠ 경실종자의 종피에 상처를 내는 방법이다.

㉡ 자운영, 콩과의 소립종자 등은 종자의 25~35%의 모래를 혼합하여 20~30분 절구에 찧어서 종피에 가벼운 상처를 내어 파종한다.

㉢ 고구마는 배의 반대편에 손톱깎이 등을 상처를 내어 파종한다.

② **진한황산처리**

㉠ 진한 황산에 경실종자를 넣고 일정시간 교반하여 종피를 침식시키는 방법이다.

㉡ 처리 후 물에 씻어 산을 제거하고 파종하면 발아가 촉진된다.

㉢ 처리시간은 고구마 1시간, 감자종자 20분, 레드클로버 15분, 화이트클로버 30분, 연 5시간, 목화 5분 등이다.

③ **저온처리** : 알팔파종자를 − 190℃ 액체공기에 2~3분간 침지 후 파종한다.

④ **건열처리** : **알팔파, 레드클로버 등은 105℃에 4분간 처리**한 후 파종한다.

⑤ **습열처리** : 라디노클로버는 40℃ 온탕에 5시간 또는 50℃ 온탕에 1시간 처리한다.

⑥ **변온처리** : 자운영종자는 17~30℃와 20~40℃ 등 고온과 저온의 교차를 주는 방법이다.

⑦ **진탕처리** : 스위트클로버는 종자를 플라스크에 넣고 초당 3회 비율로 10분간 진탕한다.

⑧ **질산염처리** : 버펄로그래스종자는 0.5% 질산용액에 24시간 침지하고 5℃에 6주간 냉각한다.

⑨ **기타** : 알코올처리, 이산화탄소처리, 펙티나아제를 처리한다.

(2) 화곡류 및 감자의 발아촉진법

① **벼종자** : 40℃에서 3주간, 50℃에서 4~5일간 존하면 발아억제물질이 불활성화되어 휴면이 타파된다.

② **맥류종자** : 0.5~1% 과산화수소액(H_2O_2)에 24시간 침지한 후 5~10℃의 저온에 젖은 상태로 수일간 보관하면 휴면이 타파된다.

③ **감자** : 감자를 절단하여 지베렐린 수용액 2ppm 정도에 30~60분간 침지하여 파종한다.

(3) 목초종자의 발아촉진법

① **질산염 처리** : **화본과목초종자**는 질산칼륨 0.2%, 질산알루미늄 0.2%, 질산망간 0.2%, 질산암모늄 0.1%, 질산소다 0.1%, 질산마그네슘 0.1% 수용액에 처리하면 발아가 조장된다.

② **지베렐린 처리** : 브롬그라스, 휘트그라스, 화이트클로버 등의 목초종자는 100ppm, 차조기는 100~500ppm 지베렐린 수용액에 처리하면 휴면이 타파되고 발아가 촉진된다.

(4) 발아촉진물질의 처리

① 지베렐린

㉠ 각종 종자의 휴면타파, 발아촉진에 효과가 크다.

㉡ 호광성종자인 양상추, 담배 등은 지베렐린 수용액 처리로 발아가 촉진되며, 적색광의 대체효과가 있다.

② 에스렐 수용액

③ 질산염 : **화본과목초에서 발아를 촉진**하고, 벼종자에도 유효하다.

④ 시토키닌 : 호광성종자인 양상추에 처리하면 적색광 대체효과가 있어 발아를 촉진하며, 땅콩의 발아촉진에도 효과적이다.

발아에 관련한 화학물질

1. **발아촉진물질** : 지베렐린(GA), 시토키닌, 에틸렌(에테폰 혹은 에스렐), 질산염, 과산화수소
2. **발아억제물질** : 암모니아, 시안화수소(HCN), ABA, 페놀화합물, **쿠마린** 등
3. **발근활착촉진** : IAA − 라놀린도포, 옥신, 자당액 침지, 환상박피, 황화, 과망간산칼리

---

4. 휴면연장과 발아억제

(1) 온도조절

감자 0~4℃, 양파 1℃ 내외로 저장하면 발아가 억제된다.

(2) 약제처리

① 감자의 발아억제

㉠ 수확하기 4~6주 전에 **MH수용액**을 경엽에 살포한다.

㉡ 수확 후 저장 당시 TCNB(tetrachloro − nitrobenzene) 분제를 분의해서 저장한다.

② 양파의 발아억제 : 수확 전 MH 수용액 잎에 살포 및 수확당일 침지한다.

③ 담배의 발아억제 : 전기콜린양액, 앤티싹, 액아단 등의 약제를 처리한다.

(3) 방사선조사

감자, 양파, 당근, 밤 등은 γ선을 조사하면 발아가 억제된다.

5. 저장 중 발아력 상실 원인

(1) 종자가 저장 중 발아력을 상실하는 원인은 종자의 원형질을 구성하는 단백질의 응고이며, 효소의 활력 저하도 원인이 된다.

(2) 종자를 장기저장하는 경우 저장 중 호흡에 의한 저장양분의 소모도 원인이 된다.

6. 종자 수명에 미치는 조건

(1) 종자의 수명은 작물의 종류나 품종에 따라 다르고 채종지 환경, 숙도, 수분함량, 수확 및 조제방법, 저장조건 등에 따라 영향을 받는다.

(2) 저장종자의 수명에는 수분함량, 온도, 산소 등이 영향을 미친다.

7. 종자의 저장

종자의 유전적 특성을 안전하고도 확실하게 보존하는 것이 중요하다.

(1) 종자저장의 조건

① 채종한 종자를 빨리 건조시키는 것이 필요하다.

② 건조하고 냉랭한 곳, 병해충 우려가 없는 곳에 저장한다.

③ 저온건조하에서는 15%의 습도와 함수량을 유지한다.

④ 종이봉투에 보관하거나 염화석회를 넣은 데시케이터에 밀봉한다.

(2) 종자저장 방식

① 건조저장

㉠ 관계습도 50%, 함수율이 13% 이하가 되도록 저장한다.

㉡ 채소, 화훼류 등 대부분의 작물 종자이다.

㉢ 벼와 보리 같은 곡류의 수분함량은 13% 이하로 건조시켜 저장하면 안전하다.

② 습사저온저장(냉습적법)

㉠ 종자를 저온상태(0~10℃)에서 젖은 모래와 종자를 섞어 저장하는 방식이다.

㉡ 장기저장 시는 0℃ 이하, 습도는 30% 내외를 유지한다.

③ 밀폐저장 : 낙엽송, 포플러류 등의 종자를 수분 5% 내외로 건조시켜 유리병이나 양철통에 황화칼륨 같은 종자 활력제와 실리카겔 같은 건조제를 함께 넣고 밀봉시켜 2~4℃의 낮은 온도로 저장한다.

④ 보호저장 : 종자를 파종하기 전에 마른 모래 2, 종자 1의 비율로 섞어 건조하지 않도록 실내 또는 창고 등에 보관한다.

⑤ 토중저장 : 용기에 종자를 넣어 묻어두는 방법으로 밤, 호두 등에 이용하며 80~90%의 습도를 유지한다.

Chapter 04 영양번식과 육묘

1 영양번식

1. 영양번식의 뜻과 이점

(1) 영양기관을 번식에 직접 이용하는 것을 영양번식이라 한다.

(2) 영양번식의 이점

① 고구마, 감자, 마늘 등 종자번식이 어려운 작물에 이용한다.

② 감자, 과수 등 우량 상태의 유전특성을 쉽게 영속적으로 유지한다.

③ 종자번식보다 생육이 왕성해 조기수확이 가능하고, 수량도 증가한다.(감자, 모시풀, 과수, 화훼 등)

④ 자웅이주 식물(암수딴그루)중에서 이용가치가 높은 암·수 어느 한 쪽만 재배할 때 이용하며, 호프는 영양번식으로 수량이 많은 암그루만 재배한다.

⑤ 접목으로 수세조절, 풍토 적응성 증대, 병충해저항성 증대, 결과촉진, 품질향상, 수세회복 등을 기대할 수 있다.

2. 분주(포기나누기)

(1) 어미식물에서 발생한 흡지를 뿌리가 달린 채 분리하여 번식시키는 것이다.

(2) 아스파라거스, 토당귀, 박하, 모시풀, 작약, 석류, 나무딸기, 닥나무, 머위 등을 이른 봄 싹트기 전에 분주한다.

3. 취목(휘묻이)

가지를 어미식물에서 분리시키지 않은 채로 흙에 묻거나 그 밖에 적당한 조건, 즉 암흑 상태. 습기 및 공기 등을 주어 발근시킨 다음 절단해서 독립적으로 번식시키는 방법이다. **삽목이나 접목이 잘 되지 않는 종류의 번식법이다.**

(1) 성토법(묻어떼기)

① 포기 밑에 가지를 많이 내고 성토해서 발근시키는 방법이다.

② 사과나무, 자두나무, 양앵두, 뽕나무

(2) 휘묻이법

① 보통법(단순취목법) : 가지 일부를 휘어서 흙속에 묻는 방법으로 수구리, 포도, 자두, 양앵두 등에 이용한다.

② 선취법 : 가지의 선단부를 휘어서 묻는 방법으로 나무딸기에 이용한다.

③ 파상취목법 : 긴 가지를 파상으로 휘어 지곡부마다 흙을 덮어 하나의 가지에서 여러 개를 취목하는 방법으로 포도 등에 이용한다.

④ 당목취법 : 가지를 수평으로 묻고 각 마디에서 발생하는 새 가지를 발생시켜 하나의 가지에서 여러 개 취목하는 방법으로 포도, 자두, 양앵두 등에 이용한다.

(3) 고취법(양취법)

① 줄기나 가지를 땅속에 묻을 수 없을 때 높은 곳에서 발근시켜 취목하는 방법이다.

② 발근시키고자 하는 부분을 미리 절상, 환상박피 등을 하면 효과적이다.

4. 삽목(꺾꽂이)

어미식물에서 분리한 영양체의 일부를 알맞은 곳에 심어 뿌리가 내리도록 하여 독립개체로 번식시키는 방법이다.

(1) 이용부위에 따른 구분

① 엽삽 : 잎을 발근시키는 것이다.(베고니아, 펠라고늄, 차나무 등)

② 근삽 : 뿌리를 잘라 심는 것이다.(땅두릅, 사과, 자두, 앵두, 감, 오동나무 등)

③ 지삽 : 가지를 삽수하는 것이다.(포도, 무화과 등)

(2) 지삽의 종류

① 녹지삽 : 당년생 초본녹지를 5~6월에 삽목하는 것이다.(카네이션, 펠라고늄, 피튜니아, 동백 등)

② 경지삽(숙지삽) : 묵은 가지를 이용해 삽목하는 것이다.(포도, 무화과 등)

③ 신초삽(반경지삽) : 1년 미만의 새 가지를 이용하여 삽목하는 것이다.(인과류, 핵과류, 감귤류 등)

④ 단아삽(일아삽) : 눈을 하나만 가진 줄기를 이용하여 삽목하는 것이다.(포도)

5. 접목

(1) 접목의 뜻

① 식물체의 일부를 취하여 이것을 다른 개체의 형성층에 밀착하도록 접함으로써 상호유착하여 생리작용이 원활하게 교류되어 독립개체를 형성하는 것이다.

② 접수와 대목

㉠ 접수 : 접목의 위쪽

㉡ 대목 : 접목의 아래쪽

③ 접목이 성공한 것(접합되어 생리작용의 교류가 원만하게 이루어지는 것)을 활착하였다고 하며 발육과 결실이 잘 되는 것을 접목친화성이 있다고 말한다.

④ 접목친화성이 낮은 A와 B를 접목해야 할 경우 A와 B에 대해 친화성이 높은 C를 A와 B사이에 접하여 A/B/C의 형식을 취하는데, 이를 이중접목이라고 하며, 이때의 C를 중간대목이라고 한다.

⑤ 접목으로 접수와 대목의 상호작용으로 형태적, 생리적, 생태적 변이를 나타내는 것을 접목변이라고 말한다.

(2) 접목 방법

① 눈접(아접, T − budding)

 ㉠ **8월 상순부터 9월 상순경까지 하며, 당년에 자란 수목의 가지에서 1개의 눈을 채취하여 대목에 접목**하는 방법이다.

 ㉡ 접목한 눈은 활착 후 발아하지 않고 그대로 월동 후 이듬해에 생장한다.

 ㉢ 과수, 장미, 단풍나무에 이용된다.

② 가지접 : 휴면기에 저장했던 수목을 이용하여 3월 중순에서 5월 상순에 접목하는 방법으로 절접, 할접, 설접, 삽목접 등이 있으며, 주로 깍기접을 한다.

 ㉠ 깍기접(절접)

  • **가장 기초가 되는 접목방법으로 간단하고 활착이 잘된다.**

  • 일반수목, 과수, 장미 등에서 많이 이용된다.

  • 준비한 접수와 대목의 형성층을 잘 맞추고 파라핀, 폴리에틸렌테이프로 결속한 후 접수의 절단면은 밀랍, 도포제를 칠하여 수분의 손실을 방지한다.

 ㉡ 짜개접(할접) : **굵은 대목에 가는 소목을 접목할 경우 대목 중간을 쪼개 그 사이에 접수를 넣어 접목하는 방법이다.**

 ㉢ 혀접(설접)

  • **굵기가 비슷한 접수와 대목을 각각 비스듬하게 혀모양으로 잘라 서로 결합시키는 접목방법이다.**

  • 유럽이나 미주에서 사과나무, 배나무, 복숭아나무, 포도나무 등에 이용한다.

 ㉣ 삽목접

  • 뿌리가 없는 대목에 접목한 후 발근과 접목 활착이 동시에 이루어지도록 하는 방법이다.

  • 포도나무의 접목에 이용한다.

③ 쌍접 : 뿌리를 갖추고 있는 두 식물을 접촉시켜 활착시키는 방법이다.

④ 교접 : 동일식물의 줄기와 뿌리 중간에 가지나 뿌리를 삽입하여 상하조직을 연결시키는 방법이다.

(3) 접목의 종류

① 접목 방식에 따른 구분 : 쌍접, 삽목접, 교접, 이중접, 설접, 눈접, 짜개접

② 접목 시기에 따른 구분 : 춘접, 하접, 추접

③ 대목 위치에 따른 구분 : 고접, 목접, 근두접, 근접

④ 접수에 따른 구분 : 아접, 지접

⑤ 지접에서 접목 방법에 따른 구분 : 피하접, 할접, 복접, 합접, 설접, 절접 등

⑥ 포장에서 대목이 있는 채로 접목하는 거접과 대목을 파내서 하는 양접

(4) 접목의 이점

① 결과연한 단축

실생묘에 비해 접목묘의 이용은 결과에 소요되는 연수가 단축되는데, 일본배는 7~8년에서 4~5년으로, 감은 10년에서 2~3년으로 단축된다.

② 수세조절

㉠ 서양배를 마르멜로 대목, 사과나무를 파라다이스 대목에 접목하면 현저히 왜화하여 결과연령이 단축되고 관리가 편리하다. 이것을 왜성대목(dwarf stocks)이라고 한다.

㉡ 살구나무를 일본종 자두나무 대목에, 앵두나무를 복숭아나무 대목에 접목하면 지상부 생육이 왕성해지고 수령도 길어진다. 이것을 강화대목(vigorating stocks)이라고 한다.

③ 환경적응성 증대

㉠ 감을 고욤 대목에 접목하면 내한성이 증대된다.

㉡ 복숭아 자두를 개복숭아 대목에 접목하면 알칼리 토양에 대한 적응성이 증대된다.

㉢ 배를 중국콩배 대목에 접목하면 내한성이 높아진다.

④ 병충해저항성 증대

㉠ 포도나무의 뿌리진딧물인 필록세라는 *Vitis rupertris, V. berlandieri, V. riparia* 등의 저항성 대목에 접목하면 경감이 된다.

㉡ 사과나무의 선충은 Winter Mzestin, Nothern Spy, 환엽해당 등의 저항성 대목에 접목하면 경감이 된다.

㉢ 토마토 풋마름병, 시들음병은 야생토마토에 접목하면 경감된다.

㉣ **수박의 덩굴쪼김병은 박 또는 호박 등에 접목하면 회피되거나 경감된다.**

⑤ 수세회복 및 품종갱신

㉠ 감나무가 탄저병으로 땅가의 부분이 상했을 때 환부를 깎아 내고 소독한 후 건전부에 접목하면 수세가 회복된다.

㉡ 탱자나무를 대목의 온주밀감이 노쇠했을 경우 유자나무 뿌리를 접목하면 수세가 회복된다.

㉢ 고접(高椄)을 하여 노목의 품종갱신이 가능하다.

⑥ **결과향상** : 온주밀감은 탱자나무를 대목으로 하는 것이 과피가 매끄럽고 착색이 좋으며, 성숙도 빠르고 감미가 있다.

⑦ **묘목의 대량생산** : 어미나무의 특성을 지닌 묘목을 일시에 대량생산이 가능하다.

6. 채소류의 접목육묘

(1) 채소류 접목육묘의 특징

① 토양전염성병의 발생이 억제되고, 불량환경에 대한 저항성이 증가하며 흡비력이 증진된다.

② 수박, 참외, 시설재배오이 등의 박과채소는 박이나 호박을 대목으로 이용하여 연작에 의한 **덩굴쪼김병을 방제할 수 있다.**

③ 토마토, 고추, 가지 등의 가지과채소는 저항성 대목을 이용한 접목재배가 증가한다.

(2) 박과채소 접목의 이로운 점

① **토양전염성 병 발생을 억제한다.**(덩굴쪼김병 : 수박, 오이, 참외)

② **저온·고온 등의 불량환경에 대한 내성이 증대된다.**

③ **흡비력이 강해진다.**(수박, 오이, 참외)

④ **과습에 잘 견딘다.**(수박, 오이, 참외)

⑤ **과실의 품질이 우수**해진다.(수박, 멜론)

(3) 박과채소류 접목의 단점

① **질소 과다 흡수의 우려가 있다.**

② **기형과 발생**이 많아진다.

③ **당도의 저하가 생긴다.**

④ **흰가루병에 약하다.**

7. 인공영양번식에서 발근 및 활착을 촉진하는 처리이다.

(1) 황화

새가지의 일부에 흙으로 덮거나 검은 종이로 싸서 일광을 차단하여 엽록소 형성을 억제하고 **황화시키면 이 부분에서 발근이 촉진**된다.

(2) 생장호르몬 처리

① 삽목할 때 β - IBA, NAA, IAA 등의 옥신류를 처리하면 발근이 촉진된다.

② 루톤분제(NAA)는 카네이션, 옥시베론분제(IBA)는 카네이션, 무궁화, 국화 등에 이용한다.

③ 취목의 경우 마디에 구멍을 뚫거나 상처를 내어서 호르몬을 공급한다.

(3) 자당액 침지

포도의 단아삽에서 6% 자당액에 60시간 침지하면 발근이 촉진된다.

(4) 과망간산칼륨액 처리

0.1~1.0% 과망간산칼륨(KMnO$_4$) 용액에 삽수의 기부를 24시간 정도 침지하면 소독의 효과와 함께 발근을 조장한다.

(5) 환상박피(ringing)

취목 시 발근시킬 부위에 환상박피, 절상, 연곡 등의 처리를 하면 탄수화물이 축적되고 상처 호르몬이 생성되어 발근이 촉진된다.

(6) 증산경감제 처리

① 접목을 할 때 대목 절단면에 라놀린을 바르면 증산이 경감되어 활착이 촉진된다.

② 호두나무의 경우 접목 후 대목과 접수에 석회를 바르면 표피의 수분증산이 경감되어 활착이 좋아진다.

8. 조직배양

(1) 조직배양의 개념

① 식물의 세포, 조직, 기관 등을 기내의 영양배지에서 무균적으로 배양하여 완전한 식물체로 재분화시키는 것을 조직배양(tissue culture)이라고 한다.

② 분화한 식물세포가 정상적인 식물체로 재분화할 수 있는 전체형성능을 지니고 있기 때문에 조직배양이 가능하다.

③ 삽목, 접목에 비해 짧은 기간에 대량증식이 가능하고, **생장점을 증식하면 바이러스무병주(virus free)를 육성**한다.

④ **영양기관은 잎, 줄기, 뿌리, 눈 등이 배양**된다.

⑤ **생식기관은 꽃, 과실, 배주, 배유, 과피, 꽃밥, 화분 등이 배양**된다.

⑥ 배지는 보통 MS배지를 기본으로 하여 배양재료에 맞게 배지를 만든다.

(2) 조직배양의 종류

① 세포 및 조직배양

㉠ 세포의 증식, 기관의 분화, 조직의 생장 등 식물의 발생과 형태형성 및 발육과정과 이에 관여하는 영양물질, 비타민·호르몬의 역할, 환경조건 등에 대한 기초연구를 할 수 있다.

㉡ 번식이 힘든 관상식물의 대량육성이 가능하다.(난초 등)

㉢ 세포돌연변이를 분리하여 이용할 수 있다.

㉣ 바이러스나 그 밖의 병충해저항성 개체를 육성할 수 있다.(감자, 딸기, 마늘, 카네이션, 구근류, 과수류 등)

감자의 조직배양

1. 조직배양으로 만든 인공씨감자는 큰 씨감자 대신 0.5~1.0g 정도의 소괴경(microtuber)을 이용하는 이점과 함께 100% 바이러스무병주이다.

2. 우리나라의 재배조건 하에서는 인공씨감자의 크기가 지나치게 작으면 좋은 수확이 어렵기 때문에 인공씨감자의 크기가 2~5g정도로 커졌고 이를 minituber라 부른다.

3. minituber는 조직배양으로 생산된 microtuber를 온실 내 멸균상토재배를 하거나 양액재배(배지 또는 분무경)로 증식하는 것이 실용적이다.

---

② 배배양

㉠ **정상적으로 발아·생육하지 못하는 잡종종자는 배배양을 통하여 잡종식물을 육성**할 수 있다.(나리, 목화, 벼 등)

㉡ 결과연령을 단축하여 육종연한을 단축시킬 수 있다.(장미, 나리, 복숭아 등)

㉢ 자식계를 퇴화하기 전에 분리·배양하여 새로운 개체를 육성할 수 있다.(양앵두 등)

③ 약배양

㉠ **화분의 소포자로부터 배가 형성되는 4분자기 이후 2핵기 사이에 꽃밥을 배지에서 인공적으로 배양하여 반수체를 얻고, 이것의 염색체를 배가 시키면 유전적으로 순수한 2배체식물(동형접합체)이 얻어지므로, 육종연한이 단축**된다.

㉡ 자가불화합성 식물에서 새로운 개체를 분리, 육성할 수 있다.(벼, 담배, 감자. 배추과 등)

ⓒ 약배양은 화분세포 이외의 화분벽세포(2n)조직이 기관으로 분화될 수 있는 단점이 있어서 화분만을 배양하는 화분배양이 개발되었지만 효율이 낮고, 백색체가 많이 나오는 단점이 있다.

ⓔ 화성벼, 화청벼, 화영벼 등이다.

④ 병적조직배양

ⓐ 병해충과 숙주간의 관계를 연구한다.

ⓑ 종양조직의 이상생장 매너니즘 규명한다.

ⓒ 바이러스, 산충 등에 관한 기초정보를 얻는다.

⑤ 세포융합

ⓐ 세포벽을 융해시켜 얻은 원형질체에 PEG(polyethylene glycil)처리나 전기적 충격을 가하여 세포를 융합시킨다.

ⓑ 교배가 불가능한 원연종간의 잡종을 만들거나 세포질에 존재하는 유전자를 도입하는 수단으로 이용된다.

ⓒ **세포융합에 의한 잡종은 보통 유성생식에 의한 잡종과 구별하여 체세포잡종(somatic hybrid)이라 한다.**

ⓓ **세포융합의 예는 감자와 토마토의 원형질체를 융합시켜 얻은 포메이토(pomato, 토감)가** 있는데 감자와 토마토 그 어느쪽의 특성도 제대로 나타나지 않아 실용성이 낮다.

⑥ 유전자전환 : **품종의 특성을 바꾸지 않고, 목적하는 유전자만을 도입시킬 수 있는 유전자조작 기술**이다.

주요 영양번식 기관과 방법
1. **영양번식의 기관**
   (1) 괴근 – 고구마
   (2) 괴경 – 감자
   (3) 지하포복경 – 벤트글라스
   (4) 지상포복경 – 버뮤다글라스
   (5) 절단경 – 사탕수수, 모시톤
2. **영양번식 방법**
   (1) 아포믹시스로 발육한 배에 의한 번식 : 귤
   (2) 포복경에 의한 번식 : 딸기
   (3) 근부맹아에 의한 번식 : 백양, 사시나무
   (4) 취목에 의한 번식 : 사과, 고무나무, 소나무
   (5) 분리법에 의한 번식 : 백합, 아마릴리스
   (6) 분단법 : 칸나, 국화, 파일애플, 고구마
   (7) 삽목 : 포도, 동백, 무화과
   (8) 접목 : 배, 감, 밤, 호두나무
   (9) 아접 : 장미, 복숭아, 포도나무

---

2 육묘

1. 육묘의 필요성

(1) 직파가 매우 불리한 경우

딸기, 고구마, 과수 등은 육묘이식이 정상적이고 경제적인 재배법이다.

(2) 증수 도모

과채류, 벼, 콩, 맥류 등은 직파보다 육묘 시 생육이 조장되어 증수된다.

(3) 조기수확 가능

과채류는 조기에 육묘해서 이식하면 수확기가 극히 빨라져 조기에 수확한다.

(4) 토지이용도 증대

벼를 육묘이식하면 답리작이 가능하여 경지이용률을 높이고 채소도 육묘이식으로 토지이용도가 증대된다.

(5) 재해의 방지

직파재배에 비해 육묘이식은 집약관리가 가능하므로 병충해, 한해, 냉해 등을 방지하기 쉽고 벼에서는 도복이 줄어들고, 감자의 가을재배에서는 고온해가 경감이 된다.

(6) 용수 절약

벼는 못자리 기간 동안 본답의 용수가 절약이 된다.

(7) 노력 절감

처음부터 넓은 본포에서의 직파 관리보다 중경, 제초 등에 소요되는 노력이 절감된다.

(8) 추대방지

봄결구배추를 보온육묘 후 이식하면 직파 시 포장에서 냉온시기에 저온감응으로 추대하고 결구하지 못하는 현상을 방지한다.

(9) 종자 절약

직파하는 것 종자량이 훨씬 적게 들어 비싼 종자일 경우 크게 유리하다.

2. 묘상의 종류

묘를 육성하는 장소를 묘상이라 하며, 벼의 경우를 특히 못자리라 하고 수목은 묘포라 한다.

(1) 보온양식에 따른 분류

① 노지상 : 자연 포장상태로 이용하는 묘상이다.

② 냉상 : 태양열만 유효하게 이용하는 묘상이다.

③ 온상 : 열원과 태양열도 유효하게 이용하는 방법으로 열원에 따라 양열온상, 전열온상 등으로 구분한다.

(2) 지면으로 부터의 높이에 따른 분류

① **저설상(지상)** : 지면을 파서 설치하는 묘상으로 보온의 효과가 커서 저온기 육묘에 이용되며, 배수가 좋은 곳에 설치한다.

② **평상** : 지면과 같은 높이로 만드는 묘상이다.

③ **고설상(양상)** : 지면보다 높게 만든 묘상으로 온도와 상관없이, 배수가 나쁜 곳이나 비가 많이 오는 시기에 설치한다.

(3) 묘상의 설치장소

① 본포에서 가까운 곳

② 집에서 멀지 않아 관리가 편리한 곳

③ 관개용수의 수원이 가까워 관개수를 얻기 쉬운 곳

④ 배수가 잘되고 오수와 냉수가 침입하지 않는 곳

⑤ 저온기 육묘는 따뜻하고 방풍이 되어 강한 바람을 막아주는 곳

⑥ 인축, 동물, 병충 등의 피해가 없는 곳

⑦ 지력은 너무 비옥하거나 척박하지 않는 곳

(4) 못자리의 종류

① **물못자리** : 초기부터 물을 대고 육묘하는 방식으로 물이 초기의 냉온을 보호하고, 모가 균일하게 비교적 빨리 자라며, 잡초, 병충해, 쥐, 새의 피해가 적다.

② **밭못자리와 보온밭못자리**

ㄱ 못자리 기간 동안은 관개하지 않고 밭 상태에서 육묘하는 방식이다.

ㄴ 모내기를 일찍 하고자 할 때 폴리에틸렌필름으로 터널식프레임을 만들어 그 속에서 밭못자리 형태로 육묘하는 보온밭못자리를 설치하고 육묘한다.

③ **절충못자리**

ㄱ 물못자리와 밭못자리를 절충한 방식이다.

ㄴ **초기 물못자리, 후기 밭못자리** : 서늘한 지대에서 모를 튼튼히 기를 때 이용한다.

ㄷ **초기 밭못자리, 후기 물못자리** : 따뜻한 지대에서 모의 생육을 강건히 할 때 이용한다.

④ **보온절충못자리**

ㄱ 초기에는 폴리에틸렌필름 등으로 피복, 보온하고 물은 통로에만 주다가 본엽이 3매 정도의 기온이 15℃일 때, 보온자재를 벗기고 못자리 전면에 담수하여 물못자리로 바꾸는 방식이다.

ㄴ 물못자리에 비해 10~12일 조파하여 약 15일 정도 조기이앙이 가능하고, 모도 안전하게 자라는 이점이 있어 가장 널리 보급되어 있는 못자리이다.

⑤ **상자육묘** : 기계이앙을 위한 것으로 파종 후 8~10일에 모내기를 하는 유묘, 파종 후 20일경에 모내기를 하는 치묘, 파종 후 30일경에 모내기를 하는 중모가 있다.

3. 묘상의 구조와 설비

(1) 못자리 및 노지상

① 지력이 양호한 곳을 골라 파종상을 만들고 파종한다.

② 모판은 배수, 통기, 관리 등 여러 면을 고려하여 양상(揚床)으로 하는 일이 많다.

(2) 온상

① 구덩이를 파고 그 둘레에 온상틀을 설치여 양열재료와 상토를 넣고 온상창과 피복물을 덮어서 보온하는 묘상으로 고구마순 기르기에 많이 사용한다.

② 온상구덩이의 너비는 1.2m, 길이 3.6m 또는 7.2m로 하는 것을 기준으로 하며, 깊이는 발열의 필요에 따라 조정하며 발열의 균일성을 위해 중앙부를 얕게 판다.

③ 열원으로는 전열, 온돌, 스팀, 온수 등이 이용되기도 하나 양열재료를 밟아 넣어 발열시키는 경우가 많다.

④ 양열재료의 종류

　㉠ **주재료 : 볏짚, 보릿짚, 건초, 두엄 등 탄수화물이 풍부한 재료이다.**

　㉡ **촉진재료 또는 보조재료 : 쌀겨, 깻묵, 계분, 뒷거름, 요소, 황산암모늄 등 질소분이 많은 재료이다.**

　㉢ **지속재료 : 낙엽 등 부패가 더딘 재료이다.**

⑤ 양열재료에서 발생되는 열은 호기성균, 효모와 같은 미생물의 활동에 의해 각종 탄수화물과 섬유소가 분해되면서 발생하는 열이다.

⑥ 열에 관여하는 미생물은 영양원으로 질소를 소비하며, 탄수화물을 분해하므로 재료에 질소가 부족하면 적당량의 질소를 첨가해 주어야 한다.

⑦ 발열은 균일하게 장시간 지속되어야 하는데 양열재료는 충분량으로 고루 섞고 수분과 산소가 알맞아야 한다.

⑧ 양열재료를 밟아 넣을 때 여러 층으로 나누어 밟아야 재료가 고루 잘 섞이고 잘 밟혀야 하며, 물의 분량과 정도를 알맞게 해야 한다.

⑨ **발열재료의 C/N율은 20~30 정도일 때 발열상태가 양호하다.**

⑩ **수분함량은 전체의 60~70% 정도로 발열재료건물의 1.5~2.5배 정도가 발열이 양호하다.**

> **양열재료의 C/N율**
> 보리짚, 밀짚(72) > 볏짚(67) > 감자(29) > 낙엽(25) > 쌀겨(22) > 자운영(16) > 알팔파(13) > 면실박(3.2) > 대두박(2.4)

⑪ 상토

　㉠ 배수와 보수력이 좋으며, 비료성분이 넉넉하고 병충원이 없어야 좋으며, 퇴비와 흙을 섞어 쌓았다가 잘 섞은 후 체로 쳐서 사용한다.

　㉡ 플러그육묘(공정육묘)의 상토는 속성상토로 피트모스, 버미큘라이트, 펄라이트 등을 혼합하여 사용한다.

(3) 냉상

① 구덩이는 깊지 않게 하고 양열재료 대신 단열재료를 넣는다.

② 단열재료는 상토의 열이 달아나지 않게 짚, 왕겨 등을 상토 밑에 10cm 정도 넣는다.

4. 기계이양용 상자육묘

(1) 육묘상자

① 규격은 가로, 세로, 높이 60cm × 30cm × 3cm이다.

② 필요 상자수는 대체로 본답 10a당 어린모는 15개, 중모는 30~35개이다.

(2) 상토

① 부식을 알맞게 함유하고 배수가 양호하고 적당한 보수력을 가지고 있어야 하며, 병원균이 없고 모잘록병을 예방하기 위해 pH 4.5~5.5 정도가 알맞다.

② 상토의 양은 복토할 것까지 합하여 상자당 4.5L 정도 필요하다.

(3) 비료

밑거름을 상토에 고루 섞어주는데, 어린모는 상자당 질소, 인, 칼륨을 각각 1~2g씩, 중모는 질소 1~2g, 인 4~5g, 칼륨 3~4g을 준다.

(4) 파종

파종량은 상자당 마른 종자로 어린모 200~220g, 중모 100~130g 정도로 한다.

(5) 육묘관리

① 출아기: 30~32℃로 온도 유지한다.

② 녹화기: **녹화는 어린싹이 1cm 정도 자랐을 때 시작하며, 낮에는 25℃, 밤에는 20℃ 정도로 유지하고, 2000~3000 lux의 약광을 쬐며, 갑자기 강광을 쪼이면 백화묘가 발생한다.**

③ 경화기: 처음 8일은 낮 20℃, 밤 15℃ 정도가 알맞고, 그 후 20일간은 낮 15~20℃, 밤 10~15℃ 가 알맞다. 경화기에는 모의 생육에 지장이 없는 한 자연상태로 관리한다.

5. 채소류 공정육묘

(1) 공정육묘(plug transplant technology)는 재래의 육묘방법을 대폭 개선하여 상토준비, 혼입, 파 종, 재배관리(관수, 시비 등) 등이 자동으로 이루어진다.

(2) 공정묘, 성형묘, 플러그묘, 셀묘 등으로 불린다.

(3) 공정육묘의 이점

① **단위면적당 모의 대량생산이 가능**하다.(재래식의 4~10배)

② **모든 과정의 기계화로 관리비와 인건비 등 생산비가 절감된다.**

③ **정식묘의 크기가 작아지므로 기계정식이 용이하고 인건비를 줄인다.**

④ **묘 소질이 개선이 비교적 용이하다.**

⑤ **육묘기간의 단축이 된다.**

⑥ **운반 및 취급이 간편하여 화물화가 용이하다.**

⑦ **대규모화가 가능하여 기업화 및 상업화가 가능하다.**

⑧ **주문생산이 용이해 연중 생산횟수를 늘릴 수 있다.**

6. 묘상의 관리

(1) 파종

작물에 따라 적기에 알맞은 방법으로 파종하고, 복토 후 볏짚을 얕게 깔아 표면건조를 막는다.

(2) 시비

밑거름을 충분히 주고 자라는 상태에 따라 추비하며, 상토량이 적은 공정육묘는 액비추비가 효과적이다.

(3) 온도

지나친 고온 또는 저온이 되지 않게 유지한다.

(4) 관수

생육성기에는 건조하기 쉬우므로 관수를 충분히 해야 한다. 야간은 과습을 피하고, 오전에 관수한다.

(5) 제초 및 솎기

잡초의 발생 시 제초하고, 생육간격의 유지를 위해 적당한 솎기를 한다.

(6) 병충해의 방제

상토 소독과 농약의 살포로 병충해를 방지한다.

(7) 경화

이식 시기가 가까워지면 직사광선의 외부 냉온에 서서히 경화시켜 정식하는 것이 좋다.

04

Chapter 05 정지, 파종, 이식

1 정지

1. 정지의 개념

(1) 파종이나 이식(또는 이앙)에 앞서 토양의 이화학적 성질을 작물의 생육에 알맞은 상태로 조성하기 위하여 가해지는 각종 기계적 작업을 정지라 한다.

(2) 파종 또는 이식 전 경운, 쇄토, 작휴, 진압 같은 작업이 포함된다.

2. 경운

토양을 갈아 일으켜 흙덩이를 반전시키고 대강 부스러뜨리는 작업이다.

(1) 경운의 효과

① 토양물리성 개선 : 토양을 연하게 하여 파종과 관리작업을 쉽게 하고 투수성과 투기성을 좋게 하여 종자의 발아, 유근의 신장, 근군 발달을 좋게 한다.

② 토양화학적 성질 개선 : 토양투기성이 좋아지고 토양미생물 활동이 촉진되어 유기물 분해가 왕성으로 유효태 비료성분이 증가한다.

③ 잡초발생 억제 : **호광성인 잡초종자**가 경운에 의하여 지하 깊숙이 매몰되어 잡초발생이 억제된다.

④ 해충의 경감 : 땅속 해충의 유충과 번데기를 지표에 노출하여 얼어 죽는다.

(2) 경운 시기

① 작부체계상 경운은 작물의 파종 또는 이식에 앞서 하는 것이 일반적이지만, 동기 휴한하는 일모작답, 춘파맥류 등은 추경·춘경을 할 수도 있다.

② 추경 : 흙이 습하고 차지며 유기물 함량이 많은 농경지는 추경을 하는 것이 유리하며, 추경은 유기물 분해촉진, 토양의 통기조장, 충해의 경감, 토양을 부드럽게 해준다.

③ 춘경 : 흙이 사질토양이며, 겨울 강우량이 많아 풍식이나 수식이 조장되는 곳은 가을갈이보다 봄갈이가 좋다.

④ 보통 가을갈이는 월동 중 비료성분의 용탈과 유실을 조장하므로 봄갈이가 유리하다.

04

건토효과
1. 포장을 충분히 건조시키면 유기물이 분해되어 작물에 대한 비료분의 공급이 많아지는데 이와 같은 현상을 건토효과라고 한다.
2. 건토효과는 논에서가 밭보다 크다.
3. 겨울이나 봄철에 강우량이 적으면 추경에 의한 건토효과는 현저히 나타나고, 봄철에 강우량이 많으면, 겨울 동안의 건토효과에 의하여 생긴 암모니아태 및 질산태질소가 빗물에 의하여 유실되므로 이러한 경우는 추경보다 춘경을 하는 것이 유리하다.
4. 추경에 의한 건토효과를 꾀하려면 유기물의 시용을 증대한다.

(3) 경운 깊이

① 재배작물의 종류와 재배법, 토양의 성질, 토층구조, 기상조건, 시비량에 따라 결정되며, 대부분 작물은 심경이 유리하다.

② 트랙터 경운은 20cm 이상의 심경이 가능하다.

③ 심경은 넓은 범위의 수분과 양분을 이용할 수 있어 지상부 생육이 좋고 한해 및 병충해 저항력 등이 증가하여 건전한 발육을 조장하나 심경 당년에는 심토가 많이 올라와 작토와 섞여 작물생육에 불리할 수 있으므로 유기물을 많이 시비하여야 한다.

④ 생육기간이 짧은 산간지 또는 만식재배 시 심경은 후기생육이 지연되고 성숙이 늦어져 등숙이 불량할 수 있으므로 과도한 심경은 피한다.

⑤ 누수가 심한 자갈논은 양분의 용탈이 심해지므로 피한다.

⑥ 심경은 매년 서서히 늘리고 유기질 비교를 증시한다.

(4) 간이정지

맥간작으로 콩을 재배할 때 경운하지 않고 간이골타기를 하거나 파종할 구멍만 내고 파종한다.

(5) 불경운(불경기)재배

① 형편에 따라 경운을 하지 않고 파종하는 것이다.

② **부정지파** : 답리작으로 밀, 보리, 이탈리안라이그라스 등을 재배할 때 종자가 뿌려지는 논바닥을 전혀 경운하지 않고 파종, 복토하는 것이다.

③ **제경법**

㉠ 경사가 심한 곳에 초지를 조성할 경우에 사용하는 방법이다.

㉡ 방목을 하여 잡초를 없애고 목초 종자를 파종 후 다시 방목하여 답압시켜 목초의 발아를 조장하는 방법이다.

㉢ 경운이 어렵고, 경운에 의하여 표토가 깎여 목초생육이 힘들며 토양침식이 촉진될 우려가 있어 제경법을 실시한다.

3. 쇄토

(1) 경운한 토양의 큰 흙덩러리를 알맞게 분쇄하는 것이다.

(2) 파종 및 이식작업을 쉽게 하고 발아 및 착근이 촉진된다.

(3) 논에서는 경운 후 물을 대서 토양을 연하게 한 다음 시비를 하고 써레로 흙덩어리를 곱게 부수는 것을 써레질이라 한다.

(4) 써레질은 흙덩어리가 부서지고 논바닥이 평형해지며 전층시비의 효과가 있다.

4. 작휴

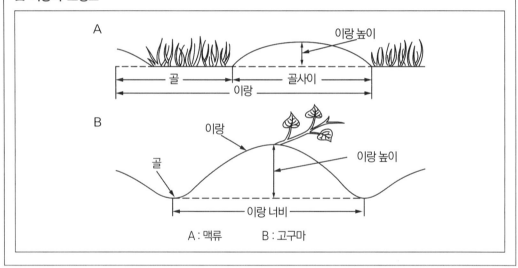

(1) 평휴법

    ① 이랑을 평평하게 하여 **이랑과 고랑의 높이가 같게 하는 방식이다.**

    ② **건조해와 습해가 동시에 완화**되며, 밭벼 및 채소 등의 재배에 실시한다.

(2) 휴립법

> 이랑을 세우고 고랑은 낮게 하는 방식이다.

    ① 휴립구파법

        ㉠ **이랑을 세우고 낮은 골에 파종하는 방식이다.**

        ㉡ **중북부지방에서 맥류 재배 시 한해와 동해 방지를 목적**으로, 감자에서는 발아를 촉진하고 배토가 용이하도록 하기 위한 것이다.

② 휴립휴파법

　　㉠ 이랑을 세우고 이랑에 파종하는 방식이다.

　　㉡ 배수와 토양 통기가 좋아진다.

　　㉢ 조, 콩 등은 이랑을 낮게, 고구마는 이랑을 비교적 높게 세운다.

③ 성휴법

　　㉠ 이랑을 보통보다 넓고 크게 만드는 방식이다.

　　㉡ 맥류 답리작재배의 경우 파종노력을 절감하는 것이 주목적이다.

　　㉢ 파종이 편리하고 생육초기 건조해와 장마철 습해를 막을 수 있다.

5. 진압

종자의 출아가 빠르고 균일하게 하기 위해 파종 전 또는 후에 토양을 다져주는 작업이다.

2 파종

1. 파종시기

(1) 작물의 종류 및 품종, 재배지역, 작부체계, 재해회피, 토양조건, 출하기 등의 요인으로 파종 시기는 종자의 발아와 발아 후 생장 및 성숙과정이 원만하게 이루어질 수 있는 기간을 고려하여 판단한다.

(2) 파종된 종자의 발아에 필요한 기온이 발아최저온도 이상이어야 하며, 토양수분도 필요 수준 이상이어야 하고 작물의 종류 및 품종에 따른 감온성과 감광성 등 여러 요인을 고려한다.

(3) 춘파작물의 최저온도는 그 작물의 파종시기를 결정하는 온도와 대체로 일치한다.

2. 파종시기의 결정 요인

(1) 작물의 종류

① 일반적으로 월동작물은 추파, 여름작물은 춘파가 일반적이다.

② 월동작물에서도 내한성이 강한 호밀은 만파에 적응하나 내한성이 약한 쌀보리의 경우 만파에 적응하지 못한다.

③ 여름작물이라도 춘파맥류와 같이 낮은 온도에 견디는 경우 초봄에 파종하나 옥수수와 같이 생육 온도가 높은 작물은 늦봄에 파종한다.

④ 녹두는 파종에 알맞은 기간이 여름작물 중에서 가장 길다.

(2) 작물의 품종

① 추파맥류에서 추파성 정도가 높은 품종은 조파를, 추파성 정도가 낮은 품종은 만파하는 것이 좋다.

② 벼에서 감광형 품종은 만파만식에 적응하나, 기본영양생장형과 감온형 품종은 조파조식이 안전하다.

③ 우리나라 북부지역에서는 감온형인 올콩(하대두형)을 조파한다.

> **맥류의 추파성**
> 1. 추파맥류가 저온을 경과하지 않으면 출수할 수 없는 성질을 추파성이라고 한다.
> 2. 맥류의 추파성은 생식생장을 억제하는 성질이다.
> 3. 추파맥류 재배 시 따뜻한 지방으로 갈수록 추파성 정도가 낮은 품종의 재배가 가능하다.
> 4. 추파성 정도가 높은 품종은 대체로 내동성이 강하다.
> 5. 추파성 정도가 높은 품종일수록 춘파할 때에 춘화처리 일수가 길어야 한다.

(3) 작부체계

① 콩 또는 고구마 등은 단작할 때는 5월에 파종하나, 맥후작의 경우는 6월 하순경에 심는다.

② 벼 1모작은 가능한 한 일찍 심는 것이 좋아 5월 중순~6월 상순에 이앙하나, 맥후작의 경우 6월 하순~7월 상순에 이앙한다.

(4) 재해의 회피

① 냉해, 풍해의 회피를 위해 벼는 조식조파하는 것이 유리하다.

② 조의 명나방 회피를 위해 만파를 한다.

③ 봄채소는 조파하면 한해가 경감되고, 가을채소는 발아기에 해충이 많이 발생하는 지역에서는 파종시기를 늦춘다.

④ 하천부지에서의 채소류의 재배는 수해의 회피를 목적으로 홍수기 이후에 파종한다.

⑤ 감자는 조파하면 상해의 우려가 있다.

(5) 토양조건

① 과습한 경우는 정지, 파종작업이 곤란하여 파종이 지연된다.

② 천수답 이앙시기는 강우에 의한 담수가 절대적으로 지배된다.

(6) 출하기

채소나 화훼류의 촉성재배, 억제재배는 시장상황을 반영하여 출하기를 고려하여 파종한다.

(7) 노력 사정

노동력의 문제로 파종기가 늦어지는 경우도 많으며 적기파종을 위해 기계화, 생력화가 필요하다.

(8) 기후

동일품종이라고 감자의 경우 평지에서는 이른 봄에 파종하나, 고랭지는 늦봄에 파종한다.

3. 파종양식

(1) 산파(흩어뿌림)

① **포장전면에 종자를 흩어 뿌리는 방법으로 노력이 적게 든다.**

② 종자 소요량이 많아지고 균일한 파종하기 어렵고, 생육기간 중 통기 및 투광이 나빠지고, 도복하기 쉬우며 제초 및 병해충방제 등 관리작업이 불편하다.

③ 목초·자운영의 파종은 산파이고, 산파하는 것이 수량이 많다.

④ 메밀도 파종기가 늦어지면 산파를 하고, 답리작 맥류는 파종노력을 절감하기 위해 적용한다.

(2) 조파(골뿌림)

① **골타기를 하고 종자를 줄지어 뿌리는 방법으로 맥류처럼 개체가 차지하는 공간이 넓지 않은 작물에 적용한다.**

② 골사이가 비어있어 통풍 및 수광이 좋으며, 작물의 관리작업도 편리해 생장이 고르고 수량과 품질도 좋다.

③ 산파보다 종자가 적게 들고 골 사이가 비어 수분과 양분의 공급이 좋다.

④ 대부분의 작물은 조파를 한다.

(3) 점파(점뿌림)

① **일정한 간격을 두고 종자를 몇 개씩 띄엄띄엄 파종하는 방법이다.**

② 두류, 감자 등 개체가 평면공간으로 면적을 많이 차지하는 작물에 적용한다.

③ 노력이 많이 들지만 개체 간 간격이 조정되어 생육이 좋고 종자량이 적게 들고 생육 중 통풍 및 수광이 좋다.

(4) 적파

① 일정한 간격을 두고 여러 개의 종자를 한 곳에 파종하는 것으로 점파의 변형이다.

② 목초, 맥류 등과 같이 개체가 평면으로 좁게 차지하는 작물을 집약적으로 재배할 때 적용된다.

③ 점파나 산파보다는 노력이 많이 들지만 수분, 비료분, 수광, 통풍이 좋아 생육이 양호하고 비배관리작업도 편리하다.

④ 맥류종자를 적파하면 산파보다 생육이 건실하고 양호하다.

(5) 화훼류의 파종방법

① 상파

  ㉠ 이식을 해도 좋은 품종에 이용된다.

  ㉡ 배수가 잘 되는 곳에 파종상을 20cm 내외의 깊이로 설치하고, 종자 크기에 따라 점파, 산파, 조파를 한다.

② 상자파 및 분파 : 종자가 소량이거나 꽃베고니아, 페튜니아, 아프리칸바이올렛 등과 같은 미세하거나 귀중하고 비싼 집약적 관리가 필요한 종자에 이용된다.

③ 직파

  ㉠ 재배량이 많거나 직근성으로 이식하면 뿌리의 피해가 우려되는 경우 적합한 방법이다.

  ㉡ 최근 직근성 초화류도 지피포트를 이용하여 이식할 수 있도록 육묘한다.

4. 파종량 결정

(1) 파종량 결정의 일반개념

① 종자별 파종량은 정식할 모수, 발아율, 성묘율(육묘율) 등에 의하여 산출하며, 보통 소요묘수의 2~3배의 종자가 필요하다.

② 파종량이 적을 경우

  ㉠ 수량이 적어지고, 성숙이 늦어지며 품질저하가 우려된다.

  ㉡ 잡초발생량이 증가하고, 토양의 수분 및 비료분의 이용도가 낮아진다.

③ 파종량이 많을 경우
  ㉠ 과번무해서 수광태세가 나빠지고, 수량 및 품질이 저하된다.
  ㉡ 식물체가 연약해져 도복, 병충해, 한해가 조장된다.
④ 일반적으로 파종량이 많을수록 단위면적당 수량은 증가하지만, 일정 한계를 넘으면 수량이 줄어든다.

(2) 파종량 결정 시 고려조건
  ① 작물의 종류
    ㉠ 작물 종류에 따라 종자의 크기와 재식밀도가 다르다.
    ㉡ 생육이 왕성한 품종은 파종량을 줄이고 그렇지 않은 경우 파종량을 늘린다.
  ② 종자의 크기
    ㉠ 같은 작물에서도 품종에 따라 종자의 크기가 차이가 있으므로 파종량을 조절한다.
    ㉡ **감자는 큰 씨감자를 쓸수록 파종량이 많아진다.**
  ③ 파종시기 : **파종기가 늦을수록 대체로 작물의 생육이 떨어지므로 파종량을 늘린다.**
  ④ 재배방식
    ㉠ **맥류는 조파보다 산파시에 파종량을 늘리고, 콩, 조 등은 단작보다 맥후작에서 파종량을 늘린다.**
    ㉡ **청예용, 녹비용 재배는 채종재배보다 파종량을 늘린다.**
    ㉢ 직파재배는 이식재배보다 파종량을 늘린다.
  ⑤ 재배지역
    ㉠ 맥류는 남부지방보다 중부지방에서 파종량이 많이 든다.
    ㉡ 한랭지는 대체로 발아율이 낮고 발육도 낮으므로 파종량을 늘린다.
    ㉢ **감자는 산간지보다 평야지의 파종량을 늘린다.**
  ⑥ 토양 및 시비
    ㉠ **토양이 척박하고 시비량이 적을 때에는 일반적으로 파종량을 다소 늘리는 것이 유리하다.**
    ㉡ **토양이 비옥하고 시비량이 충분한 경우도 다수확을 위해 파종량을 늘려준다.**
  ⑦ 종자의 조건 : **병충해종자의 혼입, 경실이 많이 포함되었거나 쭉정이 및 협잡물이 많은 종자의 경우, 발아력이 감퇴된 경우 등은 파종량을 늘려야 한다.**

5. 파종절차
골타기 → 시비 → 건토 → 파종 → 복토 → 진압 → 관수

(1) 골타기(작조)
종자를 뿌릴 골을 만드는 것으로, 점파의 경우 구덩이를 파고, 산파 및 부정지파는 골타기를 하지 않는다.

(2) 시비
파종할 곳 및 포장 전면에 비료 살포한다.

(3) 비료 섞기(간토)

시비 후 그 위에 흙을 덮어 종자가 비료에 직접 닿지 않도록 한다.

(4) 파종

종자를 직접 토양에 뿌리는 작업이다.

(5) 복토

① 파종한 종자 위에 흙을 덮는 작업으로 복토 깊이는 종자의 크기, 발아습성, 토양의 조건, 기후 등에 따라 결정한다.

② 미세종자는 얕게, 대립종자는 깊게 하며, 보통 종자크기의 2~3배 정도 복토한다.

③ 혐광성종자는 깊게 하고, 광발아종자는 얕게 복토(상추)하거나 하지 않는다.

④ 점질토는 얕게 하고, 경토는 깊게 복토한다.

⑤ 토양이 습윤한 경우 얕게 하고, 건조한 경우는 깊게 복토한다.

⑥ 저온 또는 고온에서는 깊게 하고, 적온에서는 얕게 복토한다.

⑦ 볍씨의 물못자에 파종은 복토를 하지 않는다.

♀ 주요 작물의 복토 깊이

복토 깊이(단위 : cm)	작물명
종자가 보이지 않을 정도	소립목초종자, 파, 양파, 당근, 상추, 유채, 담배
0.5~1.0	양배추, 가지, 토마토, 고추, 배추, 오이, 순무, 차조기 등
1.5~2.0	조, 기장, 수수, 호박, 수박, 시금치, 무 등
2.5~3.0	보리, 밀, 호밀, 귀리, 아네모네 등
3.5~4.0	콩, 팥, 옥수수, 완두, 강낭콩, 잠두 등
5.0~9.0	감자, 토란, 생강, 크로커스, 글라디올러스 등
10 이상	튤립, 수선, 히야신스, 나리 등

(6) 진압

① 파종 후 복토하기 전이나 후에 종자를 눌러주어 진압하는 하면, 토양을 긴밀하게 하고 파종된 종자가 토양에 밀착되며, 모관수가 상승하여 종자가 흡수하는데 알맞게 되어 발아를 조장한다.

② 경사지 또는 바람이 센 곳에서는 수식 및 풍식을 경감하는 효과가 있다.

(7) 관수

① 복토 후 토양의 건조방지를 위해 관수한다.

② 미세종자를 파종상자에 파종한 경우에는 저면관수하는 것이 좋다.

③ 저온기 온실에서는 수온을 높여 관수하는 것이 좋다.

3 이식(옮겨심기)

1. 가식 및 정식

(1) 용어정리

① 이식: 묘상 또는 못자리에서 키운 모를 본포로 옮겨 심거나 작물이 현재 자라는 곳에서 다른 장소로 옮겨 심는 일을 이식(transplanting)이라 한다.(벼는 이앙이라 한다)

② 정식: 수확할 때까지의 재배할 장소인 본포로 옮겨 심는 것이 정식이다.

③ 가식: 정식까지 잠시 이식해 두는 것이다.

(2) 이식의 이로운 점

① 생육 촉진 및 수량증대: 온상에서 보온육묘를 할 경우, 생육기간이 연장되고 작물의 발육이 크게 조장되어 증수를 기대할 수 있으며, 초기 생육촉진으로 수확을 빠르게 하여 경제적으로 유리하다.

② 토지 이용 효율 증대: 본포에 앞작물이 있는 경우 묘상, 못자리, 묘포 등에서 모의 양성으로 앞작물의 수확 후 또는 앞작물 사이에 정식하므로 토지이용효율을 증대시켜 경영을 집약화할 수 있다.

③ 숙기단축: 채소는 경엽의 도장이 억제되고 생육이 양호해져 숙기가 빨라지고, 상추, 양배추 등의 결구를 촉진한다.

④ 활착증진: 육묘 중에 가식을 하면 단근(斷根)이 된 후 정식하면 새로운 잔뿌리가 밀생하여 근군이 충실해지고 활착이 촉진된다.

(3) 이식의 해로운 점

① 무, 당근, 우엉 등 직근을 가진 작물은 어릴 때 이식하여 뿌리가 손상되면 그 후 근계 발육에 나쁜 영향을 미친다.

② 수박, 참외, 결구배추, 목화 등은 이식으로 뿌리가 절단되면 매우 해롭다. 이식을 해야 하는 경우에는 분파(盆播)하여 육묘하고 뿌리의 절단을 피해야 한다.

③ 벼는 대체로 이앙재배를 하지만 한랭지에서의 이앙은 착근까지 시일이 많이 필요하고 생육이 늦어지며 임실이 불량해지므로 파종을 빨리하거나 직파재배가 유리한 경우가 많다.

(4) 가식의 필요성

① 묘상절약: 가식은 처음부터 큰 면적의 묘상이 필요하지 않다.(채소, 담배 등)

② 활착증진: 새로운 잔뿌리가 밀생하여 정식 후 활착이 증진이 된다.

③ 재해방지: 천수답에서 모내기가 늦어질 때 가식을 하면 한해를 방지하고, 채소류에서 포장 조건으로 이식이 늦어질 때 가식은 모의 도장이나 노화를 방지한다.

2. 이식 시기

(1) 이식 시기는 작물 종류, 토양 및 기상조건, 육묘사정에 따라 다르다.

(2) 이식에 맞는 모의 발육도가 있어서 **토마토, 가지는 첫 꽃이 피었을 정도에 이식**하는 것이 좋다.

(3) **토양 수분이 넉넉하고 바람이 없는 흐린 날에 이식하면 활착이 좋다.**

(4) **수도의 도열병이 많이 발생하는 지대에서는 조식(早植)을 하는 것이 좋고 가지, 토마토 등 조숙 채소류는 늦서리에 주의한다.**

(5) 가을에 보리를 이식하는 경우 월동 전 뿌리가 완전히 활착할 수 있는 기간을 두고 그 이전에 이식하는 것이 안전하다.

(6) 벼의 손이앙은 40일모(성묘), 기계이앙은 30~35일모(중묘, 엽 3.5~4.5매)가 좋다.

(7) 과수 및 수목 등의 목본식물은 싹이 움트기 이전의 이른 봄이나 가을에 낙엽이 진 뒤에 이식하는 것이 좋다.

(8) 일반작물 또는 채소는 육묘의 진행상태(모의 크기)와 파종시기에 따라 결정된다.

3. 이식 양식

(1) 조식(條植)

골에 줄을 지어 이식하는 방법이다.(파, 맥류 등)

(2) 점식(點植)

포기를 일정 간격을 두고 띄어서 이식하는 방법이다.(콩, 수수, 조 등)

(3) 혈식(穴植)

포기 사이를 많이 띄어서 구덩이를 파고 이식하는 방법이다.(과수, 수목, 화목 등과 양배추, 토마토, 오이, 수박 등)

(4) 난식(亂植)

일정한 질서가 따로 없이 점점이 이식하는 방법이다.(콩밭에 들깨나 조 등)

4. 벼의 이앙양식

(1) 모내기(이앙)은 병목식(並木式)으로 하는데, 포기사이를 줄사이의 1/2 이하로 하여 줄사이를 넓히고 포기사이를 좁게 하는 이앙방식이다.

(2) **병목식**
수광과 통풍이 좋아지며, 초기생육이 억제되는 반면에 후기생육이 조장되는 경향이 있기 때문에 다비밀식으로 증수를 꾀할 때 이용된다.

5. 이식 방법

(1) 이식 간격

1차적으로 작물의 생육습성에 따라 결정된다.

(2) 이식준비

① 이식 시 난근 및 손상을 석게 하기 위하여 관수를 충분히 하여 상토가 흠뻑 젖은 후에 모를 뜬다.

② 묘상 내에서 몇 차례 가식하여 근군을 밀식하여 이식하는 것이 안전하고, 본포에 정식하기 며칠 전에 가식해 두었다가 새 뿌리가 다소 발생하려는 시기가 정식하는 것이 좋다.

③ 이식 전 경화시키면 저온 및 건조 등 자연환경에 저항성이 증대되어 흡수력이 좋아지고 착근이 빨라진다.

④ 식물체가 크거나 활착이 힘든 것은 뿌리돌림을 하고 가지를 친다.

⑤ 이식하면 단근이나 식상 등으로 뿌리의 수분흡수는 저해되나 증산작용은 동일하므로 시들고 활착이 나빠지므로 가지나 잎의 일부를 전정하기도 하고, 증산억제제인 OED유액처리하기도 한다.

(3) 본포준비

① **알맞게 정지하고, 미리 비료퍼리하고 흙과 잘 섞어야 하며, 미숙퇴비는 뿌리와 접촉되지 않도록 주의한다.**

② 호박, 수박 등은 북을 만들어 준다.

(4) 이식

① **이식은 묘상에 묻혔던 깊이로 하는 것이 원칙이나, 건조하면 다소 깊게, 습지에는 다소 얕게 한다.**

② 유기물이 많은 표토는 속으로, 심토는 표면에 덮는다.

③ 벼는 쓰러지지 않을 정도로 얕게 심어야 활착이 좋고 분얼이 빠르다.

④ 감자, 수수, 담배 등은 얕게 심고, 생장함에 따라 배토한다.

⑤ 과수의 접목묘는 접착부가 지면보다 위에 나오도록 한다.

(5) 이식 후 관리

① 뿌리가 잘 밀착되게 잘 진압하고 관수를 충분히 한다.

② 건조가 심할 때 지표면이나 식물체를 피복하여 지면증발을 억제함으로써 건조를 예방한다.

③ 이식 후 쓰러질 우려가 있는 경우 지주를 세워준다.

06 시비

Chapter

1 비료의 종류

1. 비효 및 성분에 따른 분류

(1) 3요소 비료

질소, 인산 칼 리가 비료의 3요소이다.

① 질소질 비료: 황산암모늄(유안), 요소, 질산암모늄(초안), 석회질소, 염화암모늄 등

② 인산질 비료: 과인산석회(과석), 중과인산석회(중과석), 용성인비 등

③ 칼리질 비료: 염화칼륨, 황산칼륨 등

④ 복합비료: 화성비료(17 – 21 – 17, 22 – 22 – 11), 삼림용 복비, 연초용 복비 등

(2) 기타 화학비료

① 석회질 비료: 생석회, 소석회, 탄산석회 등

② 규산질 비료: 규산고토석회, 규석회 등

③ 마그네슘(고토)질 비료: 황산마그네슘, 수산화마그네슘, 탄산마그네슘, 고토석회, 고토과인산 등

④ 붕소질 비료: 붕사 등

⑤ 망간질비료: 황산망간 등

⑥ 기타: 세균성비료, 토양개량제, 호르몬제 등

> **직접비료**
>
> 비료의 3요소인(질소, 인산, 칼리) 중 어느 하나의 성분만이라도 함유되어 있으면 직접비료라 한다.
>
> **간접비료**
>
> 1. 간접적으로 작물생육을 돕는 비료를 의미한다.
> 2. 석회의 시용은 토양의 이화학적 성질의 개선으로 식물생육에 유리한 영향을 준다.
> 3. 석회비료, 세균비료, 토양계량제, 호르몬제 등이 있다.

☆ 주요비료의 성분(%)

종류	질소	인산	칼륨	칼슘	종류	질소	인산	칼륨	칼슘
황산암모늄	21				탄산석회				45~50
요소	46				퇴비	0.5	0.26	0.5	
질산암모늄	33				구비(소)	0.34	0.2	0.1	
석회질소	21			60	구비(돼지)	0.6	0.5	0.4	
염화암모늄	25				인분뇨(생)	0.55	0.12	0.30	
초석	20				자운영(생)	0.48	0.18	0.37	
과인산석회		20			콩깻묵	6.5	1.4	2.07	
중과인산석회		46			탈지강	1.8	3.6	1.4	
용성인비		17~21			계분(건)	2.57	3.4	1.2	
토머스인비		16			짚재		2.0	4~5	2.0
인산암모늄	11	48			나뭇재		2.0	8~9	20
염화칼륨			60		풋나무재		2~3	5~6	10~15
황산칼륨			48~50		호밀(생)	0.53	0.24	0.63	
생석회				80	풋베기콩(생)	0.58	0.08	0.73	
소석회				60	완두(생)	0.51	0.15	0.52	

2. 비효 지속성에 따른 분류

(1) 속효성 비료

요소, 황산암모니아, 과석, 염화칼륨 등

(2) 완효성 비료

깻묵, METAP, 피복비료(SCV, PCV 등)

(3) 지효성 비료

퇴비, 구비 등

3. 반응에 따른 분류

(1) 화학적 반응

화학적 반응은 수용액의 직접 반응을 말한다.

① 화학적 산성비료: 과인산석회, 중과인산석회 등

② 화학적 중성비료: 요소, 황산암모늄(유안), 염화암모늄, 질산암모늄(초안), 황산칼륨, 염화칼륨, 콩깻묵, 어박 등

③ 화학적 염기성비료: 석회질소, 용성인비, 나뭇재, 토머스인비 등

(2) 생리적 반응

시비 후 토양 중 뿌리의 흡수작용 또는 미생물의 작용을 받은 뒤 나타나는 반응을 생리적 반응이라 한다.

① 생리적 산성비료 : **황산암모늄(유안), 염화암모늄, 황산칼륨, 염화칼륨 등**
② 생리적 중성비료 : **질산암모늄, 요소, 과인산석회, 중과인산석회, 석회질소 등**
③ 생리적 염기성비료 : **석회질소, 용성인비, 나뭇재, 칠레초석, 퇴비, 구비, 토머스인비 등**

4. 급원에 따른 분류

(1) 무기질비료

요소, 황산암모늄, 과인산석회, 염화칼륨 등

(2) 유기질비료

① 식물성 비료 : 깻묵, 퇴비, 구비 등
② 동물성 비료 : 골분, 계분, 어분 등

5. 시비시기에 따른 분류

(1) 기비(밑거름)

파종 또는 이식할 때에 주는 비료

(2) 추비(덧거름)

생육 도중에 주는 것(보비, 중거름)

(3) 지비(마지막 거름)

최후의 추비

2 시비의 이론적 배경

1. 최소양분율

양분 중에서 필요한 양에 대해 공급이 가장 적은 양분에 의해 작물생육이 제한되는데 이 양분을 최소양분이라고 한다. LIEBIG(1840)는 최소양분의 공급에 의해 작물의 수량이 지배된다고 하여 최소양분율을 제창하였다.

2. 수량점감의 법칙

비료는 시용량이 일정 한계 내에서는 수량의 증가량이 크지만, 비료 시용량이 어느 한계 이상으로 많아지면 수량의 증가량이 점점 작아지며, 마침내는 시비량을 증가해도 수량이 증가하지 못하는 상태에 도달한다. 이러한 현상이 수량점감의 법칙이며, 비료공급에 따른 보수(수량증가)란 견지에서 보수점감의 법칙이라고 한다.

3. 비료요소의 형태와 특성

(1) 질소

① 질산태 질소(NO_3-N)

㉠ 질산암모늄(NH_4NO_3), 칠레초석($NaNO_3$), 질산칼륨(KNO_3), 질산칼슘[$Ca(NO_3)_2$] 등이다.

㉡ 질산태 질소는 물에 잘 녹고, 속효성이다.

㉢ 질산은 음이온으로 토양에 흡착되지 않고 유실되기 쉽다.

㉣ 논에서는 질산태 질소의 비효가 암모니아태 질소보다 적은데, 탈질균에 의해 아질산염이 되어 탈질현상의 유해작용이 나타나기 때문이다.

㉤ 밭작물에 대한 추비에 가장 알맞다.

② 암모니아태 질소(NH_4^+-N)

㉠ 황산암모늄[$(NH_4)_2SO_4$], 염화암모늄(NH_4Cl), 질산암모늄(NH_4NO_3), 인산암모늄[$(NH_4)_2HPO_4$], 부숙인분뇨, 완숙퇴비 등이다.

㉡ 물에 잘 녹고 속효성이나 질산태 질소보다는 속효성이 아니다.

㉢ 양이온으로 토양에 잘 흡착되어 유실되지 않는 이점이 있고, 논의 환원층에 시비하면 비효가 오래간다.

㉣ 밭토양에서는 속히 질산태로 변하여 작물에 흡수된다.

㉤ 유기물을 함유하지 않은 암모니아태 질소를 해마다 사용하면 지력소모를 가져오며, 암모니아 흡수 후 산근(酸根)이 남게 되어 토양을 산성화시키는 불리한 점이 있다.

㉥ 황산암모늄은 질소의 3배에 해당하는 황산을 함유하고 있어 산성화의 원인이 되므로 유기물의 병용으로 직간접적인 해를 덜어야 한다.

> **질소의 변화**
> 1. 작물이 필요로 하는 질소의 형태는 암모늄태질소($NH_4 - N$)와 질산태질소($NO_3 - N$)이다.
> 2. 동식물사체에 포함된 유기질 질소화합물은 토양에서 토양미생물에 의하여 $NH_4 - N$가 된다(**암모니아화 작용**). 이후 이 $NH_4 - N$는 다른 미생물에 의하여 산화되어서 $NO_2 - N$, $NO_3 - N$로 변화된다(**질산화작용**). 이때 생성된 $NH_4 - N$와 $NO_3 - N$는 대부분 작물에 흡수되지만 일부는 탈질균(脫窒菌)에 의해 환원되어 N_2, N_2O, NO 등의 형태로 공기 중으로 휘산 된다(**탈질작용**).
>
> $$유기질\ 질소화합물(단백질\ 등) \rightarrow NH_4 \xrightarrow[\text{아질산균}]{} NO_2 \xrightarrow[\text{질산균}]{} NO_3$$

③ 요소[$(NH_2)_2CO$]

　　㉠ **물에 잘 녹으며 이온이 아니기 때문에 토양에 잘 흡착되지 않으므로 시용 직후에 유실될 우려가 있다.**

　　㉡ 토양미생물의 작용으로 속히 탄산암모늄[$(NH_4)_2CO_3$]을 거쳐 암모니아태로 되어 토양에 흡착이 잘되며 질소효과는 암모니아태 질소와 비슷하다.

　　㉢ 요소는 질소 결핍시 토양시비가 곤란한 경우 엽면시비에도 이용된다.

④ 시안아미드(CH_2N_2)태 질소

　　㉠ 시안아미드(CH_2N_2)태 질소를 함유하는 석회질소가 있다.

　　㉡ **물에 잘 녹으나 작물에 해롭다.**

　　㉢ 토양 중 화학변화로 탄산암모늄으로 되는데, 이 과정에 1주일 정도 소요되므로 작물파종 2주일 전쯤 시용해야 하고, 환원상태에서는 디시안디아미드가 되어 유독하고 분해가 어려우므로 밭상태로 하여 시용한다.

⑤ 유기태(단백태) 질소

　　㉠ 깻묵, 어비, 골분, 녹비, 쌀겨 등

　　㉡ 토양 중에서 미생물 작용에 의하여 암모니아태 또는 질산태로 된 후 작물이 이용한다.

　　㉢ 지효성으로 논과 밭에 모두 효과가 크다.

> **질소 성분 함량이 높은 순서**
> **요소 〉 질산암모늄 〉 염화암모늄 〉 황산암모늄**

(2) 인

① 인산질비료는 용해성에 따라 수용성, 가용성, 구용성, 불용성으로 구분하고 사용상으로 유기질 인산비료와 무기질 인산비료로 구분한다.

② 유기질인산비료 : 동물뼈, 물고기뼈, 구아노, 쌀겨, 보리겨 등이 있다.

③ 무기질비료의 중요한 원료는 인광석

④ **과인산석회(과석), 중과인산석회(중과석)는 대부분 수용성이고, 속효성으로 작물에 흡수가 잘 되지만, 산성토양에서는 철, 알루미늄과 반응하여 불용화되고 토양에 고정되어 흡수율이 극히 낮다.**

⑤ 용성인비는 구용성인산을 함유하며, 작물에 빠르게 흡수되지 못하므로 과인산석회 등과 병용하는 것이 유리하다. 토양 중 고정은 적고 규산, 석회, 마그네슘 등을 함유하는 염기성비료로 산성 토양 개량에 효과적이다.

(3) 칼리

① 칼리는 무기태 칼리와 유기태 칼리로 구분하고, 거의 수용성이며 비효가 빠르다.

② 황산칼륨과 염화칼륨이 비료의 주된 것이다.

③ 유기태 칼리는 쌀겨, 녹피, 퇴비, 산야초 등에 많이 함유되어 있고, 지방산과 결합된 칼리는 수용성이고 속효성이나 단백질과 결합된 칼리는 물에 난용성으로 지효성이다.

(4) 칼슘

① 직접적으로는 다량 요구되는 필수원소이며, 간접적으로는 토양의 물리적, 화학적 성질을 개선하고 일반적으로 토양에 가장 많이 함유되어 있다.

② 산화칼슘(CaO), 탄산칼슘($CaCO_3$), 수산화칼슘($Ca(OH)_2$), 황산칼슘($CaSO_4$) 등이다.

③ 가장 많이 이용되는 석회질비료는 수산화칼슘이다.

④ 부산소석회, 규회석, 용성인비, 규산질비료 등에도 칼슘이 많이 함유되어 있다.

4. 작물의 종류와 시비

(1) 작물의 종류에 따라 양분요구 특성이 다르다.

☞ 작물별 3요소의 흡수비율

작물	3요소 흡수율	작물	3요소 흡수율
콩	5 : 1 : 1.5	옥수수	4 : 2 : 3
벼	5 : 2 : 4	고구마	4 : 1.5 : 5
맥류	5 : 2 : 3	감자	3 : 1 : 4

(2) 종자를 수확하는 작물

① 영양생장기: 경엽의 발육, 영양물질의 형성에 중요한 질소비료를 충분히 시용한다.

② 생식생장기: 개화와 결실에 효과가 큰 인산과 칼리를 충분히 시용한다.

(3) 과실을 수확하는 작물

과수의 결과기에 인 및 칼리질비료가 충분해야 과실발육과 품질향상에 유리하다.

(4) 잎을 수확하는 작물

잎을 수확하는 엽채류는 질소비료 계속 유지한다.

(5) 뿌리나 지하경을 수확하는 작물

고구마, 감자 등의 작물은 양분이 많이 저장되도록, 초기에는 질소를 많이 주어 생장을 촉진하고, 양분이 저장되기 시작하면 탄수화물의 이동 및 저장에 관여하는 칼리를 충분히 시용한다.

(6) 꽃을 수확하는 작물

꽃망울이 생길 때 질소의 효과가 나타나도록 하면 개화와 발육이 좋아진다.

(7) 비료요소의 흡수속도도 작물에 따라 다르다.

    ① 콩과식물인 알팔파는 화본과인 오처드글래스에 비하여 질소, 칼리, 석회 등을 훨씬 빨리 흡수한다.

    ② 화본과목초와 콩과목초를 혼파하였을 때 질소를 많이주면 화본과가 우세해지고, 인, 칼리를 많이 주면 콩과가 우세하다.

(8) 벼의 시비

    ① 이삭거름을 주는 가장 적당한 시기는 유수형성기로 출수 25일 전이다.

    ② 알거름은 출수 후 수전기에 시용한다.

    ③ **벼 조식 재배시 생장 촉진을 위해 질소시비량을 증대한다.**

5. 기타 시비원리

(1) 생육기간이 길고 시비량이 많은 작물은 기비량(밑거름)을 줄이고 추비량(덧거름)을 늘린다.

(2) 지효성(퇴비, 깻묵 등) 또는 완효성 비료나 인산, 칼리, 석회 등의 비료는 밑거름으로 일시에 사용하는 것이 일반적이다.

(3) 생육기간이 극히 짧은 작물을 제외하고는 대체로 추비와 기비로 나누어 시비한다.

(4) 평지 감자재배와 같이 생육기간이 짧은 경우에는 주로 기비로 시비한다.

(5) 맥류와 벼와 같이 생육기간이 긴 경우 나누어 시비한다.

(6) 조식재배로 생육기간이 길어진 경우나, 다비재배의 경우 기비비율을 줄이고 추비비율을 늘린다.

(7) 사력답이나 누수답과 같이 비료분의 용탈이 심한 경우에는 추비 중심의 분시를 한다.

(8) **등숙기의 일사량이 많은 지대에서는 벼를 다비밀식해도 안전하고 효과적이지만, 만식재배에서는 도열병 발생의 우려가 있기 때문에 질소시비량을 줄인다.**

3 시비량

1. 시비량의 이론적 계산법

(1) 단위 면적 당 시비량

$$시비량 = \frac{비료요소흡수량 - 천연공급량}{비료요소의 흡수율}$$

비료 중의 성분량과 비료의 중량 계산

비료 중의 성분량 = 비료량 × $\dfrac{보증성분량(\%)}{100}$

비료의 중량 = 비료량 × $\dfrac{100}{보증성분량(\%)}$

예시문제 1 10a의 논에 요소비료를 20kg 시비할 때 질소의 함량은 몇 kg인가?

풀이 요소비료의 질소함량은 46%이므로

$$20\text{kg} \times \frac{46}{100} = 9.2(\text{kg})$$

예시문제 2 유효질소 10kg이 필요한 경우에 요소로 질소질 비료를 사용한다면 필요한 요소량은? (단, 요소비료의 흡수율은 83%, 요소의 질소함유량은 46%로 가정한다.)

풀이 $10(\text{kg}) \times \dfrac{100}{83} \times \dfrac{100}{46} = 약 \ 26.2(\text{kg})$

예시문제 3 질소 6kg/10a 을 퇴비로 주려 할 때 시비해야 할 퇴비의 양은? (단, 퇴비 내 질소함량은 4%이다.)

풀이 $6(\text{Kg}) \times \dfrac{100}{4} = 150(\text{kg/10a})$

예시문제 4 유기복합비료의 중량이 25kg이고, 성분함량이 N − P − K(22 − 22 − 11)일 때, 비료의 질소 함량은?

풀이 $6(\text{Kg}) \times \dfrac{22}{100} = 5.5(\text{kg})$

예시문제 5 논에 벼를 이앙하기 전에 기비로 = 10 − 5 − 7.5(kg/10a)을 처리하고자 한다.
N − P_2O_5 − K_2O가 20 − 20 − 10(%)인 복합비료를 10a 당 25kg을 시비하였을 때, 부족한 기비의 성분에 대해 단비 할 시비량은(kg/10a)은 얼마인가?

풀이 20 − 20 − 10(%) 복합비료 25kg/10a이므로 실제 시비량은

N : $25(\text{kg}) \times \dfrac{20}{100} = 5(\text{kg})$

P_2O_5 : $25(\text{kg}) \times \dfrac{20}{100} = 5(\text{kg})$

K_2O : $25(\text{kg}) \times \dfrac{10}{100} = 2.5(\text{kg})$

10a당 5 − 5 − 2.5kg이 된다.
따라서 부족분은 (10 − 5) − (5 − 5) − (10 − 5) 로 5 − 0 − 5kg/10a이 된다.

(2) 비료요소의 흡수량은 단위면적당 전 수확물 중에 함유되어 있는 비료요소를 분석, 계산한다.

(3) 비료요소의 천연공급량

① 비료요소의 천연공급량은 토양 중에서나 관개수에 의해서 천연적으로 공급되는 비료요소의 분량이다.

② 어떤 비료요소에 대하여 무비료 재배를 할 때의 단위면적당 전 수확물 중에 함유되어 있는 그 비료요소량을 분석·계산하여 구한다.

(4) 비료요소흡수율

① 시용한 비료성분량에 대하여 작물에 흡수된 비료성분의 비를 백분율로 표시한 값을 비료성분의 흡수율 또는 이용률이라고 한다.

② 흡수율은 비료의 종류에 따라 다를 뿐만 아니라 같은 비료라도 토양조건, 환경조건, 작물의 종류, 재배법, 시용량 등에 따라 다르다.

(5) 비료의 성분량

① 질소

㉠ 요소 [$CO(NH_2)_2$] : 성분량이 46%

→ 요소비료 100kg 중에 질소(N)가 46kg

㉡ 유안[$(NH_4)_2SO_4$] : 성분량이 21%

→ 유안비료 100kg 중에 질소(N)가 21kg

㉢ 20kg의 요소비료 한 포대에는 질소(N)가 9.2kg 들어 있고, 20kg의 유안비료 한 포대에는 질소(N)가 4.2kg 들어 있다.

② 인산

㉠ 용성인비와 용과린의 성분량 : 20%

㉡ 용성인비와 용과린 각 20kg 1포대에는 인산성분이 각 4.0kg씩 들어 있다.

③ 칼리

㉠ 염화칼리는 성분량이 60%, 황산칼리 성분량이 49%이다.

㉡ 20kg의 염화칼리 한 포대에는 칼리성분이 12kg 들어있고, 황산칼리는 9.8kg 들어 있다.

4 시비법

1. 시비의 평면적 위치

(1) 전면시비

논이나 과수원에서 여름철 속효성 비료를 시비할 때 이용한다.

(2) 부분시비

시비구를 파고 비료를 시비하는 방법이다.

2. 시비의 입체적 위치

(1) 표층시비

토양의 표면에 밭작물이나 목초 등의 작물 생육기간에 시비하는 방법이다.

(2) 심층시비

벼, 과수, 수목 등의 작물재배 시 작토 속에 시비하는 방법인데, 특히 논에서 암모니아태 질소를 시용하는 경우 유용한 방법이다.

(3) 전층시비

벼 등의 작물에 비료를 작토 전층에 고루 혼합되도록 시비하는 방법이다.

5 비료의 배합

1. 배합비료의 장점

(1) 비효의 지속 조절

생육단계 별 필요한 양분이 다르므로 속효성 비료와 지효성 비료를 적당량 배합하면 비효의 지속을 조절할 수 있다.

(2) 시비의 번잡성을 덜 수 있음

단일비료를 여러 차례에 걸쳐 시비하는 번잡성을 덜며, 균일한 살포를 하는데 용이하다.

(3) 물리적 성질의 양호성

요소나 황산암모늄은 굳어지는 불편이 있는데, 유기질비료(쌀겨 등)와 배합하면 건조할 때 굳어지는 결점을 보완할 수 있다.

> 불용성 인산3석회에 유기질을 혼합하면 유기질에서 나온 유기산에 의하여 가용성(인산1석회)으로 변한다.
>
> $$Ca_3(PO_4)_2 + H^+ \rightarrow Ca(H_2PO_4)_2$$
>
> 불용성인산   유기산   가용성인산

2. 배합상 불리한 점 및 주의해야 할 점

(1) 암모니아태 질소를 함유하고 있는 비료에 석회와 같은 알칼리성 비료를 혼합하면 암모니아가 기체로 변하여 비료성분이 소실된다.

(2) 질산태 질소를 유기질비료와 혼합하면 저장 중 또는 시용 후에 질산이 환원되어 소실된다.

(3) 과인산석회와 같은 수용성 인산이 주성분인 비료에 Ca, Al, Fe 등이 함유된 알칼리성 비료를 혼합하면 인산이 물에 용해되지 않아 불용성이 된다.

(4) 과인산석회와 같은 석회염을 함유하고 있는 비료에 염화칼륨과 같은 염화물을 배합하면 흡습성이 높아져 액체가 되거나 굳어진다.

(5) 질산태 질소를 함유하고 있는 비료에 과인산석회와 같은 산성비료를 혼합하면 질산은 기체로 변한다.

04

---

6 염면시비

1. 엽면시비의 개념

(1) 작물은 뿌리뿐만 아니라 잎에서도 비료성분을 흡수할 수 있다.

(2) 필요한 때에는 비료를 용액의 상태로 잎에 뿌려주기도 한데 이와 같은 것을 엽면시비 또는 엽면살포라고 한다.

(3) 엽면시비는 살포 후 24시간 내에 50% 정도가 흡수되고, 3~5일 동안은 엽록소가 증가하여 잎이 진한 녹색으로 변한다.

(4) 잎의 비료 성분의 흡수는 표면보다는 이면에서 더 잘 흡수되는데, 잎의 표면 표피는 이면 표피보다 큐티클층이 더 발달되어 물질의 투과가 용이하지 않고 이면은 살포액이 더 잘 부착되기 때문이다.

2. 엽면시비의 이용

토양시비보다 비료성분의 흡수가 빠른 장점, 토양시비가 곤란할 때 시비할 수 있으나 일시에 다량을 줄 수 없기 때문에 토양시비를 모두 대신할 수는 없다.

(1) 미량요소의 공급

① 엽면시비는 미량요소의 공급 및 뿌리의 흡수력이 약해졌을 때 효과적이다.

② 결핍증이 나타난 요소를 토양에 시비하는 것보다 엽면에 시비하는 것이 효과가 크다.

③ 노후답의 망간, 철분 보급, 사과의 마그네슘 결핍, 감귤류와 옥수수의 아연결핍증 등

(2) 뿌리의 흡수력이 약해졌을 경우

① 노후답의 벼와 습해를 받은 맥류는 뿌리가 상하고 흡수력이 약하므로 엽면시비가 좋다.

② 요소나 망간 등의 엽면시비에 의해 생육이 좋아진다.

(3) 급속한 영양회복

① 동상해, 풍수해, 병충해를 받아 생육이 쇠퇴한 경우 엽면시비가 빨리 흡수되어 시용의 효과가 크다.

② 자르기 전 고구마싹, 출수기경의 벼나 맥류 등의 영양상태가 나쁠 때 영양을 회복한다.

(4) 품질향상

① 출수 전 꽃에 엽면시비를 하면 잎이 싱싱해진다.

② 수확 전의 밀이나 뽕잎 또는 목초에 엽면시비를 하면 단백질의 함량이 높아진다.

③ 꽃, 과수, 차나무잎, 뽕잎 등의 엽면시비는 품질이 향상되며, 채소류의 엽면시비는 엽색을 좋게 하고, 영양가를 높인다.

(5) 비료분의 유실방지

포트(pot)에 꽃을 재배할 때 토양시비는 비료의 유실이 많은데, 엽면시비로 유실을 방지한다.

(6) 노력절약

농약살포할 때 비료를 섞어 작업이 가능하다.

(7) 토양시비가 곤란한 경우

① 과수원의 초생재배로 인해 토양시비가 곤란한 경우 엽면시비가 효과적이다.

② 참외, 수박 등과 같이 덩굴이 지상에 포복 만연하여 추비가 곤란한 경우, 플라스틱 필름 등으로 표토를 멀칭하였을 경우 엽면시비가 좋다.

3. 살포액의 농도

(1) 질소는 요소로 주는 것이 가장 안전하고, 부작용이 적으며 0.5~1.0% 수용액으로 살포한다.

(2) 칼리는 황산칼륨 0.5~1.0%액, 마그네슘은 황산마그네슘 0.5~1.0%액, 망간은 황산망간 0.2~0.5%액, 철은 황산철 0.2~1.0%액, 아연은 황산아연 0.2~0.5%액, 구리는 황산구리 1%액, 붕소는 붕사 0.1~0.3%액, 몰리브덴은 몰리브덴산염 0.0005~0.01%을 이용한다.

4. 엽면시비 시 흡수에 영향을 미치는 요인

(1) 잎의 표면보다 이면에서 더 잘 흡수된다.

(2) 잎의 호흡작용이 왕성할 때 흡수가 더 잘되므로 줄기의 정부로부터 가까운 잎에서 흡수율이 높고, 노엽보다는 성엽이, 밤보다는 낮에 흡수가 더 잘된다.

(3) 살포액의 pH는 미산성인 것이 흡수가 잘된다.

(4) 살포액에 전착제를 가용하면 흡수가 조장된다.

(5) 피해가 나타나지 않는 범위 내에서 설포액의 농도가 높을 때 흡수가 빠르다.

(6) 석회를 시용하면 흡수를 억제하고 고농도 살포의 해를 경감한다.

(7) 기상조건이 좋을 때는 작물의 생리작용이 왕성하므로 흡수가 빠르다.

5. 요소의 엽면시비 효과

(1) 착화, 착과, 품질양호

수박, 호박, 가지, 양배추, 오이

(2) 화아분화 촉진, 과실비대

감귤나무, 뽕나무, 차나무, 사과나무, 포도나무, 토마토, 딸기, 호프

(3) 조기출하, 다수확, 품질향상

무, 배추, 벼과 목초

(4) 활착, 임실양호

보리, 옥수수, 벼, 벼과목초

(5) 엽색 및 화색의 선명

화훼

(6) 수확 촉진

고구마, 유채

(7) 비대 촉진

감자

7 토양개량제

1. 유기물계

퇴비, 구비, 볏짚, 맥간, 야초, 이탄, 톱밥

2. 무기물계

벤토나이트, 제올라이트, 버미큘라이트, 펄라이트

3. 합성고분자계

크릴륨

작물의 내적균형과 생장조절제 및 방사성동위원소

1 작물의 내적균형

1. 내적균형의 지표

(1) 작물의 생리적, 형태적 균형과 비율은 작물생육의 지표가 된다.

(2) C/N율, T/R률(Top/Root ratio), G - D균형(Growth Differentiation Balance) 등이 내적균형의 지표이다.

2. C/N율

(1) C/N율의 개념

① 작물체 내의 탄수화물(C)과 질소(N)의 비율이다.

② 수분 및 질소의 공급이 약간 쇠퇴하고 탄수화물이 풍부해지면 화성과 결실은 양호하나 생육은 감퇴한다.

③ 탄수화물의 생성이 풍부하고, 수분과 광물질 성분, 특히 질소도 풍부하면 생육은 왕성하나 화성 및 결실은 불량하다.

(2) C/N율설의 적용

① 환상박피(girdling, ringing) : **과수재배에서 줄기의 일부분을 둥글게 형성층으로부터 바깥까지 제거하거나(환상박피), 줄기 군데군데에 칼질을 하여 유관속의 일부를 절단(각절)하면 동화물질의 전류가 그 부분에서 억제되어 환상박피나 각질한 윗부분에 있는 눈(芽)에는 탄수화물의 축적이 조장되어 C/N율이 높아지며, 이에 따라 화아분화가 촉진되고 과실의 발달이 조장된다.**

② 고구마의 인위개화 : **고구마순을 괴근이 형성되지 않은 나팔꽃의 대목에 접목하면 경엽으로부터의 괴근 형성을 위한 탄수화물의 전류가 억제되고 경엽에서의 탄수화물 축적이 조장되어 C/N율이 높아져 화아형성 및 개화가 이루어진다.**

③ 작물체 내 탄수화물과 질소가 풍부하고 C/N율이 높아지면 개화결실은 촉진된다.

> 고구마의 개화 유도 및 촉진
> 1. C/N율을 높인다.
> 2. 9~10시간의 단일처리한다.
> 3. 나팔꽃의 대목에 고구마순을 접목한다.
> 4. 고구마 덩굴의 기부에 절상을 내거나 환상박피한다.

(3) C/N율설의 평가

① C/N율을 적용할 경우 C와 N의 비율뿐만 아니라 C와 N의 절대량도 중요하다.

② C/N율의 영향은 시기나 효과에 있어서 결정적으로 현저한 효과를 나타내지 못한다.

③ 식물호르몬, 버널리제이션, 일장효과 등 개화 및 결실에 있어서 C/N율보다 더욱 결정적인 영향을 끼치는 요인들이 많다.

3. T/R률

(1) 작물의 지하부 생장량에 대한 지상부 생장량의 비율을 T/R률이라 한다.

(2) 감자나 고구마 등은 파종기나 이식이 늦어질수록 지하부의 중량감소가 지상부의 중량감소보다 크기 때문에 T/R률이 커진다.

(3) 일사가 적어지면 체내에 탄수화물의 축적이 감소하여 지상부의 생장보다 지하부의 생장이 더욱 저하되어 T/R률이 커진다.

(4) 질소를 다량 시비하면 지상부는 질소집적이 많아지고, 단백질 합성이 왕성해지며, 탄수화물의 잉여는 적어져 지하부 전류가 감소하게 되므로, 상대적으로 지하부 생장이 억제되어 T/R률이 커진다. 즉, 질소를 다량 사용하면 상대적으로 지상부보다 지하부의 생장이 억제된다.

(5) 토양수분 함량이 감소하면 지상부 생장이 지하부 생장에 비해 저해되므로 T/R률은 감소한다.

(6) 토양통기가 불량해지면 지상부보다 지하부의 생장이 더욱 억제되므로 T/R률이 높아진다.

(7) 근채류는 근의 비대에 앞서 지상부의 생장이 활발하기 때문에 생육의 전반기에는 T/R률이 높다.

4. G − D균형

식물의 생장과 분화의 균형 여하가 작물의 생육을 지배하는 요인이다.

2 식물생장조절제

1. 개념

(1) 식물체 내 어떤 조직 또는 기관에서 형성되어 체내를 이행하며 조직이나 기관에 미량으로도 형태적, 생리적 특수 변화를 일으키는 화학물질이 존재하는데 이를 식물호르몬이라 한다.

(2) 생장호르몬(옥신류), 도장호르몬(지베렐린), 세포분열호르몬(시토키닌), 개화호르몬(플로리겐), 성숙·스트레스호르몬(에틸렌), 낙엽촉진호르몬(아브시스산, ABA) 등이 있다.

(3) 식물의 생장 및 발육에 있어 미량으로도 큰 영향을 미치는 인공적으로 합성된 호르몬의 화학물질을 총칭하여 식물생장조절제라고 한다.

♀ 식물생장조절제의 종류

구분		종류
옥신류	천연	IAA, IAN, PAA
	합성	NAA, IBA, 2,4 − D, 2,4,5 − T, PCPA, MCPA, BNOA
지베렐린류	천연	GA_2, GA_3, GA_{4+7}, GA_{55}
시토키닌류	천연	제아틴, IPA
	합성	키네틴, BA
에틸렌	천연	C_2H_4
	합성	에세폰
생장억제제	천연	ABA, 페놀
	합성	CCC, B − 9, phosphon − D, AMO − 1618, MH − 30

♀ 주요생장조절제의 사용효과와 사용법

생장 조절제	일반명	작물명	효과	사용적기
아토닉액제	−	담배	생장촉진	종자 : 파종 전 침종 생육기 : 생육 중요시기
토마토톤 액제	4 − CPA	토마토	생장촉진	꽃이 3~5개 피었을 때
		가지	생장촉진	꽃이 핀 당일
지베렐린 수용액	gibberellic acid	포도 (거봉)	무종자화	개화직전 및 만개 10일 후 각각 1회 송이를 희석액이 침지
		딸기	생장촉진	비닐로 덮을 때나 그로부터 1주일 후
		여름국화	생장촉진	생육초기 10일 간격으로 2회 정도 엽면살포
클로시포낙액체 (토마토란)	cloxyfonac	토마토	착과증진, 과실비대촉진	1화방에 꽃이 3~5개 피었을 때 1회 살포
인돌비액제 (도래미)	IAA+6 − benzyl acetic acid	콩나물	생장촉진	콩이 싹을 터서 0.5cm 정도 나왔 을 때
루톤분제	1;naphthyl acetic acid	카네이션	발근촉진	꺽꽂이할 때
IBA분제 (옥시베론분제)	IBA	국화 카네이션 하와이무궁화	발근촉진	꺽꽂이할 때
에세폰액제 (에스렐)	ethephon	토마토	착색촉진	백숙기
		배	착색촉진	개화 후 100일경 과실지름이 6cm 정도 되었을 때
비나인수화제	daminozide	포인세티아	신장억제	적심 후 3일 및 적심 2주 후 각 1회
씨엠액제 (코링)	choline salt of maleic hydrazide	담배	액아억제	정식직후
		감자, 양파	맹아억제	수확 14일 전 경엽처리
디클로르프 로프액제 (미성알파)	dichlorprop tri − ethanol amine	사과 (쓰가루)	후기낙과방지	수확예정 25~30일 전

2. 옥신류(auxin)

(1) 생성과 작용

① 옥신은 줄기나 뿌리의 선단에서 합성되어 체내의 아래로 극성이동을 한다.

② 옥신은 주로 세포 신장촉진 작용을 하며, 한계 이상으로 농도가 높으면 생장이 억제된다.

③ 굴광현상: 광의 반대쪽에 옥신의 농도가 높아져 줄기에서는 그 부분의 생장이 촉진되는 향이다. 광성(양성굴광성)을 보이나 뿌리에서는 생장이 억제되는 배광성(음성굴광성)을 보인다.

④ 정아우세 현상: 분열조직에서 생성된 옥신은 정아(끝눈)의 생장은 촉진하나 아래로 확산하여 측아(곁눈)의 발달을 억제한다.

(2) 주요 합성옥신류

① 인돌산 그룹: IPAC, Indole Propionic Acid

② 나프탈렌산 그룹: NAA(Naphthaleneacetic Acid)

③ 클로로페녹시산 그룹: 2,4 − D, 2,4,5 − T, MCPA

④ 벤조익산 그룹: Dicamba, 2,3,6 − Trichlorobenzoic Acid

⑤ 피콜리닉산 유도체: Picloram

(3) 옥신의 재배적 이용

① **발근촉진**: 삽목이나 취목 등 영양번식을 할 때 카네이션 등 발근을 촉진한다.

② **접목 시 활착촉진**: 앵두나무, 매화나무에서 접수의 절단면이나 대목과 접수의 접합부에 IAA 라놀린연고를 바르면 유상조직의 형성이 촉진되어 활착이 촉진된다.

③ **개화촉진**: 파인애플에 NAA, B − IBA, 2,4 − D 등의 수용액을 살포하면 화아분화가 촉진된다.

④ **가지의 굴곡유도**: 관상수목에서 가지를 구부리려는 반대쪽에 IAA 라놀린연고를 바르면 옥신 농도가 높아져 원하는 방향으로 굴곡을 유도한다.

⑤ **낙과 방지**: 사과나무의 경우 자연낙화 진전 NAA, 2,4,5 − TP, 2,4 − D 등의 수용액을 처리하면 과경(열매자루)의 이층형성 억제로 낙과를 방지한다.

⑥ **적화 및 적과**

㉠ 사과, 온주밀감, 감 등은 꽃이 만개 후 NAA 처리를 하면 꽃이 떨어져 적화 또는 적과의 효과를 볼 수 있다.

㉡ 사과나무 꽃이 만개 후 1~2주 사이에, 감꽃이 만개 후 3~15일 후에 NAA를 살포화면 과실수가 1/3~1/2 감소한다.

㉢ 온주밀감은 꽃이 만개 후 25일 후에 휘가론을 살포하면 과실수가 1/3~1/2 감소한다.

⑦ **착과증대**

㉠ 사과나무의 개화기에 포미나(지베렐린 A_{4+7}, 비에이액제)를 꽃에 뿌린다.

㉡ 포도나무에 후라스타를 새 가지의 잎 7~8매 때 화방(꽃송이)에 뿌리면 착과가 좋아진다.

⑧ **과실비대**

㉠ 토마토 개화시 토마토란을, 사과나무는 포미나를 뿌리면 비대가 촉진된다.

㉡ 사과나무는 포미나를, 포도나무는 후라스타를 꽃에 뿌리면 착과가 증대된다.

㉢ 참다래는 풀메트를 만화기 30일 후 과실에 침지하면 비대가 촉진된다.

⑨ **과실의 성숙촉진**

   ⊙ 배나무는 지베렐린도포제를 꽃의 만개기 30~40일 후에 열매자루 당 25mg씩 도포하면 과실의 비대·성숙이 촉진된다.

   ⓒ 토마토는 에세폰액을 백숙기(白熟期)에 충분히 뿌리면 착색이 빨라진다.

   ⓒ 포도나무는 에세폰액을 송이 하단부의 과립이 착색하기 시작할 때 고루 뿌리면 숙기가 빨라진다.

⑩ **생장촉진 및 수량증대**

   ⊙ 담배는 아토닉액제에 종자를 침지하여 파종하거나 생육 중에 약액을 뿌려주면 생육이 촉진된다.

   ⓒ 감자는 지베렐린수용액에 씨감자를 60분 침지·파종하되, 싹을 약간 틔워서 봄밭에 심는 것이 생육에 훨씬 좋다.

⑪ **단위결과**

   ⊙ 토마토, 무화과의 개화기에 PCA나 BNOA 액을 살포한다.

   ⓒ 오이, 호박 등의 경우 2,4 − D 0.1% 용액의 살포한다.

⑫ **제초제로 이용**

   ⊙ 옥신류는 세포의 신장생장을 촉진하나 식물에 따라 상편생장을 유도하므로 선택형 제초제로 이용한다.

   ⓒ 페녹시아세트산 유사물질인 2,4 − D, 2,4,5 − T, MCPA 등이 이용된다.

   ⓒ 2,4 − D는 선택성 제초제로 이용한다.

   ⓔ 벤조산(benzoic acid)의 유사물질 dicamba, chloramben, picloram(Tordon) 등이 제초제로 많이 이용한다.

   ⓜ Propanil은 담수직파, 건답직파에 주로 이용되는 경엽처리 제초제이다.

   ⓗ Glyphosate는 이행성 제초제이며, 선택성이 없는 제초제이다.

   ⓢ Dichlorprop는 선택적 침투성 제초제로 사과 후기 낙과방지에 사용한다.

3. 지베렐린

  (1) 생성과 작용

    ① 식물체 내(어린잎, 뿌리, 수정된 씨방, 종자의 배 등)에서 생합성되어 뿌리, 줄기, 잎, 종자 등 모든 기관에 이행되며, 특히 미숙종자에 많이 함유되어 있다.

    ② 식물 어떤 곳에 처리하여도 자유로이 이동하여 줄기신장, 과실생장, 발아촉진, 개화촉진 등 모든 부위에서 반응이 나타난다.

    ③ 지베렐린은 주로 신장생장을 유도하며 체내이동이 자유롭고, 농도가 높아도 생장억제 효과가 없고, 체내이동에 극성이 없어 일정한 방향성이 없다.

(2) **지베렐린의 재배적 이용**

① **휴면타파와 발아촉진**

㉠ 종자의 휴면을 타파하여 발아가 촉진되고 호광성 종자의 발아를 촉진하는 효과이다.

㉡ 감자에 지베렐린을 처리하면 휴면이 타파되어 봄감자를 가을에 씨감자로 이용할 수 있다.

② **화성의 유도 및 촉진**

㉠ 맥류처럼 저온처리와 장일조건을 필요로 하는 식물, 특히 총생형 식물의 화성을 유도하고 개화를 촉진하는 효과가 있다.

㉡ 상추, 무, 배추, 양배추, 당근 등에서 저온처리 대신 지베렐린을 처리하면 추대·개화한다.

㉢ 추파맥류에서 6엽기 정도부터 지베렐린 처리하면 저온처리가 불충분해도 출수한다.

㉣ 스토크, 팬지, 피튜니아, 프리지어, 시네라리아 등 여러 꽃에 지베렐린을 처리하면 개화가 촉진된다.

③ **경엽의 신장촉진**

㉠ 지베렐린은 왜성식물의 경엽신장을 촉진하는 효과가 현저하다.

㉡ 기후가 냉한 생육초기의 목초에 지베렐린 처리를 하면 초기 생장량이 증가한다.

㉢ 쑥갓, 미나리, 셀러리 등의 채소에 지베렐린처리에 의한 신장촉진 효과가 인정되었다.

㉣ 복숭아, 귤, 두릅나무 등 과수와 삼, 모시풀, 아마 등 섬유작물에 지베렐린 처리를 하면 줄기의 신장이 촉진된다.

④ **단위결과 유도**

㉠ 지베렐린은 토마토, 오이, 포도나무 등의 단위결과를 유기하는데, 옥신보다 낮은 농도에서 효과가 있다.

㉡ 포도의 델라웨어는 개화 2주 전에 지베렐린을 처리하면 무핵과가 형성된다.

⑤ **수량증대**

㉠ 목초, 채소, 섬유작물 등에서의 지베렐린 처리로 경엽의 신장증대는 그대로 수량증대를 가져온다.

㉡ 감자의 가을재배에서 지베렐린 처리로 휴면을 타파하면 발아가 빠르며, 박피처리 등에 비하여 현저한 증수를 가져온다.

⑥ **성분변화**: 뽕나무에 지베렐린 50ppm 처리로 단백질이 증가된다.

4. 시토키닌

(1) 키네틴은 시토키닌류에 속하는 합성호르몬이다.

(2) 뿌리에서 합성되어 물관을 통해 수송되며, 세포분열과 분화에 관계하여 여러 가지 생리작용에 관여한다.

(3) 종자 발아를 촉진하며 특히 파종상의 고온으로 2차휴면에 들어간 상추 종자의 발아증진 효과가 있다.

(4) 무 등에서 잎의 생장을 촉진하고, 호흡을 억제하여 엽록소와 단백질의 분해를 억제하고, 잎의 노화를 지연시키고(해바라기), 포도의 경우 착과를 증가시키며, 사과의 경우 모양과 크기를 향상시킨다.

(5) 아스파라거스 등은 저장 중 신선도 증진효과가 있고, 식물의 내동성도 증대시키는 효과가 있다.

(6) 어린잎, 뿌리 끝, 어린 종자와 과실에 많은 양이 존재하며, 부족현상을 나타내는 일이 거의 없다.

(7) 옥신과 함께 존재해야 효과를 발휘할 수 있어 조직배양 시 2가지 호르몬을 혼용하여 사용한다.

5. ABA(Abscisic Acid)

(1) 목화의 어린 식물로부터 아브시스산(ABA)을 분리, **이층을 형성하여 낙엽을 촉진하는 물질이다.**

(2) **단풍나무의 휴면을 유도하는 물질**로 추출한 도민(dormin)도 ABA이다.

(3) **잎의 노화, 낙엽을 촉진하며, 휴면을 유도**하는 스트레스호르몬이다.

(4) ABA는 일반적으로 생장억제물질로 생장촉진호르몬과 상호작용으로 식물생육을 조절한다.

(5) 생장억제물질로 **경엽의 신장억제**에 효과가 있다.

(6) 종자의 휴면을 연장하여 감자, 장미, 양상추 등의 발아를 억제한다.

(7) 장일조건에서 나팔꽃, 딸기 등 단일식물의 화성을 유도하는 효과가 있다.

(8) **ABA가 증가하면 토마토는 기공이 닫혀서 위조저항성이 커지며, 목본식물의 경우 내한성이 커진다.**

(9) 잎의 기공을 폐쇄시켜 증산을 억제하며 수분 부족 상태에서도 저항성을 높인다.

6. 에틸렌

(1) 에틸렌의 이해

① **에틸렌은 구조가 간단한 기체로서, 성숙한 과일, 노화과정의 잎, 줄기의 마디에서 합성되며, 식물의 상처부위, 병원체 침입, 산소부족, 냉해 등의 환경변화에 의해서도 합성이 유도된다.**

② 과실성숙의 촉진 등에 관여하는 식물생장조절물질로, 성숙호르몬 또는 스트레스호르몬이라고 하며 환경스트레스와 옥신은 에틸렌합성을 촉진한다.

③ 에틸렌을 발생시키는 합성호르몬인 에테폰 또는 에스렐(2 – Chloroethyl Phosphonic Acid)을 농업적으로 이용하는데 에세폰수용액을 살포하거나 수용액에 침지하면 식물조직 내로 이행, 분해되어 에틸렌을 발산한다.

(2) 에세폰의 주요 생리작용과 재배적 이용

① **발아촉진** : 양상추, 땅콩 등의 발아를 촉진한다.

② **정아우세 타파**

㉠ 고구마를 에세폰액에 침지하여 재식하면 발아본수가 증대된다.

㉡ 완두, 진달래, 국화 등에서 정아우세현상을 타파하여 곁눈의 발생을 조장한다.

③ **생장억제** : **옥수수, 당근, 토마토, 수박**, 호박, 완두, 오이, 멜론, 무, 양파, 양배추, 순무, 가지 파슬리, 복숭아나무 등은 **생육속도가 늦어지거나 생육이 정지된다.**

④ **개화촉진**

　　㉠ 아이리스의 알뿌리에 처리하면 개화가 촉진되는 효과가 있다.

　　㉡ 아나나스의 키가 작아지고, 곁눈이 많아지며, 개화가 촉진된다.

　　㉢ 파인애플의 개화를 촉진한다.

⑤ **성발현의 조절** : 오이, 호박 등 박과채소의 암꽃 착생수를 증대한다.

⑥ **낙엽촉진 : 사과나무, 서양배, 양앵두나무 등의 잎의 노화를 촉진시켜 조기수확을 유도한다.**

⑦ **적과** : 사과, 양앵두, 자두 등은 적과의 효과가 있다.

⑧ **성숙과 착색촉진** : 토마토, 자두, 감, 배 등은 많은 작물에서 과실의 성숙과 착색을 촉진시키는 효과가 있다.

7. 생장억제물질

(1) B − Nine

　① B − Nine(B − 9, B − 995, N − dimethylamino succinamic acid)은 **신장억제 작용을 한다.**

　② 밀의 신장억제, **도복방지** 및 착화증대에 효과적이다.

　③ **사과나무 가지의 신장억제, 수세왜화, 착화증대, 개화지연, 낙과방지, 숙기지연, 저장성 향상의 효과가 있다.**

　④ 포도나무 가지의 신장억제, 엽수증대, 포도송이의 발육 증대 등의 효과가 있다.

　⑤ 국화의 변 · 착색을 방지한다.

(2) Phosfon − D

　① 국화, 포인세티아 등에서 줄기의 길이를 단축하는 데 이용한다.

　② 콩, 메밀, 땅콩, 강낭콩, 목화, 해바라기, 나팔꽃 등에서도 초장감소가 인정된다.

(3) CCC(Cycocel)

　① CCC(Cycocel)는 많은 식물에서 **절간신장을 억제**한다.

　② 국화, 시클라멘, 제라늄, 메리골드, 옥수수 등에서 줄기를 단축한다.

　③ 토마토의 개화를 촉진한다.

　④ 밀의 줄기를 단축하고, 도복을 방지한다.

(4) Amo − 1618

　① 국화의 발근한 삽수에 처리하면 키가 작아지고, 개화가 상당히 지연되는 효과가 있으며, 강낭콩, 해바라기, 포인세티아 등의 키를 작게 한다.

　② 잎의 녹색을 더욱 진하게 한다.

(5) MH

① MH(Maleic Hydrazide)는 **생장억제물질이라기보다는 생장저해물질이다.**

② **감자, 양파 등에서 발아(맹아)억제효과가 크다.**

③ 담배를 적심후에 처리하면, 곁눈의 발생을 방지하여 적심의 효과를 만든다.

④ 생울타리나 잔디밭에 뿌리면 생장이 더뎌지고, 당근, 무, 파 등에서는 추대를 억제한다.

(6) Rh − 531

① Rh − 531(CCDP)을 살포하면 **맥류의 간장(秆長)이 감소되어 도복이 방지된다.**

② 볏모의 신장 억제로 기계이앙에 알맞게 된다.

(7) BOH

파인애플의 줄기신장을 억제하고 화성을 유도한다.

(8) 모르파크틴

① 현저한 생장억제 작용이 있으며, **굴지성, 굴광성이 없어져서 뒤틀리고 꼬이는 생장으로 왜화시킨다.**

② 정아우세를 파괴하고, 가지를 많이 발생시키고, 볏과식물에서는 분얼이 많아지고 줄기가 가늘어지는 경향이 있어 볏과목초에 대한 이용성이 검토되고 있다.

(9) 파클로부트라졸

① 화곡류의 절간신장을 억제하여 도복을 방지하는 효과가 있다.

② 지베렐린 생합성 조절제로 지베렐린 함량을 낮추고 엽면적과 초장을 감소한다.

기타 생장조절제

1. BOH(B − hydroxyethyl hydrazine)
   파인애플의 줄기 신장을 억제하고 화성을 유도한다.

2. BNOA
   토마토의 단위결과를 유도한다.

3. 2,4 − DNC
   강낭콩의 키를 작게 하며, 초생엽중을 증가시킨다.

4. NAA
   파인애플의 화아분화를 촉진한다.

---

3 방사성 동위원소의 재배적 이용

1. 방사성동위원소와 방사선

(1) 동위원소(Isotope)

원자번호가 같고 원자량이 다른 원소이다.

(2) 방사성동위원소(Radio Isotope)

방사능을 가진 동위원소이다.

(3) 방사선의 종류

① α, β, γ선이 있고 이 중 γ선이 가장 현저한 생물적 효과를 가지고 있다.

② γ은 투과력이 가장 크고 이온화작용, 사진작용, 형광작용을 한다.

③ 농업상 이용되는 방사성동위원소

^{14}C, ^{32}P, ^{15}N, ^{45}Ca, ^{36}Cl, ^{35}S, ^{59}Fe, ^{60}Co, ^{133}I, ^{42}K, ^{64}Cu, ^{137}Cs, ^{99}Mo, ^{24}Na, ^{65}Zn 등

2. 방사성 동위원소의 재배적 이용

(1) 추적자(Tracer)로서의 이용

① 어떤 화학물질의 행동을 추적하기 위하여 함유시킨 특정한 방사성 동위원소를 추적자라고하며 추적자로 표지된 화합물을 표지화합물이라고 한다.

② 영양생리 연구 : 식물의 영양생리 연구에 ^{32}P, ^{42}K, ^{45}Ca 등을 표지화합물로 만들어 필수원소인 질소, 인, 칼륨, 칼슘 등 영양성분의 체내동태를 파악한다.

③ 광합성 연구 : ^{14}C, ^{11}C 등으로 표지된 이산화탄소를 잎에 공급하고 시간의 경과에 따른 탄수화물 합성과정을 규명할 수 있으며, 동화물질 전류와 축적과정도 밝힐 수 있다.

④ 농업토목 이용 : ^{24}Na를 이용하여 제방의 누수개소 발견, 지하수 탐색, 유속측정 등에 이용한다.

(2) 방사선 조사

① 살균, 살충 등의 효과를 이용한 식품저장에 이용 : ^{60}CO, ^{137}Cs 등에 의한 γ선의 조사는 살균, 살충 등의 효과가 있어 육류, 통조림 등의 식품저장에 이용된다.

② 영양기관의 장기저장 : γ의 조사는 감자, 양파, 밤, 당근 등의 발아가 억제되어 장기저장이 가능하다.

③ 생산량 증수 : 건조종자에 γ선, X선 등을 조사하면 생육이 조장되고 증수된다.

(3) 육종에 이용

방사선은 돌연변이를 유기하는 작용이 있어 돌연변이육종에 이용한다.

Chapter

08 작물의 관리

1 보식과 솎기

1. 보식

(1) 보파(추파)

파종이 고르지 못하였거나 발아가 불량한 곳에 보충적으로 파종하는 것이다.

(2) 보식

발아가 불량한 곳 또는 이식 후 고사한 곳에 보충적으로 이식하는 것이다.

(3) 보파나 보식은 되도록 일찍 실시해야 생육의 지연이 덜 하다.

2. 솎기

(1) 발아 후 밀생한 곳의 개체를 제거해 주는 것이다.

(2) 개체 생육공간을 확보하여 균일한 생육을 유도한다.

(3) 파종 시 솎기를 전제로 파종량을 늘리면 발아가 불량하더라도 빈 곳이 생기지 않는다.

(4) 솎기는 적기에 실시해야 하며, 생육상황에 따라 수회에 걸쳐 실시한다.

(5) 일반적으로 첫 김매기와 같이 실시하고, 늦으면 개체 간 경쟁이 심해져 생육이 억제된다.

(6) 파종 시 파종량을 늘리고 나중에 솎기를 하면 불량개체를 제거하고 우량한 개체만 재배할 수 있고, 개체 간 양분, 수분, 광 등에 대한 경합을 조절하여 건전한 생육을 할 수 있다.

2 중경 및 제초

1. 중경

(1) 중경의 개념

① **파종 또는 이식 후 작물생육기간에 작물 사이의 포장의 표토를 쪼아서 긁어 부드럽게 하는 토양 관리 작업이다.**

② 중경은 잡초 방제, 토양의 이화학적 성질의 개선, 작물 자체에 대한 기계적인 영향 등을 통하여 작물생육을 조장한다.

③ 초기중경은 단근 우려가 작으므로 대체로 깊게 하고, 후기중경은 단근 우려가 크므로 얕게 한다.

(2) 중경의 이로운 점

① **발아조장**: 파종 후 비가 와서 토양표층에 굳은 피막이 생겼을 때 중경하면 피막을 부수고 토양이 부드럽게 되어 발아가 조장된다.

② **토양통기조장**: 작물이 생육하고 있는 포장을 중경하면 대기와 토양의 가스교환이 활발해지므로 뿌리의 활력이 증진되고, 유기물의 분해가 촉진되며, 환원성 유해물질의 생성 및 축적이 감소된다.

③ **토양수분의 증발 경감**: 중경으로 표토가 부서지면, 토양의 모세관이 절단되어 토양 유효수분의 증발이 억제되고, 한발기에 한해(旱害)를 경감한다.

④ **비효증진 효과**: 논토양은 담수상태이므로 표층의 산화층과 그 밑의 환원층으로 토층분화가 되는데, 황산암모늄 등 암모니아태 질소를 표층인 산화층에 추비하고 중경하면, 비료가 환원층으로 들어가 심층시비한 것과 같이 되어 탈질작용이 억제되어 비효 증진효과를 얻는다.

⑤ **잡초의 제거**: 김매기는 중경과 제초를 겸한 작업으로 잡초제거에 효과적이다.

(3) 해로운 점

① **단근(뿌리가 끊어짐)**: 중경을 하면 뿌리의 일부가 끊어진다. 작물이 어린 영양생장 초기에는 근군이 널리 퍼지지 않아서 단근이 적고 또는 단근이 되더라도 뿌리의 재생력이 왕성하므로 피해가 적으나 생식생장에 접어들면 근군의 발달이 좋아 양분과 수분을 왕성하게 흡수하므로 중경으로 단근이 되면 피해가 크다. 화곡류는 유수형성기 이후는 보통 중경을 하지 않는다.

② **풍식(風蝕)의 조장**: 중경을 하면 밭토양에서는 표층이 건조되어 바람이 심한 지역에서나 우기에 토양침식이 조장한다.

③ **동상해 조장**: 중경을 하면 지중의 온열이 지표로 상승되는 것이 억제되어 발아 중 유식물이 저온이나 서리를 만나서 동상해를 받을 우려가 있다.

2. 잡초의 뜻

(1) 재배포장 내에 자연적으로 발생하는 작물 이외의 식물로 포장뿐만 아니라 포장주변, 도로, 제방 등에서 발생하는 식물까지 포함한다.

(2) 작물 사이에서 발생하여 직·간접으로 작물의 수량이나 품질을 저하시키는 식물이다.

(3) **클로버는 목야지에서는 훌륭한 목초이지만 잔디밭에서는 유해한 잡초가 되고, 논에 나는 둑새풀은 논보리에서는 유해한 잡초가 되나 벼에서는 좋은 녹비로 될 수 있다.**

3. 잡초의 해작용

(1) 작물과의 경쟁

다른 작물과 양분, 수분, 광선, 공간을 경합함으로써 작물의 생육환경이 불량해진다.

(2) 유해물질의 분비

잡초의 뿌리로부터 유해한 물질의 분비되어 작물생육을 억제하는 것을 타감작용(allelopathy)이라고 한다.

(3) 병충해의 전파

잡초는 작물 병원균의 중간기주가 되며, 병충해의 번식을 조장하며 병충해의 서식처와 월동처로 작용된다.

(4) 품질의 저하

곡물이나 종자에 잡초 종자가 섞이면 품질을 저하시킨다.

(5) 환경을 악화시키고, 미관을 손상시키며, 가축에 피해를 입힌다.

(6) 수로 또는 저수지 등에 만연하여 물의 관리 작업이 어려워진다.

4. 잡초의 번식 및 특성

(1) 잡초종자는 종자번식 또는 영양번식을 하며 생식력이 높으며, **일반적으로 크기가 작아 발아가 빠르고, 이유기가 빨리 오기 때문에 초기 생장속도가 빠르다.**

(2) **잡초종자는 사람, 바람, 물, 동물 등을 통한 전파력이 크다.**

(3) 잡초는 대개 C_4 식물로 광합성 효율이 높고, 생장이 빨라서 C_3 식물인 작물보다 우세하다.

(4) 잡초는 종자생산량이 많고, 식물의 일부분만 남아도 재생이나 번식이 강하다.

(5) **대부분 호광성 식물로서 광이 있는 표토에서 발아한다.**

(6) 불량환경에 잘 적응하며 한발이나 과습에 잘 견디며, 많은 종류가 성숙 후 휴면성을 지닌다.

(7) 휴면종자는 저온, 습윤, 변온, 광선 등에 의하여 발아가 촉진되기도 한다.

(8) 제초제저항성 잡초는 자연상태에서 발생한 돌연변이에 의해 나타나며, 동일한 계통의 제초제를 연용하면 제초제저항성 잡초가 발생할 수 있다.

(9) 일반적으로 **습지나 물 속에서 자라는 잡초는 배수가 잘되는 곳에서 자라는 것들보다 발아에 대한 산소요구도가 낮다.**

> **잡초의 유용성**
> 1. 지면 피복으로 토양침식을 억제하고, 환경오염 지역에서 오염물질을 제거한다.
> 2. 토양에 유기물의 제공원의 역할을 한다.
> 3. 유전자원과 구황작물로 이용한다.
> 4. 야생동물, 조류 및 미생물의 먹이와 서식처로 이용되어 환경에 기여한다.
> 5. 약용성분 및 기타 유용한 천연물질의 추출원이다.
> 6. 과수원 등에서 초생재배식물로 이용될 수 있고, 가축의 사료로서 가치가 있다.
> 7. 자연경관을 아름답게 하는 조경재료로 쓰인다.

5. 잡초의 종류

생활사에 따라 1년생, 2년생 및 다년생으로 구분하며, 종자번식과 영양번식을 할 수 있으며, 번식력이 높다.

(1) 우리나라의 주요 논잡초

① 1년생
ㄱ 화본과 : 강피, 물피, 돌피, 둑새풀
ㄴ 방동사니과 : 참방동사니, 알방동사니, 바람하늘지기, 바늘골
ㄷ 광엽잡초 : 물달개비, 물옥잠, 여뀌바늘, 자귀풀, 가막사리

② 다년생
ㄱ 화본과 : 나도겨풀
ㄴ 방동사니과 : 너도방동사니, 올방개, 올챙이고랭이, 매자기
ㄷ 광엽잡초 : 가래, 벗풀, 올미, 개구리밥, 미나리

(2) 우리나라 주요 밭잡초

① 1년생
ㄱ 화본과 : 둑새풀(2년생), 바랭이, 강아지풀, 돌피
ㄴ 방동사니과 : 참방동사니, 금방동사니, 알방동사니
ㄷ 광엽잡초 : 깨풀, 개비름, 명아주, 여뀌, 쇠비름, 냉이(2년생), 망초(2년생), 개망초(2년생)

② 다년생
ㄱ 화본과 : 참새피, 띠
ㄴ 방동사니과 : 향부자
ㄷ 광엽잡초 : 쑥, 씀바귀, 민들레, 쇠뜨기, 토끼풀, 메꽃

6. 잡초의 방제

(1) 예방적 방제법

① 다른 곳에서 생산된 잡초의 종자나 영양체가 경작지에 유입되지 않도록 수행하는 방법이다.

② **귀화잡초**: 돼지풀, 도꼬마리, 개망초, 미국가막살이, 메귀리 등이 있다.

③ 부레옥잠은 관상용, 어저귀는 섬유작물로 도입되어 잡초화되었다.

(2) 생태적·경종적 방제

① 잡초와 작물의 생리적·생태적 특성의 차이에 근거를 두고 잡초의 경합력이 저하되도록 재배 관리하는 방법이다.

② 윤작, 경운, 2모작, 퇴비를 잘 부숙시켜 퇴비 중의 잡초종자를 경감, 종자선별, 피복작물 재배, 답전윤환, 담수 등이다.

③ 잡초는 대부분 광발아종자가 많으므로 광을 차단(검정비닐 멀칭 등)하여 잡초의 발생 줄인다.

(3) 물리적 방제

① 물리적 힘을 이용하여 잡초를 제거하는 방법이다.

② 잡초가 외세의 침해에 가장 약한 시기를 통하여 작물과의 경합력을 억제하고 번식을 막아줄 목적으로 실시되는 방법이다.

③ 수취, 화염제초, 베기, 경운, 중경, 피복, 소각, 소토, 침수처리 등이 있다.

(4) 생물학적 방제

① 식해성 및 병원성 생물을 이용하여 잡초를 경감하며, 생태계 파괴 없이 보존할 수 있는 방법이다.

② **곤충을 이용한 방제**: 선인장(좀벌레), 고추나무속(무구풍뎅이)

③ **식물병원균을 이용한 방제**: 녹병균, 곰팡이, 세균, 박테리아, 선충, 바이러스 등

④ **어패류를 이용한 방제**: 잉어, 붕어, 흑색달팽이, 초어

⑤ **상호대립 억제작용성의 식물을 이용한 방제**: 타감작용, 답리작에 헤어리베치를 재배

⑥ **동물을 이용한 방제**: 오리

(5) 화학적 방제

① 제초제를 사용한 잡초 방제법이다.

② 사용범위가 넓고 제초효과가 커서 비교적 완전방제가 가능하며, 방제효과가 오래 지속되며, 값이 저렴하고, 사용하기가 간편하다.

③ 약해를 일으킬 가능성이 크고 지식과 훈련 및 교육이 요구된다.
제초제는 제형이 달라도 성분이 같을 경우 제초효과에 차이가 있다.

④ 적절한 제초제를 선택하는 것이 중요하고, 제초제에 따라 처리방법이 달라지므로 노력사정, 제초제 처리 기구의 보유 유무에 따라 적합하게 선택한다.

(6) 종합적 방제

① 잡초방제를 위해 몇 종유의 방제법을 상호 협력적인 조건 하에서 연계성있게 수행해 가는 방법이다.

② 불리한 환경으로 인한 경제적 손실을 최소화되도록 유해생물의 군락을 유지한다.

③ 다른 곳에서 생산된 잡초종자나 영양체가 경작지에 유입되지 않도록 하고, 잡초의 완전제거 보다 경제적 손실이 없는 한도 내에서 가장 이상적인 방제를 요구하는 방법이다.

④ 종합적 방제 대두배경

㉠ 한 가지 방법으로만 제초를 반복하면 그 방제수단에 저항성을 지닌 집단으로 분화할 우려가 있다.

㉡ 약제사용 증가로 토양에 대한 잔류독성, 약해문제가 발생한다.

㉢ 환경친화적 병해충 방제의 필요성이 대두되고 있다.

7. 제초제의 종류

(1) 제초제의 화학성 특성에 따른 분류

① 디페닐에테르계

bifenox : 수도 본답에 처리

② 아미드계

㉠ butachlor : 수도본답, 건답직파 또는 맥류 재배지에 이용한다.

㉡ alachlor : 대부분 밭작물에 이용된다.

㉢ propanil : 못자리, 담수직파, 건답직파, 잔디밭에 주로 이용되는 경엽처리 제초제이다.

③ 트리아진계

simazine : 과수원, 옥수수, 딸기 등의 밭작물에 토양처리제로 이용된다.

④ 요소계

㉠ methabenzthiazuron : 보리, 양파, 마늘 등 밭에 토양처리제 또는 발생초기의 경엽처리제로 이용한다.

㉡ linuron : 보리, 콩 등 밭작물에 파종·복토 후 **토양처리제**로 이용한다.

⑤ 카바메이트계

thiobencarb : 물못자리는 파종 후 10~14일, 본답에서는 써레질 후 7일 이내, 보리는 파종·복토 후 토양처리제로 이용한다.

⑥ 비피리딜리움계

paraquat(그라목손) : 비선택성 제초제로 주로 비농경지의 제초제로 과수원이나 비농경지에서 잡초발생 후 경엽처리, 맥류는 파종 전에 처리한다.

⑦ **페녹시계**

㉠ 2,4 − D : 제초제의 원조로서 현재까지 가장 널리 쓰이고 있는 것으로 수도본답, 잔디밭 또는 일반 밭작물에 이용된다. 처리시기는 수도 본답의 경우 모내기 후 20~40일이다.

㉡ MCPB

(2) 제초제의 활성에 따른 분류

① 선택성 제초제

㉠ 작물에 피해를 주지 않고 잡초에만 피해를 주는 제초제이다.

㉡ 2,4 − D, Butachlor, Bentazone 등이다.

② 비선택성 제초제

㉠ 작물과 잡초가 혼재되어 있지 않은 지역에서 사용한다.

㉡ glyphosate(근사미), sulfosate(터치다운), paraquat(그라목손) 등이다.

③ 접촉형 제초제

㉠ 식물체의 접촉부위에서만 제초효과가 일어나는 처리제이다.

㉡ paraquat(그라목손), diquat 등이다.

④ 이행성 제초제

㉠ 제초제 처리된 부위로부터 양분이나 수분의 이동경로를 통해 이동하여 다른 부위에도 약효가 나타나는 제초제이다.

㉡ bentazon, glyphosate 등이다.

(3) 처리대상이 되는 재배양식에 따른 분류

① 논 제초제

② 밭 제초제 : alachlor, simazine, linuron 등이 있다.

(4) 제품의 형태에 따른 분류

입제(GR), 유제(EC), 수화제(WP), 수용제(SP), 캡슐현탁제(CS), 유탁제(EW), 미립제(MG), 분산성액제(DC) 등이다.

광엽잡초 방제에 이용되는 제초제
1. 합성옥신인 2,4 − D, 디캄바(dicamba)는 과다한 세포팽창을 유도하여 식물을 고사시키는 제초제로 이용
2. 합성옥신은 논, 잔디밭에서 광엽잡초 방제에 이용

---

8. 제초제의 처리시기

(1) 파종 전 처리

경기하기 전 포장에 paraquat 등의 제초제를 살포한다.

(2) 파종후처리 또는 출아전처리

파종 후 3일 이내에 simazine, alachlor 등의 제초제를 토양전면에 살포한다.

(3) 생육초기처리 또는 출아후처리

잡초의 발생이 심할 때에는 생육초기에도 2,4 − D, bentazon 등의 선택형 제초제를 살포한다.

3 멀칭·배토·토입 및 답압

1. 멀칭

(1) 멀칭의 뜻과 방법

① **포장토양의 표면을 짚, 퇴비, 구비, 건토 등 여러 가지 재료로 피복하는 것**을 멀칭(mulching)이라고 한다.

② **포장의 표토를 곱게 중경하면 하층과 표면의 모세관이 단절되고 표면에 건조한 토층이 생겨서 멀칭한 것과 같은 효과가 있는데, 이를 토양멀칭이라고 한다.**

③ **폴리에틸렌, 비닐 등의 플라스틱필름을 피복하는 일이 많은데 이를 비닐멀칭이라고 한다.**

④ **미국의 건조지방, 반건조지방은 밀재배에 토양을 갈아엎지 않고 경운하여 앞작물의 그루터기를 그대로 남겨서 풍식과 수식을 경감시키는 농법을 하는데, 이를 스터블멀칭농법이라고 한다.**

(2) 피복재의 분류

① **기초피복재**: 골격 구조 위에 고정 피복하는 재료이다.(유리, 플라스틱 필름)

ㄱ **연질필름**: 폴리에틸렌(PE), 폴리염화비닐(PVC), 액정보호필름(EVA)

ㄴ **경질필름**: 염화비닐, 폴리에스테르

ㄷ **경질판**: FRP, FRA, 아크릴판, 복층판

② **추가피복재**: 보온·보광·방충 등을 목적으로 기초피복재 안팎에 덧씌우는 피복 재료이다.

(3) 멀칭의 이용성

① **생육촉진**

ㄱ 비닐멀칭을 하면 보온효과가 크기 때문에 보통재배의 경우보다 훨씬 조식(早植)할 수 있고, 또 **생육이 촉진되어 촉성재배에 널리 이용된다.**

ㄴ 벼의 육묘, 담배재배, 답전작의 감자재배, 채소재배, 땅콩재배 등 그 이용분야가 넓다.

② **한해의 경감**: 토양수분의 증발이 억제되어 가뭄의 피해가 경감된다.

③ **동해의 경감**: 맥류 등 월동작물을 퇴비 등으로 덮어 주면 동해가 경감된다.

④ **잡초발생 억제**: 잡초종자에는 호광성종자가 많아서 흑색필름멀칭을 하면 잡초종자의 발아를 억제하고 발아하더라도 생장이 억제되고, 광을 제한하여 이미 발생한 잡초도 생육이 억제된다.

⑤ **토양보호**
  ㉠ 멀칭은 풍식 또는 수식 등에 의한 토양의 침식을 경감 또는 방지된다.
  ㉡ 멀칭은 빗방울이나 관수 등으로부터의 충격을 완화시켜 주며, 수분의 이동속도를 느리게 함으로써 수분이 토양 내로 충분히 침투할 수 있도록 해준다.

⑥ **과실의 품질향상**: 딸기, 수박 등 과채류 포장에 멀칭을 하면 과실이 청결하고 신선해진다.

⑦ **토양의 비옥도를 증진**: 유기질 멀칭재료가 부식하여 유기물의 함량이 증대된다.

⑧ **지온의 조절**
  ㉠ 여름철 멀칭은 열의 복사가 억제되어 토양온도를 낮춘다.
  ㉡ 겨울철 멀칭은 지온을 상승시켜 작물의 월동을 돕고 서리피해를 막는다.
  ㉢ 봄철 저온기 투명필름멀칭은 지온을 상승시켜 이른 봄 촉성재배 등에 이용된다.

(4) 필름의 종류와 멀칭의 효과
  ① **투명필름**: 모든 광을 투과시켜 지온상승의 효과가 크나 잡초억제의 효과는 적다.
  ② **흑색필름**: 모든 광을 흡수시켜 지온상승의 효과가 적고, 잡초억제의 효과가 크며, 지온이 높을 때는 지온을 낮추어 준다.
  ③ **녹색필름**: 녹색광과 적외광을 잘 투과시키고 청색광, 적색광을 강하게 흡수하여 지온상승과 잡초억제효과가 모두 크다.
  ④ 작물이 멀칭한 필름 속에서 상당한 기간 자랄 때에는 흑색이나 녹색의 필름은 큰 피해를 주며 **투명필름이어야 안전하다.**

2. 배토(북주기)

(1) 배토의 개념
  ① **작물이 생육기간 중에 골 사이나 포기 사이의 흙을 포기 밑으로 긁어모아 주는 것**이다.
  ② 김매기와 겸해서 실시하나 독립적으로 실시하기도 한다.

(2) 배토의 목적·효과
  ① **새 뿌리 발생의 조장**: 콩, 담배 등은 줄기 밑둥이 경화되기 전에 몇 차례 배토를 해주면 새 뿌리의 발생이 조장되어 생육이 증진된다.
  ② **도복의 경감**: 옥수수, 수수, 맥류 등은 배토에 의해 밑동이 고정되고, 콩, 담배 등에 배토를 해주면 새 뿌리의 발생이 조장되어 생육이 증진되고 도복도 경감된다.
  ③ **무효분얼억제**: 벼는 마지막 김매기를 하는 유효분얼종지기에 포기 밑에 배토를 해주면 분얼절이 흙 속에 깊이 묻히게 되어 무효분얼의 발생이 억제된다.
  ④ **덩이줄기의 발육조장**: 감자 괴경은 지하 10cm 정도의 깊이에서 발육할 수 있도록 배토하면 발육이 조장되고, 괴경이 광에 노출되어 녹화되는 것을 방지한다.
  ⑤ **배수 및 잡초억제**: 장마철 이전에 배토를 하면 과습기에 배수가 좋게 되고 잡초도 방제된다.
  ⑥ **당근 수부의 착색을 방지, 토란의 분구억제와 비대생장을 촉진, 파의 연백화 등에 이용된다.**

3. 토입(흙넣기)

(1) 토입의 개념

맥류에 골 사이의 흙을 곱게 부수어 자라는 골 속에 넣어주는 작업이다.

(2) 토입의 시기와 효과

① 월동 전 : 복토를 보강할 목적으로 약간의 흙넣기를 하면 월동이 좋아진다.

② 해빙기 : 해빙기에 1cm 정도 토입을 하면 새로 돋아나는 잡초가 억제되고, 포기의 밑동이 고정되어 생육이 조장되며 건조의 피해도 경감된다.

③ 유효분얼종지기 : 생육이 왕성할 때 2~3cm로 토입하고 밟아주면 무효분얼이 억제되고 후에 도복이 경감되며, 토입의 효과가 가장 큰 시기에 해당한다.

④ 수잉기

  ㉠ 이삭이 패기 전에 3~6cm로 토입하여 밑동을 고정시키면 도복을 방지하는 효과가 있다.

  ㉡ 토양이 건조할 때는 뿌리가 마를 수 있어 오히려 해가 될 수 있으므로 주의를 요한다.

4. 답압(밟기)

(1) 답압의 개념

① 맥작에서 작물이 자라고 있는 골을 밟아주는 작업이다.

② 가을보리 재배에서 생육초기~유수형성기 전까지 생육이 왕성한 경우에만 실시한다.

③ 땅이 질거나 이슬이 맺혀 있을 때, 어린 싹이 생긴 이후에는 피해야 한다.

(2) 답압의 시기와 효과

① 월동 전

  ㉠ 월동 전 맥류가 과도한 생장으로 동해가 우려될 때는 월동 전에 답압을 해준다.

  ㉡ 밟으면 뿌리의 발육이 조장되고, 잎에 상처가 나서 엽면증산량도 증대하여 질소 등의 흡수가 증대된다. 그 결과 답압은 생장점의 C/N율을 저하시켜 생식생장이 억제되고 월동이 좋아진다.

② 월동 중 : 서릿발이 많이 설 경우에는 서릿발로 인해 떠오른 식물체를 밟아 고정시키면 동해가 경감된다.

③ 월동 후 : 토양이 건조할 때 답압은 토양비산이 경감되고, 보리골의 습도를 좋게 하여 건조해가 경감된다.

④ 유효분얼종지기 : 생육이 왕성할 경우에는 유효분얼종지기에 토입을 하고 답압해주면 무효분얼이 억제된다.

4 생육형태의 조정

1. 정지

과수 등에서 수관(樹冠)의 골격을 구성하는 원줄기, 원가지, 덧원가지 등을 전정, 유인, 가지발려주기, 가지비틀기 등의 방법으로 수형을 조정하는 것이다.

(1) 입목형

① 원추형

ㄱ 수형이 원추상태가 되도록 하는 정지법으로 주간형 또는 폐심형이라고도 한다.

ㄴ 원추형은 원가지수가 많고 원줄기(주간)와의 결합이 강한 장점이 있으나, 수고(樹高)가 너무 높아 관리가 불편하고, 풍해를 심하게 받으며, 아래쪽 가지는 광부족으로 발육이 불량해지기 쉽고, 과실의 품질이 불량해지기 쉽다.

ㄷ 왜성사과나무, 양앵두나무에 적용될 정도이다.

② 배상형(盃狀形, 개심형)

ㄱ 짧은 원줄기 상에 3~4개의 주지를 발달시켜 수형이 술잔모양으로 되게 하는 정지법이다.

ㄴ 수관의 내부에 통풍과 통광이 좋고, 관리가 편하나 각 주지의 부담이 커서 가지가 늘어지기 쉽고 결과수가 적어지는 단점이 있다.

ㄷ 배, 복숭아, 자두 등에 이용된다.

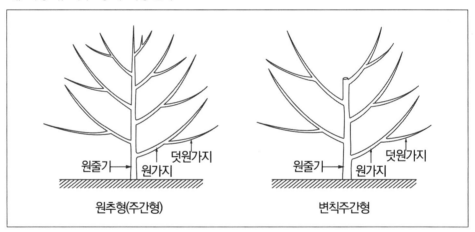

③ 변칙주간형(지연개심형)

ㄱ 원추형과 배상형의 장점을 취한 것으로 초기에는 수년간 원추형으로 재배하다 후에 주간의 선단을 잘라 주지가 바깥쪽으로 벌어지도록 하는 정지법이다.

ㄴ 주간형의 단점인 높은 수고와 수관 내 광부족을 개선한 수형이다.

ㄷ 사과, 감, 밤, 서양배 등에 이용된다.

④ 개심자연형

　　㉠ 배상형의 단점을 개선한 수형으로, 복숭아나무와 같이 원줄기가 수직방향으로 자라지 않고 개장성인 과수에 적합하다.

　　㉡ 짧은 주간에 2~4개의 원가지를 배치하고, 주지는 곧게 키우되 비스듬하게 사립(斜立)시켜 결과부를 배상형의 경우보다 입체적으로 구성하는 특징이 있다.

　　㉢ 수관 내부가 열려있어 투광율과 과실의 품질이 좋으며, 수고가 낮아 관리가 편리한 장점이 있다.

(2) 울타리형 정지

　① 포도나무의 정지법으로 흔히 사용되는 방법으로, 가지를 2단 정도 길게 직선으로 친 철사 등에 유인하여 결속하는 방법이다.

　② 시설비가 적게 들고 관리가 편리하나, 나무의 수명이 짧아지고 수량이 적다.

　③ 배나무, 자두나무 등은 관상용으로 이용되기도 한다.

　✿ 울타리형 니핀식 수형(포도나무)

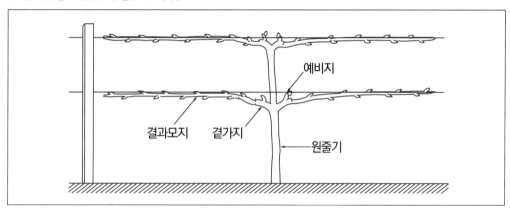

(3) 덕형 정지(덕식)

　① 공중 1.8m 정도 높이에 철선 등을 가로, 세로로 치고 결과 부위를 평면으로 만들어주는 수형이다.

　② 수량이 많고 과실의 품질도 좋으며, 수명이 길어지지만, 시설비가 많이 들어가고 관리가 불편하며, 정지, 전정, 수세조절 등이 잘 안되었을 때 가지가 혼잡해져 과실의 품질저하나 병해충의 발생이 증가할 수 있다.

　③ 포도나무, 키위, 배나무 등에 이용되고, 배나무에서는 풍해를 막을 목적으로 적용한다.

2. 전정

정지를 목적으로 한 가지절단뿐만 아니라 복잡한 가지와 오래된 가지의 제거 또는 결과조절 및 가지의 갱신을 위하여 과수 등의 가지를 잘라주는 것이다.

(1) 전정의 주된 효과

　① 목적하는 수형을 만든다.

　② 죽은 가지, 병충해의 피해 가지, 노쇠한 가지 등을 제거하고 새 가지로 갱신하여 결과를 좋게 한다.

③ 결과부위의 상승을 막아 공간의 효율적 이용과 보호 및 관리가 편리하도록 한다.

④ 통풍과 수광을 좋게 하여 양질의 품질 좋은 과실이 열린다.

⑤ 열매가지를 알맞게 절단하여 결과를 조절함으로써 해거리를 예방하고 적과의 노력을 줄인다.

ℴ 솎음전정과 절단전정

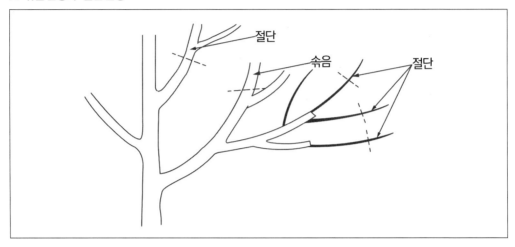

(2) 전정의 종류

① **솎음전정** : 밀생한 가지를 솎기 위한 전정이다.

② **갱신전정** : 오래된 가지를 새로운 가지로 갱신하기 위한 전정이다.

③ **절단전정** : 가지의 중간을 절단하여 튼튼한 나무의 골격으로 만들거나, 인접한 공간의 새가지를 여러개 내서 채우고자 하거나 또는 적당하지 못한 방향으로 자라는 가지를 중간에 절단해 주는 것으로 남은 가지의 장단에 따라 장전정법, 단전정법으로 구분한다.

④ **보호전정** : 죽은 가지, 병충해 가지 등을 제거하기 위해 전정한다.

(3) 전정 방법

① 작은 가지를 전정할 때는 예리한 전정가위를 사용해야 하며, 그렇지 않으면 유합이 늦어지고 불량해진다.

② 가장 위에 남는 눈의 방향은 눈의 반대쪽으로 비스듬히 자른다.

③ 큰 가지를 절단할 때 전정가위로 한 번에 자르지 않고 여러 번 움직여 자르면 절단면이 고르지 못하고 유합이 늦어진다.

④ 절단면의 그루터기는 발생한 원가지와 평행되게 밀착하여 고르게 자른다. 절단면이 넓으면 도포제를 발라 상처부위를 보호하고 빨리 재생시켜야 한다.

3. 주요 과수의 결과습성

과수의 꽃눈이 형성되는 부위는 과수의 종류에 따라 다르며, 꽃눈이 착생하는 특성을 결과습성이라고 한다.

(1) 1년생 가지에 결실하는 과수

감, 밤, 포도, 무화과, 호두, 감귤 등

⑵ 2년생 가지에 결실하는 과수

복숭아, 자두, 살구, 매실, 양앵두 등

⑶ 3년생 가지에 결실하는 과수

사과, 배 등

4. 그 밖의 생육형태 조정법

⑴ 적심

① **적심(순지르기)**이란 원줄기나 원가지의 순을 질러서 그 생장을 억제하고 곁가지의 발생을 많게 하여 개화, 착과, 착립을 조장하는 것이다.

② 과수, 과채류, 두류, 목화 등에 실시한다.

③ 담배의 꽃이 진 뒤 순을 지르면 잎의 성숙이 촉진된다.

⑵ 적아

① **적아(눈따기)**란 눈이 트려고 할 때 불필요한 눈을 손끝으로 따주는 것이다.

② 포도, 토마토, 담배 등에 실시한다.

⑶ 환상박피

① **줄기 또는 가지의 껍질을 3~6cm 정도 둥글게 벗기는 것이다.**

② 환상박피의 상부에서 생성된 동화양분이 껍질부를 통하여 내려가지 못하므로 화아분화가 촉진되고 과실의 발육과 성숙이 촉진된다.

⑷ 적엽

① **적엽(잎따기)**은 통풍과 투광을 조장하기 위해 하부의 낡은 잎을 따는 것이다.

② 토마토, 가지 등에 실시한다.

⑸ 절상

절상(notching)이란 눈이나 가지의 바로 위에 가로로 깊은 칼금을 넣어 그 눈이나 가지의 발육을 조장하는 것이다.

⑹ 휘기

휘기(bending, 언곡 또는 유인)란 가지를 수평이나 그보다 더 아래로 휘어서 가지의 생장을 억제시키고 정부우세성을 이동시켜 기부에 가지가 발생하도록 하는 것이다.

⑺ 제얼

① 제얼이란 **감자 재배에서 한 포기로부터 여러 개의 싹이 나올 경우, 그 중 충실한 것을 몇 개 남기고 나머지를 제거하는 것이다.**

② 토란, 옥수수의 재배에도 이용된다.

(8) 화훼의 형태 조정

① 장미는 전정이 중요한데 노지장미는 겨울철에 전정한다.

② 낡은 가지, 내향지, 불필요한 잔가지 등을 절단하여 건강한 새 가지가 균형적으로 햇빛을 잘 받을 수 있도록 해준다.

③ 적뢰란 국화와 카네이션에 정화(頂花)를 크게 하기 위해 곁꽃봉오리를 따주는 작업이다.

④ 국화도 재배방식과 관계없이 적심하여 3~4개의 곁가지를 내게 한다.

⑤ 화훼의 적화(摘花)는 화목의 묘목이나 알뿌리를 생산할 때 번식기관의 생장을 돕기 위해 실시한다.

5 결실의 조정

1. 적화 및 적과

(1) 개화수가 너무 많은 때에 꽃망울이나 꽃을 솎아서 따주며, 착과수가 너무 많을 때에도 어릴 때에 솎아 따주는 것이다.

(2) 과수는 조기에 적화하게 되면 과실의 발육이 좋고 비료도 낭비되지 않는다.

(3) **적화 및 적과는** 착색, 크기, 맛 등 과실의 품질을 향상시키고, 해거리 방지효과가 있다.

(4) 적과는 경엽 발육이 양호해지고 과실의 비대도 균일하여 품질 좋은 과실이 생산된다.

(5) 감자의 화방이 형성되었을 때 이를 따주면 덩이줄기의 발육이 조장된다.

(6) **적화제는 꽃봉오리 또는 꽃의 화기에 장애를 주는 약제로 DNOC(sodium 4,6 – dinitro – ortho – cresylate), 석회황합제, 질산암모늄(NH_4NO_3), 요소, 계면활성제 등이 있다.**

(7) 적과제는 주로 과실 사이에 존재하는 약제에 대한 감수성의 차이를 이요와는 약제로서, 나프탈렌초산(NAA), 카르바릴(carbaryl), MEP, 에테폰, 아브시스산(ABA), 에틸클로제트, 벤질아데닌(BA) 등이다.

(8) 가장 널리 이용되는 적과제는 카르바릴(사과)과 NAA(감귤)이다.

2. 수분의 매개

(1) 수분의 매개가 필요할 경우

① 수분을 매개할 곤충이 부족할 경우 : 흐리고 비 오는 날의 지속, 농약살포가 심한 경우, 온실 등에서 처리한다.

② 자체의 화분이 부적당하거나 부족한 경우

㉠ 잡종강세를 이용하는 옥수수 등을 채종할 때에는 다른 개체의 꽃가루(화분)가 수분되도록 해야 한다.

㉡ 3배체의 씨 없는 수박의 재배 시에는 2배체의 정상꽃가루를 수분해야 과실이 잘 비대한다.

㉢ 사과·배 등의 과수에서는 자체의 화분량이 매우 부족하므로 다른 품종의 화분이 공급되어야 한다.

③ 다른 화분으로 수분되는 것이 결과가 더 좋을 경우
  ㉠ 감의 '부유' 품종, 감귤류의 '워싱턴네이블' 품종 등은 다른 꽃가루를 수분하면 낙과가 경감되고 품질이 향상된다.
  ㉡ 과수에서는 자체의 꽃가루로 정상과실을 생산하는 경우라도 다른 꽃가루로 수분되는 것이 더 좋은 결과를 초래한다.

⑵ 수분매개의 방법
  ① 인공수분
    ㉠ 과채류 등은 손으로 인공수분을 하는 경우가 많다.
    ㉡ 사과나무 등 과수는 목적하는 화분을 대량으로 수집하여 살포기구를 이용한다.
  ② 곤충의 방사
    ㉠ 과수원이나 채소밭 근처에 꿀벌을 사육하거나 온실·망실에 꿀벌을 방사하여 수분을 매개한다.
    ㉡ 꿀벌류, 가위벌류, 꽃등에 등이 수분을 목적으로 사육되는 곤충이다.
  ③ 수분수의 혼식
    ㉠ 사과나무 등 과수는 화분의 공급을 위해 다른 품종을 20~30% 혼식하는데, 이것을 수분수(pollinizer)라고 한다.
    ㉡ 수분수 선택의 조건은 주품종과 친화성이 있어야 하고, 개화기가 주품종과 같거나 조금 빨라야 하며, 건전한 꽃가루의 생산이 많아야 하고 또 과실의 품질도 우량해야 한다.
    ㉢ 3배체 수박 사이에 2배체 수박혼식, 잡종옥수수의 채종재배에서 제웅(除雄)을 한 암품종의 개체들 사이에 제웅하지 않은 수품종의 개체들이 섞이게 하는 것이다.

3. 단위결과 유도

⑴ 종자의 생성 없이 열매를 맺는 단위결과는 씨 없는 과실이 상품가치가 높아서 의미가 있다.

⑵ 3배체나 상호전좌를 이용하여 씨 없는 수박을 만들고, 씨 없는 포도는 지베렐린 처리로 단위결과를 유도한다.

⑶ 토마토, 가지 등도 착과제(생장조절제) 처리로 씨 없는 과실을 생산할 수 있다.

4. 낙과의 방지

⑴ 낙과의 종류
  ① 기계적 낙과 : 태풍, 강풍, 병충해 등에 의해 발생하는 낙과이다.
  ② 생리적 낙과 : 생리적 원인에 의해서 이층이 발달하여 발생하는 낙과이다.
    ㉠ 수정이 이루어지지 않거나, 유과기의 저온으로 동해를 입어 낙과가 발생한다.
    ㉡ 수정이 되어도 발육 중 불량한 환경, 수분 및 비료분의 부족, 수광태세 불량으로 영양이 부족하여 낙과된다.
  ③ 시기에 따라 조기낙과(6월 낙과, June drop), 후기낙과(수확 전 낙과, preharvest fruit drop)로 구분한다.

(2) 낙과 방지

① 수분의 매개: 곤충방사, 인공수분, 수분수 혼식

② 방한(동상해 대책)

③ 합리적 시비

④ 건조 및 과습의 방지

⑤ 수광태세 향상: 재식밀도의 조절, 정지, 전정

⑥ 방풍시설

⑦ 병해충 방제

⑧ 생장조절제 살포: 옥신(NAA, 2,4 - D) 등의 생장조절제를 살포로 이층형성을 억제한다.

(3) 해거리 방지법

① 결실과다에 의해 착과지와 불착과지 착생의 불균형이 생길 때 해거리(격년결과)가 발생한다.

② 착과지의 적절한 전정과 조기적과를 실시하여 착과지와 불착과지의 비율을 적절히 유지한다.

③ 시비 및 토양관리와 건조를 방지하고 병충해를 예방한다.

5. 봉지씌우기

사과, 배, 복숭아 등의 과수재배의 적과 후 과실에 봉지를 씌우는 것을 봉지씌우기(복대)라고 한다.

(1) 봉지씌우기의 장점

① 검은무늬병(배), 흑점병(사과), 탄저병(사과나 포도), 심식나방, 흡즙성밤나방 등의 병충해가 방제되어 외관이 좋아지고, 사과 등에서는 열과가 방지된다.

② 농약이 직접 과실에 부착되지 않아 상품성이 좋아진다.

(2) 봉지씌우기의 단점

① 수확기까지 봉지를 씌우면 **과실의 착색이 불량**해질 수 있으므로, 수확 전 적당한 시기에 봉지 벗기기(제대)를 하는 것이 좋다.

② **노력이 많이 들고 비타민 C의 함량이 떨어지므로 가공용 과실 생산에는 봉지를 씌우지 않는 무대재배를 하는 것이 좋다.**

③ 근래에는 합리적으로 농약을 살포하여 병충해를 적극적으로 방제하는 무대재배를 하는 경우가 많다.

6. 성숙의 촉진

(1) 작물의 성숙을 촉진하여 조기출하하면 상품가치가 높아지므로 작물의 성숙을 촉진하는 재배법이 실시한다.

(2) 과수, 채소 등의 촉성재배나 에스렐, 지베렐린 등의 생장조절제를 이용하는 방법도 있다.

7. 성숙의 지연

(1) 숙기를 지연시켜 출하시기를 조절할 수 있다.

(2) 포도품종 델라웨어에 아미토신의 처리와 캠벨얼리에 에테폰 처리로 숙기를 지연시킬 수 있다. 송이는 지베렐린 처리로 착색장애를 개선한다.

Chapter 09 재해의 방제

1 작물재해의 종류

1. 작물재해의 개념

(1) 작물은 생육에 알맞지 않을 때 스트레스를 받게 된다. 이 스트레스를 극복하려고 여러 가지로 노력하지만 극복하지 못하면 장해를 입어 생육이 부진하고, 결국 수량과 품질이 떨어진다.

(2) 저항성(resistance)

스트레스를 받은 작물이 이를 극복하여 장해를 입지 않는 특성이다.

(3) 순화(acclimation) 또는 경화(hardening). 스트레스가 심해지기 전에 미리 정도가 낮은 스트레스에 노출시키면 저항성이 증가되는 것이다.

2. 수분장해

(1) 한해(旱害)

① 수분부족으로 입은 피해

② 내건성: 작물이 수분부족의 장해를 극복하는 능력이다.

(2) 습해

① 토양에 과습상태가 지속되어 뿌리의 산소부족에서 오는 장해이다.

② 내습성: 습해를 극복할 수 있는 능력이다.

(3) 수해

① 홍수 등으로 작물이 장시간 물에 잠겨 받는 피해이다.

② 침수: 작물이 완전히 잠기지는 않았으나 정상수 보다 많을 때를 말한다.

③ 관수: 작물이 완전히 물 속에 잠겼을 때를 말한다.

④ 침·관수 저항성: 침·관수 피해를 극복할 수 있는 능력이다.

3. 온도장해

(1) 냉해

① 생육적온보다 온도가 낮아 작물이 받는 피해이다.

② 냉해저항성: 냉해를 극복할 수 있는 능력이다.

③ 서리해(상해, frost injury): 작물의 조직세포가 동결되어 받는 피해이다.

④ 한해(寒害, winter injury): 월동 중 추위에 의하여 받는 피해이다.

⑤ 동해: 저온에 의하여 작물의 조직 내에 결빙이 생겨서 받는 피해이다.

⑥ 내동성: 열해를 극복할 수 있는 능력이다.

(2) 열해

① 온도가 생육적온보다 높아서 작물이 받는 피해이다.

② 내열성 : 열해를 극복할 수 있는 능력이다.

4. 광스트레스

(1) 솔라리제이션

① 그늘에서 자란 작물을 강광에 노출시키면 잎이 타서 죽는데, 이를 솔라리제이션(solarization)이라고 하며, 발생원인은 엽록소의 광산화에 있다.

② 강광에 적응한 식물은 카로티노이드가 산화하면서 산화된 엽록체를 본래의 안정된 엽록체로 환원시키므로 그 기능을 회복할 수 있다.

(2) 백화묘

① 봄에 벼를 육묘할 때 발아 후 약광에서 녹화시키지 않고 바로 직사광선에 노출시키면 엽록소가 파괴되어 백화묘가 되어 장해를 받는다. 이는 저온에서는 엽록소의 산화를 방지하는 카로티노이드의 생성이 억제되어 있기 때문에 갑자기 강한 광을 받으면 엽록소가 광산화로 파괴되기 때문이다.

② 약광에서 서서히 녹화시키거나 빛이 강해도 온도가 높으면 카로티노이드가 엽록소를 보호하여 피해를 받지 않는다.

③ 엽록소가 일단 형성된 후에는 온도가 낮으면 높을 때보다 엽록소가 더 안정된다.

2 도복 및 수발아

1. 도복

(1) 도복의 뜻과 위험기

① 화곡류, 두류 등이 등숙기에 들어 비바람에 의해서 쓰러지는 것이다.

② 키가 크고, 줄기가 약한 품종일수록 도복이 심하다.

③ 화곡류는 등숙 후기에 위험이 크고, 질소의 다비재배의 경우에 더욱 심하다.

④ 두류는 개화기부터 약 10일간의 줄기가 급속히 자라고 광투과도 불량하여 줄기가 연약해지기 때문에 도복의 위험이 가장 크다.

(2) 유발조건

① 품종 : 키가 크고 줄기가 약한 품종일수록, 이삭이 무겁고 근계의 발달 정도가 빈약할수록, 도복이 심하다.

② 재배조건 : 밀식, 질소다용, 칼리부족, 규산부족 등은 줄기를 연약하게 하여 도복을 유발한다.

③ 병충해
　ㄱ 벼의 잎집무늬마름병의 발생이 심하거나, 가을멸구의 발생이 많으면 줄기가 약해져 도복이 심해진다.
　ㄴ 맥류는 줄기녹병 등의 발생이 도복을 유발한다.

④ 기상조건
　ㄱ 도복의 위험기에 비가 많이 오거나 태풍 등의 강우 및 강한 바람은 도복을 유발한다.
　ㄴ 맥류의 등숙기에 한발은 뿌리가 고사하여 그 뒤의 비바람에 의한 도복을 조장한다.

(3) 도복의 피해
　① 감수
　　ㄱ 광합성 감퇴, 줄기가 꺾여 동화양분 전류의 저해, 등숙이 나빠져서 수량이 감소된다.
　　ㄴ 부패립으로 더욱 감소되고, 도복의 시기가 빠를수록 피해는 커진다.
　② **품질의 손상**: 결실불량과 종실이 젖은 토양에 닿아 변질, 부패, 수발아 등의 유발로 품질이 저하된다.
　③ **수확작업의 불편**: 도복은 기계수확을 할 때 수확이 매우 어렵다.
　④ **간작물에 대한 피해**: 맥류에 콩이나 목화를 간작했을 때 맥류가 도복되면 어린 간작물을 덮어서 생육을 저해한다.

(4) 도복의 대책
　① 품종의 선택: **키가 작고 줄기가 튼튼한 품종 선택한다.**
　② 합리적 시비: **질소 과용을 피하고 칼리, 인산, 규산, 석회 등을 충분히 시용한다.**
　③ 파종 및 재식밀도
　　ㄱ 재식밀도가 과도하면 도복이 유발되므로 **재식밀도를 적절하게 조절한다.**
　　ㄴ **맥류는 복토를 다소 깊게 하면 중경효과가 있어 도복이 경감된다.**
　④ 관리
　　ㄱ **벼의 마지막 김매기 때 배토하면 도복이 경감된다.**
　　ㄴ 맥류는 답압, 배토, 토입, 진압, 결속 등을 실시한다.
　　ㄷ 콩은 생육 전기에 배토를 하면 도복을 경감시키는 데 효과적이다.
　⑤ 병충해 방제: 특히 **줄기를 약하게하는 병충해를 방제한다.**
　⑥ 생장조절제의 이용
　　ㄱ 벼에서 유효분얼종지기에 2,4 − D, PCP 등의 생장조절제 처리, 지베렐린 생합성을 억제하는 '이나벤화이드' 처리로 과도한 절간신장을 억제한다.
　　ㄴ 잔디용은 트리넥사팍에틸도 같은 효과이다.
　⑦ 도복 후의 대책: **도복 후 지주 세우기나 결속을 하여 지면, 수면에 접촉하지 않도록 조치하면 변질, 부패가 경감된다.**

2. 수발아

(1) 수발아의 이해

① 성숙기에 가까운 맥류가 장기간 비를 맞아서 젖은 상태로 있거나, 우기에 도복해서 이삭이 젖은 땅에 오래 접촉해 있게 되었을 때 수확 전의 이삭에서 싹이 트는 것이 수발아(穗發芽, viviparity)다.

② 수발아는 종자용으로나 식용 모두 부적절하다.

③ 휴면성이 약한 품종은 강한 것보다 수발아가 잘 일어난다.

④ 휴면을 끝낸 맥류종자는 25~30°C의 높은 온도에서 발아가 잘되나, 휴면이 끝나지 않은 종자는 수분을 흡수하고 15°C 이하의 낮은 온도에 보관될 때 휴면을 빨리 끝내고 발아한다. 그러므로 성숙기에 장기간 비가 오면 종자가 수분을 흡수한 상태로 오랜 기간 낮은 온도에 처하게 되어 휴면을 끝내고 발아한다.

(2) 수발아의 대책

① 작물의 선택 : 맥류 중 보리가 밀보다 성숙기가 빨라 성숙기에 비를 맞는 일이 적어서 수발아의 위험이 적다.

② 품종의 선택

㉠ 맥류는 만숙종보다 조숙종의 수확기가 빠르므로 수발아의 위험이 적다.

㉡ 숙기가 같아도 휴면기간이 긴 품종은 수발아의 위험이 낮다.

㉢ 밀은 초자질립, 백립, 다부모종 등이 수발아가 심하다.

㉣ 벼는 한국, 일본, 만주 품종이 인도, 필리핀, 남아메리카 품종에 비하여 저온 발아 속도가 빠르다.

③ 조기 수확 : 벼나 보리 등은 수확 7일 전에 건조제(데시콘)를 경엽에 살포한다.

④ 도복방지 : 도복은 수발아를 조장하므로, 도복을 방지한다.

⑤ 발아억제제의 살포 : 출수 후 발아억제제를 살포한다.

3. 맥류의 수발아 특성정리

(1) 보리가 밀보다 성숙기가 빠르므로 성숙기에 비를 맞는 일이 적어 수발아의 위험이 적다.

(2) 맥류는 출수 후 발아억제제를 살포하면 수발아가 억제된다.

(3) 우리나라에서는 조숙종이 만숙종보다 수발아의 위험이 적다.

3 병충해 방제

1. 경종적 방제법

재배적 방법을 통하여 병충해를 방제하는 방법이다.

(1) 토지의 선정

　① 고랭지는 감자의 바이러스병 발생이 적어 채종지로 알맞다.

　② 통풍이 나쁘고 오수가 침입하는 못자리는 충해가 많다.

(2) 저항성 품종의 선택

　① 남부지방에서 조식재배를 할 때는 벼의 줄무늬잎마름병 피해가 심하므로 저항성 품종을 선택한다.

　② 밤나무의 혹벌은 저항성 품종의 선택으로 방지되고, 포도의 필록셀라는 저항성 대목으로 접목한다.

(3) 종자의 선택

　① 감자, 콩, 토마토 등의 바이러스병은 무병종자의 선택으로 방제한다.

　② 벼의 선충심고병이나 밀의 곡실선충병은 종자전염을 하므로 종자소독으로 방제한다.

(4) 윤작

　기지의 원인이 되는 토양병원성 병해충은 윤작에 의해 방제가 된다.

(5) 재배양식의 변경

　벼는 직파재배로 줄무늬잎마름병의 발생을 경감할 수 있고, 보온육묘로 모의 부패병을 경감할 수 있다.

(6) 혼식

　① 팥의 심식충은 논두렁에 콩과 혼식하면 피해가 적다.

　② 밭벼 사이에 심은 무는 충해를 적다.

(7) 생육시기의 조절

　① 감자를 일찍 파종하여 일찍 수확하면 역병과 뒷박벌레 피해가 감소된다.

　② 밀 수확기를 빠르게 하면 녹병의 피해가 감소된다.

　③ 벼를 조식재배하면 도열병이 경감되고, 만식재배하면 이화명나방이 경감된다.

(8) 시비법 개선

　질소비료의 과용과 칼리, 규산 등이 결핍되면 모든 작물에서 각종 병충해가 발생하므로 주의한다.

(9) 정결한 관리

　잡초나 낙엽제거 등으로 통풍과 투광이 활발해지면 작물이 건실하게 자란다.

(10) 수확물의 건조

　보리의 건조는 보리나방의 피해를 방지하고, 곡물의 수분함량을 12% 이하로 건조하면 바구미 등 병해충의 피해가 방지된다.

(11) 중간기주 식물의 제거

　배나무의 적성병(붉은별무늬병)은 주변에 중간기주 식물인 향나무를 제거하면 방제가 가능하다.

2. 생물학적 방제법

(1) 생물학적 방제의 개념

① 해충을 포식하거나 해충에 기생하는 곤충이나 미생물을 천적(natural enemy)이라고 하며, **해충을 포식하거나 기생하는 곤충, 미생물 등 천적을 이용하여 병충해를 방제하는 것이다.**

② 천적곤충, 천적미생물, 길항미생물 등을 이용하여 화학농약과 같은 형태로 실포 또는 방사하여 병해충 및 잡초를 방제하는 약제를 생물농약이라 한다.

(2) 주요 생물학적 방제

① 기생성 곤충이용

    ㉠ 기생성 곤충인 콜레마니진디벌로 진딧물을 방제한다.

    ㉡ 고치벌, 맵시벌, 꼬마벌, 침파리 등의 기생성 곤충은 나비목(인시목) 해충에 기생한다.

② 포식성 곤충

    ㉠ 칠레이리응애로 점박이응애를 방제한다.

    ㉡ **풀잠자리, 꽃등에, 됫박벌레(무당벌레)로 진딧물 방제하고 딱정벌레는 각종 해충을 잡아먹는 포식성 곤충이다.**

    ㉢ 굴파리좀벌은 잎굴파리를, 애꽃노린재는 총채벌레를, 온실가루이좀벌레는 온실가루이 방제한다.

③ 병원미생물 : 송충이 등에는 졸도병균, 강화병균 등이 침해하고, 옥수수의 심식충 등에는 바이러스가 감염한다.

④ 길항미생물 : 여러 토양전염성병은 *Trichoderma harzianum* 같은 길항균으로 방제하고, **고구마의 Fusarium 시들름병은 비병원성 Fusarium 처리가 효과적**이며, 종자에 *Bacillus subtilis* 균주를 접종처리하면 토양병원균을 방제할 수 있다.

⑤ 오리를 이용하여 논의 잡초를 방제한다.

3. 물리적 방제법

(1) 포살 및 채란

① 나방은 포충망으로, 유충은 손으로 잡고, 흙을 뒤지고 파서 유충을 잡는다.

② 잎에 산란한 것을 채취한다.

(2) 소각

낙엽 등의 병원균이나 해충을 소각하면 피해가 경감된다.

(3) 흙태우기(소토)

상토 등을 태워 토양전염성 병해충을 방제한다.

(4) 담수

밭토양에 장기간 담수하면 토양전염성 병해충을 구제한다.

(5) 차단

　① 어린 식물에 폴리에틸렌을 피복하거나, 과실봉지를 씌워서 병해충을 차단한다.

　② 도랑을 파서 멸강충 등의 이동을 막는다.

(6) 유살

　① 유아등을 이용하여 이화명나방 등을 유인하여 포살한다.

　② 해충이 좋아하는 먹이로 유인하거나 포장에 짚단을 깔아서 해충을 유인하여 소각한다.

　③ 나무밑동에 짚을 둘러서 여기에 모인 해충을 소각한다.

(7) 온도처리

　① 맥류의 깜부기병, 고구마의 검은무늬병, 벼의 선충심고병 등은 종자의 온탕처리로 방제한다.

　② 보리나방의 알은 60℃에서 5분, 유충과 번데기는 1~5시간의 건열처리로 구제한다.

4. 화학적 방제법

농약을 이용하여 병충해를 방제하는 방법이다.

(1) 살균제

　① 구리제(동제) : 석회보르도액, 분말보르도, 구리수화제 등

　② 유기수은제 : 현재는 사용하지 않는다.

　③ 무기황제 : 황분말, 석회황합제 등

　④ 유기인제 : tolclofos − methyl, foretyl − Al, pyrazophos, kitazin 등

　⑤ dithiocarbamate계 살균제 : ferbam, ziram, mancozeb, thiram, sankel 등

　⑥ 유기비소살균제 : methylarsonic acid 등

　⑦ 항생물질 : streptomycin, blasticidin − S, kasugamycin, validamycin, polyoxin 등

　⑧ 그 밖의 살균제 : diethofencarb, procymidone, anilazine, etridiazole, tricyclazole 등

(2) 살충제

　① 천연살충제 : pyrethrin, rotenone, nicotine 등

　② 유기인제 : parathion, sumithion, EPN, malathion, diazinon 등

　③ carbamate계 살충제 : sevin, carbaryl, fenobucarb, carbofuran 등

　④ 염소계 살충제 : endosulfan 등

　⑤ 살비제 : milbemectin, pyridaben, clofentezine 등

　⑥ 살선충제 : fosthiazate 등

　⑦ 비소계, 훈증제는 현재 사용하지 않는다.

(3) 유인제

　pheromone 등

(4) 기피제

　모기, 이, 벼룩, 진드기 등에 대한 견제수단으로 사용된다.

(5) 화학불임제

　호르몬계 등이다.

5. 법적 방제법

식물방역법을 통해 식물검역을 실시하여 위험한 병균이나 해충의 국내침입과 전파를 방지하여 병충해를 방제하는 방법이다.

6. 종합적 방제법

(1) 여러 가지 방제법을 유기적으로 조화를 이루어 사용하는 방법과 병해충의 밀도를 경제적 피해밀도 이하로만 두면 전멸시킬 필요가 없다고 점 두 가지에 중심을 두고 있다.

(2) 천적과 유용생물을 보존하고, 환경보호라는 목적의 달성을 위한 개념이다.

(3) 농약사용 시 주의해야 할 사항

① 약효증대를 위한 가장 효율적인 방법을 강구하며 처리시기의 온도, 습도, 토양, 바람 등 기상조건을 고려해야 한다.

② 새로운 종류의 농약사용에 따른 병해충의 면역 및 저항성 증대를 고려하여 가급적 같은 농약을 연용하지 않는다. 같은 농약을 연용하면 모든 생물은 병해충의 면역 및 저항성이 생기므로 주의한다.

③ 약제 처리부위, 처리시간, 유효성분, 처리농도에 따라 작물체에 나타나는 저항성이 달라지므로 충분한 지식이 필요하다.

④ 농약사용이 천적관계에 미치는 영향을 고려해야 한다.

Chapter

10 작물의 생력재배

1 생력(省力)재배의 뜻

부족한 농업노력 하에서도 안전하게 작물을 재배하면서 충분한 수익성도 보장하려면 농작업의 기계화와 제초제의 이용 등에 의한 농업 노동력을 크게 절감할 수 있는 재배법을 추구해야 하는데, 이를 생력재배라고 한다.

2 생력재배의 효과

1. 노동투하시간의 절감

2. 단위 수량의 증대

(1) 지력의 증진

(2) 적기 · 적작업

(3) 재배방식의 개선

3. 작부체계의 개선과 재배면적의 증대

4. 농업경영의 개선

3 생력기계화재배의 제반 조건

1. 경지정리

대형농기구의 활용을 위한 생력화가 가능하도록 농지정리를 한다.

2. 집단재배

기계화 및 제초제를 이용한 제초를 위하여 넓은 면적의 공동관리에 의한 집단재배를 해야 기계의 효율상 합리적이다.

3. 공동재배

농작업을 공동으로 할 수 있는 재배체계되어야 농기계 운영의 기계화재배에 유리하다.

4. 잉여노력의 수익화

생력기계화재배에 따르는 잉여노력을 알맞게 수익화하는 방안을 강구한다.

5. 제초제의 이용

중경제초를 하기가 어려울 때 제초제의 이용이 요구된다.

6. 적응재배체계의 확립

벼나 맥류의 기계화 적응품종은 키가 작지 않고도 도복을 하지 않으며, 직립성이고, 탈립성도 어느 정도 커야 관리·수확의 작업을 하는데 용이하다.

4 기계화적응재배

1. 벼의 기계화재배

(1) 초기의 생력재배는 1978년 농가에 보급된 중모기계이앙재배이다.

(2) 그 후 어린모기계이앙재배와 직파재배가 보급되었다.

(3) 직파는 물의 유무에 따라 건답직파와 담수직파(담수표면산파와 무논공뿌림)로 나눈다.

(4) 소요되는 노력은 기계직파가 기계이앙보다는 적고, 기계이앙 중에는 어린모기계이앙이 적다.

(5) 직파재배는 이앙재배에 비하여 입모율이 낮고 잡초방제가 어려우며 도복하기 쉬운 문제점이 남아 있다.

(6) 우리나라에서 농작업의 기계화율이 가장 높은 작물은 벼이다.

2. 맥류의 기계화재배

(1) 맥류의 기계화재배를 위해 보급되어야 할 품종

① 다비밀식재배를 하므로 줄기가 충실하고, 뿌리의 발달도 좋아서 내도복성이 극히 강한 품종이다.

② 골과 골 사이가 같은 높이로 편평하게 되므로 한랭지에서는 특히 내한성이 강한 품종을 선택해야 월동이 안전하다.

③ 다비밀식의 경우는 병해 발생도 조장되므로 내병성이 강한 품종이다.

④ 기계화 재배 시 초장은 70cm 정도의 중간크기가 적합하다.

⑤ 다비밀식재배로 인하여 수광이 나빠질 수 있으므로, 초형은 잎이 짧고 빳빳하여 일어서는 직립형이 알맞다.

⑥ 조숙성, 다수성, 내습성, 양질성 등의 특성을 지니고 있어야 한다.

⑵ 맥류의 기계화 재배방법

① 드릴(drill)파재배(세조파재배)

㉠ 골너비 5cm × 골사이 20cm로 협폭파(골너비 18cm × 골사이 40cm)재배에 비하여 골너비를 아주 좁게 하고 골사이도 좁게 하여 여러 줄을 배게 파종하는 방법이다.

㉡ 밭의 맥작에 적응하는 기계화재배법이다.

㉢ 드릴파 재배의 이점은 70~90% 생력화할 수 있고, 30% 증수효과가 있다.

② 휴립광산파재배

㉠ 골너비 90cm × 골사이 30cm(또는 120cm × 30cm)로 골너비를 아주 넓게 하는 파종방법이다.

㉡ 50~80% 생력화와 40% 증수가 가능하다.

③ 전면전층파재배

㉠ 파종량을 협폭파재배의 3배, 시비량을 2배로 하여 포장 전면에 산파하고 이것을 포장의 일정한 깊이에 깔아 섞어 넣은 다음 적당한 간격으로 배수구를 설치하는 방법이다.

㉡ 파종작업이 매우 간편하여 50~80%의 생력효과가 있다.

3. 콩의 기계화재배

콩의 기계화재배 적응품종은 밀식적응성이 높고, 내도복성이며, 탈립되지 않고 최하위 착협고(着莢高)기 콤바인 수확이 가능한 10cm 이상인 것이 알맞다.

Chapter 11 시설재배

1 시설재배의 개념

(1) 시설재배는 재배환경을 작물의 생육에 알맞게 인위적으로 조절하는 모든 종류의 재배양식을 포함하는 것으로, 간단한 비닐하우스를 비롯하여 바람막이, 터널, 유리온실 등의 시설을 이용한다.

(2) 2011년 우리나라의 채소, 화훼류의 시설재배 면적은 중국, 일본에 이어 세계 3위를 차지한다.

(3) 우리나라의 시설재배 면적은 2011년 기준 채소가 88%, 화훼류가 12%이다.

2 시설의 종류와 특성

1. 플라스틱 하우스

(1) 대형 터널하우스(반원형)

초기 시설원예의 대표적 형태

① 장점: 높은 보온성, 내풍성, 고른 광투여, 내구성 등이다.

② 단점: 고온장해, 과습, 약한 내설성이다.

(2) 지붕형 하우스(각형, 角形)

천창과 측장의 구조, 설치와 창의 개폐가 용이하고 강풍이 불거나 적설량이 많은 지역에 적합한 형태이다.

① 양지붕형: 면적을 넓히면 기계화가 가능하다.

② 스리쿼터형(3/4형): 광선투과량이 많고 보온유지가 양호하다.

③ 연동형: 적설·강풍에 취약. 환기불량, 광선투과량이 불량하다.

④ 대형하우스: 철골을 이용하며 내풍성. 광투과 균일하고, 기계화가 가능하다.

(3) 아치형 하우스(원형)

지붕이 곡면이며, 적은 자재비와 설치도 간단하다. 이동이 용이하고 강한 내풍성과 광투과 균일한 것이 장점이나 적설에 약하고 환기가 불량하다.

오 시설의 설치 방향

시설의 종류		방향
플라스틱 하우스	촉성재배용	동서동
	반촉성재배용	남북동

2. 유리 온실과 설치방향

시설의 종류		특징	비고
양지붕형		• 남북방향으로 광선 투과 균일 → **남북방향**으로 설치 • 환기창 설치 → 통풍양호	가장 보편적
단동형	외지붕형	• **동서방향**으로 설치 • 북쪽벽 반사열로 온도상승에 유리 • 동절기 채광·보온 양호	–
	스리쿼터형 (3/4형)	• **동서방향**으로 설치 • 남쪽지붕 길이가 전체의 3/4차지 • 동절기 채광·보온성 우수	머스크멜론에 적합
연동형		• **남북방향**으로 설치 • 양지붕형을 2~3동 연결 • 장점 : 시설비 저렴, 높은 토지이용율, 난방비 절약 • 단점 : 광분포 불균일, 환기불량, 적설피해	–
벤로형		• **동서방향**으로 설치 • 처마가 높고 폭이 좁은 양지붕형 온실을 연결 • 자재비 저렴 → 시설비 절약 • 높은 광투과율	호온성 과채류에 적합
둥근 지붕형		• 곡면유리사용	식물전시용 대형식물 재배

※ 계절풍이 강한 지역은 바람과 평행하도록 설치

3 시설자재의 종류 및 특성

1. 골격자재

(1) 목재

시설원예 초기에 사용했으며, 약한 내구성과 높은 골격률을 가지고 있다.

(2) 철재파이프

플라스틱 필름(비닐) 하우스에 이용된다.

(3) 경합금재(輕合金材)

주성분인 알루미늄에 열 종류의 금속으로 합금이고, 유리온실에 주로 이용된다.
① 장점 : 경량, 내부식성, 낮은 골격률과 높은 투광률이 장점이다.
② 단점 : 강재(鋼材)보다 낮은 강도를 나타내며, 고가이다.

(4) 강재

높은 강도와 내구성으로 지붕하중이 큰 대형온실에 적합하다.

2. 피복재

♀ 피복자재

기초피복	• 고정시설을 피복하여 상태변화 없이 지속적으로 사용 • 재료 　－ 유리 : 판유리, 복층유리, 열선흡수유리 　－ 플라스틱필름 　－ 연질필름 : PE, PVC, EVA 　－ 경질필름 : 염화비닐, 폴리에스테르 　－ 경질판 : FRP, FRA, 아크릴, 복층판
추가피복	• 기초피복 위에 보온·차광·반사 등의 목적을 위한 피복 • 재료 : 매트, 거적 등 • 적용 : 커튼·외면피복 등의 보온, 차광, 반사 및 보광

피복자재의 구비조건

1. 높은 투광률, 내구성
2. 낮은 열선(장파장) 투과율
3. 낮은 열전도율과 높은 보온성
4. 작은 팽창·수축
5. 높은 항인장력, 내충격성, 저렴

피복자재의 고정자재

1. 유리 고정자재 － 창틀과 유리사이의 고무퍼티와 클립
2. **플라스틱 필름 고정자재**
   • 필름팩 : 힘을 많이 받지 않는 필름의 끝 부분을 고정시키는데 사용
   • 필름홀더 : 골격과 필름의 부착을 튼튼하게 하여 돌풍에 날릴 위험을 방지
   • 하우스밴드 : 필름과 골격을 밀착시키는데 사용
   • 나선 철기둥 : 바람에 의한 필름의 부력을 방지

(1) 유리의 종류

　① 판유리 : 두께 3mm
　② 형판유리 : 표면에 요철모양 → 투과광 산란 → 높은 광분포
　③ 열선 흡수유리 : 높은 가시광선의 투과성, 낮은 열선(적외선) 투과율을 보인다.

(2) 플라스틱의 종류

　① 연질필름 : 두께 0.05~0.2mm 예 염화비닐(PVC), 폴리에틸렌(PE), EVA
　② 경질필름 : 두께 010~0.20mm 예 경질염화비닐, 경질폴리에틸렌
　③ 경질판 : 두께 0.2mm 이상 예 FRP판, FRA판, MMA판, 복층판
　④ 반사필름 : 시설보광(補光)이나 반사광 이용에 적용된다.

(3) 기타 피복자재

　① 부직포 : 보수성, 습기투과성, 커튼·차광피복자재로 사용하며 낮은 광투과성을 보인다.
　② 매트 : 높은 단열성, 낮은 광선투과율과 유연성, 소형터널의 보온피복에 사용한다.
　③ 한랭사(차광망) : 차광피복재, 서리방지 피복자재로 사용한다.

3. 노지원예의 시설 및 자재

(1) 스프링클러

지표관수에 비해 물의 낭비가 적고 균일한 관수가능하며, 별도의 가압장치가 필요하다.

(2) 유공(분수)호스

구멍이 뚫려있는 호수를 통하여 관수. 광범위한 면적에 적용이 가능하다.

(3) 점적관수장치

호스에 연결된 플라스틱튜브 끝에서 물방울을 똑똑 떨어지게 하거나 천천히 흘러나오도록 하여 원하는 부위에 대해서만 제한적으로 소량의 물을 지속적으로 공급하는 관수방법 장치이다. 물의 낭비가 획기적으로 감소되는 장점이 있다.

(4) 육묘용 자재

모판흙, 육묘용기, 육묘방식에 따른 자재 등이 사용된다.

---

4 시설재배의 토양환경

1. 시설 내 토양에는 작물이 필요로 하는 양만큼의 물을 표층토양에만 관개하게 되므로 염유가 땅속으로 용탈되는 양이 매우 적어 표층의 염류집적이 더욱 높아진다.

2. 토양용액 중에 염류의 농도가 높으면 작물의 생장과 발육이 저해되는데, 이는 식물이 염류의 농도가 높은 토양으로부터 물을 흡수하기 힘들어지기 때문이다.

3. 대부분 작물이 염류농도가 높은 상태에서 살아남지 못하고, 유기용질의 생성에 에너지를 소모함으로써 작물의 생육이 부실하다.

4. 염류가 집적된 토양은 알칼리성이 되며, 중성 이상의 pH 조건에서 Zn, Fe, Mn, Cu 등의 결핍현상과 붕소의 과다현상이 발생하므로 작물이 피해를 받게 된다.

5. 염류집적현상을 막기 위해 염류농도가 낮은 관개용수의 확보와 이용이 필수적이며, 집적된 염류는 계속 용탈시키는 방법을 모색한다.

6. 시설재배지의 염류축적 문제를 해소하려면 비료와 퇴비의 과다사용을 억제하는 동시에 농지를 담수하는 벼재배와 시설재배로 교대하여 이용하는 것이 바람직하다.

☞ 시설 내의 환경 특이성

환경	특이성
온도	일교차가 크고, 위치별 분포가 다르며, 지온이 높음
광선	광질이 다르고, 광량이 감소하며, 광분포가 불균일함
공기	탄산가스가 부족하고, 유해가스가 집적되며, 바람이 없음
수분	토양이 건조해지기 쉽고, 공중습도가 높으며, 인공관수를 함
토양	염류농도가 높고, 토양물리성이 나쁘며, 연작장해가 있음

Chapter 12 친환경농업 재배

1 친환경농업의 개념

1. 친환경농업의 정의

(1) 인공합성 농약, 화학비료, 항생·항균제 등을 사용하지 않거나 최소화하고 농업관련 부산물의 재활용을 통하여 건전한 환경을 유지하면서 안전한 농축산물을 생산하는 농업이다.

(2) 친환경 농업의 종류

① 자연농업

② 생태농업

③ 유기농업

④ 저투입·지속적 농업: 화학물질의 사용을 최소화하는 농업이다.

　㉠ 병해충 종합관리(IPM) - 농약사용 최소화하는 목적이 있다.

　㉡ 작물양분 종합관리(INM) - 적정시비를 위한 목적이다.

오 IPM에 이용되는 방법

생물적 방법	해충의 천적 활용
성페로몬 이용	인공적 성페로몬을 이용하여 수컷을 없애거나 교미행위를 교란
수컷의 불임화 유도	불임화된 수컷을 방사하여 암컷의 무정란을 유도하여 밀도 억제
미생물 이용	해충에게 유해한 독성물질을 분비하는 미생물의 이용 예 Bacillus thuringiensis
재배적 방법	해충에게 불리한 재배 및 수확 후 과정의 조성
저항성 품종개발	해충에 대한 저항성이 높은 품종을 육성
물리적 방법	해충의 생육에 불리한 환경요인을 조성 예 온도, 습도

> **천적의 이용**
> • 진딧물 천적: 진디혹파리, 무당벌레, 콜레마니진디벌, 천적유지식물 등
> • 잎굴파리 천적: 굴파리좀벌, 잎굴파리고치벌 등
> • 응애 천적: 칠레이리응애, 캘리포니아응애, 꼬마무당벌레 등
> • 온실가루이 천적: 온실가루이좀벌, 카탈리레무당벌레 등
> • 총채벌레 천적: 오리이리응애, 애꽃노린재 등
> • 나방류 천적: 알벌, 곤충병원성선충 등
> • 작은뿌리파리 천적: 마일스응애 등

⑤ 정밀농업
- ㉠ 한 포장 내에서 위치에 따라 종자, 비료, 농약 등을 달리함으로써 환경문제를 최소화하면서 생산성을 최대로 하려는 농업이다.
- ㉡ 첨단공학기술과 과학적인 수단에 의하여 **포장 내의 토양 특성치, 생육상황, 작물수확량 등을 조사하여 위치별 잠재적 작물 수확량에 따라 비료, 농약, 종자 등의 자재 투입량을 달리하여 과학적으로 작물을 관리하는 정보화 농법**으로 농산물의 생산비를 낮추고, 환경오염 피해를 줄이는데 궁극적인 목표이다.

2 유기농업

1. 유기농업의 필요성

(1) 기존의 집약적인 농법은 화학비료 및 농약 사용 등으로 작물생산 증가라는 긍정적인 측면이 있었으나 환경오염과 먹거리 안정성에 문제가 부각되고 있다.

(2) 이러한 문제점을 해결하기 위하여 생태계와 조화를 이루며 경제성과 지속성이 있는 새로운 농업체계인 환경보전형 농업의 필요성이 대두되었다.

2. 환경에 영향을 미치는 농업의 영향

(1) 논농사 중심으로 한 긍정적 기능
- ① 수자원보전 : 논은 홍수조절, 지하수 함양, 수질정화 등의 소규모 댐의 역할을 수행한다.
- ② 국토보전 : 집중 호우 시 토양의 침식과 토사유출을 방지한다.
- ③ 대기보전 : 식물의 잎은 여름에 기화열 흡수를 통한 대기온도를 낮추고, 광합성에 의한 온실가스의 주범인 이산화탄소를 흡수하고 산소를 배출한다.
- ④ 생물자원의 보전 : 논은 야생 동식물의 서식지를 제공하여 생태계 보전에 기여한다.
- ⑤ 보건휴양 : 논농사 중심의 독특한 농업경관을 형성한다.

(2) 부정적 영향
- ① 농약의 사용 : 과도한 농약의 사용은 중금속 축적과 수질·토양오염, 생물의 사멸을 조장하기 때문에 생태계를 파괴하여 환경문제를 야기한다.
- ② 화학비료의 사용 : 토양의 산성화, 특정 병해충의 창궐, 토양양분의 결핍 등 토양의 지력을 약화시킨다.
- ③ 농업자재의 사용 : 시설재배에 사용되는 비닐하우스와 폐기된 농약병의 방치로 농촌의 토양오염을 일으키고 있다.
- ④ 축산폐수의 방류 : 부영양화와 같은 수질오염과 공기오염(악취 등)을 일으키고 있다.

수질오염의 등급을 나타내는 기준
1. **생물화학적 산소요구량(BOD, biochemical oxygen demand)**
   수중의 오염유기물을 호기성 미생물이 생물화학적으로 산화분해하여 무기성 산화물과 가스체로 안정화하는 과정에서 필용한 총산소량을 ppm의 단위로 표시한 것으로, 수치가 높을수록 오염도가 높은 것을 나타낸다.
2. **화학적 산소요구량(COD, Chemical oxygen demand)**
   유기물 등의 오염물질을 산화제로 산화 분해시켜 정화하는 데 소비되는 산소량을 ppm으로 나타낸 것으로서 과망간산 칼륨이나 중크롬산 칼륨을 사용한다.
3. 용존산소량
4. 대장균 수
5. pH

(3) 유기농업의 특징

작물생산, 가축의 사육, 농업생산물의 저장 및 유통·판매에 이르는 전 과정 중에서 어떠한 인공적·화학적 재료를 사용하지 않고 자연적 산물만을 사용하는 농업이다.

① **유기농업의 목적**: 국제유기농업운동연맹(IFOAM, International Federation of Organic Agriculture Movements)에 명시되었다.

  ㉠ 영양가 높은 음식의 충분한 생산을 꾀한다.

  ㉡ 토양비옥도의 장기적으로 유지한다.

  ㉢ 자연생태계와 협력과 농업체계 내의 모든 생물적 순환을 촉진하고 개선한다.

  ㉣ 재생가능한 자원을 최대한 이용한다.

  ㉤ 가급적 폐쇄된 체계 내(축산과 윤작에 의한 토양비옥도 항상)에서 유기물과 영양소를 이용한다.

  ㉥ 모든 가축의 본능적 욕구를 최대한 펼칠 수 있는 환경조건을 조성한다.

  ㉦ 농업에서 파생된 모든 형태의 오염을 피한다.

  ㉧ 농업과 관련된 환경의 유전적 다양성을 유지한다.

  ㉨ 농업관련 종사자에 안전한 환경을 제공하고 적당한 보답과 만족을 제공한다.

② **유기농 재배의 원칙**: 국제식품규격위원회(Codex 혹은 CAC, Codex Alimentarius Commission)에 명시되어 있다.

  ㉠ 생물다양성 증진시킨다.

  ㉡ 토양생물의 활력 증진과 장기적인 토양비옥도를 유지한다.

  ㉢ 동식물 부산물의 재활용 및 재생불가능한 자원이용을 최소화한다.

  ㉣ 재생가능한 자원이용과 농업과 관련한 모든 오염을 최소화한다.

  ㉤ 현존하는 농장에서의 유기생산체계 확립한다.

  ㉥ 윤작과 녹비작물을 재배한다.

  ㉦ 저항성 품종을 이용한다.

  ㉧ 화학비료·농약·제초제 금지와 공장식 축산 분뇨를 금지한다.

③ **대체농업과 저투입성 농업**

　　㉠ 대체농업: 기존의 농업방식을 탈피한 환경친화적인 농업으로 윤작, 농약 및 화학비료의 투입량 감소 등이다.

　　㉡ 저투입성 농업: 인공적으로 합성한 화학물질에 대한 의존도를 감소시킨 농업이다.

④ **기존농업과의 차이점**

　　㉠ 단기적인 이익보다 장기적 이익을 추구한다.

　　㉡ 경제성과 안정성 간의 균형을 추구한다.

　　㉢ 환경에 대한 부하가 작은 시스템으로의 전환을 지향한다.

　　㉣ 농업생산, 환경, 안전성에 대한 중요성을 요구한다.

⅏ 유기농업과 관련된 관계 법령

관계법령	주요내용
식품산업진흥법	식품산업과 농어업 간의 연계강화를 통하여 식품산업의 건전한 발전을 도모
식품위생법	식품 등의 표시기준에 따라 수입 및 국내 유기 가공식품 표시기준 설정
친환경농업육성법	친환경 농산물 인증: 저농약, 무농약, 전환기유기, 유기
토양환경보전법	토양오염에 따른 국민건강 및 환경상의 위해를 예방하고 토양생태계의 보전을 위하여 오염된 토양을 정화하는 등 토양을 적정하게 관리·보전하기 위함을 목적으로 하는 법

(4) 재배포장(圃場)의 전환기간

기존의 농사를 짓던 곳에 즉시 유기농법으로 농사를 짓는다고 유기농산물이 되는 것이 아니고 유기농업으로 가는 전환기간을 거쳐야만 되는 기간을 의미한다.

① 다년생 작물(목초 제외): 최소 수확 전 3년의 기간 이상이다.

② 기타 작물: 파종 또는 재식 전 2년의 기간 이상이다.

(5) 재배방법

① 화학비료와 유기합성농약을 금한다.

② 윤작계획에 따른 두과작물, 녹비작물 또는 심근성 작물을 재배해야 한다.

③ 가축분뇨를 원료로 하는 퇴비·액비는 유기·무항생제 축산물 기준에 맞는 사료를 먹인 농장 또는 경축(耕畜, 가축과 농작물)순환농업으로 사육한 농장에서 유래되고 완전히 부숙된 것만을 사용한다. 다만, 일반사료인 경우 퇴비더미가 55~75℃를 유지하는 기간이 15일 이상 되어야 하고, 이 기간 동안 5회 이상 뒤집은 것은 사용할 수 있다.

(6) 유기농업 관련 사례

① 오리농법: 제초효과, 증수효과에 이용된다.

② 우렁이농법: 제초효과에 이용된다.

③ 키토산농업: 갑각류 껍질을 단백질제거 처리 후 사용하며, 농산물품질 증진에 이용된다.

④ 목초액: 활성탄 농법이며, 농산물품질 증진에 이용된다.

⑤ 참게농법: 해충과 잡초방제에 이용된다.

⑥ 미꾸라지농법: 해충방제에 이용된다.

3. 친환경농업의 추진전략

(1) 병해충 종합관리(IPM)와 작물양분 종합관리(INM) 실천기반을 구축한다.

(2) 축산분뇨를 자원화한다.

(3) 농토배양을 종합적으로 추진한다.

(4) 친환경농산물의 유통을 활성화한다.

(5) 경종, 축산, 임업이 상호 연계하는 자연순환농업을 도모한다.

4. 친환경농업 발전의 저해요인 및 발전 방향

구분	저해요인	발전 방향
정책 및 제도	개발사업으로 접근	종합적으로 접근
	품질관리제도 미정착	친환경농산물 인증제도 개선
	친환경 농자재 관리제도 미확립	제도 개선
친환경농업 실천기반	화학비료 과잉사용 및 토양양분의 불균형	종합적 토양양분 관리
	농업용수 수질오염	환경오염원 감축
	친환경실천기술 보급 미진	친환경 표준기술 개발·보급 및 민간농법 검증·보급
친환경농업 실천의지	농가별 관행재배 선호	가격차별화로 친환경농업 유도
	친환경축산 실천의지 결여	유기축산 기준 마련 및 시범사업
	정부 및 농산관계자 증산 목표추구	친환경식량생산 정책으로 전환

5. 친환경농산물의 인증

(1) 친환경인증 목적

① 농업의 환경보전기능을 증대시키고 농업에 의한 환경오염을 감소시킨다.

② 허위 친환경농산물로부터 생산자·소비자를 보호한다.

③ 친환경농산물 생산 및 공급체계를 확립한다.

(2) 친환경인증 과정

① 인증절차 : 인증신청 → 인증심사 → 심사결과통보 → 생산·출하과정 조사 → 시판품 조사

② 인증기관의 유효기간 : 농축산식품부장관이 인증기관을 지정하고 지정 후 5년까지 유효하며 갱신 할 경우 5년마다 재지정을 받아야 한다.

> 친환경 농산물 인증기간 : 1년
> 유기농산물 인증기간 : 1년
> 친환경 농산물 인증기관 : 5년

(3) 친환경농산물 유통활성화

① 산지 생산자 조직을 육성하여 안정적인 생산기반을 구축하고, 품질 강화로 소비자 신뢰를 높인다.

② 농업인 직거래장터, 대형유통업체, 전문판매장 등 다양한 판매경로를 연계한 신유통체계를 구축한다.

③ 친환경농산물을 사용한 다양한 가공식품 개발 등 새로운 소비 수요를 창출하며, 전자상거래를 활성화시킨다.

> **친환경농산물 유통의 문제점**
> - 시장에서의 사기행위 등으로 소비자를 보호할 수 있는 품질보증체계의 미흡
> - 기존의 농산물 유통망과 차별화된 유통망 미흡
> - 소량 생산·유통에 따른 비용의 과다발생
> - 단순한 품목과 계절적 수급의 불안정에 기인한 전문판매장 육성 및 운영상 애로

3 정부의 친환경농업 지원 방향

1. 친환경 농업지구 조성사업 확대

(1) 상수원보호구역과 그 주변 지역의 친환경농업 기반을 구축한다.

(2) 광역 친환경농업단지 조성

친환경농자재를 생산할 수 있는 유기질 비료생산시설, 미생물배양시설, 축산분뇨 자원화시설 등을 설치한다.

2. 기타 지원

(1) 친환경 농자재 지원 확대

유기질 비료 지원을 지속적으로 확대 추진한다.

(2) 천적방제지원

생물학적 방제로 전환을 위한 천적 구입비를 지원한다.

(3) 친환경 직접지불제를 개편한다. 친환경 직접지불제는 친환경농업 실천 농업인에게 초기 소득 감소분 및 생산비 차이를 보전해줌으로써 친환경농업확산을 도모하고, 농업의 환경보전기능 등 공익적 기능을 증진하기 위하여 제정된 제도이다.

(4) 농산물 우수관리제도(GAP)와 이력추적제를 강화한다.

농산물 우수관리제도(GAP, Good Agricultural Practices)

1. 우수 농산물에 대한 체계적 관리와 안정성 인증을 위해 2006년부터 시행된 제도이다.
2. 위해요소중점관리기준(HACCP), 친환경인증과 함께 정부가 안전한 농산물 보증하기 위한 세 가지 대표적 제도 중 하나이다.

농축산물 이력추적제

농산물의 안전성 등에 문제가 생길 경우, 해당 농산물을 추적하여 원인을 규명하고 필요한 조치를 취할 수 있도록 생산에서 판매단계까지 각 단계별로 정보를 기록·관리하는 제도이다.

위해요소중점관리기준(HACCP)

1. **뜻과 의미**
   (1) 식품의 원재료 생산에서부터 제조, 가공, 보존, 유통단계를 거쳐 최종소비자가 섭취하기 전까지의 각 단계에서 발생할 우려가 있는 위해요소를 규명하고 이를 중점적으로 관리하기 위한 중요관리점을 결정하여 자주적이고 체계적이며, 효율적인 관리고 식품의 안전성을 확보하기 위한 과학적인 위생관리체계를 구축한다.
   (2) HACCP은 위해분석(HA)과 중요관리점(CCP)으로 구성
      ① HA : 위해가능성이 있는 요소를 찾아 분석·평가
      ② CCP : 해당 위해요소를 방지·제거하고 안전성을 확보하기 위하여 중점적으로 다루어야 할 관리점

2. **HACCP의 원칙(국제식품규격위원회 – CODEX에서 설정)**
   (1) 위해분석(HA)을 실시
   (2) 중요관리점(CCP)을 결정
   (3) 관리기준(CL)을 결정
   (4) CCP에 대한 모니터링 방법을 설정
   (5) 모니터링 결과 CCP가 관리상태의 위반 시 개선조치(CA)를 설정
   (6) HACCP가 효과적으로 시행되는지를 검증하는 방법을 설정
   (7) 이들 원칙 및 그 적용에 대한 문서화와 기록유지방법을 설정

3. **중요성**
   (1) 원예산물을 가공하고 포장하는 동안 물리적, 화학적, 그리고 미생물 등의 오염을 예방하는 일은 안전한 농산물의 생산에 필수이다.
   (2) HACCP은 자주적이고 체계적이며, 효율적인 관리로 식품의 안전성을 확보하기 위한 과학적인 위생관리체계이다.

작물의 수확 및 수확 후 관리

작물은 수확 후 저장 중 변화

1. 각종 미생물과 해충의 가해
2. 작물 자체의 효소 또는 미생물 번식에 의한 효소작용
3. 함유성분의 상호작용 등 화학적 작용
4. 전분과 단백질의 변성, 수분증발 등의 물리적 작용

작물의 수확 후 손실률

1. **수분함량이 10~20%로 낮은 곡물의 손실률**: 10%
2. **수분함량이 70~90%로 높은 원예직물의 손실률**: 20~30%

1 수확

1. 성숙

개화·결실 후 종자나 과실이 외형을 갖추고 내용물이 충실해지며, 발아력을 갖추는 것을 성숙 (maturation, ripening)이라 한다.

(1) 화곡류의 성숙과정

① 유숙기: 배유가 아직 유상(乳狀)이며 배의 발달도 불완전한 상태로 물관리 등을 철저히 해야 하는 시기이다.

② 호숙기: 종자의 내용물이 풀처럼 점성을 띠며, 수분함량이 가장 높은 시기로 새의 피해가 가장 심한 시기이다.

③ 황숙기: 이삭이 황변하고 종자의 내용물이 납상이고 생리적 성숙이 완성된 시기로 수확을 할 수 있으며, **종자용 수확의 적기이다.**

④ 완숙기: 식물체 전체가 황변하고 종자의 내용물이 경화되어 완전히 익은 시기이며, 일반적 **이용을 위한 수확기이다.**

⑤ 고숙기: 식물체가 퇴색하고 내용물이 더욱 경화되며 탈립, 동할미 등이 발생하기 쉬워 품질이 나빠진다.

(2) 십자화과 작물의 성숙과정

① 백숙 : 종자가 백색, 내용물이 물과 같은 상태이다.

② 녹숙 : 종자가 녹색, 내용물이 손톱으로 쉽게 압출되는 상태이다.

③ 갈숙 : 꼬투리는 녹색을 상실해가며 종자는 고유의 성숙색이 된다. 일반적으로 이 단계에 이르면 **성숙한 시기이다.**

④ 고숙 : 종자는 더욱 굳어지고, 꼬투리는 담갈색이 되어 취약해진다.

2. 수확시기

(1) 이용목적, 발육정도, 재배조건, 시장조건, 기상조건에 따라 수확시기를 결정한다.

(2) 수확을 위한 적당한 성숙에 이르렀는지의 여부를 결정하며, 수확 당시의 품질이 최상의 상태가 아닌 소비자 구매 시 생산물의 품질이 가장 우수할 때가 되는 시점이다.

(3) 벼

① **출수 후로부터 극조생종 40일, 조생종 40~45일, 중생종은 45~50일, 중만생종은 50일 전후이다.**

② 육안으로 판단할 경우는 한 이삭의 벼알이 90% 이상 익었을 때이고, 종자용은 약간 빠르게 수확한다.

③ 벼수확 시기가 빠르거나 늦으면 완전미 비율이 감소한다. 조기에 수확할 경우 청미, 사미가 많아지고, 수확이 늦어지면 미강층이 두꺼워지고, 기형립, 피해립, 색택불량, 동할미가 증가되며 우박 등 기상재해, 야생동물 등의 피해를 받는다.

④ 원예작물은 수량과 품질 외에 유통기간, 시장가격 등을 감안하여 결정한다.

⑤ 사료작물은 건물수량, 가소화조단백질 함량, 소화율, 작물의 재생력 등을 고려하여 결정하는데, **사일리지용 옥수수 및 벼과목초는 유숙기가 적기이고, 콩과목초는 개화초기가 적기이다.**

3. 수확방법

(1) 화곡류, 목초 등

예취(刈取)

(2) 감자, 고구마

굴취

(3) 과실

적취(摘取)

(4) 무, 배추

발취(拔取)

4. 작물의 수확 후 생리작용 및 손실요인

(1) 물리적 요인에 의한 손실

① 수확, 선별, 포장, 운송 및 적재과정에서 발생하는 기계적 상처에 의하여 손실이 발생한다.

② 감자는 수확 후 손실의 약 20%가 물리적 요인에 의한 것이다.

(2) 호흡에 의한 손실

① 작물은 수확 후에도 세포호흡을 계속하고, 그 결과 저장양분이 호흡기질로 소모되어 중량이 감소하고 수분이 발생하며 호흡열이 발생한다.

② 과실 중에서 수확 후 호흡급등 현상(climacteric rise, 수확하는 과정에서 호흡이 급격히 증가하는 현상)이 나타난다.

ㄱ 호흡 급등형 과실: 사과, 배, 수박, 바나나, 복숭아, 참다래, 아보카도, 토마토, 살구, 멜론, 감, 키위, 망고, 파파야 등이다.

ㄴ 비호흡 급등형 과실: 포도, 감귤, 오렌지, 레몬, 고추, 가지, 오이, 딸기, 호박, 파인애플 등이다.

(3) 증산에 의한 손실

① 작물은 수확 후 어미식물로부터 수분공급은 중단되고, 수확물의 증산은 계속되므로 수분이 손실되고 중량의 감소가 일어난다.

② 신선작물은 중량의 70~95%가 수분이므로, 수분이 손실되면 위조, 위축이 일어나 모양, 질감 및 향기가 나빠져서 품질이 저하된다.

③ 증산에 의한 수분손실은 호흡에 의한 손실보다 10배나 크며, 이 중 90%는 기공증산, 8~10%는 표피증산을 통하여 손실이다.

(4) 맹아에 의한 손실

① 수확 직후의 작물은 일반적으로 휴면상태가 되어 발아가 억제된다.

② 일정기간이 지나고 휴면이 타파되면 발아, 맹아에 의하여 품질이 저하된다.

(5) 병리적 요인에 의한 손실

① 수확과정에서 기계적 상처와 저장 중 생리적 요인에 의하여 각종 병원균의 침입을 받아 부패하기 쉽다.

② 병원균에 의한 1차감염 후 다시 2차 세균감염이 일어나 급속히 양적, 질적 손실이 발생한다.

(6) 에틸렌 생성 및 후숙

① 과실은 성숙함에 따라 에틸렌이 다량 생합성되어 후숙이 진행된다.

② 호흡급등형 원예작물에서 호흡급등기에 에틸렌 생성이 증가되어 급속히 후숙된다.

③ 비호흡급등형도 수확 시 상처를 받거나 과격한 취급, 부적절한 저장조건에서는 스트레스에 의하여 에틸렌 생성이 급증할 수 있다.

④ 엽채류와 근채류 등의 영양조직은 과일류에 비하여 에틸렌 생성량이 적다.

2 건조

1. 건조목적

(1) 곡물 등을 수확 후 건조를 하는 목적은 수확 후 가공할 수 있는 조건을 만들고 장기간 안전하게 저장하기 위한 것이다.

(2) 곡류의 도정이 가능할 정도의 경도는 수분함량이 17~18% 이하로 되어야 한다.

(3) **안전저장을 위해 15% 이하로 건조하면 곰팡이 발생을 억제할 수 있다.**

(4) **신선 원예작물은 고유의 품질을 유지하기 위해 수분증발을 억제한다.**

2. 건조 원리

(1) 곡물은 수분함량이 높을수록 미생물 번식이 용이하고, 효소작용이 활발하여 품질이 변하기 쉬우므로 수확 후 빠른 시간 내에 수분을 제거해야 저장이 가능해진다.

(2) **건조 시 제거되는 수분은 결합수가 아닌 구성분 사이사이에 있는 자유수이다.**

3. 건조기술

(1) 곡물

① **열풍건조 시 알맞은 건조온도는 45°C이다.**

② **45°C 건조는 도정률과 발아율이 높고, 동할률과 쇄미율이 낮으며, 건조시간은 6시간 정도로 짧은 편이다.**

③ 55°C 이상 건조하면 동할률과 싸라기 비율이 높고, 단백질 응고와 전분의 노화로 발아율이 떨어지며, 식미가 나빠진다.

④ 건조기 승온조건은 시간당 1°C가 적당하다.

⑤ 급속한 고온건조는 동할률이 증가하고 유기물이 변성되며 품질이 저하된다.

⑥ **건조속도는 시간당 수분감소율이 1% 정도가 적당하다.**

⑦ 쌀의 수분함량 15~16%가 되도록 말리며, 수분함량이 12~13%일 때 저장에는 좋으나 식미가 낮고, 함수율 16~17%일 때 도정효율과 식미는 좋으나 변질되기 쉽다.

(2) 원예산물

① 고추

㉠ 천일건조는 12~15일 정도 소요되고, 시설하우스 내 건조는 10일 정도 소요된다.

㉡ 열풍건조는 45°C 이하가 안전하고 약 2일 정도 소요된다.

② 마늘

㉠ 자연건조할 때는 통풍이 잘되는 곳에서 간이저장으로 2~3개월 건조시킨다.

㉡ 열풍건조는 45°C 이하에서 2~3일 건조처리한다.

3 탈곡 및 조제

1. 벼의 탈곡기 회전수는 종자용이 300rpm, 식용은 500rpm이다.
2. **탈곡 후 협잡물, 쭉정이, 겉껍질 등을 제거하는 것을 조제(정선, preparation)라고 한다.**

4 예건

1. 수확물의 외부를 미리 건조시켜 내부조직의 수분증산을 억제시키는 방법으로 수확 직후에 수분을 어느 정도 증산시켜 과습으로 인한 부패를 방지한다.
2. 수확 후 과실의 예건은 호흡작용을 안정시키고 과피가 탄력이 생겨 상처를 받지 않으며 과피의 수분을 제거함으로써 곰팡이의 발생을 억제하는 효과가 있다.
3. 마늘을 장기저장하기 위해 인편의 수분함량을 약 65%까지 감소시켜 부패를 막고 응애와 선충의 밀도를 낮춘다.
4. 수확 직후 통풍이 잘되고 직사광선이 닿지 않는 곳을 택하여 야적하였다가 습기를 제거한 후 저장고에 입고한다.

5 저장

1. **저장목적**

   (1) 생산된 농산물의 연중이용과 생산 이후 소비될 때까지 신선도를 유지한다.

   (2) 식량용은 맛, 영양, 품위 및 안전성 보존, 가공용은 품질 및 가공성 유지, 종자용은 발아력 유지를 위해 안전저장이 필요하다.

   > 쌀의 안전한 저장 지표
   > 1. 냄새
   > 2. **발아율 80% 이상**
   > 3. 호흡에 의한 건물중량 손실률 0.5% 이하
   > 4. **지방산가 20mg KOH/100g 이하**

2. 저장 중 곡물의 변화

(1) 저장 중 호흡소모와 수분증발 등으로 중량감소가 일어난다.

(2) 생명력의 지표인 발아율이 저하한다.

(3) **지방의 자동산화에 의하여 산패가 일어나므로 유리지방산이 증가하고 묵은 냄새가 발생한다. 유리지방산도는 곡물의 변질을 판단하는 가장 중요한 지표물질이다.**

(4) **저장 중에 전분이 α - 아밀라아제에 의하여 분해되어 환원당 함량이 증가한다.**

(5) 미생물과 해충, 쥐 등의 가해로 품질저하와 양적손실이 일어난다.

3. 큐어링과 예냉

(1) 큐어링

고구마, 감자 등 수분함량이 높은 작물들은 수확작업 중에 발생한 상처를 치유해야 안전저장이 가능하다. 수확물의 상처에 유상조직인 코르크층을 발달시켜 병균의 침입을 방지하는 조치를 큐어링(curing) 이라고 한다.

① 감자 : 10~15℃에서 2주일 정도 큐어링 후 3~4℃에서 저장한다.

② 고구마 : 30~33℃에서 3~6일간 큐어링 후 13~15℃에서 저장한다.

(2) 예냉

① 수확 직후의 청과물의 품질을 유지하기 위하여 수송 또는 저장하기 전의 전처리로 급속히 품온을 낮추는 것으로, 원예산물을 수확 직후에 온도를 신속히 낮추어 주는 예냉처리를 하여 발생할 수 있는 품질악화의 기회를 감소시켜 소비할 때까지 신선한 상태로 유지할 수 있다.

② 호흡 등 대사작용 속도를 지연시키고, 에틸렌 생성과 미생물의 증식을 억제한다.

③ 증산량 감소로 인한 수분손실을 억제하고, 생리적 변화를 지연시켜 신선도를 유지한다.

④ 유통과정 중 수분손실을 감소시킨다.

⑤ 양파와 마늘의 예냉 및 저장

㉠ 보호엽이 형성되고 건조되어야 저장 중 손실이 적다.

㉡ 밭에서 1차 건조시키고 저장 전에 선별장에서 완전히 건조시켜 입고한 후 온도를 낮추기 시작한다.

본저장 환경

1. **온도** : 12~15℃
2. **습도** : 85~90%
3. 9℃ 이하가 되면 병해를 입어 썩기 쉽고, 18℃ 이상에서는 양분의 소모가 많아지고 싹트기 쉬우며, 과습하면 썩기 쉽다.
4. 지나치게 건조하면 무게가 몹시 줄고 건부병에 걸리기 쉽다.

---

4. 농산물 저장 중 품질에 영향을 미치는 요인

가장 중요한 조건은 저장온도와 농산물의 수분함량으로 수분함량이 낮으면 저장온도가 높아도 안전저장이 가능하지만, 수분함량이 높으면 저장온도가 낮아야 안전하게 저장이 가능하다.

(1) 온도

    ① 미생물은 15~38℃에서 왕성하고, 4~15℃에서 생장이 저해되며, 0℃ 이하 또는 40℃ 이상에서 생장이 정지한다.

    ② 농산물은 저장은 주로 저온에서 이루어진다.

(2) 수분

    ① 미생물은 15% 이상에서 급속히 번식하며, 수분함량 13%에서 번식이 억제되고, 11% 이하는 사멸한다.

    ② 채소와 과일은 수분이 90% 이상으로 수분의 증발을 억제해야 품질이 유지된다.

(3) 가스조성

    ① 세포호흡에 필수적인 산소를 제거하거나 낮추면 호흡소모나 변질이 감소된다. 산소를 제거할 목적으로 이산화탄소나 질소를 주입하면 저장성이 향상된다.

    ② 과실의 장기저장법으로 이산화탄소와 산소의 농도를 조절하는 CA저장 기술이 실용화되어 있다.

    ③ 밀봉저장은 용기 내 산소농도의 감소로 저장기간이 연장된다.

(4) 곡물의 성상

    ① 벼는 단단한 왕겨층으로 덮여 있어 현미나 백미보다 벼가 저장 중 곰팡이나 해충의 피해로부터 안전하다.

    ② 현미는 벼보다 저장성이 약하나 부피가 1/2정도로 작아서 포장이나 유통비용이 절감된다.

    ③ 도정으로 껍질층이 손상된 백미는 온도와 습도의 변화에 민감하게 반응하고, 해충의 피해를 받기 쉬우며, 현미보다 저장성이 떨어진다.

(5) 기타 저장력이 강한 요인

    ① 사질토보다는 점질토에서 또는 경사지, 배수가 잘 되는 토양에서 재배된 과실이 저장력이 강하다.

    ② 질소가 과다 투여된 과실을 크기는 크지만 저장력을 저하시키고, 충분한 칼슘은 과실을 단단하게 하여 저장력이 강해진다.

    ③ 일반적으로 조생종에 비해 만생종의 저장력이 강하고, 장기저장용 과일은 적정수확시기보다 일찍 수확하는 것이 저장력이 강하다.

5. 작물별 안전저장 조건

(1) 쌀

    ① 온도 15℃, 상대습도 약 70%, 고품질유지 수분함량 15~16%로 관리한다.

    ② 공기조성을 산소 5~7%, 탄산가스 3~5%로 유지한다.

(2) 기타곡물

① 미국에서는 1년간 안전저장을 위해 수분함량의 최고한도로 옥수수, 수수, 귀리는 13%, 보리 13~14%, 콩 11%를 적용한다.

② 5년 이상 장기저장 시는 2% 정도 더 낮게 조정한다.

(3) 식용감자 및 씨감자

① 온도 3~4°C, 상대습도 85~90%로 조절한다.

② 수확 직후 약 2주 동안 통풍이 양호하고, 10~15°C의 서늘한 곳과 습도는 다소 높게 유지하여 큐어링한다.

(4) 가공용 감자

저장적온은 10°C이며, 이보다 낮으면 당 함량이 증가하여 품질이 낮아진다. 그러나 10°C에서는 휴면이 빨리 타파되어 발아하므로 장기저장은 어렵다.

(5) 고구마

① 안전저장 조건은 온도 13~15°C, 상대습도 85~90%이고, 반드시 큐어링이 필요하다.

② 큐어링은 수확 직후 30~33°C, 90~95%의 상대습도에서 3~6시간 실시한다.

③ 고구마는 0°C에서 21시간, −15°C에서 3시간이면 냉동해가 발생한다.

(6) 과실

대부분 온도 0~4°C, 상대습도 80~85%에서의 저장이 안전하다.

(7) 엽근채류

대부분 온도 0~4°C, 상대습도 90~95%에서 저장이 안전하다.

(8) 고춧가루

① 수분함량 11~13%, 저장고의 상대습도는 60%에서 저장한다.

② 수분함량이 10% 이하이면 탈색되고 19% 이상은 갈변한다.

(9) 마늘

① 상온저장은 0~20°C, 상대습도는 약 70%가 알맞고, 저온저장은 3~5°C, 상대습도는 약 65%가 알맞다.

② 수확 직후 마늘은 수분함량이 약 80%이나, 예건을 거쳐 수분함량을 65% 정도로 낮춘다.

(10) 바나나

열대작물이므로 13°C 이상에서 저장하며, 13°C 이하에서는 냉해를 입는다.

6. CA저장

(1) 온도, 습도, 대기조성 등을 조절함으로써 장기저장을 하는 가장 이상적인 방법으로 저장고 내부의 산소농도를 낮추기 위해 이산화탄소 농도를 높여 농산물의 저장성을 향상시키는 방법이다.

(2) 호흡은 저장산물 내 저장양분이 소모되면서 이산화탄소와 열을 발산하는 대사작용으로 산소가 필수적이므로 저장물질의 소모를 줄이려면 호흡작용을 억제해야 하며, 이를 위해서는 산소를 줄이고 이산화탄소를 증가시키는 것이다.

(3) 호흡, 에틸렌발생, 연화, 성분변화와 같은 생화학적, 생리적 변화와 연관된 작물의 노화를 방지한다.

(4) 조절된 대기가 병원균에 직접 혹은 간접으로 영향을 미침으로써 곰팡이의 발생률을 감소시킨다.

7. MA저장(Modified Atmosphere)

(1) 필름이나 피막제를 이용하여 산물을 하나씩 또는 소량을 외부와 차단하여 호흡에 의한 산소농도의 저하와 이산화탄소농도의 증가에 의해 호흡을 감소시켜 품질변화를 억제하는 방법이다.

(2) 각종 플라스틱 필름으로 농산물을 포장하면 필름의 기체투과성, 산물로부터 발생한 기체의 양과 종류에 의하여 포장내부의 기체조성은 대기와 현저하게 달라져서 유통기간의 연장 수단으로 많이 사용된다.

(3) 수증기의 이동을 억제하여 증산량이 감소되고, 낱개포장은 물리적 손상을 감소시킨다.

> 기능성 포장재
> 1. **에틸렌흡착필름**
>   제올라이트나 활성탄을 도포하여 포장 내 에틸렌 가스를 흡착하여 에틸렌에 의한 노화현상을 지연효과
> 2. **방담필름**
>   식물성 유지를 도포하여 수증기 포화에 의한 포장 내부 표면에 결로현상 억제
> 3. **향균필름**
>   항생, 향균성 물질 또는 키토산 등을 도포하여 포장 내 세균에 대한 항균작용으로 과습에 의한 부패를 감소
> 4. **PE포장**
>   지대포장에 비하여 수분손실을 방지하여 중량감소는 방지할 수 있으나 산패를 촉진

6 도정

1. 도정의 뜻

(1) 벼는 과피인 왕겨, 종피인 쌀겨층, 그리고 배와 배젖으로 구성되어 있다. 왕겨를 제거하면 현미, 현미에서 종피 및 호분층을 제거하면 백미가 된다.

(2) **도정(milling)은 벼에서 왕겨와 쌀겨층을 제거하여 백미를 만드는 과정이다.**

(3) 도정부산물로는 왕겨, 쌀겨(미강), 싸라기(배아) 등이 있다.

(4) 도정의 과정과 개념

① 벼에서 왕겨를 제거하면 현미가 되고, 현미를 만드는 것을 제현이라 한다. 제현률은 중량으로는 78~80%, 용량으로는 약 55%로 저장 시 공간을 크게 줄일 수 있다.

② **현미에서 강층(종피, 호분층)을 제거하면 백미가 되고, 백미를 만드는 것을 현백 또는 정백이라고 한다. 현백률은 중량으로 90~93%이다.**

③ 현백률은 쌀겨층을 깎아내는 정도에 따라 달라진다.

    ⊙ 백미는 현미중량의 93%가 남도록 7%를 깎아낸 것이다. 백미는 제거해야 할 겨층을 100% 제거한 것이므로 10분도미라고도 한다.

    ⊙ 제거해야 할 겨층의 70%를 제거한 것, 즉 현미 중량의 95%가 남도록 도정한 것은 7분도미라 한다.

    ⊙ 제거해야 할 겨층의 50%를 제거한 것, 즉 현미 중량의 97%가 남도록 도정한 것은 5분도미 또는 배아가 붙어 있다고 하여 배아미라고도 한다.

④ 제현과 현백을 합하여 벼에서 백미를 만드는 전 과정이 도정이다.

⑤ 도정률(제현률×현백률)은 벼(조곡)에 대한 백미의 중량이나 용량 비율을 말하는 것으로, 일반적으로 74% 전후가 된다.

⑥ 도정에 의해 줄어드는 양, 즉 쌀겨, 배아 등으로 떨어져 나가는 도정감량(도정감)이 현미량의 몇 %에 해당하는가를 도감률이라 한다.

2. 도정의 주요 전문용어

(1) 제현

    벼의 과피인 왕겨를 제거하여 현미를 만드는 것이다.

(2) 제현율

    ① 벼의 껍질을 벗기고 이를 1.6mm의 줄체로 칠 때 체를 통과하지 않는 현미의 비율이다.

    ② 중량으로 78~80%, 용량으로 약 55%이다.

(3) 현백

    현미의 종피인 겨층을 제거하며 백미를 만드는 것이다.

(4) 현백률

    ① 현미 1kg을 실험실용 정미기로 도정하여 생산된 백미를 1.4mm의 줄체로 쳐서 통과하지 않는 백미의 비율이다.

    ② 중량으로 90~93%이다.

(5) 도정률

    도정률은 (제현율 × 현백률)/100으로 74% 전후이다.

(6) 배아미

    배아가 붙어있도록 도정한 것이다.

3. 도정 과정

(1) 일반적인 도정의 과정

벼 → 정선 → 제현 → 현미분리 → 현백 → 쇄미분리 → 백미

(2) 도정의 요인과 품질

① 도정을 위한 원료벼의 적정 수분함량은 16%이다.

② 수분함량이 낮을수록 전기소모량이 많아진다.

③ 현대적 도정은 마찰, 찰리, 절삭, 충격작용 등을 이용하는데, 가장 많이 사용하는 작용은 마찰과 충격작용이다. 이런 원리에 의해 도정기는 마찰식과 연삭식 도정기로 구별한다.

④ 도정은 겨층 세포를 손상시키는 것으로 손상된 세포막의 지방이 쉽게 산소와 결합하여 산패(산화)되므로 도정 후 오래 경과될수록 맛이 떨어진다.

---

7 포장

1. 주요 포장재료

(1) 플라스틱 포장

지대포장에 비해 수분함량 저하를 방지하여 중량을 보존하는 효과는 있으나, 산패를 촉진하는 단점이 있다.

(2) 금속코팅 포장

해충방지에 효과적이고 이산화탄소와 질소가스를 주입하면 더욱 효과적이다.

2. 포장단위

(1) 과거에는 80Kg 또는 40Kg이었으나, 지금은 10~20Kg이 대부분이다.

(2) 포장단위의 소형화가 바람직하다.

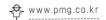
8 수량구성요소 및 수량의 사정

1. 수량구성요소

작물을 재배하여 얻어지는 생산물의 토지단위당 수확량을 수량이라 하고, 수량을 구성하는 식물학적 요소를 수량구성요소라고 한다.

(1) 곡류

곡류의 수량 = 단위면적당 수수 × 1수영화수 × 등숙비율 × 1립중

＊ 곡물의 수량은 단위면적당 입수(영화수)와 등숙비율의 적으로 결정되는데, 단위면적당 입수와 등숙비율은 부(−)의 관계이다.

(2) 과실

과실의 수량 = 나무당 과실수 × 과실의 크기(무게)

(3) 뿌리작물(고구마, 감자)

뿌리작물의 수량 = 단위면적당 식물체수 × 식물체당 덩이뿌리수 × 덩이뿌리(덩이줄기)의 무게

(4) 사탕무 등(성분채취를 위하여 재배하는 작물)

사탕무의 수량 = 단위면적당 식물체수 × 덩이뿌리의 무게 × 성분함량

2. 수량구성요소의 변이계수

(1) 벼의 수량구성요소의 연차 변이계수는 수수(이삭수)가 가장 크고, 1수영화수, 등숙비율, 천립중의 순으로 작아진다.

수량에 영향을 크게 미치는 구성요소의 순위
수수(이삭수) > 1수영화수 > 등숙비율 > 천립중

(2) 수량구성 4요소는 상호 밀접한 관계로 먼저 형성되는 요소가 많아지면 나중에 형성되는 요소는 적어지고, 반대로 먼저 형성되는 요소가 적어지면 나중에 형성되는 요소가 많아지는 상보성을 나타낸다.

(3) 벼에서 단위면적당 수수가 많아지면 1수영화수는 적어지고, 1수영화수가 증가하면 등숙비율이 낮아지는 경향이 있다.

(4) 단위면적당 영화수(단위면적당 수수 × 1수영화수)가 증가하면 등숙비율은 감소하게 되고, 등숙비율이 낮으면 천립중은 증가한다.

www.pmg.co.kr

Part 04

재배기술

04

단원 정리 문제

001 유기농업을 위한 합리적 작부체계로 부적당한 것은?

① 고투입 지속적 농업을 수행한다.
② 녹비작물로 화학비료를 대체한다.
③ 축산분뇨를 비료화한다.
④ 지력을 증진한다.

002 기지를 유발하는 원인이 아닌 것은?

① 토양양분의 소모　　　　　　② 토양물리성의 악화
③ 잡초의 번성　　　　　　　　④ 윤작의 시행

003 경작지에 토마토를 연작하니 기지의 원인인 풋마름병이 발생하였다. 다음 중 원인으로 가장 알맞은 것은?

① 유독물질의 축적　　　　　　② 토양의 염기성화
③ 특성양분의 고갈　　　　　　④ 토양전염병

004 다음 중 연작에 의한 피해가 적은 작물을 고르시오.

① 시금치, 콩　　　　　　　　② 벼, 옥수수
③ 인삼, 아마　　　　　　　　④ 감자, 오이

정 답 찾 기

001 ① 저투입 농업으로 환경에 부담을 최소화하는 농업이어야 한다.

002 ④ 기지현상은 연작에 의한 피해로서 윤작을 시행 시 기지현상을 방지할 수 있다.

003 ④ 이외에 인삼의 근부병, 수박의 덩굴쪼김병 등은 연작에 의한 토양전염병이다.

004 ② 화본과 식물이 상대적으로 연작에 의한 피해가 적다.

정답　**001** ①　　**002** ④　　**003** ④　　**004** ②

005 밭작물재배에서 윤작의 기본원리로 부적당한 것은?

① 각각의 작물이 지닌 특성을 이용해서 지력을 유지 및 향상시킨다.
② 연작장해를 방지한다.
③ 경지의 이용률을 높인다.
④ 경지정리를 통한 대형기계화의 도입이 가능하다.

006 밭에서의 윤작체계 중 가장 합리적으로 조합된 것은?

① 밀 - 옥수수 - 보리 - 수수
② 옥수수 - 귀리 - 보리 - 밀
③ 보리 - 클로버 - 밀 - 순무
④ 보리 - 옥수수 - 밀 - 옥수수

007 고구마밭에 콩을 심는 작부방식은 무엇이라 하는가?

① 간작   ② 혼작
③ 교호작   ④ 주위작

008 교호작의 대표적 작물은 무엇인가?

① 보리와 고구마   ② 옥수수와 콩
③ 콩과 고구마   ④ 참외와 옥수수

009 답전윤환재배의 효과로 알맞은 것은?

① 잡초의 방제   ② 기지현상의 발생
③ 지력의 감소   ④ 양분의 소진

010 논에 벼를 재배 후 늦가을부터 봄까지 감자를 재배하는 작부체계를 무엇이라 하는가?

① 환답재배   ② 윤답재배
③ 답전윤환재배   ④ 답리작재배

011 다음 중 무배유 종자는 어느 것인가?

① 콩   ② 옥수수

③ 벼   ④ 해바라기

012 중복수정을 가장 잘 나타낸 것은?

① 정핵 + 난핵, 정핵 + 반족세포

② 정핵 + 난핵, 정핵 + 극핵

③ 정핵 + 극핵, 정핵 + 조세포

④ 정핵 + 조세포, 정핵 + 반족세포

013 다음 중 종자를 저장할 경우 수명이 가장 짧은 것은?

① 고추   ② 벼

③ 토마토   ④ 오이

014 저장 중인 종자가 수명을 잃는 주요 원인은 무엇인가?

① 원형질 구성 단백질의 응고   ② 휴면유도

③ 배의 미성숙   ④ 종자의 산도저하

정답찾기

005 ④ ④는 생력재배와 관계가 있다.

006 ③ 윤작체계에는 콩과식물(클로버, 자운영, 헤어리베치 등)이 포함된다.

007 ① 두 가지 작물을 섞어 재배하는 혼작과 차이점이 있다.

008 ② 두 종류 이상의 작물을 이랑을 교대로 배열해서 재배하는 방식에 적용이 가능한 작물의 조합을 고르는 문제이다.

009 ① 윤작의 일종으로 윤작효과와 유사하다.

010 ④ 벼가 생육하지 않는 기간만 맥류나 감자를 재배하는 방식이다.

011 ① 콩과식물과 난초과식물이 대표적 무배유 종자식물이다.

012 ② 정핵 + 난핵 → 배의 형성, 정핵 + 극핵 → 배유의 형성

013 ① 이외에도 양파, 메밀 등은 단명종자이다.

014 ① 이외에도 효소의 활성저하, 저장양분의 소모 등이 있다.

| 정답 | 005 ④ | 006 ③ | 007 ① | 008 ② | 009 ① | 010 ④ | 011 ① | 012 ② | 013 ① | 014 ① |

015 종자의 품질을 결정하는 내적조건으로 적당한 것은?

① 종자의 수분함량   ② 유전성

③ 순도   ④ 크기 및 무게

016 종자의 발아 순서를 바르게 나열한 것은?

① 종피파열 → 수분흡수 → 효소의 활성 → 배의 생장 → 배의 출현

② 효소의 활성 → 수분흡수 → 배의 생장 → 종피파열 → 배의 출현

③ 수분흡수 → 효소의 활성 → 배의 생장 → 종피파열 → 배의 출현

④ 종피파열 → 수분흡수 → 효소의 활성 → 배의 생장 → 배의 출현

017 종자의 발아촉진법으로 부적당한 것은?

① 황산처리   ② 종피파상법

③ 지베렐린처리   ④ ABA 처리

018 종자의 발아력 검정을 위해서 사용되는 TTC 검사에서 활력이 있는 종자는 어떤 반응을 나타내는가?

① 배가 적색으로 변한다.

② 종피가 갈색으로 변한다.

③ 배유가 청색으로 변한다.

④ 종자의 발아가 촉진된다.

019 고온에서 발아가 불량한 작물은 어느 것인가?

① 귀리   ② 박과채소

③ 토마토   ④ 가지

020 다음 중 종자발아 시 광을 필요로 하는 종자는?

① 콩   ② 호박

③ 담배   ④ 백일홍

021 다음 중 휴면의 정의를 바르게 나타낸 것은?

① 화아분화를 위해 필요한 저온의 정도
② 일시적으로 생장활동을 멈추는 생리현상
③ 여름철 무더위에 의하여 생장이 불량한 현상
④ 목초 등이 봄에 온도의 영향에 따라 급히 자라는 현상

022 종자의 휴면원인으로 거리가 먼 것은?

① 종피의 산소흡수억제   ② 발아억제물질의 존재
③ 배의 미숙   ④ 후숙

023 잎채소의 육묘 목적이 아닌 것은?

① 조기 수확   ② 추대 촉진
③ 재해 방지   ④ 품질향상

024 다음 중 묘상의 온도관리로 옳은 것은?

① 발아 후 낮에는 온도를 높여 광합성을 촉진하고 밤에는 온도를 낮추어 양분의 소모를 억제한다.
② 발아 후 온상을 밀폐시켜서 온도를 높인다.
③ 낮에 온도가 급히 내려가면 거적을 덮어서 보온한다.
④ 발아 후 온도를 높여 모의 도장을 방지한다.

정답 찾기

015 ② ①, ③, ④는 외적조건에 해당한다.
016 ③
017 ④ ④는 발아억제물질(호르몬)이다.
018 ① 배의 활성이 높으면 탈수소효소가 TTC와 반응하여 적색으로 변한다.
019 ① 저온성 채소를 고르는 문제로 귀리 외에도 시금치, 상추, 부추 등이 있다.
020 ③ 호광성 종자를 고르는 문제로서 미세종자가 많이 포함되어 있다.

021 ②
　　①은 춘화현상, ③은 하고현상, ④는 Spring flush이다.
022 ④ 후숙은 배가 미숙해서 일정 기간 경과 후 발육하는 것을 뜻한다.
023 ② 추대가 촉진되면 상품 가치가 저하된다.
024 ①
　　② 발아 전 밀폐시킨다.
　　③ 밤에 온도 하강 시 거적으로 보온한다.
　　④ 온도를 높이면 모가 도장하기 때문에 적정온도가 필요하다.

정답   **015** ②   **016** ③   **017** ④   **018** ①   **019** ①   **020** ③   **021** ②   **022** ④   **023** ②   **024** ①

025 다음 중 접목육묘의 목적으로 가장 알맞은 것은?

① 토양전염성병 예방, 잡초방제
② 양수분 흡수력 증대, 토질개선
③ 저온신장성 강화, 이식성 강화
④ 이식성 향상, 토질개선

026 다음 중 양액육묘의 장점이 아닌 것은?

① 윤작효과
② 청정재배
③ 자동화
④ 시설비 절감

027 정지(整地) 작업에 관한 내용으로 거리가 먼 것은?

① 작휴
② 쇄토
③ 윤작
④ 심경

028 다음 중 경운의 효과가 아닌 것은?

① 토양의 물리성 개선
② 토양의 화학성 개선
③ 잡초발생 억제
④ 시비효과

029 시설재배의 파종기를 결정할 때 가장 고려할 점은 무엇인가?

① 출하기
② 시설의 크기
③ 종자의 종류
④ 품종의 특성

030 파종량을 결정할 때 파종량을 늘릴 필요가 없는 경우는?

① 발아력이 낮은 종자
② 추운지방에서 파종
③ 척박하거나 건조한 토양
④ 생육이 왕성한 종자

031 관행적으로 최아(催芽)를 하여 파종하는 작물이 아닌 것은?

① 땅콩
② 벼
③ 콩
④ 가지

032 파종 후 복토를 할 경우, 복토의 두께가 가장 얇은 종자는?

① 감자, 콩   ② 파, 당근

③ 콩, 옥수수   ④ 보리, 감자

033 이식의 장점이 아닌 것은?

① 생육기간의 연장으로 수확기를 단축할 수 있다.

② 최종 경작지에 전작물이 있을 경우 경영의 집약화가 가능하다

③ 채소의 경우 도장방지, 결구를 촉진한다.

④ 직근류 뿌리의 활착을 증진시킨다.

04

034 모종을 굳히기 위한 작업인 경화의 목적으로 부적당한 것은?

① 결구촉진   ② 착근 촉진

③ 건물량 증가   ④ 환경저항성 촉진

035 생력재배의 주된 효과로 틀린 것은?

① 기계화의 적용   ② 생산비 절감

③ 초기비용 절감   ④ 토지이용도 증대

036 다음 중 속효성 비료에 속하지 않는 것은?

① 퇴비   ② 요소

③ 황산암모늄   ④ 염화칼륨

정답찾기

025 ③ 접목육묘는 잡초방제, 토질개선 등과는 무관하다.

026 ④ 기반시설비가 많이 소요된다.

027 ③ 파종이나 이식에 앞서 토양을 대상으로 행하는 각종 작업이다.

028 ④ 녹비작물 재배 시 시비효과가 있다.

029 ① 시설재배는 온도조절이 가능하여 출하기에 맞춰 촉성재배나 억제재배가 가능하다.

030 ④
①, ②, ③은 발아율이 떨어지기 때문에 파종량을 늘려야 한다.

031 ③ 최아를 하는 종자는 이외에도 맥류가 있다.

032 ② 미세종자를 대상으로 한 것으로 복토가 깊을 경우 발아가 곤란하다.

033 ④ 직근류 채소는 이식 시 뿌리훼손 가능성이 높다.

034 ① 결구촉진은 이식의 효과이다.

035 ③ 초기에는 농기계 도입 등으로 비용이 관행재배보다 많이 소요된다.

036 ① ①은 완효성 비료이다.

정답   **025** ③   **026** ④   **027** ③   **028** ④   **029** ①   **030** ④   **031** ③   **032** ②   **033** ④   **034** ①   **035** ③   **036** ①

037 비료의 분류 중 주성분에 따른 분류가 잘못된 것은?

① 질소질비료 : 요소, 유안, 석회질소, 계분
② 인산질비료 : 과석, 용성인비, 골분
③ 칼륨질비료 : 염화칼륨, 황산칼륨, 초산칼륨
④ 유기질비료 : 두엄, 퇴비, 염화칼륨, 유안

038 작물의 시비량을 계산하는 방법으로 옳은 것은?

① $시비량 = \dfrac{비료흡수량 - 천연공급량}{비료요소의 흡수율} \times 100$

② $시비량 = \dfrac{비료흡수량 - 비료요소의 흡수율}{천연공급량} \times 100$

③ $시비량 = \dfrac{천연공급량 - 비료흡수량}{비료요소의 흡수율} \times 100$

④ $시비량 = \dfrac{비료흡수량 - 천연공급량}{비료요소의 공급율} \times 100$

039 다음 중 작물의 시비시기를 잘못 설명한 것은?

① 퇴비 등 유기질의 완효성 비료는 주로 기비로 준다.
② 인산, 칼륨, 석회질비료는 주로 추비로 준다.
③ 속효성 질소비료는 생육기간이 매우 짧은 작물을 제외하고는 나누어 준다.
④ 생육기간이 길고 시비량이 많은 경우에는 질소의 기비량을 줄이고 추비량을 많게 하여 추비횟수를 늘린다.

040 공중질소를 고정하는 능력이 있어 질소질비료를 많이 주지 않아도 되는 작물은?

① 화본과작물
② 십자화과(배추과)당근, 배추 작물
③ 박과작물
④ 콩과작물

041 종자나 열매를 수확하는 작물에서 영양생장기에는 충분히 시비하고 생식생장기로 전환 시 시비량을 줄여야 하는 비료는?

① 질소 ② 인산
③ 칼륨 ④ 석회

042 비료를 혼용하여 사용할 때 가용성 인산이 불용성으로 변할 때는 어떤 비료와 혼합하였을 때 발생하는가?

① 황산암모늄 ② 요소
③ 석회질비료 ④ 퇴비

043 엽면시비의 효과가 아닌 것은?

① 특정 미량원소가 부족할 경우 ② 뿌리를 통한 흡수장해가 발생할 경우
③ 토양시비가 곤란한 경우 ④ 특정성분이 과도하게 흡수된 경우

044 멀칭이 효과와 직접적으로 관계가 없는 것은?

① 지온상승 ② 잡초발생억제
③ 유기물공급 ④ 토양수분의 증발방지

정답 찾기

037 ④ 염화칼륨 유안은 무기질비료이다.
038 ① 토양자체에 보유하고 있는 비료량(천연공급량)을 비료흡수량에서 제외를 하고, 작물이 시용한 비료의 전부를 흡수하는 것이 아니기 때문에 흡수율을 나누어주어야 한다.
039 ② 인산, 칼륨, 석회질비료는 기비로 주고 화학비료는 주로 추비로 준다.
040 ④ 주로 콩과작물이 질소고정 능력이 있어서 공기중의 질소가스를 작물이 흡수할 수 있는 질산태질소와 암모니아태질소로 전환할 수 있다.

041 ① 질소질 비료는 주로 영양기관의 발달에 관여하는 비료성분이다.
042 ③ 반대로 두엄에 불용성 인산을 혼합하면 가용성 인산으로 변한다.
043 ④ 특성성분(미량원소, 질소질)의 결핍증이 나타날 때 시비하는 방법이다.
044 ③ 토양표면을 비닐이나 짚 등으로 피복 시 광이 차단되어 잡초발생이 억제되고 특히 투명 비닐일 경우 복사에너지의 보유로 토양온도 상승효과가 있다.

정답 **037** ④ **038** ① **039** ② **040** ④ **041** ① **042** ③ **043** ④ **044** ③

045 다음 중 채소작물을 멀칭재배할 경우 토양온도를 가장 많이 높일 수 있는 비닐은?

① 투명비닐　　　　　　　　　② 백색비닐
③ 흑색비닐　　　　　　　　　④ 녹색비닐

046 잡초의 정의로 알맞은 것은?

① 잡초는 초본식물만을 대상으로 작물재배에 부정적인 영향을 끼치는 식물을 뜻한다.
② 인간의 의도에 역행하여 작물의 수량이나 품질을 저하시키는 식물이다.
③ 농경지나 생활주변에서 제자리를 지키는 식물을 뜻한다.
④ 예전부터 자생지에서 서식하고 있는 식물이다.

047 잡초의 피해 결과 중에서 잡초가 분비하는 물질이 작물의 발아나 생육을 억제하는 작용을 무엇이라 하는가?

① 경합　　　　　　　　　　　② 타감작용(대립작용)
③ 공생　　　　　　　　　　　④ 상승효과

048 다음 중 잡초의 생태적 방제법이 아닌 것은?

① 심수관개　　　　　　　　　② 작부체계
③ 재식밀도　　　　　　　　　④ 관배수조절

049 식물에 병을 야기하는 병원체의 설명으로 알맞은 것은?

① 식물에 해를 야기하는 곤충을 의미한다.
② 작물에 해를 야기하는 진균, 세균을 포함한 미세한 생명체를 의미한다.
③ 식물에 해를 야기하는 곤충과 미생물을 의미한다.
④ 작물의 생육에 부적절한 환경조건을 의미한다.

050 다음 중 세균에 의한 병이 아닌 것은?

① 벼흰빛마름병　　　　　　　② 점무늬병
③ 근두암종병　　　　　　　　④ 탄저병

051 다음 중 바이러스병의 전염원이 아닌 것은?

① 접목   ② 토양
③ 매개곤충   ④ 직접침입

052 질소비료 과잉시비 시 발병을 촉진한다. 이때 질소비료가 발병에 미치는 역할을 무엇이라 하나?

① 병원(病原)   ② 원인(原因)
③ 주인(主人)   ④ 유인(誘因)

04

053 식물병의 발생 경로가 알맞게 나열된 것은?

① 감염 → 병징 → 잠복기 → 전염원
② 전염원 → 감염 → 잠복기 → 병징
③ 병징 → 잠복기 → 전염원 → 감염
④ 잠복기 → 병징 → 전염원 → 감염

054 식물이 병에 걸려도 실질적인 피해가 없거나 적은 경우를 무엇이라 하는가?

① 감수성   ② 면역성
③ 내병성   ④ 회피성

정답찾기

045 ① 투명비닐은 빛을 통과시켜 온도상승효과가 가장 크나 잡초발생 제어는 곤란하다.

046 ② 목본을 포함한 모든 식물이 잡초의 범주에 포함될 수 있다.

047 ② 길항작용의 일종으로 다른 식물의 생육을 억제하거나 타감물질을 생산하는 작물 주변에 서식을 못하게 하는 기능이 있다.

048 ① ①은 기계적·물리적 방제법의 하나이다.

049 ② 곤충은 충해(蟲害)를 야기하고 부적당한 환경조건은 생리적 피해를 야기한다.

050 ④ ④는 진균에 의한 병이다.

051 ④ 바이러스는 직접 침입을 못하기 때문에 매개체를 필요로 한다.

052 ④ 직접적인 발병의 원인은 아니지만 주인의 활동을 도와서 발병을 촉진시키는 환경요인을 뜻한다.

053 ②

054 ③ 면역성은 전혀 피해가 없는 경우를 의미한다.

정답   **045** ①   **046** ②   **047** ②   **048** ①   **049** ②   **050** ④   **051** ④   **052** ④   **053** ②   **054** ③

055 특정 병이나 대기오염에 고도로 민감하여 특이한 병징이나 피해를 나타내는 식물을 무엇이라 하는가?

① 지표식물　　　　　　　　　② 표적식물
③ 진단식물　　　　　　　　　④ 실험식물

056 배나무 붉은별무늬병(적성병)의 중간 기주식물은 무엇인가?

① 소나무　　　　　　　　　　② 아까시나무
③ 전나무　　　　　　　　　　④ 향나무

057 수박 등 박과채소의 접목재배는 어떤 병을 예방하기 위함인가?

① 모잘록병　　　　　　　　　② 오갈병
③ 노균병　　　　　　　　　　④ 덩굴쪼김병

058 토마토 바이러스병을 야기하는 오이모자이크 바이러스의 매개 · 전파역할을 하는 것은?

① 물　　　　　　　　　　　　② 토양
③ 진딧물　　　　　　　　　　④ 바람

059 씨감자를 고랭지에서 생산하는 이유는 무엇인가?

① 바이러스 병에 걸리지 않는 씨감자를 생산하기에 최적의 환경
② 토양이 비옥하고 감자의 수확이 지연
③ 감자역병의 발생이 적은 환경
④ 경사지토양의 배수성

060 병충해 방제법 중에서 물리적 방제법이 아닌 것은?

① 상토의 소독　　　　　　　　② 윤작의 실시
③ 바가림재배　　　　　　　　④ 낙엽소각

061 곤충이 냄새로 의사를 전달하기 위해 분비하는 물질로, 최근 해충을 유인하여 방제하기 위해 사용되는 것은?

① 타감물질   ② 피톤치드
③ 페로몬   ④ 식물성 호르몬

062 해충의 발생 예찰을 하는 목적으로 가장 옳은 것은?

① 해충종류의 확인   ② 해충의 생활사 구명
③ 작물의 피해량 추정   ④ 발생면적과 피해 조사

063 농약의 구비조건으로 잘못된 것은?

① 정확한 효력   ② 양호한 물리적 성질
③ 다른 약제와 한정된 혼용 범위   ④ 강한 살충력

064 농약의 독성 표시는 무엇으로 표시하는가?

① 맹독성   ② 고독성
③ LD50   ④ 저독성

04

정답찾기

055 ① 예로서 병에 감자바이러스에는 천일홍이, 아황산가스에 알파파 등이 있다.

056 ④ 진균류로서 녹균의 일종인 Gymnosporangiun 속(屬)의 병원균에 의하여 발생하는 병원균으로 향나무에서 월동한다.

057 ④ 푸사리움(Fusarium)속에 속하며 고온다습한 날씨에 발생하는 병이다.

058 ③ 바이러스는 자체적으로 감염을 못하기 때문에 진딧물을 이용한다.

059 ① 바이러스이 매개체인 바이러스는 서늘한 환경에서의 생육이 부적합하기 때문이다.

060 ② 윤작, 저항성품종 선택, 시비법 개선, 중간숙주의 제거 등은 경종적 방제법이다.

061 ③
①은 다른 작물의 생육을 억제하는 것이고, ②는 세균과 같은 미생물을 퇴치하는 휘발성 물질이다.

062 ③ 특정 시점의 작물의 종류 생육상태를 기반으로 당시 해충의 발생 시기와 발생량에 의해서 앞으로 발생할 피해량을 추정하는 것이다.

063 ③ 다른 약제와 혼용하여 상승작용이 있는 것이 좋다

064 ③
①, ②, ④는 독성의 구분을 나타낸다.

정답   **055** ①   **056** ④   **057** ④   **058** ③   **059** ①   **060** ②   **061** ③   **062** ③   **063** ③   **064** ③

065 작물의 냉해에 대한 설명으로 잘못된 것은?

① 여름철에 작물이 생육 적온 이하에서 노출되면 발생한다.
② 생식생장기에 특히 피해가 크다
③ 동해의 일종이다.
④ 식물체 조직 내에서 결빙이 생기지 않을 정도의 피해이다.

066 다음 중 냉해 회피성 품종에 속하는 것은?

① 조생종   ② 중생종
③ 만생종   ④ 극만생종

067 다음 중 장해형 냉해에 해당되는 것은?

① 생육 초기~출수개화기 동안 등숙기가 지연되거나, 등숙불량이 초래되는 형태
② 생식생장기에 불임현상이 초래되는 형태
③ 냉온 하에 규산흡수가 저하되어 표피세포의 규질화가 불량해지면 도열병 등 병원균의 침입이 용이해지는 형태
④ 출수기 이후 등숙 기간의 냉온으로 등숙률이 낮아지는 냉해

068 저습지(低濕地) 작물의 생리에 대한 설명 중 틀린 것은?

① 호흡저하   ② 양·수분 흡수 저하
③ 뿌리의 손상   ④ 증산과잉에 따른 위조

069 내습성이 강한 작물의 특징으로 틀린 것은?

① 통기조직이 발달되어 있다.
② 뿌리의 외피가 목질화 되어 있다.
③ 뿌리의 피층 세포간극이 작다.
④ 뿌리가 황화수소 등에 대하여 저항성이 크다.

04

070 다음 중 내습성이 약한 식물로 구성된 것은?

① 벼, 옥수수, 포도
② 파, 당근, 밤
③ 연, 올리브, 토란
④ 옥수수, 골풀, 오이

071 관수해(冠水害)의 생리에 대한 설명으로 잘못된 것은?

① 가뭄기에 물 부족에 대한 피해를 뜻한다.
② 태풍이나 폭우로 논밭이 침수되어 농작물이 물속에 잠겨 발생하는 피해이다.
③ 피해 정도는 관수시간, 물의 온도 ·청탁 ·유속(流速) 등에 지배된다.
④ 다년생 작물보다 채소 ·곡류 ·감자류 등이 취약하며, 또 작물의 생육단계에 따라 피해도 다르다.

072 한해(旱害)의 생리에 대한 설명 중 틀린 것은?

① 양 · 수분 흡수 증대
② 증산작용 감소
③ 호흡의 증가
④ 효소활성 감소

073 다음 중 가뭄해를 조장하는 비료는 어느 것인가?

① 질소비료
② 인산비료
③ 칼륨비료
④ 석회질비료

정답찾기

065 ③ 동해는 보통 영하의 온도에서 세포 내 결빙에 의한 피해를 뜻한다.

066 ① 조생종은 다른 종보다 일찍 수확하기 때문에 생육 후반기에 저온에 노출될 확률이 적고 주로 북부지방에서 식재한다.

067 ② 장해형 냉해는 주로 생식기관의 이상과 관련된 냉해이다. ①은 지연형 냉해, ③은 병해형 냉해이다.

068 ④ 저습지는 수분이 많아서 산소가 부족하게 되기 때문에 뿌리를 통한 양 · 수분흡수가 저해된다.

069 ③ 세포간극이 커서 통기성이 발달되어야 내습성이 강하다.

070 ②

071 ① 관수해는 물속에 잠겨서 산소 부족에 의한 피해이기 때문에 수온이 높으면 용존산소량이 줄어들어 피해가 커진다.

072 ① 수분부족에 의한 기공폐쇄로 증산작용이 억제되어 양 · 수분 흡수가 감소한다.

073 ① 질소질비료는 영양생장과 관련되어 엽면적 확대에 따른 증산량이 증가하여 작물체내 수분손실이 크다.

정답 **065** ③   **066** ①   **067** ②   **068** ④   **069** ③   **070** ②   **071** ①   **072** ①   **073** ①

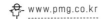

074 내건성이 가장 약한 작물은 어느 것인가?

① 조　　　　　　　　　　　　② 기장
③ 옥수수　　　　　　　　　　④ 콩

075 밭에서 가뭄대책으로 부적당한 것은?

① 뿌림골을 넓게 한다.
② 봄철에 밭을 밟아 준다.
③ 질소비료를 억제하고, 칼륨, 인산비료를 증시한다.
④ 뿌림골을 좁힌다.

076 작물의 도복을 방지하기 위한 대책으로 부적당한 것은?

① 키가 큰 품종의 선택과 균형시비
② 키가 짧은 품종의 선택과 균형시비
③ 규산시비
④ 질소시비의 자제

077 화본과 식물 중에서 도복에 가장 약한 시기는?

① 분얼기　　　　　　　　　　② 개화기
② 유수형성기　　　　　　　　④ 등숙후기

078 풍해(風害)의 생리적 장해로 틀린 것은?

① 수분 탈취　　　　　　　　② 호흡 감소
③ 작물체의 체온저하　　　　④ 저장양분의 소진 증가

079 풍해의 대책으로 부적당한 것은?

① 논물을 깊게 대준다.
② 칼륨질 비료를 증시한다.
③ 작기(作期)를 변경한다.
④ 키가 크고 줄기가 강한 품종을 식재한다.

080 시설원예의 중요성과 거리가 먼 것은?

① 노동력의 주년활용으로 노동생산성 증대
② 기업적 경영과 계획생산출하
③ 신선한 원예식물의 주년공급
④ 생산설비의 절감을 통한 수익창출

081 국내 시설재배 면적 중에서 가장 많은 면적을 차지하는 채소류는 무엇인가?

① 과채류　　　　　　　　　② 근채류
③ 엽채류　　　　　　　　　④ 향신료

082 시설재배 내 염류축적 시 장해 대책으로 부적당한 것은?

① 여름에 시설의 지붕을 포함한 피복물을 제거한다.
② 심경을 한다.
③ 관수를 충분히 한다.
④ 다른 작물을 재배한다.

083 국내 시설재배지 토양의 주된 염류축적의 원인이 되는 물질은 무엇인가?

① 질산칼슘　　　　　　　　② 수산화칼슘
③ 인산칼슘　　　　　　　　④ 탄산칼슘

정답 찾기

074 ④ 화본과 식물은 대체로 내건성이 강하다. 그 외에 참깨, 목화, 고구마 등이 내건성이 강하다.

075 ① 뿌림골을 넓게 하면 대기에 노출되는 면적이 커져서 증발산이 많아지게 된다.

076 ① 키가 클수록 쓰러질 확률이 높다.

077 ④ 지상부가 무거운 시기로서 이삭이 형성되는 시기부터 도복가능성이 커진다.

078 ② 풍해로 작물체가 손상되면 호흡이 증가하여 체내 양분이 소모된다.

079 ④ 키가 작고 줄기가 강한 품종을 식재 시 풍해에 의한 도복을 방지할 수 있다.

080 ④ 시설원예는 4계절 환경조절에 의한 연중 생산 및 노동력 활용이 가능하나 시설비가 많이 소요된다.

081 ① 과채류 > 엽채류 > 근채류 > 조미채소 순이다.

082 ④
①은 강우에 의하여 염류가 용탈될 수 있다. 흡비력이 강한 제염작물인 옥수수, 수수, 호밀 등을 재배하면 염류축적이 경감된다.

083 ① 질소질비료를 다량 사용하여 염류축적이 된다.

084 아치형 하우스의 장점이 아닌 것은?

① 내풍성이 강하다.　　　　　　　② 통풍이 잘 된다.
③ 광선이 고르게 투과된다.　　　　④ 자재비가 적게 든다.

085 다음 중 시설원예용 피복자재의 구비조건으로 부적당한 것은?

① 높은 투광율　　　　　　　　　② 높은 열선(장파반사) 투과율
③ 낮은 열전도　　　　　　　　　④ 높은 내구성

086 국내에서 가장 많이 이용되는 피복자재는 무엇인가?

① 염화비닐(PVC)　　　　　　　② 폴리에틸렌(PE)
③ 유리　　　　　　　　　　　　④ 폴리프로필렌(PP)

087 지면 피복용 자재 중에서 산광효과를 얻을 수 있는 자재는 무엇인가?

① 부직포　　　　　　　　　　　② 거적
③ 반사필름　　　　　　　　　　④ 한랭사

088 시설원예에서 이용되는 수막의 용도는 무엇인가?

① 보온　　　　　　　　　　　　② 냉방
③ 관수　　　　　　　　　　　　④ 차광

089 다음 중 온수난방의 장점이 아닌 것은?

① 넓은 면적을 균일하게 난방을 한다.
② 급격한 온도변화가 없다.
③ 다른 난방기구보다 안전하다.
④ 열효율이 높다.

090 관수자재 중 미스트(살수)용 장치의 장점이 아닌 것은?

① 습도를 낮추어 병해가 경감된다.
② 고온기에 온도 하강이 가능하다.
③ 잎을 통한 수분공급이 가능하다.
④ 에너지가 절감된다.

091 호스에 연결된 플라스틱튜브 끝에서 물방울을 똑똑 떨어지게 하거나 천천히 흘러 나오도록 하여 원하는 부위에 소량의 물을 지속적으로 공급하는 관수방법을 무엇이라 하는가?

① 저면관수
② 점적관수
③ 분무관수
④ 유공파이프관수

092 양액재배의 효과로 틀린 것은?

① 관수량 절감
② 비배관리의 자동화
③ 연작장해
④ 청정재배 효과

093 양액재배에서 양액의 염류농도를 나타내는 단위는 무엇인가?

① pH
② lux
③ EC
④ CO_2 농도

정답찾기

084 ②

085 ② 열선에 의한 급격한 온도상승으로 투과율이 낮아야 한다.

086 ② PE 필름이 70% 이상을 차지하고 있다.

087 ③ ③은 보광이나 반사광 이용에 사용된다.

088 ① 커튼 위에 물을 뿌릴 수 있는 구조로 된 보온시설이다.

089 ④ ④는 온풍난방기에 해당된다.

090 ① 물방울이 기화되면서 기화열을 빼앗기 때문에 온도 저감이 가능한 방법이다.

091 ②
①은 화분 밑의 배수공을 통해 물이 화분표면으로 스며 올라가는 방법이다.

092 ③ 정확한 비배관리로 양액재배는 연작장해가 발생하지 않는다.

093 ③ EC(electric conductivity, 전기전도로)로 표현한다. lux는 광도의 단위이다.

정답 | **084** ② | **085** ② | **086** ② | **087** ③ | **088** ① | **089** ④ | **090** ① | **091** ② | **092** ③ | **093** ③

094 양액이 갖추어야 할 조건으로 잘못된 것은?

① 작물이 흡수할 양분은 물에 용해된 상태일 것
② 용액의 pH 범위가 약산성일 것
③ 재배기간 동안의 양액농도를 일정하게 유지시켜 줄 것
④ 양액재배의 배지는 암면을 적극적으로 사용할 것

095 다음 중 녹비작물의 구비조건으로 부적당한 것은?

① 생육이 빠르고 재배가 쉬워야 한다.
② 심근성으로 토양하층의 양분을 이용할 수 있어야 한다.
③ 줄기 · 잎이 유연하여 토양 중에서 재배가 용이해야 한다.
④ 비료성분 함량이 높아서 성체의 잎과 줄기를 이용할 수 있어야 한다.

096 다음 중 재배녹비에 포함되지 않는 것은?

① 산야초
② 자운영
③ 클로버
④ 헤어리베치

097 녹비에 함유된 질소, 인산, 칼륨의 성분 비율은?

① 질소와 인산이 많고 칼륨이 적다.
② 인산과 칼륨이 많고 질소가 적다.
③ 질소와 칼륨이 많고 인산이 적다.
④ 질소와 인산, 칼륨이 모두 적다.

098 다음 중 중부 이남 지역의 논에서 많이 재배되고 있는 녹비작물은?

① 클로버
② 자운영
③ 알파파
④ 헤어리베치

099 다음 중 온실의 기울기를 가장 크게 해야 될 경우는?

① 강풍 지역의 온실
② 강우량이 많은 지역의 온실
③ 일사량이 많은 지역의 온실
④ 적설량이 많은 지역의 온실

100 시설원예 환경조절의 의미와 무관한 것은?

① 환경보호 및 환경개선
② 작물의 수확량 증대
③ 작물의 최적생육조건 조성
④ 생력화 재배

101 시설 내 온도의 특징과 관계가 먼 내용은?

① 주야간 온도변화가 크다.
② 야간에 온도가 급격히 하강한다.
③ 온도 분포가 균일하다.
④ 주간에 외부보다 온도가 상당히 높다.

102 시설의 보온비에 대한 설명으로 맞는 것은?

① 시설의 외피복면적에 대한 바닥면적의 비율
② 시설의 바닥면적에 대한 외피복면적의 비율
③ 전체 난방비에 대한 보온이 차지하는 비율
④ 시설의 지붕면적에 대한 바닥면적의 비율

103 시설의 변온관리의 장점을 올바르게 설명한 것은?

① 주간의 고온에서 광합성을 촉진하고, 야간의 저온에 호흡을 억제
② 주간의 고온에서 호흡을 촉진하고, 야간의 저온에 광합성을 억제
③ 동절기에 난방비를 절약
④ 하절기에 병해충을 예방

정답찾기

094 ④ 현재는 환경문제 때문에 암면을 양액재배에 적용 시 신중을 기하고 있다.

095 ④ 보충설명 : 녹비작물은 토양과 함께 갈아엎은 후 토양에서 분해 후 비료로 이용한다.

096 ① ①은 활엽수의 어린잎과 더불어 야생녹비에 포함된다.

097 ③ 인산이 부족하므로 인산질비료를 보충주어야 한다.

098 ② 자운영은 내한성이 약해서 중부지방에는 재배가 한정되어 있고 주로 헤어리베치가 이용된다.

099 ④ 눈의 하중이 크기 때문에 적설량이 많은 지역은 기울기를 크게 하여 눈이 쌓이는 것을 막는다.

100 ① ①은 시설원예와는 무관하고 유기농업과 관련이 있다.

101 ③ 주간에는 복사열 때문에 온도가 높고 시설 내 피복재 및 구조대 때문에 수광량이 불균일하다.

102 ① 외피복면적은 방열체이고, 바닥면적은 열을 저장하는 열원이다.

103 ① 광합성이 촉진되고 호흡이 억제되면 조기개화·결실, 수량증대 등의 효과가 있다.

정답 **094** ④ **095** ④ **096** ① **097** ③ **098** ② **099** ④ **100** ① **101** ③ **102** ① **103** ①

104 동화산물의 전류에 가장 큰 영향을 미치는 환경요인은?

① 광   ② 수분
③ 온도   ④ 토양 내 양분

105 시설 내 축열량을 증대시키기 위한 방법으로 부적당한 것은?

① 동서방향의 하우스 시설
② 높은 투광량의 피복자재 적용
③ 이동식 커튼을 고정식 커튼으로 교체
④ 야간에 방열량 최소화

106 시설 내 광환경의 특징이 아닌 것은?

① 광량감소   ② 광질의 변화
③ 일장의 변화   ④ 광분포의 불균일

107 광이 식물생육에 미치는 영향 중 가장 거리가 먼 것은?

① 춘화효과   ② 광합성
③ 일장   ③ 기관형성

108 시설 내 광합성이 활발할 때 부족하기 쉬운 공기성분은?

① 산소   ② 이산화탄소
③ 질소   ④ 아르곤

109 시설 내 이산화탄소의 농도가 하루 중 최고치일 때는 언제인가?

① 일출 직전   ② 일몰 직후
③ 정온   ④ 야간

110 탄산가스 시비 시 적정 이산화탄소 농도는?

① 300~500ppm ② 500~1,000ppm
③ 1,000~1,500ppm ④ 1,500~2,000ppm

111 밀폐된 시설에서 작물의 광합성을 저해하며 생육부진에 큰 영향을 미치는 요인은?

① 과다비료 투여 ② 빈번한 관수
③ 이산화탄소 부족 ④ 상대습도

112 시설 내 환기의 주요 기능이 아닌 것은?

① 산소공급 ② 이산화탄소공급
③ 습도조절 ④ 유해가스 배출

113 시설 내 가스장해에 대한 대책으로 부적합한 것은?

① 유기물 시용 ② 환기
③ 적당한 습도 유지 ④ 토양의 pH 하강

114 다음 중 배토효과와 관계가 없는 채소는?

① 파 ② 감자
③ 양파 ④ 당근

정답찾기

104 ③ 일정수준까지 온도와 동화산물의 전류는 비례관계가 있다.
①과 ②는 동화산물의 생산과 관계가 있다.
105 ③ 고정식 커튼을 이동식커튼으로 교체하여 열원을 증대시킨다.
106 ③ 피복재에 따라 광량 감소와 투과되는 광질이 달라진다.
107 ① ①은 온도에 의한 개화반응과 관계가 있다.
108 ② 이산화탄소는 광합성의 주원료이기 때문에 부족해질 수 있다.

109 ① 일출 직전은 야간에 토양 내 미생물의 호흡과 뿌리의 호흡때문에 가장 높다.
110 ③ 대기 중의 이산화탄소는 약 300ppm(0.03%)이고 시설 내 탄산가스 시비의 농도는 1,000~1500ppm이다.
111 ③ 작물의 광합성의 이산화탄소 농도가 경감하나 밀폐로 인한 외부에서의 유입이 없다.
112 ① 이외에 온도조절이 있다.
113 ④ 토양이 산성화 되면 암모니아가스가 많이 발생하므로 중성으로 유지해야 한다.
114 ③ 파는 연백부위 신장, 감자는 괴경의 발육조장, 당근은 착색방지가 배토효과이다.

정답 104 ③ 105 ③ 106 ③ 107 ① 108 ② 109 ① 110 ③ 111 ③ 112 ① 113 ④ 114 ③

115 작물의 순지르기(적심) 효과가 아닌 것은?

① 생장을 억제　　　　　　　② 측지수 증가
③ 꽃과 열매수 감소　　　　　④ 개화와 결실 촉진

116 시설 내 공기습도 저하 시 발생하는 현상으로 적당한 것은?

① 광합성 감소　　　　　　　② 병해 발생 증가
③ 토양수분 증가　　　　　　④ 증산량 증가

117 사과 품종 중에서 국내에서 개발된 품종은?

① 조나골드　　　　　　　　② 홍로
③ 후지　　　　　　　　　　④ 세계일

118 배의 주요 품종 중에서 수확적기가 가장 늦은 것은?

① 신고　　　　　　　　　　② 만삼길
③ 장십랑　　　　　　　　　④ 추황

119 사과 품종 중 저장기간이 가장 긴 것은?

① 후지　　　　　　　　　　② 홍로
③ 세계일　　　　　　　　　④ 화홍

120 배 품종 중 저장 기간이 가장 긴 것은?

① 만삼길　　　　　　　　　② 신고
③ 장십랑　　　　　　　　　④ 황금

121 다음 중 토양침식이 비교적 적은 과수원은?

① 석회시용　　　　　　　　② 얕은 토층
③ 청경재배　　　　　　　　④ 피복작물 적용

122 과수원에 석회질 시비 때 가장 좋은 방법은?

① 물에 의해 용탈되므로 표층에 시비
② 이동성이 약해 흙과 섞어 시비
③ 심경 후 표층에 시비
④ 석회 보르도액을 만들어 뿌리주위에 살포

123 산성토양이 과수의 생장에 미치는 나쁜 영향에 해당하지 않는 것은?

① 토양미생물의 사멸
② 토양의 물리성 악화
③ 염기포화도의 증가
④ 알루미늄의 용해도 증가

124 사과재배에 알맞은 토양 조건은?

① 깊은 표토
② 높은 지하수위
③ pH 5.0~5.4
④ 암석지대

125 과수의 접붙이기 효과로 틀린 내용은?

① 결과연령의 지연
② 풍토 적응성 증대
③ 수형의 왜성화
④ 품종갱신

정답찾기

115 ③ 정단부(주지) 생장을 억제하고 측지 생장을 조장하여 꽃과 열매가 많이 달린다.

116 ④ 공기습도 저하 시 기공이 열려 증산량이 증가하고 가스교환작용이 촉진되어 광합성이 증가한다. 병해는 과습 시 주로 발생한다.

117 ② 이외에 추광, 화홍 등이 있다.

118 ④ 숙기가 10월 하순인 만생종이다.

119 ① 조생종(산사, 서광, 쓰가루), 중생종(추석용-홍로, 추광, 조나골드), 만생종(후지, 화홍, 감홍)으로 후지가 가장 저장력이 우수하다.

120 ① 중부지방은 조생종(행수, 신수)과 중생종(신고, 장십랑, 풍수, 황금배)이, 남부지방은 만생종(만삼길, 금촌추, 추황배) 재배가 유리하고, 만삼길이 저장력이 우수하다.

121 ④
①은 토양침식방지와 직접적인 관계는 없고 청경재배는 깨끗하게 김을 매주기 때문에 토양표면이 노출되어 침식에 취약하다.

122 ② 석회는 이동성이 약하므로 표층에 시비하면 땅속으로 침투가 곤란하다.

123 ③ 수소이온이 많아져서 염기포화도가 감소한다.

124 ① 표토가 깊으면 뿌리발달이 좋다. 지하수위가 높으면 과습하고 약산성이 좋다.

125 ① 대목의 영향으로 결과연령이 앞당겨진다.

126 접목활착률을 높이려면 가장 먼저 고려해야 할 사항은?

① 접수와 대목의 굵기　　　② 접목시기와 수분
③ 접목방법　　　　　　　　④ 접수와 대목의 근연관계

127 다음 중 노목의 품종갱신으로 적합한 방법은?

① 절접　　　　　　　　　　② 고접(높접)
③ 할접　　　　　　　　　　④ 배접

128 다음 중 정지와 전정의 원칙 중 잘못된 것은?

① 나무의 자연성을 최대한 살린다.
② 줄기의 높이(간장, 幹長)는 가급적 높게 유지한다.
③ 분지 각도는 50~60°로 넓게 한다.
④ 굵기의 차이를 두고 가지를 키운다.

129 여름 전정의 효과로 부적당한 것은?

① 세력의 안정　　　　　　② 수광과 통풍의 증진
③ 꽃눈 착생 촉진　　　　　④ 생장촉진

130 노목을 갱신하고 생산성을 높이는 방법으로 옳은 것은?

① 강하게 전정하고 질소질 비료를 다량 시비한다.
② 약하게 전정하고 질소질 비료를 다량 시비한다.
③ 강하게 전정하고 질소질 비료를 소량 시비한다.
④ 약하게 전정하고 질소질 비료를 소량 시비한다.

131 사과나무의 밀식재배에 알맞은 정지법은?

① 배상형　　　　　　　　　② 변칙주간형
③ 개심자연형　　　　　　　④ 방추형

132 다음 중 복숭아나무의 수형으로 알맞은 것은?

① 배상형   ② 변칙주간형
③ 개심자연형   ④ 방추형

133 다음 중 생리적 낙과의 원인이 아닌 것은?

① 생식기관의 불완전한 발육   ② 미수정
③ 배의 발육 중지   ④ 단위결과성질이 강한 품종

04

134 과실의 조기낙과(June drop)의 원인으로 적절한 것은?

① 병해충 피해   ② 배(胚) 발육의 정지
③ 부적절한 환경   ④ 수정 후 강풍

135 과수의 봉지 씌우기의 목적으로 틀린 것은?

① 병해충 방제   ② 착색증진
③ 당도증진   ④ 숙기조절

136 다음 중 내습성이 가장 약한 과수는?

① 복숭아   ② 사과
③ 감   ④ 배

정답 찾기

126 ④ 접수와 대목의 근연관계가 가까울수록 활착률이 높다.
127 ② 노목의 품종갱신은 고접이 유리하여 '고접갱신'이라고 한다.
128 ② 낮게 유지해야 적과 등 작업이 편리하다.
129 ④ 여름 전정은 수형 완성에 목적이 있다. ④는 겨울 전정 효과에 해당한다.
130 ① 약전정은 유목에 적용된다.
131 ④ 원추형과 비슷하여 형태상 밀식재배에 알맞다.
132 ③ 복숭아나무는 그늘을 싫어하기 때문에 중심이 비어 있는 개심자연형이 알맞다.

133 ④ 보충설명 : 단위결과성질이 약한 품종이 낙과가 잘 된다.
134 ② 과수가 만개 후 50~60일 경에 어린 과실이 떨어지는 생리현상을 조기 낙과라고 하며 배 발육의 정지가 원인이다.
135 ③ ①, ②, ③ 이외에 열과방지, 동록방지 등이 있다. 투광량이 감소하면 당도는 감소한다.
136 ①
②, ③, ④, 포도는 내습성이 강하다.

정답 126 ④ 127 ② 128 ② 129 ④ 130 ① 131 ④ 132 ③ 133 ④ 134 ② 135 ③ 136 ①

137 과수재배에 관한 사항이 옳게 설명된 것은?

① 개화기에 내한성이 강하다.
② 내습성이 강한 과수는 핵과류이다.
③ 음지에서 자라면 도장하고 내병성이 떨어진다.
④ 사과와 배 등은 내음성이 강하다.

138 경사지 과수원의 특징을 바르게 설명한 것은?

① 경사지는 배수가 불량하고 숙기가 촉진된다.
② 경사면이 서향일 경우 일소(日燒) 피해를 입기 쉽다.
③ 상해(霜害)의 피해가 많고 토양유실 가능성이 높다.
④ 지가가 높고 지력이 양호하다.

139 다음 중 좋은 볍씨가 아닌 것은?

① 상처가 없고 불순물이 섞이지 않은 것
② 유전적으로 순도가 높은 것
③ 여러 세대동안 자가 채종한 것
④ 침종 시 물에 뜨지 않는 것

140 볍씨의 발아 시 3대 환경조건이 아닌 것은?

① 산소　　　　　　　　② 온도
③ 수분　　　　　　　　④ 이산화탄소

141 염수선의 가장 중요한 목적은 무엇인가?

① 발아촉진　　　　　　② 병충해 제거
③ 우량종자 선별　　　　④ 이물질 제거

142 볍씨 소독으로 방제가 가능하지 않은 병은 무엇인가?

① 도열병　　　　　　　② 오갈병
③ 모썩음병　　　　　　④ 키다리병

143 볍씨를 물에 담그는 목적으로 부적당한 것은?

① 발아에 필요한 수분을 흡수시킨다.
② 발아일수를 단축시킨다.
③ 발아 및 초기생육을 균일하게 한다.
④ 발아 후 입고병(모잘록병)을 예방한다.

144 침종이 끝난 볍씨를 바로 파종하는 것 보다 약간 싹을 틔워서 파종하는 것을 무엇이라 하는가?

① 최아   ② 침종
③ 선종   ④ 염수선

145 볍씨의 처리순서가 알맞게 배열된 것은?

① 침종 → 취종 → 선종 → 소독 → 최아
② 취종 → 선종 → 소독 → 침종 → 최아
③ 소독 → 취종 → 선종 → 침종 → 최아
④ 선종 → 취종 → 소독 → 침종 → 최아

146 다음 중 벼의 육묘 후 이식에 관한 내용 중 틀린 것은?

① 생산비 절감   ② 증수
③ 도복경감   ④ 1년 2작 가능성

🌾**정답찾기**

137 ③ 개화기에 내한성이 가장 많이 저하되고 핵과류는 내건성이 강하다. 사과와 배는 내음성이 약하다.
138 ② 보충설명 : 배수양호, 상해 최소화, 낮은 지가, 양분 유실 등의 특징이 있다.
139 ③ 자가 채종 시 유전적으로 퇴화될 가능성이 높다.
140 ④ 이산화탄소는 광합성에 필요하다.
141 ③ 염수선의 가장 큰 목적은 비중을 이용하여 쭉정이 제거 등 우량종자를 선별하는 것이다.
142 ② 오갈병은 바이러스병으로 방제가 어렵다.

143 ④ 입고병은 줄기의 지표면 가까이에 발생하며 어린 모의 줄기가 연화(軟化)되고 잘록이 생기며 말라죽는 병이다.
144 ① 최아작업은 침종 후 볍씨를 파종하기 전 싹을 틔워서 파종하는 것으로서 발아 및 초기생육을 촉진하고 성묘로 성장할 가능성이 높아진다.
145 ②
146 ① 직파재배보다 작업과정이 추가되기 때문에 생산비가 올라간다.

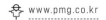
147 다음 중 건묘(健苗)의 조건으로 부적당한 것은?

① 줄기가 굵고 잎폭이 넓은 것
② 잎이 늘어지지 않고 짧은 것
③ 체내 질소함량과 전분함량이 높은 것
④ 하엽이 마른 것

148 벼에서 병충해 발생이 적고, 본답에 이앙 후에도 배유의 양분이 남아 있어 활착이 빠르고 초기 생육이 양호한 묘는 어느 것인가?

① 유묘   ② 중묘
③ 성묘   ④ 치묘

149 기계이앙 재배용 상자육묘 시 육묘과정 순서로 바르게 연결된 것은?

① 출아 → 발아 → 녹화 → 경화   ② 발아 → 출아 → 녹화 → 경화
③ 발아 → 출아 → 경화 → 녹화   ④ 출아 → 발아 → 경화 → 녹화

150 본답의 정지효과로 부적당한 것은?

① 토양이 부드럽게 되어 이앙작업이 용이하다.
② 표면에 산재되어 있는 퇴비 등을 땅속에 갈아 넣는다.
③ 배수가 촉진된다.
④ 잡초제거 효과가 있다.

151 심경을 시행 했을 때 벼의 생육상태를 올바르게 나타낸 것은?

① 후기생육을 증진시키지만 초기생육을 저하시킨다.
② 초기생육을 증진시키지만 후기생육을 저하시킨다.
③ 생육기간에 관계없이 증진시킨다.
④ 생육기간에 관계없이 저감시킨다.

152 벼의 연작이 가능한 이유는?

① 벼의 유전적 특성   ② 담수조건하의 재배
③ 짧은 생육기간   ④ 단일성 식물

153 벼 재배 시 담수의 목적으로 부적절한 것은?

① 관개수에 의한 천연양분의 공급
② 환원조건하의 철, 망간, 칼륨 등의 용탈
③ 병충해와 잡초 제거
④ 높은 비열의 수분에 의한 냉해 방지

154 건답직파 재배의 장점이 아닌 것은?

① 육묘와 이앙 작업이 불필요하다.
② 노동력 절감이 가능하다.
③ 생산비용이 증가한다.
④ 생력화 재배방법이다.

155 우렁이농법에서 모내기 후 가능한 한 물을 높이 대는 이유는?

① 논토양을 환원상태로 조성하기 위하여
② 잡초발생을 억제하기 위하여
③ 우렁이의 생장활동을 증진시키기 위하여
④ 병해충 발생을 억제하기 위하여

156 벼도열병이 발생하는 환경조건으로 알맞은 것은?

① 저온다습   ② 고온다습
③ 고온저습   ④ 고온저습

정답 찾기

147 ④ 건묘(健苗, 건강한 묘)의 조건은, 줄기가 굵고 잎폭이 넓은 것, 잎이 늘어지지 않고 짧을 것, 마른 하엽이 적은 것, 병충해 피해가 없을 것, 체내 질소·전분함량이 높은 것, 이앙 시 본답에서 생육이 빠른 것, 모가 균일하게 자라 초장이 이앙작업에 알맞은 것 등이다.

148 ① 유묘는 배유에 많이 남아 있어서 부적절한 환경에 대한 저항성이 강하다.

149 ② 출아가 끝난 모를 햇빛에 두고 엽록소를 형성시킨 후 경화시켜서 환경조건에 적응할 수 있도록 한다.

150 ③ 물의 삼투현상이 억제되어 물빠짐이 방지된다.

151 ① 따라서 조파조식(早播早植), 기비(基肥) 등에 의하여 초기생육을 촉진시켜야 한다.

152 ② 물이 잡초 발생을 억제하고 병해충을 용탈시키기 때문이다.

153 ② ②는 담수 조건하의 단점이 된다.

154 ③ 육묘와 이앙작업 등이 불필요하여 비용이 감소한다.

155 ③
①, ②, ④는 단지 물을 높이 대면 발생하는 결과이다.

156 ① 또한 도열병은 질소질 비료 과잉시비와 흐린 날에 발생한다.

정답   **147** ④   **148** ①   **149** ②   **150** ③   **151** ①   **152** ②   **153** ②   **154** ③   **155** ③   **156** ①

157 벼잎집무늬마름병의 발병원인이 아닌 것은?

① 고온 ② 다습
③ 인산질비료 과잉 ④ 질소비료 과잉

158 태풍에 의한 상처를 통하여 침수 후 병균이 침입하여 발생하는 병은?

① 도열병 ② 잎집무늬마름병
③ 흰빛잎마름병 ④ 바이러스병

159 다음 중 바이러스병을 매개하는 곤충은?

① 이화명나방 ② 애멸구
③ 혹명나방 ④ 굴파리

160 다음 중 벼 육묘 시 주로 발생하는 병은?

① 모잘록병 ② 도열병
③ 바이러스병 ④ 노균병

161 벼에 도열병 저항성을 증진시켜주는 비료는 무엇인가?

① 질소질 ② 인산질
③ 칼슘 ④ 규산질

162 유기농산물 생산의 병해충 관리를 위해 사용이 가능한 자재가 아닌 것은?

① 제충국 제제 ② 유기인제
③ 해조류 추출액 ④ 목초액

163 다음 중 주로 논에서 발생하는 잡초는 무엇인가?

① 물달개비 ② 토끼풀
③ 환삼덩굴 ④ 쇠비름

164 다음 중 논에서 벼와 경합하는 주요 잡초들은?

① 돌피, 반하, 명아주, 쇠뜨기
② 알방동사니, 가래, 벗풀
③ 줄, 바랭이, 냉이, 쑥
④ 돌피, 물피, 쇠비름, 토끼풀

165 잡초발생 억제를 위한 생물학적 방제로 적당하지 않은 것은?

① 추경과 춘경을 실시한다.
② 오리와 왕우렁이와 같은 특정동물을 이용한다.
③ 호밀, 귀리, 헤어리베치 등과 같은 특정식물을 이용한다.
④ 사상균과 같은 특정 미생물을 이용한다.

04

166 답리작에서 헤어리베치를 재배하여 잡초의 발생을 억제하는 원리는 무엇인가?

① 기생작용
② 타감작용(allelopathy)
③ 경쟁작용
④ 공생작용

167 다음 중 잡초발생량이 가장 많은 논은?

① 담수논
② 건답논
③ 기계이앙재배논
④ 무논골뿌림재배논

정답찾기

157 ③ ①, ②, ③ 이외에 분얼과다, 조식·밀식 등에 의하여 발병한다.

158 ③ 흰잎마름병은 태풍에 의해 상처가 나면 침수 후 병균이 침입한다.

159 ② 애멸구에 의한 줄무늬마름병과 매미충류에 의한 오갈병이 바이러스병에 속한다.

160 ① 입고병이라고도 하며, 감염 시 모가 쓰러지고 시간 경과 후 고사한다.

161 ④ 규산 흡수 시 표피세포에 큐티클층을 형성하여 병원균 침입을 방지한다.

162 ② ②는 유기인 화합물인 화학농약이다.

163 ① 논의 1년생 잡초는 피, 물달개비, 바늘여뀌, 사마귀풀, 논뚝외풀 등이고, 다년생 잡초는 올방개, 벗풀, 올미, 너도방동사니류, 가래, 올챙고랭이 등이다.

164 ② 돌피, 반하, 명아주, 쇠뜨기, 냉이, 쑥, 쇠비름, 토끼풀 은 주로 밭에서 발견되는 잡초이다.

165 ① ①은 물리적 방제에 포함된다.

166 ② 식물종이 배출한 화학물질은 다른 식물의 발아나 생육을 억제한다는 원리를 이용한 것으로 호밀 > 귀리 > 보리 > 밀 순으로 기능이 크다.

167 ② 수분이 없을수록 잡초발생량이 많다.

정답 **157** ③ **158** ③ **159** ② **160** ① **161** ④ **162** ② **163** ① **164** ② **165** ① **166** ② **167** ②

168 우리나라에서 벼농사가 주요 주곡 농업인 된 이유로 가장 합당한 것은?

① 식미가 좋고 영양가가 높기 때문
② 재배가 용이하고 계절에 따른 수확량의 편차가 적기 때문
③ 여름에 덥고 강우량이 풍부하며 높은 생산성을 지니기 때문
④ 기름진 토양과 좋은 환경조건이 조성되어 있기 때문

169 벼의 생육단계 중에서 생식생장기는 어느 생육기에서부터 시작되는가?

① 유효분얼기   ② 유수분화기
③ 영화기   ④ 완숙기

170 벼의 생육시기에 미치는 기온과 수온의 영향을 바르게 설명한 것은?

① 생육초기는 기온의 영향이 크고, 생육후기에는 수온의 영향이 크다.
② 생육초기는 수온의 영향이 크고, 생육후기에는 기온의 영향이 크다.
③ 생육초기는 기온과 수온의 영향이 같지만, 생육후기에는 수온의 영향이 더 크다.
④ 생육 전기간에 걸쳐서 기온과 수온의 영향이 크다.

171 다음 중 벼의 적산온도는?

① 3,500~4,500℃   ② 4,500~5,500℃
③ 2,500~3,500℃   ④ 1,500~2,500℃

172 벼 재배에서 중간물떼기(중간낙수)의 가장 큰 효과는?

① 작업의 용이　　　　　　　　② 잡초와 병충해의 억제
③ 논흙 속에 산소를 공급　　　　④ 무효분얼 억제

173 벼는 어떤 일장형의 작물인가?

① 단일성 작물　　　　　　　　② 장일성 작물
③ 중일성 작물　　　　　　　　④ 정일성 작물

04

정답 찾기

168 ③ 벼는 여름이 덥고, 강우량이 풍부한 조건에서 잘 자라고 연작장해가 없어서 우리나라에서 주곡농업이 되었다.

169 ② 유수분화기는 출수 약 30일 전에 시작된다. ①은 영양생장기에 포함된다.

170 ② 생육초기는 수온, 중간은 수온과 기온, 후기는 기온의 영향이 크다.

171 ① 벼의 적산온도는 3,500~4,500°C로 다른 작물에 비해서 매우 높다.

172 ③ 물에 녹아 있는 유해물질을 배출하고, 논흙 속에 산소를 공급하여 뿌리의 활력을 높여서 생육 중·후기의 건전한 생육을 도모함이 목적이다.

173 ① 벼는 낮의 길이가 짧은 가을에 개화하는 단일성이다.

정답　**168** ③　**169** ②　**170** ②　**171** ①　**172** ③　**173** ①

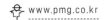

🌱 핵심 기출문제

▎작부체계 및 종묘와 종자

001 수년간 다비연작한 시설 내 토양에 대한 설명으로 옳은 것은?   20. 지방직 7급

① 염류집적으로 인한 토양 산성화가 심해진다.
② 철, 아연, 구리, 망간 등의 결핍 장해가 발생하기 쉽다.
③ 연작의 피해는 작물의 종류에 따라 큰 차이가 없다.
④ 연작하지 않은 토양에 비해 토양전염 병해 발생이 적다.

002 윤작하는 작물을 선택할 때 고려해야 할 사항으로 옳지 않은 것은?   13. 지방직 9급

① 지력유지를 위하여 콩과작물이나 다비작물을 반드시 포함한다.
② 토지이용도를 높이기 위해 식량작물과 채소작물을 결합한다.
③ 잡초의 경감을 위해서는 중경작물이나 피복작물을 포함하는 것이 좋다.
④ 용도의 균형을 위해서는 주작물이 특수하더라도 식량과 사료의 생산이 병행되는 것이 좋다.

003 연작에 의해 발생하는 기지현상에 대한 설명으로 옳지 않은 것은?   11. 지방직 9급

① 화곡류와 같은 천근성 작물을 연작하면 토양물리성을 개선할 수 있다.
② 수박, 멜론 등은 저항성 대목에 접목하여 기지현상을 경감할 수 있다.
③ 알팔파, 토란 등은 석회를 많이 흡수하여 토양에 석회결핍증이 나타나기 쉽다.
④ 벼, 수수, 고구마 등은 연작의 해가 적어 기지에 강한 작물이다.

004 작물의 작부체계에 대한 설명으로 옳은 것은?   18. 국가직 9급

① 유럽에서 발달한 노포크식과 개량삼포식은 휴한농업의 대표적 작부방식이다.
② 답전윤환 시 밭 기간 동안에는 입단화가 줄어들고 미량요소 용탈이 증가한다.
③ 인삼과 고추는 기지현상에 거의 없기 때문에 동일포장에서 다년간 연작한다.
④ 콩은 간작, 혼작, 교호작, 주위작 등의 작부체계에 적합한 대표적인 작물이다.

005 작부체계에 대한 설명으로 가장 옳지 않은 것은? 20. 지도직

① 교호작은 전작물의 휴간을 이용하여 후작물을 재배하는 방식이다.
② 혼작 시 재배 및 병충해에 대한 위험성을 분산시킬 수 있다.
③ 간작의 단점은 후작으로 인해 전작의 비료가 부족하게 될 수 있다는 점이다.
④ 주위작으로 경사지의 밭 주위에 뽕나무를 심어 토양침식을 방지하기도 한다.

006 다음 작물 중 연작의 피해가 가장 크게 발생하는 것은? 08. 국가직 9급

① 벼, 옥수수, 고구마, 무
② 콩, 생강, 오이, 감자
③ 수박, 가지, 고추, 토마토
④ 맥류, 조, 수수, 당근

007 연작피해에 대한 설명으로 옳지 않은 것은? 16. 지방직 9급

① 특정 비료성분의 소모가 많아져 결핍현상이 일어난다.
② 토양 과습이나 겨울철 동해를 유발하기 쉬워 정상적인 성숙이 어렵다.
③ 토양전염병의 발병 가능성이 커진다.
④ 하우스재배에서 다비연작을 하면 염류과잉 피해가 나타날 수 있다.

정답찾기

001 ② 염류의 과잉으로 작물생육을 저해하는 경우가 많다. 연작의 피해는 작물의 종류에 따라 큰 차이가 있다. 연작은 토양 중 특정 미생물이 번성하여 토양전염병의 발병 가능성이 커진다.

002 ② 토지이용도를 높이기 위하여 여름작물과 겨울작물을 결합한다.

003 ① 벼, 조, 보리 등의 화곡류 같은 천근성 작물을 연작하면 작토의 하층이 굳어져서 다음 작물의 생육이 억제되고, 콩, 알팔파, 무 등의 심근성 작물을 연작하면 작토의 밑층까지 물리성이 악화된다.

004 ④ 노포크식 농법은 식량과 가축사료를 생산하면서 지력을 유지하고 중경효과를 기대할 수 있는 윤작법이고, 개량삼포식은 땅의 지력이 떨어지는 것을 막고 농사를 합리적으로 꾸리기 위한 윤작 영농 방식이다. 답전윤환 시 밭기간 동안 입단화가 늘어나고 미량요소 용탈이 감소한다. 인삼과 고추는 기지현상에 강하기 때문에 동일 포장에서 다년간 연작을 피해야 한다.

005 ① 교호작은 두 작물 이상의 작물을 일정 이랑씩 교호로 배열하여 재배하는 방식이다.

006 ③ 연작의 해가 적은 작물은 벼, 맥류, 옥수수, 조, 고구마, 삼, 담배, 무, 양파, 당근, 호박, 아스파라거스 등이다.

007 ② 토양 과습이나 겨울철 동해를 유발하기 쉬워 정상적인 성숙이 어려운 것은 연작의 피해는 아니다.

정답 **001** ② **002** ② **003** ① **004** ④ **005** ① **006** ③ **007** ②

008 윤작하는 작물을 선택할 때 고려해야 하는 사항으로 옳지 않은 것은? 17. 서울시

① 기지현상을 회피하도록 작물을 배치한다.
② 지력유지를 위하여 콩과작물이나 다비작물을 반드시 포함한다.
③ 토양보호를 위하여 중경작물이 포함되도록 한다.
④ 토지의 이용도를 높이기 위하여 여름작물과 겨울작물을 결합한다.

009 목야지에서 한 가지 작물을 파종하는 경우보다 혼파가 불리한 점으로 옳지 않은 것은? 11. 국가직 9급

① 파종작업이 불편하다.
② 병충해 방제와 수확작업이 불편하다.
③ 채종이 곤란하다.
④ 잡초발생이 크게 늘어난다.

010 기지현상에 관한 설명으로 옳지 않은 것은? 10. 국가직 9급

① 밀과 보리는 기지현상이 적어서 연작의 해가 적다.
② 감귤류와 복숭아나무는 기지의 문제되지 않으므로 휴작이 필요하지 않다.
③ 기지현상이 있어도 수익성이 높은 작물은 기지대책을 세우고 연작한다.
④ 수익성과 수요량이 크고 기지현상이 적은 작물은 연작을 하는 것이 보통이다.

011 다음 중 작부체계의 효과가 아닌 것은? 13. 국가직 9급

① 경지 이용도 제고　　　　　② 기지현상 증대
③ 농업노동 효율적 배분　　　④ 종합적인 수익성 향상

012 지대가 낮은 중점토 토양에 콩을 파종한 다음 날 호우가 내려 발아가 매우 불량하였다. 이 경우 발아 과정에 가장 크게 제한인자로 작용한 것은? 13. 국가직 9급

① 양분의 흡수　　　　　　　② 산소의 흡수
③ 온도의 저하　　　　　　　④ 빛의 부족

013 감자와 고구마의 종묘로 이용되는 영양기관은?

① 비늘줄기, 덩이뿌리 ② 비늘줄기, 덩이줄기
③ 가는줄기, 덩이뿌리 ④ 덩이줄기, 덩이뿌리

014 종자의 형태와 구조에 관한 설명 중 옳은 것은?   13. 국가직 9급

① 옥수수는 무배유종자이다.
② 강낭콩은 배, 배유, 떡잎으로 구성되어 있다.
③ 배유에는 잎, 생장점, 줄기, 뿌리의 어린 조직이 구비되어 있다.
④ 콩은 저장양분이 떡잎에 있다.

015 화본과 작물에서 깊게 파종하여도 출아가 잘되는 품종의 특성에 해당하는 것은?

14. 국가직 9급

① 하배축과 상배축 신장이 잘된다.
② 중배축과 초엽 신장이 잘된다.
③ 지상발아를 한다.
④ 부정근 신장이 잘된다.

04

정답찾기

008 ③ 중경작물(주로 근채류)은 토양유기물의 소모가 많아 연속적으로 재배하면 토양유기물의 유지가 곤란하다.

009 ④ 혼파는 공간의 효율적 이용과 잡초발생 경감, 재해에 대한 안정성 증대 등의 이로운 점이 있다.

010 ② 기지가 문제되는 과수는 복숭아, 무화과, 감귤류, 앵두 등이다.

011 ② 작부체계는 기지현상을 감소한다.

012 ② 토양이 과습하거나 너무 깊게 파종하면 산소의 결핍으로 종자가 발아하지 못하며 때로는 썩으며 발아하더라도 연약하게 된다.

013 ④ 감자는 덩이줄기, 고구마는 덩이뿌리이다.

014 ④ 옥수수는 배유종자이다. 강낭콩 종자는 종피, 떡잎, 배로 구성되어 있으며 배유는 발육하면서 없어져서 무배유종자로 된다. 배유에는 양분이 저장되어 있고, 배에는 잎, 생장점, 줄기, 뿌리의 어린 조직이 모두 갖추어져 있다.

015 ② 벼의 자엽은 초엽절과 배반 사이의 중배축이 신장한다.

정답 **008** ③ **009** ④ **010** ② **011** ② **012** ② **013** ④ **014** ④ **015** ②

016 종자에 대한 설명으로 옳은 것은?　　　　　　　　16. 지방직 9급

① 대부분의 화곡류 및 콩과작물의 종자는 호광성이다.
② 테트라졸륨법으로 종자활력 검사시 활력이 있는 종자는 청색을 띄게 된다.
③ 프라이밍은 종자수명을 연장시키기 위한 처리법의 하나이다.
④ 경화는 파종 전 종자에 흡수·건조의 과정을 반복적으로 처리하는 것이다.

017 종자발아에 대한 필수적인 외적조건이 아닌 것은?　　　　　　　08. 지도직

① 수분　　　　　　　　　　　　② 광선
③ 온도　　　　　　　　　　　　④ 산소

018 광처리효과에 대한 설명으로 옳지 않은 것은?　　　　　　17. 국가직 9급

① 겨울철 잎들깨 재배 시 적색광 야간조파는 개화를 억제한다.
② 양상추 발아 시 근적외광 조사는 발아를 촉진한다.
③ 플러그묘 생산 시 자외선과 같은 단파장의 광은 신장을 억제한다.
④ 굴광현상에는 400~500nm, 특히 440~480nm의 광이 가장 유효하다.

019 다음 중 호광성(광발아) 종자로만 짝지어진 것은?　　　　　07. 국가직 9급

ㄱ. 벼	ㄴ. 담배	ㄷ. 토마토	ㄹ. 수박
ㅁ. 상추	ㅂ. 가지	ㅅ. 셀러리	ㅇ. 양파

① ㄱ, ㄷ, ㅇ　　　　　　　　　② ㄴ, ㅁ, ㅅ
③ ㄷ, ㄹ, ㅅ　　　　　　　　　④ ㅁ, ㅂ, ㅇ

020 종묘로 이용되는 영양기관과 해당 작물이 바르게 짝지어진 것은?　　12. 국가직 9급

① 땅속줄기 : 생강, 연
② 덩이줄기 : 백합, 글라디올러스
③ 덩이뿌리 : 감자, 토란
④ 알줄기 : 달리아, 마

04

021 광선에 의하여 발아가 조장되어 복토를 1cm 이하로 얕게 해야 하는 종자들로만 묶인 것은?

12. 지방직 9급

| ㄱ. 담배 | ㄴ. 수박 | ㄷ. 보리 | ㄹ. 차조기 |
| ㅁ. 호박 | ㅂ. 우엉 | ㅅ. 시금치 | ㅇ. 상추 |

① ㄱ, ㄴ, ㅇ   ② ㄱ, ㄹ, ㅇ
③ ㄴ, ㄷ, ㅅ   ④ ㅁ, ㅂ, ㅅ

022 비닐하우스 시설 내 환경특이성을 노지와 비교하여 다른 점을 바르게 설명한 것은?

07. 국가직 9급

① 시설 내 온도의 일교차는 노지보다 작다.
② 시설 내의 광량은 노지보다 증가한다.
③ 시설 내의 토양은 건조해지기 쉽고 공중습도는 높다.
④ 시설 내의 토양은 염류농도가 노지보다 낮다.

023 배의 유무에 의한 종자의 분류 중 배유종자에 속하지 않는 것은?

10. 지방직 9급

① 옥수수   ② 상추
③ 피마자   ④ 보리

정답찾기

016 ① 화곡류 및 콩과작물의 종자는 광무관종자이다.
② 테트라졸륨법에서 활력이 있는 종자는 적색을 띠게 된다.
③ 프라이밍은 종자의 수분을 흡수시켜 종자발아에 필요한 생리적 준비를 갖추게 하는 것이다.

017 ② 대부분 종자에 있어 광은 발아에 무관하지만 광에 의해 발아가 조장되거나 억제되는 것도 있다.

018 ② 호광성인 양상추(결구상추) 발아 시 적색광 조사는 발아를 촉진한다.

019 ② 호광성종자는 담배, 상추, 우엉, 차조기, 금어초, 베고니아, 피튜니아, 뽕나무, 버뮤다그라스, 셀러리 등이고, 혐광성종자는 호박, 토마토, 수박, 가지, 오이, 양파, 무, 나리과식물 등이다.

020 ① 덩이줄기는 감자, 토란, 돼지감자 등이고, 덩이뿌리는 고구마, 마, 달리아 등이며 알줄기는 글라디올러스 등이다.

021 ② 수박, 호박은 혐광성종자이고, 보리, 시금치는 광무관종자이며, 우엉은 호광성종자이지만 광무관종자이다.

022 ③ 시설 내 토양은 연작에 따른 특정 영양성분 결핍과 염류집적, 산성토양화의 문제를 야기한다.

023 ② 배유종자는 벼, 보리, 밀, 옥수수 등 대부분 화본작물이고, 무배유종자는 콩, 팥, 동부, 강낭콩, 상추, 오이 등이다.

정답   **016** ④   **017** ②   **018** ②   **019** ②   **020** ①   **021** ②   **022** ③   **023** ②

024 시설재배 시 환경특이성에 대한 설명으로 옳지 않은 것은? 17. 서울시

① 온도 - 일교차가 크고, 위치별 분포가 다르며, 지온이 높음
② 광선 - 광질이 다르고, 광량이 감소하며, 광분포가 균일함
③ 공기 - 탄산가스가 부족하고, 유해가스가 집적되며, 바람이 없음
④ 수분 - 토양이 건조해지기 쉽고, 인공관수를 함

025 형태에 따른 종자분류에 대한 설명으로 옳은 것은? 09. 지방직 9급

① 밀종자는 영에 싸여있는 과실이다.
② 참깨종자는 영에 싸여있는 과실이다.
③ 겉보리종자는 영에 싸여있는 과실이다.
④ 메밀종자는 영에 싸여있는 과실이다.

026 채종포 관리에 대한 설명으로 옳은 것은? 20. 국가직 7급

① 이형주를 제거하기 위해 조파보다 산파가 유리하다.
② 이형주는 개화기 이후에만 제거한다.
③ 무·배추 채종재배에는 시비하지 않는다.
④ 우량종자를 생산하기 위해 토마토는 결과수를 제한한다.

027 종자 발아에 대한 설명으로 옳지 않은 것은? 17. 지방직 9급

① 종자의 발아는 수분흡수, 배의 생장개시, 저장양분 분해와 재합성, 유묘 출현의 순서로 진행된다.
② 저장양분이 분해되면서 생산된 ATP는 발아에 필요한 물질합성에 이용된다.
③ 유식물이 배우나 떡잎의 저장양분을 이용하여 생육하다가 독립영양으로 전환되는 시기를 이유기라고 한다.
④ 지베렐린과 시토키닌은 종자발아를 촉진하는 효과가 있다.

028 종자 프라이밍처리에 대한 설명 중 옳은 것은? 09. 지방직 9급

① 파종 전에 수분을 가하여 발아의 속도와 균일성을 높이는 기술이다.
② 발아율이 극히 높은 특급종자를 기계적으로 선별하는 기술이다.
③ 종자에 특수한 호르몬과 영양분을 코팅하는 기술이다.
④ 내병충성을 높이기 위해 살균제나 살충제 등을 처리하는 기술이다.

029 종자의 휴면타파 또는 발아촉진을 유도하는 물질이 아닌 것은? 20. 국가직 7급

① 황산
② 쿠마린
③ 에틸렌
④ 질산칼륨

030 발아를 촉진시키기 위한 방법으로 옳지 않은 것은? 17. 국가직 9급

① 맥류와 가지에서는 최아하여 파종한다.
② 감자, 양파에서는 MH(Maleic Hydrazide)를 처리한다.
③ 파종 전에 수분을 가하여 종자가 발아에 필요한 생리적인 준비를 갖추게 하는 프라이밍처리를 한다.
④ 파종 전 종자에 흡수·건조의 과정을 반복적으로 처리한다.

031 재배포장에 파종된 종자의 대부분(80% 이상)이 발아한 날은?

① 발아시
② 발아기
③ 발아전
④ 발아일수

032 재배포장에 파종된 종자의 발아기를 옳게 정의한 것은? 14. 국가직 9급

① 약 40%가 발아한 날
② 발아한 것이 처음 나타난 날
③ 80% 이상이 발아한 날
④ 100% 발아가 완료된 날

정 답 찾 기

024 ② 광선은 광질이 노지와 다르고, 광량이 감소하며, 광분포가 불균일하다.

025 ③ 영에 싸여 있는 종자는 벼, 겉보리, 귀리 등이다.

026 ④ 일반적으로 종자용작물은 이형주의 제거, 포장 검사에 용이한 조파를 한다. 채종포에서는 순도가 높은 종자를 채종하기 위해 이형주를 제거한다. 엽채류, 근채류의 채종재배는 영양체의 수확(청과재배)에 비해 재배기간이 길어 그만큼 시비량이 많다.

027 ① 발아과정은 수분의 흡수 → 저장양분 분해효소 생성 및 활성화 → 저장양분의 분해, 전류 및 재합성 → 배의 생장개시 → 과피(종피)의 파열 → 유묘 출현이다.

028 ① 프라이밍 처리는 종자에 수분을 가하여 종자가 발아에 필요한 생리적인 준비를 갖추게 함으로써 발아속도와 발아의 균일성을 향상시키는 기술을 말한다.

029 ② 쿠마린은 발아억제물질이다.

030 ② MH(Maleic Hydrazide)는 감자, 양파에서는 맹아억제효과가 있다.

031 ③ 발아시는 파종된 종자 중에서 최초로 1개체가 발아된 날이고, 발아기는 파종된 종자의 약 40%가 발아된 날이며 발아일수:파종부터 발아기까지의 일수이다.

032 ① 약 40%가 발아한 날이 발아기, 발아한 것이 처음 나타난 날을 발아시 80% 이상이 발아한 날을 발아전이라고 한다.

정답 **024** ② **025** ③ **026** ④ **027** ① **028** ① **029** ② **030** ② **031** ③ **032** ①

033 발아조사에 대한 설명으로 옳지 않은 것은?

16. 지도직

① 발아세 : 치상 후 일정기간까지의 발아율 또는 포준 발아검사에서 중간조사일까지의 발아율
② 발아속도 : 전체 종자에 대한 그날그날의 발아속도의 합
③ 평균발아속도 : 발아한 모든 종자의 평균적인 발아속도
④ 발아속도지수 : 발아율과 발아일수를 동시에 고려한 값

034 테트라졸륨법을 이용하여 벼와 콩의 종자 발아력을 간이검정할 때, TTC 용액의 적정 농도는?

18. 지방직 9급

① 벼는 0.1%이고, 콩은 0.5%이다.　　② 벼는 0.1%이고, 콩은 1.0%이다.
③ 벼는 0.5%이고, 콩은 1.0%이다.　　④ 벼는 1.0%이고, 콩은 0.1%이다.

035 종자의 발아와 휴면에 대한 설명으로 옳지 않은 것은?

19. 국가직 9급

① 배휴면의 경우 저온습윤 처리로 휴면을 타파할 수 있다.
② 상추종자의 발아과정에 일시적으로 수분흡수가 정체되고 효소들이 활성화되는 단계가 있다.
③ 맥류종자의 휴면은 수발아 억제에 효과가 있고 감자의 휴면은 저장에 유리하다.
④ 상추종자의 발아실험에서 적색광과 근적외광전환계라는 광가역반응은 관찰되지 않는다.

036 다음 중 단명종자로 바르게 연결된 것은?

① 고추, 벼　　　　　　　② 양파, 기장
③ 강낭콩, 배추　　　　　④ 메밀, 보리

037 종자코팅에 대한 설명으로 옳지 않은 것은?

18. 국가직 9급

① 펠릿종자는 토양전염성 병을 방제할 수 있다.
② 펠릿종자는 종자대는 절감되나 솎음노력비는 증가한다.
③ 필름코팅은 종자의 품위를 높이고 식별을 쉽게 한다.
④ 필름코팅은 종자에 처리한 농약이 인체에 묻는 것을 방지할 수 있다.

038 시설 내의 환경특이성에 대한 설명으로 옳은 것은?

13. 지방직 9급

① 온도는 일교차가 작고, 위치별 분포가 고르다.
② 광질이 다르고, 광량이 감소하지만, 광분포가 균일하다.
③ 탄산가스가 부족하고, 유해가스가 집적된다.
④ 토양물리성이 좋고, 연작장해가 거의 없다.

039 경실종자의 휴면타파를 위한 방법으로 옳지 않은 것은?   18. 지방직 9급

① 진한 황산처리를 한다.   ② 건열처리를 한다.

③ 방사선처리를 한다.   ④ 종피파상법을 실시한다.

040 종자의 유전적 퇴화를 방지하는 방법과 관련이 적은 것은?   10. 지방직 9급

① 격리재배   ② 무병지 채종

③ 기본식물 보존   ④ 이형주 제거

041 종자퇴화 중 이형종자의 기계적 혼입에 의해 생기는 것은?   20. 국가직 7급

① 유전적 퇴화   ② 생리적 퇴화

③ 병리적 퇴화   ④ 물리적 퇴화

042 종자검사에서 바르게 설명되지 않은 것은?   18. 지도직

① 순도분석은 이종종자와 이물질의 내용을 검사한다.

② 발아검사는 종자의 품질을 비교 결정하는 데 가장 확실하고 중요하다.

③ 주로 생화학적 · 분자생물학적 검정방법을 이용한다.

④ 이종종자 입수의 검사는 기피종자 유무를 검정한다.

정답찾기

033 ④ 발아세(發芽勢)는 일정한 시일 내의 발아율이고, 발아시는 파종된 종자 중에서 최초의 1개체가 발아한 날이며, 발아기는 전체 종자수의 약 40%가 발아한 날이고, 발아전은 종자의 대부분(80% 이상)이 발아한 날이다.

034 ③ TTC 용액을 화본과 0.5%, 두과 1%로 처리하면, 배 · 유아의 단면이 적색으로 염색되는 것이 발아력이 강하다.

035 ④ 호광성종자인 상추종자의 발아실험에서 적색광과 근적외광전환계라는 광가역반응이 관찰된다.

036 ② 단명종자(1~2년)는 고추, 양파, 메밀, 토당귀 등이고, 상명종자(2~3년)는 벼, 완두, 목화, 쌀보리 등이고, 장명종자(4년 이상)는 토마토, 녹두, 오이, 배추, 가지 등이다.

037 ② 펠릿종자는 솎음노력이 불필요하기 때문에 종자대와 솎음노력비를 동시에 절감할 수 있다.

038 ③ 온도는 일교차가 크고, 위치별 분포가 다르다. 광질이 노지와 다르고, 광량이 감소하며, 광분포가 불균일하다. 토양물리성이 나쁘고, 연작장해가 있다.

039 ③ 경실의 휴면 타파법은 종피파상법, 진한 황산처리, 온도처리, 진탕처리, 질산처리, 기타 등이다.

040 ② 무병지 채종은 병리적 퇴화 대책이다.

041 ① 이형종자의 기계적인 혼입으로 유전적 퇴화를 조장한다.

042 ③ 종자검사는 고품질의 종자를 공급하기 위해 종자의 품질을 구성하는 종자 발아, 유전적 순도, 종자 병리 등을 검정방법에 따라 수행 및 분석, 평가하는 과정을 말한다.

정답 **033** ④ **034** ③ **035** ④ **036** ② **037** ② **038** ③ **039** ③ **040** ② **041** ① **042** ③

육묘, 영양번식 및 정지, 파종, 이식

001 접목에 대한 설명 중 옳은 것은?

18. 지도직

① 흡비력이 강해지고 과습에 잘 견딘다.
② 질소 흡수가 줄어들어 당도가 증가한다.
③ 앵두나무를 복숭아나무에 접목하면 왜화된다.
④ 실생묘에 비하면 접목묘가 결과연령이 길다.

002 박과채소류 접목의 이점에 대한 설명으로 옳지 않은 것은?

12. 국가직 9급

① 토양전염성 병 발생을 억제한다.
② 불량환경에 대한 내성이 증대한다.
③ 질소의 과다흡수가 억제된다.
④ 과실의 품질이 우수해진다.

003 채소류의 접목육묘에 대한 설명으로 옳지 않은 것은?

17. 지방직 9급

① 오이를 시설에서 연작할 경우 박이나 호박을 대목으로 이용하면 흰가루병을 방제할 수 있다.
② 핀접과 합접은 가지과채소의 접목육묘에 이용된다.
③ 박과채소는 접목육묘를 통해 저온, 고온 등 불량환경에 대한 내성이 증대된다.
④ 접목육묘한 박과채소는 흡비력이 강해질 수 있다.

004 채소류 접목에 대한 설명 중 옳지 않은 것은?

07. 국가직 9급

① 채소류의 접목은 불량환경에 견디는 힘을 증가시킬 수 있다.
② 박과채소류에서 접목을 이용할 경우 기형과의 출현이 줄어들고 당도는 높아진다.
③ 수박은 연작에 의한 덩굴쪼김병 방제 목적으로 박이나 호박을 대목으로 이용한다.
④ 채소류의 접목 시 호접과 삽접을 이용할 수 있다.

005 벼 기계이양용 상자육묘에 대한 설명으로 옳은 것은? 16. 지방직 9급

① 상토는 적당한 부식과 보수력을 가져야 하며 pH는 6.0~6.5 정도가 알맞다.
② 파종량은 어린모로 육묘할 경우 건조종자로 상자당 100~130g, 중묘로 육묘할 경우 200~ 220g 정도가 적당하다.
③ 출아기의 온도가 지나치게 높으면 모가 도장하게 되므로 20℃ 정도로 유지한다.
④ 녹화는 어린싹이 1cm 정도 자랐을 때 시작하며, 낮에는 25℃, 밤에는 20℃ 정도로 유지한다.

006 채소류에서 재래식 육묘와 비교한 공정육묘의 이점으로 옳은 것은? 18. 국가직 9급

① 묘 소질이 향상되므로 육묘기간은 길어진다.
② 대량생산은 가능하나 연중 생산 횟수는 줄어든다.
③ 규모화는 가능하나 운반 및 취급은 불편하다.
④ 정식묘의 크기가 작아지므로 기계정식이 용이하다.

007 양열온상에 대한 설명으로 가장 옳지 않은 것은? 20. 지도직

① 볏짚, 건초, 두엄 같은 탄수화물이 풍부한 발열재료를 사용한다.
② 물을 적게 주고 허술하게 밟으면 발열이 빨리 일어난다.
③ 발열에 적당한 발열재료의 C/N율은 30~40 정도이다.
④ 낙엽은 볏짚보다 C/N율이 더 낮다.

정답찾기

001 ① 접목은 단점은 질소 흡수 과잉, 과실의 당도 하락, 기형과 발생이 많다. 앵두를 복숭아의 대목에 접목하면 지상부의 생육이 왕성하고 수령도 현저히 길어지는데 이러한 대목을 강화대목이라 한다. 실생묘에 비하면 접목묘가 결과연령이 단축된다.

002 ③ 질소의 과다흡수 우려가 있다.

003 ① 오이를 시설에서 연작할 경우 박이나 호박을 대목으로 이용하면 덩굴쪼김병을 방제할 수 있다.

004 ② 박과채소류에서 접목을 이용할 경우 기형과의 출현이 많아지고 당도는 떨어진다.

005 ④ 상토는 적당한 부식과 보수력을 가져야 하며 pH는 4.5~5.5정도가 알맞다. 파종량은 어린모로 육묘할 경우 100~130g 정도가 적당하다. 출아에 알맞은 30~ 32℃로 온도를 유지한다.

006 ④ 묘 소질이 향상되므로 육묘기간이 단축된다. 대량생산이 가능하고, 연중 생산횟수를 늘릴 수 있다. 대규모화가 가능하고, 운반 및 취급이 용이하다.

007 ③ 발열재료의 C/N율은 20~30% 정도일 때 발열상태가 양호하다.

정답 **001** ① **002** ③ **003** ① **004** ② **005** ④ **006** ④ **007** ③

008 작물의 온도반응에 대한 설명으로 옳지 않은 것은?　　16. 지방직 9급

① 세포 내에 결합수가 많고 유리수가 적으면 내열성이 커진다.

② 한지형목초는 난지형목초보다 하고현상이 더 크게 나타난다.

③ 맥류 품종 중 추파성이 낮은 품종은 내동성이 강하다.

④ 원형질에 친수성 콜로이드가 많으면 원형질의 탈수저항성과 내동성이 커진다.

009 맥류의 파성에 대한 설명으로 옳지 않은 것은?　　09. 지방직 9급

① 춘파성이 높을수록 출수가 빨라지는 경향이 있다.

② 추파성 정도가 낮은 품종은 조파하면 안전하게 성숙할 수 있다.

③ 맥류의 추파성은 생식생장을 억제하는 성질이다.

④ 추파맥류가 동사하였을 경우 춘화처리를 하여 봄에 대파할 수 있다.

010 식량생산증대를 위한 벼 – 맥류의 2모작 작부체계에서 가장 중요한 것은?　　14. 국가직 9급

① 벼의 내냉성　　　　　　　　　② 벼의 내도복성

③ 맥류의 내건성　　　　　　　　④ 맥류의 조숙성

011 작물의 파종작업에 대한 설명으로 옳지 않은 것은?　　16. 국가직 9급

① 파종기가 늦을수록 대체로 파종량을 늘린다.

② 맥류는 조파보다 산파 시 파종량을 줄이고, 콩은 단작보다 맥후작에서 파종량을 줄인다.

③ 파종량이 많으면 과번무해서 수광태세가 나빠지고, 수량·품질을 저하시킨다.

④ 토양이 척박하고 시비량이 적을 때에는 일반적으로 파종량을 다소 늘리는 것이 유리하다.

012 파종 양식에 대한 설명으로 옳지 않은 것은?　　20. 지방직 7급

① 산파는 통기 및 투광이 나빠지며 도복하기 쉽고, 관리 작업이 불편하나 목초와 자운영 등에 적용한다.

② 조파는 개체가 차지하는 평면 공간이 넓지 않은 작물에 적용하는 것으로 수분과 양분의 공급이 좋다.

③ 점파는 종자량이 적게 들고, 통풍 및 투광이 좋고 건실하며 균일한 생육을 하게 된다.

④ 적파는 개체가 평면으로 넓게 퍼지는 작물 재배시 적용하는 방식이다.

013 농경지의 경운방법에 대한 설명으로 옳은 것은?　　　　　　　　　09. 지방직 9급

① 유기물 함량이 많은 농경지는 추경을 하는 것이 유리하다.
② 겨울에 강수량이 많고 사질인 농경지는 추경을 하는 것이 유리하다.
③ 일반적으로 식토나 식양토에서는 얕게 갈고, 습답에서는 깊게 갈아야 좋다.
④ 벼의 만식재배지에서의 심경은 초기생육을 촉진시킨다.

014 파종량에 대한 설명으로 옳은 것은?　　　　　　　　　20. 지방직 7급

① 파종 시기가 늦어질수록 파종량을 줄인다.
② 감자는 큰 씨감자를 쓸수록 파종량이 적어진다.
③ 토양이 척박하고 시비량이 적을 시 파종량을 다소 줄이는 것이 유리하다.
④ 경실이 많거나 발아력이 낮으면 파종량을 늘린다.

015 육묘해서 이식재배할 때 나타나는 현상으로 옳지 않은 것은?　　　　　17. 지방직 9급

① 벼는 육묘 시 생육이 조장되어 증수할 수 있다.
② 봄 결구배추를 보온육묘해서 이식하면 추대를 유도할 수 있다.
③ 과채류는 조기에 육묘해서 이식하면 수확기를 앞당길 수 있다.
④ 벼를 육묘이식하면 답리작이 가능하여 경지이용률을 높일 수 있다.

정답찾기

008 ③ 맥류 품종 중 추파성이 높은 품종은 내동성이 강하다.

009 ② 추파성 정도가 높은 품종은 조파하면 안전하게 성숙할 수 있으며, 추파성 정도가 낮은 품종은 만파하는 것이 좋다.

010 ④ 벼-맥류의 2모작 체계를 위해서는 벼의 본답 생육기간으로 140~150일이 확보될 수 있는 지역이어야 하며, 맥류의 수확은 5월 말까지 이루어져야 한다. 따라서 맥류의 조숙성이 요구되고, 벼에는 만식적응성이 요구된다.

011 ② 맥류의 경우 조파보다 산파 시 파종량을 늘리고 콩, 조 등은 단작보다 맥후작에서 파종량을 늘린다.

012 ④ 적파는 목초, 맥류 등과 같이 개체가 평면으로 좁게 차지하는 작물을 집약적으로 재배할 때 적용된다.

013 ①
② 겨울에 강수량이 많고 사질인 농경지는 춘경을 하는 것이 유리하다.
③ 일반적으로 식토나 식양토에서는 깊게 갈고, 사질토 및 습답에서는 얕게 갈아야 좋다.
④ 생육기간이 짧은 산간지 또는 만식재배 시에는 심경에 의한 후기생육이 지연되어 성숙이 늦어져 등숙이 불량할 수 있으므로 과도한 심경은 피해야 한다.

014 ④ 파종기가 늦을수록 대체로 파종량을 늘린다. 감자는 큰 씨감자를 쓸수록 파종량이 많아진다. 토양이 척박하고 시비량이 적을 때에는 일반적으로 파종량을 다소 늘리는 것이 유리하다.

015 ② 봄 결구배추를 보온육묘 후 이식하면 직파 시 포장에서 냉온의 시기를 저온감응으로 추대하고 결구하지 못하는 현상을 방지할 수 있다.

정답　**008** ③　**009** ②　**010** ④　**011** ②　**012** ④　**013** ①　**014** ④　**015** ②

016 이식의 효과에 대한 설명으로 옳지 않은 것은? 18. 지방직 9급

① 토지이용효율을 증대시켜 농업 경영을 집약화할 수 있다.
② 채소는 경엽의 도장이 억제되고 생육이 양호해져 숙기가 빨라진다.
③ 육묘과정에서 가식 후 정식하면 새로운 잔뿌리가 밀생하여 활착이 촉진된다.
④ 당근 같은 직근계 채소는 어릴 때 이식하면 정식 후 근계의 발육이 좋아진다.

017 맥류의 추파성에 관한 설명 중 옳지 않은 것은? 07. 국가직 9급

① 추파맥류가 저온을 경과하지 않으면 출수할 수 없는 성질을 말한다.
② 추파맥류 재배 시 따뜻한 지방으로 갈수록 추파성 정도가 낮은 품종의 재배가 가능하다.
③ 추파성 정도가 높은 품종일수록 춘파할 때에 춘화처리일수가 길어야 한다.
④ 추파성 정도가 높은 품종들이 대체로 내동성이 약하다.

018 작물의 이식시기에 대한 설명으로 옳지 않은 것은? 13. 지방직 9급

① 수도의 도열병이 많이 발생하는 지대에는 만식을 하는 것이 좋다.
② 토마토, 가지는 첫 꽃이 피었을 정도에 이식하는 것이 좋다.
③ 과수·수목 등은 싹이 움트기 이전의 이른 봄이나 가을에 낙엽이 진 뒤에 이식하는 것이 좋다.
④ 토양의 수분이 넉넉하고 바람이 없는 흐린 날에 이식하면 활착이 좋다.

019 육묘이식에 대한 설명으로 옳지 않은 것은? 12. 국가직 9급

① 과채류, 콩 등은 직파재배보다 육묘이식을 하는 것이 생육이 조장되어 증수한다.
② 과채류 등은 조기수확을 목적으로 할 경우 육묘이식보다 직파재배가 유리하다.
③ 벼를 육묘이식하면 답리작에 유리하며, 채소도 육묘이식에 의해 경지이용률을 높일 수 있다.
④ 육묘이식은 직파하는 것보다 종자량이 적게 들어 종자비의 절감이 가능하다.

▌시비 및 작물의 내적균형, 생장조절제, 방사성동위원소

001 질소질 비료에서 질소 성분 함량이 높은 순으로 올바르게 나열한 것은?　　11. 국가직 9급

① 요소 > 질산암모늄 > 황산암모늄 > 염화암모늄
② 요소 > 염화암모늄 > 황산암모늄 > 질산암모늄
③ 요소 > 황산암모늄 > 염화암모늄 > 질산암모늄
④ 요소 > 질산암모늄 > 염화암모늄 > 황산암모늄

002 배합비료를 혼합할 때 주의해야 할 점으로 옳지 않은 것은?　　15. 국가직 9급

① 암모니아태 질소를 함유하고 있는 비료에 석회와 같은 알칼리성 비료를 혼합하면 암모니아가 기체로 변하여 비료성분이 소실된다.
② 질산태 질소를 유기질비료와 혼합하면 저장 중 또는 시용 후에 질산이 환원되어 소실된다.
③ 과인산석회와 같은 수용성 인산이 주성분인 비료에 Ca, Al, Fe 등이 함유된 알칼리성 비료를 혼합하면 인산이 물에 용해되어 불용성이 되지 않는다.
④ 과인산석회와 같은 석회염을 함유하고 있는 비료에 염화칼륨과 같은 염화물을 배합하면 흡습성이 높아져 액체가 된다.

🌾 정답찾기

016 ④ 무, 당근, 우엉 등 직근을 가진 작물을 어릴 때 이식하여 뿌리가 손상될 경우 근계 발육에 나쁜 영향을 미친다.

017 ④ 추파성 정도가 높은 품종은 대체로 내동성이 강하다.

018 ① 수도의 도열병이 많이 발생하는 지역에서는 조식을 하는 것이 좋다.

019 ② 과채류 등은 조기수확을 목적으로 할 경우 직파재배보다 육묘이식이 유리하다.

▌시비 및 작물의 내적균형, 생장조절제, 방사성동위원소

001 ④ 질소 함량 : 요소(46%) > 질산암모늄(33%) > 염화암모늄(25%) > 황산암모늄(21%)

002 ③ 과인산석회와 같은 수용성이며, 속효성 인산이 주성분인 비료에 Ca, Al, Fe 등을 혼합하면 인산이 물에 용해되지 않아 불용성이 된다.

003 작물의 시비에 대한 설명으로 옳은 것은? 12. 지방직 9급

① 벼와 맥류의 비료 3요소 흡수비율은 질소, 인산, 칼륨의 순으로 높다.

② 생육기간이 길고 시비량이 많을수록 밑거름을 늘리고 덧거름을 줄인다.

③ 화본과목초와 두과목초를 혼파하였을 때, 인과 칼륨을 많이 주면 두과목초가 우세해진다.

④ 질산태 질소는 암모니아태 질소보다 토양에 잘 흡착되어 유실이 적다.

004 암모니아태 질소(NH_4^+-N)와 질산태 질소(NO_3^--N)의 특성에 대한 설명으로 옳지 않은 것은? 16. 지방직 9급

① 논에 질산태 질소를 사용하면 그 효과가 암모니아태 질소보다 작다.

② 질산태 질소는 물에 잘 녹고 속효성이다.

③ 암모니아태 질소는 토양에 잘 흡착되지 않고 유실되기 쉽다.

④ 암모니아태 질소는 논의 환원층에 주면 비효가 오래 지속된다.

005 벼에서 이삭거름을 주는 가장 적당한 시기는? 08. 국가직 9급

① 출수기   ② 유효분얼기

③ 유수형성기   ④ 등숙기

006 요소의 엽면시비 효과에 대한 설명으로 옳지 않은 것은? 18. 지방직 9급

① 보리와 옥수수에서는 화아분화 촉진 효과가 있다.

② 사과와 딸기에서는 과실비대 효과가 있다.

③ 화훼류에서는 엽색 및 화색이 선명해지는 효과가 있다.

④ 배추와 무에서는 수확량 증대 효과가 있다.

007 질소질 비료에 대한 설명으로 옳지 않은 것은? 10. 지방직 9급

① 질산칼륨과 잘산칼슘은 질산태 질소를 함유한다.

② 질산태 질소는 물에 잘 녹고 속효성이다.

③ 암모니아태 질소는 논의 환원층에 주면 비효가 떨어진다.

④ 요소는 물에 잘 녹으며 이온이 아니기 때문에 토양에 잘 흡착되지 않으므로 시용 직후에 유실될 우려가 있다.

008 배합비료의 장점에 대한 설명으로 옳지 않은 것은?

12. 국가직 9급

① 단일비료를 여러 차례에 걸쳐 시비하는 번잡성을 덜 수 있다.
② 속효성 비료와 지효성 비료를 적당량 배합하면 비효의 지속을 조절할 수 있다.
③ 황산암모늄을 유기질 비료와 배합하면 건조할 때 굳어지는 결점을 보완해준다.
④ 과인산석회와 염화칼륨을 배합하면 저장 중에 액체로 되거나 굳어지는 결점이 보완된다.

009 작물의 시비에 대한 설명으로 옳지 않은 것은?

09. 지방직 9급

① 질소와 인산에 대한 칼륨의 흡수비율은 화곡류보다 감자와 고구마에서 더 높다.
② 종자를 수확하는 작물은 영양생장기에는 질소의 효과가 크고, 생식생장기에는 인과 칼륨의 효과가 크다.
③ 볏과목초와 콩과목초를 혼파하였을 때 질소를 많이 주면 콩과가 우세해진다.
④ 작물은 질소비료를 질산태(NO_3^-)나 암모늄태(NH_4^+)로 흡수한다.

010 비료를 혼합할 때 나타날 수 있는 현상에 대한 설명으로 옳은 것은?

09. 지방직 9급

① 암모니아태 질소와 석회와 같은 알칼리성 비료를 혼합하면 암모니아의 이용효율이 높아진다.
② 질산태 질소와 과인산석회와 같은 산성 비료를 혼합하면 질산의 이용효율이 높아진다.
③ 질산태 질소와 유기질 비료를 혼합하면 시용 후 질산의 환원을 막아 이용효율이 높아진다.
④ 수용성 인산비료에 Ca 등이 함유된 알칼리성 비료를 혼합하면 인산의 용해도가 낮아진다.

🌾 정답찾기

003 ③
① 벼와 맥류의 3요소 흡수비율은 질소 > 칼륨 > 인산의 순으로 높다.
② 생육기간이 길고 시비량이 많을수록 질소의 밑거름을 줄이고 덧거름(웃거름)으로 여러 차례 분시하는 것이 좋다.
④ 암모니아태 질소는 토양에 흡착되는 힘이 좋아 빗물 등에 의해 유실되는 양이 적고, 질산태 질소는 토양에 흡착되지 않아 빗물 등으로 유실되기 쉽다.

004 ③ 암모니아태 질소는 양이온으로 토양에 잘 흡착되어 유실이 잘 되지 않는다.

005 ③ 벼 재배 시 유수형성기에 주는 거름은 이삭거름(벼 수확량을 늘리기 위해 가지치기 이후 생긴 줄기 속에 이삭이 많이 생기게 하는 비료)이다.

006 ① 보리와 옥수수에서는 활착, 임실양호 촉진 효과가 있다.

007 ③ 암모니아태 질소는 양이온으로 토양에 잘 흡착되어 유실이 잘 되지 않고 논의 환원층에 시비하면 비효가 오래간다.

008 ④ 과인산석회와 같은 석회염을 함유하고 있는 비료에 염화칼륨과 같은 염화물을 배합하면 흡습성이 높아져서 액체로 되거나 굳어지기 쉽다.

009 ③ 볏과목초와 콩과목초를 혼파하였을 때 질소를 많이 주면 볏과가 우세해지고, 인과 칼륨을 많이 주면 콩과가 우세해진다.

010 ④
① 암모니아태 질소와 석회와 같은 알칼리성 비료를 혼합하면 암모니아 기체로 변하여 비료성분이 소실된다.
② 질산태 질소와 과인산석회와 같은 산성 비료를 혼합하면 질산은 기체로 변하여 비료성분이 소실된다.
③ 질산태 질소와 유기질 비료를 혼합하면 저장 또는 시용 후 질산이 환원되어 소실된다.

정답 **003** ③   **004** ③   **005** ③   **006** ①   **007** ③   **008** ④   **009** ③   **010** ④

011 비료의 엽면흡수에 영향을 끼치는 요인에 대한 설명으로 옳지 않은 것은? 11. 국가직 9급

① 가지나 줄기의 정부로부터 먼 늙은 잎에서 흡수율이 높다.
② 밤보다 낮에 잘 흡수된다.
③ 살포액의 pH는 미산성인 것이 잘 흡수된다.
④ 잎의 호흡작용이 왕성할 때 잘 흡수된다.

012 논에 벼를 이앙하기 전에 기비로 $N - P_2O_5 - K_2O = 10 - 5 - 7.5kg/10a$을 처리하고자 한다. $N - P_2O_5 - K_2O = 20 - 20 - 10(\%)$인 복합비료를 25kg/10a을 시비하였을 때, 부족한 기비의 성분에 대해 단비할 시비량(kg/10a)은? 16. 국가직 9급

① $N - P_2O_5 - K_2O = 5 - 0 - 5kg/10a$
② $N - P_2O_5 - K_2O = 5 - 0 - 2.5kg/10a$
③ $N - P_2O_5 - K_2O = 5 - 5 - 0kg/10a$
④ $N - P_2O_5 - K_2O = 0 - 5 - 2.5kg/10a$

013 다음 중 양배추, 수박, 오이에 대한 요소의 엽면살포 효과에 해당하는 것만을 고른 것은? 10. 국가직 9급

ㄱ. 착화	ㄴ. 착과	ㄷ. 비대촉진
ㄹ. 품질양호	ㅁ. 화아분화 촉진	ㅂ. 임실양호

① ㄱ, ㄴ, ㄹ ② ㄱ, ㄷ, ㅁ
③ ㄴ, ㄹ, ㅂ ④ ㄷ, ㅁ, ㅂ

014 엽면시비에서 흡수에 영향을 끼치는 요인에 대한 설명으로 옳지 않은 것은? 09. 국가직

① 석회를 가용하면 흡수가 촉진된다.
② 살포액의 pH는 미산성인 것이 흡수가 잘된다.
③ 줄기의 정부로부터 가까운 잎에서 흡수율이 높다.
④ 잎의 표면보다 이면에서 더 잘 흡수된다.

015 질소질 비료의 종류에 따른 특성을 잘못 설명한 것은? 07. 국가직 9급

① 질산태 질소는 물에 잘 녹고 속효성이다.

② 암모니아태 질소를 논의 환원층에 주면 비효가 오래 지속된다.

③ 유기태 질소는 토양 중에서 미생물의 작용에 의하여 암모니아태 또는 질산태로 바뀐다.

④ 요소는 토양 중에서 미생물의 작용을 받아 먼저 질산태로 된다.

016 고구마의 개화 유도 및 촉진을 위한 방법으로 옳지 않은 것은? 12. 지방직 9급

① 재배적 조치를 취하여 C/N율을 낮춘다.

② 9~10시간 단일처리를 한다.

③ 나팔꽃의 대목에 고구마순을 접목한다.

④ 고구마 덩굴의 기부에 절상을 내거나 환상박피를 한다.

017 천연 식물생장조절제로만 묶은 것은? 12. 국가직 9급

① IAA, GA₃, Zeatin

② NAA, ABA, C₂H₄

③ IPA, IBA, BA

④ 2,4 - D, MCPA, Kinetin

04

정답찾기

011 ① 잎의 호흡작용이 왕성할 때 흡수가 더 잘되므로 가지나 줄기의 정부에 가까운 잎에서 흡수율이 높다.

012 ① 20-20-10(%) 복합비료 25kg/10a이므로 실제 시비량은 10a당 5-5-2.5kg이 된다. 따라서 부족분은 5 -0-5kg/10a이 된다.

013 ① 양배추, 수박, 오이, 가지, 호박의 요소 엽면살포 효과는 착화, 착과, 품질양호이다.

014 ① 석회의 시용은 흡수를 억제하고 고농도 살포의 해를 경감한다.

015 ④ 요소는 토양 중에서 미생물의 작용을 받아 속히 탄산암모늄을 거쳐 암모니아태로 되어 토양에 잘 흡착되므로 요소의 질소효과는 암모니아태 질소와 비슷하다.

016 ① 재배적 조치를 취하여 C/N율을 높인다.

017 ① 천연호르몬은 옥신류(IAA, IAN, PAA), 지베렐린류(GA₂, GA₃, GA₄₊₇, GA₅₅), 에틸렌(C₂H₄) 등이다.

정답 **011** ① **012** ① **013** ① **014** ① **015** ④ **016** ① **017** ①

018 작물의 T/R률에 대한 설명으로 옳은 것은? 09. 지방직 9급

① 감자, 고구마의 경우 파종기나 이식기가 늦어질수록 T/R률이 감소한다.
② 일사량이 적어지면 T/R률이 감소한다.
③ 질소질비료를 다량 사용하면 T/R률이 감소한다.
④ 토양수분 함량이 감소하면 T/R률이 감소한다.

019 작물의 지하부 생장량에 대한 지상부 생장량의 비율에 대한 설명으로 옳지 않은 것은? 13. 지방직 9급

① 질소를 다량 사용하면 상대적으로 지상부보다 지하부의 생장이 억제된다.
② 토양함수량이 감소하면 지상부의 생장보다 지하부의 생장이 더욱 억제된다.
③ 일사가 적어지면 지상부의 생장보다 뿌리의 생장이 더욱 저하된다.
④ 고구마의 경우 파종기가 늦어질수록 지하부의 중량 감소가 지상부의 중량 감소보다 크다.

020 T/R률에 대한 설명 중 틀린 것은? 17. 지도직

① 파종기나 이식기가 늦어지면 커짐
② 일사량이 적어지면 커짐
③ 적엽 시 작아짐
④ 적화, 적과 시 커짐

021 Auxin류 물질들만으로 나열된 것은? 08. 국가직 9급

① IBA, IAA, BA, IPA
② BA, IAA, NAA, 2,4 − D
③ IPA, 2,4,5 − T, IBA, NAA
④ 2,4 − D, 2,4,5 − T, IBA, NAA

022 옥신의 재배적 이용에 대한 설명으로 옳지 않은 것은? 15. 국가직 9급

① 식물에 따라서는 상편생장을 유도하므로 선택형 제초제로 쓰기도 한다.
② 사과나무에 처리하여 적과와 적화효과를 볼 수 있다.
③ 삽목이나 취목 등 영양번식을 할 때 발근촉진에 효과가 있다.
④ 토마토·무화과 등의 개화기에 살포하면 단위결과가 억제된다.

023 제초제에 대한 설명으로 옳지 않은 것은? 16. 국가직 9급

① 2,4 – D는 선택성 제초제로 수도본답과 잔디밭에 이용된다.

② Diquat는 접촉형 제초제로 처리된 부위에서 제초효과가 일어난다.

③ Propanil은 담수직파, 건답직파에 주로 이용되는 경엽처리 제초제이다.

④ Glyphosate는 이행성 제초제이며, 화본과 잡초에 선택성인 제초제이다.

024 작물에서 새로운 유전적 조성이 만들어지는 예로 옳지 않은 것은? 08. 국가직 9급

① 팔달콩과 하대두 계통의 교배에 의한 조숙성 계통 육성

② 화성벼종자에 지베렐린을 처리하여 단기성 계통 육성

③ 올보리에 감마선 조사에 의한 생육기 단축 계통 육성

④ 애기장대의 개화 조절 유전자를 배추에 도입하여 개화시기가 변화된 계통 육성

025 지베렐린의 재배적 이용으로 옳지 않은 것은? 11. 지방직 9급

① 무핵과 포도생산   ② 벼과 식물 발아촉진

③ 카네이션 발근촉진   ④ 딸기 휴면타파

정답찾기

018 ④
① 감자, 고구마의 경우 파종기나 이식기가 늦어질수록 지하부 중량감소가 지상부 중량감소보다 커서 T/R률이 커진다.
② 일사량이 적어지면 탄수화물의 축적이 감소하여 지상부보다 지하부의 생장이 더욱 저하되어 T/R률이 커진다.
③ 질소질비료를 다량 시용하면 지상부는 질소 집적이 많아지고 단백질 합성이 왕성해지고 탄수화물의 잉여는 적어져 지하부 전류가 감소하게되므로 상대적으로 지하부 생장이 억제되어 T/R률이 커진다.

019 ② 토양함수량의 감소는 지상부 생장이 지하부 생장에 비해 저해되므로 T/R률은 감소한다.

020 ④ 적화 및 적과시 지하부 생장이 발달한다.(T/R률 감소)

021 ④ 주요 합성 옥신류에는 천연은 IAA, IAN, PAA 가 있고, 합성은 NAA, IBA, 2,4-D, 2,4,5,-T, PCPA, MCPA, BNOA 등이다.

022 ④ 토마토, 무화과 등의 경우 개화기에 PCA나 BNOA 액을 살포하면 단위결과가 유도된다.

023 ④ Glyphosate는 비선택성, 이행형 제초제이다.

024 ② 지베렐린에 의한 화학처리는 그 식물에게만 적용되고 유전되지 않는다.

025 ③ 카네이션 발근촉진제인 루톤은 옥신을 이용하는 대표적인 생장조절제이다.

정답 **018** ④   **019** ②   **020** ④   **021** ④   **022** ④   **023** ④   **024** ②   **025** ③

026 지베렐린의 재배적 이용에 대한 설명으로 옳지 않은 것은?　　　10. 지방직 9급

① 감자에 지베렐린을 처리하면 휴면이 타파되어 봄감자를 가을에 씨감자로 이용할 수 있다.
② 지베렐린은 저온처리와 장일조건을 필요로 하는 총생형 식물의 화아형성과 개화를 지연시킨다.
③ 지베렐린은 왜성식물의 경엽의 신장을 촉진하는 효과가 있다.
④ 지베렐린은 토마토, 오이, 포도나무 등의 단위결과를 유기한다.

027 식물생장조절물질이 작물에 미치는 생리적 영향에 대한 설명으로 옳지 않은 것은?
　　　16. 국가직 9급

① Amo − 1618은 경엽의 신장촉진, 개화촉진 및 휴면타파에 효과가 있다.
② Cytokinin은 세포분열촉진, 신선도 유지 및 내동성 증대에 효과가 있다.
③ B − Nine은 신장억제, 도복방지 및 착화증대에 효과가 있다.
④ Auxin은 발근촉진, 개화촉진 및 단위결과에 효과가 있다.

028 에틸렌의 작용으로 틀린 것은?　　　16. 지도직

① 경엽의 신장에 관여　　　② 적과
③ 발아촉진　　　④ 정아우세타파

029 방사성동위원소의 이용에 대한 설명으로 가장 옳지 않은 것은?　　　20. 지도직

① ^{14}C를 이용하면 제방의 누수개소의 발견, 지하수의 탐색과 유속측정을 정확하게 할 수 있다.
② ^{60}Co, ^{137}Cs 등에 의한 r선 조사는 살균, 살충 및 발아억제의 효과가 있으므로 식품의 저장에 이용된다.
③ ^{32}P, ^{42}K, ^{45}Ca 등의 이용으로 인, 칼륨, 칼슘 등 영양성분의 생체 내에서의 동태를 파악할 수 있다.
④ ^{11}C로 표지된 이산화탄소를 잎에 공급하고, 시간경과에 따른 탄수화물의 합성과정을 규명할 수 있다.

030 식물호르몬에 대한 설명으로 옳지 않은 것은?

① 지베렐린은 주로 신장생장을 유도하며 체내 이동이 자유롭고, 농도가 높아도 생장 억제효과가 없다.

② 옥신은 주로 세포 신장촉진 작용을 하며 체내의 아래쪽으로 이동하는데, 한계이상으로 농도가 높으면 생장이 억제된다.

③ 시토키닌은 세포 분열과 분화에 관계하며 뿌리에서 합성되어 물관을 통해 수송된다.

④ 에틸렌은 성숙호르몬 또는 스트레스호르몬이라고 하며, 수분 부족 시 기공을 폐쇄하는 역할을 한다.

031 식물생장조절제에 대한 설명으로 옳지 않은 것은?

① 옥신류는 제초제로도 이용된다.

② 지베렐린 처리는 화아형성과 개화를 촉진할 수 있다.

③ ABA는 생장촉진물질로 경엽의 신장촉진에 효과가 있다.

④ 시토키닌은 2차 휴면에 들어간 종자의 발아증진효과가 있다.

032 토마토나 배에서 과일의 착색을 촉진하기 위하여 사용하는 생장조절제는?

① 지베렐린수용액   ② 인돌비액제

③ 에테폰액제   ④ 비나인수화제

정답찾기

026 ② 지베렐린은 맥류처럼 저온처리와 장일조건을 필요로 하는 식물, 총생형 식물의 화아형성과 개화를 촉진한다.

027 ① Amo-1618은 강낭콩, 국화, 해바라기, 포인세티아 등의 키를 현저히 작게 하고 잎의 녹색을 더욱 진하게 한다.

028 ①

029 ① 24Na를 이용하여 제방의 누수개소 발견, 지하수 탐색, 유속측정 등을 한다.

030 ④ 에틸렌을 성숙호르몬 또는 스트레스호르몬이라고도 한다. 아브시스산은 식물 성장을 억제하고 스트레스 내성을 향상시키는 호르몬으로 식물의 수분결핍 시에 많이 합성돼 잎의 기공을 닫음으로써 식물의 수분을 보호하는 역할을 한다.

031 ③ 아브시스산(ABA)는 생장억제 호르몬이다.

032 ③ 에테폰은 식물의 노화를 촉진하는 식물호르몬의 일종인 에틸렌을 생성함으로써 과채류 및 과실류의 착색을 촉진하고 숙기를 촉진하는 작용을 한다. 토마토, 고추, 담배, 사과, 배, 포도 등에 널리 사용되고 있다.

033 뿌리에서 합성되어 수송되는 식물생장조절제로 아스파라거스의 저장 중에 신선도를 유지시키며 식물의 내동성도 증대시키는 효과가 있는 것은?　　11. 국가직 9급

① 시토키닌　　　　　　　　　　　② 지베렐린
③ ABA　　　　　　　　　　　　　④ 에틸렌

034 작물에 식물호르몬을 처리한 효과로 옳지 않은 것은?　　17. 서울시

① 파인애플에 NAA를 처리하여 화아분화를 촉진한다.
② 토마토에 BNOA를 처리하여 단위결과를 유도한다.
③ 감자에 지베렐린을 처리하여 휴면을 타파한다.
④ 수박에 에테폰을 처리하여 생육속도를 촉진한다.

035 생장조절제와 적용대상을 바르게 연결한 것은?　　20. 국가직 7급

① Dichlorprop - 사과 후기 낙과방지
② Cycocel - 수박 착과증진
③ Phosfon - D - 국화 발근촉진
④ Amo - 1618 - 콩나물 생장촉진

▌작물의 관리와 수확 및 기타

001 맥작에서 답압에 대한 설명으로 옳지 않은 것은?　　14. 국가직 9급

① 답압은 생육이 좋지 않을 경우에 실시하며, 땅이 질거나 이슬이 맺혔을 때 효과가 크다.
② 월동 전 과도한 생장으로 동해가 우려될 때는 월동 전에 답압을 해준다.
③ 월동 중에 서릿발로 인해 떠오른 식물체에 답압을 하면 동해가 경감된다.
④ 생육이 왕성할 경우에는 유효분얼종지기에 토입을 하고 답압해주면 무효분얼이 억제된다.

002 멀칭의 이용과 효과에 대한 설명으로 옳지 않은 것은?　　15. 국가직 9급

① 지온을 상승시키는 데는 흑색필름보다는 투명필름이 효과적이다.
② 작물을 멀칭한 필름 속에서 상당 기간 재배할 때는 광합성 효율을 위해 투명필름보다 녹색필름을 사용하는 것이 좋다.
③ 밭 전면을 비닐멀칭하였을 때에는 빗물을 이용하기 곤란하다.
④ 앞작물 그루터기를 남겨둔 채 재배하여 토양 유실을 막는 스터블멀칭농법도 있다.

003 멀칭에 대한 설명으로 옳은 것은? 12. 지방직 9급

① 잡초종자는 혐광성인 것이 많아서 멀칭을 하면 발아와 생장이 억제된다.
② 모든 광을 잘 흡수시키는 투명필름은 지온상승의 효과가 크나, 잡초발생이 많아진다.
③ 녹색광과 적외광을 잘 투과하는 녹색필름은 지온상승의 효과가 크다.
④ 토양을 갈아엎지 않고 앞 작물의 그루터기를 남겨서 풍식과 수식을 경감시키는 것을 토양 멀칭이라고 한다.

004 중경의 이점이 아닌 것은? 20. 지방직 7급

① 가뭄 피해를 줄일 수 있다.
② 비효증진의 효과가 있다.
③ 토양통기조장으로 뿌리의 생장이 왕성해진다.
④ 동상해를 줄일 수 있다.

04

정답찾기

033 ① 시토키닌의 작용은 발아촉진, 잎의 생장촉진, 저장 중의 신선도 증진효과, 호흡을 억제하며 엽록소와 단백질의 분해억제, 식물의 내동성 증대효과, 두과식물의 근류형성 등이다.

034 ④ 토마토, 호박, 수박, 복숭아나무 등은 에테폰을 처리하면 생육속도가 늦어지거나 생육이 정지된다.

035 ①
② Cycocel(CCC)는 토마토를 개화촉진한다.
③ Phosfon−D는 국화, 두류 등 초장을 감소시킨다.
④ Amo−1618은 국화, 강낭콩, 해바라기 등의 길이를 단축시킨다.

｜작물의 관리와 수확 및 기타

001 ① 답압은 생육이 왕성할 때만 하고, 땅이 질거나 이슬이 맺혔을 때는 피하는 것이 좋다.

002 ② 작물을 멀칭한 필름 속에서 상당 기간 재배할 때는 광합성 효율을 위해 녹색필름보다 투명필름을 사용하는 것이 좋다.

003 ③
① 잡초종자는 호광성인 것이 많아서 멀칭을 하면 발아와 생장이 억제된다.
② 모든 광을 잘 투과시키는 투명필름은 지온상승의 효과가 크나, 잡초억제의 효과는 적다.
④ 토양을 갈아엎지 않고 앞 작물의 그루터기를 남겨서 풍식과 수식을 경감시키는 것이 스터블멀칭 농법이다.

004 ④ 중경의 이점은 발아 유도, 토양 통기성 증진, 토양 수분의 증발억제, 비료 유효도 증진, 잡초방제이다. 단점은 단근(斷根)피해, 토양침식 초래, 동상해 조장 등이다.

정답 **033** ① **034** ④ **035** ①   **001** ① **002** ② **003** ③ **004** ④

005 작물의 시설재배에서 사용되는 피복재는 기초피복재와 추가피복재로 나뉜다. 일반적으로 사용되는 기초피복재가 아닌 것은? 20. 지도직

① 알루미늄 스크린　　　　　　　② 폴리에틸렌 필름
③ 염화비닐　　　　　　　　　　　④ 판유리

006 다음 중 낙과방지법이 아닌 것은? 06. 지도직

① 합리적인 시비　　　　　　　　② 방한조치
③ 건조방지　　　　　　　　　　　④ 복대

007 솔라리제이션이 발생되는 주된 원인은? 09. 국가직 9급

① 엽록소의 광산화
② 카로티노이드의 산화
③ 카로티노이드의 생성촉진
④ 슈퍼옥시드의 감소

008 다음 중 경종적 방법에 의한 병해충 방제에 해당되지 않는 것은? 07. 국가직 9급

① 감자를 고랭지에서 재배하여 무병종서를 생산한다.
② 연작에 의해 발생되는 토양 전염성 병해충 방제를 위해 윤작을 실시한다.
③ 밭토양에 장기간 담수하여 병해충의 발생을 줄인다.
④ 파종시기를 조절하여 병해충의 피해를 경감한다.

009 시설 피복자재 중에서 경질판에 해당하는 것은? 17. 서울시

① FRA　　　　　　　　　　　　　② PE
③ PVC　　　　　　　　　　　　　④ EVA

010 수확 전 감수나 품질 손실을 유발하는 수발아에 대한 설명으로 옳은 것은? 12. 지방직 9급

① 저온, 건조조건에서 잘 일어난다.
② 휴면성이 약한 품종은 강한 것보다 수발아가 잘 일어난다.
③ 내도복성이 강한 품종이 약한 것보다 비바람으로 인해 수발아가 잘 일어난다.
④ 우리나라에서는 수확기가 빠른 품종이 늦은 품종보다 수발아의 위험이 크다.

011 병해충의 방제방법 중 경종적 방제법에 해당하지 않는 것은? 11. 국가직 9급

① 밭토양에서 토양전염성 병해충을 구제하기 위하여 장기간 담수한다.
② 기지의 원인이 되는 토양전염성 병해충을 경감시키기 위하여 윤작한다.
③ 남부지방에서 벼 조식재배 시 줄무늬잎마름병의 피해를 줄이기 위하여 저항성 품종을 선택한다.
④ 녹병 피해를 줄이기 위해 밀의 수확기를 빠르게 한다.

012 맥류의 수발아에 대한 설명으로 옳지 않은 것은? 08. 국가직 9급

① 성숙기의 이삭에서 수확 전에 싹이 트는 경우이다.
② 우기에 도복하여 이삭이 젖은 땅에 오래 접촉되어 발생한다.
③ 우리나라에서는 조숙종이 만숙종보다 수발아의 위험이 적다.
④ 숙기가 같더라도 휴면기간이 짧은 품종이 수발아의 위험이 적다.

013 생물적 방제에 대한 설명으로 옳지 않은 것은? 18. 국가직 9급

① 오리를 이용하여 논의 잡초를 방제한다.
② 칠레이리응애로 점박이응애를 방제한다.
③ 벼의 줄무늬잎마름병을 저항성 품종으로 방제한다.
④ 기생성 곤충인 콜레마니진디벌로 진딧물을 방제한다.

정답 찾기

005 ① 기초피복제는 고정시설을 피복하여 상태변화 없이 지속적으로 사용하는 것으로 재료는 판유리, 복층유리, 열선흡수 등의 유리와 연질필름(PE, PVC, EVA), 경질필름(염화비닐, 폴리에스테르), 경질판(FRP, FRA, 아크릴, 복층판) 등의 플라스틱 필름 등이다.

006 ④

007 ① 그늘에서 자란 작물을 강광에 노출시키면 잎이 타서 죽는데, 이를 솔라리제이션이라고 하며, 발생원인은 엽록소의 광산화에 있다.

008 ③ 담수는 물리적(기계적) 방제방법에 해당한다.

009 ① 플라스틱 피복자재—경질판의 종류는 FRA판, FRP판, MMA판, 복층판 등이 있다.

010 ②
① 고온, 다습조건에서 잘 일어난다.
③ 내도복성이 약한 품종이 강한 것보다 비바람으로 인해 수발아가 잘 일어난다.
④ 우리나라에서는 2~3년마다 한 번씩 밀의 등숙기가 장마철과 겹칠 때가 있어 성숙기가 늦은 품종이나 비가 많이 오는 지역에서는 등숙후기에 수발아의 위험이 크다.

011 ① 담수는 물리적(기계적) 방제방법에 해당한다.

012 ④ 숙기가 같더라도 휴면기간이 짧은 품종이 수발아의 위험이 크다.

013 ③ 경종적 방제에는 토양개량, 저항성 품종의 선택, 윤작 등이 있다.

정답 **005** ① **006** ④ **007** ① **008** ③ **009** ① **010** ② **011** ① **012** ④ **013** ③

014 밭토양에 장기간 담수하여 토양전염성 병해충을 구제한 경우 이에 해당하는 방제법은?

14. 국가직 9급

① 법적 방제   ② 생물학적 방제
③ 물리적 방제   ④ 화학적 방제

015 잡초의 해로운 작용이 아닌 것은? 08. 국가직 9급

① 작물과의 경쟁   ② 토양의 침식
③ 유해물질의 분비   ④ 병충해 전파

016 과수 중 2년생 가지에서 결실하는 것으로만 묶는 것은? 20. 국가직 7급

① 자두, 감귤, 비파   ② 매실, 양앵두, 살구
③ 자두, 포도, 감   ④ 무화과, 사과, 살구

017 농약사용 시 주의해야 할 사항으로 옳지 않은 것은? 13. 국가직 9급

① 처리시기의 온도, 습도, 토양, 바람 등 환경조건을 고려한다.
② 농약사용이 천적관계에 미치는 영향을 고려한다.
③ 새로운 종류의 농약사용에 따른 병해충의 면역 및 저항성 증대를 고려하여 가급적 같은 농약을 연용한다.
④ 약제의 처리부위, 처리시간, 유효성분, 처리농도에 따라 작물체에 나타나는 저항성이 달라지므로 충분한 지식을 가지고 처리한다.

018 솔라리제이션에 대한 설명으로 옳은 것은? 15. 국가직 9급

① 온도가 생육적온보다 높아서 작물이 받는 피해를 말한다.
② 일장이 식물의 화성 및 그 밖의 여러 면에 영향을 끼치는 현상을 말한다.
③ 식물이 광조사의 방향에 반응하여 굴곡반응을 나타내는 것을 말한다.
④ 갑자기 강한 광을 받았을 때 엽록소가 광산화로 인해 파괴되는 장해를 말한다.

019 잡초와 제초제에 대한 설명으로 옳은 것은?   20. 지방직 7급

① 경지잡초의 출현 반응은 산성보다 알칼리성 쪽에서 잘 나타난다.
② 대부분의 경집잡초는 혐광성으로서 광에 노출되면 발아가 불량해진다.
③ 나도겨풀, 너도방동사니, 올방개 등은 대표적인 다년생 논잡초이다.
④ 벤타존(Bentazon), 글리포세이트(Glyphosate) 등은 대표적인 접촉형 제초제이다.

020 광엽잡초 중 1년생 잡초로만 구성된 것은?   12. 지방직 9급

① 가래, 가막사리   ② 올미, 여뀌
③ 자귀풀, 여뀌바늘   ④ 벗풀, 개구리밥

021 작물의 수확 후 생리작용 및 손실요인에 관한 설명으로 옳지 않은 것은?   10. 국가직 9급

① 과실은 성숙함에 따라 에틸렌이 다량 생합성되어 후숙이 진행된다.
② 일정기간이 지나면 휴면이 타파되고 발아, 즉 맹아에 의하여 품질이 저하된다.
③ 수확, 선별, 포장, 운송 및 적재과정에서 발생하는 기계적 상처에 의하여 손실이 발생한다.
④ 증산에 의한 수분손실은 호흡에 의한 손실보다 100배 크며, 수분은 주로 표피증산을 통하여 손실된다.

정답찾기

014 ③ 담수하는 것은 물리적 방제법이다.

015 ② 잡초는 지면 피복으로 토양침식을 억제한다.

016 ② 2년생 가지는 자두, 매실, 살구, 복수아, 양앵두 등이다.

017 ③ 새로운 종류의 농약사용에 따른 병해충의 면역 및 저항성 증대를 고려하여 가급적 같은 농약을 연용하지 않는 것이 좋다.

018 ④
①은 열해, ②는 일장효과(광주기성)이고, ③은 굴광성이다.

019 ③
① 경지잡초의 출현 반응은 알칼리성보다 산성 쪽에서 잘 나타난다.
② 대부분 경지잡초는 호광성 식물로서 광이 있는 표토에서 발아한다.
④ 벤타존, 글리포세이트 등은 대표적인 이행성 제초제이다.

020 ③ 논의 1년생잡초는 화본과(강피, 물피, 돌피, 둑새풀), 방동사니과(참방동사니, 알방동사니, 바람하늘지기, 바늘골), 광엽잡초(물달개비, 물옥잠, 여뀌바늘, 자귀풀, 가막사리) 등이다.

021 ④ 증산에 의한 수분손실은 호흡에 의한 손실보다 10배 정도 크다. 90%는 기공증산, 8~10%는 표피증산을 통하여 손실된다.

022 잡초에 대한 설명으로 옳지 않은 것은?   14. 국가직 9급

① 잡초로 인한 작물의 피해 양상으로는 양분과 수분의 수탈, 광의 차단 등이 있다.
② 잡초는 종자번식과 영양번식을 할 수 있으며, 번식력이 높다.
③ 논잡초 중 올방개와 너도방동사니는 일년생이며, 올챙이고랭이와 알방동사니는 다년생이다.
④ 잡초는 많은 종류가 성숙 후 휴면성을 지닌다.

023 Sulfonylurea계 제초제에 대한 저항성인 논 잡초종으로 바르게 나열된 것은? 10. 국가직 9급

① 나도겨풀, 물피   ② 강피, 미국외풀
③ 올방개, 참새피   ④ 물달개비, 알방동사니

024 화곡류 작물의 성숙과정으로 옳은 것은?   17. 지방직 9급

① 유숙 – 호숙 – 황숙 – 완숙 – 고숙
② 유숙 – 황숙 – 호숙 – 완숙 – 고숙
③ 호숙 – 유숙 – 황숙 – 고숙 – 완숙
④ 후숙 – 고숙 – 유숙 – 황숙 – 완숙

025 다음 중 우리나라 논에 주로 발생하는 다년생 광엽 잡초로만 짝지어진 것은? 09. 국가직 9급

| ㄱ. 여뀌 | ㄴ. 벗풀 | ㄷ. 올미 |
| ㄹ. 가래 | ㅁ. 나도겨풀 | ㅂ. 사마귀풀 |

① ㄱ, ㄴ, ㄷ   ② ㄴ, ㄷ, ㄹ
③ ㄷ, ㄹ, ㅁ   ④ ㄹ, ㅁ, ㅂ

026 작물의 수확 후 변화에 대한 설명으로 옳지 않은 것은?   17. 지방직 9급

① 백미는 현미에 비해 온습도 변화에 민감하고 해충의 피해를 받기 쉽다.
② 곡물은 저장 중 a – 아밀라아제의 분해작용으로 환원당 함량이 감소한다.
③ 호흡급등형 과실은 성숙함에 따라 에틸렌이 다량 생합성되어 후숙이 진행된다.
④ 수분함량이 높은 채소와 과일은 수확 후 수분증발에 의해 품질이 저하된다.

027 작물의 수확 후 생리작용 및 손실요인에 대한 설명으로 옳지 않은 것은? 16. 국가직 9급

① 증산에 의한 수분손실은 호흡에 의한 손실보다 10배나 큰데, 이 중 90%가 표피증산, 8~10%는 기공증산을 통하여 손실된다.
② 사과, 배, 수박, 바나나 등은 수확 후 호흡급등 현상이 나타나기도 한다.
③ 과실은 성숙함에 따라 에틸렌이 다량 생합성되어 후숙이 진행된다.
④ 엽채류와 근채류의 영양조직은 과일류에 비하여 에틸렌 생성량이 적다.

028 농산물을 저장할 때 일어나는 변화에 대한 설명으로 옳지 않은 것은? 18. 국가직 9급

① 호흡급등형 과실은 에틸렌에 의해 후숙이 촉진된다.
② 감자와 마늘은 저장 중 맹아에 의해 품질저하가 발생한다.
③ 곡물은 저장 중에 전분이 분해되어 환원당 함량이 증가한다.
④ 신선농산물은 수확 후 호흡에 의한 수분손실이 증산에 의한 손실보다 크다.

029 작물의 수확 후 관리에 대한 설명으로 가장 옳지 않은 것은? 20. 지도직

① 고구마, 감자 등 수분함량이 높은 작물은 큐어링을 해준다.
② 서양배 등은 미숙한 것을 수확하여 일정 기간 보관해서 성숙시키는 후숙을 한다.
③ 과실은 수확 직후 예냉을 통해 저장이나 수송중에 부패를 적게 할 수 있다.
④ 담배 등은 품질 향상을 위해 양건을 한다.

정답 찾기

022 ③ 논잡초 중 알방동사니는 1년생이고, 올방개와 너도방동사니, 올챙이고랭이는 다년생이다.

023 ④ 슈퍼잡초는 그동안 설포닐 우레아계 제초제를 매년 연용하여 사용하면서 내성이 생겨 제초제를 사용해도 방제가 되지 않는 제초제 저항성 잡초를 말하며 물달개비, 알방동사니, 올챙이고랭이, 올방개, 피 등 국내에서만 11종이 발견된다.

024 ①

025 ② 논에서 발생하는 다년생 광엽 잡초에는 가래, 벗풀, 올미, 개구리밥, 미나리 등이다.

026 ② 곡물은 저장 중 전분이 α-아밀라아제에 의하여 분해되어 환원당 함량이 증가한다.

027 ① 기공증산량(90%)이 표피증산량(8~10%)보다 많다.

028 ④ 신선농산물은 수확 후 호흡에 의한 수분손실이 증산에 의한 손실보다 적다.

029 ④ 담배 등은 품질 향상을 위해 음건을 한다.

정답 | 022 ③ | 023 ④ | 024 ① | 025 ② | 026 ② | 027 ① | 028 ④ | 029 ④

030 작물의 수확 후 저장에 대한 설명 중 옳지 않은 것은? 16. 국가직 9급

① 저장 농산물의 양적·질적 손실의 요인은 수분손실, 호흡·대사작용, 부패 미생물과 해충의 활동 등이 있다.

② 고구마와 감자 등은 안전저장을 위해 큐어링을 실시하며, 청과물은 수확 후 신속히 예냉처리를 하는 것이 저장성을 높인다.

③ 저장고의 상대습도는 근채류 > 과실 > 마늘 > 고구마 > 고춧가루 순으로 높다.

④ 세포호흡에 필수적인 산소를 제거하거나 그 농도를 낮추면 호흡소모나 변질이 감소한다.

031 작물의 저장 방법에 대한 설명으로 옳지 않은 것은? 20. 국가직 7급

① 마늘은 수확 직후 예건과정을 거쳐서 수분함량을 65% 정도로 낮추어야 한다.

② 식용감자의 안전한 저장 온도는 8~10℃이다.

③ 양파는 수확 후 송풍큐어링한 후 저장한다.

④ 감자는 수확 직후 10~15℃로 큐어링한 후 저장한다.

032 곡물의 저장 중 이화학적·생물학적 변화에 대한 설명으로 옳지 않은 것은? 14. 국가직 9급

① 생명력의 지표인 발아율이 저하된다.

② 지방의 자동산화에 의하여 산패가 일어나므로 유리지방산이 감소하고 묵은 냄새가 난다.

③ 전분이 α-아밀라아제에 의하여 분해되어 환원당 함량이 증가한다.

④ 호흡소모와 수분증발 등으로 중량감소가 일어난다.

033 곡물 저장과 저장 중 변화에 대한 설명으로 옳은 것은? 12. 지방직 9급

① 현미 저장은 벼 저장보다 안정성이 높다.

② 저장 중 유리지방산 함량이 감소한다.

③ 저장 중 환원당 함량이 증가한다.

④ 밀봉저장은 용기 내 이산화탄소 농도의 감소로 저장기간을 길게 한다.

034 곡물의 저장 중에 나타나는 변화가 아닌 것은? 09. 국가직 9급

① 전분이 분해되어 환원당 함량이 감소한다.

② 호흡소모와 수분증발 등으로 중량감소가 일어난다.

③ 품질이나 발아율의 저하가 일어난다.

④ 지방의 자동산화에 의해 유리지방산이 증가한다.

035 작물의 수확 및 수확 후 관리에 대한 설명으로 옳은 것은? `17. 국가직 9급`

① 벼의 열풍건조 온도를 55℃로 하면 45℃로 했을 때보다 건조시간이 단축되고 동할미와 싸라기 비율이 감소된다.

② 비호흡급등형 과실은 수확 후 부적절한 저장조건에서도 에틸렌의 생성이 급증하지 않는다.

③ 수분함량이 높은 감자의 수확작업 중에 발생한 상처는 고온·건조한 조건에서 유상조직이 형성되어 치유가 촉진된다.

④ 현미에서는 지방산도가 20mg KOH/100g 이하를 안전저장상태로 간주하고 있다.

036 농산물의 안전저장에 대한 설명 중 옳지 않은 것은? `07. 국가직 9급`

① 상처가 난 고구마, 감자 등은 저장성을 높이기 위하여 큐어링이 필요하다.

② 곡물 저장 시 수분함량을 13% 이하로 하면 미생물의 번식이 억제된다.

③ 수분함량이 높은 채소와 과일은 수분 증발을 촉진시켜 저장 중 품질을 유지한다.

④ 저장실에 이산화탄소의 농도를 높이면 과일의 저장성을 향상시킬 수 있다.

037 큐어링을 한 고구마의 안전저장 온도는? `10. 지방직 9급`

① 3~5℃ ② 8~10℃

③ 13~15℃ ④ 18~20℃

🌾정답찾기

030 ③ 저장고의 상대습도는 근채류(90~95%) > 고구마(85~90%) > 과실 (80~85%) > 마늘(70%) > 고춧가루(60%) 순이다.

031 ② 식용감자는 10~15℃에서 2주일 정도 큐어링 후 3~4℃에서 저장한다.

032 ② 지방의 자동산화에 의하여 산패가 일어나므로 유리지방산이 증가하고 묵은 냄새가 난다. 유리지방산도는 곡물의 변질을 판단하는 가장 중요한 지표물질이다.

033 ③
① 수분함량이 벼보다 높은 현미 저장은 벼 저장보다 안정성이 낮다.
② 저장 중 유리지방산 함량이 증가한다.
④ 밀봉저장은 용기 내 산소농도의 감소로 저장기간을 길게 한다.

034 ① 전분이 α-아밀라아제에 의하여 분해되어 환원당 함량이 증가한다.

035 ④
① 벼의 열풍건조 온도는 45℃로 하면 55℃로 했을 때보다 건조시간은 다소 더 걸리나 동할미와 싸라기 비율이 감소된다.
② 비호흡급등형 과실은 수확 후 부적절한 저장조건에서는 에틸렌의 생성이 급등할 수 있다.
③ 수분함량이 높은 감자의 수확작업 중에 발생한 상처는 고온·다습한 조건에서 유상조직이 형성되어 치유가 촉진된다.

036 ③ 수분함량이 높은 채소와 과일은 수분 증발을 억제해야 저장 중 품질이 유지된다.

037 ③ 고구마는 30~33℃에서 큐어링 후 13~15℃에서 저장한다.

정답 **030** ③ **031** ② **032** ② **033** ③ **034** ① **035** ④ **036** ③ **037** ③

038 저장고 내부의 산소농도를 낮추기 위해 이산화탄소 농도를 높여서 농산물의 저장성을 향상시키는 방법은?   18. 지방직 9급

① 큐어링저장   ② 예냉저장
③ 건조저장   ④ CA저장

039 감자와 고구마의 안전저장 방법으로 옳은 것은?   17. 지방직 9급

① 식용감자는 10~15℃에서 큐어링 후 3~4℃에서 저장하고, 고구마는 30~33℃에서 큐어링 후 13~15℃에서 저장한다.
② 식용감자는 30~33℃에서 큐어링 후 3~4℃에서 저장하고, 고구마는 10~15℃에서 큐어링 후 13~15℃에서 저장한다.
③ 가공용 감자는 당함량 증가 억제를 위해 10℃에서 저장하고, 고구마는 30~33℃에서 큐어링 후 3~5℃에서 저장한다.
④ 가공용 감자는 당함량 증가 억제를 위해 3~4℃에서 저장하고, 식용감자는 10~15℃에서 큐어링 후 3~4℃에서 저장한다.

040 작물별 안전저장 조건에 대한 설명으로 옳지 않은 것은?   13. 지방직 9급

① 쌀의 안전저장 조건은 온도 15℃, 상대습도 약 70%이다.
② 고구마의 안전저장 조건(단, 큐어링 후 저장)은 온도 13~15℃, 상대습도 약 85~90%이다.
③ 과실의 안전저장 조건은 온도 0~4℃, 상대습도 약 80~85%이다.
④ 바나나의 안전저장 조건은 온도 0~5℃, 상대습도 약 70~75%이다.

041 벼 조식재배에 의해 수량이 높아지는 이유가 아닌 것은?   17. 국가직 9급

① 단위면적당 수수의 증가
② 단위면적당 영화수의 증가
③ 등숙률의 증가
④ 병해충의 감소

042 농산물의 저장에 대한 설명으로 옳지 않은 것은? 12. 국가직 9급

① 저장에 영향을 끼치는 중요한 요인은 저장온도와 수분함량이다.
② 곡물은 저장 중 α – 아밀라아제의 작용으로 전분이 분해되어 환원당 함량이 증가한다.
③ 고구마, 감자 등은 수확작업 중 발생한 상처를 치유하기 위해 큐어링을 한다.
④ 과실의 CA저장기술은 저장 중 CO_2의 농도를 낮추어 세포의 호흡소모나 변질을 감소시킨다.

043 저온저장에 CA 조건까지 추가할 경우 농산물의 저장성이 향상되는 이유는? 13. 국가직 9급

① 호흡속도 감소 ② 품온저하 촉진
③ 상대습도 증가 ④ 적정온도 유지

정답찾기

038 ④ CA저장은 과실은 산소를 마시고 이산화탄소를 내뿜는 호흡을 하는데, 저장실의 산소농도를 낮추고 이산화탄소농도를 높여 호흡을 억제시키는 것이다.

039 ① 식용감자는 10~15℃에서 큐어링 후 3~4℃에서 저장하고, 가공용 감자는 당 함량 증가 억제를 위해 10℃에서 저장하며, 고구마는 30~33℃에서 큐어링 후 13~15℃에서 저장한다.

040 ④ 바나나는 저온장해를 받는 작물로 온도는 13℃이고, 상대습도 90%이다. 바나나의 경우 적온은 10~12℃인데 0℃로 저장하면 저온장해가 일어나 품질이 크게 떨어진다.

041 ④ 벼의 수량구성요소: 수량 = 단위면적당 수수×1수영화수×등숙비율×1립중

042 ④ CA효과는 높은 농도의 이산화탄소와 낮은 농도의 산소조건에서 생리대사율을 저하시킴으로써 품질 변화를 지연시킨다.

043 ① CA저장은 일반저온 저장고에 비해 과실의 호흡량과 에틸렌 발생량은 감소시켜 과실의 품질저하 속도를 늦추어 농산물의 저장성이 향상된다.

박진호

[주요 약력]

현) 박문각 공무원 농업직 대표 강사
자연치유 교육학 박사, 원예학 박사수료
한세대학교 초빙교수
군포도시농업지원센터장
어울림아카데미협동조합 이사장
농림축산식품부 장관표창
의왕시민대상(교육·환경·보건분야)

[주요 저서]

박문각 공무원 박진호 재배학(개론) 기본서
박문각 공무원 박진호 식용작물학 기본서

박진호 재배학(개론)

초판 인쇄 2024. 7. 5. | **초판 발행** 2024. 7. 10. | **편저** 박진호
발행인 박 용 | **발행처** (주)박문각출판 | **등록** 2015년 4월 29일 제2019-000137호
주소 06654 서울시 서초구 효령로 283 서경 B/D 4층 | **팩스** (02)584-2927
전화 교재 문의 (02)6466-7202

저자와의
협의하에
인지생략